FreeCAD 从入门到综合实战

拦继元　著

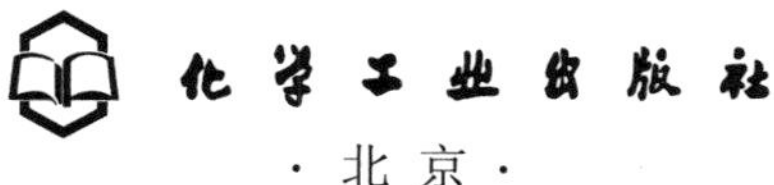

·北京·

内容简介

本书采用视频+图解的形式，系统讲解了FreeCAD的相关功能、建模技巧及实践案例，主要内容包括：FreeCAD界面及基本命令操作、Part Design工作台中二维图形的绘制及三维模型的构建、Part工作台常用命令详解、Draft工作台中二维图形的绘制、Draft工作台的各种操作命令、Spreadsheet工作台使用方法、TechDraw工作台使用方法、实用菜单栏命令等。

全书内容丰富实用，讲解循序渐进，图解直观易懂，同时辅以视频教学，手机扫码即可观看，使学习更轻松高效。

本书非常适合从事工程制图绘图、建模工作的技术人员，计算机辅助设计初学者自学使用，也可用作高等院校、职业院校相关专业的教材及参考书。

图书在版编目（CIP）数据

FreeCAD从入门到综合实战/拦继元著．—北京：化学工业出版社，2023.7（2024.1重印）

ISBN 978-7-122-43233-9

Ⅰ.①F… Ⅱ.①拦… Ⅲ.①计算机辅助设计-应用软件 Ⅳ.①TP391.72

中国国家版本馆CIP数据核字（2023）第057986号

责任编辑：耍利娜　　文字编辑：林　丹　师明远
责任校对：宋　玮　　装帧设计：王晓宇

出版发行：化学工业出版社
（北京市东城区青年湖南街13号　邮政编码100011）
印　　装：高教社（天津）印务有限公司
787mm×1092mm　1/16　印张$24^{1}/_{4}$　字数606千字
2024年1月北京第1版第2次印刷

购书咨询：010-64518888　　售后服务：010-64518899
网　　址：http：//www.cip.com.cn
凡购买本书，如有缺损质量问题，本社销售中心负责调换。

定　价：99.00元

前言
PREFACE

FreeCAD是一款通用的参数化三维模型软件，具有多平台的适应性和强大的三维编辑功能，且开源并免费，但国内关于FreeCAD的出版物寥寥无几，国外虽有一些教材，但绝大部分为英语编写，学习理解颇为不便。因此，笔者决定编写一本关于FreeCAD的中文图书，以供读者使用。

FreeCAD软件有着众多的工作台，且每个工作台均有很多不同的命令，因此本着实用性的原则，笔者对常用工作台中的命令进行了重点的讲解，并配以大量的简单实例和技巧说明，而对一些不太常用的命令，限于篇幅，笔者做了简化处理，为的是让读者能在较短的时间内掌握实用的入门知识。鉴于FreeCAD软件各工作台及命令、参数繁多，如果一一加以详细介绍，将是一项浩大的工程，为此笔者在再三思考之后，将本书的目标读者定位于三维建模的入门人员，希望通过本书的介绍，帮助各位读者跨出从0到1这一步，并为后续的从1到10，再从10到100的过程打下坚实基础。

本书共分为10章，主要对FreeCAD中Sketcher、Part Design、Part、Draft、Spreadsheet及TechDraw工作台中的命令进行了重点介绍，并辅以大量的实例和注意事项，可供相关领域工作人员参考使用，也可作为对三维建模感兴趣的读者的入门教材。本书配套的微课视频可通过移动终端扫描二维码在线观看。

本书所有命令、注意事项和实例均在FreeCAD 0.18.15043版本（64位）中实现，运行环境为64位Win10专业版（版本号1909）。

本书由拦继元编写，编写过程中得到了许多志同道合人士的帮助，许多人对书稿提出了宝贵的意见和建议，在此表示衷心的感谢。

由于笔者的水平及时间有限，书中难免存在纰漏和不足，恳请广大读者批评指正。

著者

目录

CONTENTS

第 1 章

FreeCAD 概述

扫码观看
本章视频

1.1 FreeCAD简介

FreeCAD是一款开源的参数化三维建模软件，可应用于机械设计、三维建模等，也可应用于其他需要精确建模的领域，对于建模爱好者和小型工作室来说，其功能已非常强大，并且相比于其他三维建模软件，FreeCAD有着下列独有的优势。

① FreeCAD是一款开源软件，可以查看源代码，并且可以根据使用者的需要对源代码进行编译，开发出满足自己需要的程序；FreeCAD本身的模块化体系结构允许使用者从内置的Python编辑器、宏或外部脚本访问FreeCAD的几乎所有部分，无论是模型的创建、转换或渲染，甚至是FreeCAD的界面都可根据使用者的需求进行更改。

② FreeCAD是一款免费软件。虽然市面上有多款三维建模软件，但价格都比较高，高端建模软件的价格基本在10万元/套以上，中端建模软件价格基本介于2万～5万元/套，并且近几年来随着各大软件公司对盗版软件的打击力度不断加大，高昂的售价或授权使用费使得个人或小型工作室难以承受。因此，对于个人和小型工作室而言，更适合使用像FreeCAD、Blender等这类免费软件。

③ FreeCAD软件通过大量不同的工作台，可以满足广大用户不同的需求，这些需求包括三维模型构建、机械零件设计、建筑设计、零部件装配、有限元法分析，甚至船舶设计等。无论用户是三维建模的爱好者，还是程序员，或者是经验丰富的CAD从业者，甚至是中学生，都会在使用FreeCAD的过程中感受到这款软件所带来的独特魅力。

④ FreeCAD是一款多平台软件，可以在Windows、Mac和Linux平台上运行，用户只需下载对应平台的安装文件即可，见图1-1（图中界面已翻译成汉语）。

图1-1　FreeCAD的跨平台特性

⑤ FreeCAD支持众多的文件格式。FreeCAD除本身的FCStd文件格式外，还可以通过菜单栏“文件”/“导入/导出”功能将本身文件格式与STEP、IGES、OBJ、STL、DXF、SVG、DAE、IFC、OFF、PDF等文件格式相互转换，功能十分强大，见图1-2和图1-3。

⑥ FreeCAD可以将各个工作台创建的三维模型精确地转换为机械、建筑等行业所普遍使用的三视图，以方便对零件进行加工制作，见图1-4。

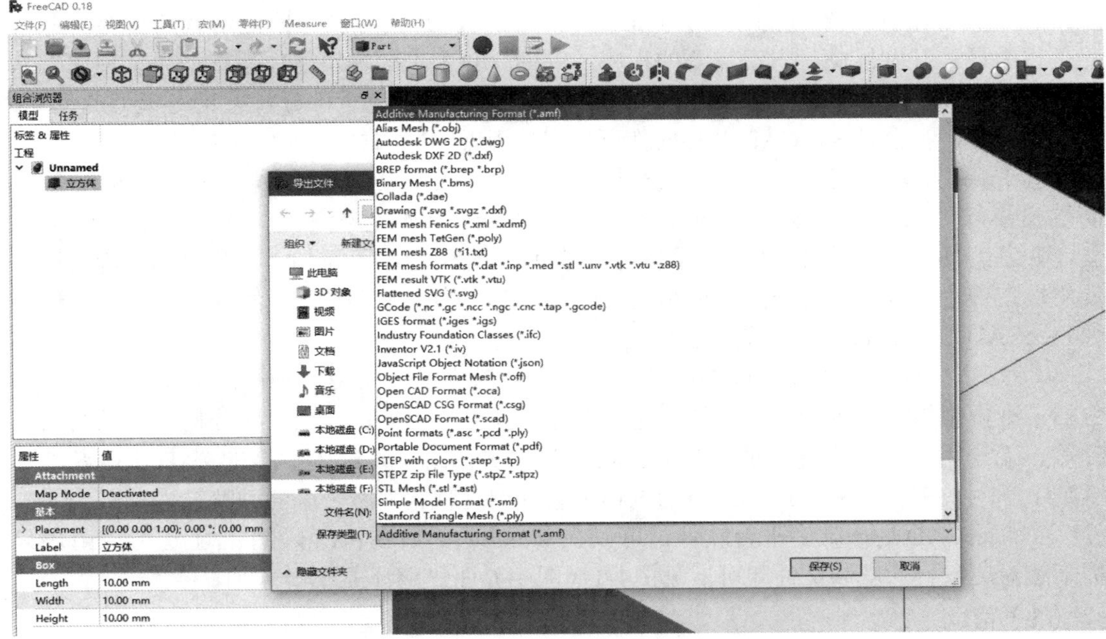

图1-2　FreeCAD的导出功能

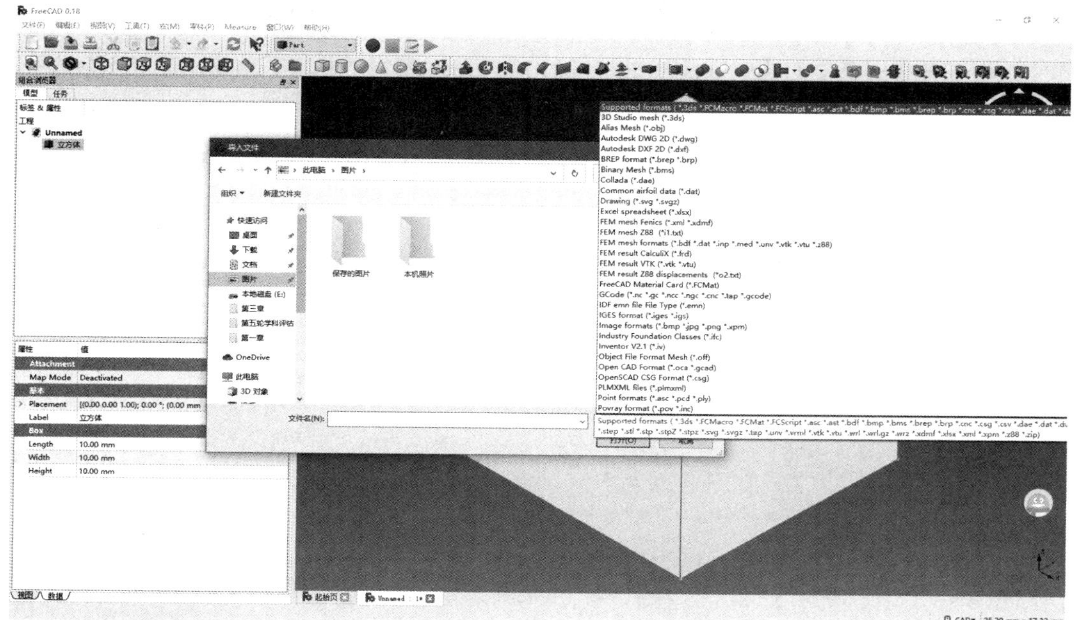

图1-3　FreeCAD的导入功能

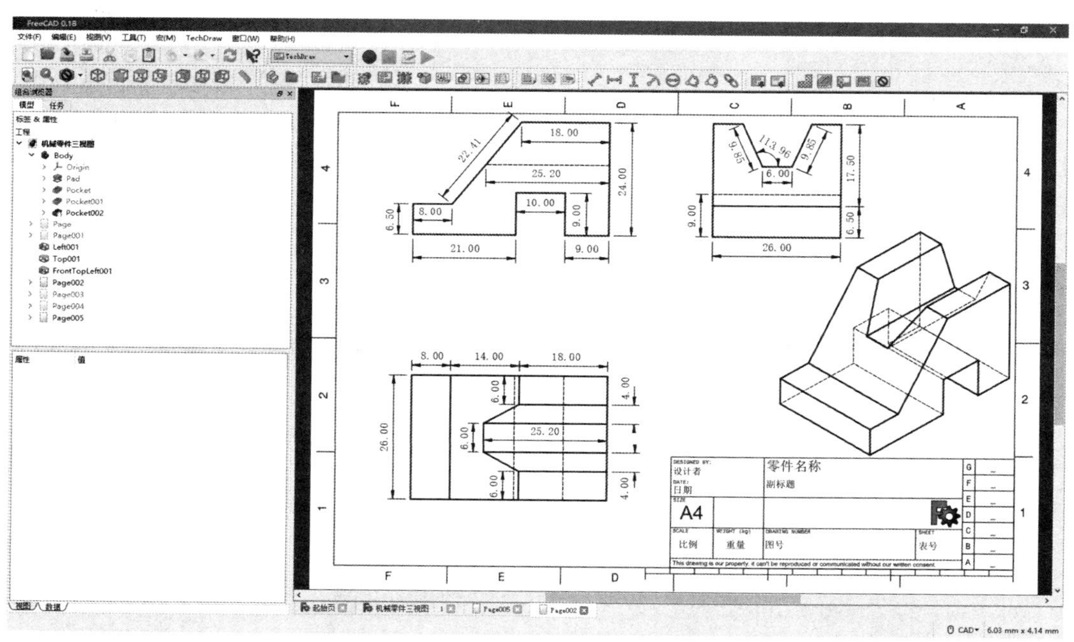

图1-4　机械零件三视图

1.2 FreeCAD软件的下载

（1）官网下载

打开FreeCAD的官网，根据用户自己的操作系统选择下载对应的安装文件，见图1-1。

（2）国内FreeCAD论坛下载

如果官网网页无法打开，则可以打开国内的FreeCAD论坛进行下载，见图1-5，同样根据用户自己的操作系统选择下载对应的安装文件。

图1-5　国内FreeCAD论坛下载

（3）清华大学开源软件镜像站下载

在清华大学开源软件镜像站的镜像列表中搜索FreeCAD，点击进入，选择相应的版本进行下载，见图1-6。

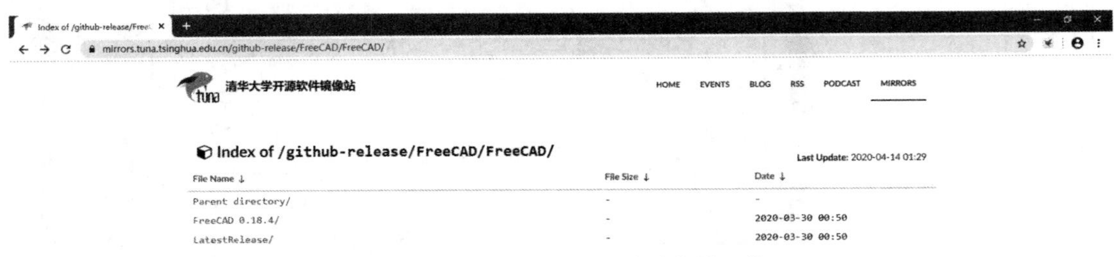

图1-6　清华大学开源软件镜像站下载

1.3 FreeCAD软件的安装（以Windows版本为例）

① 双击下载的FreeCAD安装文件，连续点击“Next”三次，见图1-7～图1-9。

② 选择FreeCAD软件的安装路径，默认为C:\Program Files\FreeCAD 0.18，也可进行更改，如选择D:\FreeCAD 0.18，点击“Next”，见图1-10；下一步中，默认为选中文

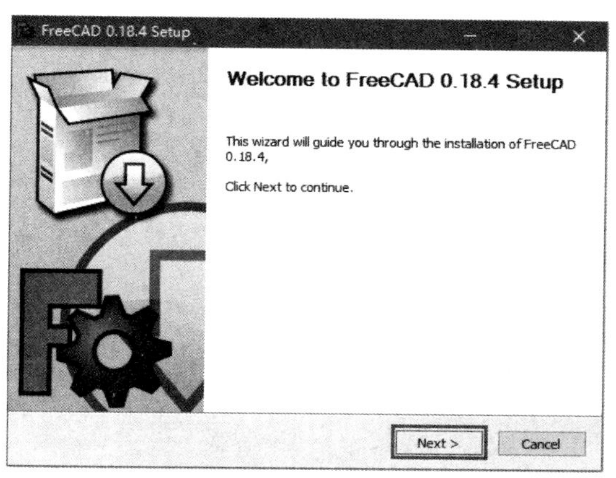

图1-7　FreeCAD安装的第一步

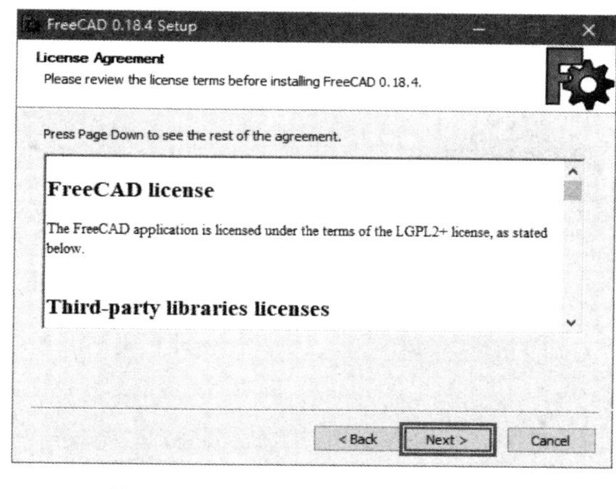

图1-8　FreeCAD安装的第二步

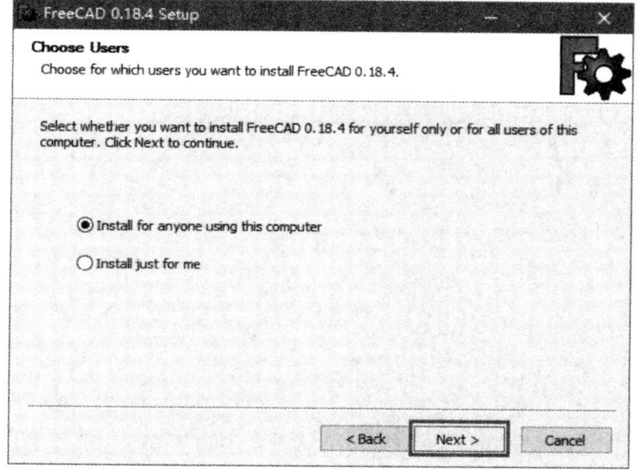

图1-9　FreeCAD安装的第三步

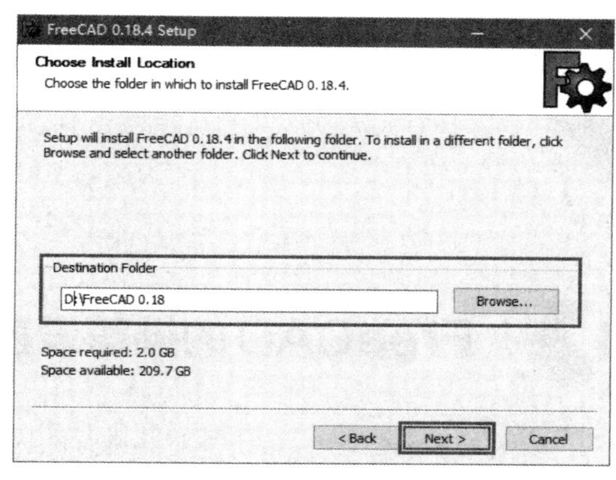

图1-10　FreeCAD安装路径的选择

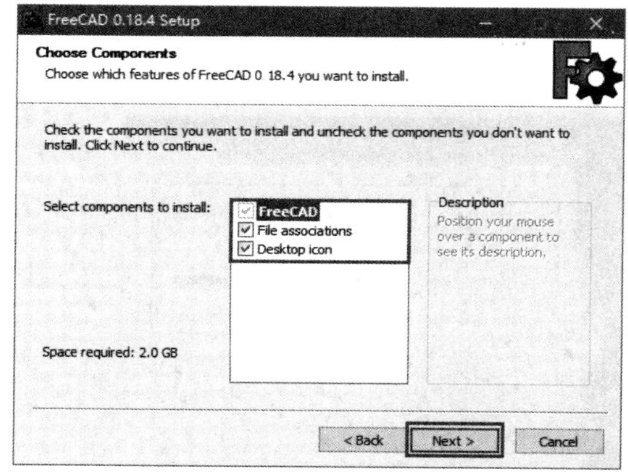

图1-11　默认为选中文件关联及创建桌面图标

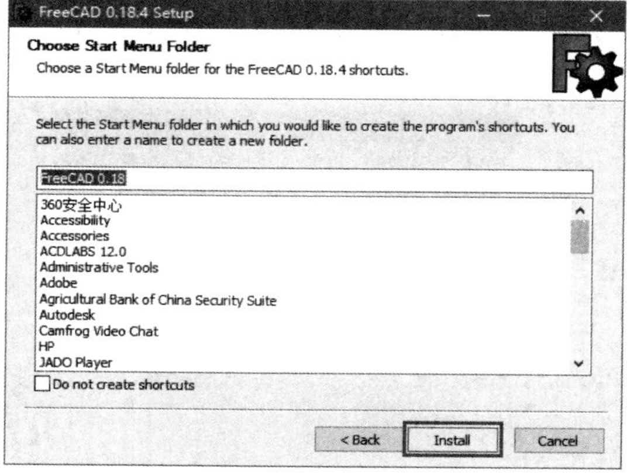

图1-12　在开始菜单中创建FreeCAD文件夹

件关联及创建桌面图标，点击“Next”，见图1-11；下一步中，默认在开始菜单中创建FreeCAD 0.18的文件夹，点击“Install”，见图1-12。

③ 软件开始安装，安装时间随电脑配置和运行环境的不同而不同，笔者安装大约需要2分钟左右，随后点击“Finish”，完成FreeCAD软件的安装，见图1-13及图1-14。

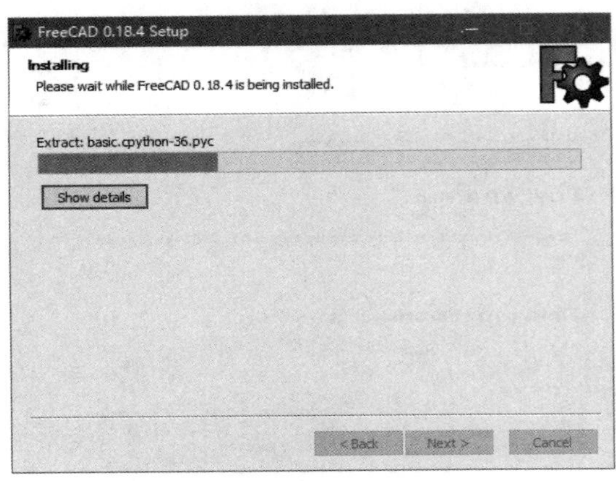

图1-13　正在安装FreeCAD

图1-14　FreeCAD安装完成

注意

FreeCAD软件的安装路径中不能出现汉字，否则会出现闪退的现象。

1.4 FreeCAD的推荐设置

安装好FreeCAD后，还须对其进行相应的设置，才能更好地使其符合用户的习惯。笔者根据使用需求，总结了以下5点设置。

① 点击菜单栏“Edit/preferences”，见图1-15，打开“Preferences”对话框，选中对话框左上角的“General”，在对话框右侧的“General/General/Language/Change language”中选择“简体中文”，见图1-16，点击“Apply”和“OK”退出“Preferences”对话框，则界

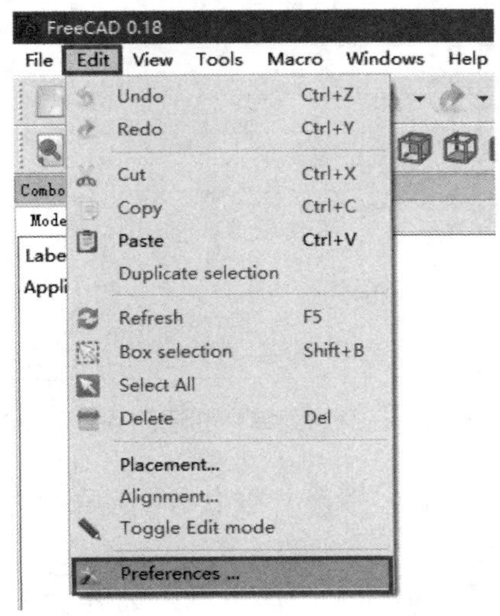

图1-15　点击菜单栏“Edit”再点击“Preferences”

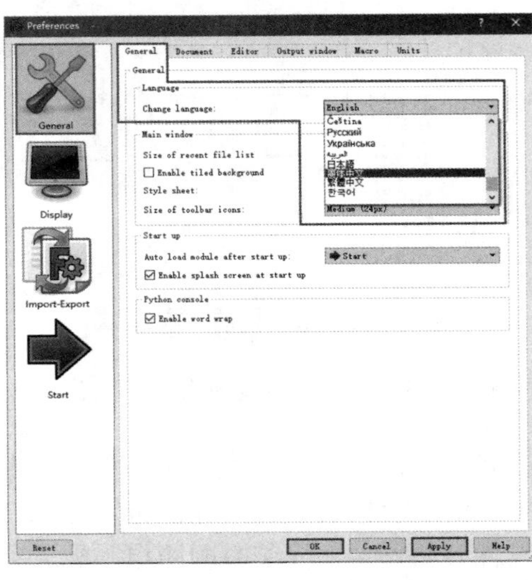

图1-16　语言选择“简体中文”

面显示为中文，见图1-17。因汉化不太彻底，部分提示、帮助和属性等界面中依然存在大量英文并未翻译的情况，有些单词甚至出现翻译错误，笔者将在后续章节中详细指出。

图1-17 中文界面

② 点击菜单栏“编辑/偏好设定”，见图1-18，打开“偏好设置”对话框，选中对话框左侧的“显示”，在右侧“三维视图”中勾选“启用动画”复选框，在“New Document Camera Orientation”（新文档视角方向）中选择“等轴测”，见图1-19，点击“Apply”和“OK”退出“偏好设置”对话框。勾选“启用动画”是为了在七个视图（轴测图、前视

图1-18 先点击菜单栏“编辑”再点击“偏好设定”

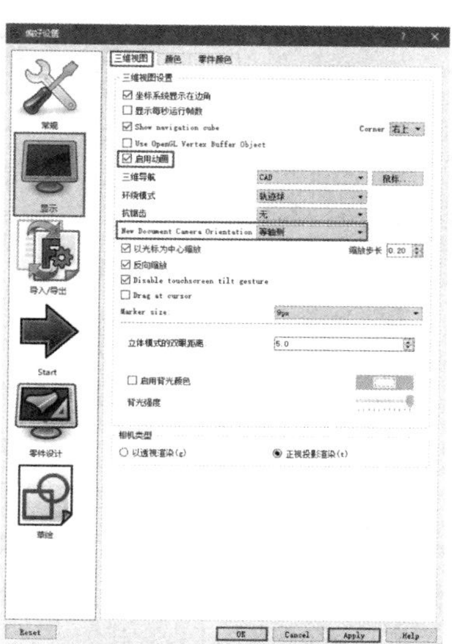

图1-19 勾选“启用动画”并选择“等轴测”

图、俯视图、右视图、后视图、底视图、左视图）的切换过程中放慢切换速度，使初学者更容易观察；新文档视角方向中选择“等轴测”是为了在新建各种模型时，模型会以轴测图的视角显示出来，直观明了；如果选择“前视”或其他六个视图，则只能观察到模型的其中一个面。

③ 工作台选择Part Design，点击菜单栏“编辑/偏好设定”，打开“偏好设置”对话框，选中对话框左侧的“零件设计”，将对话框右侧的“常规/模型设置”中的三个复选框全部勾选，见图1-20，点击“Apply”和“OK”退出“偏好设置”对话框。前两个复选框是对布尔运算的检查和优化，后续章节中会重点讲解布尔运算，建议勾选；第三个复选框是是否对模型自动调校的设置，没有勾选第三个复选框前所创建的模型见图1-21，勾选第三个复选框后所创建的模型见图1-22。通过对比图1-21和图1-22可见，零件上下两个部分宽度相等，形成共面，按照制图要求，不应该画线；图1-21是没有勾选第三个复选框的模型，所以共面上出现了画线，是错误的；图1-22是勾选了第三个复选框的模型，所以共面上没有画线，是正确的。

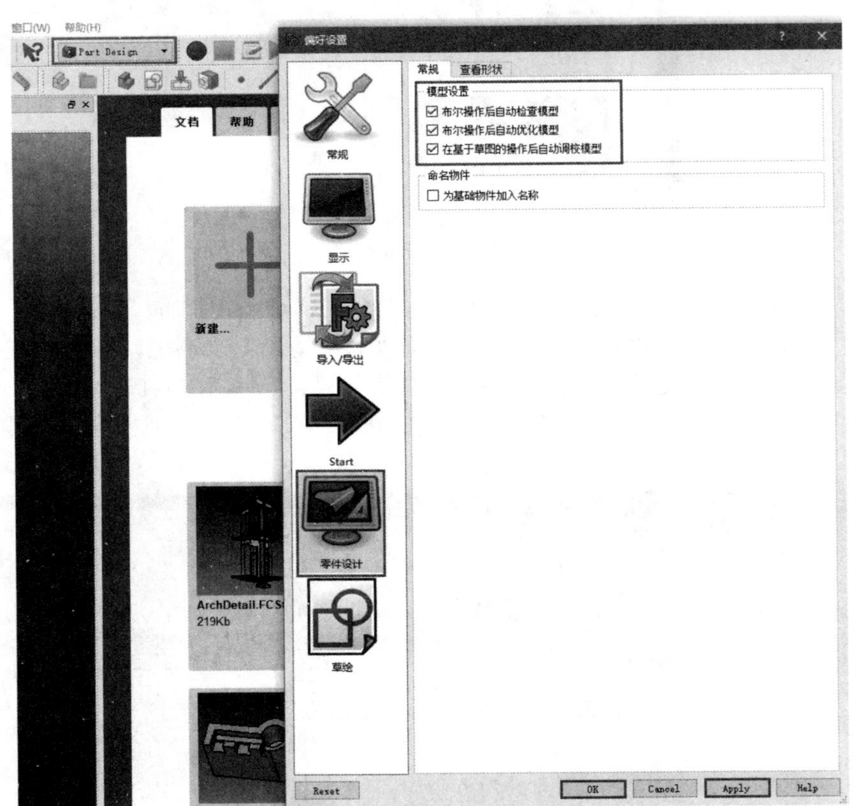

图1-20　选中模型设置中的三个复选框

④ 工作台选择TechDraw，点击菜单栏“编辑/偏好设定”，打开“偏好设置”对话框，见图1-23，选中对话框左侧的“TechDraw”，将对话框右侧“TechDraw General”中“隐线”的选项选择为“虚线”；点击“颜色”中“隐线”右侧的颜色图标，弹出“选择颜色”对话框，在基本颜色中选择黑色，点击“OK”后再点击“Apply”和“OK”退出“偏好设置”对话框。FreeCAD中默认的隐线为细实线，且颜色为浅灰色，按照我国制图的要求，隐线应为虚线，且颜色为黑色。

图1-21　没有勾选第三个复选框

图1-22　勾选了第三个复选框

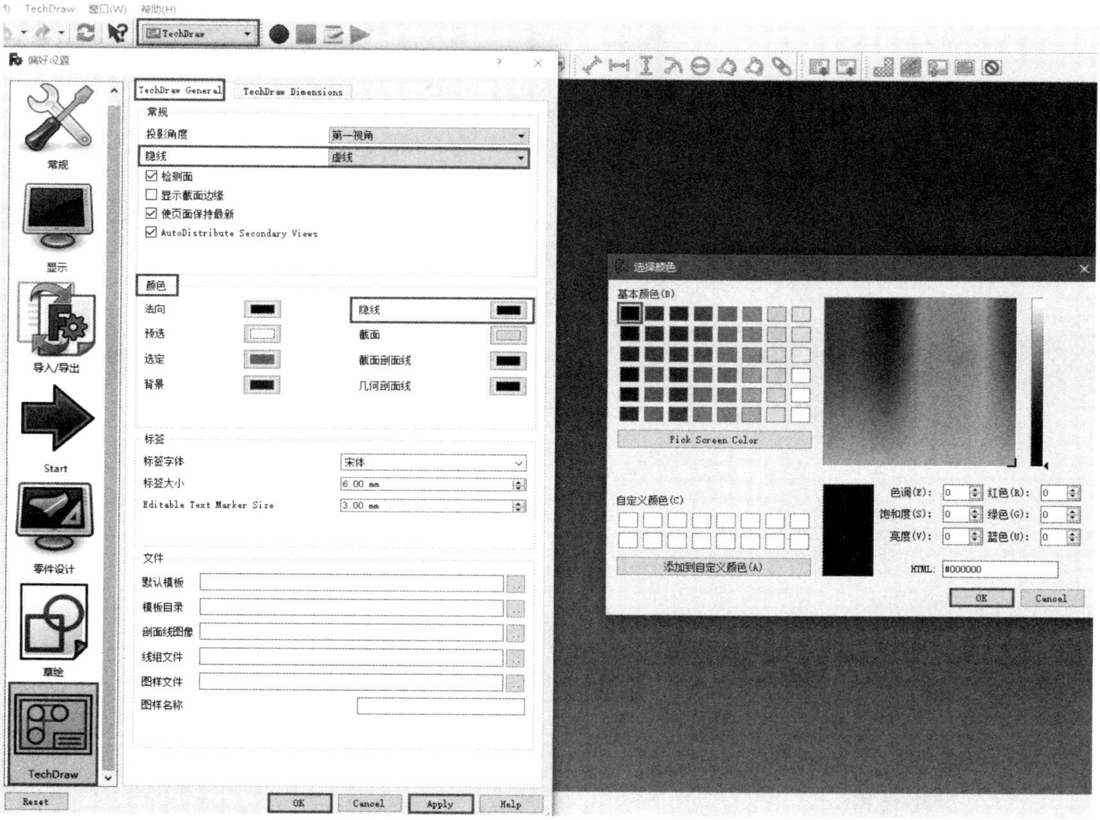

图1-23　将隐线设为虚线且颜色选为黑色

⑤ 工作台选择Draft，点击菜单栏“编辑/偏好设定”，打开“偏好设置”对话框，见图1-24，选中对话框左侧的“Draft”，在对话框右侧“常规设置”的“默认工作平面”中选择相应的平面，如果经常在俯视图上画图，则选择“XY（顶面）”，本书在第6章及第7章中经常用到“XY（顶面）”，所以建议选择“XY（顶面）”为默认的工作平面；如果经常在正视图上画图，则选择“XZ（前面）”；如果经常在左视图上画图，则选择“YZ（侧面）”；如果不确定，则在XZ、XY、YZ中任选一个，笔者并不建议选择“无”，因为选择“无”后，随着作图的进行，网格平面会随之发生偏转。

其他设置按照默认设置即可，如果需要全部恢复为默认设置，只需点击左下角的“Reset”，见图1-24。

图1-24　默认工作平面的选择需根据实际情况确定

第2章

FreeCAD界面及基本命令操作

扫码观看
本章视频

2.1 FreeCAD界面

2.1.1 FreeCAD的启动

FreeCAD的启动可以通过双击Windows桌面上的FreeCAD快捷图标，或者也可以从开始菜单中点击FreeCAD程序图标实现，程序启动完成后屏幕显示初始界面，如图2-1所示。

图2-1 FreeCAD启动后的初始界面

2.1.2 FreeCAD的初始界面介绍

（1）菜单栏

FreeCAD所有的命令皆可在菜单栏中完成，用鼠标点击其中任意一个菜单项，就会出现若干菜单命令，见图2-2。菜单栏的特点如下：

① 菜单命令后的字母或数字代表快捷键，利用快捷键可以代替鼠标点击，熟记后可大幅提高绘图效率，见图2-2红色方框内；

② 带“▶”的菜单命令，表示包含下一级子菜单，见图2-2绿色方框内；

③ 菜单命令为暗淡颜色的，表示当前情况下不能执行该命令，见图2-2蓝色方框内；

④ 菜单栏的菜单项并非固定不变，而是随着工作台的改变而改变，比如在Start、Part、Part Design、Draft、TechDraw工作台下，菜单栏的菜单选项就有所不同，见图2-3。

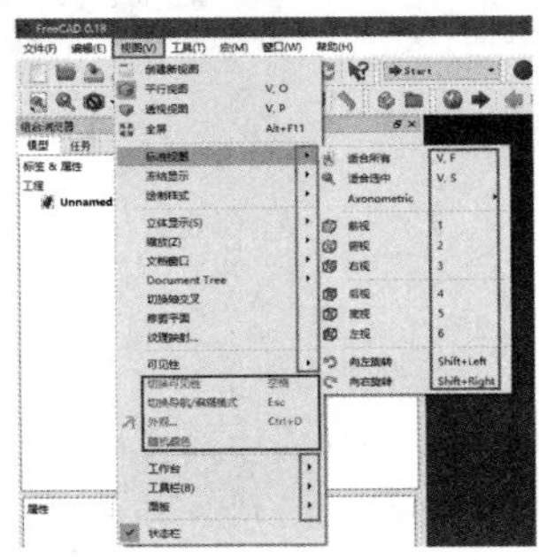

图2-2　菜单栏中的菜单项

图2-3　各工作台下有不同的菜单栏

（2）文件工具栏

文件工具栏从左到右分别为“新建空白文档”“打开文档或导入文件”“保存当前文档”“打印文档”“剪切”“复制”“粘贴”“撤销上一次操作”“重做上次撤销的操作”“重新计算当前文档”和“这是什么”。前11项命令与其他办公软件类似，这里不做赘述。“重新计算当前文档”可以理解为“刷新”。“这是什么”可以理解为“帮助”命令，鼠标点击“这是什么”图标（或者按下Shift+F1），则鼠标右下角出现问号，移动鼠标到想要了解的命令图标处点击，则出现对该命令的描述及用法介绍，见图2-4；如果对英

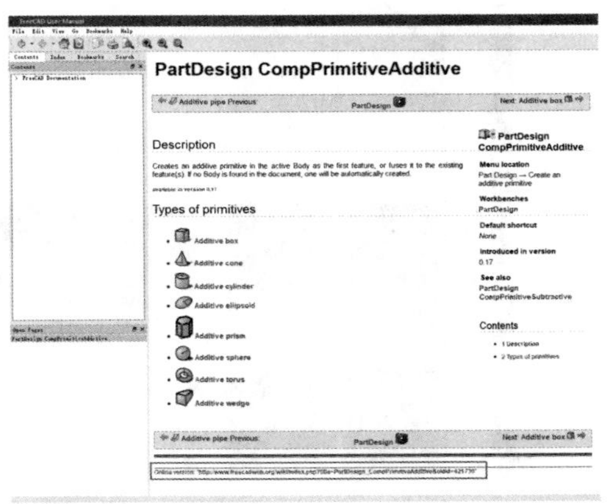

图2-4　“这是什么”命令可以认为是“帮助”命令

文阅读感到困难，可点击最下方的网址，通过浏览器（如Chrome或IE）查看该命令的详细介绍，使用翻译工具可将其中的内容翻译成为中文（详见附录1）。

（3）工作台

工作台是FreeCAD的重要组成部分，几乎所有的工作都是在特定的工作台中完成的，初始界面中的工作台是Start，点击下拉箭头可看到其他的工作台，见图2-5，比如Sketcher、Part Design、Part、Draft、Spreadsheet及TechDraw等工作台，除此之外还有适合特定场景的其他工作台，比如动画工作台（Animation）、安装工作台（Assembly2）等，但这些工作台并未内置到FreeCAD的安装文件中，需要登录到FreeCAD官网上下载并安装，也可通过addon manager（加载项管理器）进行下载安装（详见第10章10.1节）。

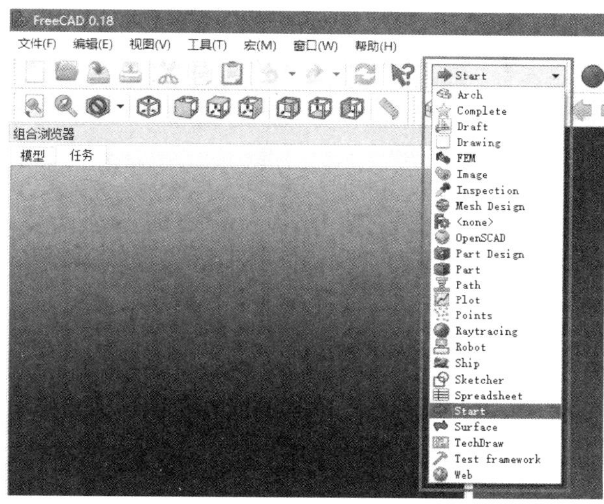

图2-5 FreeCAD默认安装的工作台

（4）视图工具栏

视图工具栏中各个图标的作用是以不同的视角或方式显示绘图区域中的对象，使用时只需点击视图工具栏中的某个图标，则模型就以相应的视角或方式进行显示，每个图标的功能及作用见表2-1。

表2-1 视图工具栏命令

视图工具栏命令	作用
	显示全部：将文档中所有可见的对象全部都显示在视图中，例如过度缩放或移动造成对象无法显示时，点击该图标则会以合适的比例显示全部的对象
	显示选定的对象：将逻辑树中所选定的对象在绘图区域中显示出来
	绘图样式：点击右侧箭头，有以下六种查看方式
带边着色 V, 2 着色 V, 3 线框 V, 4 点 V, 5 隐藏线 V, 6 没有阴影 V, 7	带边着色模式：既显示模型的棱边，又显示模型的表面

续表

视图工具栏命令	作用
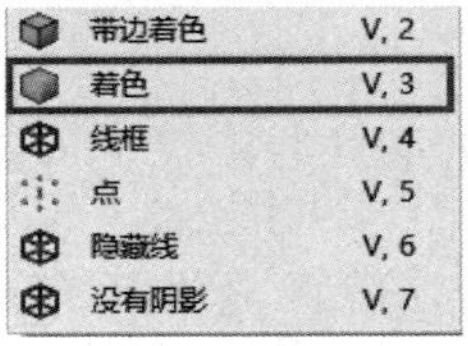 带边着色 V, 2 着色 V, 3 线框 V, 4 点 V, 5 隐藏线 V, 6 没有阴影 V, 7	着色模式：只显示模型的表面，不显示模型的棱边
 带边着色 V, 2 着色 V, 3 线框 V, 4 点 V, 5 隐藏线 V, 6 没有阴影 V, 7	线框模式：只显示模型的棱边，不显示模型的表面
 带边着色 V, 2 着色 V, 3 线框 V, 4 点 V, 5 隐藏线 V, 6 没有阴影 V, 7	点模式：只显示模型的顶点，不显示模型的棱边和表面
 带边着色 V, 2 着色 V, 3 线框 V, 4 点 V, 5 隐藏线 V, 6 没有阴影 V, 7	隐藏线模式：该命令的图标与线框模式、没有阴影模式的图标相同，但作用不同，可将模型背部隐藏的线条显示出来
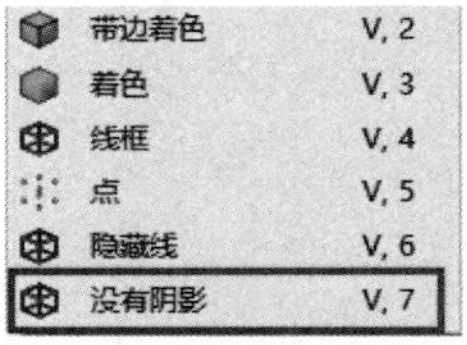 带边着色 V, 2 着色 V, 3 线框 V, 4 点 V, 5 隐藏线 V, 6 没有阴影 V, 7	没有阴影模式：该命令的图标和线框模式、隐藏线模式的图标相同，作用是使模型表面没有阴影
	正等轴测图（轴测图）
	前视图（正视图）（从前往后看）
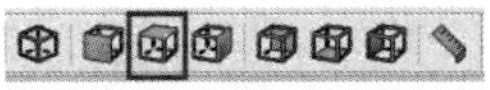	俯视图（从上往下看）
	右视图（从右往左看）
	后视图（从后往前看）
	底视图（从下往上看）
	左视图（从左往右看）
	测量距离

6种着色模式中（带边着色模式、着色模式、线框模式、点模式、隐藏线模式、没有阴影模式）常用的是带边着色模式和线框模式。以正方体为例，六种不同的着色模式见图2-6。

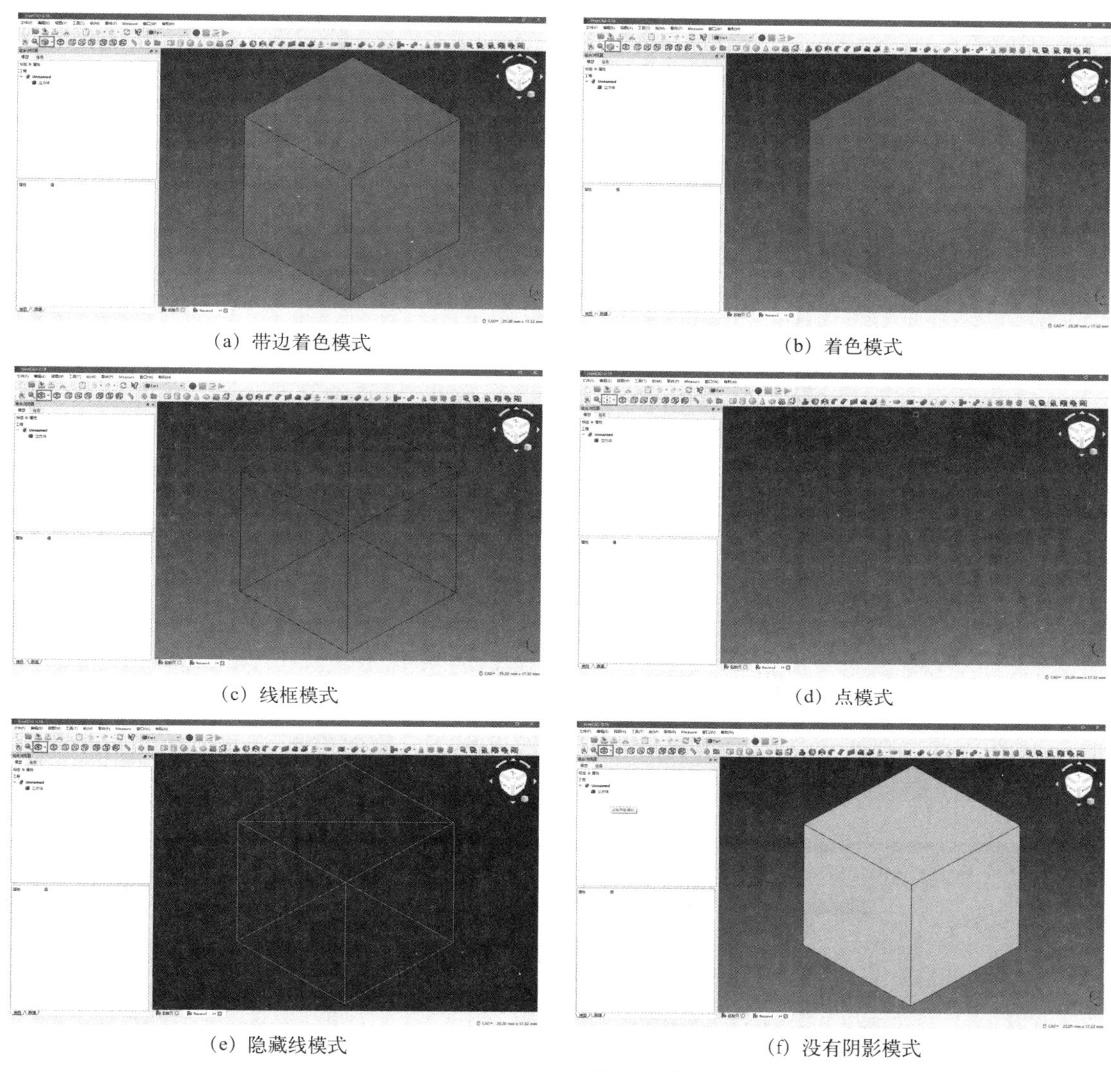

（a）带边着色模式　（b）着色模式　（c）线框模式　（d）点模式　（e）隐藏线模式　（f）没有阴影模式

图2-6　6种不同的着色模式

7种视图（分别为轴测图、前视图、俯视图、右视图、后视图、底视图、左视图）的作用是方便从不同的方向观察绘图区域中的对象，使用时只需点击这7个图标中的任意一个，则绘图区域中的对象就自动转向，仅以该视图的视角和方位进行显示。

制图课程中常用的三视图包括左视图、正视图（前视图）和俯视图，分别放置于图纸的第一、第二和第三象限位置，另外还有非常直观的轴测图，为了方便常常放置于图纸的第四象限位置，见图1-4；将右视图、后视图和底视图放到合适的位置，就构成了同一零件的7种视图，见图2-7。

轴测图在FreeCAD中分为正等轴测图、斜二轴测图和斜三轴测图，中国一般使用正等轴测图和斜二轴测图。视图工具栏中的轴测图图标为正等轴测图，如果想以斜二轴测图或斜三轴测图的视角观察对象，可打开菜单栏中的“视图/标准视图/Axonometric”，点击“二轴测”和“三轴测”即可，见图2-8。

视图工具栏最右侧图标为测量距离图标，点击该图标，再点击绘图区域中对象上

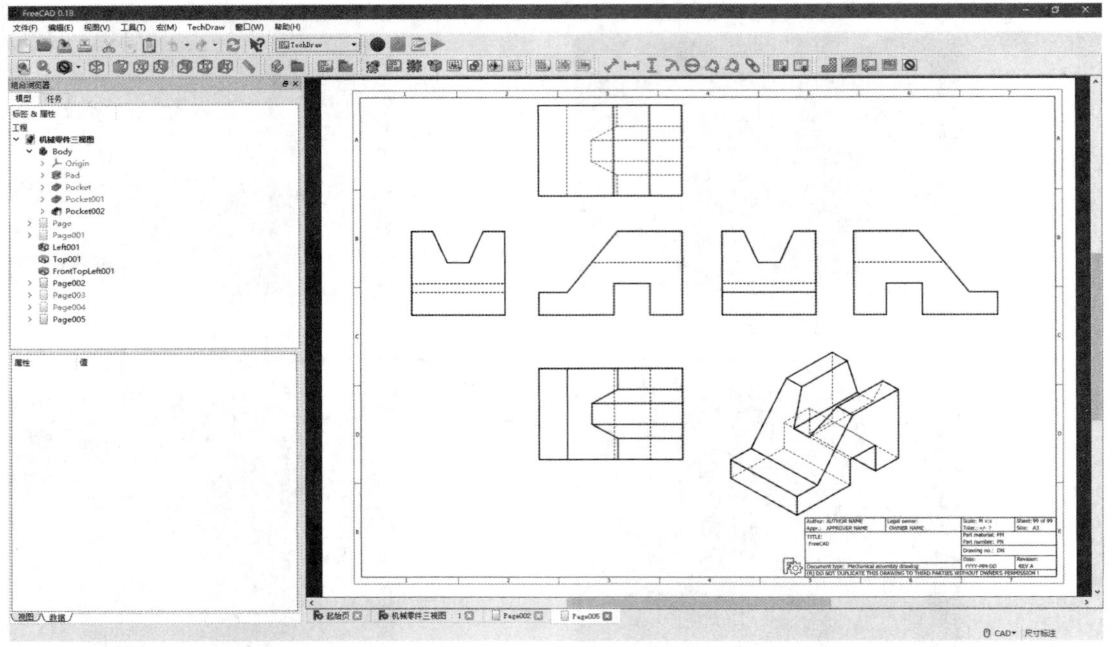

图2-7　零件的7种视图

的任意两个点，则两点之间的距离就自动显示出来了，同时左侧模型模块中自动出现 Distance图标及距离数值，见图2-9。

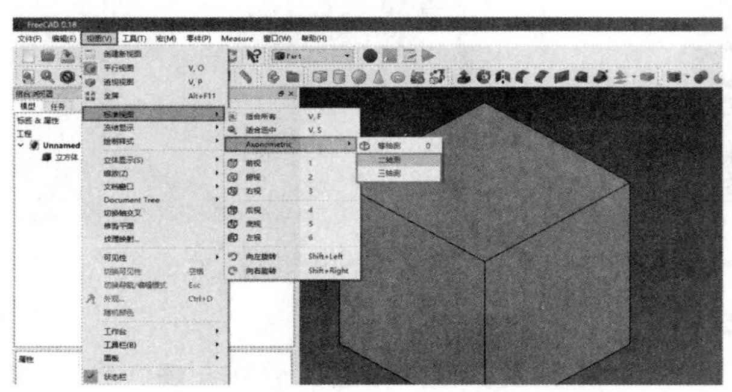

图2-8　斜二轴测图和斜三轴测图

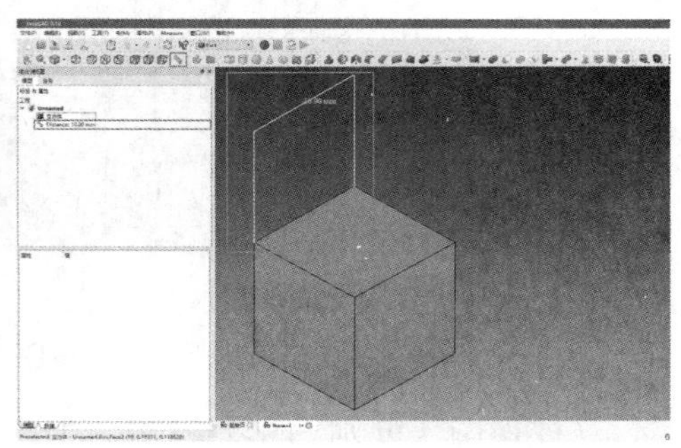

图2-9　测量距离

（5）组合浏览器

组合浏览器中有两个模块，分别为模型模块和任务模块。很多初学者第一次打开FreeCAD后由于操作失误，关闭了组合浏览器，给后续操作带来很大的不便，此时只需在工具栏空白位置处右击鼠标，在弹出的菜单中选中“组合浏览器”即可，见图2-10。

模型模块的上半部分为逻辑树，是三维模型创建过程中所运用过的各种命令组成的一种具有逻辑性的树状结构，见图2-11（文件未命名时显示工程字样，命名后工程字样被文件名替代，此例中的文件名为桌子），逻辑树中包含该模型的所有命令和草图等内容，可对这些内容进行复制、剪切、粘贴和重命名等操作。

模型模块的下半部分为属性模块，可分为视图和数据两部分，均有对应的属性和值。视图和数据中的属性由于翻译得不是很完全，大部分属性仍为英文。视图中的属性主要表

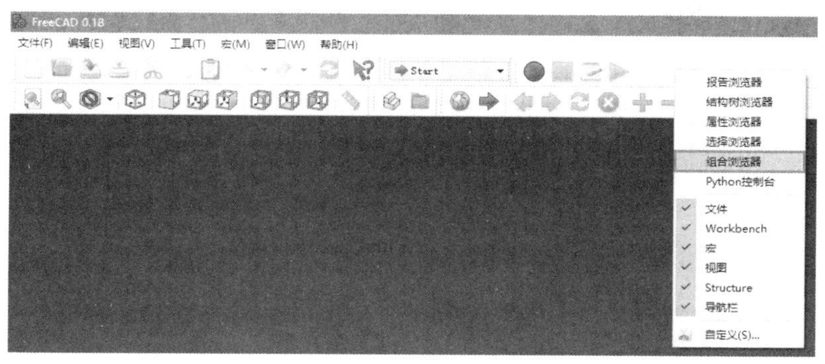

图2-10　右击工具栏可打开或关闭组合浏览器

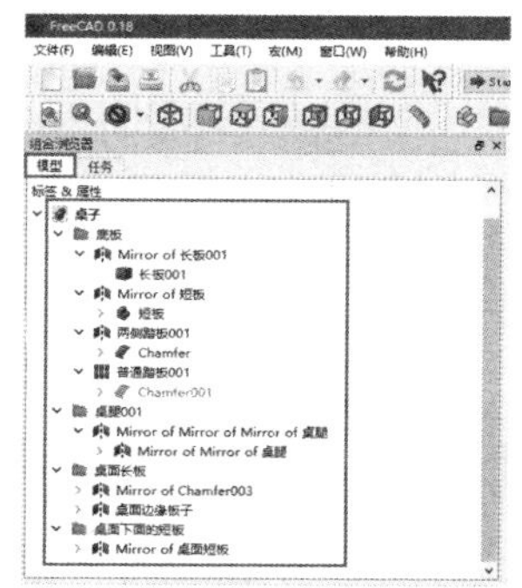
图2-11　模型模块中的逻辑树

示的是模型的线宽、线的颜色、点的尺寸、点的颜色、形状颜色、透明度、可见度等指标，见图2-12；数据中的属性主要描述零件的特征、位置及旋转方面的参数，见图2-13，建模过程中会经常更改视图和数据中的属性。

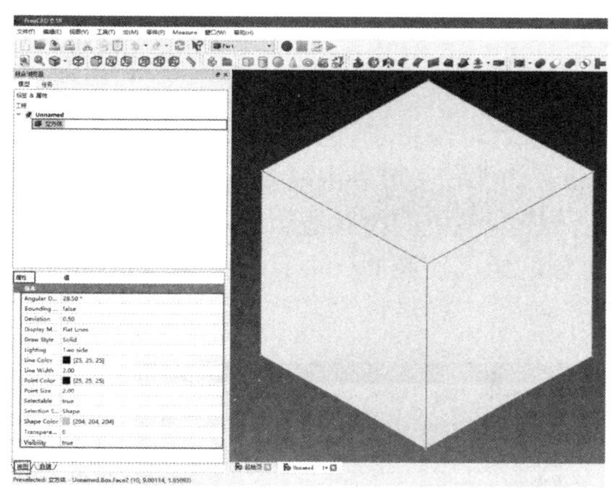
图2-12　视图中的属性

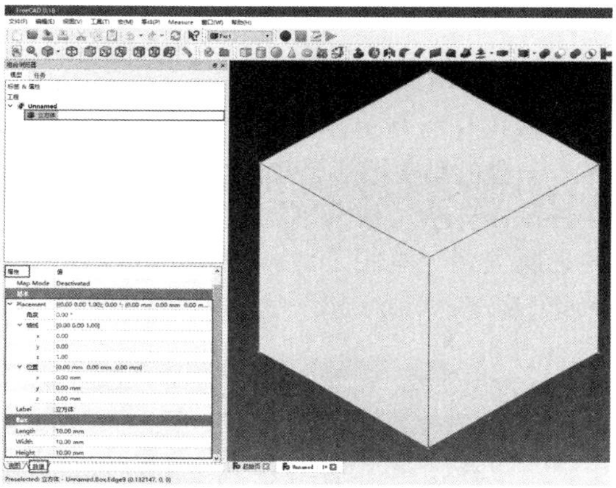

图2-13　数据中的属性

任务模块显示在当前条件下可以执行的命令。不同的工作台，任务模块显示的命令不同，即便是同一个工作台，情况不同，显示的命令也不同。见图2-14，左侧为Part Design工作台的初始任务模块，中间为Draft工作台的初始任务模块，右侧为Draft工作台中选中线条后的任务模块。

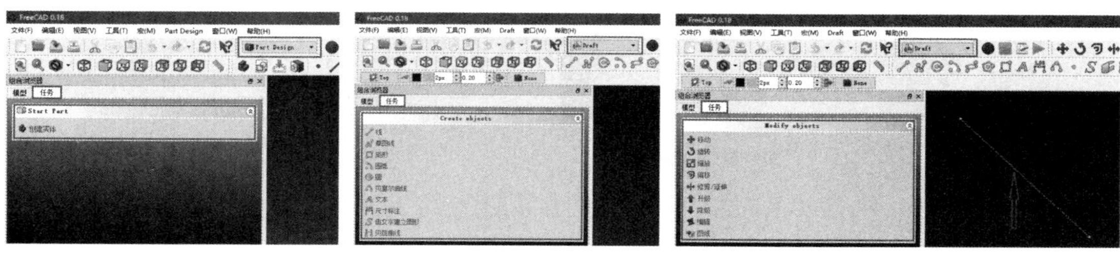
图2-14　组合浏览器中的任务模块

（6）导航模式 CAD▾

由于市面上的三维建模软件众多，且每种建模软件的鼠标操作方式各不相同，所以

FreeCAD集成了市面上主流建模软件的各种鼠标操作方式，见图2-15，用户只需点击导航模式右侧的下拉箭头，选择较为熟悉的操作方式即可，避免了不同建模软件因鼠标操作方式的不同而带来的操作不便。如果用户为初学者，以前并未接触过此类软件，建议选择“CAD”作为操作方式。要了解各种软件的鼠标操作方式，只需将鼠标移动到导航模式 CAD 图标上稍作停留，则显示相应软件的导航样式，包括选择、缩放、旋转和平移，见图2-16。

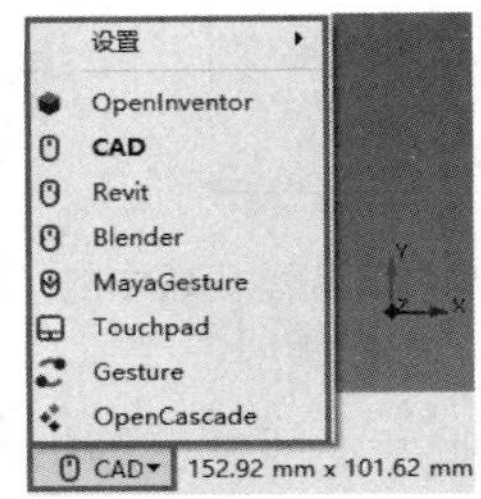

图2-15　FreeCAD可选择其他软件的操作方式

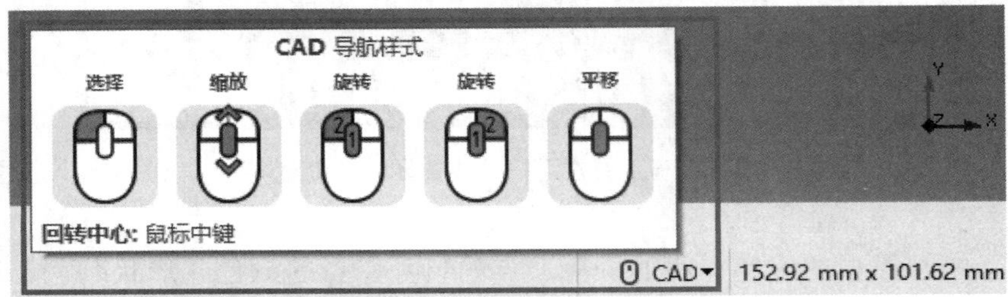

图2-16　鼠标稍作停留可显示相应的导航样式

（7）Structure

总共有两个图标。代表一个Part，表示创建新的可编辑零件并激活，可以理解为部件，一台机器由很多个Part（部件）组成，每个Part（部件）又可以由很多不同的Body（，在Part Design工作台下，可以理解为零件）组成，模型模块的树状逻辑图很好地展示了这种隶属关系，见图2-17。表示创建用于排序对象的组，可将Part中具有某些相似特征的部分归纳汇总到一起，见图2-18。

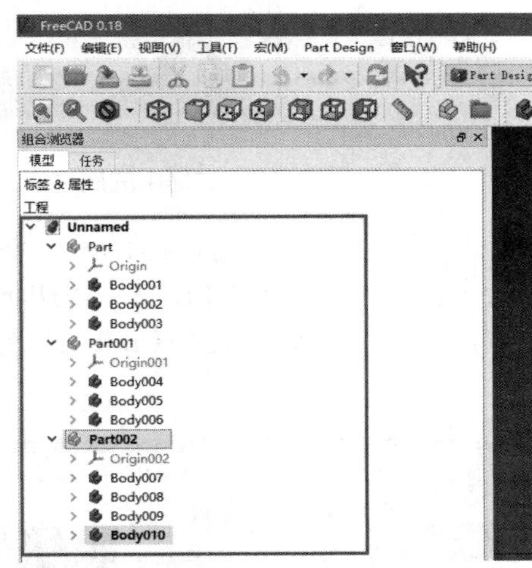

图2-17　Part和Body

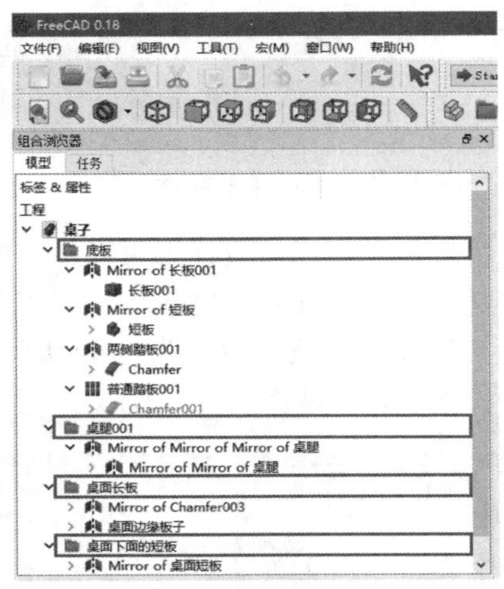

图2-18　排序对象的组

（8）宏

包括宏的打开、录制、运行和编辑。

（9）新建文件

新建一个FreeCAD文件，后缀名为FCStd。

（10）历史文件

包含最近打开过的FreeCAD文件。

（11）实例

FreeCAD自带的各种工作台应用实例。

（12）导航栏

FreeCAD自带的网页浏览器，可登录FreeCAD的官网。

2.2 FreeCAD的基本操作

2.2.1 选择操作

（1）模型上平面的选择

① 打开FreeCAD，点击新建文件，工作台选择Part，点击“建立一个立方实体”图标，新建一个立方体，如图2-19。

② 鼠标左键点击立方体的任意一个面，则该平面的颜色变绿，意味着选择成功，见图2-20；若要选择多个平面，可先按住Ctrl键，再点击要选择的多个平面，见图2-21；FreeCAD中很多命令需要先选中某个平面，再进行后续操作，因此平面的选择是一个非常重要的步骤。

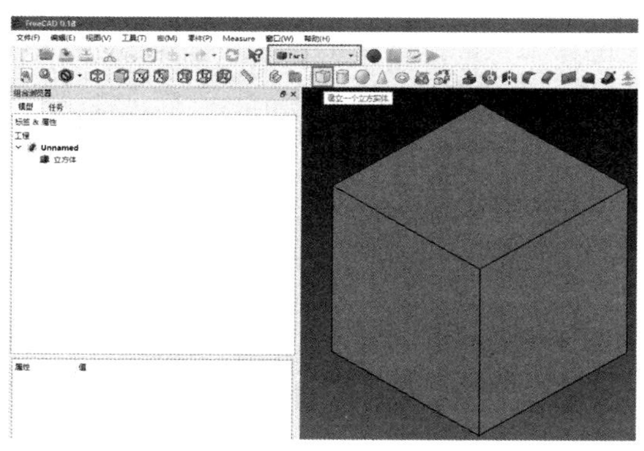

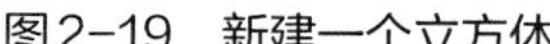

图2-19 新建一个立方体

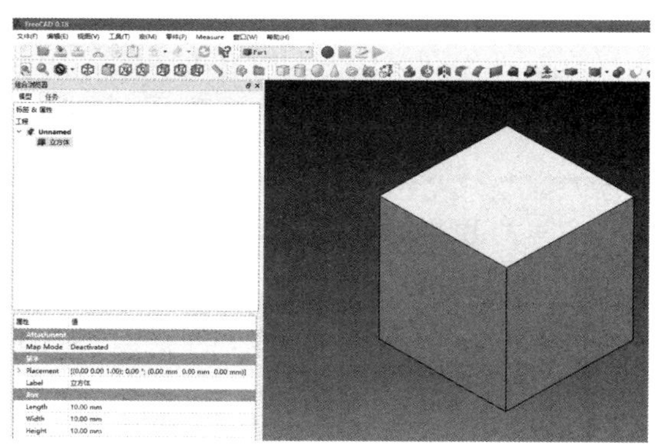

图2-20 立方体上平面的选择

（2）模型的选择

① 打开FreeCAD，工作台选择Part，点击“建立一个立方实体”图标，新建一个立方体；再点击“创建球体”图标，新建一个球体，如图2-22。

② 鼠标左键点击组合浏览器中模型模块的立方体图标 立方体 或球体图标 球体，则选中模型的颜色变绿，意味着选择成功，见图2-23；若要选择多个模型，可先按住Ctrl键，再点击要选择的多个模型，见图2-24；同样，模型的选择也是进行各种命令操作的前提，是一个非常重要的步骤。

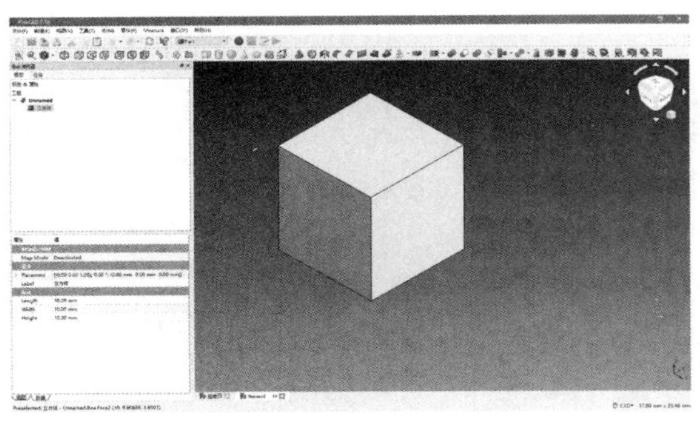

图2-21　立方体上多个平面的选择

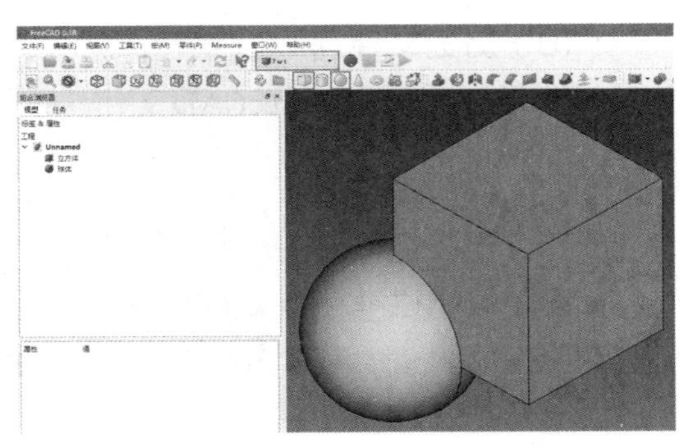

图2-22　新建的立方体和球体

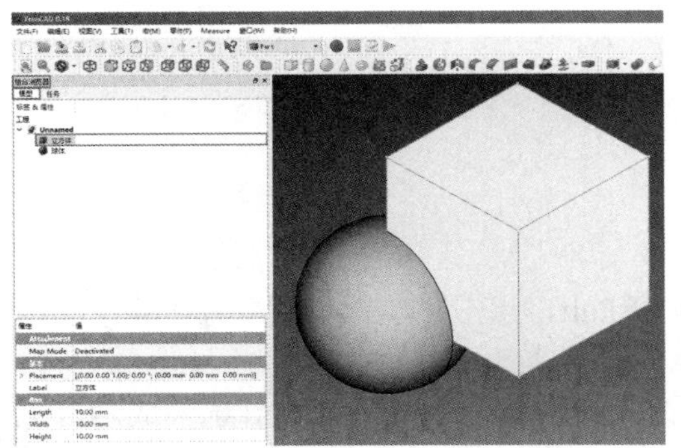

图2-23　鼠标点击进行模型的选择

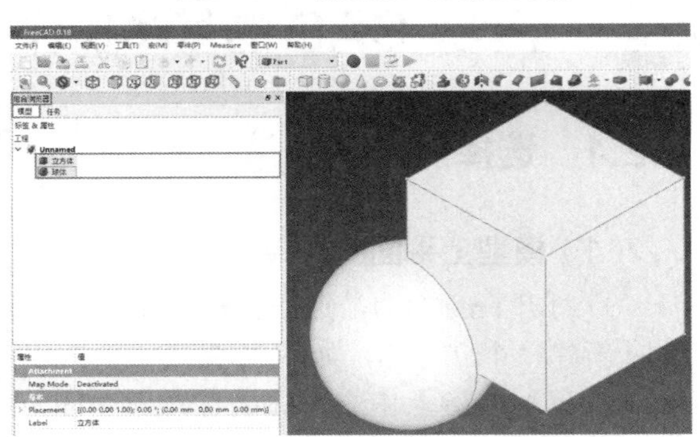

图2-24　按住Ctrl键点击进行多个模型的选择

2.2.2　缩放操作

鼠标在绘图区域内，向前滚动鼠标的滚轮，则放大绘图区域中的模型；向后滚动鼠标滚轮，则缩小绘图区域中的模型，见图2-25和图2-26。

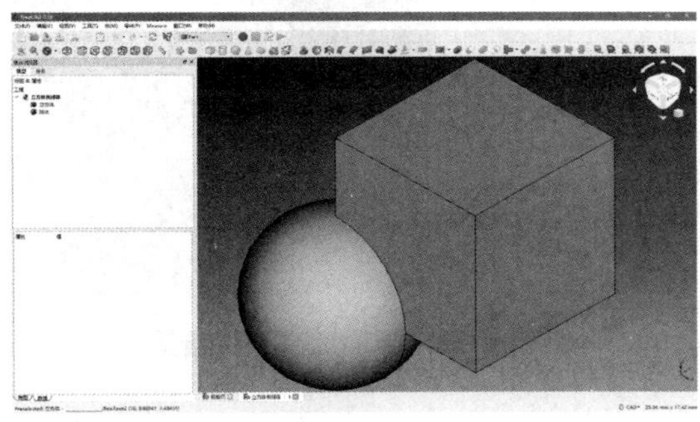

图2-25　向前滚动鼠标的滚轮为放大

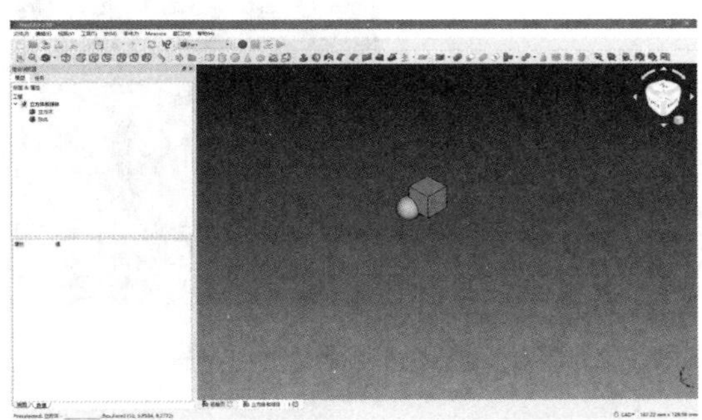

图2-26　向后滚动鼠标滚轮为缩小

2.2.3　旋转操作

旋转操作共有3种常用的方法，对于初学者建议采用第三种方法进行旋转操作。

第一种方法：鼠标在绘图区域先按下鼠标滚轮，鼠标变成四向箭头，接着按下鼠标右键，鼠标变成上下两个旋转箭头，移动鼠标，则模型可按移动方向进行旋转。

第二种方法：鼠标在绘图区域先按下鼠标滚轮，鼠标变成四向箭头，接着按下鼠标左键，鼠标变成上下两个旋转箭头，移动鼠标，则模型可按移动方向进行旋转。

第三种方法：Shift键+鼠标右键，鼠标直接变成上下两个旋转箭头，移动鼠标，则模型可按移动方向进行旋转。

2.2.4　平移操作

平移操作有2种常用的方法，对于初学者建议采用第二种方法进行平移操作。

第一种方法：鼠标在绘图区域先按下鼠标滚轮，鼠标变成四向箭头，移动鼠标，则模型可按移动方向进行平移。

第二种方法：Ctrl键+鼠标右键，鼠标变成四向箭头，移动鼠标，则模型可按移动方向进行平移。

2.2.5　空间中任意点的创建

① 打开FreeCAD，点击新建文件，工作台选择Draft，视图选择“俯视图”；点击“创建点对象”图标，在任务模块中可直接输入点的空间坐标，例如（10，10，10）（只需输入数字，按回车即可），再点击“输入点”按钮 输入点 完成点的创建，见图2-27；如要输入多个点，则勾选“继续”复选框后，可继续输入后续点的坐标，完成后点击“Close”退出。

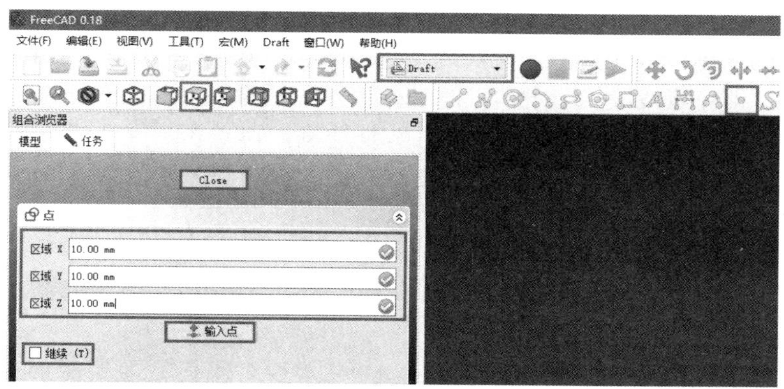

图2-27　点的生成

② 点击组合浏览器模型模块中的 Point 图标，则该点被选中，颜色变绿；点击属性模块的“数据”按钮，可更改点的空间坐标，见图2-28；点击“视图”按钮，可更改该点的颜色、尺寸和可见性等特征属性，见图2-29；通过Shift键+鼠标右键，旋转可观察到该点在空间中的位置，点击“俯视图”恢复。

2.2.6　空间中线段的创建

（1）直角坐标法

打开FreeCAD，点击新建文件，工作台选择Draft，工作平面设置为XY，视图选择

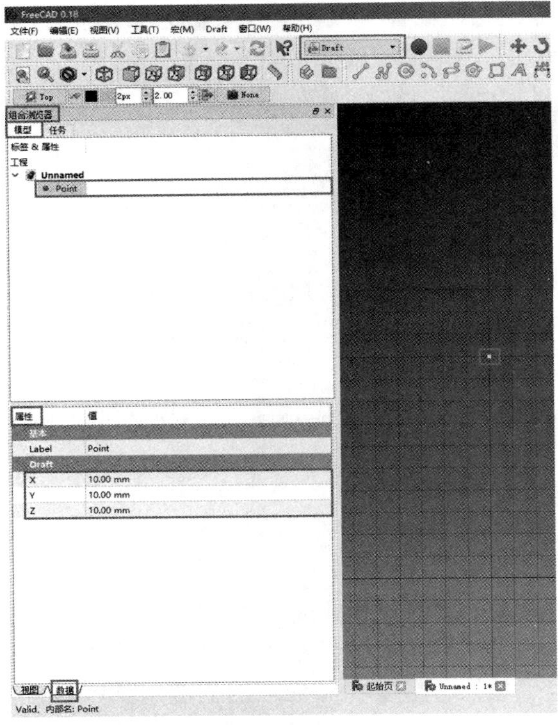

图2-28　更改点的空间坐标

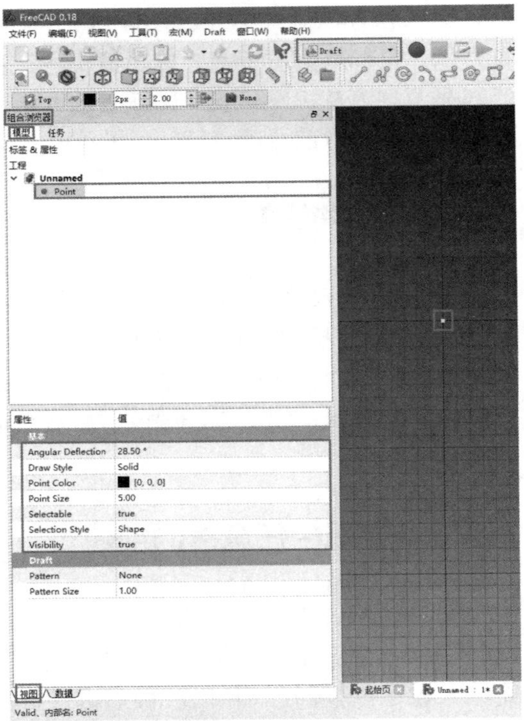

图2-29　更改点的其他特征属性

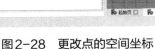

“俯视图”，点击“创建线段”图标，左侧任务栏中出现“线”对话框，输入线段第一个端点的空间坐标（0，0，0），只需逐个输入数字，按回车键即可，再点击“输入点”按钮，即完成线段第一个端点的坐标输入，见图2-30；紧接着输入线段第二个端点的坐标（10，10，10），不要勾选“相对”复选框，再点击“输入点”按钮，见图2-31，即完成线段的创建，结果见图2-32；通过Shift键+鼠标右键，可旋转观察线段在三维空间中的位置，点击“俯视图”恢复。

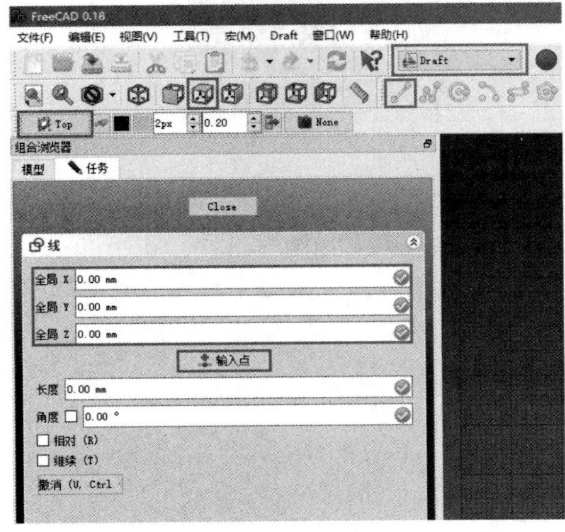

图2-30　输入线段第一个端点的坐标

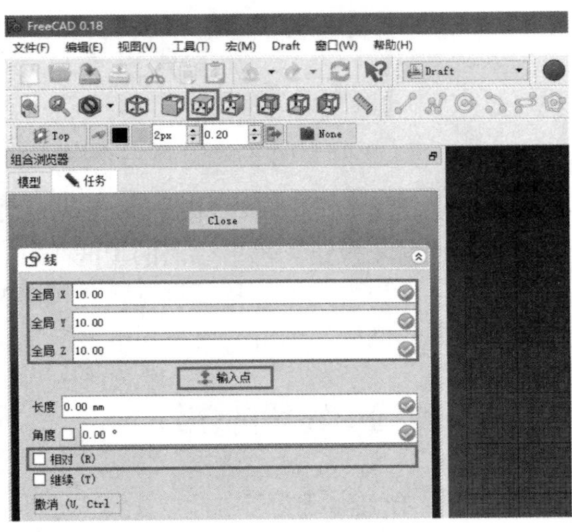

图2-31　输入线段第二个端点的坐标

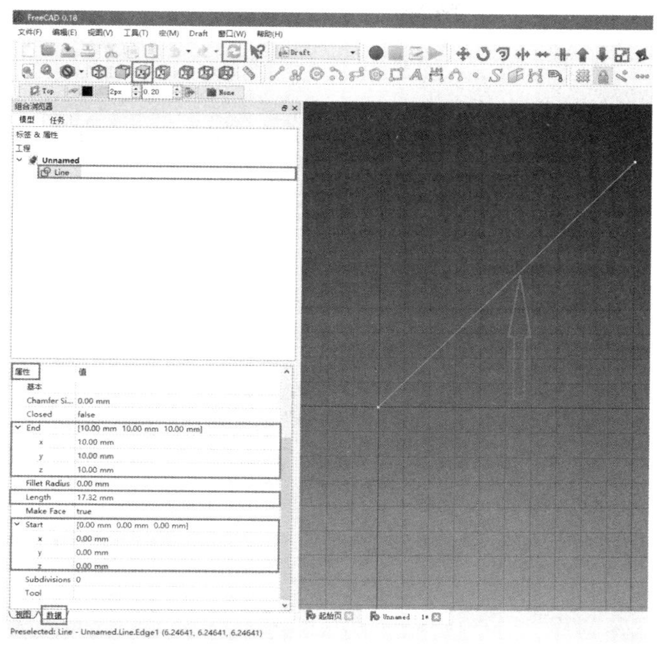

图2-32　线段两个端点坐标的修改

图2-30和图2-31中，假如勾选了“相对”复选框，则意味着启用了相对模式，即第二个端点的坐标是以第一个端点的位置作为坐标系原点的；如果没有勾选“相对”复选框，则第一个端点与第二个端点的坐标值都是相对于原点坐标（0，0，0）的位置。“继续”复选框的含义是指线段创建完成之后，“创建线段”的命令将重新启动，从而可以继续绘制另一条线段，无需再次点击“创建线段”图标。启用“继续”命令只需点击选中复选框即可。

对于已经创建完成的线段，若要对其进行修改和编辑，可以在绘图区域中点击该线段或者点击组合浏览器中模型模块的 Line 图标，选中后线段的颜色变绿，见图2-32；点击属性模块的“数据”按钮，则出现线段的“Start”和“End”坐标，点击“Start”和“End”左侧的右向箭头›，在X、Y、Z中输入新的坐标值，则完成对线段两个端点坐标值的修改；更改属性Length的数值后点击刷新图标，可按原方向延长或缩短线段的长度。

注意

① 此例中由于线段第一个端点的空间坐标为（0，0，0），与原点坐标重合，所以勾选“相对”复选框和没有勾选“相对”复选框，所绘制的线段完全相同；但如果线段第一个端点的坐标不是原点坐标，则勾选“相对”复选框和没有勾选“相对”复选框，所绘制的线段也并不相同，读者可自行尝试。

② 建议初学者采用直角坐标法绘制线段时，不要勾选“相对”复选框，只需通过输入线段两个端点坐标值绘制出线段即可。设置工作平面的内容详见第6章6.4.1。

（2）极坐标法

打开FreeCAD，点击新建文件，工作台选择Draft，工作平面设置为XY，视图选择

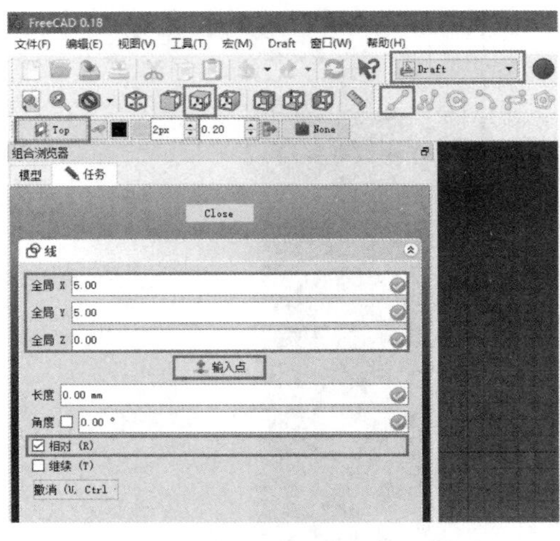

图2-33　极坐标法输入线段的第一个端点

"俯视图"，点击"创建线段"图标，左侧任务栏中出现"线"对话框，输入极坐标法第一个端点的空间坐标（5，5，0），勾选"相对"复选框，再点击"输入点"按钮 输入点，即完成极坐标法第一个端点的坐标输入，见图2-33；勾选"角度"旁边的复选框，将角度设定为30°，长度设定为20mm，再点击"输入点"按钮 输入点，完成极坐标法第二个端点的坐标输入，见图2-34；极坐标法创建的线段见图2-35；通过Shift键+鼠标右键，可旋转观察线段在三维空间中的位置，点击"俯视图"恢复。

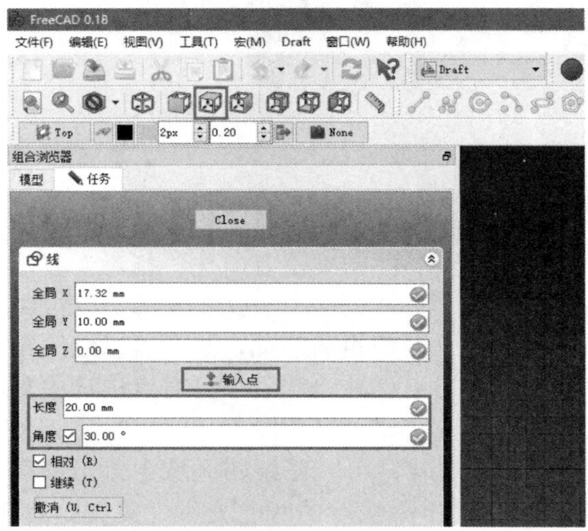

图2-34　极坐标法输入线段的第二个端点

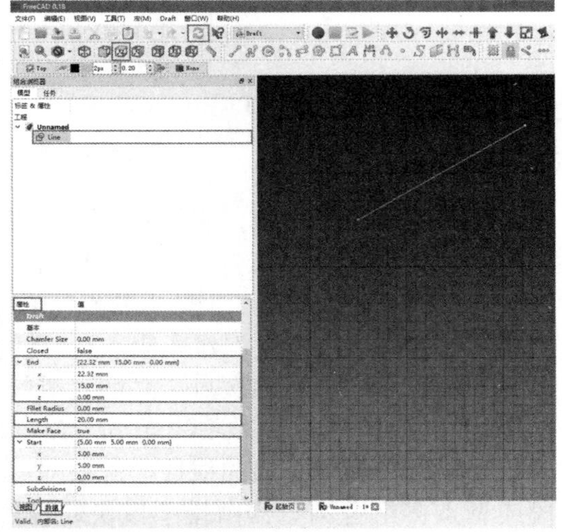

图2-35　极坐标法创建的线段

点击该线段或者点击组合浏览器中模型模块的 Line 图标，选中后线段的颜色变绿，见图2-35；点击属性模块的"数据"按钮，则出现线段的"Start"和"End"坐标，点击"Start"和"End"左侧的右向箭头›，在X、Y、Z中输入新的坐标值，则完成对线段两个端点坐标值的修改；更改属性Length的数值后点击刷新图标，可按原方向延长或缩短线段的长度。

注意

建议初学者采用极坐标法绘制线段时，勾选"相对"复选框。

2.2.7　空间中平面的创建

打开FreeCAD，点击新建文件，工作台选择Part，点击"创建参数化的几何图元"图标，任务模块中出现对话框，在几何图元中选择“平面”，输入平面的长度和宽度，点击“位置”右侧的向上双箭头，在位置中输入平面的起始位置及方向，点击“创建”按钮，见图2-36；如要继续创建平面，则重新输入以上参数，再次点击“创建”按钮；如果创建完毕，则点击“Close”关闭对话框，结果见图2-37；通过Shift键+鼠标右键，可旋转观察平面的空间位置，通过视图工具栏可观察到该平面在各个视图下的形状。

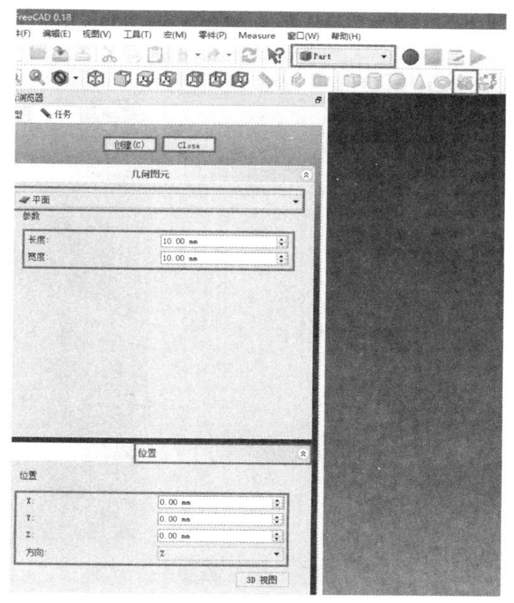

图2-36　平面的创建

对于已经创建完成的平面，若要对其进行修改和编辑，可以在绘图区域中点击该平面或者点击组合浏览器模型模块中的平面图标，选中后平面的颜色变绿，见图2-38，点击属性模块的“数据”按钮，依次点击“Placement”/“轴线”和“位置”左侧的右向箭头›，则出现平面的位置、角度及轴线属性，在角度、轴线和位置的X、Y、Z中输入新的数值，则完成对平面位置和角度的修改；更改“Length”和“Width”属性的值可改变平面的长和宽；角度的修改详见2.2.8。

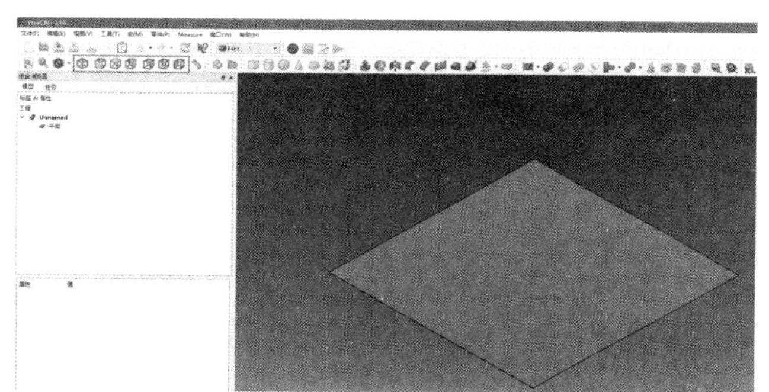

图2-37　平面创建完成

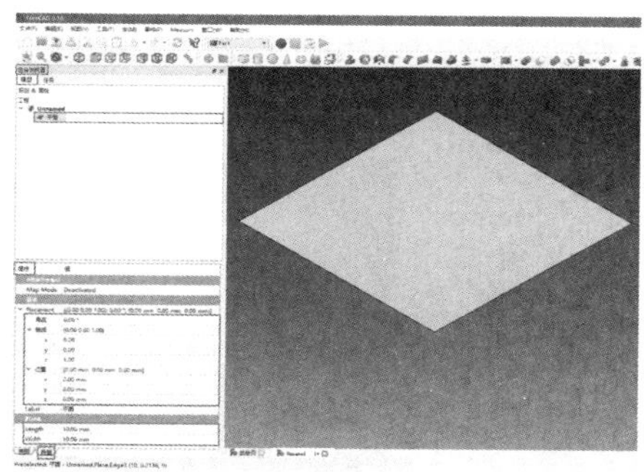

图2-38　平面参数的编辑和修改

2.2.8　简单几何体的位置及特征参数的编辑

① 新建圆柱体：打开FreeCAD软件，点击新建文件，工作台选择Part工作台，点击“创建圆柱体”图标，结果如图2-39所示；如果显示为圆形或长方形，则点击轴测图图标，以轴测图的方式显示圆柱体。

② 选中圆柱体：点击组合浏览器模型模块中的圆柱体图标，则圆柱体被选中，颜色变绿；点击属性模块的数据按钮，则出现圆柱体的半径、高度、角度等属性；依次点击“Placement”/“轴线”和“位置”左侧的右向箭头›，则出现圆柱体的位置、角度及轴线属性，见图2-40。

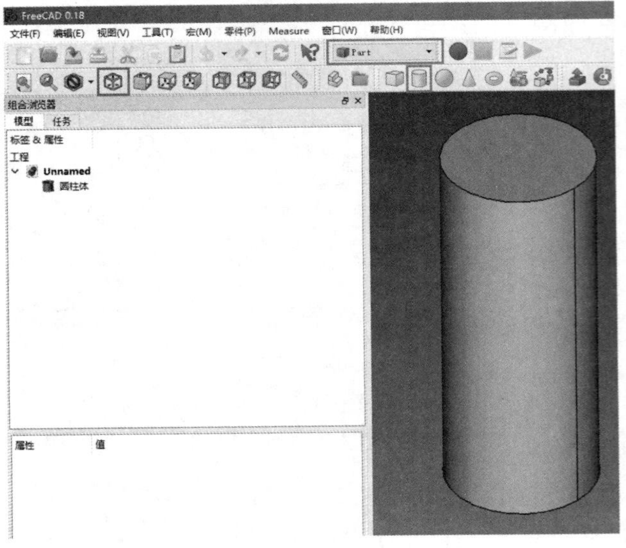

图2-39　新建一个圆柱体

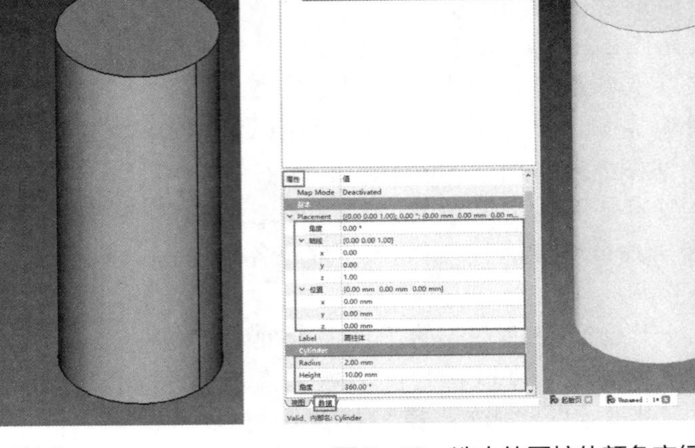

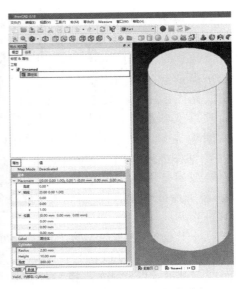

图2-40　选中的圆柱体颜色变绿

③ 更改圆柱体的特征：点击Radius属性的值，更改为10mm；点击Height属性的值，更改为2mm；点击角度属性的值，更改为300°，结果如图2-41所示。如果无法看到圆柱体的全部，则点击显示全部图标。

④ 更改位置：依次将位置属性中的X、Y、Z值更改为10，则圆柱体的位置发生改变，见图2-42。

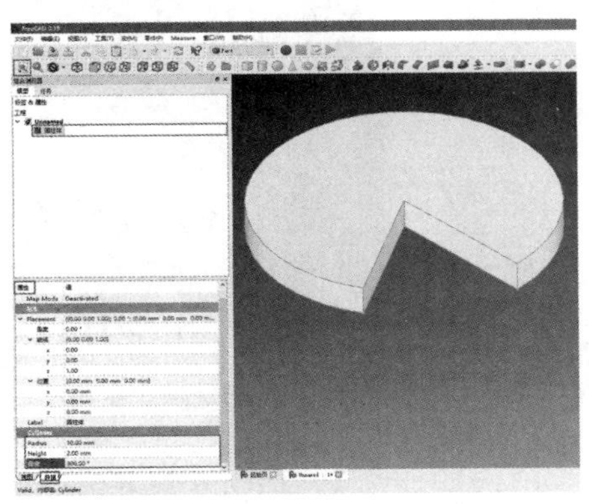

图2-41　改变圆柱体的特征

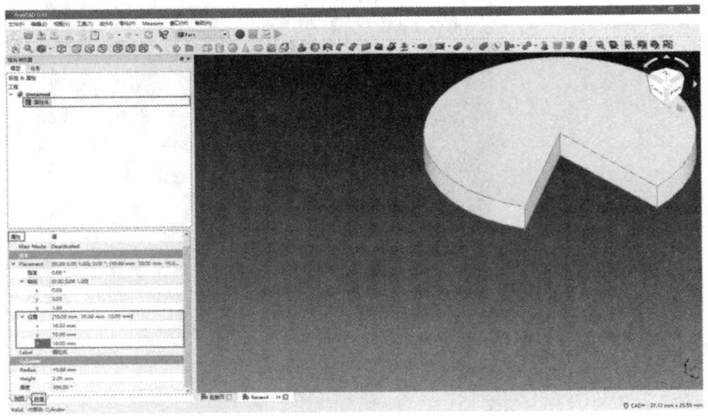

图2-42　更改圆柱体的位置

⑤ 更改圆柱体的角度：一般情况下，轴线默认为x=0，y=0，z=1，意味着模型的旋转将会以z轴为轴线。此例中，更改为x=1，y=0，z=0，输入角度45°，则模型以x轴为轴线旋转45°，见图2-43；如果更改为x=1，y=1，z=1，则意味着模型分别以x、y、z轴为轴线旋转45°，见图2-44；当更改为x=0，y=0，z=1时，则模型以z轴为轴线，逆时针旋转；当输入x=0，y=0，z=−1时，则模型以z轴为轴线，顺时针旋转；更改x轴与y轴亦是如此。

其他几何体，如球体、立方体、圆锥体和圆环体，创建过程与圆柱体类似，读者可自行尝试创建。

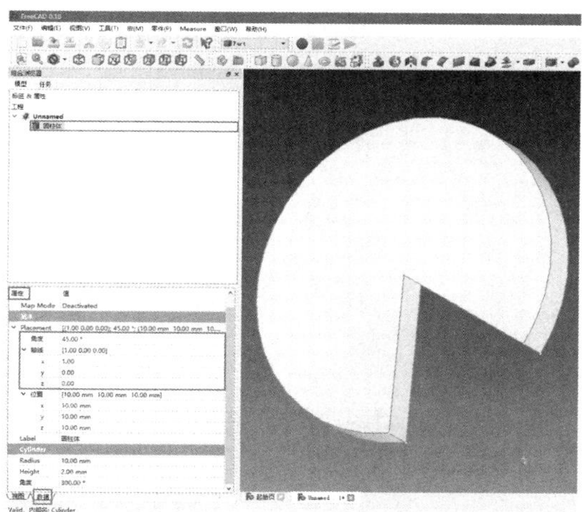

图2-43　以x轴为轴线旋转45°

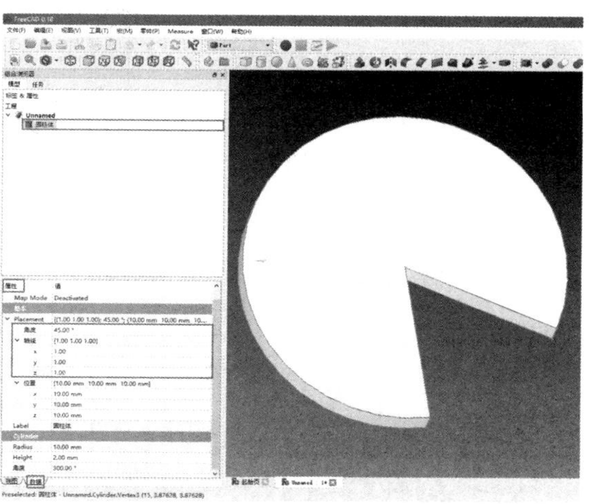

图2-44　以x、y、z轴为轴线旋转45°

第3章

Part Design 工作台中二维图形的绘制

扫码观看
本章视频

3.1 Part Design工作台简介

Part Design工作台主要通过对平面草图进行各种三维操作，进而可构建出各种复杂的三维立体模型，其中的重点在于Part Design工作台内嵌了一个Sketcher（草图）工作台。Sketcher工作台不同于以往的CAD平台，它以绘制的各种几何图形元素为基础，并对其进行各种约束使其达到完全约束的状态，以此来完成二维平面图形的绘制，再利用Part Design工作台中的各种命令对二维平面图形进行三维操作，通过各种三维操作的叠加，最终完成复杂三维立体模型的构建。

3.2 Part Design工作台界面介绍

打开FreeCAD，点击新建文件，工作台选择Part Design，操作界面如图3-1所示。Part Design帮助工具栏和Part Design模型工具栏中的各个命令需要以Sketcher（草图）工作台

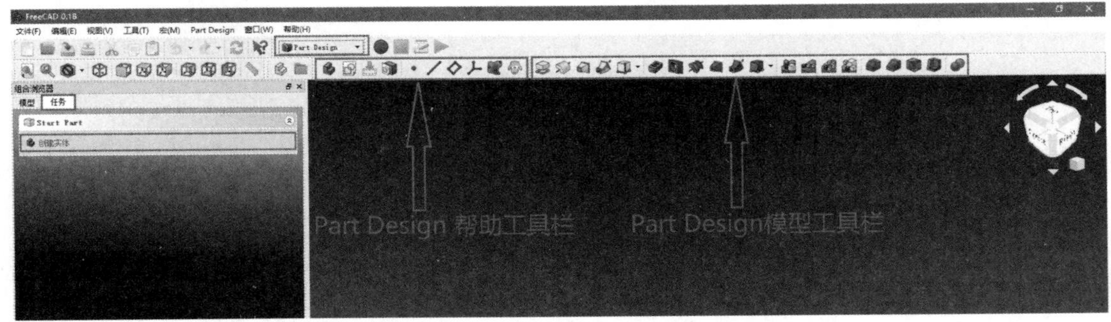

图3-1 Part Design操作界面

所绘制的二维平面图形为基础进行操作，这些内容将在第4章中重点讲解，本章重点介绍Sketcher（草图）工作台中的各命令图标。

3.3 Sketcher（草图）工作台简介及界面介绍

① 打开FreeCAD，点击新建文件，工作台选择Part Design，在任务栏中点击“创建实体”，或者直接点击“创建并激活一个新的可编辑实体”图标，见图3-2。

② 在任务栏中点击“创建草图”，或者直接点击“创建新草图”图标，见图3-3。

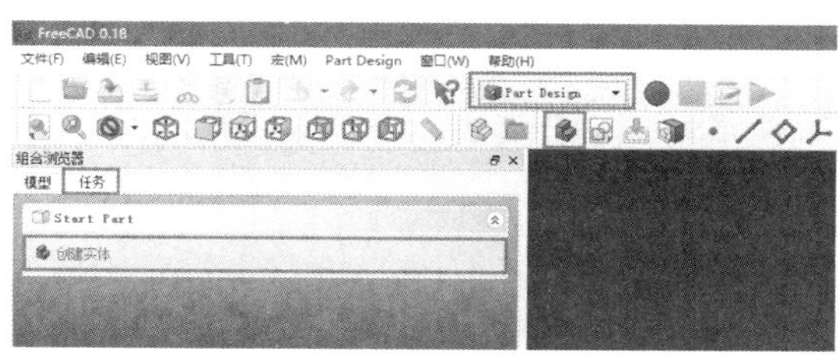

图3-2　创建草图第一步

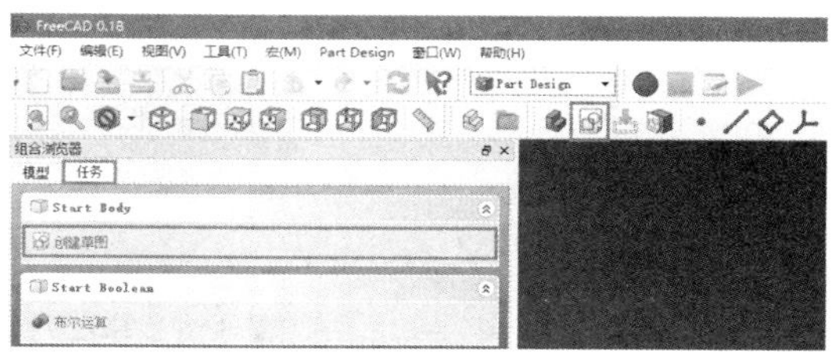

图3-3　创建草图第二步

③ 进入草图选择界面，可在任务栏选择相应的草图，*XY*平面即为俯视草图，*XZ*平面即为正视草图，*YZ*平面即为左视草图，或者在右侧绘图区域中点击相应的草图边框进行选择，选中相应草图后，该草图的边框颜色变绿，点击任务栏“OK”完成选择，此例中选择XY_Plane，见图3-4；如果绘图区域显示为田字格，可点击轴测图图标，则显示与图3-4相同的界面。

④ 进入Sketcher（草图）工作台界面。Sketcher工作台界面中最主要的工具栏为“草图几何体”工具栏和“草图约束”工具栏，见图3-5。“草图几何体”工具栏中有点、线、圆、圆弧、矩形等几何元素图标，“草图约束”工具栏中有水平约束、竖直约束、角度约束、距离约束等众多约束命令图标；“草图几何体”工具栏和“草图约束”工具栏中的所有命令图标及作用分别见表3-1和表3-2。

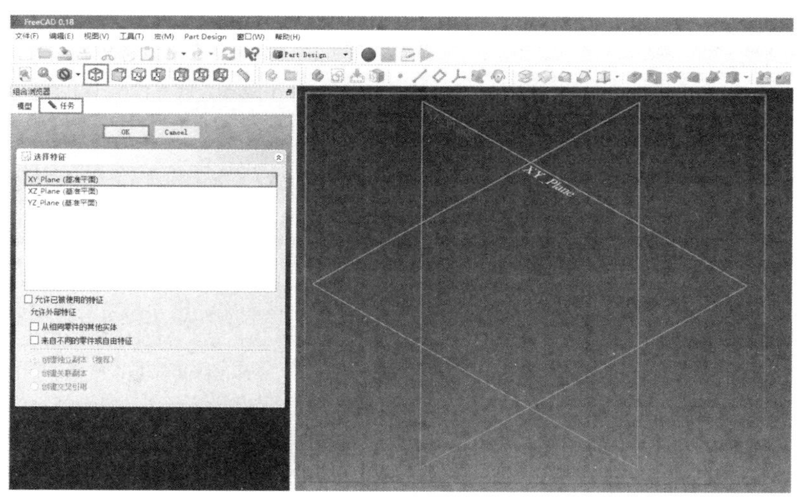

图3-4　草图选择界面

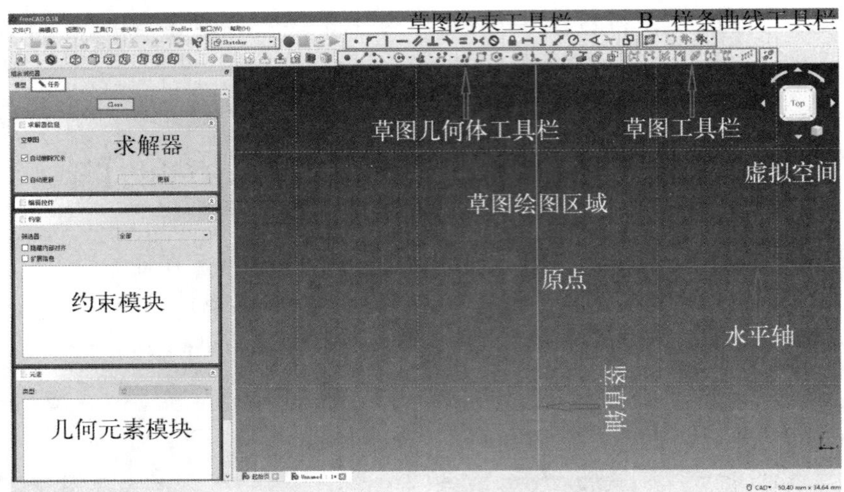

图3-5　草图界面

表3-1　草图几何体工具栏命令及作用

草图几何体工具栏命令	作用
	点：创建一个点，但须注意草图中创建的点在其他工作台中不可用
	线段：创建一条线段
	圆弧：圆心法创建圆弧
	圆弧：三点法创建圆弧
	圆：圆心法创建圆
	圆：三点法创建圆
	椭圆：以中心-长径-短径法绘制椭圆
	椭圆：以三点法创建椭圆，前两点确定长径，后一点确定短径
	椭圆弧：以中心、长径、起点和终点为顺序绘制椭圆弧
	双曲线弧：以主半径圆心、顶点、起点和终点为顺序绘制双曲线弧
	抛物线弧：以焦点、顶点、起点和终点为顺序绘制抛物线弧
	B 样条曲线：创建 B 样条曲线
	周期 B 样条曲线：创建闭合 B 样条曲线
	折线：创建折线，多次按“M”键可切换为垂直、圆弧等线条
	矩形：创建矩形

续表

草图几何体工具栏命令	作用
	正三角形：点击确定中心点和一个角的顶点来绘制等边三角形
	正四边形：通过点击确定中心和一个角的顶点来绘制正方形
	正五边形：通过点击确定中心和一个角的顶点来绘制正五边形
	正六边形：通过点击确定中心和一个角的顶点来绘制正六边形
	正七边形：通过点击确定中心和一个角的顶点来绘制正七边形
	正八边形：通过点击确定中心和一个角的顶点来绘制正八边形
	正多边形：通过点击确定中心和一个角的顶点来绘制正多边形
	跑道形线条：创建跑道形线条
	倒圆角：创建圆角
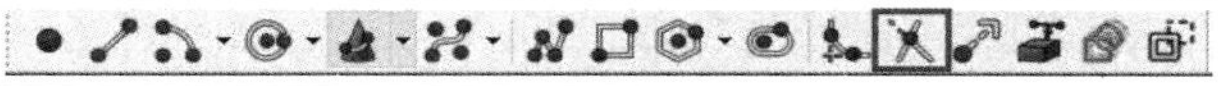	修剪：用于将线段缩短至两条线段的交点
	延伸：用于延长线条
	创建关联边：用于在实体表面进行草图绘制时标明实体的边界
	复制：将其他草图中的所有几何图形和约束复制到活动草图
	构造线：构造线模式下，所绘制的线条不会用于三维建模操作

表3-2 草图约束工具栏命令及作用

草图约束工具栏命令	作用
	重合约束：将两个端点重合，多用该约束连接两条线段
	点线约束：将点固定在线段、圆、圆弧或关联边等对象上
	竖直约束：对所选线段或折线创建竖直约束
	水平约束：对所选线段或折线创建水平约束
	平行约束：对选定的线段或边创建平行约束
	垂直约束：对两条选定的线段或曲线创建垂直约束
	相切约束：使一条线段或曲线相切于另一条曲线
	相等约束：使多条线段长度相等，或使多个圆弧半径相等

续表

草图约束工具栏命令	作用
	对称约束：使选定的两个点相对一条线或一个点对称
	约束块：将几何元素一次性完全约束，多用于B样条曲线
	锁定约束：对选定的点同时进行水平约束和竖直约束
	水平距离约束：将线段两点或点与原点的水平距离约束固定
	竖直距离约束：将线段两点或点与原点的竖直距离约束固定
	距离约束：将线段长度、点与点或点与线的距离约束固定
	半径约束：对圆或圆弧的半径约束固定
	直径约束：对圆或圆弧的直径约束固定
	角度约束：约束线段的斜率、线与线的角度或圆弧角度
	折射约束：使直线模拟光线穿过介质时遵循的折射定律
	参考约束：将尺寸约束转为参考模式，尺寸约束图标变蓝

Sketcher（草图）界面中，水平轴用红色的线条表示，竖直轴用绿色的线条表示，水平轴不一定代表X轴，也有可能代表Y轴，例如在左视草图中，Y轴代表水平轴，Z轴代表竖直轴；同样，竖直轴也不一定代表Y轴，也有可能代表Z轴，例如在俯视图中，竖直轴为Y轴，正视图中竖直轴为Z轴，见图3-4和图3-5。

任务栏中的求解器主要显示草图的自由度，图3-5的绘图区域中没有任何几何元素，所以显示为空草图；若绘图区域中有几何元素尚未完全被约束，则求解器中显示该几何元素的自由度，见图3-6，其中有4个自由度，此时用鼠标拖动该几何元素，可以帮助判断该几何元素有哪些方向尚未被约束；若绘图区域所有几何元素均被完全约束，则求解器中用绿色字体显示完全约束的草图，且几何元素也变为绿色，见图3-7。完全约束的草图或

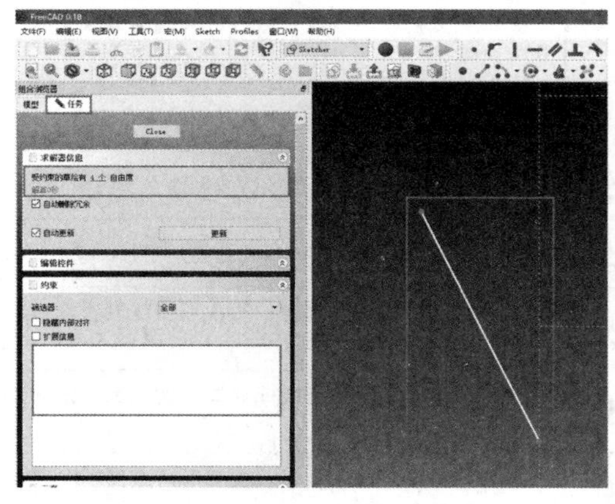

图3-6　尚未完全约束的草图

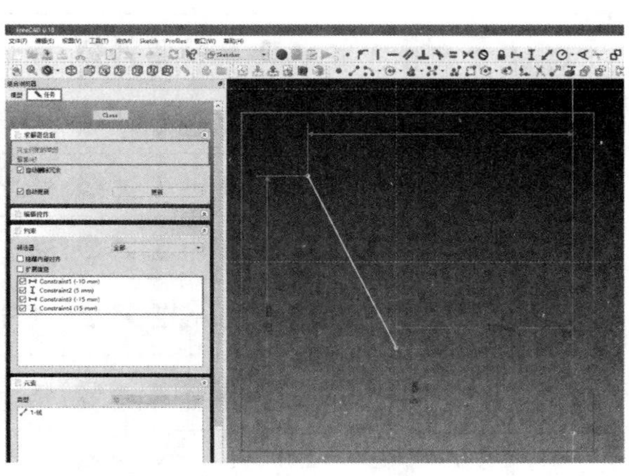

图3-7　完全约束的草图

未完全约束草图，点击“Close”后，均可以用Part Design模型工具栏中的各种命令图标进行后续操作。

任务栏中的约束模块显示的是绘图区域中所有几何元素的约束条件，图3-6中可见绘图区域中的几何元素（线段）没有任何约束；而在图3-7中可见几何元素（线段）有2个水平约束，分别为−10mm和−15mm，另有2个竖直约束，分别为5mm和15mm。当几何元素较多时，为便于区分，可在约束模块中右键点击相应的约束条件，重命名该约束条件。

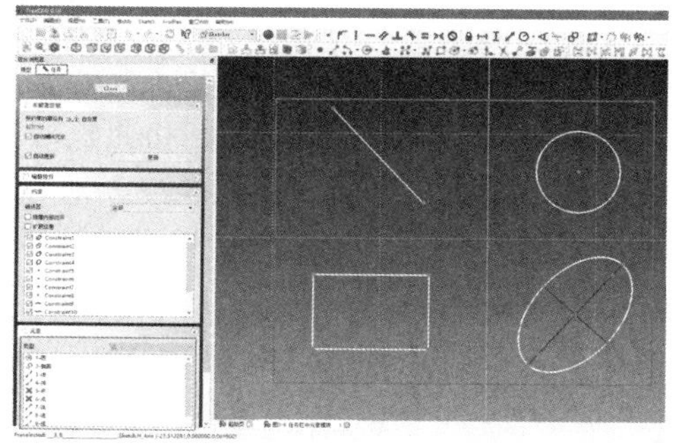

图3-8　任务栏中的几何元素模块

任务栏中的几何元素模块显示的是绘图区域所有的几何元素，包括点、线、圆、圆弧、椭圆等，见图3-8。

3.4 Sketcher（草图）工作台中几何元素与约束的联合应用

通过Sketcher（草图）中几何元素与约束的联合应用，可以构造出任意形状的二维图形，点击“Close”后再应用Part Design模型工具栏中的命令对二维图形进行三维操作，最终形成特征不同的三维模型。限于篇幅所限，本书仅对每个几何元素的经典约束进行介绍，初学者在融会贯通之后可自行尝试其他约束。

3.4.1 点的完全约束

① 进入草图界面，点击草图几何体的点图标 ● 。

② 鼠标在绘图区域中的适当位置点击，则出现点，同时几何元素模块中也出现点的对象，见图3-9。

③ 点击绘图区域中的点和原点，则点和原点的颜色变绿，点击约束工具栏的水平距离约束图标 ⟷ ，出现“插入长度”对话框，长度中已有的数字为现有的水平距离，可进行修改，输入长度值为10mm，见图3-10，点击“OK”退出后，左侧约束模块中出现该点

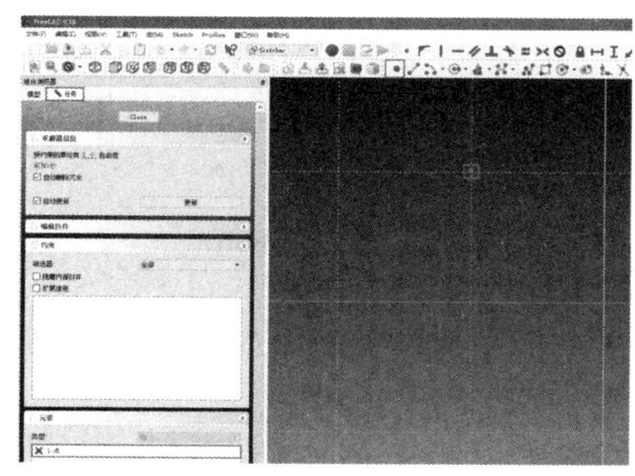

图3-9　创建一个点

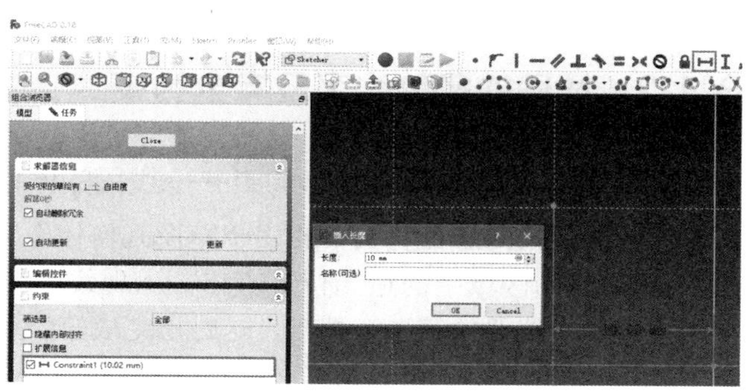

图3-10　对该点进行水平距离约束

的水平距离约束。为防止约束太多而造成约束名称混淆，可在“插入长度”对话框的“名称（可选）”中输入对该点水平距离约束的描述。

④ 点击绘图区域中的点和原点，则点和原点的颜色变绿，点击约束工具栏的竖直距离约束图标I，出现“插入长度”对话框，步骤与水平距离约束一致，输入长度为10mm，见图3-11，点击“OK”，则完成对该点的完全约束，该点的颜色变为绿色，求解器中显示“完全约束的草图”，左侧约束模块中有该点的水平距离和竖直距离两个约束，左侧几何元素模块中显示该几何元素为一个点，点击“Close”可退出草图界面，见图3-12。

图3-11　对该点进行竖直距离约束

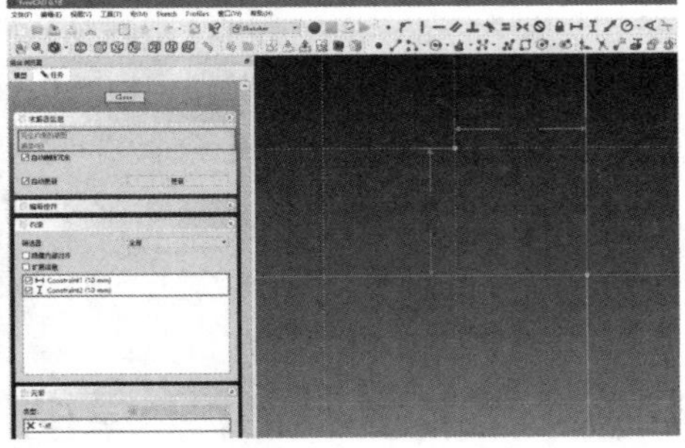

图3-12　完成对该点的完全约束

注意

① 也可以先点击约束工具栏的锁定约束图标，再点击绘图区域中的点，则同时出现水平距离约束和竖直距离约束，比较快捷方便，右键点击绘图区域的空白位置则终止锁定约束命令，双击水平/竖直距离约束的数字，可打开对话框，重新进行长度值的修改。

② 鼠标移动至水平/竖直距离约束的数值上时，约束的颜色变黄，点击鼠标后不松开并拖动鼠标，可将约束的箭头线及数值移动到合适位置。

③ Sketcher工作台中创建的点在退出Sketcher工作台后不可用，即点击“Close”后，在三维视图中无法查看草图中所绘制的点。如果在三维视图中需要创建一个点，可在Part Design工作台中点击“创建新基准点”图标（详见第4章4.3.3节），或在Part工作台中用创建点代替（详见第5章5.2.3节）。

3.4.2　线段的各种约束及完全约束

（1）两条线段端点的重合约束——线段的连接

① 进入Sketcher工作台，点击“草图几何体”工具栏中的线段图标。

② 在绘图区域中的适当位置点击，出现线段的第一个端点，移动鼠标至另一个位置点击，则出现线段的第二个端点，这时已完成第一条线段的绘制。

③ 重复第②步，完成第二条线段的绘制，左侧几何元素模块中显示两条线段，右键点击绘图区域的空白位置，终止线段命令，见图3-13。

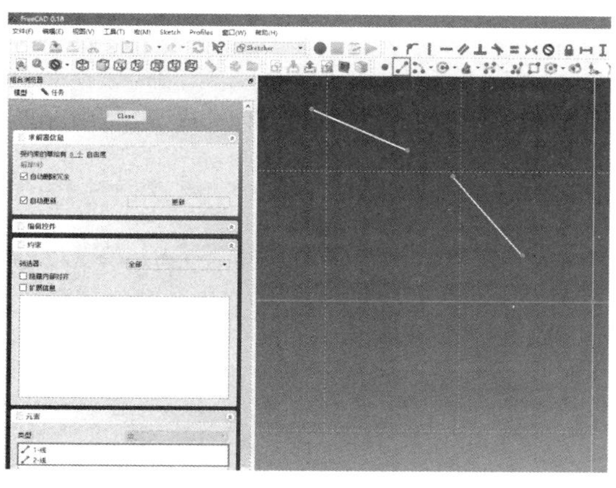

图3-13 绘制两条不相连的线段

④ 点击第一条线段要重合的端点，则该端点被选中，同时颜色变绿；点击第二条线段要重合的端点，则该端点也被选中，颜色也变为绿色，见图3-14。

⑤ 点击“草图约束”工具栏的重合约束图标 •，则两条线段的端点重合，两条线段被连接起来，左侧约束模块中出现重合约束图标，见图3-15。

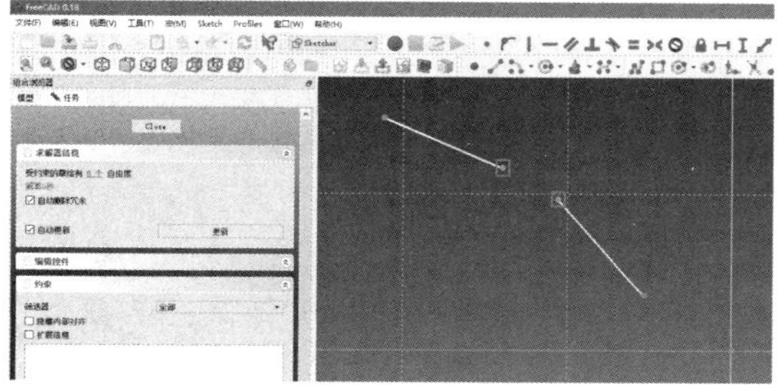

图3-14 选中两条线段各自的端点

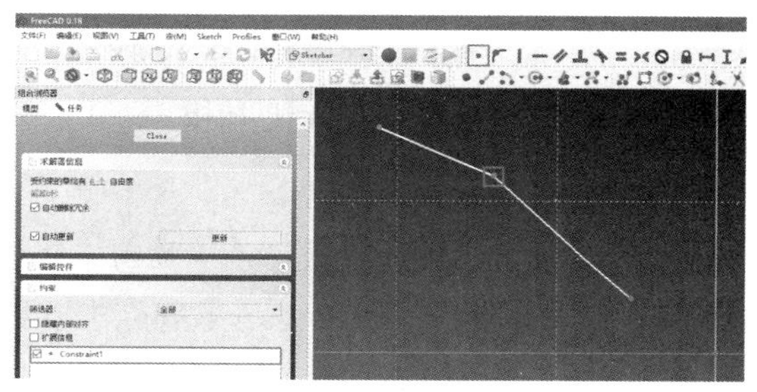

图3-15 两条线段的端点重合

注意

① “草图约束”工具栏的第一个图标是重合约束 •，“草图几何体”工具栏的第一个图标是点图标 ●，两个图标很相似，但意义不同，初学者应注意区分。

② 图3-15中的两条线段的颜色为白色，表示尚未被完全约束，鼠标可拖动线段四处移动；完全约束的图形呈绿色，求解器中显示“完全约束的草图”。

③ 线段端点的选中可以通过点击的方式，也可通过如下方式：在第一个端点附近处点击鼠标左键，但不松开并拖动鼠标，形成一个矩形，将第二个端点囊括进去，松开鼠标，则两条线段的两个端点均被选中，同时两个端点的颜色变绿。

④ 画第二条线段时，将第二条线段的第一个端点放到第一条线段的端点上，这时第一条线段的端点颜色变黄，同时鼠标附近会出现一个小点，表示两点重合，点击可使两条线段连接；如果没有这个小点，点击后画出来的两条线段看起来相连，但滚动鼠标滚轮，放大界面图像，会看到两条线段并未连接。

（2）线段的竖直/水平约束

① 进入Sketcher工作台，点击“草图几何体”工具栏中的线段图标 ⟋，在绘图区域中绘制两条任意的线段，几何元素模块中显示两条线段，见图3-16。

② 点击“草图约束”工具栏的竖直/水平约束图标 ❙/━，鼠标移动至绘图区域时，

鼠标旁出现竖直/水平的小标识。

③ 点击要约束的线段，则任意的线段变为竖直/水平的线段，并在线段中点附近显示竖直/水平的小标识，见图3-17；右键点击绘图区域的空白位置，则终止竖直/水平约束命令。

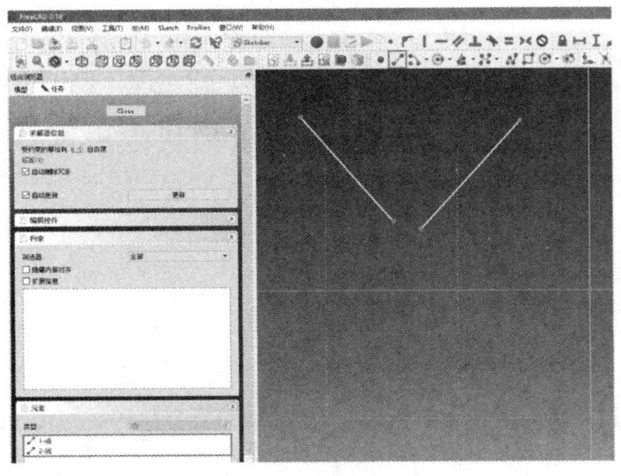

图3-16　绘制两条任意的线段

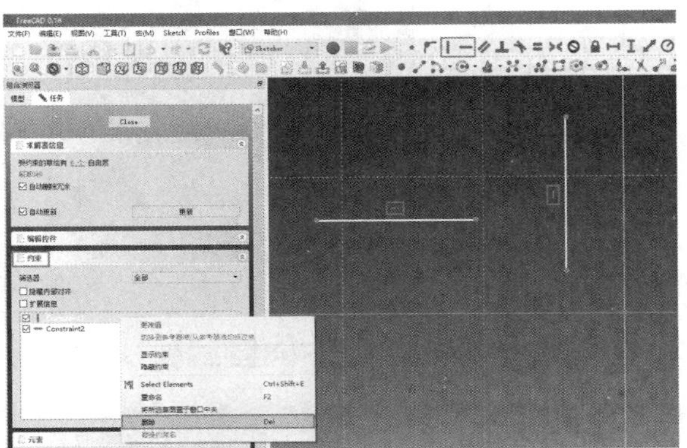

图3-17　线段的竖直或水平约束及约束的删除

注意

① 图3-17中的水平/竖直线段也未被完全约束。

② 操作的顺序也可是先点击要约束的线段，则线段的颜色变为绿色，再点击竖直/水平约束图标 | / —，则该线段被约束成为竖直/水平的线段。

③ 如果想删除竖直/水平约束，有两种方法。第一种：点击绘图区域线段中点附近的竖直/水平约束的小标识，选中的小标识颜色变绿，见图3-17中的竖直约束，按下键盘中的Delete键可删除。第二种：点击左侧约束模块中的竖直/水平约束，右键选择删除即可，见图3-17。

（3）线段的水平距离约束/竖直距离约束/距离约束

① 进入Sketcher工作台，点击“草图几何体”工具栏的线段图标，在绘图区域中分别绘制出任意三条线段，见图3-18。

② 点击“草图约束”工具栏的竖直/水平约束图标 | / —，将其中两条线段约束为水平和竖直线段，见图3-19。

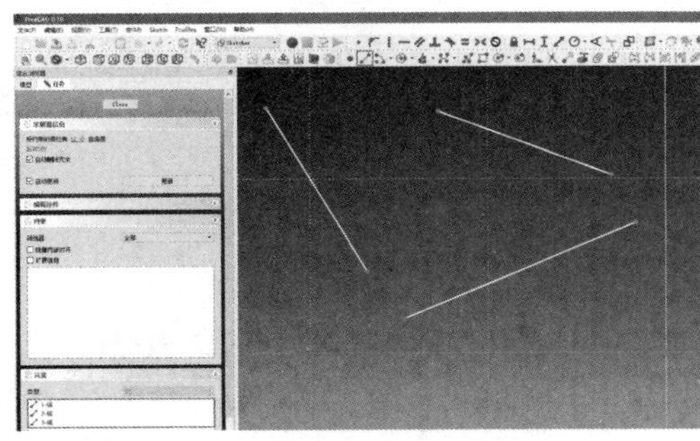

图3-18　绘制三条任意的线段

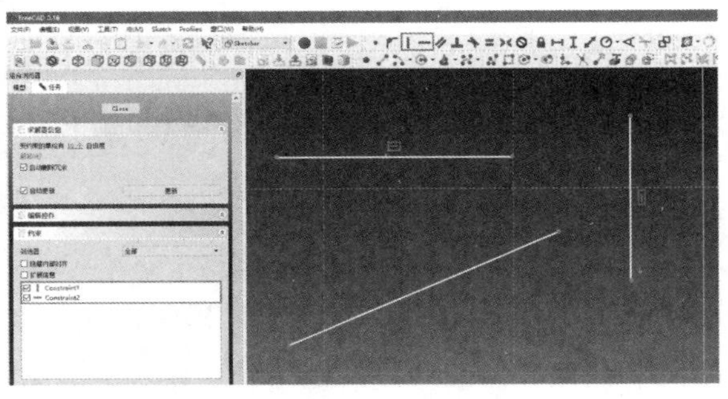

图3-19　将两条线段约束成为竖直和水平线段

③ 点击“草图约束”工具栏的水平距离约束/竖直距离约束/距离约束图标 ⊢⊣/I/↗，鼠标移动至绘图区域时，鼠标旁出现水平距离/竖直距离/距离约束的小标识。

④ 依次点击要约束的线段，出现“插入长度”的对话框，输入长度为10mm，点击“OK”。依次完成水平距离约束、竖直距离约束、距离约束，见图3-20；水平线段的长度值为10mm，竖直线段的长度值为10mm，斜线段的长度也为10mm。

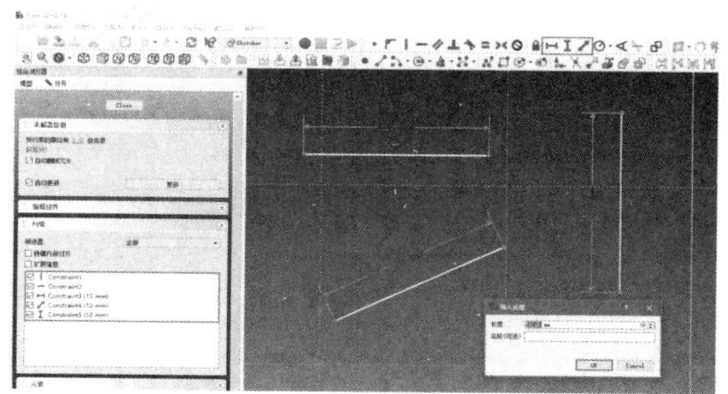

图3-20　依次完成水平距离、竖直距离及距离约束

⑤ 右键点击绘图区域的空白位置，则终止水平距离约束/竖直距离约束/距离约束的命令。

注意

① 图3-20中的三条线段未被完全约束。

② 如果用水平距离约束约束竖直线段，出现“插入长度”对话框后，输入长度，则显示错误提示对话框；同样，用竖直距离约束约束水平线段，也会出现错误提示对话框，见图3-21。

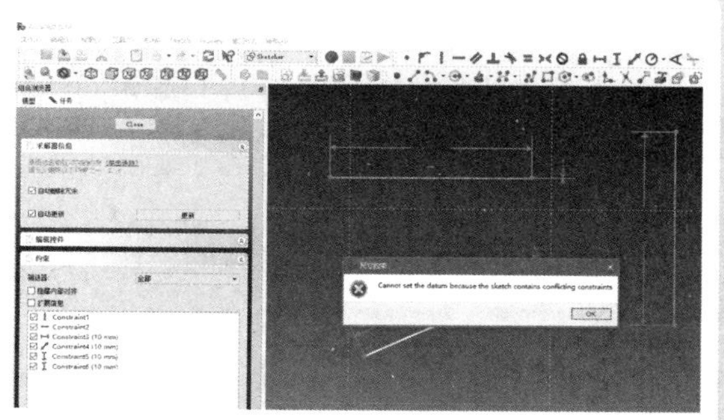

图3-21　错误提示对话框

③ 如果用水平距离约束约束斜线段，出现“插入长度”对话框后，输入长度10mm，则斜线段的两端点的水平距离被约束为10mm；同样，用竖直距离约束斜线段，则斜线段的两端点的竖直距离被约束为10mm。

④ 鼠标移动至水平距离约束/竖直距离约束/距离约束的数值上时，颜色变黄，点击鼠标后不松开并拖动鼠标，可将约束箭头及数值移动到合适位置。

⑤ 如果想修改距离约束，将鼠标移至距离约束的数字上时，颜色变黄，双击水平距离约束/竖直距离约束/距离约束的数字，可打开“插入长度”对话框进行数值修改；也可在任务栏的约束模块中，选中相应的约束，右键点击选择第一项“更改值”进行数值修改。

⑥ 如果想删除水平距离约束/竖直距离约束/距离约束，有两种方法。第一种：点击绘图区域中距离约束的数值，则该数值的颜色变绿，按下键盘Delete键可删除。第二种：点击选中左侧约束模块中对应的水平距离约束/竖直距离约束/距离约束，右键选择删除即可。

⑦ 约束水平线段与原点的距离，可先点击选中水平线段的一个端点与原点，

则这两点被选中，颜色变绿，点击水平距离约束图标对这两个点进行水平距离约束，重复选择端点与原点，点击竖直距离约束图标进行竖直距离约束。

⑧ 同样，约束竖直线段与原点的距离，可先点击选中竖直线段的一个端点与原点，则这两点被选中，颜色变绿，点击水平距离约束图标对这两个点进行水平距离约束，重复选择端点与原点，点击竖直距离约束图标进行竖直距离约束。

（4）线段的平行约束/垂直约束

① 进入Sketcher工作台，点击“草图几何体”工具栏中的线段图标，在绘图区域中分别绘制出任意四条线段，见图3-22。

② 点击“草图约束”工具栏的平行约束图标，鼠标移动至绘图区域时，鼠标旁出现平行约束的小标识。

③ 点击绘图区域中的任意两条线段，则这两条线段变得互相平行；同理，点击“草图约束”工具栏的垂直约束图标，点击绘图区域的另两条线段，则另两条线段变得互相垂直；四条线段的中点附近显示平行/垂直的小标识，见图3-23。

④ 右键点击绘图区域的空白位置，则终止平行约束/垂直约束命令。

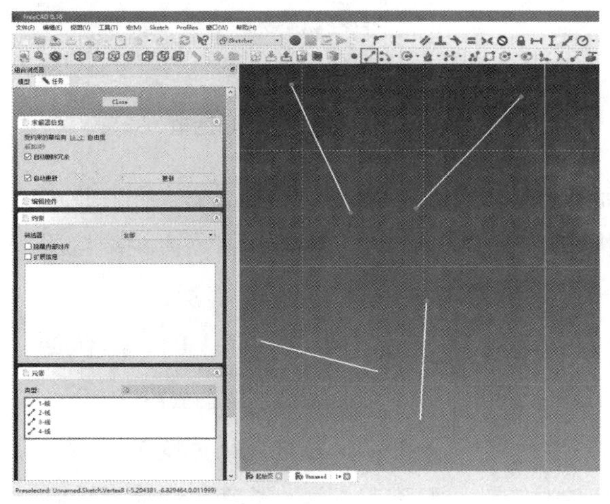

图3-22　绘制四条任意的线段

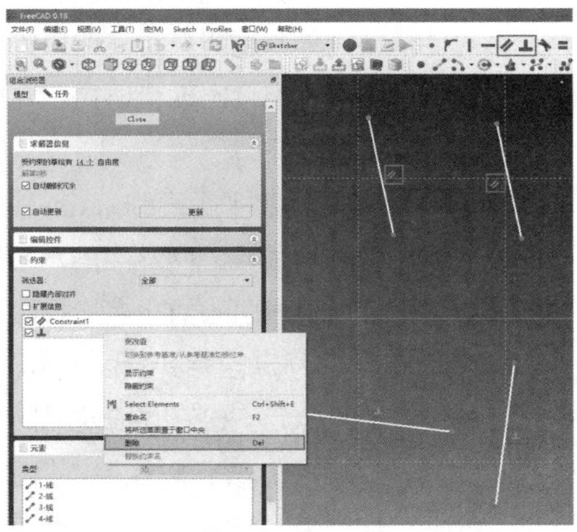

图3-23　平行或垂直约束及约束的删除

注意

① 图3-23中的平行/垂直线段未被完全约束。

② 如果想删除平行约束/垂直约束，有两种方法。第一种：点击线段中点附近的平行约束/垂直约束小标识，选中的小标识颜色变绿，见图3-23中的垂直约束，按下键盘Delete键可删除。第二种：点击选中左侧约束模块中对应的平行约束/垂直约束，右键选择删除即可。

（5）线段的相等约束

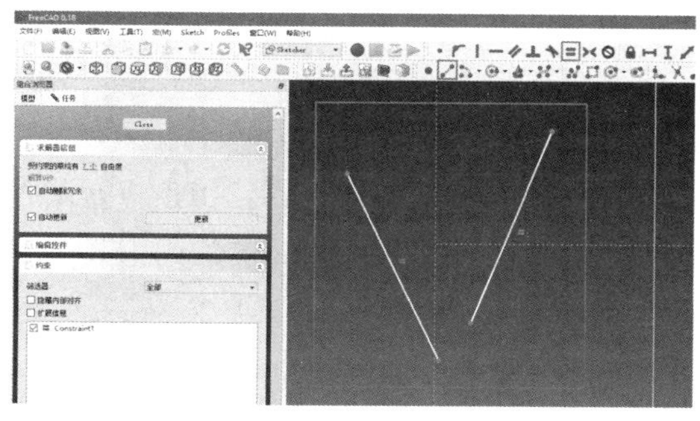

图3-24　线段的相等约束

① 进入Sketcher工作台，点击线段图标，在绘图区域中分别绘制出任意两条线段。

② 点击“草图约束”工具栏的相等约束图标〓，鼠标移动至绘图区域时，鼠标旁出现相等约束的小标识。

③ 点击绘图区域中的两条线段，则两条线段的长度变得相等，并在线段中点附近显示相等的小标识，见图3-24；右键点击绘图区域的空白位置，则终止相等约束命令。

注意

① 图3-24中的平行/垂直线段未被完全约束。

② 如果想删除相等约束，方法与删除平行约束/垂直约束的方法相似。

（6）线段的对称约束

① 进入Sketcher工作台，点击“草图几何体”工具栏中的线段图标，在绘图区域中分别绘制出两条线段，其中一条横跨水平轴或竖直轴，另一条横跨原点附近。

② 对于横跨水平轴或竖直轴的线段，先点击选中线段的两个端点，再点击水平轴或竖直轴，则两个端点和轴的颜色变绿。

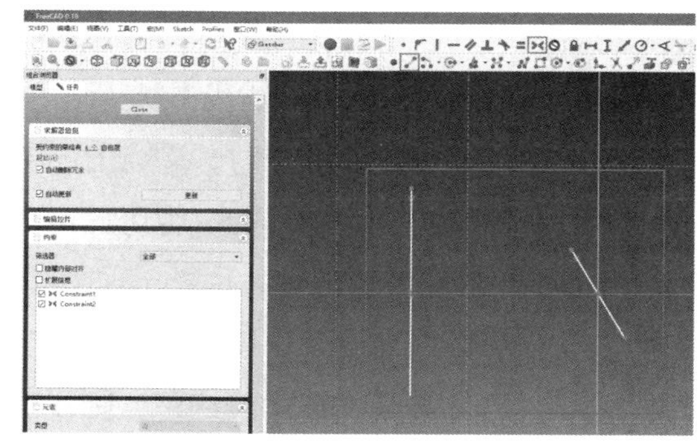

图3-25　线段的对称约束

③ 点击“草图约束”工具栏的对称约束图标，则横跨水平轴或竖直轴的线段变得关于水平轴或竖直轴对称，并在线段中点显示对称的小标识。

④ 同样，对于横跨原点附近的线段，先点击选中线段的两个端点，再点击选中原点，则三点的颜色变绿。

⑤ 点击“草图约束”工具栏的对称约束图标，则横跨原点的线段变得关于原点对称，并在线段中点显示对称的小标识，见图3-25；右键点击绘图区域空白位置，则终止对称约束命令。

注意

① 图3-25中的线段未被完全约束。

② 对称操作时，需点击选中线段的两个端点，而不是线段本身，选中线段本身进行对称操作，会有错误提示，初学者一定要注意。

③ 进行线段与原点的对称操作时，点的选择顺序非常重要，一定要先选择线段的两个端点，再选择原点，随后再点击对称约束图标；点的选择顺序错误，则对称结果错误。

④ 如果想删除对称约束，方法与删除平行约束/垂直约束的方法相似。

（7）线段的角度约束

① 进入Sketcher工作台，点击“草图几何体”工具栏中的线段图标，在绘图区域中分别画出三条任意线段，目的为约束其中一条线段与水平轴（或竖直轴）的角度，以及约束另两条线段之间的角度。

② 对于线段与水平轴（或竖直轴）的角度约束，可先点击线段和水平轴（或竖直轴），则线段和水平轴（或竖直轴）的颜色变绿。

③ 点击“草图约束”工具栏的角度约束图标，则出现“插入角度”对话框，输入角度120，则该线段与水平轴（或竖直轴）之间的角度被约束为120°。

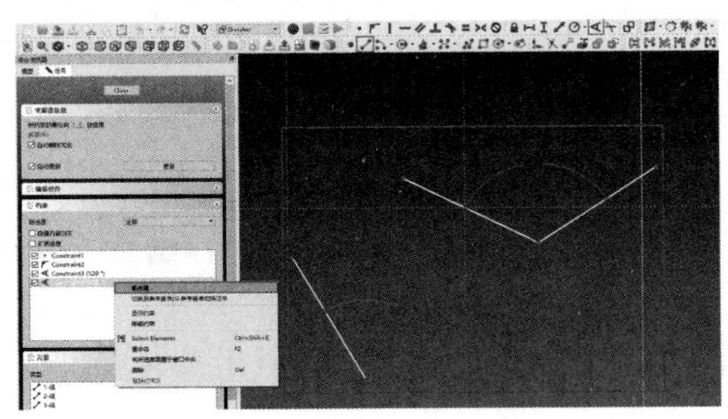

图3-26　线段的角度约束

④ 对于另两条线段之间的角度，先选中两条线段，则两条线段的颜色变绿，再点击“草图约束”工具栏的角度约束图标，则出现同样的“插入角度”对话框，输入角度120，则这两条线段之间的角度被约束为120°，见图3-26；右键点击绘图区域的空白位置，则终止角度约束命令。

注意

① 图3-26中的线段未被完全约束。

② 角度约束操作时，需点击选中线段本身，而不是线段的两个端点。

③ 角度约束操作时，也可先点击“草图约束”工具栏的角度约束图标，再点击相应的线段或轴，也能出现同样的“插入角度”对话框。

④ 如果想删除角度约束，方法与删除平行约束/垂直约束的方法相似。

⑤ 如果想修改角度约束，则双击角度数值，可打开“插入角度”对话框，进行数值修改；或者在任务栏约束模块中选中相应的约束，右键点击选择第一项“更改值”，进行数值修改。

⑥ 约束圆弧的角度时，需先选中圆弧，则圆弧的颜色变绿，再点击角度约束图标，出现“插入角度”对话框，输入角度的数值，则完成对圆弧的角度约束。

（8）线段的参考约束

① 进入Sketcher工作台，点击“草图几何体”工具栏中的线段图标，在绘图区域中绘制任意一条线段。

② 点击“草图约束”工具栏的参考约束图标，则锁定约束、水平距离约束、竖直距离约束、距离约束、半径/直径约束、角度约束这几个图标的颜色变蓝，见图3-27。

③ 点击选择距离约束图标，鼠标移动至绘图区域时，鼠标旁出现距离约束的小标识；点击这条线段，则出现该线段的长度，颜色为蓝色，见图3-27。

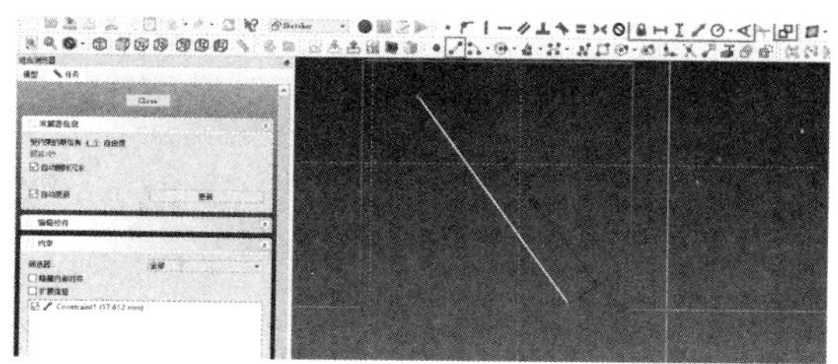

图3-27 线段的参考约束

④ 点击选中线段的一个端点，拖动这个端点移动，则蓝色的长度数值也随之发生改变，说明此长度数值只是将线段长度的信息显示出来，并未对线段的长度进行约束。

⑤ 再次点击“草图约束”工具栏的参考约束图标，则退出参考约束，重新进入约束模式。

注意

① 参考约束下，所显示的数值只代表几何元素的信息，并不对几何元素进行相应的约束限制。

② 如果想删除参考约束，方法与删除平行约束/垂直约束的方法相似。

③ 如果想修改参考约束，则双击数值，可打开对话框，进行数值修改，数值修改完成后，参考约束自动变成几何元素的相应约束，颜色为红色，该约束已不再是参考约束。

（9）线段的完全约束

前面所述的约束均为单一约束，并没有将线段完全约束，虽然有些后续操作并不要求所有的几何元素均为完全约束，但作为初学者，如果以后要从事机械、建筑等行业相关工作，在绘制草图时应尽量将草图中所有元素全部完全约束后再进行后续操作，否则由于没有完全约束，几何元素轻微的移动都会造成难以估量的损失，所以应尽量将所有元素完全约束后再进行后续操作。下面介绍完全约束。

一个几何元素在图纸上的尺寸有两种：定形尺寸、定位尺寸。

定形尺寸：是固定几何元素形状的尺寸，比如圆的直径（半径），矩形的长度和宽度，正多边形的边长（或外接圆、内切圆的直径、半径）等。如果不对定形尺寸进行约束，则圆有大有小，矩形有长有短、有宽有窄，所以必须对几何元素进行定形尺寸约束。

定位尺寸：是固定几何元素在图纸上的位置的尺寸，比如某个圆的圆心距离原点的位置，或者说圆心距离水平轴和竖直轴的距离。草图中，只需固定某个点到原点或者到水平轴和竖直轴的距离，就可确定该点的定位尺寸。

某个几何元素只要确定了定形尺寸和定位尺寸，就可在指定的位置画出指定的形状，这样几何元素的位置和大小就完全约束了，此时这个几何元素在草图中的颜色变为绿色，求解器中显示“完全约束的草图”，并且无法用鼠标拖动该几何元素。

线段的完全约束方式较多，在此仅举例常见的四种完全约束。为方便表示，先在四个象限内绘制四条线段，分别按四种不同的方法将四个象限内的线段进行完全约束，见表3-3和图3-28，实际应用时可任选其中一种方法进行完全约束，各种约束方法的步骤不分先后顺序。

表3-3　线段完全约束的常见方法

线段完全约束的常见方法	约束图标	图例	备注
分别约束线段的两个端点与水平轴和竖直轴的距离为10mm和20mm		图3-28第一象限	①线段的端点与水平轴或竖直轴的距离约束也可用 / 图标来实现，先点击线段的某端点与水平轴或竖直轴，端点与轴的颜色变绿，点击 / 图标，可约束端点与水平轴或竖直轴之间的距离，即端点与原点的水平或竖直距离。 ②各种约束方法的步骤不分先后顺序
①约束线段中一个端点与水平轴和竖直轴的距离为10mm； ②约束线段为水平（或竖直）； ③约束线段长度为10mm	 （） （）	图3-28第二象限	
①约束线段中一个端点与水平轴和竖直轴的距离为10mm； ②约束线段两端点之间的水平和竖直距离为10mm		图3-28第三象限	
①约束线段中一个端点与水平轴和竖直轴的距离为10mm； ②约束线段的长度为20mm； ③约束线段与水平轴的角度为30°	、	图3-28第四象限	

约束图标的使用方法如下。

①：点击该图标，在绘图区域中点击要约束的点；或者先点击要约束的点，再点击该图标。

②：点击图标，在绘图区域中点击要约束的线段；或者先点击要约束的线段，再点击图标。

③：选中该图标，在绘图区域中点击要约束的两条线段；或者先点击两条线段，再点击该图标；但在约束圆弧时，需先选中圆弧，再点击该图标。

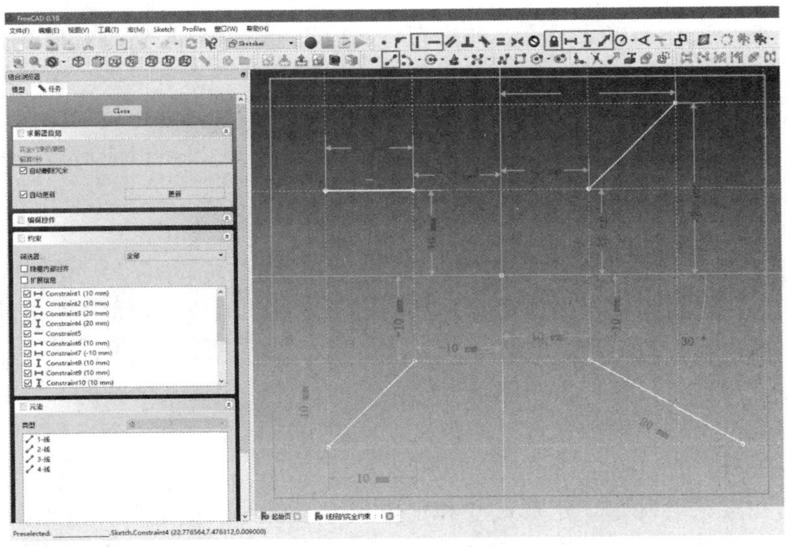

图3-28　线段完全约束的常见方法

3.4.3　圆的完全约束

圆的画法有两种：第一种为圆心和边缘点法，图标为；第二种为三点法，图标为。两种方法通过点击图标右侧的下拉箭头进行切换。

（1）圆心和边缘点法画圆

① 点击“草图几何体”工具栏的圆图标，在绘图区域点击确定圆心。

② 移动鼠标远离圆心一段距离，再次点击，确定边缘点，利用边缘点和圆心的距离确定圆的半径，见图3-29。

③ 按“Esc”键或鼠标右键点击空白位置，可以终止当前画圆的命令。

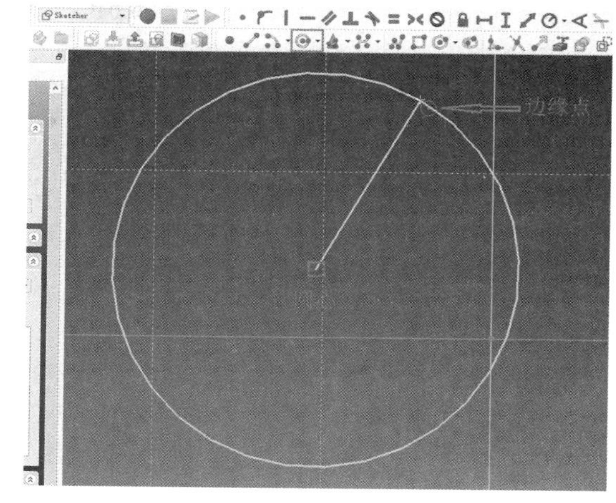

图3-29　圆心和边缘点法画圆

（2）三点法画圆

① 点击“草图几何体”工具栏的图标，在绘图区域点击确定圆周的第一个点，见图3-30。

② 移动鼠标并点击，确定圆周的第二个点，见图3-31。

③ 移动鼠标并点击确定圆周的第三个点。通过确定圆周上三个点的位置来确定圆心和圆的半径，见图3-32。

④ 按“Esc”键或鼠标右键点击空白位置以终止当前画圆的命令。

圆的完全约束选取三种常见的方法讲解，实际应用时可任选其中一种方法。先在绘图区域的相应位置绘制三个圆，见图3-33，约束方法详见表3-4。

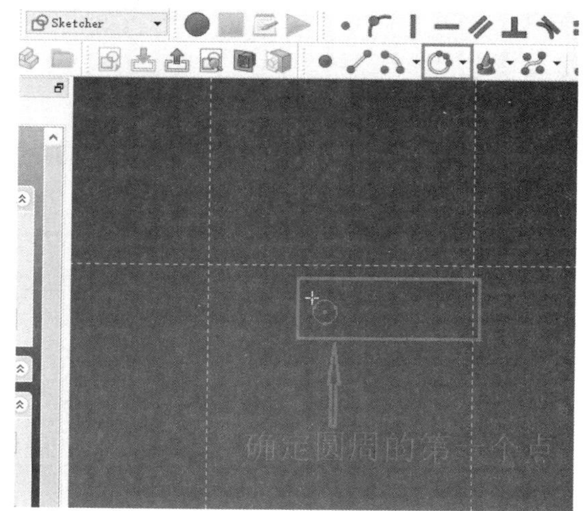

图3-30　三点法确定圆周的第一个点

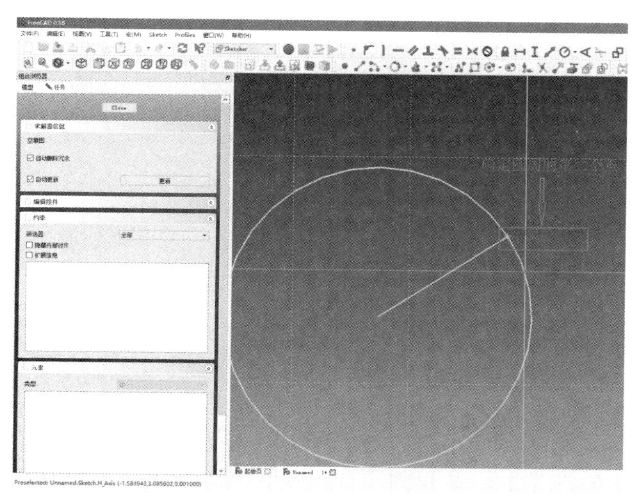

图3-31　三点法确定圆周的第二个点

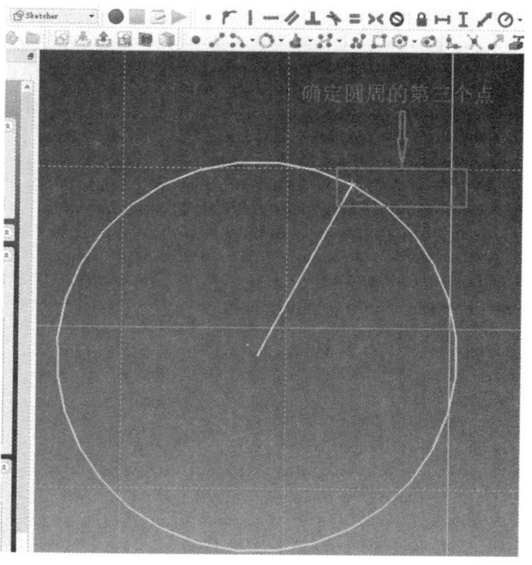

图3-32　三点法确定圆周的第三个点

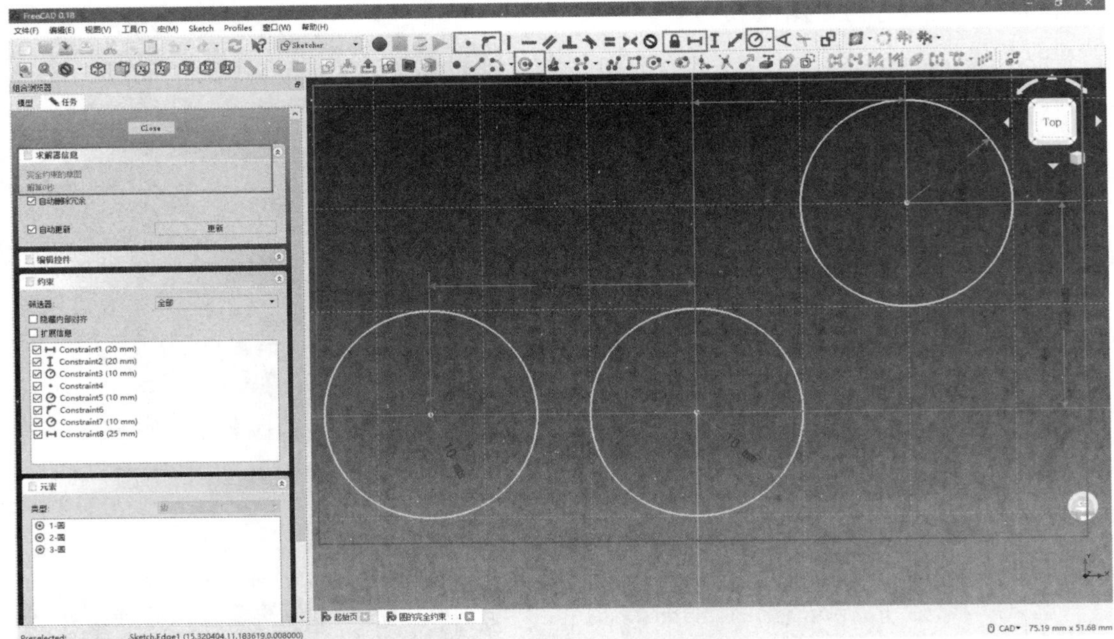

图3-33 圆的完全约束常见方法

表3-4 圆的完全约束方法

圆的约束	约束图标	图例	备注
① 点击选中第一象限的圆周，圆周的颜色变绿，点击半径约束图标，在“更改半径”对话框中输入半径为 10mm，点击“OK”； ② 点击图标，选中圆心，双击水平距离 / 竖直距离的数字，在“插入长度”对话框中输入数值 20mm		图 3-33 第一象限	① 圆的半径约束也可更改为直径约束，点击半径约束图标右侧箭头，选中直径约束图标即可。 ② 半径约束也可先选中半径约束图标，再点击相应的圆周，在弹出的“更改半径”对话框中输入半径为 10mm，点击“OK”。 ③ 各种方法的步骤不分先后顺序
① 点击选中原点附近的圆周，圆周的颜色变绿，点击半径约束图标，在“更改半径”对话框中输入半径为 10mm，点击“OK”； ② 点击选中圆心和原点，这两点的颜色变绿，点击重合约束图标，使圆心和原点重合		图 3-33 原点	
① 点击选中水平轴附近的圆周，圆周的颜色变绿，点击半径约束图标，在“更改半径”对话框中输入半径为 10mm，点击“OK”； ② 点击圆心和水平轴，圆心和水平轴的颜色变绿，点击点线约束图标，圆心被约束在水平轴上； ③ 点击圆心和原点，则这两点的颜色变绿，点击图标，在“插入长度”对话框中输入长度为 25mm		图 3-33 水平轴	

3.4.4 圆弧的完全约束

圆弧的画法与圆的画法类似，也有两种，一种是圆心-端点画法，图标为；另一种是三点法，即用圆弧的2个端点和圆弧上的任意1个点共同组成圆弧，图标为。两种方法通过点击图标右侧的下拉箭头进行切换。

（1）圆弧的圆心-端点画法

① 点击图标，在绘图区域点击确定圆心。

② 移动鼠标远离圆心一段距离，再次点击，确定圆弧的一个端点，利用端点和圆心的距离确定圆弧的半径。

③ 再移动鼠标一段距离后点击，确定圆弧的另一个端点，通过圆心和两个端点确定圆弧。

④ 按“Esc”键或鼠标右键点击空白位置以结束绘制圆弧的命令。

（2）圆弧的三点法

① 点击图标，在绘图区域点击确定圆弧的一个端点。

② 移动鼠标点击确定圆弧的第二个端点。

③ 移动鼠标点击确定圆弧两端点之间的第三个点，通过圆弧上三个点的位置来确定圆心的位置和圆弧的半径。

④ 按“Esc”键或鼠标右键点击空白位置以结束绘制圆弧的命令。

圆弧的完全约束方式也较多，选取四种常见的完全约束方法讲解，实际应用时可任选其中一种方法。先分别在草图的四个象限内画出四段圆弧，见图3-34，完全约束的方法详见表3-5，各种约束方法的步骤不分先后顺序。

约束图标的使用方法：选中某个点（如端点或圆心）和线（如水平轴、竖直轴、线段、圆、圆弧或关联边），则点和线的颜色变绿，点击图标，点就固定在相应的线上了。

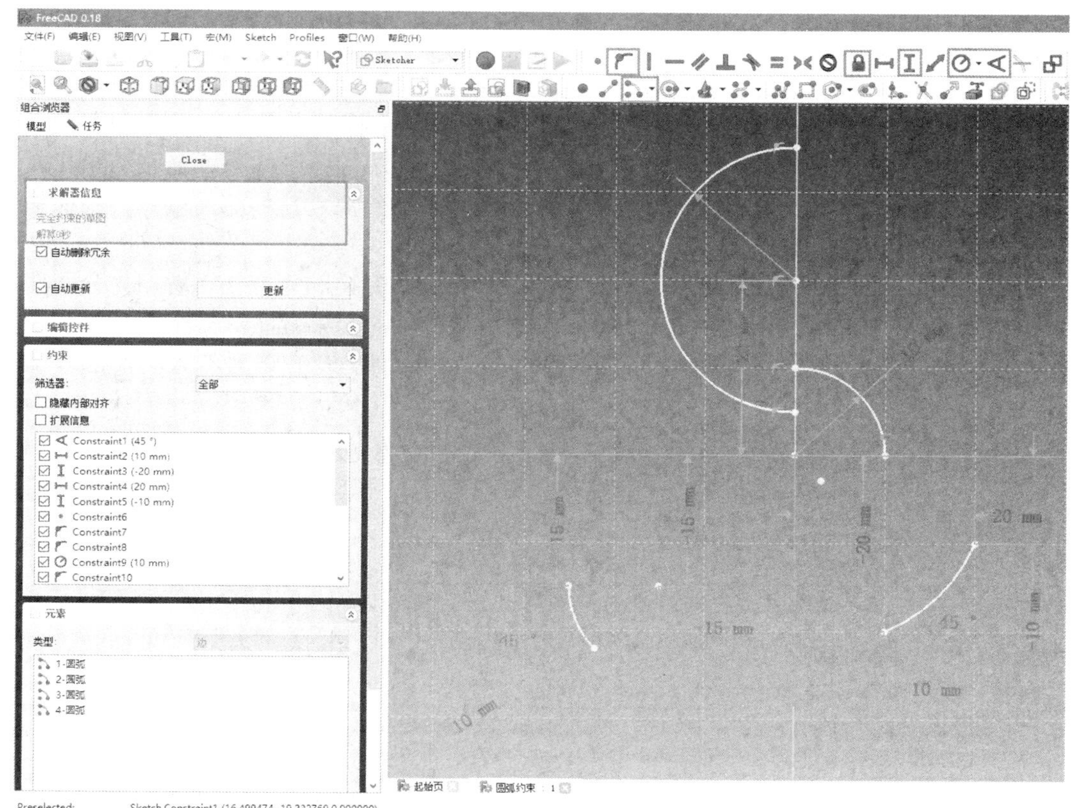

图3-34 圆弧完全约束的常见方法

表3-5　圆弧完全约束的常见方法

圆弧完全约束的常见方法	约束图标	图例	圆弧画法
① 约束圆弧半径为 10mm； ② 点击选中圆弧的一个端点和水平轴，点击点线约束图标，将该端点固定在水平轴上； ③ 同理，将另一端点固定在竖直轴上； ④ 约束圆弧的圆心与原点重合		图 3-34 第一象限	圆心 - 端点法
① 约束圆弧半径为 15mm； ② 将圆弧的圆心和两端点固定在竖直轴上； ③ 约束圆心到原点的竖直距离为 20mm		图 3-34 第二象限	圆心 - 端点法
① 约束圆弧半径为 10mm； ② 约束圆弧的圆心与原点的距离为 15mm； ③ 约束圆弧某个端点到原点的竖直距离为 15mm； ④ 约束圆弧角度为 45°		图 3-34 第三象限	圆心 - 端点法
① 约束圆弧的两个端点与水平轴和竖直轴的距离分别为 20mm 和 10mm； ② 约束圆弧的角度为 45°		图 3-34 第四象限	三点法

3.4.5　矩形的完全约束

① 点击矩形图标，鼠标移至绘图区域，鼠标右下角出现矩形的小标识。

② 点击确定矩形的一个端点，移动鼠标，显示矩形的长和宽，点击确定矩形的形状。

③ 按Esc键或鼠标右键点击空白位置以结束绘制矩形的命令。

默认画出的矩形为两条水平边被水平约束，两条竖直边被竖直约束，在矩形四条边的中点附近有水平或竖直约束的小标识；点击小标识，则小标识被选中同时颜色变绿，按Delete键删除小标识后，小标识消失，即表示已删除了该边的水平约束或竖直约束，此时拉伸这条边的端点，则矩形变为梯形；若再删除其他边的约束，拉伸边的端点，则梯形变为任意四边形。

矩形（四边形）的约束方法也较多，选取五种常见的完全约束方法讲解。先分别在草图的四个象限内及原点附近各画一个矩形，再按照表3-6的约束方法对五个矩形分别进行完全约束，见表3-6和图3-35。实际应用时可任选其中一种方法，各种约束方法的步骤不分先后顺序。

表3-6　矩形（四边形）完全约束的常见方法

矩形（四边形）完全约束的常见方法	约束图标	图例
① 约束矩形长为 25mm，宽为 20mm； ② 约束矩形左下角端点至原点的水平距离和竖直距离均为 30mm	、 、	图 3-35 第一象限
① 删除矩形左竖直边中点附近的竖直小标识并拉伸左下角端点，形成梯形； ② 约束上水平边长度为 20mm，约束下水平边长度为 30mm，约束右竖直边长度为 25mm； ③ 约束矩形右下角端点至水平轴和竖直轴的距离均为 30mm	Delete 键	图 3-35 第二象限
① 先点击选中矩形左上角和右下角端点，再点击选中原点，则这三个点的颜色变绿； ② 点击对称约束图标，使矩形关于水平轴和竖直轴对称； ③ 选中矩形一条水平边和竖直边，两条边的颜色变绿； ④ 点击相等约束图标，使矩形成为正四边形（正方形）； ⑤ 约束正四边形某条边的长度为 20mm	、、	图 3-35 原点

续表

矩形（四边形）完全约束的常见方法	约束图标	图例
① 删除矩形左竖直边、右竖直边和下水平边中点附近的水平 / 竖直小标识并拉伸下水平边的两个端点，成为不规则四边形； ② 约束上水平边长度为 35mm； ③ 约束其余三条边的长度分别为 20mm、35mm 和 30mm； ④ 约束右下角端点的角度为 110°； ⑤ 约束矩形右上角端点至水平轴和竖直轴的距离均为 25mm	Delete 键 ⊢⊣ ↗ ∠ ⊢⊣、I	图 3-35 第三象限
① 约束矩形长为 25mm，宽为 20mm； ② 选中矩形左竖直边的某个端点和竖直轴，则端点和竖直轴的颜色变绿； ③ 点击点线约束图标，则矩形的左竖直边被约束于竖直轴上； ④ 点击选中矩形上水平边的端点和水平轴，则端点和水平轴的颜色变绿； ⑤ 点击竖直距离约束图标，输入约束长度为 25mm	⊢⊣、I ┌ I	图 3-35 第四象限

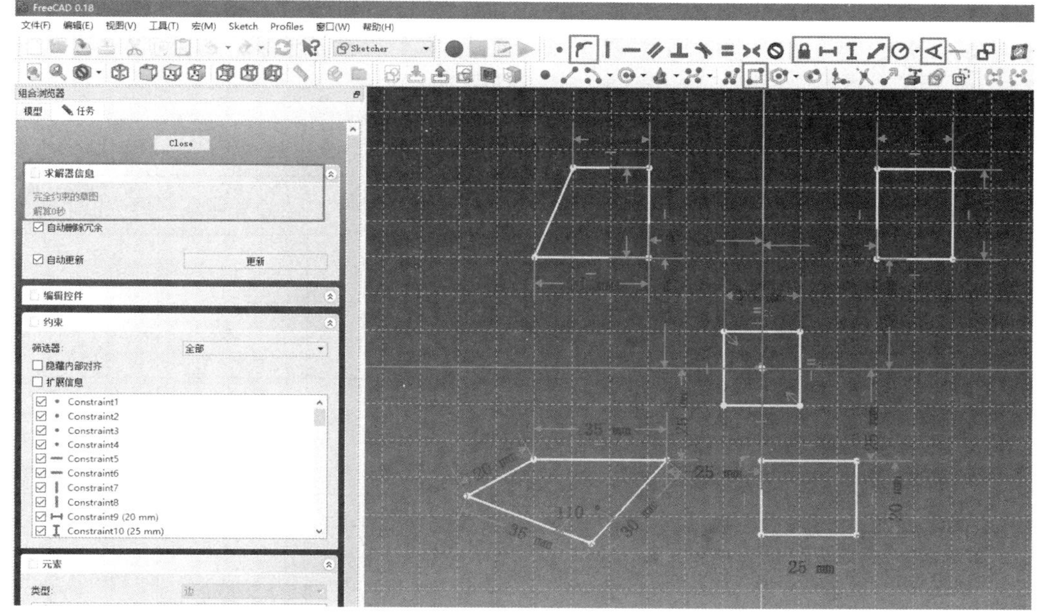

图3-35 矩形（四边形）完全约束的常见方法

3.4.6 正多边形的完全约束

① 点击正多边形图标（点击该图标右侧的下拉箭头可选择从正三角形至正八边形，边数更多的正多边形可点击最下方的正多边形图标，在弹出的对话框中输入边数）。

② 鼠标移至绘图区域，点击确定正多边形的中心。

③ 移动鼠标再次点击确定正多边形外接圆的半径，则出现相应的正多边形。

④ 按“Esc”键或鼠标右键点击空白位置以结束绘制正多边形的命令。

正多边形的外接圆为蓝色构造线，并且在完全约束时不会变为绿色，退出草图后，将忽略蓝色构造线。正多边形常用的完全约束方法选取三种讲解。先在绘图区域绘制三个正多边形，见图3-36，约束方法详见表3-7。实际应用时可任选其中一种方法，各种约束方法的步骤不分先后顺序。

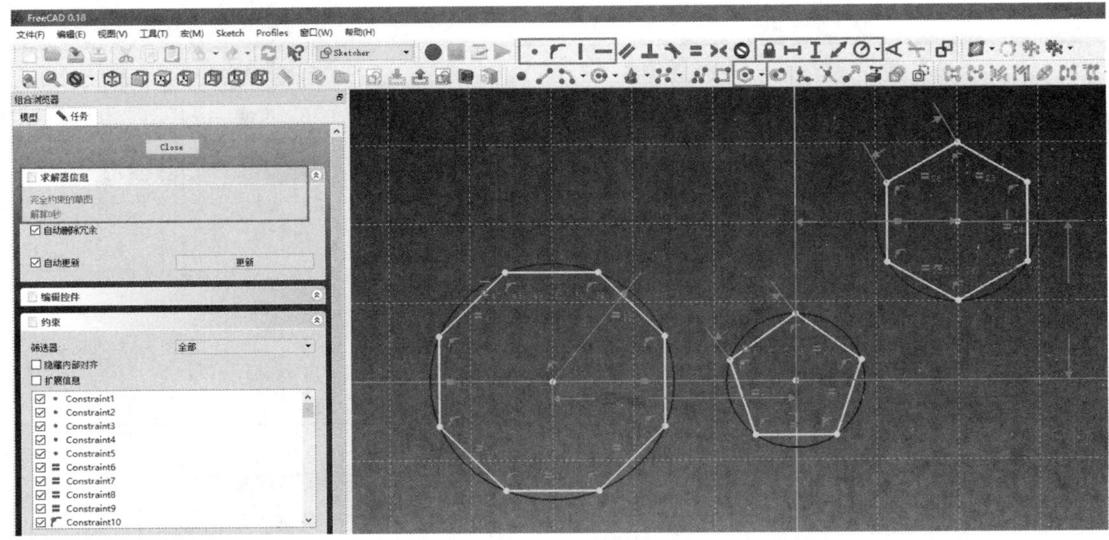

图3-36　正多边形的完全约束

表3-7　正多边形完全约束的常见方法

正多边形完全约束的常见方法	约束图标	图例
① 点击原点附近的正多边形圆心和原点，则两点的颜色变绿，点击重合约束图标将正多边形圆心和原点重合； ② 对正多边形的某条边进行水平或竖直约束； ③ 对正多边形某条边的长度约束为 10mm	· I、— ↗	图 3-36 原点
① 对第一象限内正多边形的圆心与水平轴和竖直轴的距离均约束为 20mm； ② 对正多边形的某条边进行水平或竖直约束； ③ 对正多边形某条边的长度约束为 10mm	⊢I I、— ↗	图 3-36 第一象限
① 点击选中水平轴附近的正多边形圆心和水平轴，则圆心和水平轴的颜色变绿，点击点线约束图标将圆心约束在水平轴上； ② 对正多边形的圆心和原点的水平距离约束为 30mm； ③ 对正多边形的外接圆半径约束为 15mm； ④ 约束正多边形的某条边水平或者竖直	٢ ⊢ ⊘ I、—	图 3-36 水平轴

3.4.7　椭圆的完全约束

椭圆的画法有两种：一种是中心-长径-短径法，图标为⊘·；另一种是三点法，图标为⊘·。两种方法通过点击图标右侧的下拉箭头进行切换，下拉箭头中除了椭圆的两种画法之外，还包括椭圆弧、双曲线弧和抛物线弧。

（1）中心-长径-短径法

① 点击“草图几何体”工具栏中的图标⊘·，在绘图区域点击确定椭圆的中心。

② 移动鼠标远离中心一段距离，再次点击，确定椭圆长（短）径的一个端点。

③ 再次移动鼠标远离中心一段距离，点击确定椭圆短（长）径的一个端点，通过中心、长径和短径确定椭圆的形状。

④ 按“Esc”键或鼠标右键点击空白位置以结束绘制椭圆命令。

（2）三点法

① 点击“草图几何体”工具栏中的图标，在绘图区域点击确定长径的一个端点。

② 移动鼠标点击确定长径的另一个端点。

③ 再移动鼠标点击确定短径的一个端点，通过椭圆圆周上三个点的位置来确定椭圆的中心、长径和短径。

④ 按“Esc”键或鼠标右键点击空白位置以结束绘制椭圆命令。

椭圆的长径和短径用蓝色构造线表示，退出草图后将忽略蓝色构造线的存在。椭圆的完全约束有很多种方法，此处选取常用的两种讲解。先在绘图区域绘制两个椭圆，见图3-37，约束方法详见表3-8，各种约束方法的步骤不分先后顺序。

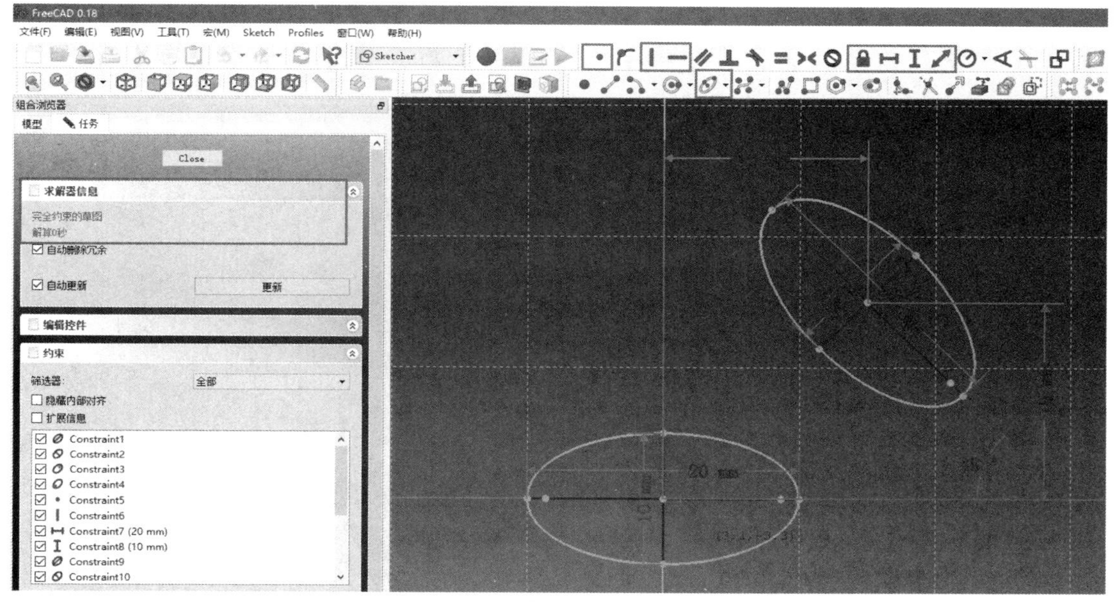

图3-37 椭圆的完全约束

表3-8 椭圆完全约束的常见方法

椭圆完全约束的常见方法	约束图标	图例	椭圆画法
① 点击选中原点附近的椭圆中心和原点，两点的颜色变绿，点击重合约束图标•，使椭圆中心与原点重合； ② 点击竖直（或水平）约束图标，选中短（长）径，约束短（长）径为竖直（或水平）线段； ③ 点击水平和竖直距离约束图标、，约束椭圆的长径为20mm，短径为10mm	• | — 、	图 3-37 原点	中心 - 长径 - 短径法
① 点击选中第一象限椭圆的长径和水平轴，约束角度为45°； ② 点击锁定约束图标，约束椭圆中心点距离水平轴和竖直轴的距离均为15mm； ③ 点击距离约束图标，约束椭圆的长径为20mm，约束短径为10mm		图 3-37 第一象限	三点法

3.4.8 椭圆弧的完全约束

椭圆弧是在椭圆的基础上，通过在椭圆圆周上选择两个端点来确定的。椭圆弧的图标为，画法如下。

① 点击选中椭圆弧图标，鼠标移动至绘图区域，点击确定椭圆的中心。

② 移动鼠标远离中心一段距离，再次点击，确定椭圆长径的一个端点。

③ 再次移动鼠标远离中心一段距离，点击确定椭圆短径的一个端点及椭圆弧的起点，此时椭圆的形状已确定。

④ 用鼠标在椭圆圆周上移动，在相应的位置上点击确定椭圆弧的第二个端点，椭圆弧绘制完成。

椭圆弧的长径和短径用蓝色构造线表示，在后续的三维操作中将忽略蓝色构造线的存在。椭圆弧的完全约束有很多种方法，此处选取常用的两种讲解。先在绘图区域绘制两个椭圆弧，见图3-38，约束方法详见表3-9，各种约束方法的步骤不分先后顺序。

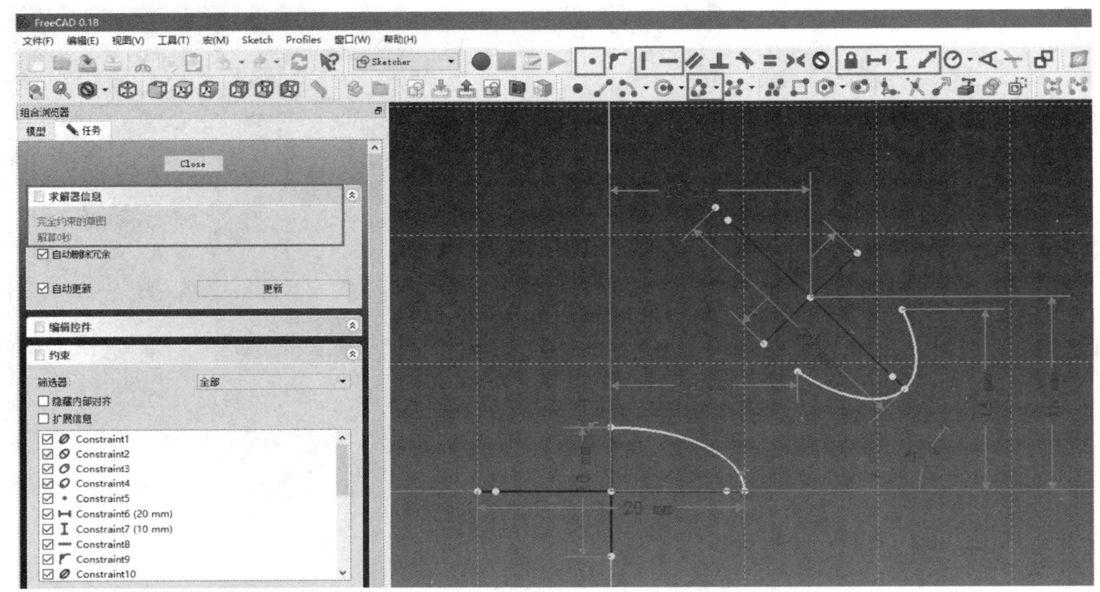

图3-38 椭圆弧的完全约束

表3-9 椭圆弧完全约束的常见方法

椭圆弧完全约束的常见方法	约束图标	图例
① 点击选中椭圆的中心和原点，两点的颜色变绿，点击重合约束图标，使中心与原点重合； ② 点击竖直（或水平）约束图标，选中短（长）径，约束短（长）径为竖直（或水平）线段； ③ 点击水平和竖直距离约束图标、，约束椭圆的长径为20mm，短径为10mm； ④ 分别点击椭圆弧的两个端点和水平轴、竖直轴，点击点线约束图标，使两个端点分别约束到水平和竖直轴上	、	图3-38 原点附近
① 选中长径和水平轴，约束角度为45°； ② 点击锁定约束图标，约束椭圆中心点距离水平轴和竖直轴的距离均为15mm； ③ 点击距离约束图标，约束椭圆的长径为20mm，约束短径为10mm； ④ 分别点击椭圆弧的两个端点与水平轴或垂直轴，则端点与轴的颜色变绿，点击水平或竖直距离约束图标、，分别约束两个端点到水平轴或竖直轴的距离均为14mm	、	图3-38 第一象限

3.4.9 折线的完全约束

折线是草图中常用的一种线条绘制工具，可以看做是线段和圆弧的叠加。折线的图标为，画法如下。

① 点击折线图标，移动鼠标至绘图区域时鼠标指针将变为带有红色折线图标的白色十字指针，点击确定折线的第一点，移动鼠标再点击确定折线的第二点，完成第一条线段的绘制，见图3-39。

② 按键盘的“M”键一次，新线段是一条垂直于上一条线段的线，见图3-40。

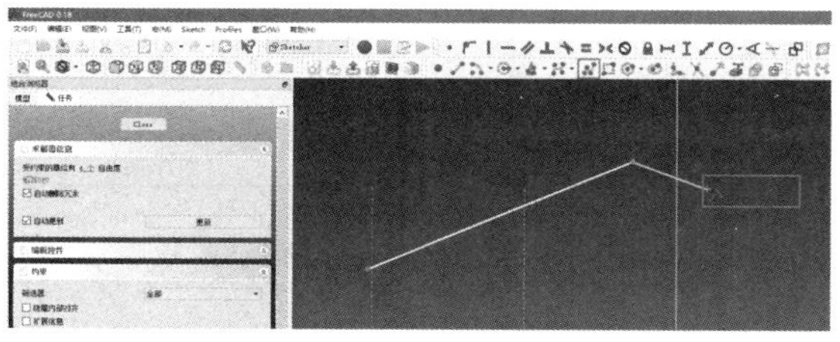

图3-39 绘制完成折线的第一条线段

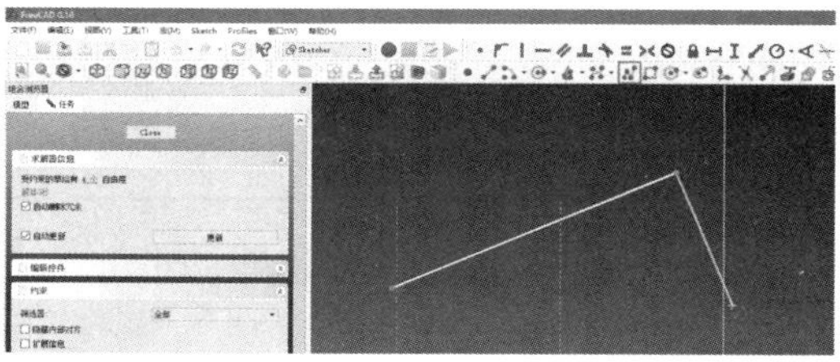

图3-40 按“M”键一次垂直于上一条线段

③ 再按一次“M”键，是上一条线段延长线，见图3-41。

④ 再按一次“M”键，变成与上一条线段相切的弧，见图3-42。

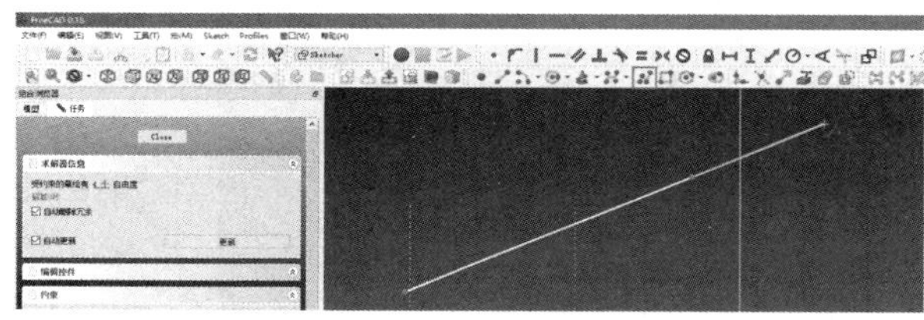

图3-41 再按“M”键是上一条线段的延伸线

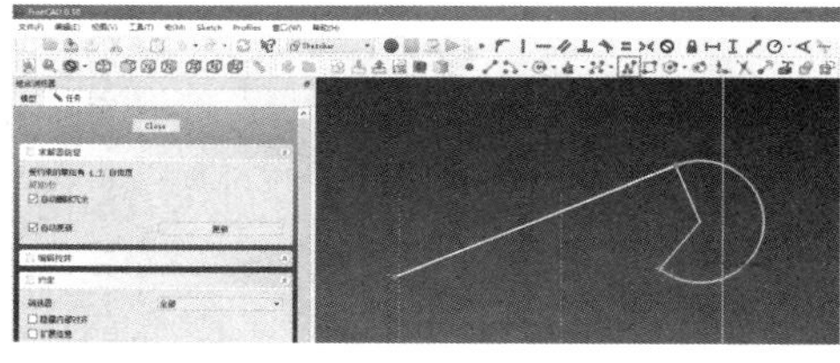

图3-42 再按“M”键是与上一条线段相切的圆弧

⑤ 再按一次“M”键，变成与上一条线段垂直（左边）的弧，见图3-43。

⑥ 再按一次“M”键，变成与上一条线段垂直（右边）的弧，见图3-44。

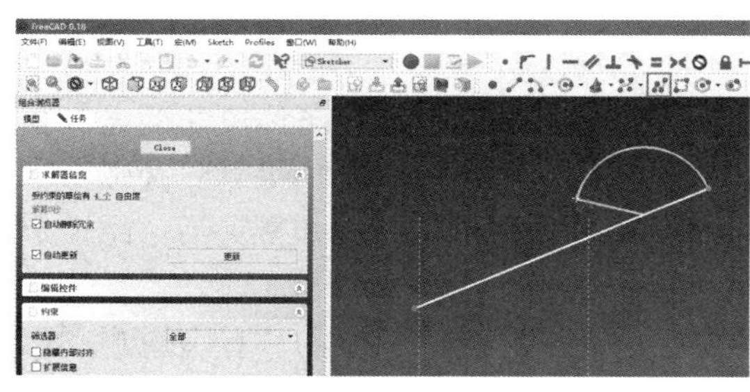

图3-43 再按“M”键是向左边垂直的圆弧

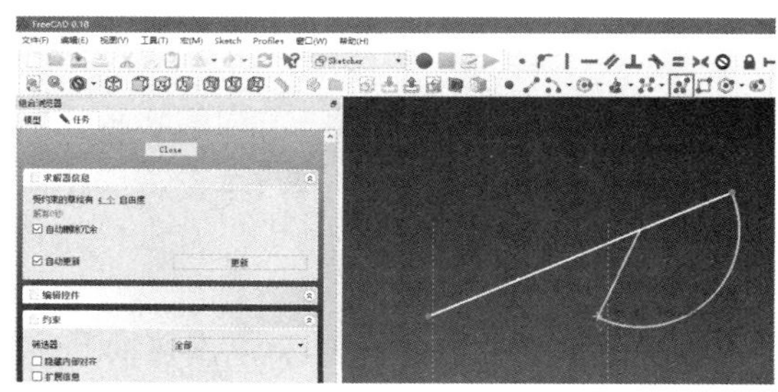

图3-44 再按“M”键是向右边垂直的圆弧

⑦ 再按一次“M”键，折线处于起始状态。

⑧ 按“Esc”键或鼠标右键点击空白位置以结束折线命令。

折线在实际应用时非常灵活，折线完全约束的示例见表3-10和图3-45。

表3-10　折线完全约束示例

折线的约束	约束图标	图例
① 点击折线图标，在绘图区域左上角附近的位置开始点击，确定线段的第一个端点，移动鼠标向右水平移动一定距离后，再次点击，确定水平线段的第二个端点；按一次“M”键，新线段是一条垂直于上一条水平线段的线，竖直向下移动一段距离，点击确定竖直线段的第二个端点；共按四次“M”键，变成与上一条线段垂直（左边）的弧，点击确定半圆弧；按一次“M”键，新线段是一条与圆弧垂直的线段，随后不断的按“M”键，画出与上一条线段垂直的线段，最终与起点重合。 ② 选中竖直约束 / 水平约束图标 / 对图中相应线段进行竖直约束 / 水平约束。 ③ 对上水平线和下水平线进行对称约束，使其关于竖直轴对称。 ④ 对左侧竖线进行对称约束，使其关于水平轴对称。 ⑤ 先选中圆弧，圆弧的颜色变绿，点击角度约束图标，对半圆弧约束角度为180°，另外约束圆弧半径为4mm。 ⑥ 对水平线段进行水平距离约束，长度为10mm，对半圆弧上下两侧的竖直线段进行竖直距离约束，长度为8mm，约束完成		图3-45 原点附近

图3-45　折线完全约束示例

3.4.10　跑道形线条的完全约束

跑道形线条也是草图中常用的一种工具，形状很像操场跑道，由两条线段和两条半圆弧组成，默认跑道形线条的两条半圆弧半径相等，并与线段相切连接，如果删除圆弧半径相等约束、水平约束等小标识，并进行拉伸，可变换出各种造型，应用非常灵活。跑道形线条的图标为，画法如下。

① 点击跑道形线条图标，移动鼠标至绘图区域时鼠标指针将变为带有跑道形图标的白色十字指针。

② 在绘图区域点击，确定跑道形线条的第一个点。

③ 移动鼠标再点击，确定跑道形线条的第二个点。

④ 按“Esc”键或鼠标右键点击空白位置以结束绘制跑道型线条的命令。

画出跑道形线条后可对其进行完全约束，约束方法见表3-11和图3-46。

表3-11 跑道形线条约束示例

跑道形线条的约束	约束图标	图例
① 选中某条线段，点击水平约束图标 ━，对线段进行水平约束； ② 选中水平线段的两个端点和竖直轴，进行对称约束，使跑道形线条的水平线段关于竖直轴对称； ③ 选中半圆弧的两个端点和水平轴，进行对称约束，使跑道形线条的半圆弧关于水平轴对称； ④ 对半圆弧的半径约束为 6mm； ⑤ 对水平线段的水平距离约束为 10mm，约束完成	━ ⋈ ⋈ ⊙· ⊢⊣	图 3-46 原点附近

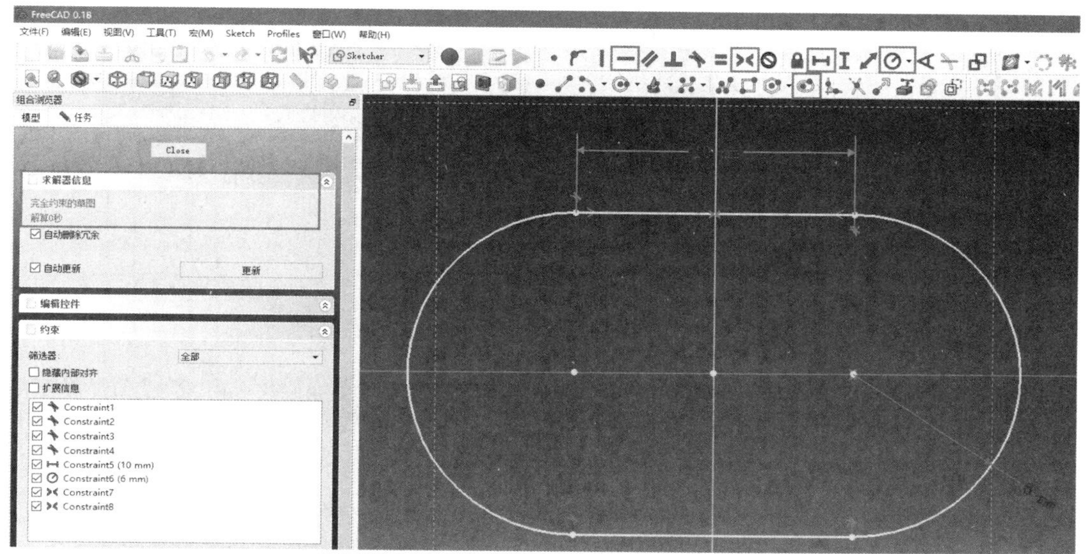

图3-46 跑道形线条的完全约束示例

3.4.11 B样条曲线的完全约束

B样条曲线通俗的理解就是利用多个给定的点创建一条弯曲的曲线，并使得该曲线经过所有给定的点。B样条曲线的图标为⁘·，画法及完全约束如下。

① 点击B样条曲线图标⁘·，移动鼠标至绘图区域时，鼠标指针将变为带有红色折线和白色曲线图标的白色十字指针。

② 在绘图区域中点击，确定B样条曲线的第一个点。

③ 移动鼠标再点击确定B样条曲线的第二个点，曲线旁边出现两个蓝色的构造圆。

④ 移动鼠标再点击确定B样条曲线的第三个点，曲线旁边依次出现三个蓝色的构造圆。

⑤ 依次点击，直至曲线形状绘制完成，曲线旁边出现数个蓝色的构造圆，按“Esc”键或点击鼠标右键两次以结束当前B样条曲线命令。

⑥ 鼠标拖动任意一个蓝色构造圆的红色圆心，则曲线发生相应的弯曲移动。

⑦ 对所有蓝色小圆圈的半径进行约束（示例中均相同，为1mm；也可选择不同，某个圆越大，曲线将被这个较大的圆吸引得更多），直至曲线符合形状要求。

⑧ 对所有蓝色小圆圈的圆心进行锁定约束，则B样条曲线完全被约束，见图3-47。

B样条曲线的其他功能参见B样条曲线工具栏 ◩·◌⁘⁘· 。

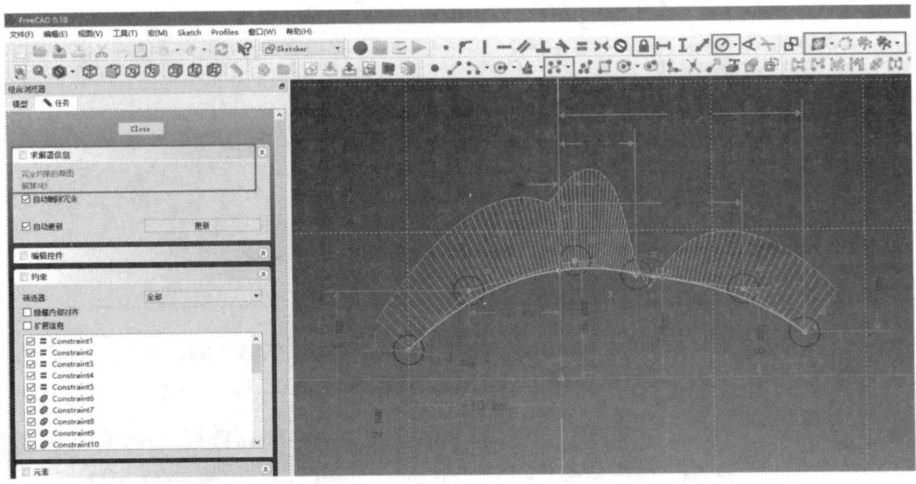

图3-47 B样条曲线的完全约束示例

3.4.12 周期B样条曲线的完全约束

周期B样条曲线的图标为，画法与B样条曲线类似，通过图标右侧的箭头可进行两者的切换，两者的区别在于周期B样条曲线为闭合的样条曲线。由于画法相同，在此不再赘述，详见图3-48。图3-48中的曲线关于水平轴对称，最左侧和最右侧的蓝色构造圆的圆心在水平轴上。周期B样条曲线的其他功能同样可参见B样条曲线工具栏。

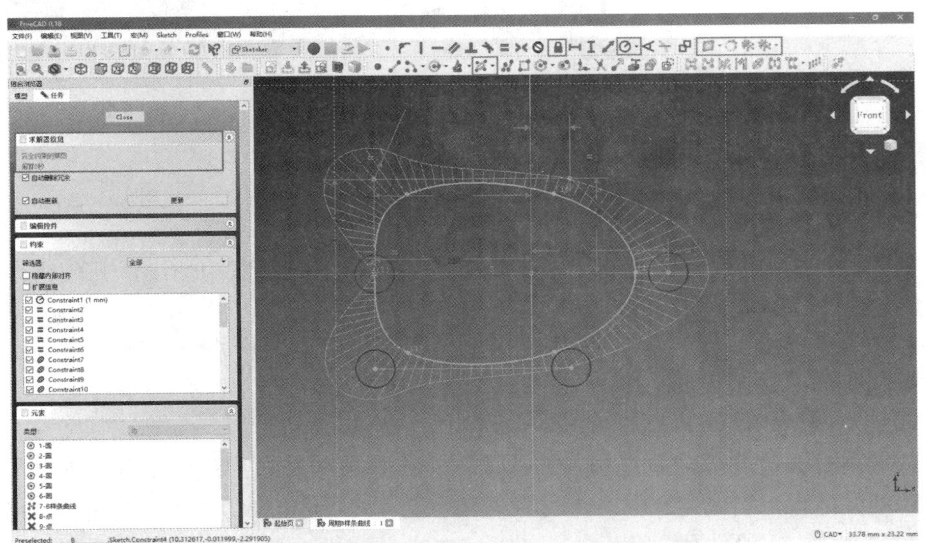

图3-48 周期B样条曲线的完全约束示例

3.4.13 双曲线弧的完全约束

双曲线弧图标为，但由于翻译原因，在FreeCAD 0.18版本中该图标有“在草图中创建圆锥形”“通过中心点、大半径和端点创建椭圆弧”等不同的名称，为避免混淆，本书中统称为双曲线弧。双曲线弧图标可通过点击椭圆图标右侧的下拉箭头选择。双曲线弧的画法及完全约束如下。

① 点击双曲线弧图标，移动鼠标至绘图区域中时鼠标指针将变为带有红色双曲线标识的白色十字指针。

② 在绘图区域点击，确定双曲线弧的主半径圆心。

③ 移动鼠标再点击确定双曲线主半径长度，即双曲线弧顶点。

④ 移动鼠标远离主半径，再点击确定双曲线弧的其中一个端点。

⑤ 移动鼠标再点击，确定双曲线弧的另一个端点。

⑥ 按“Esc”键或鼠标右键点击空白位置以结束绘制双曲线弧的命令。

⑦ 对双曲线弧的顶点、两个端点和主半径圆心进行锁定约束，则双曲线弧完全被约束，见图3-49。

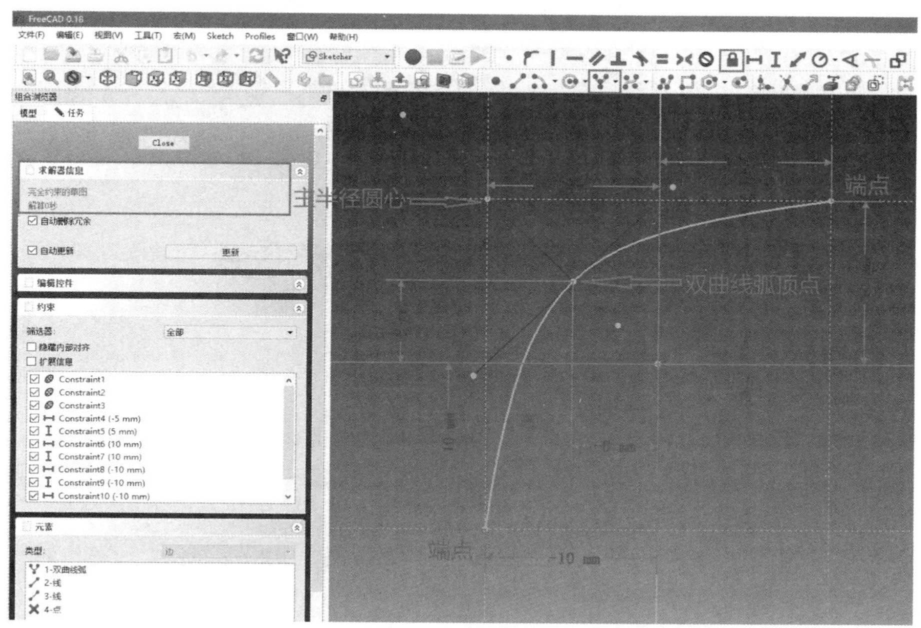

图3-49　双曲线弧的完全约束示例

3.4.14　抛物线弧的完全约束

抛物线弧图标可通过点击椭圆图标右侧的下拉箭头选择。抛物线弧的图标为，画法及完全约束如下。

① 点击抛物线弧图标，移动鼠标至绘图区域时鼠标指针将变为带有红色抛物线标识的白色十字指针。

② 在绘图区域点击，确定抛物线弧的焦点。

③ 移动鼠标再点击确定抛物线弧的顶点。

④ 移动鼠标再点击确定抛物线弧的其中一个端点。

⑤ 移动鼠标再点击，可确定抛物线弧的另一个端点。

⑥ 按“Esc”键或鼠标右键点击空白位置以结束绘制抛物线弧的命令。

⑦ 对抛物线弧的顶点和两个端点进行锁定约束，则抛物线弧完全被约束，见图3-50。

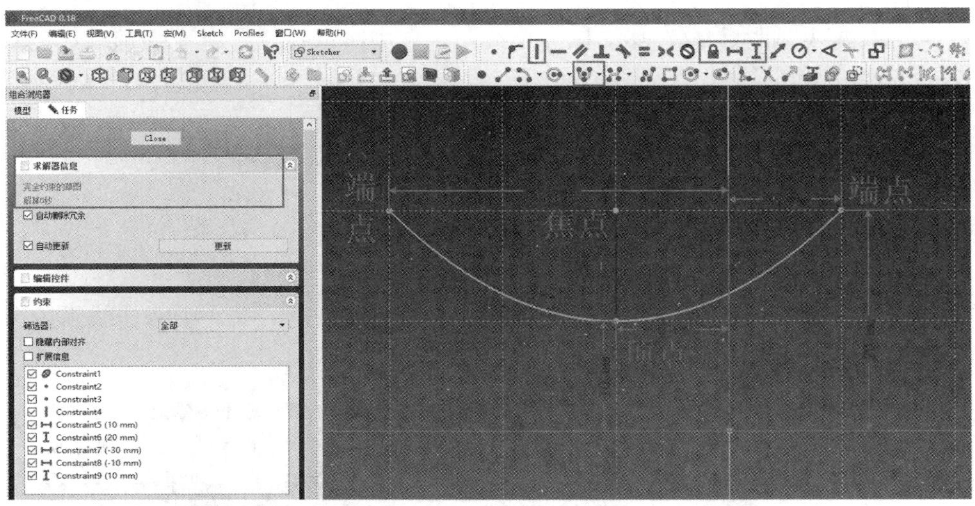

图3-50 抛物线弧的完全约束示例

3.5 草图几何体工具栏中的其他图标命令

3.5.1 构造线

点击构造线图标，可将草图几何元素切换到构造线模式，此时草图几何元素图标变蓝，所绘制的几何元素均为构造线形式的几何元素，颜色为蓝色，即便完全约束时也不会变为绿色；再次点击构造线图标，则退出构造线模式。

构造线模式的几何元素在退出Sketcher工作台后将不再显示，也不参与后续的三维操作。

3.5.2 倒圆角

倒圆角的图标为，用法如下。

① 在绘图区域画出连接在一起的任意角度的两条直线，例如绘制任意一个矩形，见图3-51。

② 点击倒圆角图标，移动鼠标至绘图区域时鼠标指针将变为带有红色倒圆角标识的白色十字指针。

③ 点击选中组成任意角度的两条直线，或者角的顶点，则形成圆角；按“Esc”键或鼠标右键点击空白位置以结束当前倒圆角命令。

④ 点击半径约束图标，点击圆角，在“更改半径”对话框中输入圆角的约束半径，点击“OK”结束。

⑤ 按“Esc”键或鼠标右键点击空白位置以结束当前半径约束命令，见图3-52，图中圆角与直线连接点附近的红色小标识为相切约束。

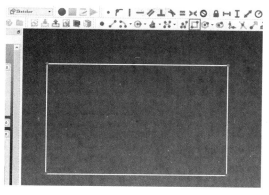

图3-51　绘制任意一个矩形

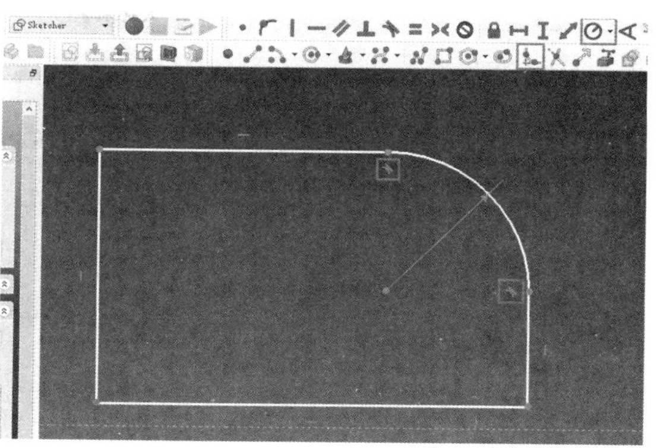

图3-52　倒圆角示例

3.5.3　修剪

修剪命令的图标为，用法如下。

① 在绘图区域画出任意交叉的两条直线，见图3-53。

② 点击修剪图标，移动鼠标至绘图区域时鼠标指针将变为带有红色修剪标识的白色十字指针。

③ 点击两条交叉直线中要修剪的一段，则该段直线消失至两条直线的交点，见图3-54。

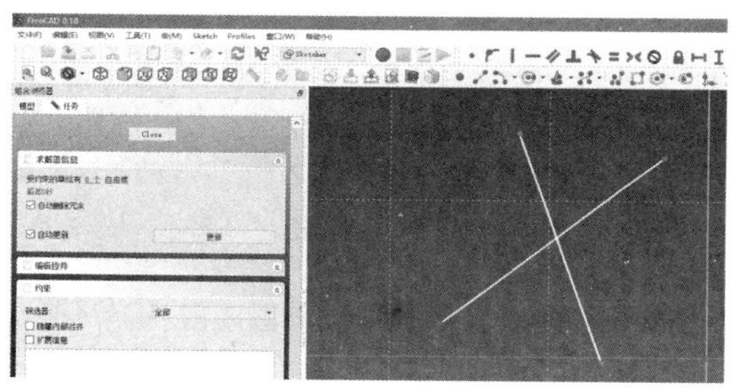

图3-53　修剪前

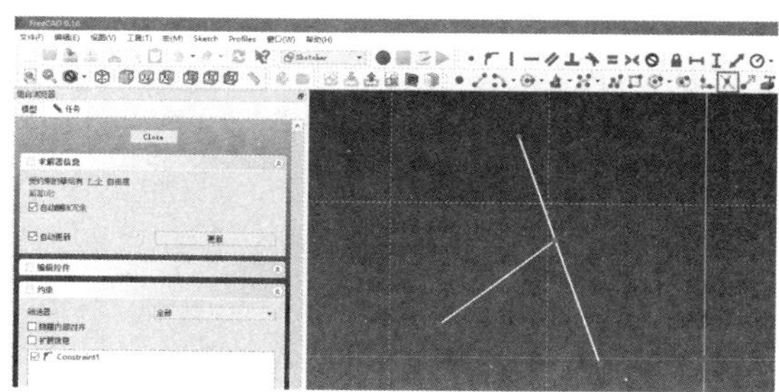

图3-54　修剪后

④ 按“Esc”键或鼠标右键点击空白位置以结束当前修剪命令。

3.5.4　延伸

延伸命令的图标为，用法如下。

① 在绘图区域画出两条不相交的直线（两直线不能平行），见图3-55。

② 点击延伸图标，移动鼠标至绘图区域时鼠标指针将变为带有红色延伸标识的白色十字指针。

③ 点击选中要延伸的直线，鼠标向另一条直线缓缓移动，当移动至另一条直线上时，出现一个点线约束图标，点击确认，此时直线延伸至另一条直线，见图3-56。

④ 按“Esc”键或鼠标右键点击空白位置以结束当前延伸命令，图3-56中两条直线交点附近的红色小标识为点线约束，证明交点在直线上。

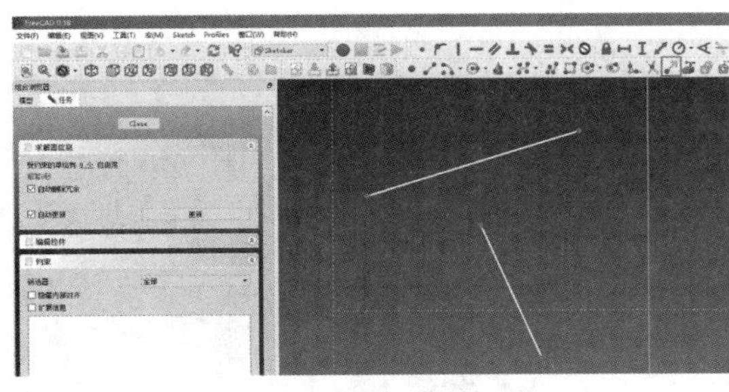

图3-55 延伸前

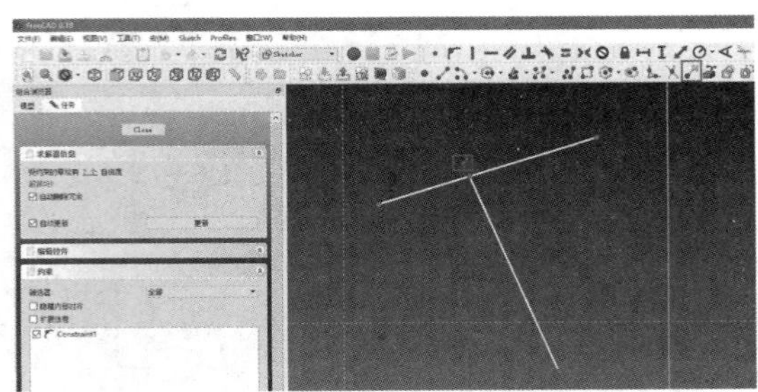

图3-56 延伸后

3.5.5 创建关联边

创建关联边的图标为，主要应用在实体表面进行草图绘制时标明实体的边界，具体实例在第4章予以介绍。

3.5.6 复制

复制的图标为，作用为将其他草图中的所有几何元素和约束复制到当前活动的草图中（注意：是所有几何元素和约束，不能只复制其中的一部分）。复制命令的用法如下。

图3-57 第一幅草图内容

① 进入草图界面前，选择*XY*平面即俯视草图，在绘图区域画出任意一幅草图，见图3-57，点击“Close”退出。

② 点击“创建新草图”图标，见图3-3，进入草图选择界面，见图3-4，选择*YZ*平面即左视草图，进入第二幅草图界面（注意：不要在左侧模型模块中选中第一幅草图，否则创建第二幅草图时将重新进入第一幅草图）。

③ 点击复制图标，移动鼠标至绘图区域时鼠标指针变为带有长方体标识的白色十字指针。

④ 此例中第二幅草图与第一幅草图的界面不同（第一幅草图为俯视草图，第二幅草图为左视草图），则鼠标指针移动到第一幅草图中的任意一条边上时，将变为停止符号⃠，按“Ctrl+Alt”键，以允许选择非平行草图进行复制，则第一幅草图的几何元素以及约束将复制到第二幅草图中，见图3-58。如果第二幅草图与第一幅草图选择相同的草图界面（均为*XY*平面、*XZ*平面或*YZ*平面），则点击第一幅草图中的任意一条边，所有几何元素及约束将复制到第二幅草图中。

⑤ 按“Esc”键或鼠标右键点击空白位置以结束复制命令。

⑥ 点击“Close”退出，见图3-59。

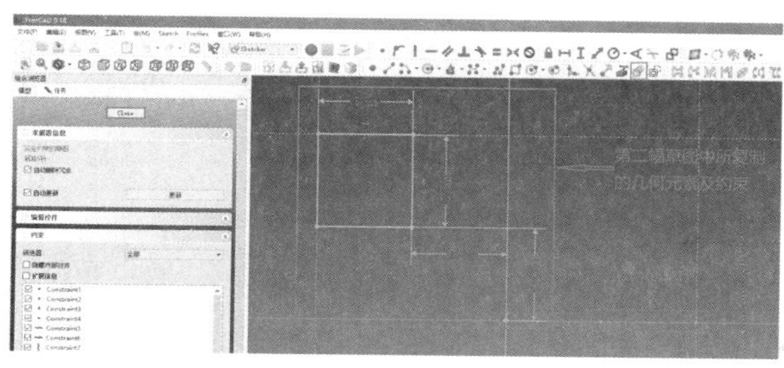

图3-58　复制后第二幅草图内容

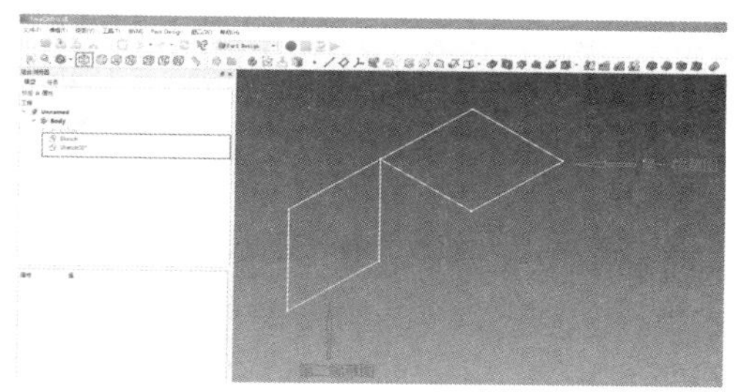

图3-59　第一幅草图和第二幅草图

3.6 各种约束的综合应用

3.6.1 某零部件横截面草图的完全约束

① 进入Sketcher工作台，在绘图区域中的水平轴和竖直轴上，各设置两个圆心，共画出四条圆弧，见图3-60。将四条圆弧的相应端点进行重合约束，约束水平轴上的两个圆心关于原点对称，约束竖直轴上的两个圆心关于原点对称。

② 约束水平轴上其中一个圆心在水平轴上，约束竖直轴上其中一个圆心在竖直轴上，约束四条圆弧的半径为15mm，见图3-61。

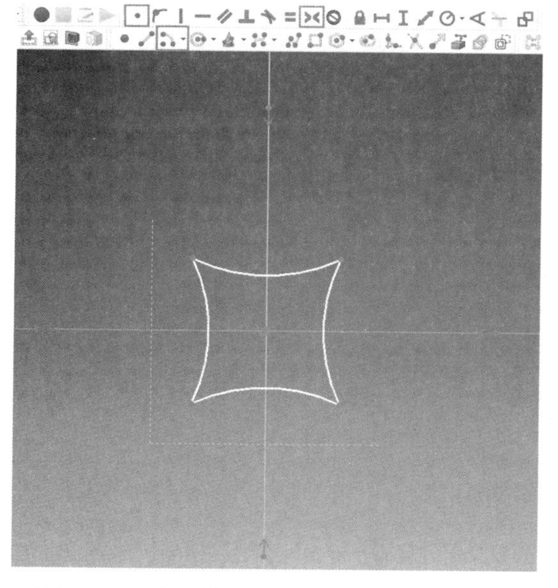

图3-60　水平轴和竖直轴上共画出四条圆弧

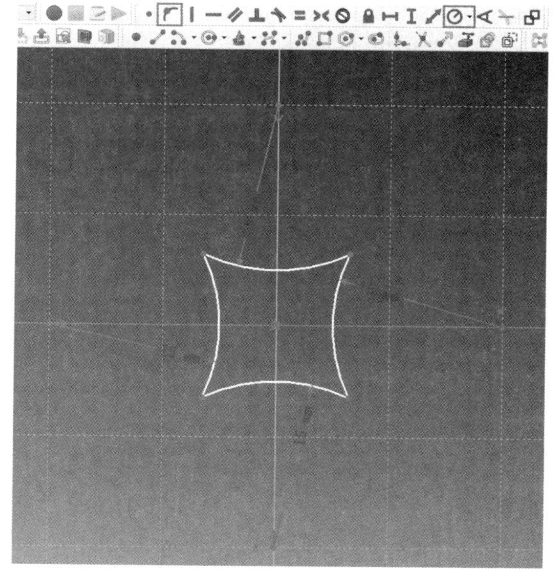

图3-61　约束四条圆弧的半径均为15mm

③ 约束四条圆弧的各自两个端点分别关于水平轴或竖直轴对称，约束水平轴上其中一个圆心距离原点的水平距离为20mm，约束竖直轴上其中一个圆心距离原点的竖直距离为20mm，见图3-62，此时的草图已完全约束。

④ 点击倒圆角图标，对四个尖角进行倒圆角约束，约束每个倒圆角的圆弧半径为

2mm，倒圆角圆弧与相应的圆弧自动相切约束。

⑤ 约束倒圆角的圆心，使四个倒圆角的圆心相对于水平轴或竖直轴对称，见图3-63，此时草图已完全约束。

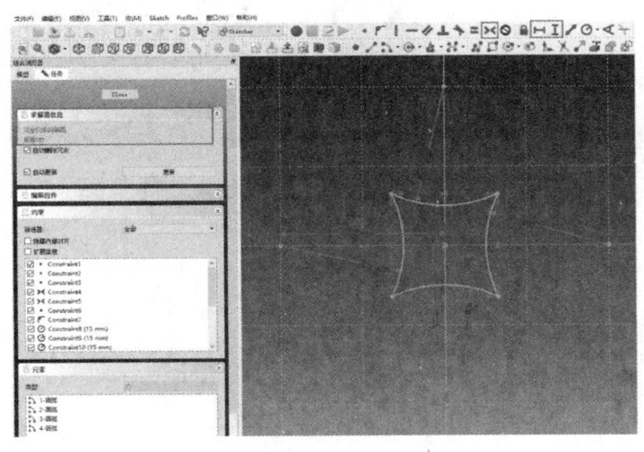
图3-62 约束圆心与原点的距离

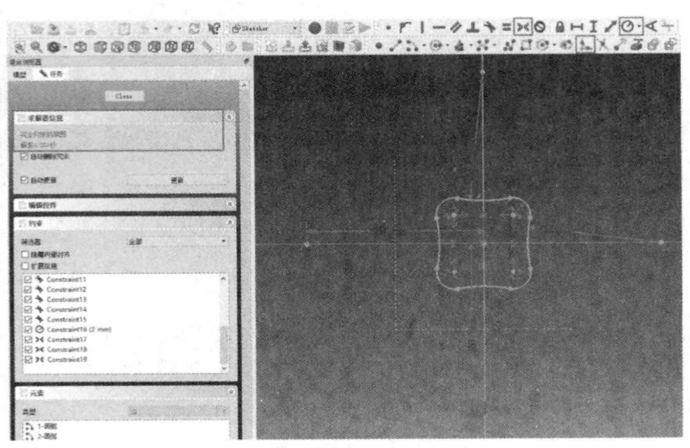
图3-63 进行倒圆角约束和对称约束

绘制草图过程中，如遇求解器中显示“草图包含冗余约束，应删除以下冗余约束”的信息提示，可按照提示点击“单击选取”蓝色字体，则自动选中相应的冗余约束条件，按“Delete”键删除；或者用鼠标右键选中冗余的约束条件，选择“删除”即可。

绘制过程中要仔细观察草图中的所有部分，在正常比例中看似点线重合或者点点重合，但滚动鼠标滚轮，放大到一定程度后可能会发现并不重合，所以对于初学者而言，除了要观察仔细之外，还要注意查看在关键位置处的各种约束图标是否存在。

3.6.2 某传动装置草图的完全约束

① 进入Sketcher工作台，在绘图区域的水平轴上，画出两组同心圆，约束两组同心圆的圆心都在水平轴上，见图3-64。

② 约束水平轴左侧的同心圆半径分别为2mm和4mm，同心圆圆心到原点的水平距离为12mm；约束水平轴右侧的同心圆半径分别为6mm和9mm，同心圆圆心到原点的水平距离为18mm，见图3-65。

③ 画出两条直线，约束两条直线与两组同心圆的外侧圆相连，并约束与外侧圆相切，见图3-66，此时草图已完全约束。

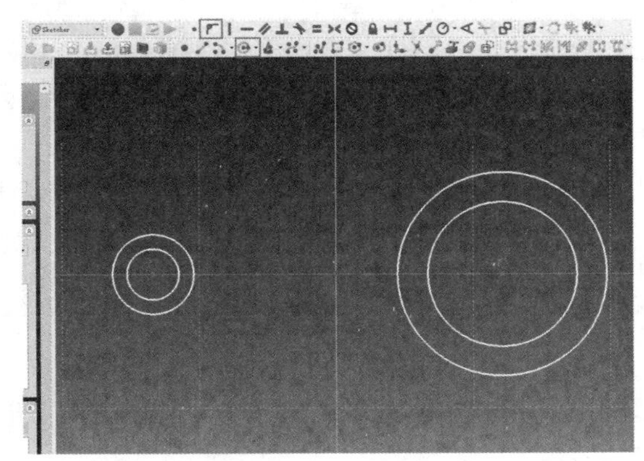
图3-64 画出两组同心圆并约束圆心在水平轴上

3.6.3 某模具草图的完全约束

① 进入Sketcher工作台，点击折线图标，不断按“M”键，绘制出如图3-67所示的图形，约束上下两条线段为水平，约束左右两个圆弧与上下两条水平线段相切（点击跑道型线条图标可非常简便地画出如图3-67所示的图形）。

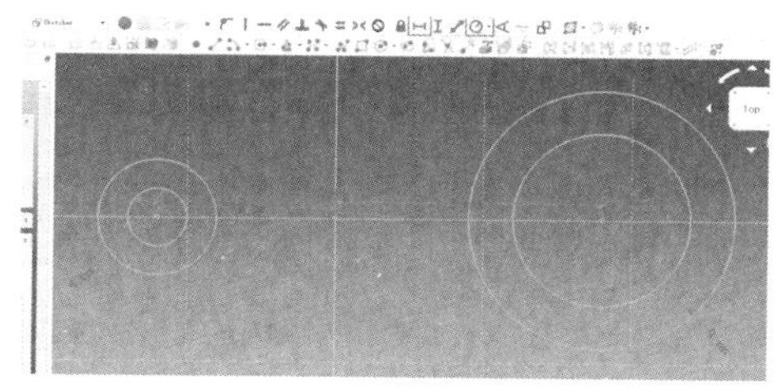

图3-65 约束半径及圆心与原点的水平距离

图3-66 约束直线与外侧圆相连并相切

② 约束左右两个圆弧的圆心在水平轴上，约束其中一条水平线段的长度为20mm，约束其中一条圆弧的半径为10mm，约束两个圆弧的圆心关于原点对称，见图3-68。

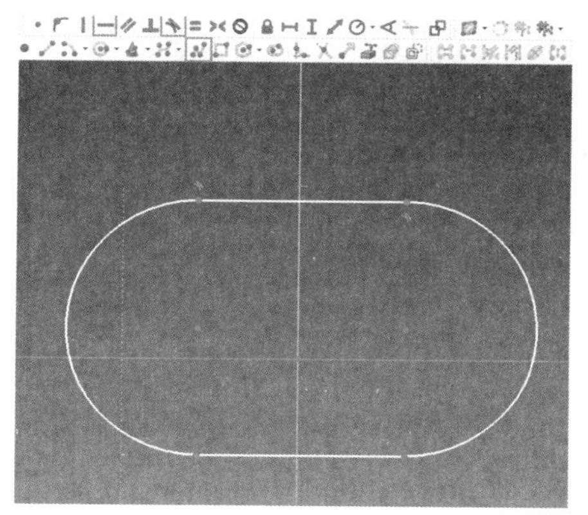

图3-67 画出跑道型线条并进行约束

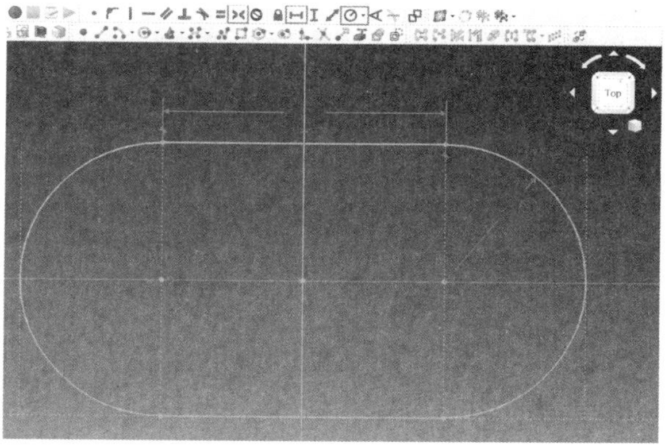

图3-68 约束圆心半径及长度

③ 以左右两个圆弧的圆心各画一个圆，并约束半径为5mm，画上下两条线段，并进行水平约束，约束两条水平线段与左右两个圆相连，点击修剪图标，修剪两条直线之间的圆弧，见图3-69。

④ 约束上下两条线段的两个端点分别关于水平轴对称，并约束水平线段的长度为12mm，见图3-70，此时草图已完全约束。

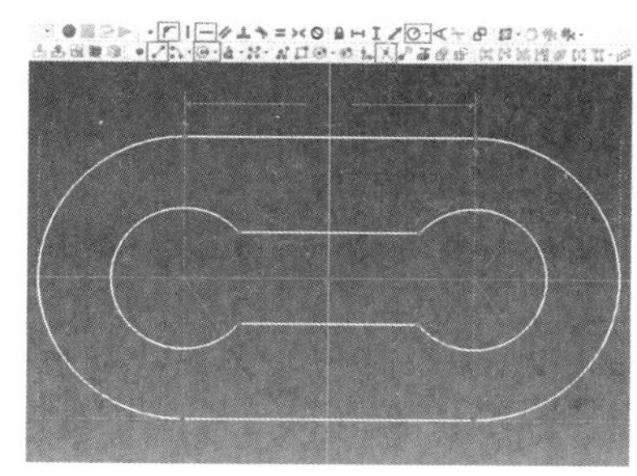

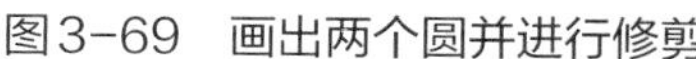

图3-69 画出两个圆并进行修剪

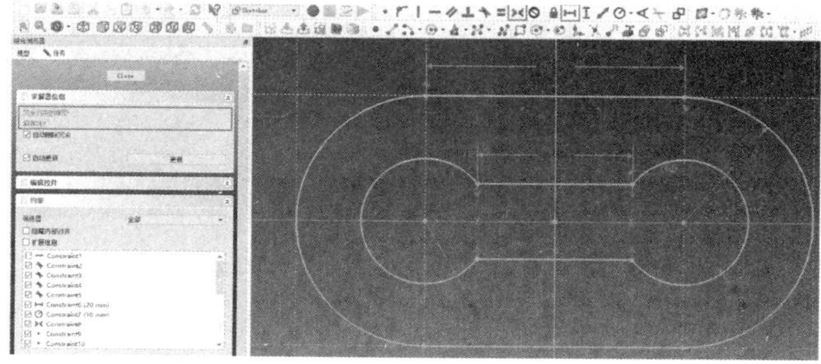

图3-70 进行对称约束及长度约束

3.7 草图工具栏

“草图”工具栏主要是对已绘制的草图进行二次编辑，“草图”工具栏的所有命令见表3-12。

表3-12 “草图”工具栏的命令及作用

“草图”工具栏命令	作用
	闭合：作用为使选定的若干个对象闭合
	端点连接：作用为将两段线条的端点相互连接
	显示约束：将选中对象的约束显示出来
	显示对象：将与约束相关联的对象显示出来
	显示 / 隐藏构造线：可隐藏或显示选定对象的构造线
	镜像：根据选定的对象及对称轴创建出对称的图形
	克隆：将选定的对象克隆出一个副本并放置到指定的位置
	复制：将选定的对象复制出一个副本并放置到指定的位置
	移动：将选定的对象移动到指定的位置
	阵列：将选定的对象创建出多个副本并放置到指定的位置

3.7.1 闭合

闭合的图标为，作用为使选定的若干个对象形成一个封闭的二维图形。

① 进入Sketcher工作台，点击“线段”图标，在绘图区域绘制至少三条任意的线段，鼠标右键点击空白位置以终止线段命令，见图3-71。

② 在左侧几何元素模块中按住“Ctrl”键，选中三条线段（也可在绘图区域直接点击选中三条线段），则三条线段的颜色变绿，见图3-72。

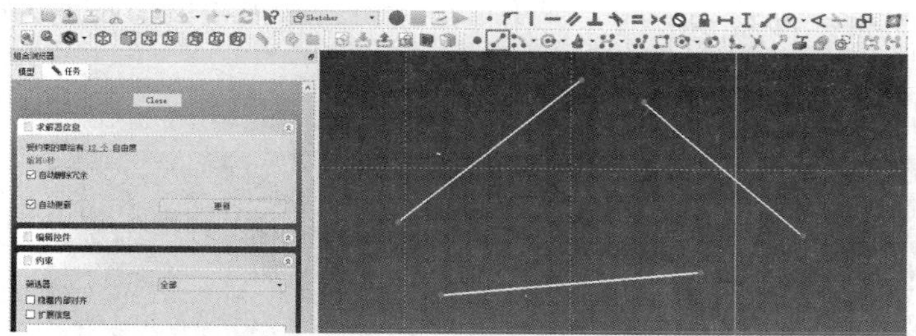

图3-71 绘制至少三条任意线段

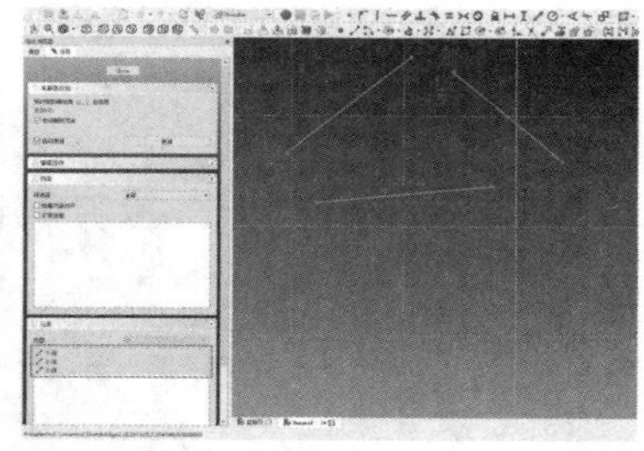

图3-72 选中后三条线段的颜色变绿

③ 点击“闭合”图标，则三条线段变为闭合的三角形，左侧约束模块中显示三个重合约束，见图3-73。

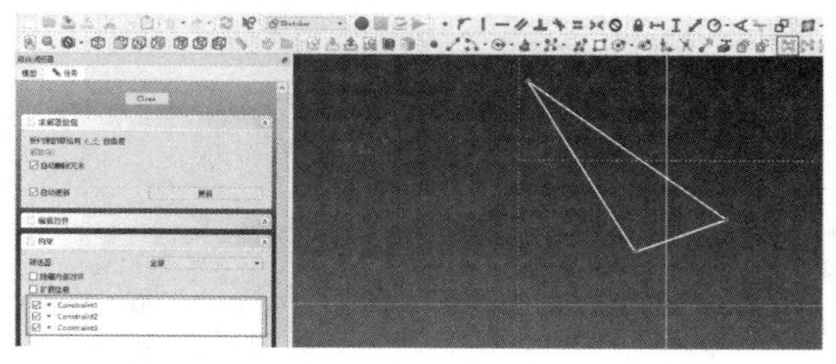

图3-73 点击“闭合”图标使三条线段闭合

注意

① 闭合的对象可以是线段，也可以是折线、圆弧等其他元素的组合，见图3-74。

② 使用闭合命令之前可以对要连接的线条进行一些约束，但如果约束限制了对象的闭合或者已经完全约束，则无法完成闭合操作。

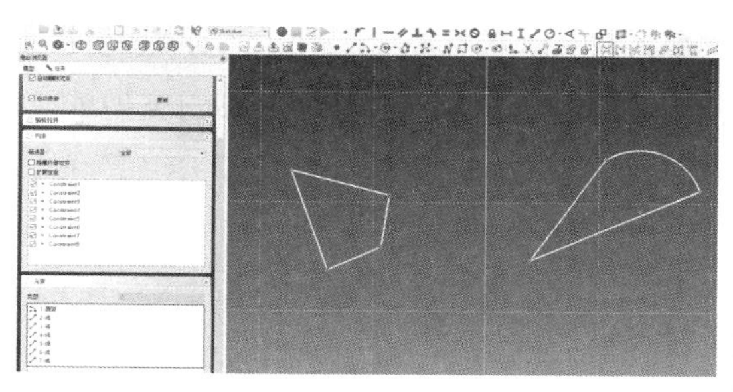

图3-74 其他元素的组合的闭合

③ 闭合命令操作前需注意对象选择的先后顺序，选择顺序的不同将导致闭合结果的不同，因此建议以逆时针或顺时针的顺序进行对象的选择。

3.7.2 端点连接

端点连接的图标为，作用为将两段线条的端点相互连接，可认为是另一种重合约束。

① 进入Sketcher工作台，点击“线段”图标，在绘图区域绘制一条线段，并进行水平约束和长度约束；点击“圆弧”图标，绘制一条圆弧，并对其圆心和半径进行约束，见图3-75。

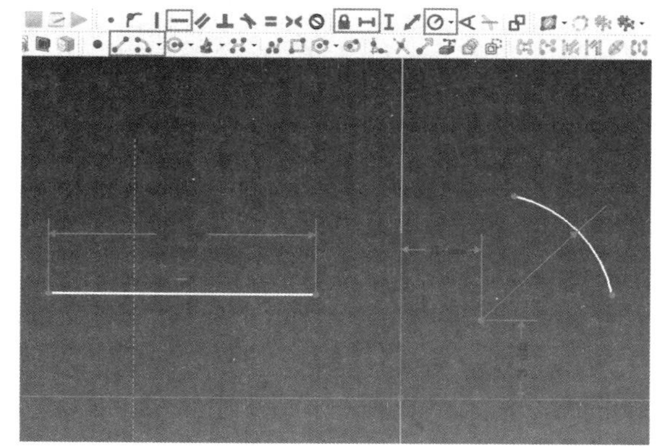

图3-75 绘制线段和圆弧

② 在左侧几何元素模块中按住“Ctrl”键，先点击选中线段，再点击选中圆弧（也可在绘图区域先点击选中线段，再点击选中圆弧），则线段和圆弧的颜色变绿，见图3-76。

③ 点击“端点连接”图标，则线段的端点与圆弧的端点相连，见图3-77。

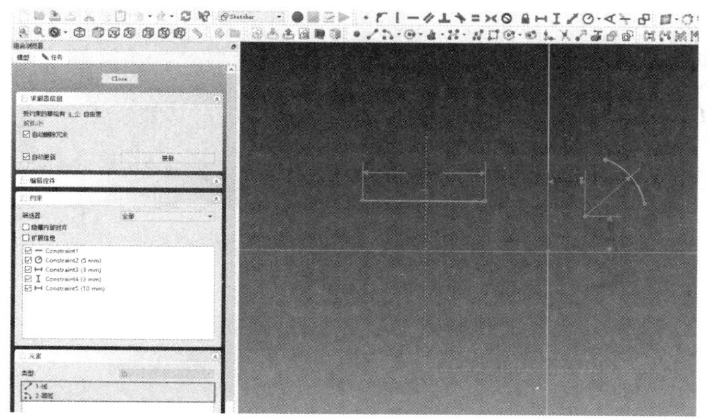

图3-76 选中线段和圆弧

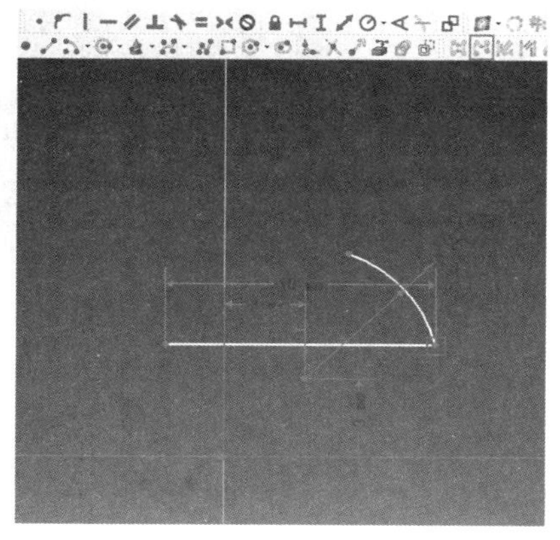

图3-77 线段的端点和圆弧的端点连接

注意

① 端点连接的对象可以是同种类型的线条，也可以是不同类型的线条，比如线段、圆弧或折线等线条彼此之间均可使用端点连接。

② 使用端点连接命令之前可以对要连接的线条进行一些约束，但如果约束限制了对象端点的连接或者已经完全约束，则无法完成端点连接操作。

③ 线条选择的先后顺序不同以及约束方式的不同，将导致端点连接有不同的结果，见图3-78。

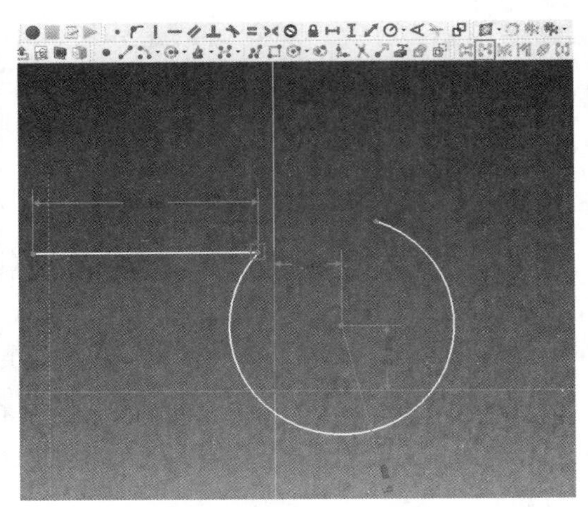

图3-78　选择顺序的不同导致结果不同

3.7.3　显示约束

显示约束的图标为，作用为将选中对象的约束在约束模块和绘图区域中同时显示出来，用以区分其他对象的约束。

① 进入Sketcher工作台，点击“线段”图标，在绘图区域绘制一条线段，并进行水平约束和长度约束；点击“圆弧”图标，绘制一条圆弧，并对其圆心和半径进行约束；在左侧几何元素模块中点击选中点线段（或在绘图区域直接点击线段），则线段的颜色变绿，见图3-79。

② 点击“显示约束”图标，则绘图区域中线段的约束以绿色显示出来，同时在约束模块中线段的约束被突出显示，圆弧的约束颜色依旧保持不变，见图3-80。

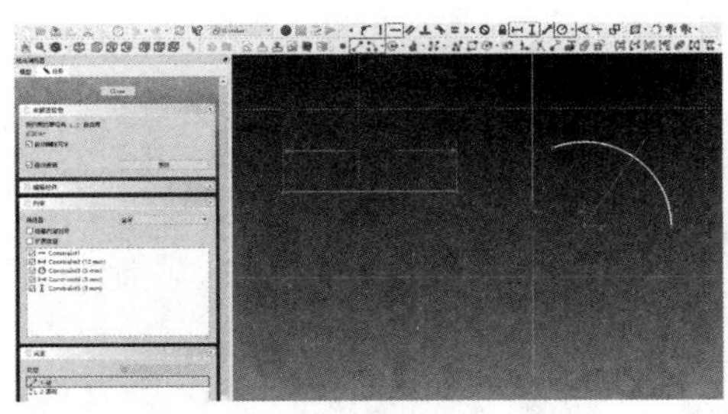

图3-79　绘制线段和圆弧并选中线段

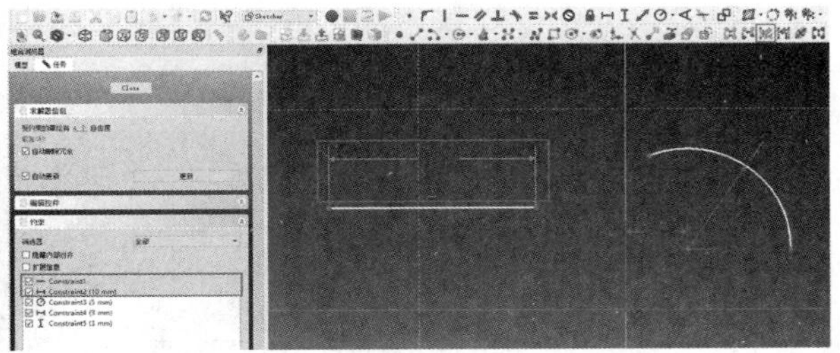

图3-80　显示约束的操作结果

注意

显示约束命令对点的约束无效。

3.7.4　显示对象

显示对象的图标为，作用为通过选定的约束，将与之关联的对象显示出来，该命令与显示约束的作用恰好相反。

① 进入Sketcher工作台，点击“线段”图标，在绘图区域绘制一条线段，并进行水平约束和长度约束；点击“圆弧”图标，绘制一条圆弧，并对其圆心和半径进行约束；在绘图区域直接点击选中半径的约束（也可在左侧约束模块中点击选中圆弧半径的约束），则半径约束的颜色变绿，同时约束模块中的半径约束被突出显示，见图3-81。

② 点击“显示对象”图标，则绘图区域中的圆弧以绿色显示出来，同时在几何元素模块中的圆弧被突出显示，线段及线段的约束颜色依旧保持不变，见图3-82。

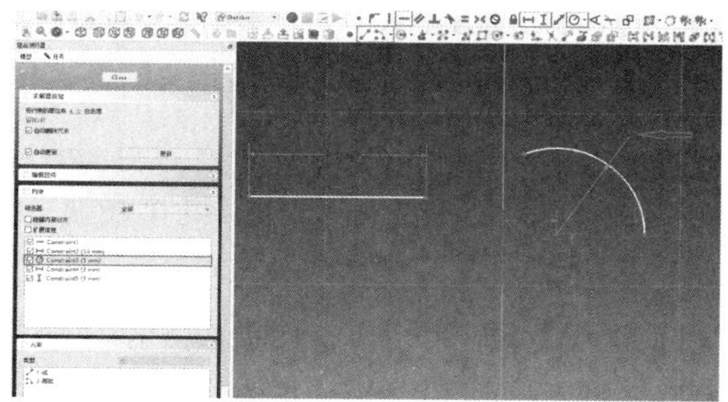

图3-81　绘制线段和圆弧并选中半径约束

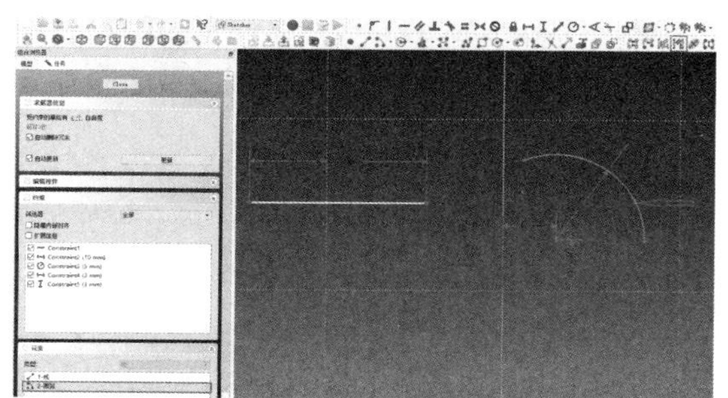

图3-82　显示对象的操作结果

3.7.5　显示/隐藏构造线

显示/隐藏构造线的图标为，作用为隐藏或显示选定对象的蓝色构造线。

① 进入Sketcher工作台，点击“椭圆弧”图标，在绘图区域绘制任意一条椭圆弧，可见椭圆弧内部有蓝色的构造线，绘制完成后右键点击空白位置以终止绘制椭圆弧命令，见图3-83。

② 在绘图区域直接点击选中椭圆弧（也可在左侧几何元素模块中点击选中椭圆弧），则椭圆弧的颜色变绿，同时左侧几何元素模块中的椭圆弧被突出显示，见图3-84。

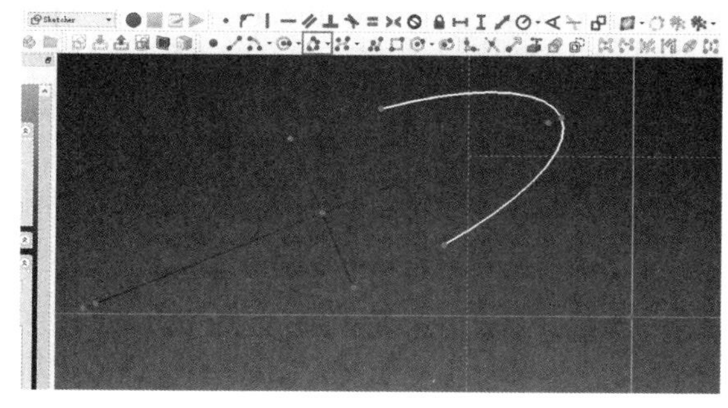

图3-83　绘制任意一条椭圆弧

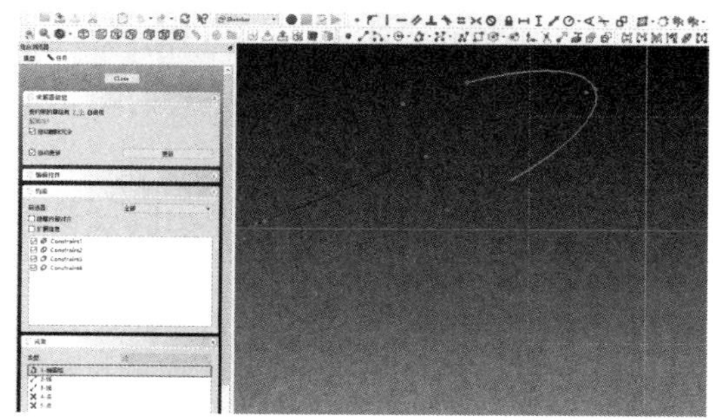

图3-84　选中椭圆弧使其颜色变绿

③ 点击“显示/隐藏构造线”图标，则椭圆弧内部的蓝色构造线消失，只剩椭圆弧的中心，见图3-85。

④ 再次点击选中椭圆弧（也可在左侧几何元素模块中再次点击选中椭圆弧），椭圆弧的颜色变为绿色，再次点击“显示/隐藏构造线”图标，则重现椭圆弧的构造线，见图3-86。

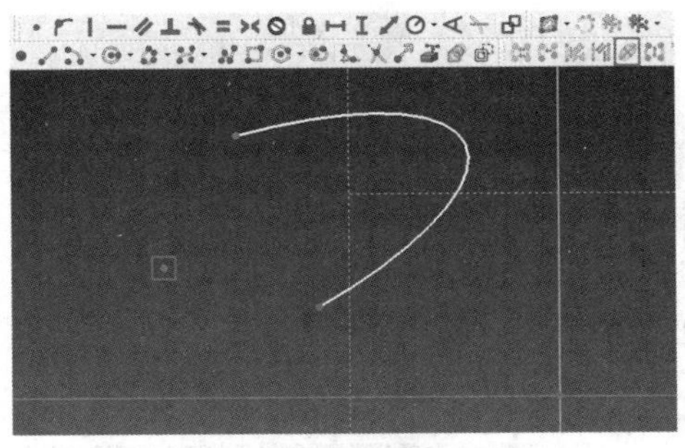

图3-85　椭圆弧内部的构造线消失

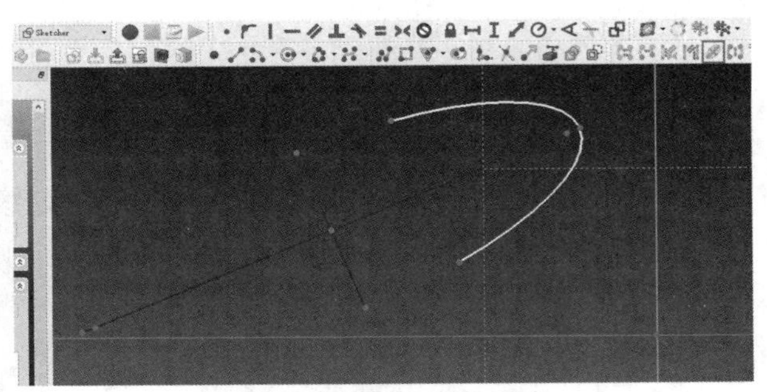

图3-86　重现椭圆弧内部的构造线

注意

① “显示/隐藏构造线”命令仅适用于椭圆、椭圆弧、双曲线弧、抛物线弧、B样条曲线和周期B样条曲线，并不适用于正多边形。

② 即便将蓝色的构造线删除，通过选中弧线并点击“显示/隐藏构造线”图标，也能将删除的构造线恢复。

③ 如果对一部分蓝色构造线使用了各种约束命令进行约束，则选中弧线并点击“显示/隐藏构造线”图标后，无约束的构造线将被隐藏，而约束了的构造线则无法被隐藏。

④ 伴随着蓝色构造线的消失或重现，左侧几何元素模块和约束模块中的信息也随之消失或重现。

3.7.6　镜像

镜像的图标为，作用为根据选定的对象及对称轴创建出一个对称的图形。

① 进入Sketcher工作台，点击“圆”图标，在绘图区域绘制一个圆，绘制完成后右键点击空白位置以终止画圆命令；约束圆的半径为5mm，约束圆心距离水平轴和垂直轴的距离均为10mm，使得该圆被完全约束，见图3-87。

② 在绘图区域直接点击选中圆（也可在左侧几何元素模块中点击选中圆），则圆的颜色变绿，同时左侧几何元素模块中的圆被突出显示；再点击选中水平轴，则水平轴的颜色也变绿，见图3-88。

③ 点击“镜像”图标，则水平轴下方出现另一个圆，该圆与水平轴上方的圆关于水平轴对称，但该圆仅约束了半径，圆心位置并未被约束，见图3-89。

④ 点击选中水平轴上方的圆，则圆的颜色变绿；再点击选中原点，则原点的颜色也变绿；点击“镜像”图标，则第三象限也出现一个圆，该圆与水平轴上方的圆关于原点对称，且该圆也仅约束了半径，圆心位置并未被约束，见图3-90的第三象限。

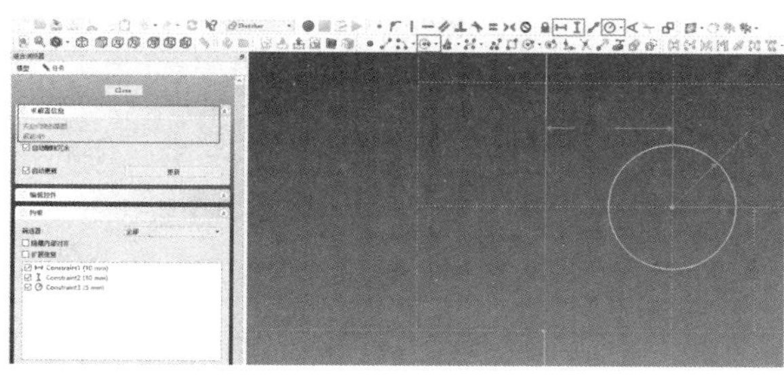
图3-87　绘制一个圆并完全约束

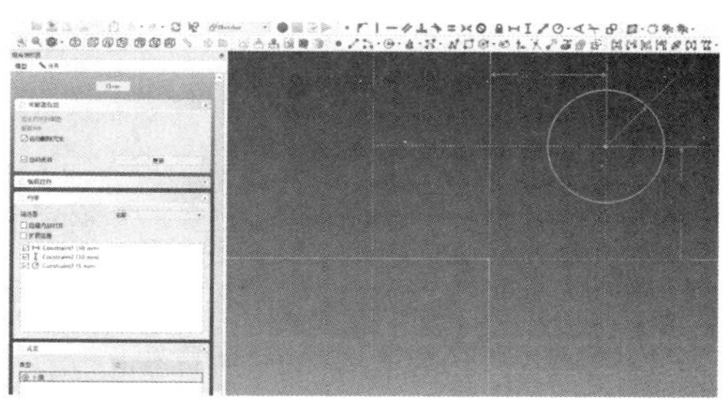
图3-88　先选中圆再选中水平轴

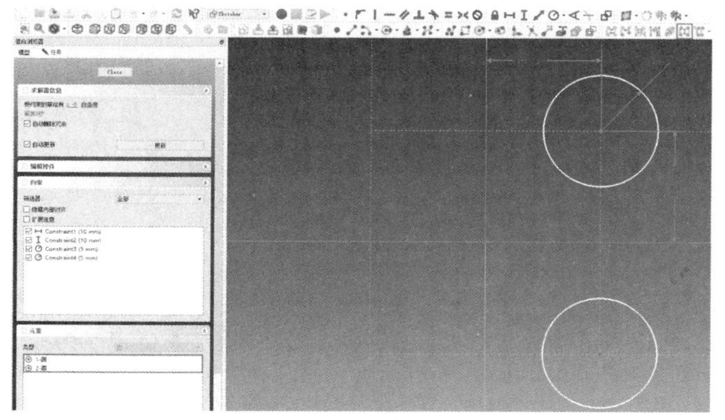
图3-89　水平轴为对称轴的镜像操作完成

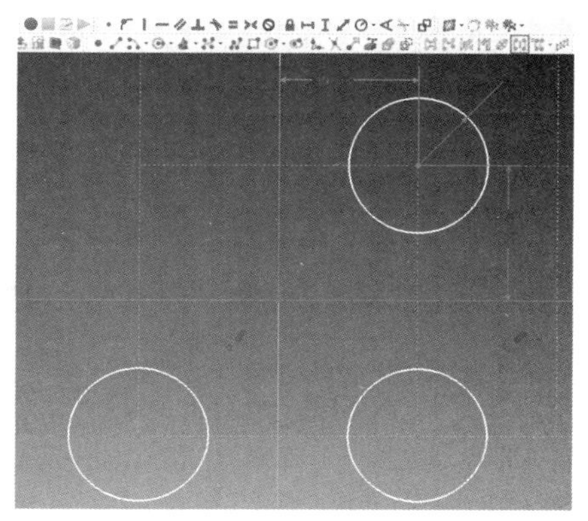
图3-90　原点为对称点的镜像操作完成

⑤ 在绘图区域绘制任意一条线段，见图3-91；点击选中水平轴上方的圆，则圆的颜色变绿；再点击选中新绘制的线段，则线段的颜色也变绿；点击“镜像”图标，则出现一个圆，该圆与水平轴上方的圆关于线段对称，见图3-92。

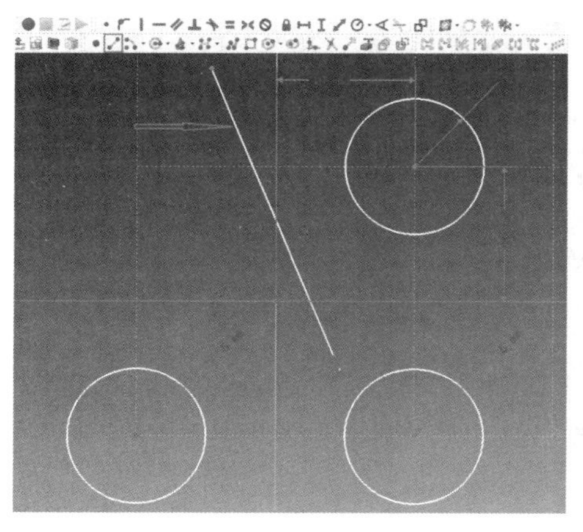
图3-91　绘制任意一条线段

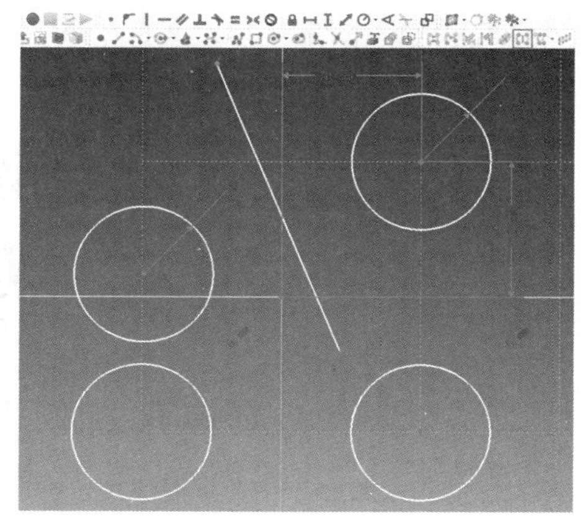
图3-92　线段为对称轴的镜像操作完成

注意

① 镜像操作的步骤为先选中原对象，再选中对称轴，最后点击“镜像”图标，选择顺序错误则无法完成镜像操作。

② 镜像操作仅将原对象的定形尺寸约束进行镜像，并不会将原对象的定位尺寸约束进行镜像，图3-89、图3-90和图3-92中，镜像后的圆的半径约束与原对象相同，但并未将原对象的圆心位置约束进行镜像。

③ 镜像的对称轴可以是水平轴、竖直轴，以及绘制的线，对称点可以选择为原点，也可以是绘制的其他点。

④ 镜像后的对象与原对象之间并无任何关联，修改原对象（或镜像后的对象）的位置或约束并不会导致镜像后的对象（或原对象）的位置或约束发生改变。

3.7.7 克隆

克隆的图标为，作用为将选定的对象克隆出一个副本并放置到指定的位置。

① 进入Sketcher工作台，点击“圆”图标，在绘图区域绘制一个圆，绘制完成后鼠标右键点击空白位置以终止画圆命令；约束圆的半径为5mm，约束圆心距离水平轴和垂直轴的距离均为10mm，使得该圆被完全约束。

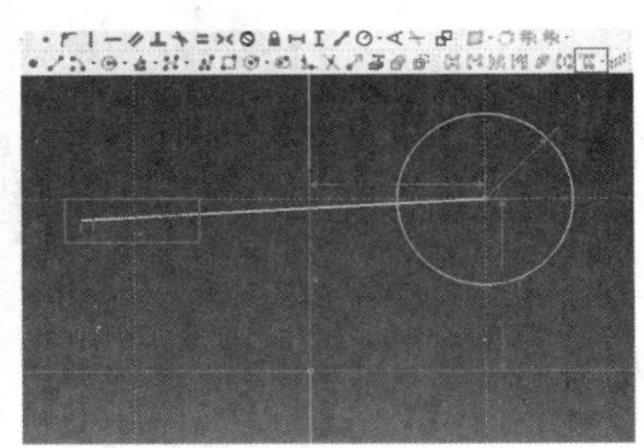

图3-93 点击克隆图标，鼠标变为红色的双竖线

② 在绘图区域直接点击选中圆（也可在左侧几何元素模块中点击选中圆），则圆的颜色变绿，同时左侧几何元素模块中的圆被突出显示；点击“克隆”图标，鼠标移至绘图区域时指针变为红色的双竖线，见图3-93；将鼠标移动到第二象限，点击确定克隆副本的位置，可见克隆副本与原对象之间存在相等约束标识，见图3-94。

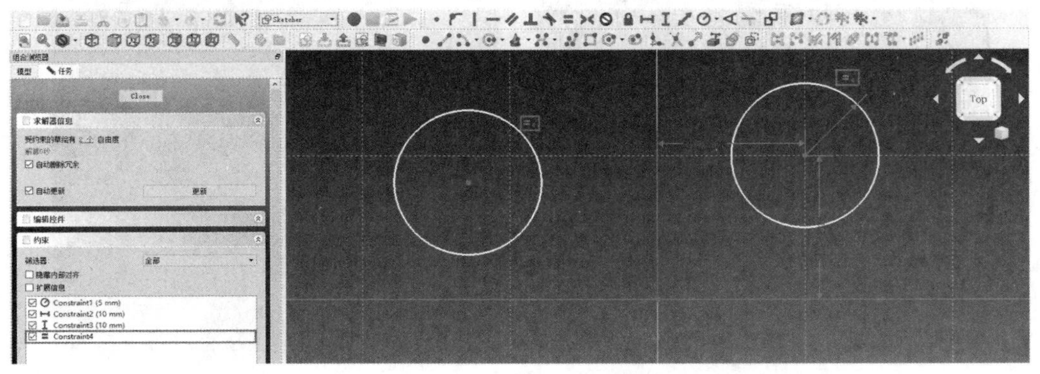

图3-94 克隆副本与原对象之间存在相等约束

③ 点击选中克隆副本，再次点击“克隆”图标，将鼠标移动到第三象限，点击确定二次克隆副本的位置，见图3-95，可见二次克隆副本并没有相等约束标识。

④ 将原对象的半径约束更改为7mm，克隆副本的半径也随之增大，但二次克隆副本的半径保持不变，见图3-96，可见二次克隆副本与克隆副本以及原对象之间不存在相等约束。

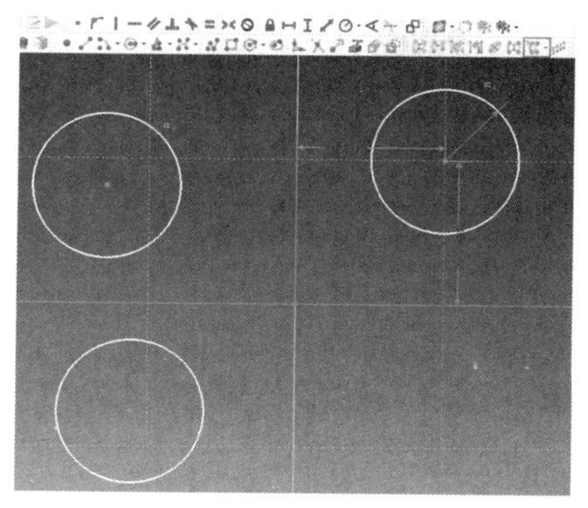

图3-95　完成二次克隆操作

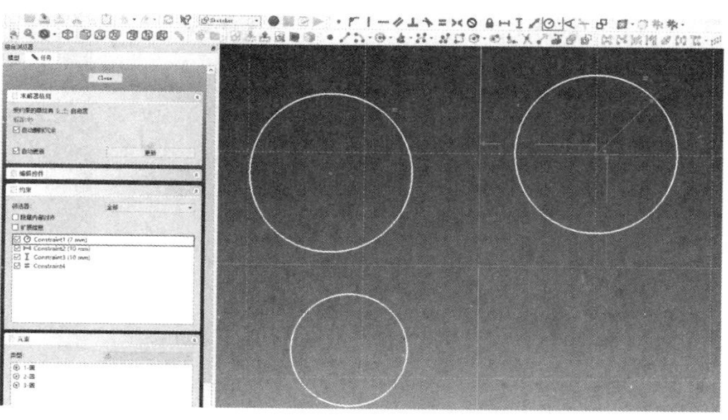

图3-96　二次克隆副本不随原对象发生改变

注意

① 克隆副本与原对象之间存在相等约束，修改原对象的定形约束将导致克隆副本的形状也随之发生改变。

② 二次克隆副本与克隆副本以及原对象之间不存在相等约束。

3.7.8　复制

复制的图标为，作用为将选定的对象复制出一个副本并放置到指定的位置。复制与克隆的最主要区别是复制的副本与原对象之间不存在任何关联，修改原对象不会引起复制副本的改变，但复制副本会保留原对象的定形尺寸约束。

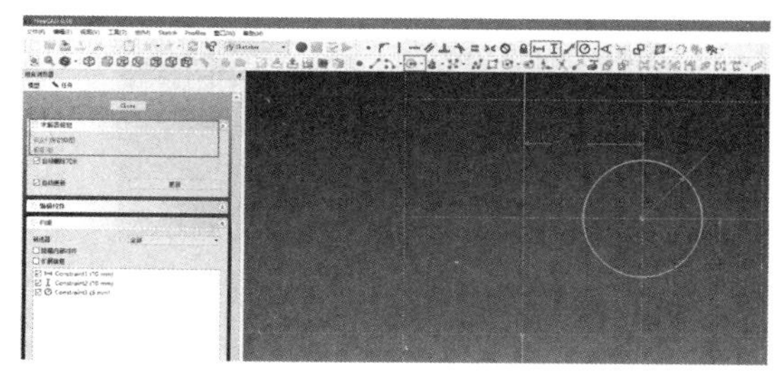

图3-97　绘制一个圆并完全约束

① 进入Sketcher工作台，点击“圆”图标，在绘图区域绘制一个圆，绘制完成后右键点击空白位置以终止画圆命令；约束圆的半径为5mm，约束圆心距离水平轴和垂直轴的距离均为10mm，使得该圆被完全约束，见图3-97。

② 在绘图区域直接点击选中圆（也可在左侧几何元素模块中点击选中圆），则圆的颜色变绿，同时左侧几何元素模块中的圆被突出显示；点击“复制”图标，鼠标移至绘图区域时指针变为红色的双竖线，见图3-98。

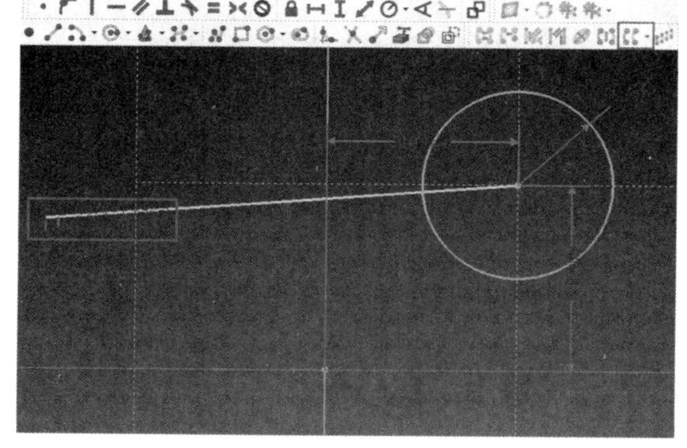

图3-98　点击复制图标鼠标变为红色的双竖线

③ 将鼠标移动到第二象限，点击确定复制副本的位置，可见复制的副本并无相等约束标识，但保留有原对象的半径约束标识，见图3-99。

3.7.9 移动

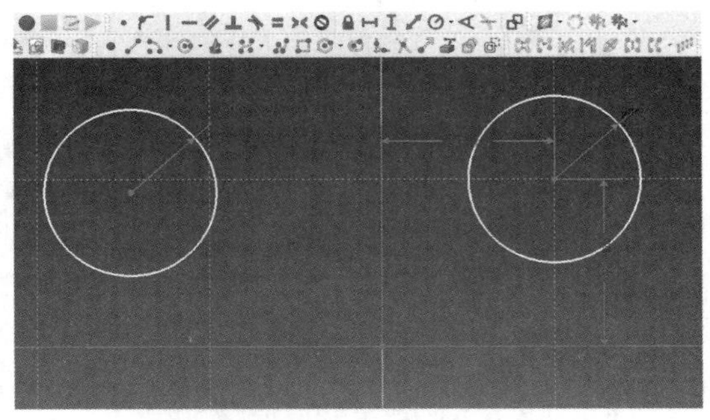
图3-99 复制操作完成

图3-100 绘制一个圆并约束竖直距离

移动的图标为，作用为将选定的对象移动到指定的位置。移动与复制或克隆的最主要区别是移动不产生副本，只相当于更改选定对象的位置，同时保留各种约束。

① 进入Sketcher工作台，点击“圆”图标，在绘图区域绘制一个圆，绘制完成后右键点击空白位置以终止画圆命令；约束圆的半径为5mm，仅约束圆心与原点的竖直距离为10mm，圆心与原点的水平距离不做约束以方便移动，见图3-100。

② 在绘图区域直接点击选中圆（也可在左侧几何元素模块中点击选中圆），则圆的颜色变绿，同时左侧几何元素模块中的圆被突出显示；点击“移动”图标，鼠标移至绘图区域时指针是红色的双竖线，见图3-101。

③ 将鼠标移动到第二象限，点击确定新的位置，可见选定的对象被移动到了第二象限，同时半径约束和竖直距离约束依旧保留，见图3-102。

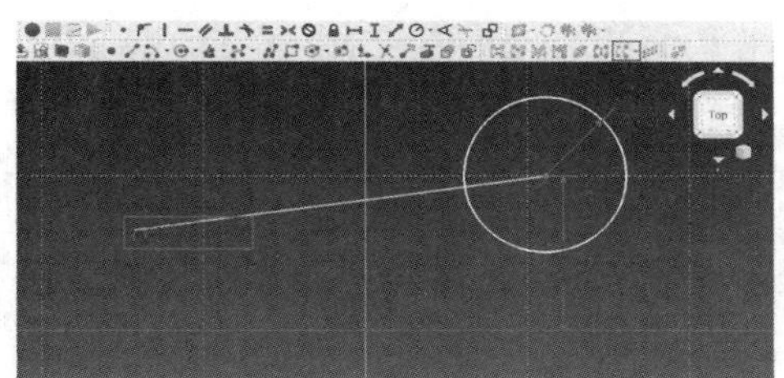
图3-101 点击移动图标鼠标变为红色的双竖线

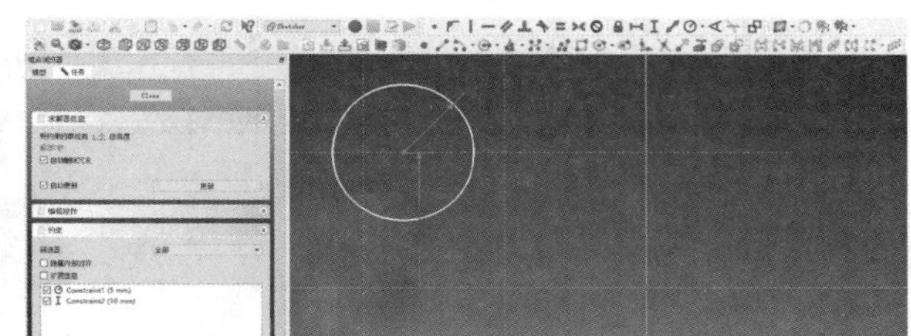
图3-102 移动操作完成

注意

① 移动命令不产生副本，只是改变了选定对象的位置，同时保留了选定对象的各种约束。

② 此例中如果对圆添加与原点的水平距离约束，则无法完成移动操作，因为添加水平距离约束后，对象已被完全约束。

③ 此例中移动操作完成后，圆的竖直距离约束依然为10mm，若想使圆可以被自由地移动到任何位置，需将竖直距离约束删除。

3.7.10 阵列

阵列的图标为，作用为将选定的对象按照行数和列数的乘积个数复制或克隆出多个副本，并将这些副本按照设定的间距放置到指定的位置。

前述的复制或克隆命令一次只能创建一个副本，但阵列一次可创建多个副本，具有快捷方便的特点。

① 进入Sketcher工作台，点击“圆”图标，在绘图区域绘制一个圆，绘制完成后右键点击空白位置终止画圆命令；约束圆的半径为5mm，约束圆心距离水平轴和垂直轴的距离均为10mm，使得该圆被完全约束。

② 在绘图区域直接点击选中圆（也可在左侧几何元素模块中点击选中圆），则圆的颜色变绿，同时左侧几何元素模块中的圆被突出显示；点击“阵列”图标，出现“创建阵列”对话框，其中有三个复选框，分别为“垂直/水平间距相等”“约束内部元素分割”和“克隆”；将“创建阵列”对话框中的行数和列数更改为3，见图3-103。

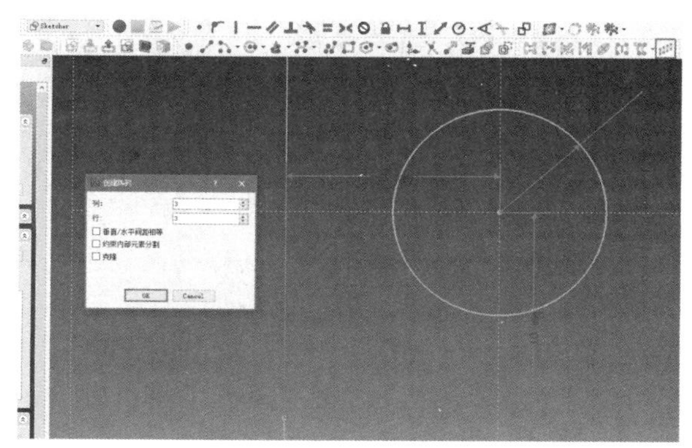

图3-103 “创建阵列”对话框

③ 点击选中第一个复选框“垂直/水平间距相等”，点击“OK”退出后，鼠标指针变为红色的三竖线，见图3-104；移动鼠标至合适的位置点击，可确定阵列的间距以及方向，见图3-105；将圆复制成为了三行三列的阵列，虽然它们的半径约束都相同，但并未将每个圆的定位尺寸进行约束，可点击选中某个圆后进行拖动；因选中了“垂直/水平间距相等”复选框，所以阵列的行间距和列间距相等，点击“距离约束”图标可测量两个圆心之间的距离，见图3-105中的红色矩形框线，可见行间距和列间距相等。

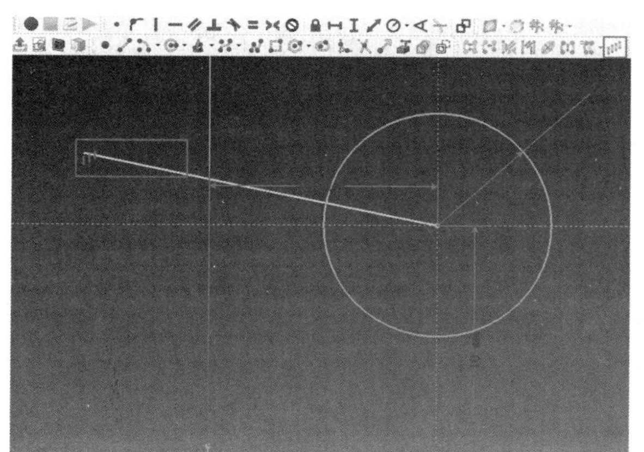

图3-104 鼠标指针变为红色的三竖线

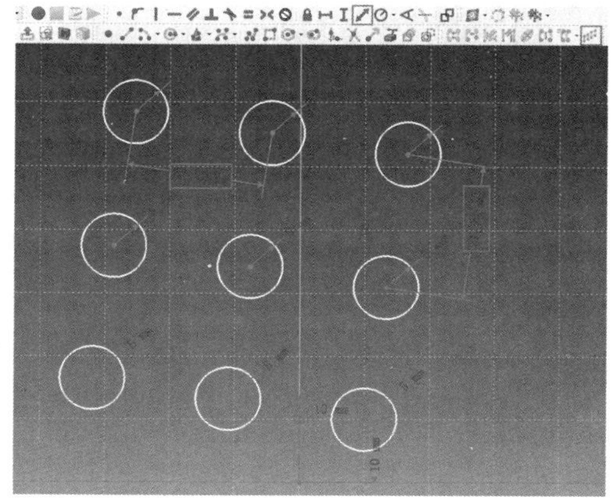

图3-105 选中“垂直/水平间距相等”选项的阵列

④ 如果只选中了第二个复选框“约束内部元素分割”，点击“OK”退出后，鼠标指针依旧变为红色的三竖线；移动鼠标至合适的位置点击，可确定阵列的间距以及方向，见图3-106；依然将圆复制成为了三行三列的阵列，但每个圆都是完全约束，且圆与圆之间有行间距约束、列间距约束和角度约束，见图3-106中的红色矩形框线，双击约束值可对其进行修改，此例中将角度约束更改为180°，行间距更改为15mm，列间距更改为30mm，见图3-107。

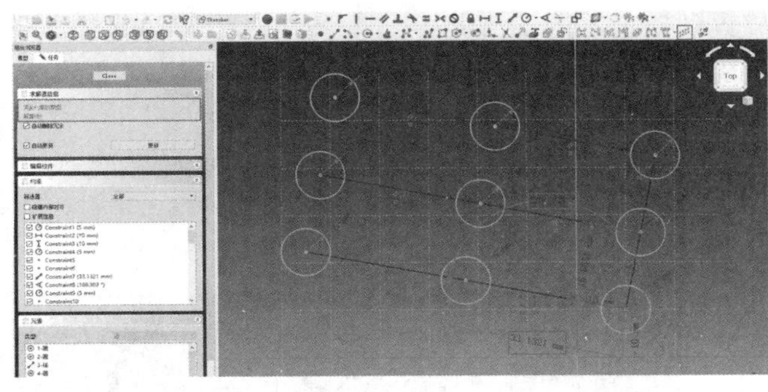

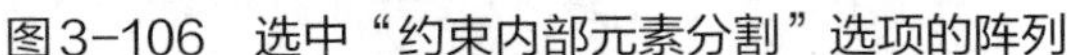

图3-106 选中“约束内部元素分割”选项的阵列

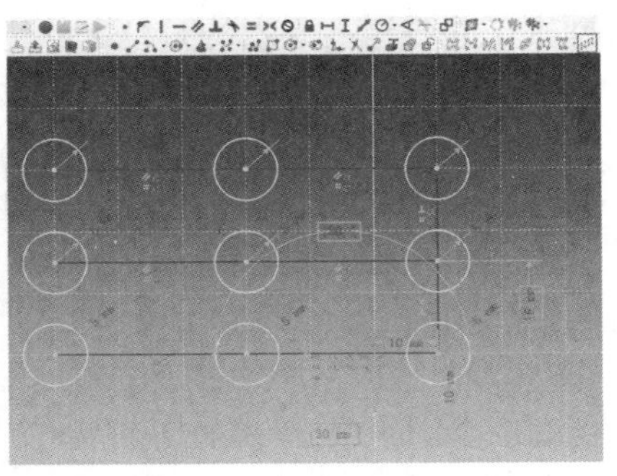

图3-107 将阵列的约束进行修改

⑤ 如果只选中了第三个复选框“克隆”，点击“OK”退出后，鼠标指针依旧变为红色的三竖线；移动鼠标至合适的位置点击，可确定阵列的间距以及方向，见图3-108；也将圆复制成为了三行三列的阵列，但并未将每个圆的定位尺寸进行约束，可点击选中某个圆后进行拖动；因选中了“克隆”复选框，所以每个圆都有相等约束标识，更改原对象圆的半径约束值为7mm，可见阵列中所有圆的半径均随之发生改变，见图3-109。

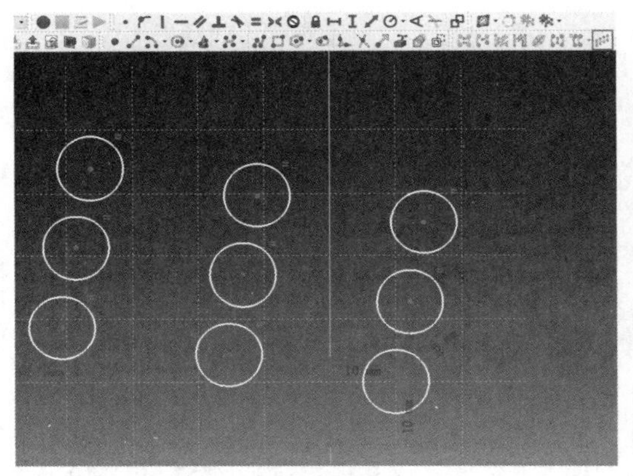

图3-108 选中克隆选项的阵列

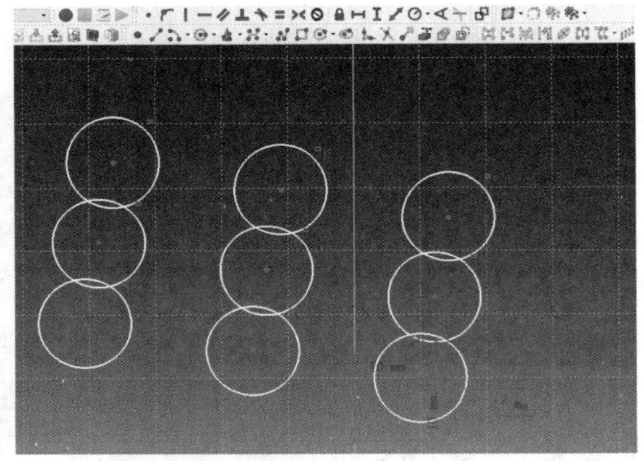

图3-109 将圆的半径约束值进行修改

注意

① 阵列中的每个对象均有与原对象相同的定形尺寸约束。

②“垂直/水平间距相等”意味着创建阵列的行间距和列间距相等，但并未对阵列中每个对象的定位尺寸进行约束，因此可点击选中某个对象后进行位置移动，且每个对象与原对象之间也并无关联约束。

③“约束内部元素分割”意味着创建阵列的每个对象都是完全约束的，各个对象之间有行间距约束、列间距约束和角度约束，双击约束值可对其进行修改，与原对象之间并无关联约束。

④“克隆”意味着创建阵列的每个对象均与原对象之间存在关联约束，修改原对象的约束值，阵列中其他对象的约束值也随之发生改变，但并未将每个对象进行完全约束。

⑤ 三个复选框可任选其一，也可任选其二，也可三者均选。例如选中“约束内部元素分割”和“克隆”两个复选框，则创建的阵列将具备完全约束和与原对象存在关联约束这两个特点。

3.8 B样条曲线工具栏

“B样条曲线”工具栏中有8个命令图标，可对B样条曲线的各种参数进行编辑和修改，使B样条曲线的形状和特征更符合设计者的意图。工具栏的全部命令见表3-13。

表3-13 “B样条曲线”工具栏命令

“B样条曲线”工具栏命令	作用
	显示/隐藏B样条曲线定义的多边形：显示或隐藏B样条曲线的多边形
	显示/隐藏B样条曲线的次数：显示或隐藏B样条曲线的次数
	显示/隐藏B样条曲线的曲率梳：显示或隐藏B样条曲线的曲率梳
	显示/隐藏B样条曲线的多重节点：显示或隐藏B样条曲线的多重节点
	转换为B样条曲线：将选定的曲线或直线转换为B样条曲线
	增加B样条曲线次数：增加B样条曲线的次数并新增控制点
	增加节点重复度：作用为增加B样条曲线中所选节点的重复度
	降低节点重复度：作用为降低B样条曲线中所选节点的重复度

3.8.1 显示/隐藏B样条曲线定义的多边形

显示/隐藏B样条曲线定义的多边形的图标为，点击该图标可显示或隐藏B样条曲线定义的多边形。

① 进入Sketcher工作台，点击“B样条曲线”图标，在绘图区域绘制任意一条B样条曲线，绘制完成后右键点击空白位置两次以终止该命令，见图3-110。

② 不需选中对象，直接点击“显示/隐藏B样条曲线定义的多边形”图标，则显示B-样条曲线定义的多边形，见图3-111中红色箭头所指方向；再次点击该图标则隐藏。

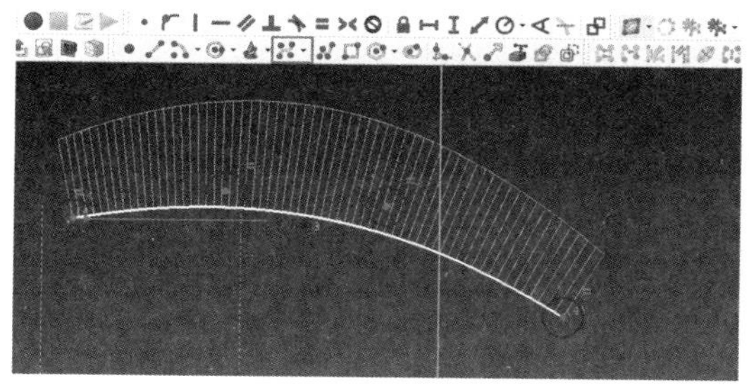

图3-110 绘制任意一条B样条曲线

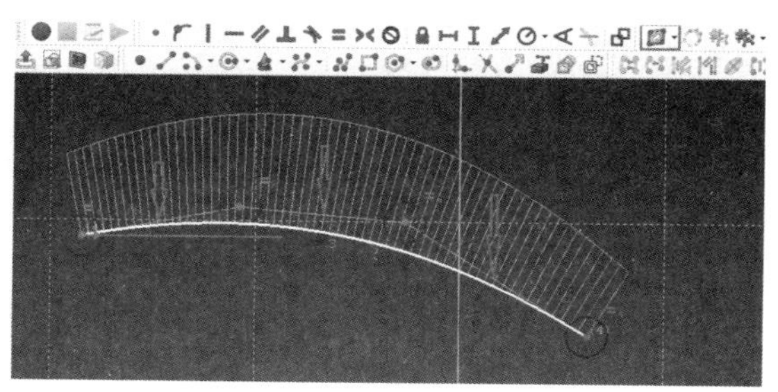

图3-111 点击图标显示多边形

注意

① 如果绘图区域中有多条B样条曲线和其他对象，同样不需选中对象，直接点击“显示/隐藏B样条曲线定义的多边形”图标后，所有B样条曲线均显示其定义的多边形；再次点击该图标则隐藏所有B样条曲线定义的多边形。

② 选中某个B样条曲线对象，再点击“显示/隐藏B样条曲线定义的多边形”图标，将显示全部B样条曲线定义的多边形，所以该命令无需选中对象。

3.8.2 显示/隐藏B样条曲线的次数（degree）

显示/隐藏B样条曲线的次数图标为，点击该图标可显示或隐藏B样条曲线的次数（degree）。B样条曲线的次数（degree）也就是其基函数的次数，基函数的次数就是多项式中x的最高次数（次方）。FreeCAD将degree翻译为角度数，可以认为是直译，此处应翻译为次数。

① 进入草图界面，点击“B样条曲线”图标，在绘图区域绘制任意一条B样条曲线，绘制完成后右键点击空白位置两次以终止该命令，见图3-110。

② 不需选中对象，直接点击“显示/隐藏B样条曲线的次数”图标，则显示B样条曲线的次数，见图3-112绘图区域中曲线中点位置处红色矩形框内的绿色数字（显示值为3）；再次点击该图标则隐藏B样条曲线的次数。

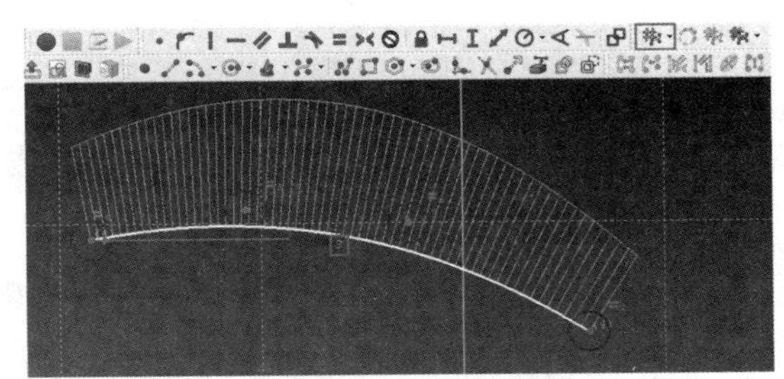

图3-112　点击图标显示B样条曲线的次数

注意

该命令同样无需选中对象，若有多条B样条曲线，直接点击“显示/隐藏B样条曲线的次数”图标后，所有B样条曲线均显示其对应的次数；再次点击该图标则隐藏所有B样条曲线的次数。

3.8.3 显示/隐藏B样条曲线的曲率梳

显示/隐藏B样条曲线的曲率梳图标为，点击该图标可隐藏或显示B样条曲线的曲率梳。曲率梳可以非常直观地显示曲线曲率变化的大小和方向，当曲率梳的线条变化比较均匀时，则表示曲线的光滑性比较好，反之则比较差。FreeCAD软件中可以通过鼠标拖动B样条曲线的控制点（蓝色构造线的圆心）来改变B样条曲线的形状及曲率梳。

① 进入Sketcher工作台，点击“B样条曲线”图标，在绘图区域绘制任意一条B样条曲线，绘制完成后右键点击空白位置两次以终止该命令，见图3-110。

② 不需选中对象，直接点击“显示/隐藏B样条曲线的曲率梳”图标，则隐藏B样条

曲线的曲率梳，见图3-113；再次点击该图标则显示B样条曲线的曲率梳，见图3-110。

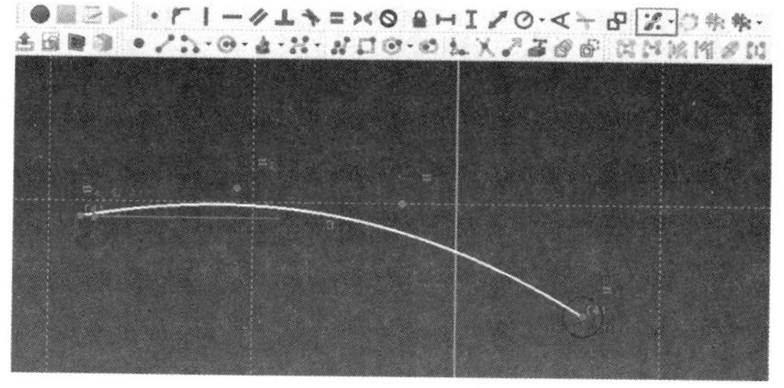
图3-113 点击图标隐藏B样条曲线的曲率梳

3.8.4 显示/隐藏B样条曲线的多重节点

显示/隐藏B样条曲线的多重节点图标为，点击该图标可显示或隐藏B样条曲线的多重节点。B样条曲线中如果一个节点出现k次，其中$k>1$，则这个节点是一个重复度（multiplicity）为k的多重节点；如果一个节点只出现一次，那么这个节点就是一个简单节点。

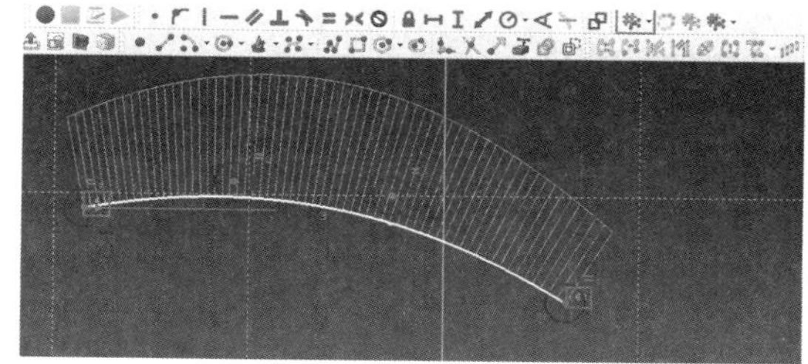
图3-114 点击图标显示B样条曲线的多重节点

① 进入Sketcher工作台，点击“B样条曲线”图标，在绘图区域绘制任意一条B样条曲线，绘制完成后鼠标右键点击空白位置两次以终止该命令，见图3-110。

② 不需选中对象，直接点击“显示/隐藏B样条曲线的多重节点”图标，则显示B样条曲线的多重节点，见图3-114绘图区域中曲线两端红色矩形框内的绿色数字（显示重复度的值为4）；再次点击则隐藏B样条曲线的多重节点。

3.8.5 转换为B样条曲线

转换为B样条曲线的图标为，作用为将选定的曲线或直线转换为B样条曲线。

① 进入Sketcher工作台，点击“抛物线弧”图标，在绘图区域绘制任意一条抛物线弧，绘制完成后右键点击空白位置以终止抛物线弧命令，见图3-115。

② 在绘图区域直接点击选中抛物线弧，则抛物线弧的颜色变绿，同时左侧几何元素模块中的抛物线弧被突出显示，见图3-116。

③ 点击“转换为B样条曲线”图标，左侧几何元素模块中的抛物线弧字样和图标被B样条曲线取代，说明原来的抛物线弧被转换成为了B样条曲线；点击“显示/隐藏B样条曲线的多重节点”图标、“显示/隐藏B样条曲线定义的多边形”图标、“显示/隐

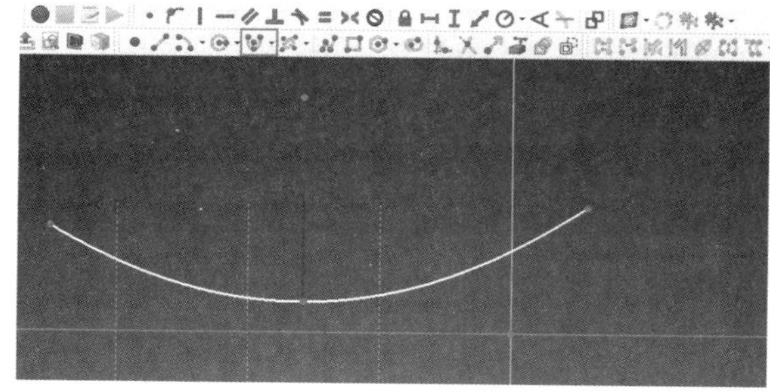
图3-115 绘制任意一条抛物线弧

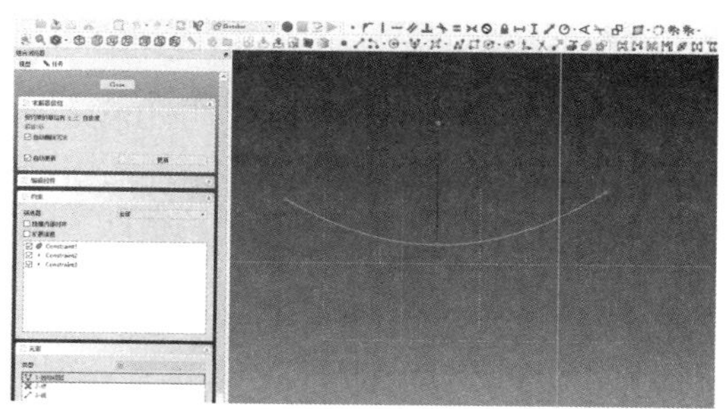
图3-116 点击选中抛物线弧使其颜色变绿

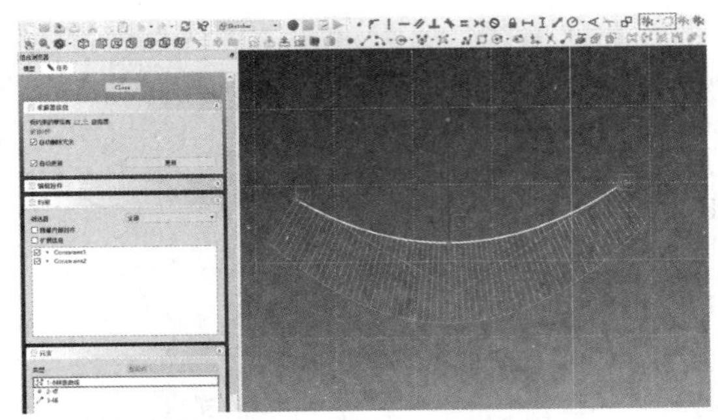
图3-117 抛物线弧转换为B样条曲线

藏B样条曲线的次数”（degree）图标、“显示/隐藏B样条曲线的曲率梳”图标，使B样条曲线显示其的多重节点、多边形、次数和曲率梳，见图3-117，转换完成。

注意

① 如果将曲线转换成为B样条曲线，应确保转换后的B样条曲线具有明显的曲率梳、次数或多重节点，否则转换结果不太明显，会使操作者误认为转换没有成功。

② 如果将直线转换成为B样条曲线，应在转换完成后增加B样条曲线的次数（详情见3.8.6节），并使其弯曲，这样可观察到明显的曲率梳。

3.8.6 增加B样条曲线次数

增加B样条曲线次数的图标为，作用为增加B样条曲线的次数并新增控制点。

① 进入草图界面，点击“线段”图标，在绘图区域绘制任意一条线段，绘制完成后右键点击空白位置以终止线段命令，见图3-118。

② 在绘图区域直接点击选中线段，则线段的颜色变绿；点击“转换为B样条曲线”图标，将线段转换为B样条曲线，见图3-119。可见B样条曲线的次数为1、多重节点重复度的值为2，此时B样条曲线的形状与线段一致，并无曲率梳。

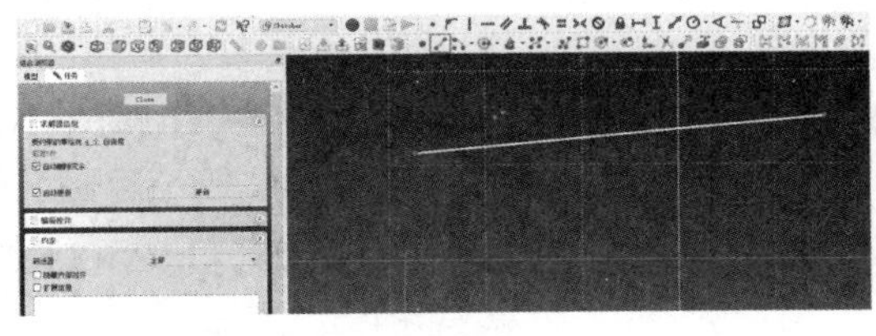
图3-118 绘制任意一条线段

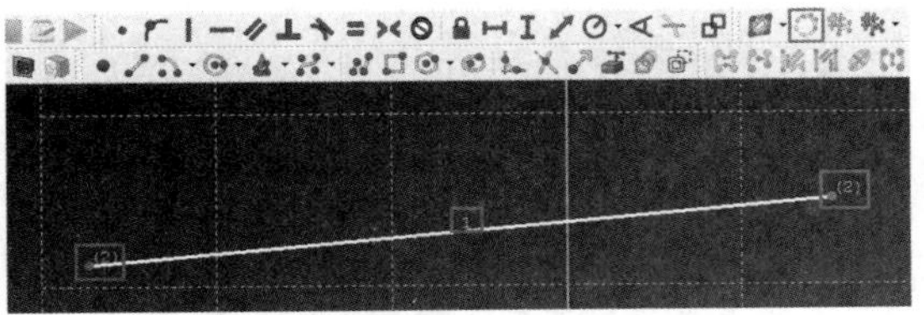

图3-119 将线段转换为B样条曲线

③ 点击选中B样条曲线，则B样条曲线的颜色变绿；点击“增加B样条曲线次数”图标，可见B样条曲线的次数增加为2，多重节点重复度的值为3，同时在B样条曲线的中点处增加了一个控制点（蓝色构造线的圆心），见图3-120。

④ 鼠标拖动控制点向下，使B样条曲线向下发生弯曲，可观察到出现的曲率梳，见图3-121。

⑤ 再次点击选中B样条曲线，则B样条曲线的颜色变绿；再次点击“增加B样条曲线次数”图标，可见B样条曲线的次数增加为3，多重节点重复度的值变为4，同时B样条

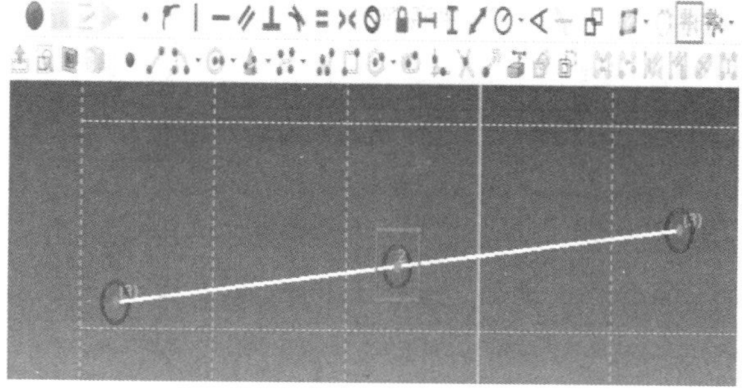

图3-120 将B样条曲线的次数增加为2

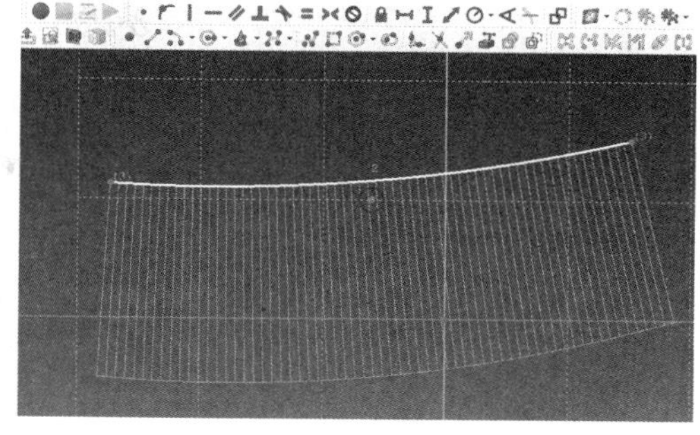

图3-121 拖动控制点使B样条曲线发生弯曲

曲线又增加了一个控制点，见图3-122。

⑥ 鼠标拖动新出现的控制点向上，使B样条曲线右半部分向上发生弯曲，曲率梳也随之发生变化，见图3-123。

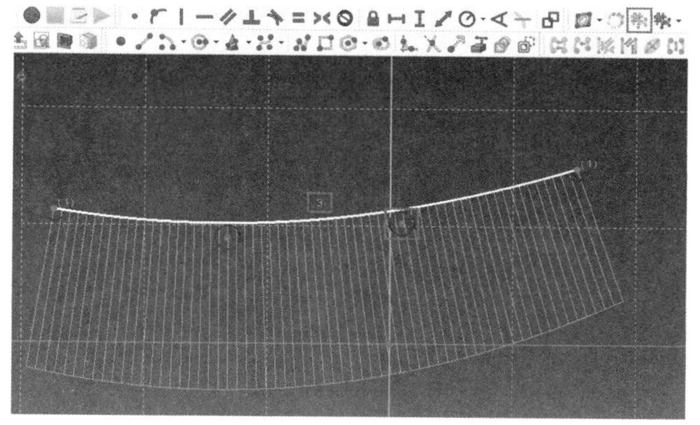

图3-122 将B样条曲线的次数增加为3

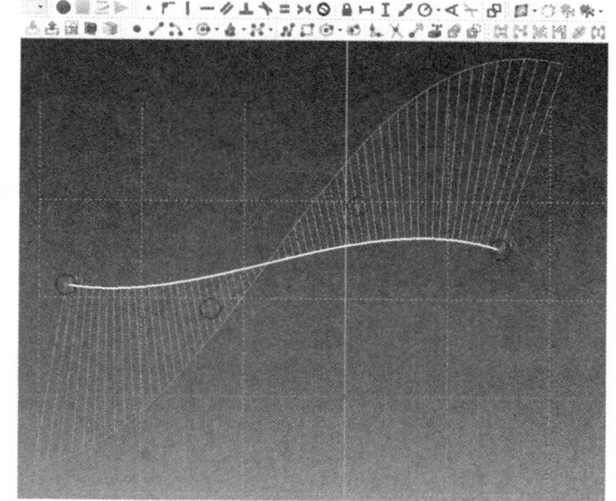

图3-123 拖动控制点曲率梳也随之发生变化

⑦ 不断选中B样条曲线并点击“增加B样条曲线次数”图标，使B样条曲线的次数不断增加，控制点的个数也不断增加，拖动新出现的控制点到合适的位置使B样条曲线的形状更符合设计者的需求。

3.8.7 增加节点重复度

增加节点重复度的图标为，作用为增加B样条曲线中所选节点的重复度。

① 进入Sketcher工作台，点击“B样条曲线”图标，在绘图区域绘制一条至少有一个节点的B样条曲线，绘制完成后右键点击空白位置两次以终止绘制B样条曲线的命令，见图3-124；可见该B样条曲线的中间位置处有一个红颜色的节点，重复度的值为1（红色矩形框内），另有5个控制点（蓝色构造线的圆心）。

② 点击选中B样条曲线中间位置的红色节点，则节点的颜色由红变绿；点击“增加节点重复度”图标，可见该节点的重复度值变为2（见红色矩形框内的数值），同时该B样条曲线的控制点增加至6个，见图3-125。

③ 再次点击选中该节点，则该节点的颜色由红变绿；再次点击“增加节点重复度”

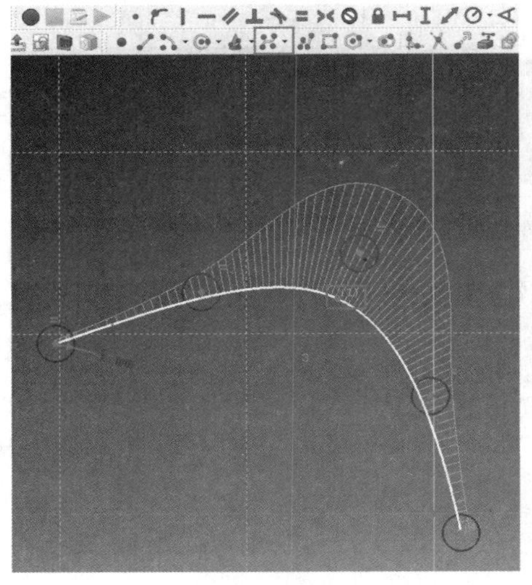

图3-124　绘制一条B样条曲线

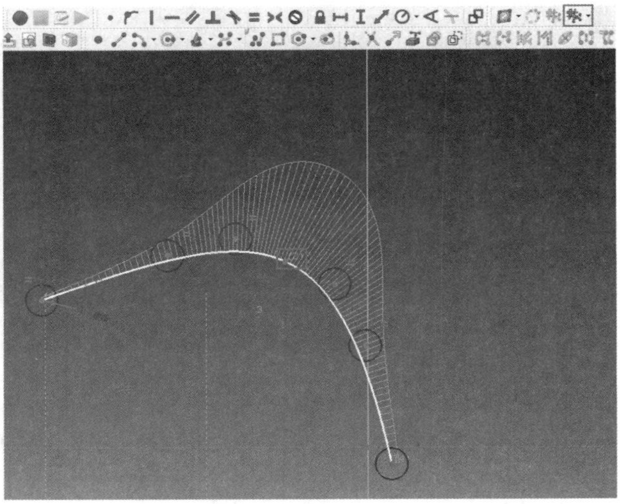

图3-125　点击图标将节点的重复度值变为2

图标，可见该节点的重复度值变为3（见红色矩形框内的数值），同时该B样条曲线的控制点增加至7个，见图3-126。

④ 因多重节点的重复度k（multiplicity）不能大于所属B样条曲线的次数（degree），所以继续增加该节点的重复度时，显示“输入错误”对话框，见图3-127。

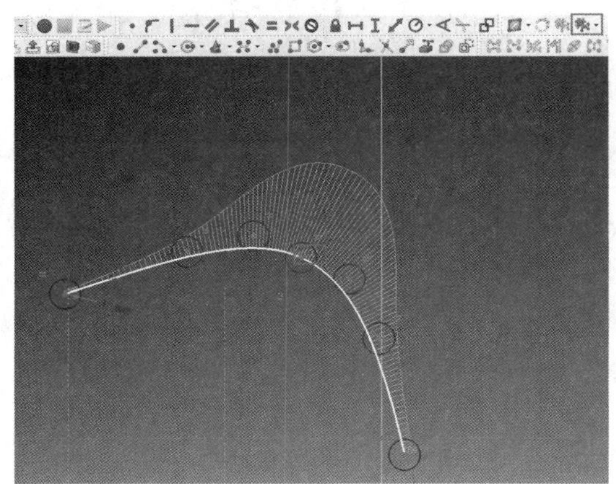

图3-126　点击图标将节点的重复度值变为3

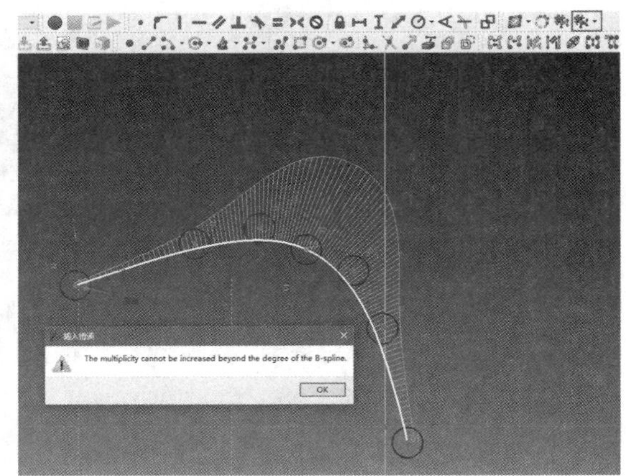

图3-127　重复度不能大于B样条曲线的次数

3.8.8　降低节点重复度

降低节点重复度的图标为，作用为降低B样条曲线中所选节点的重复度，该命令的作用与增加节点重复度的作用相反。

① 打开3.8.7节的FreeCAD文件，双击左侧模型模块中的Sketch图标，进入草图界面，见图3-126，可见B样条曲线中间位置节点的重复度值为3（见红色矩形框内的数值），同时该B样条曲线的控制点（蓝色构造线的圆心）有7个。

② 点击选中B样条曲线中间位置的红色节点，则该节点的颜色由红变绿；点击“降

低节点重复度”图标，可见该节点的重复度值降低至2（见红色矩形框内的数值），同时该B样条曲线的控制点减少至6个，见图3-128。

③ 再次点击选中该节点，则该节点的颜色由红变绿；再次点击“降低节点重复度”图标，可见该节点的重复度值降低至1（见红色矩形框内的数值），同时该B样条曲线的控制点减少至5个，见图3-129。

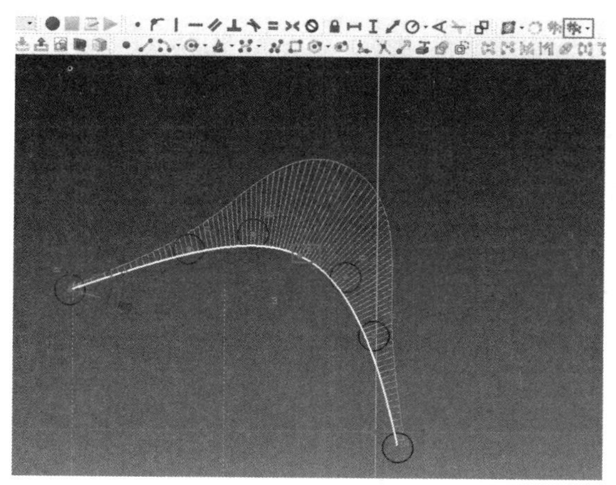
图3-128　点击图标将节点的重复度值降为2

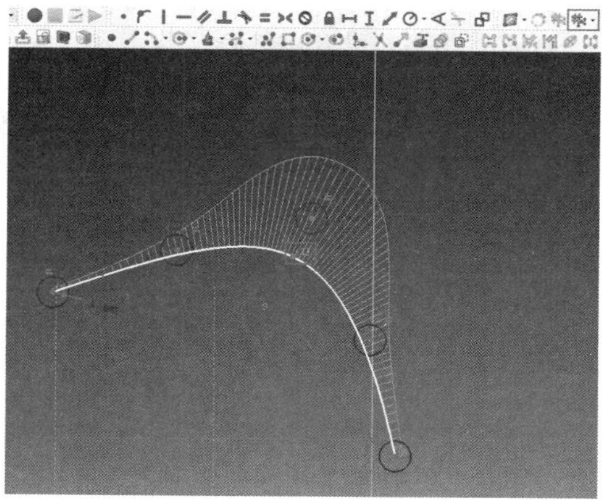
图3-129　点击图标将节点的重复度值降为1

④ 继续点击选中该节点，则该节点的颜色由红变绿；继续点击“降低节点重复度”图标，可见该节点消失，同时该B样条曲线的控制点减少至4个，已无法继续选中节点并降低其重复度，故只能终止操作，见图3-130。

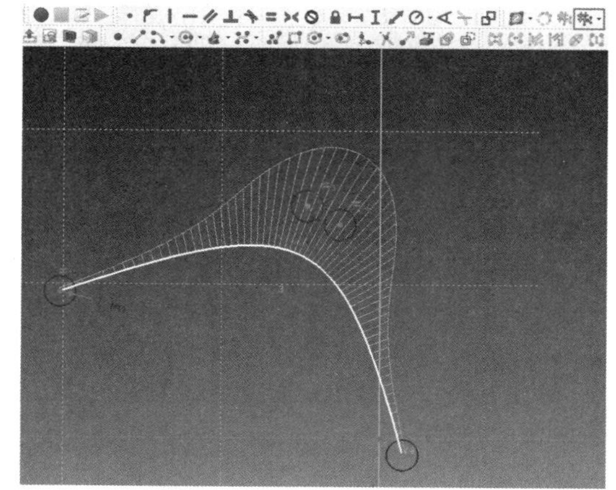
图3-130　继续点击图标节点将消失

3.9 虚拟空间

Sketcher工作台中有两个可以设置约束的虚拟空间，默认的所有约束都设置在虚拟空间1中，当其中的约束过于繁杂时，可将一部分约束转移至虚拟空间2中，这样可使设计者在虚拟空间1或虚拟空间2中仅检查其中的一部分约束，有助于设计者找出草图中的问题所在。

虚拟空间的图标为，作用为将选中的约束转移至另一个虚拟空间中，并可在两个虚拟空间之间相互切换。

① 打开3.6.2节的FreeCAD文件（某传动装置草图的完全约束），双击左侧模型模块中的Sketch图标，进入草图界面，见图3-131；可见图中有四个半径约束、两个水平距离约束以及其他点线约束和相切约束，所有这些约束均默认存在于虚拟空间1中。

② 点击草图中的两个水平距离约束，则这两个水平距离约束的颜色变绿，见图3-132；

点击“虚拟空间”图标，则这两个水平距离约束在虚拟空间1中消失，见图3-133，这时可详细检查虚拟空间1中的半径约束及其他约束。

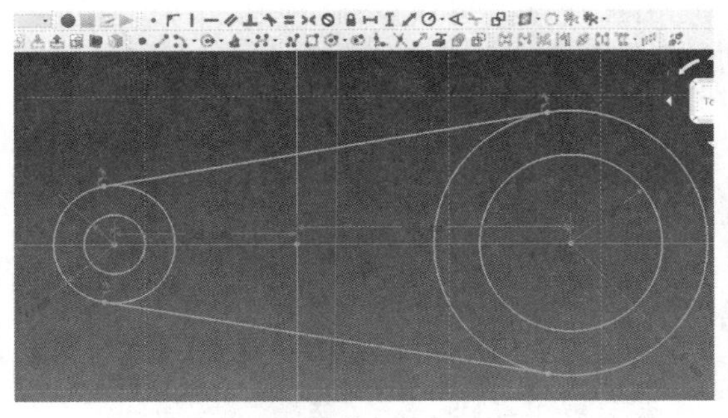

图3-131　双击Sketch图标进入草图界面

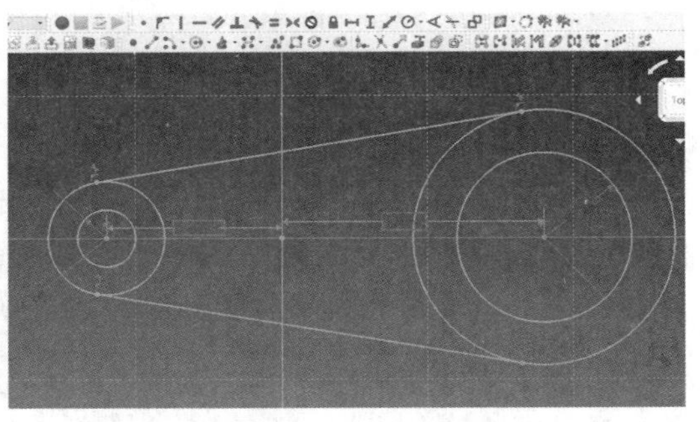

图3-132　选中两个水平距离约束

③ 检查完毕后再次点击“虚拟空间”图标，则进入虚拟空间2中，见图3-134；可见刚才在虚拟空间1中消失的两个水平距离约束被转移至虚拟空间2中。

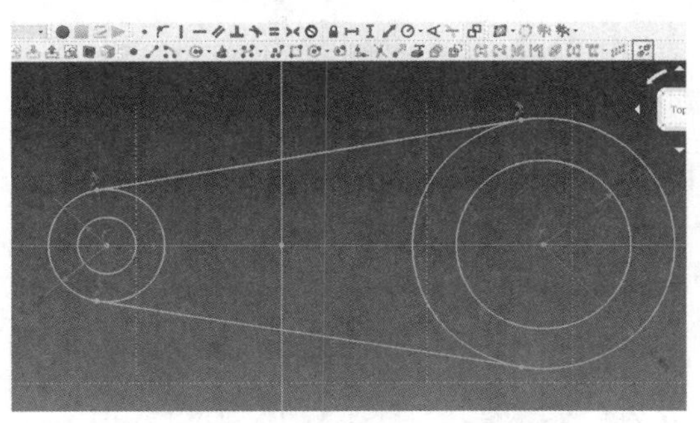

图3-133　点击图标则水平距离约束消失

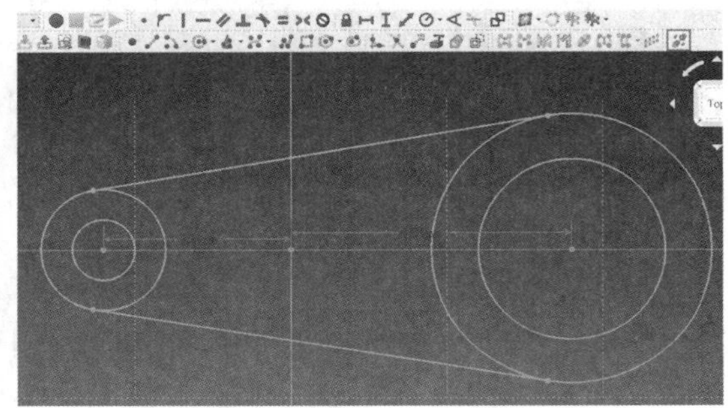

图3-134　点击“虚拟空间”图标进入虚拟空间2

④ 在虚拟空间2中点击选中两个水平距离约束，则两个水平距离约束的颜色变绿；点击“虚拟空间”图标，可重新将这两个水平距离约束转移至虚拟空间1中，见图3-135，可见虚拟空间2中的水平距离约束消失。

⑤ 再次点击“虚拟空间”图标，又重新进入到虚拟空间1中，见图3-136。

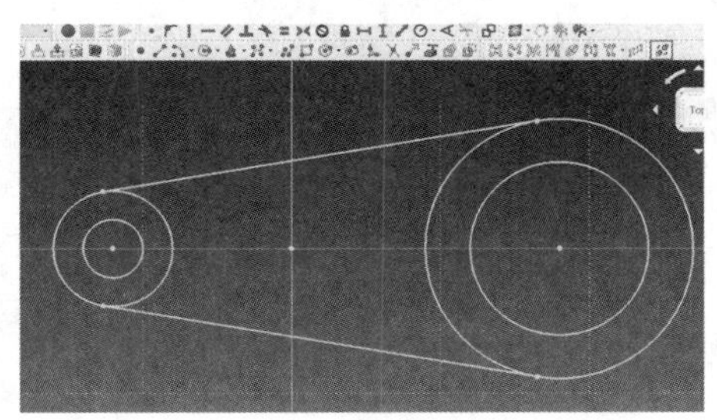

图3-135　将约束重新转移至虚拟空间1中

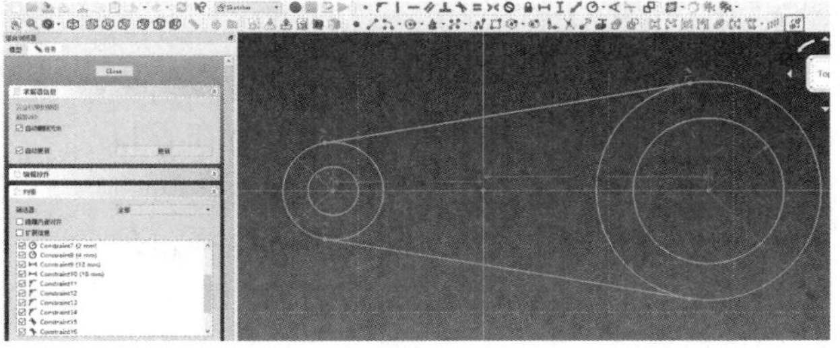

图3-136　点击图标重新进入虚拟空间1

注意

将一部分约束转移至虚拟空间2是为了方便检查，但不要忘记在检查结束后将虚拟空间2中的约束重新转移至虚拟空间1，否则容易引起混淆。

第4章

扫码观看
本章视频

Part Design 工作台中三维模型的构建

上一章主要讲解了Sketcher（草图）工作台中的各种几何元素及约束命令的用法，这一章将主要讲解如何以Sketcher（草图）所绘制的二维图形为基础，通过利用Part Design工作台的各种命令对二维平面进行三维操作，并最终完成复杂三维立体的构建。

4.1 进入Part Design工作台

打开FreeCAD，点击新建文件，工作台选择Part Design，操作界面如图4-1所示，图中最常用的工具栏为帮助工具栏和模型工具栏，帮助工具栏中的各个图标命令见表4-1，模型工具栏中的各个图标命令见表4-2。模型工具栏中的主色调为黄颜色的图标一般为增料命令，主色调为蓝色和红色的图标一般为减料命令。

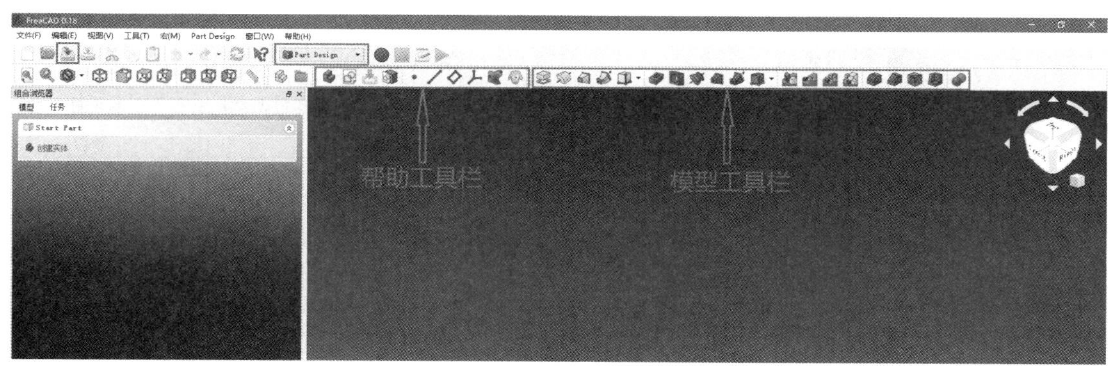

图4-1 Part Design操作界面

表4-1　Part Design帮助工具栏命令

帮助工具栏命令	作用
	创建并激活一个新的可编辑实体：创建并激活一个新的实体
	创建新草图：创建一个新的草图
	编辑选定的草图：该命令允许重新进入草图并进行编辑
	映射草图至实体表面：该命令允许将草图移动到实体选定的表面上
	创建新基准点：该命令可为草图或者基本几何体提供参考点
	创建新基准线：新基准线可作为草图或者基本几何体的参考线
	创建新基准面：主要作用是将草图附着于新基准面上并进行编辑
	创建局部坐标系：可为基本几何体在三维空间中的定位提供参考依据
	创建新图形面：可将实体上的某些特征复制到一个新的或已有的实体中
	创建新副本：可将单个实体克隆出一个相同的副本

表4-2　Part Design模型工具栏命令

模型工具栏命令	作用
	凸台：将所绘制的封闭草图拉伸，形成一个实体
	旋转（增料）：将所绘制的封闭草图旋转，形成一个实体
	放样（增料）：将两个或多个草图所绘制的横截面过渡连接，形成一个实体
	扫略（增料）：通过一条路径对一个或多个草图进行扫略，形成一个实体
	增料几何体：点击右侧下拉箭头可增料立方体、圆柱体和球体等
	凹坑：从实体中切削出一个凹坑
	建孔：通过草图，在实体上创建一个或多个孔
	旋转（减料）：通过草图的旋转，在实体上切割出一个槽
	放样（减料）：实体 1 减去实体 2，实体 2 为数个草图过渡连接所形成的实体
	扫略（减料）：实体 1 减去实体 2，实体 2 为通过路径扫略数个草图所形成的实体
	减料几何体：点击右侧下拉箭头可减料立方体、圆柱体和球体等
	镜像：根据特征及所选对称轴，创建一个与之对称的相同特征
	线性阵列：根据所选特征，在某个线性方向上，均匀地创建数个与之相同的特征
	环形阵列：根据所选定的特征及对称轴，均匀地创建数个围绕对称轴的相同特征
	多重阵列：可以理解为镜像、线性阵列、环形阵列的组合

续表

模型工具栏命令	作用
	倒圆角：在选定边缘上创建圆角
	倒角：在选定边缘上创建倒角
	拔模：在实体选定的面上创建斜角，并进行拉伸
	抽壳：将实体转换为至少有一个敞开面的空心实体，例如圆柱体转换为圆管
	布尔运算：可以对多个实体进行并集、交集和差集的操作

4.2 模型工具栏

本节按照模型工具栏中各命令的先后顺序，对每个命令的使用方法以实例的方式予以讲解演示，以方便初学者理解掌握。每个命令的实例讲解完毕之后，希望初学者将实例予以保存，以备后用，保存方法为点击界面左上角的保存图标，见图4-1中的左上角（也可选择菜单栏中“文件/保存”），选择保存路径及文件名后点击“保存”按钮。

4.2.1 凸台

凸台的图标为，作用是将Sketcher（草图）工作台中所绘制的封闭图形向垂直于草图的方向进行拉伸，形成三维实体。凸台是使用最频繁的命令之一。

① 打开FreeCAD，点击新建文件，工作台选择Part Design，在任务栏中点击“创建实体”，点击任务栏“创建草图”。

② 进入草图选择界面，选择“XY基准平面”，进入Sketcher（草图）工作台，画出一组两个同心圆，见图4-2；约束圆心与原点重合，约束半径分别为5mm和10mm，点击“Close”退出Sketcher（草图）工作台。

③ 点击“轴测图”图标，以轴测图的视角观察凸台的拉伸较为直观。点击模型工具栏“凸台”图标，或者点击左侧任务栏的“凸台”图标，在左侧任务栏中出现“凸台参数”对话框，长度默认10mm，可根据实际要求填入具体数值，本例取默认长度值10mm，见图4-3。此例中选择“XY基准平面”，进行凸台拉伸时，默认凸台拉伸方向为垂

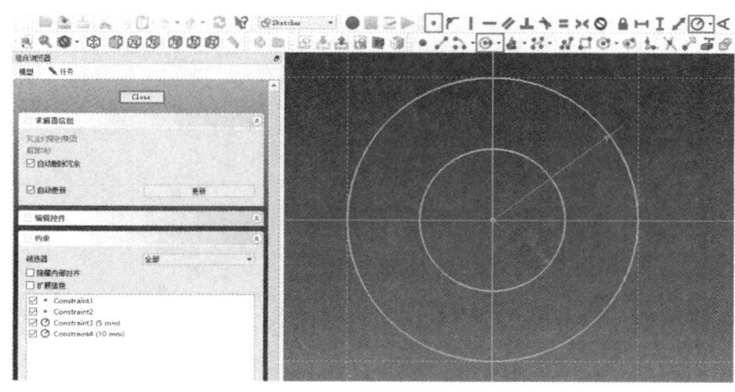

图4-2　凸台操作前先画出的草图

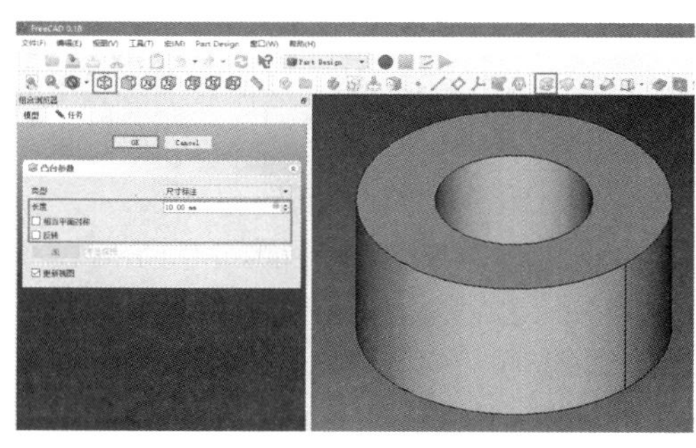

图4-3　填入凸台参数

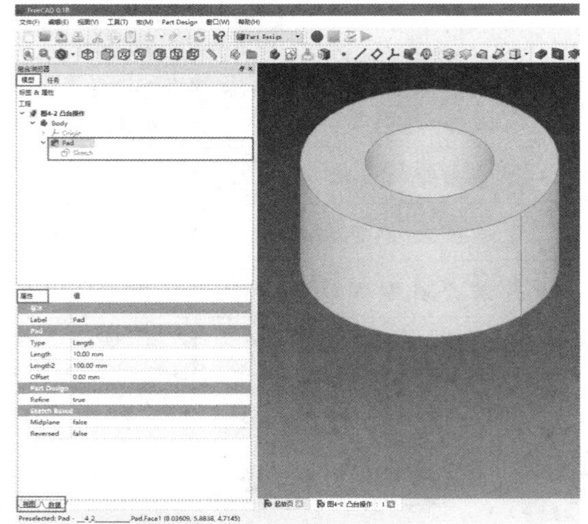

图4-4 选中凸台实体

直向上，选中“反转”复选框，则凸台拉伸方向为垂直向下；选中“相当平面对称”复选框，则凸台同时向上下两个方向拉伸，所形成的实体相对于XY基准平面对称，点击“OK”退出。

④ 凸台操作完成后，左侧模型模块中出现 Pad 图标，点击该图标，则凸台拉伸所形成的实体被选中，颜色变绿，见图4-4，可在此实体上进行后续操作；若此时按下空格键，则隐藏该实体，再次按下空格键，则取消隐藏，重现实体；点击模型模块中“Pad”图标左侧的小箭头，则显示凸台被拉伸之前的草图图标 Pad Sketch，两者的位置关系说明该凸台是由此草图拉伸而成，双击草图图标 Sketch，可重新进入Sketcher（草图）工作台进行修改；点击属性模块的视图和数据按钮，可进行其他参数的修改。

注意

① 草图中的图形必须是封闭的，否则用凸台进行拉伸时将报错，报错信息为 Failed to validate broken face。草图中，有交点的部分，看似重合，实际经过放大后可能并不重合，对于初学者来说需要仔细观察。

② 一个草图必须包含一个封闭的图形，如果草图中包含两个或两个以上相互不连接的、独立的封闭图形，用凸台拉伸时将报错，报错信息为 Pad: Result has multiple solids. This is not supported at this time.，例如对图3-8进行凸台拉伸时将报错。

③ 封闭的图形内可以包含多个较小的封闭图形，例如此例中，较大的封闭图形内包含有一个较小的封闭图形，这种情况下也可以进行凸台拉伸操作。

4.2.2 旋转（增料）

旋转（增料）的图标为，作用是将Sketcher（草图）工作台中绘制的封闭图形围绕着特定的轴进行旋转，形成三维实体。

① 打开FreeCAD，点击新建文件，工作台选择Part Design，任务栏中点击“创建实体”，点击任务栏中“创建草图”。

② 进入草图选择界面，选择“XZ基准平面”，进入Sketcher（草图）工作台，画出如图4-5所示的图形，点击“Close”退出。

③ 点击“轴测图”图标，以轴测图的视角观察凸台拉伸较为直观。点击模型工具栏“旋转（增料）”图标，或者点击左侧任务栏的“旋转体”图标，在左侧任务栏中出现“旋转体参数”对话框，角度默认为360°，轴的选取可通过点击对话框中“轴”右

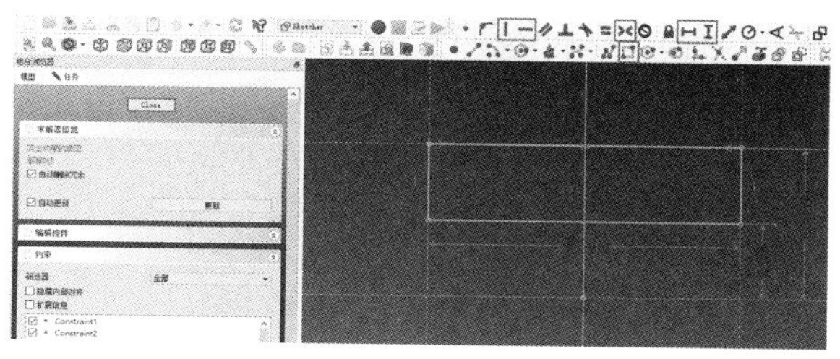

图4-5　旋转操作前先画出的草图

侧的下拉菜单中选择X轴，也可通过直接点击绘图区域中的“X轴”，如果选择正确则即刻出现旋转实体，见图4-6。此例中的草图是在“XZ基准平面”中绘制的，所绘制的图形与Z轴相交，因此不能围绕Z轴旋转；又因为该图形与Y轴垂直，因此也不能围绕Y轴旋转。旋转的方向默认为顺时针方向，选中“反转”复选框，则旋转方向改为逆时针方向旋转。选中“相当平面对称”复选框，则同时向顺时针和逆时针两个方向进行旋转，各自旋转“角度”的一半数值，旋转所得的实体相对于XZ基准平面对称。点击“OK”退出。

④ 旋转操作完成后，左侧模型模块中出现 Revolution 图标，点击该图标，则旋转（增料）所形成的实体被选中，颜色变绿，见图4-7，可在此实体上进行后续操作；若此时按下空格键，则隐藏，再次按下空格键，则取消隐藏，实体重现；点击“Revolution”图标左侧的小箭头，则显示旋转体形成之前的草图图标 Revolution Sketch，两者的位置关系说明旋转体是由草图旋转而成，双击草图图标 Sketch，可重新进入Sketcher（草图）工作台进行修改；点击属性模块的“视图”和“数据”按钮，可进行其他参数的修改。

图4-6　填入旋转参数

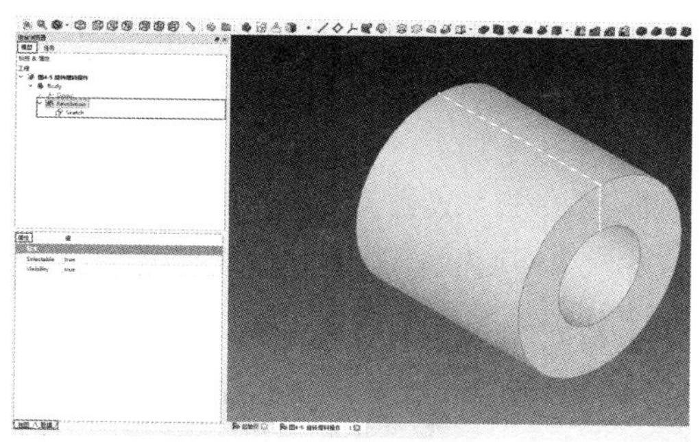

图4-7　选中旋转实体

注意

① 草图中的图形必须是封闭的，否则用旋转（增料）进行旋转后将报错，报错信息为 Failed to validate broken face。

② 草图中的图形不能与旋转轴相交，否则将报错，报错信息为 Revolve axis intersects the sketch。

③ 草图中的图形不能与旋转轴垂直，否则将报错，报错信息为 Rotation axis must not be perpendicular with the sketch plane。

4.2.3 放样（增料）

放样（增料）的图标为，作用是将两个或多个草图所绘制的横截面过渡连接，形成一个实体。

① 打开FreeCAD，点击新建文件，工作台选择Part Design，任务栏中点击“创建实体”，点击任务栏“创建草图”。

② 进入草图选择界面，选择“XY基准平面”，创建第一个草图，进入Sketcher（草图）工作台，画出如图4-8所示的图形，点击“Close”退出。

③ 点击组合浏览器的模型模块，点击“创建新草图”图标，在同一个Body中创建第二个草图，同样选择“XY基准平面”，画出如图4-9所示的图形，点击“Close”退出。注意：不要在左侧模型模块中选中第一个草图，否则点击“创建新草图”时将重新进入第一个草图。

图4-8　放样前先画出的第一个草图

图4-9　放样前先画出的第二个草图

④ 选中左侧模型模块中的第二个草图Sketch001，点击属性模块的“数据”按钮，点击“Attachment Offset”位置左侧的小箭头，将z的数值由0改为10mm，可观察到第二个草图Sketch001的位置逐渐升高，见图4-10。

⑤ 选中第二个草图Sketch001（也可以选中第一个草图Sketch），点击“放样（增料）”图标，在“放样参数”对话框中，对象即刚才选中的第二个草图Sketch001（或者为第一个草图Sketch），点击“添加截面”按钮，点击绘图区域中第一个草图的任意一条边，则棱台创建成功，见图4-11，点击“OK”退出。

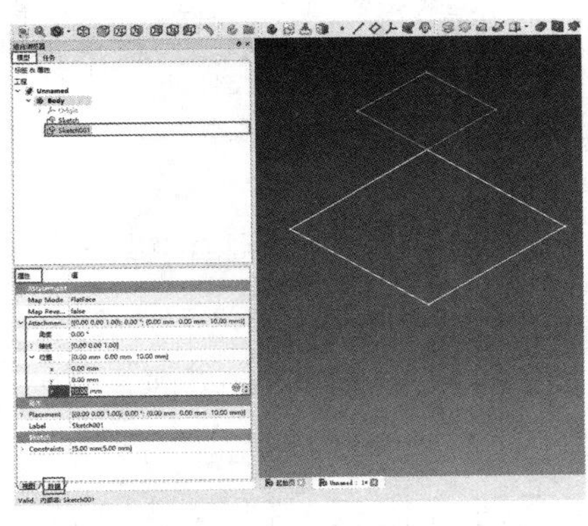

图4-10　升高第二个草图的高度

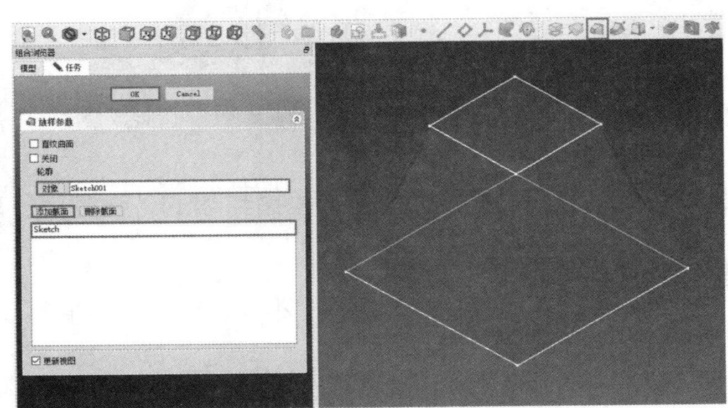

图4-11　放样操作

⑥ 放样实体创建完成后，可点击不同的视图图标，从不同的视图角度观察该实体，也可用“Shift+鼠标右键”从任意角度观察该实体。

⑦ 放样操作完成后，左侧模型模块中出现 AdditiveLoft 图标，点击该图标，则放样所形成的实体被选中，颜色变绿，见图4-12（a），可在此实体上进行后续操作；若此时按下空格键，则实体被隐藏，再次按下空格键，则取消隐藏，实体重现；点击 AdditiveLoft 图标左侧的小箭头，则显示放样所组成的两个草图图标，两者的位置关系说明该放样实

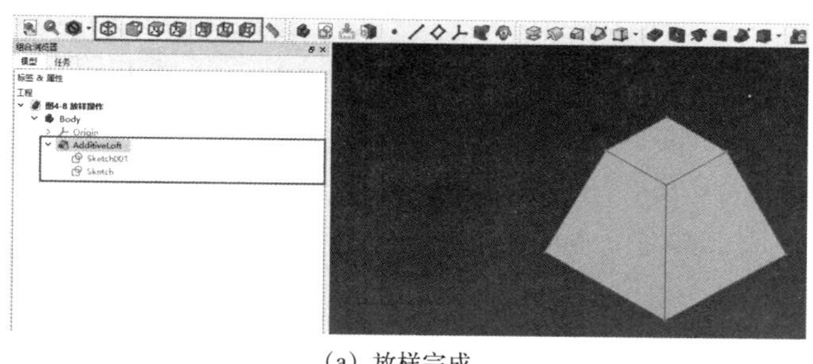

(a) 放样完成

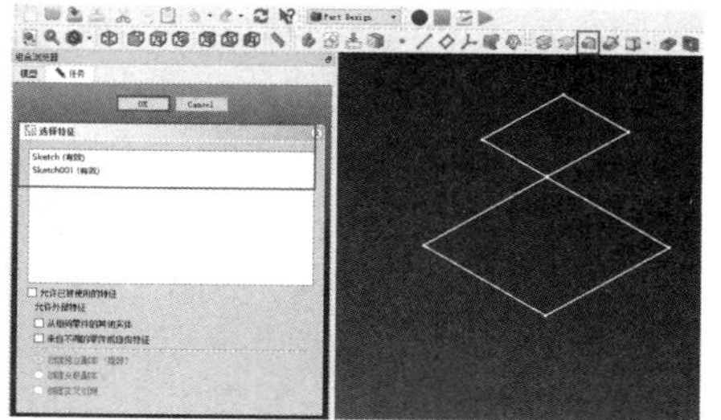

(b) 未选中草图的放样需先进行草图的选择

图4-12 放样完成及草图的选择

体是由这两个草图组成的，双击草图图标，可重新进入Sketcher（草图）工作台进行修改；点击属性模块的“视图”和“数据”按钮，可进行其他参数的修改。

注意

① 放样所需草图中的图形必须是封闭的。

② 放样所需草图数量至少是两个，也可以事先画好更多的草图进行放样，放样将按照添加草图的顺序创建实体。

③ 放样所需的多个草图不能存在于同一个平面上，本例中的两个草图虽均为“XY基准平面”，但高度值z不同；也可选择为不同的草图基准面，例如以第一个草图为“XY基准平面”、第二个草图为“XZ基准平面”进行放样操作。

④ 放样多应用于棱台、圆台的生成，放样所需草图的图形可以缩小到比较小的尺度（μm级），但无法缩小到一个点，因此无法用放样命令生成棱锥或者圆锥。

⑤ 实例中第⑤步，若没有选择任何草图，直接点击了“放样（增料）”按钮，则进入“选择特征”步骤，此时可选择任意一个草图，点击“OK”，进入放样操作步骤，见图4-12（b）。

⑥“放样参数”对话框中，选中“直纹曲面”表示在多个草图之间进行直线过渡，而不是光滑过渡；选中“关闭”表示从第一个草图到最后一个草图形成一个环。

⑦ 如果添加了错误的草图，可选中该错误草图，按“Delete”键删除，“放样参数”对话框中的“删除截面”在本操作环境中不起作用。

⑧ 如果放样错误，可选中图标 AdditiveLoft，按“Delete”键删除后重新进行放样操作。

4.2.4 扫略（增料）

扫略（增料）的图标为，作用是通过一条路径（直线或曲线）将一个或多个草图所绘制的横截面进行光滑的过渡连接，形成一个实体。扫略可以理解为是放样的曲线形式。

① 打开FreeCAD，点击新建文件，工作台选择Part Design，任务栏中点击“创建实体”，点击任务栏“创建草图”。

② 进入草图选择界面，选择“XZ基准平面”，创建第一个草图，进入Sketcher（草图）工作台，画出如图4-13所示的图形，点击“Close”退出；第一个草图为扫略的对象。

③ 在同一个Body中创建第二个草图，选择“XY基准平面”，进入Sketcher（草图）工作台，画出如图4-14所示的图形，点击“Close”退出；第二个草图为扫略的路径，路径贯穿对象（第一个草图）的中心位置。注意：不要在左侧模型模块中选中第一个草图，否则创建第二个草图时将进入第一个草图。

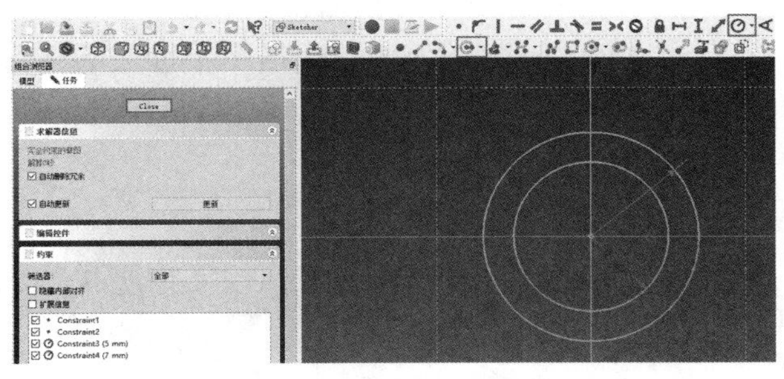

图4-13　扫略前先画出第一个草图

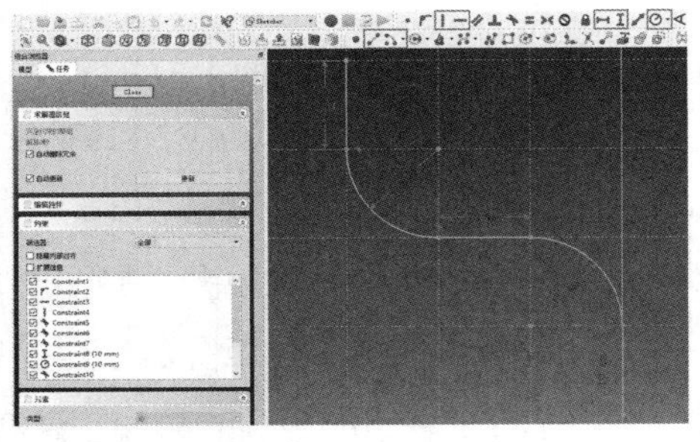

图4-14　扫略前先画出的第二个草图

④ 选中左侧模型模块的第一个草图Sketch，第一个草图的颜色变绿，点击“扫略（增料）”按钮，进入扫略（管）参数对话框，见图4-15。

⑤ 在“管参数”对话框中，轮廓/对象中的Sketch即刚才选中的第一个草图，点击“扫描路径/对象”按钮，再点击选择第二个草图的任意一条边，则扫略实体创建成功，点击“OK”退出。

⑥ 放样实体创建完成后，可点击不同的视图图标，从不同的视图角度观察该实体，也可按“Shift+鼠标右键”从任意角度观察该实体。

⑦ 扫略操作完成后，左侧模型模块中出现 › AdditivePipe 图标，点击该图标，则扫略所形成的实体被选中，颜色变绿，见图4-16，可在此实体上进行后续操作；若此时按下空格键，则隐藏扫略形成的实体，再次按下空格键，则取消隐藏，实体重现；点击 › AdditivePipe 图标左侧的小箭头，则显示扫略形成前的两个草图图标 AdditivePipe Sketch Sketch001，两者的位置关系说明该扫略实体是由这两个草图组成的，双击草图图标，可重新进入Sketcher（草图）

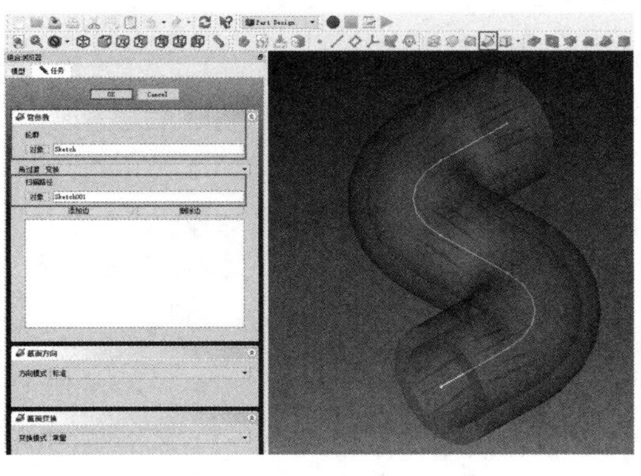

图4-15　扫略操作

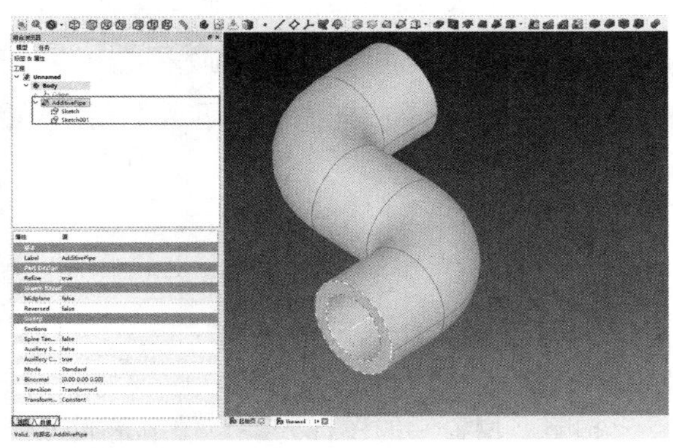

图4-16　扫略完成

工作台进行修改；点击属性模块的“视图”和“数据”按钮，可进行其他参数的修改。

注意

① 扫略中的轮廓图形必须是封闭的，扫描路径可以是封闭的，也可以不是封闭的。例如本例中轮廓图形就是一大一小的两个圆，是封闭的；扫略路径就只是曲线和直线的组合，并没有封闭，但也可以画成封闭的。

② 扫略中的轮廓草图数量至少是一个，也可以是多个草图绘制的封闭图形，将多个草图沿路径布置即可，但多个草图不能布置在同一个平面上。

③ 扫略中的轮廓图形可以缩小到比较小的尺度（μm级），但不能缩小到一个点。

④ 实例中第⑤步，若没有选择任何草图，直接点击了“扫略（增料）”按钮，则进入“选择特征”步骤，此时可选择任意一个草图，点击“OK”，进入扫略操作步骤。

⑤ 图4-15的扫略操作中，也可点击“添加边”。在绘图区域中按顺序点击扫描路径中的不同线段，不断点击“添加边”，不断在绘图区域中点击路径中的线段，也能完成扫略操作。

⑥ 如果扫略错误，可选中图标 AdditivePipe ，按“Delete”键删除后重新进行扫略操作。

4.2.5 增料几何体

增料几何体是在一个激活的实体中融入另一个基本几何体，使两者合为一体。基本几何体包括立方体、圆柱体、球体、圆锥体（或圆台）、椭球体、圆环体、棱柱体和楔形体。

① 打开FreeCAD，点击新建文件，工作台选择Part Design，任务栏中点击“创建实体”，点击任务栏“创建草图”。

② 进入草图选择界面，选择“XY基准平面”，进入Sketcher（草图）工作台，画出如图4-17所示的图形，点击“Close”退出。

③ 点击凸台，拉伸5mm，点击“OK”退出，见图4-18。

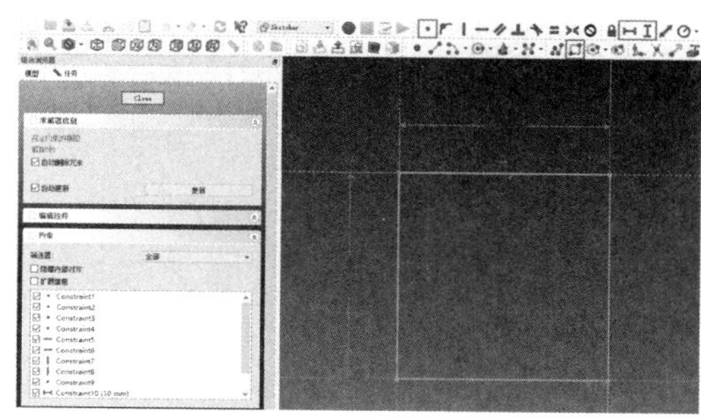

图4-17 增料操作前所画的草图

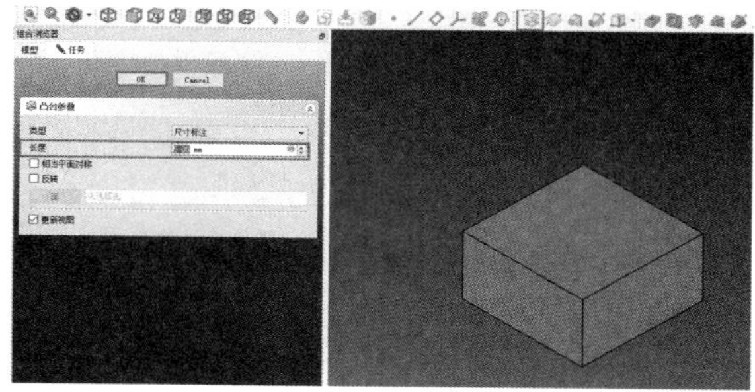

图4-18 增料操作前的凸台操作

④ 点击“增料圆锥体”图标，进入增料体编辑界面；在“图元参数”中，将“半径2”改为0mm，圆台变为圆锥体；点击凸台的顶面，则凸台的顶面变绿，圆锥体有1/4移动到凸台的顶面上，此时“Attachment”中的“参照1”为“Pad：面6”，将附件偏移中X值改为−5mm，Y值改为5mm，使圆锥体移动到凸台顶面的中间位置，点击“OK”退出，见图4-19。

⑤ 增料操作完成后，左侧模型模块中出现增料圆锥体图标 Cone，点击属性模块的“数据”按钮，双击“Attachment Offset/角度、轴线、位置/x、y、z”的值，可对圆锥体的位置、角度等参数进行修改；点击“Cone”部分的属性，可修改圆锥的半径、高度、角度等参数，见图4-20。

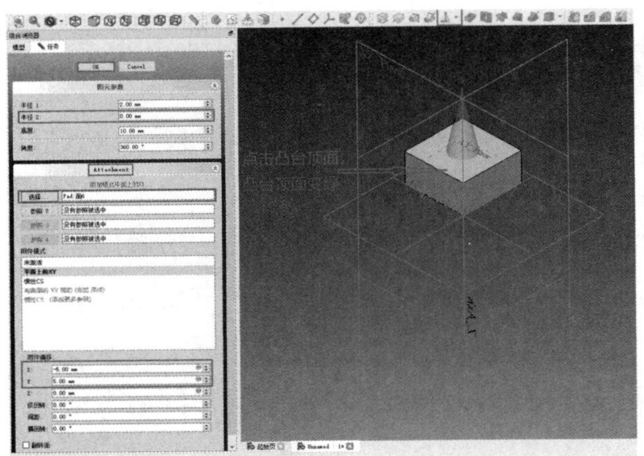

图4-19　增料圆锥体具体操作

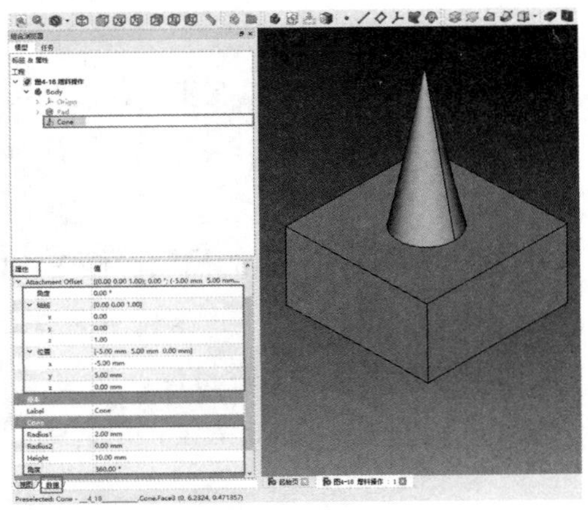
图4-20　增料操作完成之后也可修改参数

注意

① 增料操作中，Attachment的参照共有4个，此例中参照选择的是凸台的顶面“Pad：面6”，也可选择凸台的顶点、边、面，或者X轴、Y轴、Z轴、XY基准平面、XZ基准平面和YZ基准平面等。

② 增料操作中，“附件偏移”的“纵回转”指增料体（本例中的圆锥）沿Z轴旋转的角度，“间距”指增料体沿Y轴旋转的角度，“横回转”指增料体沿X轴旋转的角度。

③ 增料操作中，增料体一定要与对象接触，如本例中圆锥与凸台顶面相接触，否则点击“OK”退出后，增料消失。

④ 增料操作过程中，可按“Shift+鼠标右键”从任意角度观察增料体与对象之间的距离，也可点击不同的视图图标，从不同的视图角度观察增料体与对象之间的距离。

⑤ 其他基本几何体如球体、棱柱体等增料操作过程与本例类似，读者可自行操作。

4.2.6 凹坑

凹坑图标为，和凸台一样，也是使用很频繁的一个命令。操作步骤为在原有实体表面创建草图，并绘制封闭的图形，封闭的图形沿实体表面垂直向内切割出一个凹坑。

① 打开FreeCAD，点击新建文件，工作台选择Part Design，任务栏中点击“创建实体”，点击任务栏“创建草图”。

② 进入草图选择界面，选择“XY基准平面”，进入Sketcher（草图）工作台，画出一个矩形，约束矩形四条边都相等，约束矩形左上角顶点和右下角顶点关于原点对称，约束边长为10mm，如图4-21所示，点击“Close”退出。

③ 点击凸台，“凸台参数”中“长度”选择10mm，形成立方体，点击“OK”退出，见图4-22。

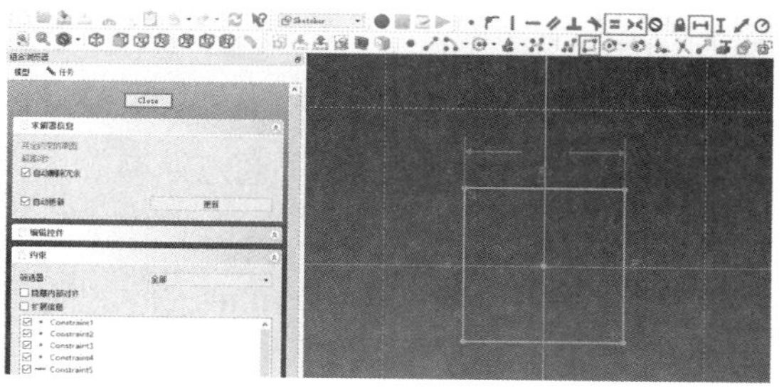

图4-21 凹坑操作前所绘制的第一个草图

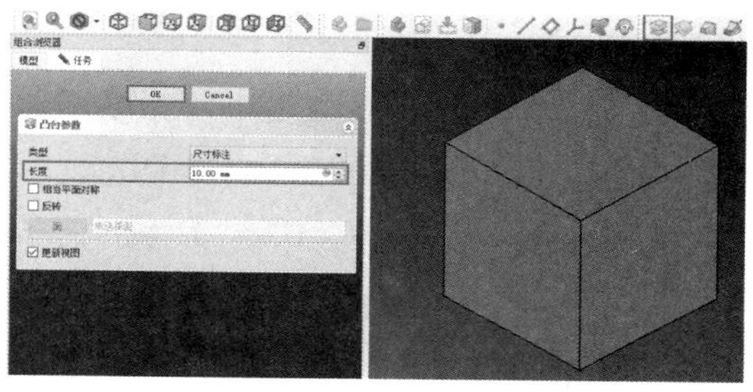

图4-22 凹坑操作前的凸台操作

④ 点击选中立方体的其中一个表面，表面的颜色变绿，点击“创建新草图”图标，或者点击任务栏中的“创建草图”图标 创建草图 ，见图4-23，进入Sketcher（草图）工作台，此时相当于在立方体表面绘制草图。在草图中绘制一个圆，约束半径为2mm，点击“创建关联边”图标，鼠标移动至绘图区域时，鼠标指针变为带有红色立方体标识的白色十字指针，点击立方体的两条边，则两条边的颜色变成紫色，约束两条边与圆相切，点击“OK”退出，见图4-24。

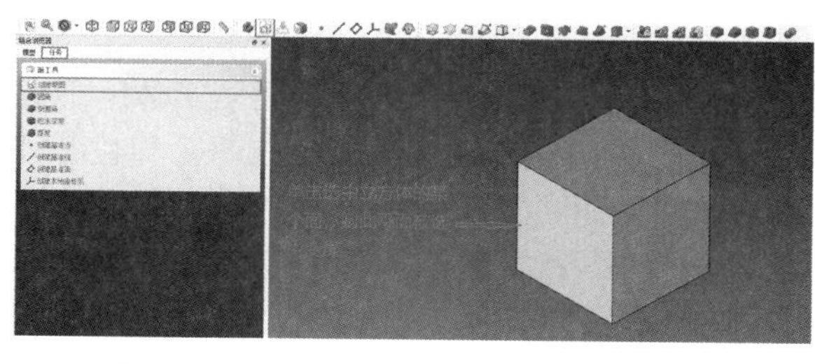

图4-23 选中该平面作为凹坑操作平面

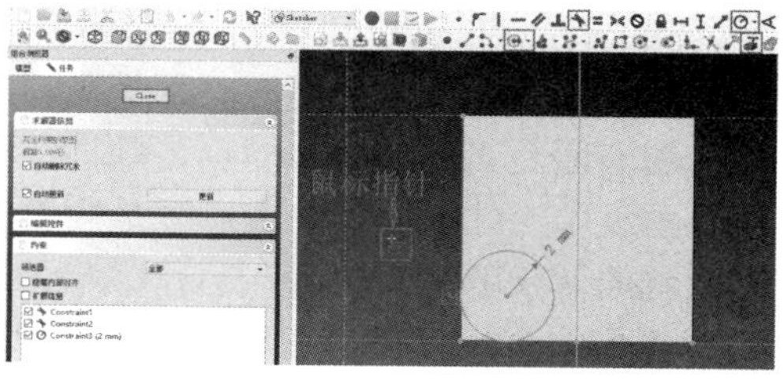

图4-24 凹坑草图的绘制

⑤ 点击凹坑图标，进入“凹槽参数”对话框，“类型”中选择“尺寸标注”，“长度”选择5mm（类型中也可选择“通过所有”），点击“OK”退出，见图4-25。

⑥ 凹坑操作完成后，左侧模型模块中出现 Pocket 图标，点击该图标，则凹坑所形成的实体被选中，颜色变绿，见图4-26，可在此实体上进行后续操作；若此时按下空格键，则隐藏该实体，再次按下空格键，则取消隐藏，实体重现；点击 Pocket 图标左侧的小箭头，则显示凹坑形成前的草图图标 Pocket Sketch001，两者的位置关系说明凹坑是由切割

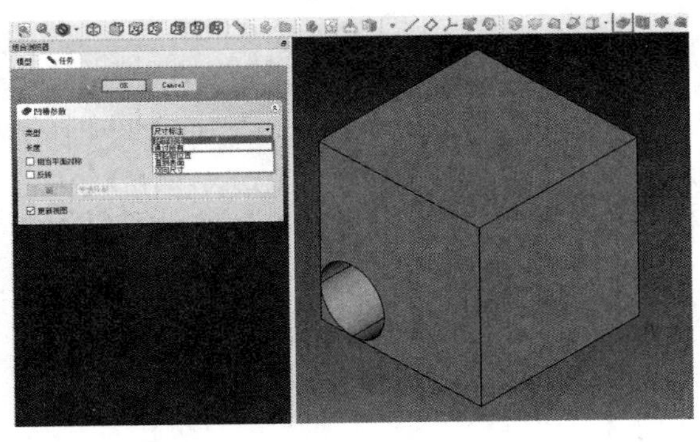

图4-25　凹坑操作

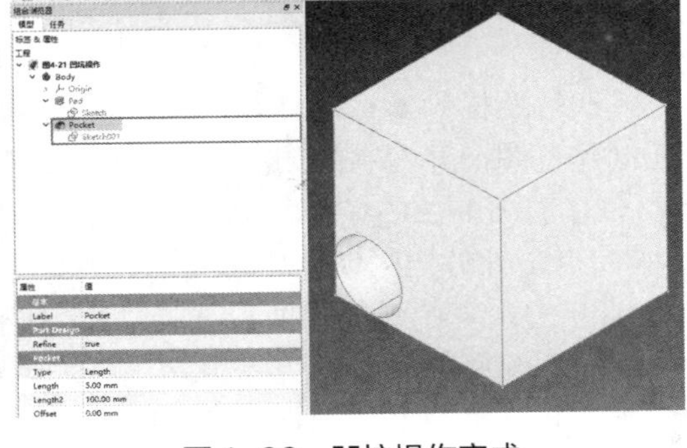

图4-26　凹坑操作完成

这个草图形成的，双击草图图标，可重新进入Sketcher（草图）工作台进行修改。

注意

① 如图4-25所示，凹坑操作过程中，类型的选择中最常用的是“尺寸标注”和“通过所有”这两个选项，“尺寸标注”表示切割的深度，“通过所有”表示洞穿整个实体，可通过按“Shift+鼠标右键”观察两者的区别。

②“凹槽参数”对话框中，“反转”和“相当平面对称”复选框的作用于凸台中的一致。

③ 凹坑操作前，实体表面绘制草图的图形必须是封闭的，否则用凹坑进行切割时将报错。在实体表面绘制草图时可以绘制两个或两个以上不相互连接的、独立的封闭图形。如图4-24中可再绘制一个与圆不相连的矩形或其他形状，读者可自行操作。

4.2.7　建孔

建孔的功能与凹坑类似，都是在实体表面进行切割形成孔洞，但凹坑切割实体所形成的孔洞表面是光滑的，方向也是垂直于实体表面的，而建孔切割实体所形成的孔洞表面可以是垂直于实体表面的，也可以是倾斜于实体表面的，开孔类型也是多样的，可以理解为是凹坑的复杂版。

建孔的图标为■，过程与凹坑类似，同样在原有实体表面创建草图，并绘制封闭图形，沿实体表面向内切削出一个符合设定要求的孔洞。

① 打开FreeCAD，点击“新建文件”，工作台选择Part Design，任务栏中点击“创建实体”，点击任务栏“创建草图”。

② 进入草图选择界面，选择“XY基准平面”，进入Sketcher（草图）工作台，画出一个矩形，约束矩形两个顶点与原点对称，约束矩形边长为10mm，如图4-27所示，点击“Close”退出。

③ 点击凸台，“凸台参数”中“长度”选择10mm，形成立方体，点击“OK”退出。

④ 点击选中立方体的其中一个表面，表面的颜色变绿，点击“创建新草图”图标，

或者点击任务栏中的“创建草图”图标，见图4-28，重新进入Sketcher（草图）工作台，此时相当于在立方体表面绘制草图。在草图中的竖直轴附近确定圆心，绘制一个圆，约束圆心在竖直轴上，约束圆心距离原点的竖直距离为5mm，约束半径为1mm，点击“Close”退出，见图4-29。

⑤ 点击建孔图标，进入“孔参数”对话框，点击着色模式，选择“线框模式”图标，此时立方体的表面消失，只见外部框线和内部孔洞的母线，按“Shift+鼠标右键”选择合适的角度，“螺纹和尺寸”中“轮廓”选择无，直径选择2mm，深度选择“尺寸标注”、5mm，“孔切除”中“类型”选择无，“钻点”选择“平头孔”，可见钻孔底部无锥形，此时建孔的形状和凹坑创建的形状相同见图4-30。

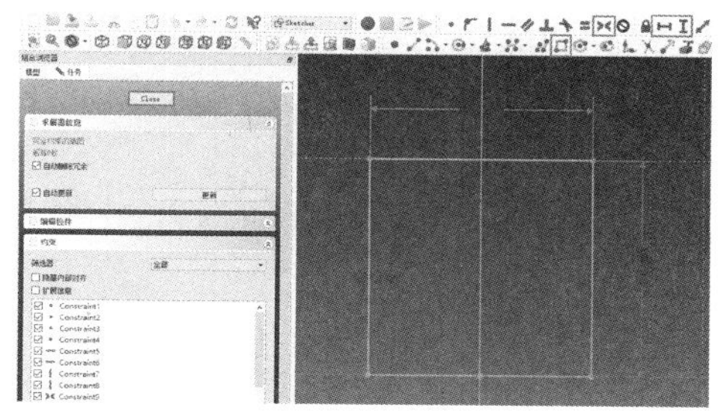

图4-27　建孔前所画出的第一个草图

图4-28　选中该平面作为建孔操作平面

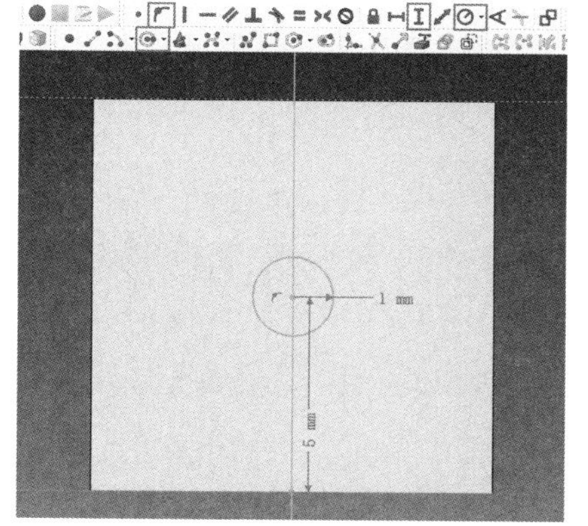

图4-29　在建孔操作平面上绘制草图

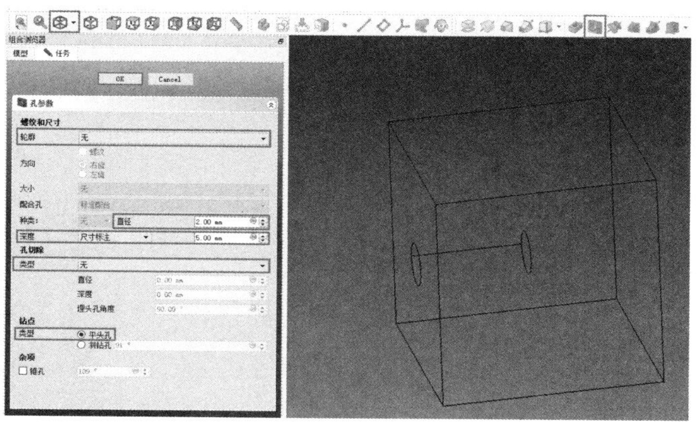

图4-30　建孔可创建与凹坑同样形状的孔洞

⑥“钻点”选择“斜钻孔”，可见钻孔底部呈锥形，改变斜钻孔角度，底部锥形角度也随之发生变化；选中“杂项”中“锥孔”，可见钻孔形状呈圆台状，一边为大圆，另一边为小圆，改变锥孔角度，钻孔形状随之改变，见图4-31。

⑦ 轮廓选择ISO或UTS模式，选中“螺纹”，可选择螺旋方向、大小、配合孔、种类等信息，但直径变为不可选，见图4-32。

⑧ 轮廓重新选择为“无”，孔切除“类型”选择“Counterbore”（沉头孔），可调整“直径”和“深度”；孔切除“类型”选择“Countersink”（埋头孔），可调整“直径”和“埋头孔角度”，见图4-33。

⑨ 建孔操作完成后，点击着色模式，选择“带边着色模式”图标，按“Shift+鼠标右键”选择合适的角度观察不同情形下建孔的形状，见图4-34；左侧模型模块中出现建

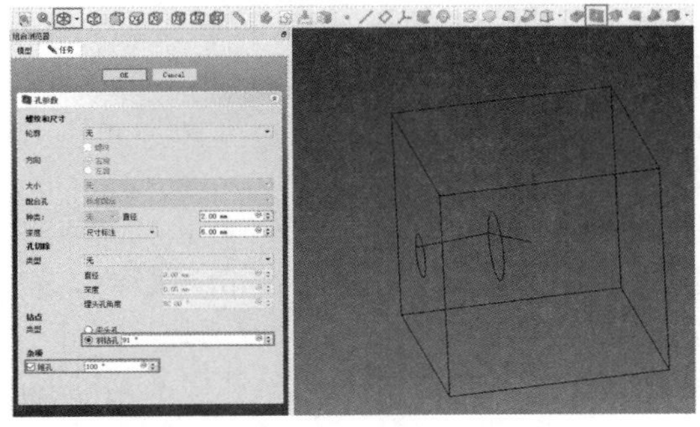

图4-31　建孔形状与斜钻孔和锥孔角度有关

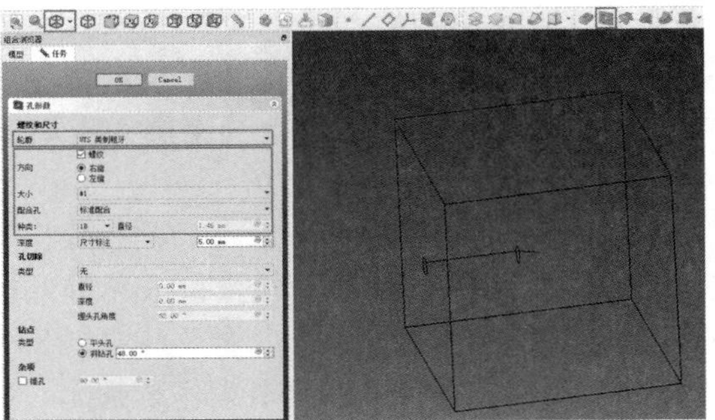

图4-32　建孔过程中轮廓的条件信息

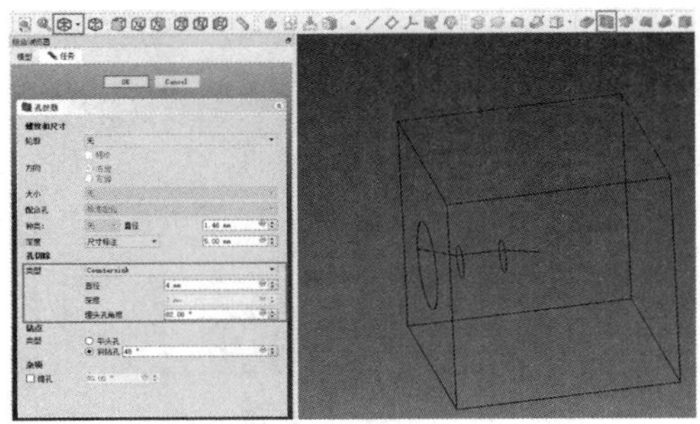

图4-33　建孔过程中孔切除的条件信息

图4-34　建孔操作完成

孔图标 Hole，点击该图标，则建孔所形成的实体被选中，颜色变绿，可在此实体上进行后续操作。

注意

① 如图4-29所示，建孔草图中必须包含一个或多个封闭的圆，其他形状的图形不会被建孔命令识别。

② 如图4-29所示，即便建孔草图中圆的半径已经被约束，但在特定条件下，建孔后生成的孔的半径也会改变，甚至草图中不同半径的圆，经过建孔操作后，也会生成相同半径的孔。

4.2.8 旋转（减料）

旋转（减料）的图标为，作用与旋转（增料）相反，是在原有实体的基础上，创建一个草图并绘制一个封闭图形，使封闭图形围绕着选定的轴进行旋转，旋转过程中对原有实体部分进行切割减料，从而形成一个新的实体。

① 打开前述4.2.2节的FreeCAD文件，见图4-35，旋转（减料）将在此实体上进行操作。

② 点击组合浏览器的模型模块，再点击工具栏“创建新草图”图标，见图4-35；进入草图选择界面，选择“XZ基准平面”，或者点击绘图区域的“XZ_Plane”，点击“OK”进入Sketcher（草图）工作台，见图4-36。

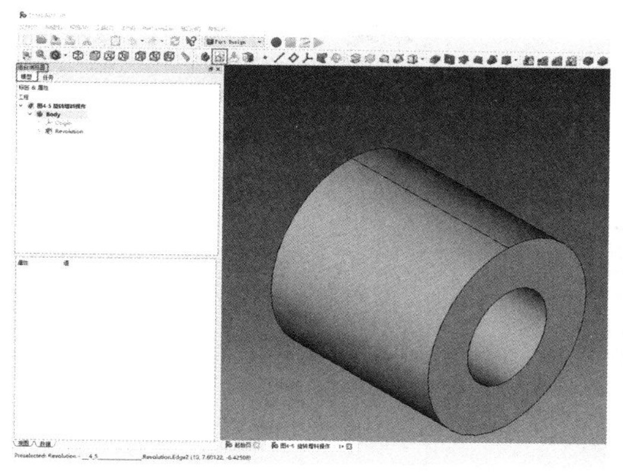

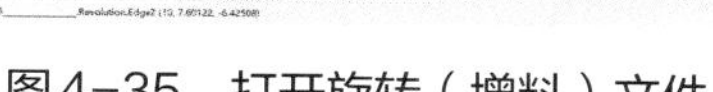

图4-35　打开旋转（增料）文件

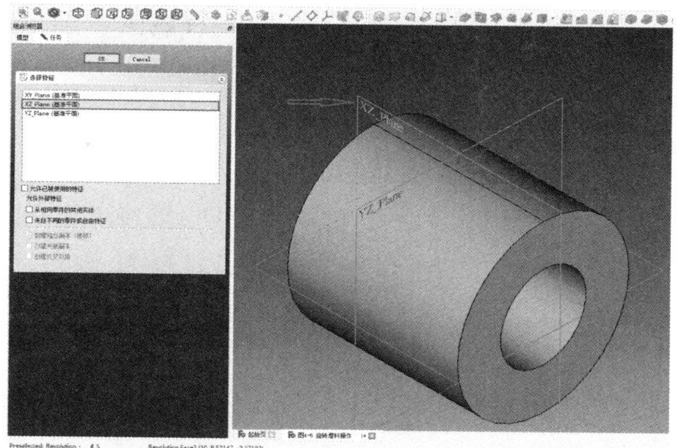

图4-36　新建草图选择基准面

③ 点击着色模式，选择“线框模式”图标，此时圆柱体的表面消失，只见外部框线，点击“创建关联边”图标，点击圆柱体最上方的边，则该边的颜色变为紫色，画出一个矩形，点击矩形上方的一个顶点与紫色的边，点击“点线约束”图标，约束矩形的顶点在紫色的边上，约束矩形的两个顶点关于竖直轴对称，约束矩形的长和宽分别为5mm和2mm，画出如图4-37所示的图形，点击“Close”退出。

④ 点击“旋转（减料）”图标，在“旋转体参数”对话框中，默认旋转角度为360°，轴选择水平草绘轴或X轴，也可在绘图区域中直接点击X轴，点击“OK”退出，见图4-38。

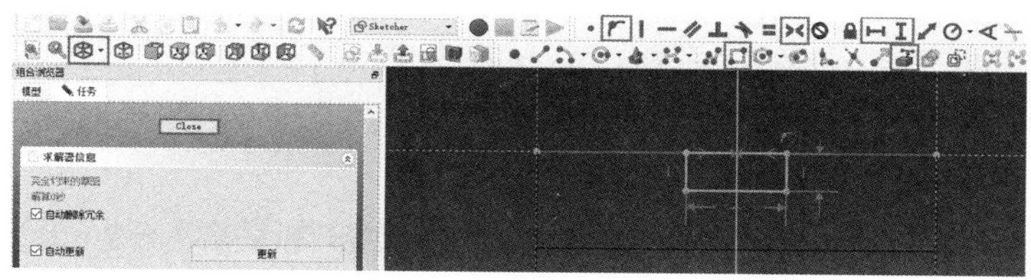

图4-37　旋转（减料）的草图

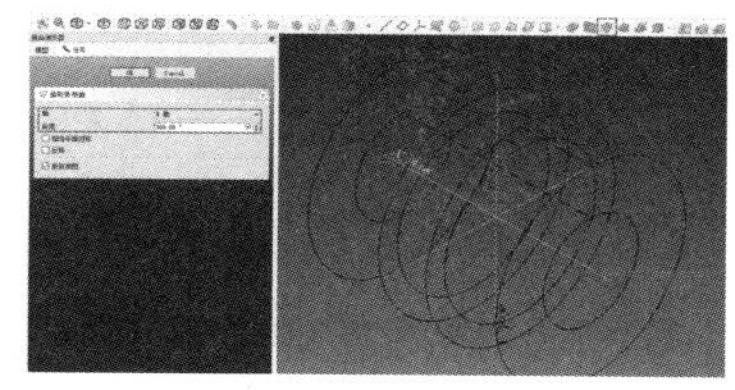

图4-38　“旋转体参数”对话框

⑤ 旋转（减料）操作完成后，点击着色模式，选择“带边着色模式”图标，见图4-39；左侧模型模块中出现图标 Groove，点击该图标，则旋转（减料）所形成的实体被选中，颜色变绿，可在此实体上进行后续操作；点击 Groove 图标左侧的小箭头，显示旋转（减料）形成前的草图图标 Groove Sketch001，双击草图图标，可重新进入Sketcher（草图）工作台进行修改。

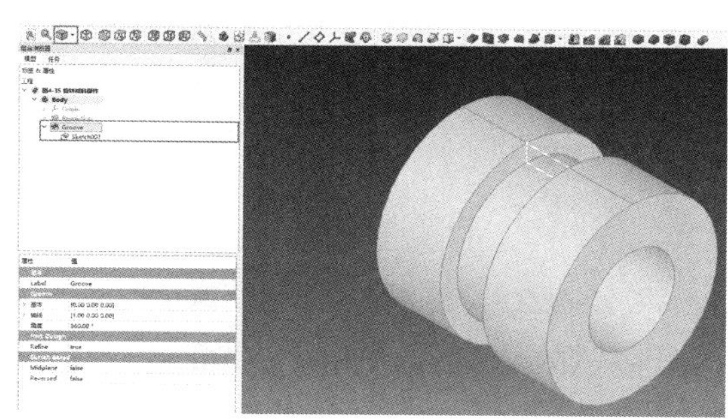

图4-39　旋转（减料）操作完成

注意

① 草图中的图形必须是封闭的，否则进行旋转（减料）操作后将报错。

② 如图4-38“旋转体参数”对话框中，“反转”和“相当于平面对称”的含义与旋转（增料）中的相同。

4.2.9 放样（减料）

放样（减料）的图标为，作用是在原有实体当中，创建至少两个或者多个草图，在每个草图中绘制封闭的横截面，通过将多个草图的封闭横截面过渡连接，形成一个新实体，并从原有实体中减去新实体。

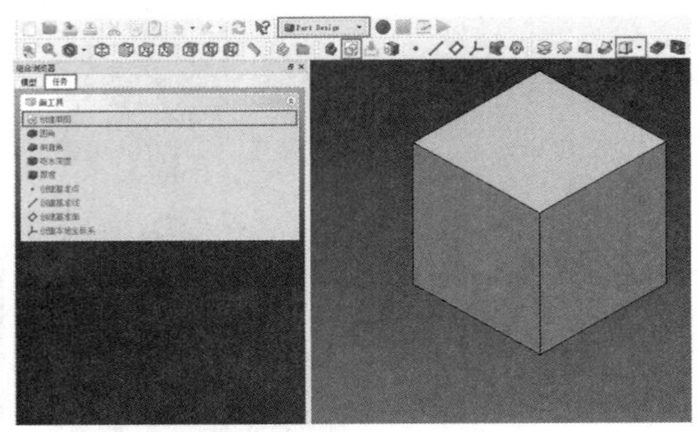
图4-40　放样前先准备在实体表面创建草图

① 打开FreeCAD，点击新建文件，工作台选择Part Design，点击“增料立方体”图标，点击“OK”退出。

② 点击立方体顶面，顶面的颜色变绿，如图4-40所示；再点击工具栏“创建新草图”图标，或者点击左侧任务栏“创建草图”图标 创建草图，创建第一个草图。

③ 进入第一个草图之后，画出一个正六边形，点击水平约束图标约束正六边形的底边为水平边；点击“创建关联边”图标，点击立方体最下方的边，则该边的颜色变为紫色；点击正六边形底边的顶点与紫色的边，点击“点线约束”图标，约束正六边形的顶点在紫色的边上，点击原点和正六边形底边左侧的顶点，则这两点的颜色变绿，点击水平距离约束图标，约束这两点的距离为4mm，约束正六边形的外接圆为3mm，画出如图4-41所示的图形，点击“Close”退出。

④ 点击组合浏览器的模型模块，点击“创建新草图”图标，在同一个Body中创建第二个草图，见图4-42；选择“XY基准平面”，进入第二个草图界面。注意：不要在左侧模型模块中选中第一个草图，否则点击“创建新草图”时将进入第一个草图。

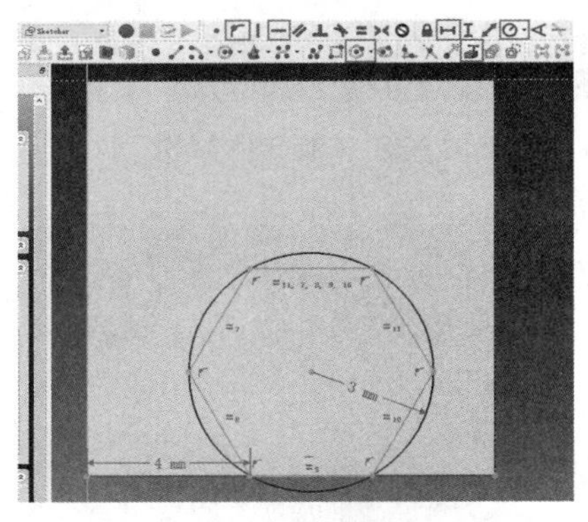

图4-41　放样（减料）的第一个草图

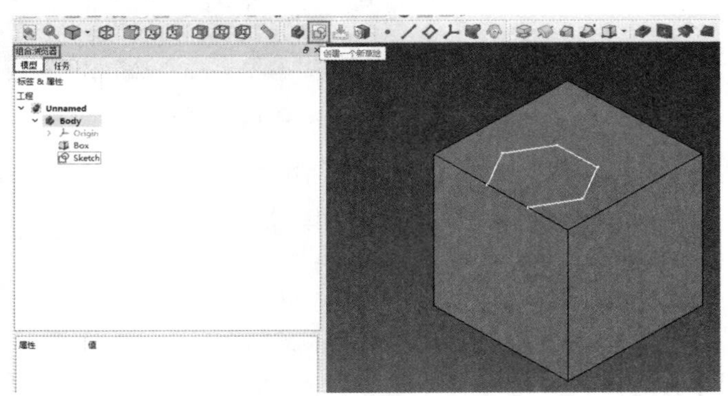

图4-42　准备创建第二个草图

⑤ 点击着色模式，选择“线框模式”图标，此时立方体的表面消失，只见外部框线；画出一个正六边形，点击水平约束图标约束正六边形的底边为水平边；点击“创建关联边”图标，点击立方体最下方的边，则该条边的颜色变为紫色；点击正六边形底边的顶点与紫色的边，点击“点线约束”图标，约束正六边形的顶点在紫色的边上；点击原点和正六边形底边左侧的顶点，则这两点的颜色变绿，点击水平距离约束图标，约束这两点的距离为4mm；约束正六边形的外接圆为2mm，画出如图4-43所示的图形，点击“Close”退出。

⑥ 左侧模型模块中点击Body的第二个草图Sketch001，点击属性模块的“数据”按钮，点击“Attachment Offset/位置”左侧的小箭头，将z的数值由0改为5mm，可观察到第二个草图Sketch001的位置逐渐升高，见图4-44。

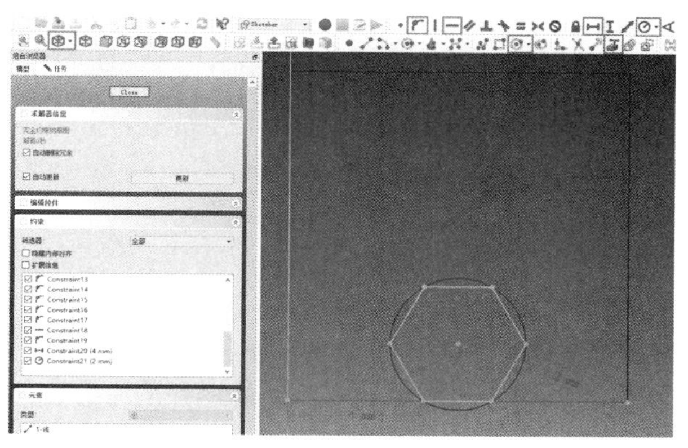

图4-43　放样（减料）的第二个草图

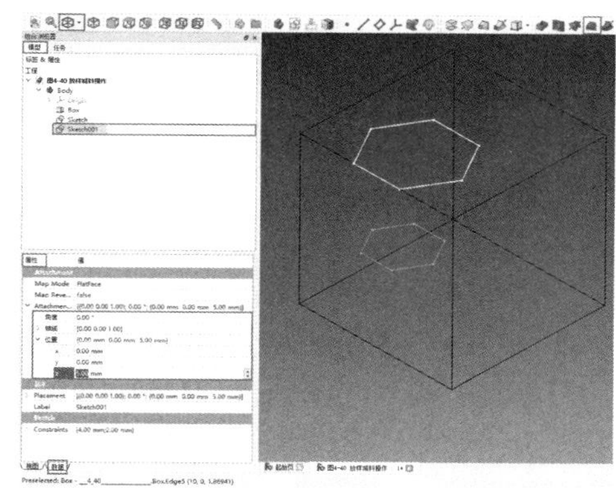

图4-44　调整第二个草图的高度

⑦ 选中第二个草图Sketch001（也可以选中第一个草图Sketch），点击“放样（减料）”图标，在“放样参数”对话框中，对象即为刚才选中的第二个草图Sketch001（或者为第一个草图Sketch），点击“添加截面”按钮，点击绘图区域中第一个草图的任意一条边，则该条边的颜色变绿，同时六棱台实体从原有实体中被切割出去，放样（减料）操作成功，点击“OK”退出，见图4-45（a）。

⑧ 放样（减料）完成后，点击着色模式，选择“带边着色模式”图标，按“Shift+鼠标右键”选择合适的角度观察新实体，见图4-45（b）；左侧模型模块中出现图标 SubtractiveLoft，点击该图标，则放样所形成的实体被选中，颜色变绿，可在此实体上进行后续操作。

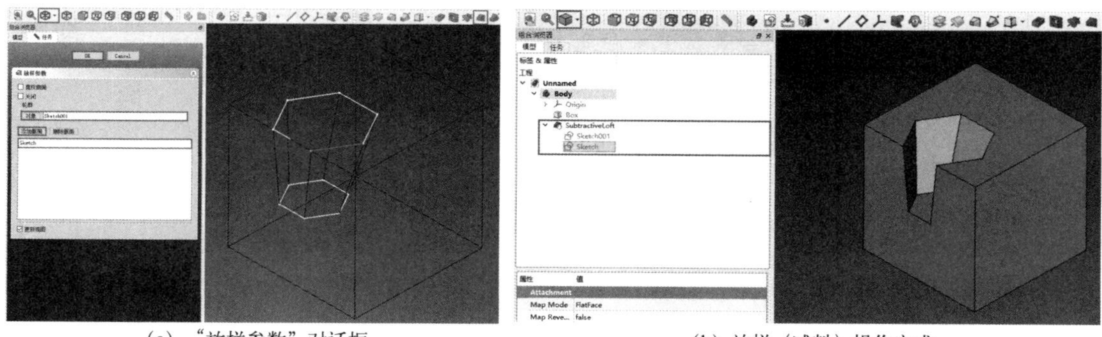

（a）“放样参数”对话框　　（b）放样（减料）操作完成

图4-45　“放样参数”对话框及放样（减料）操作完成后的实体

注意

① 放样（减料）操作所需草图中的图形必须是封闭的。

② 放样（减料）操作所需草图的数量至少是两个，也可以绘制更多的草图进行放样（减料）。

③ 放样（减料）所需的草图不能存在于同一个平面上，本例中，两个草图虽均为“XY基准平面”，但高度值z不同；也可选择为不同的草图基准面，例如第一个草图为“XY基准平面”、第二个草图为“XZ基准平面”，进行放样操作。

④ 放样（减料）所需草图的图形可以缩小到比较小的尺度（μm级），但无法缩小到一个点。

4.2.10 扫略（减料）

扫略（减料）的图标为，作用是在原有的实体当中，通过一条路径（直线或曲线）将一个或多个草图所绘制的横截面进行光滑的过渡连接，形成一个新实体，并从原有实体中减去新实体。扫略（减料）可以理解为是放样（减料）的曲线形式。

① 打开FreeCAD，点击新建文件，工作台选择Part Design，点击“增料立方体”图标，点击“OK”退出。

② 点击立方体的侧面，侧面的颜色变绿，再点击“创建新草图”图标，或者点击左侧任务栏“创建草图”图标，创建第一个草图，见图4-46。

③ 进入Sketcher（草图）工作台，画出一个六边形，约束六边形的底边为水平边，点击选中六边形中心和原点，中心与原点的颜色变绿，约束中心与原点的水平距离为5mm，同样约束中心与原点的竖直距离为5mm，约束六边形的外接圆半径为4mm，如图4-47所示，点击“Close”退出。

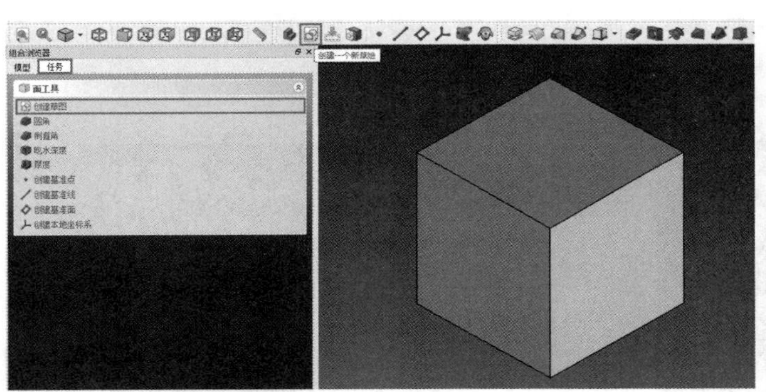

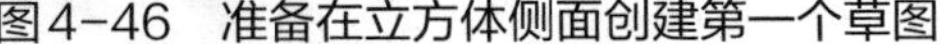
图4-46 准备在立方体侧面创建第一个草图

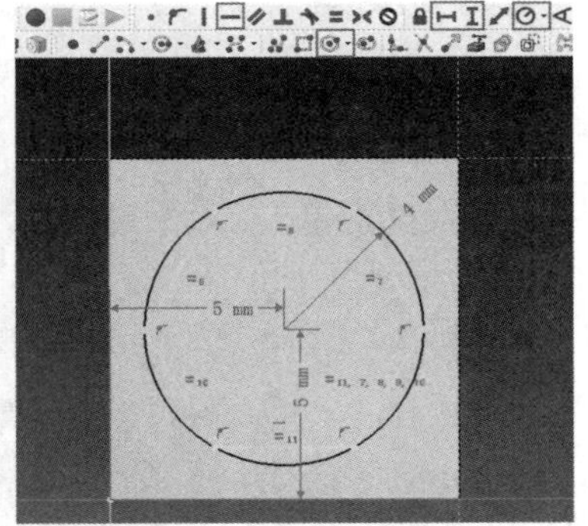

图4-47 在立方体侧面所画的第一个草图

④ 点击立方体顶面，顶面的颜色变绿，见图4-48，再点击“创建新草图”图标，或者点击左侧任务栏“创建草图”图标，创建第二个草图；同样画出一个六边形，约束中心与原点的水平和竖直距离均为5mm，约束六边形的外接圆半径为2mm，见图4-49，点击“Close”退出。注意：不要在左侧模型模块中选中第一个草图，否则创建第二个草图时将进入第一个草图。

⑤ 点击立方体的另一个侧面，侧面的颜色变绿，见图4-50，再点击工具栏“创建新草图”图标，准备创建第三个草图，在第三个草图中将绘制出前两个草图的连接路径。

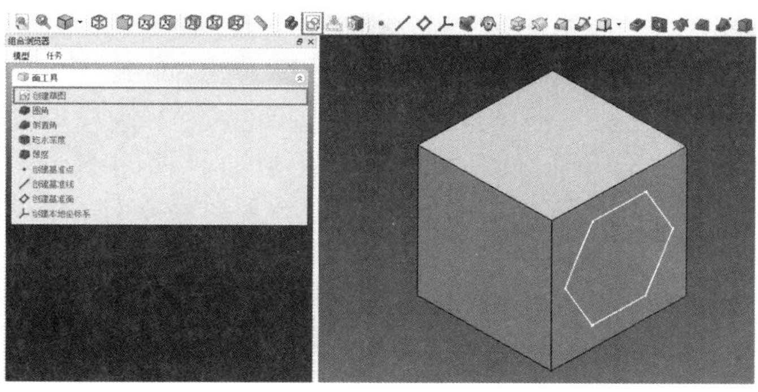

图4-48 准备在立方体顶面创建第二个草图

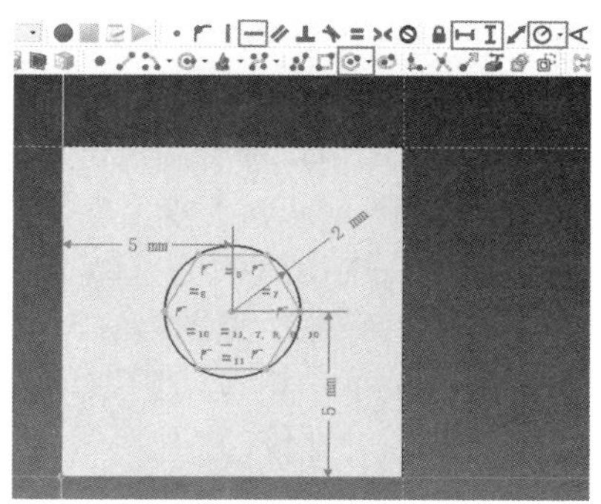

图4-49 在立方体顶面所画的第二个草图

注意：不要在左侧模型模块中选中前两个草图中的任意一个，否则创建第三个草图时将重新进入先前创建的草图。

⑥ 点击着色模式，选择“线框模式”图标，此时立方体的表面消失，只见外部框线；点击“创建关联边”图标，点击立方体上方和右方的边，则这两条边的颜色变成紫色；以这两条边的交点为圆心画出一个圆弧，约束圆弧的两个端点分别在两条紫色的边上，约束圆弧的半径为5mm，如图4-51所示，点击“Close”退出。

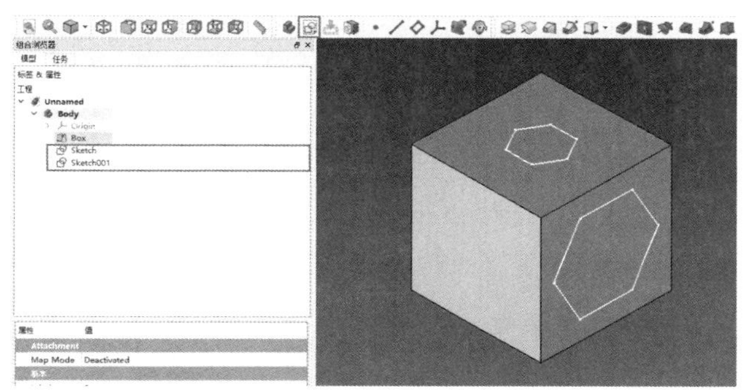

图4-50 准备在另一侧面创建第三个草图

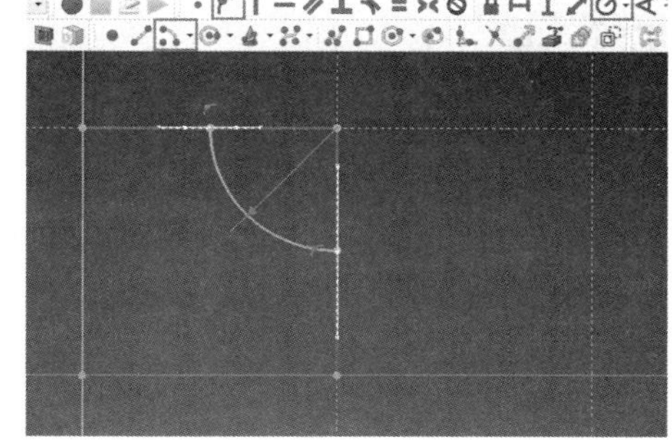

图4-51 在立方体的侧面绘制扫略（减料）路径

⑦ 选中Body的第三个草图Sketch002，点击属性模块的“数据”按钮，点击“Attachment Offset/位置”左侧的小箭头，将z的数值由0改为−5mm，可观察到第三个草图Sketch002的位置逐渐改变，见图4-52。

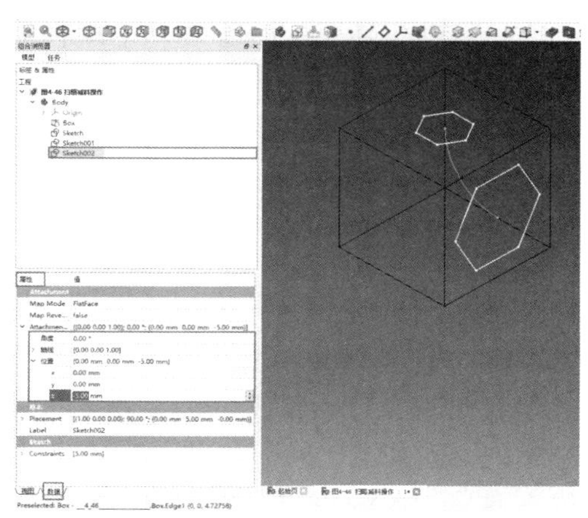

图4-52 调整第三个草图的位置

⑧ 选中Body的第一个草图Sketch，第一个草图的颜色变绿，点击“扫略（减料）”图标，进入扫略（管）参数对话框，见图4-53；点击“截面变换”模块中“变换模式”右侧的下拉箭头，选择“多截面”；点击添加截面，选择正方体顶面的六边形中任意一条边，则对话框中显示另一截面为Sketch001；

点击“扫描路径/对象”按钮，在绘图区域中点击选择圆弧，则圆弧的颜色变绿，对象栏中显示Sketch002（也可点击“添加边”按钮后，在绘图区域中点击选择圆弧，则圆弧同样被选择为扫描路径），点击“OK”退出。

⑨ 扫略（减料）操作完成后，可按“Shift+鼠标右键”从任意角度观察该实体，左侧模型模块中出现 SubtractivePipe 图标，点击该图标，则扫略（减料）所形成的实体被选中，颜色变绿，见图4-54，可在此实体上进行后续操作；若此时按下空格键，则隐藏实体，再次按下空格键，则取消隐藏，实体重现；双击草图图标，可重新进入Sketcher（草图）工作台进行修改。

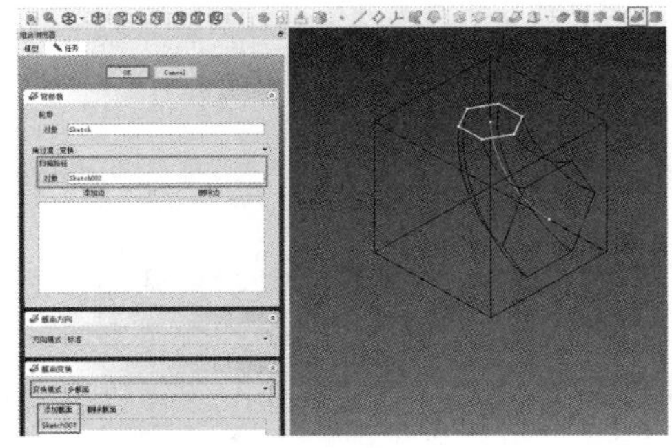

图4-53 扫略（减料）对话框

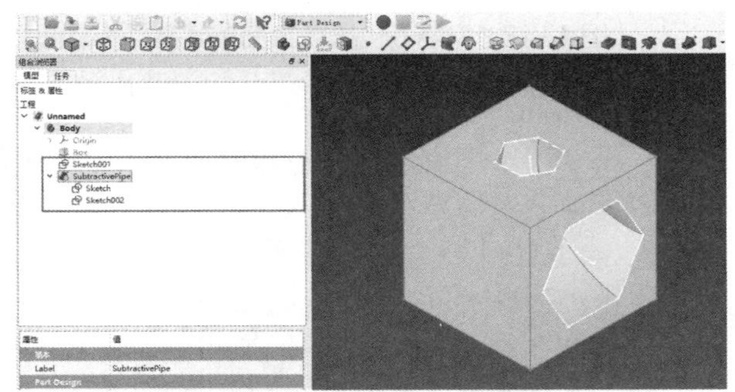

图4-54 扫略（减料）操作完成

注意

① 扫略（减料）操作所需草图中的图形必须是封闭的。

② 扫略（减料）操作所需的数个草图不能存在于同一个平面上。

③ 扫略（减料）操作所需草图的图形可以缩小到很小的尺度（μm级），但无法缩小到一个点。

4.2.11 减料几何体

减料几何体是在一个实体中减去另一个基本几何体，从而形成一个新的实体。基本几何体包括立方体、圆柱体、球体、圆锥体（或圆台）、椭球体、圆环体、棱柱体和楔形体等。

① 打开FreeCAD，点击新建文件，工作台选择Part Design，点击“增料立方体”图标，见图4-55，点击“OK”退出。

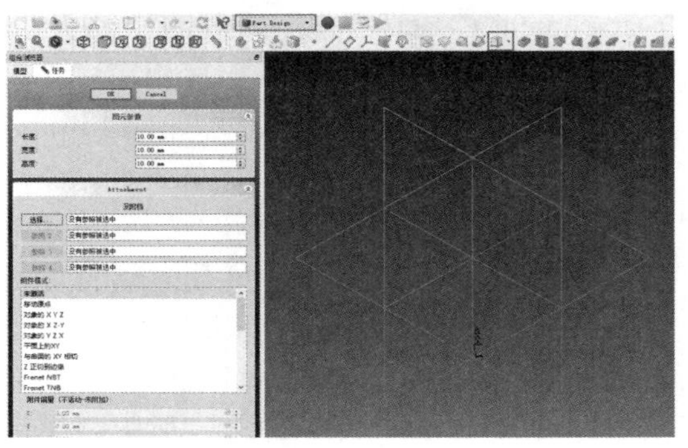

图4-55 增料立方体

② 点击“减料椭球体”图标，“图元参数”对话框默认不变；在绘图区域点击X轴，则X轴变绿，“附件模式”自动变为“对象的XYZ”；“附件偏移”对话框中更改为X=10mm、Y=5mm、Z=5mm，点击

“OK”退出，见图4-56。

③ 减料操作完成后，左侧模型模块中出现图标 Ellipsoid，点击该图标，则减料所形成的实体被选中，颜色变绿，可在此实体上进行后续操作；若此时按下空格键，则隐藏实体，再次按下空格键，则取消隐藏，实体重现；点击属性模块的“数据”按钮，可进行半径、角度等参数的修改，见图4-57。

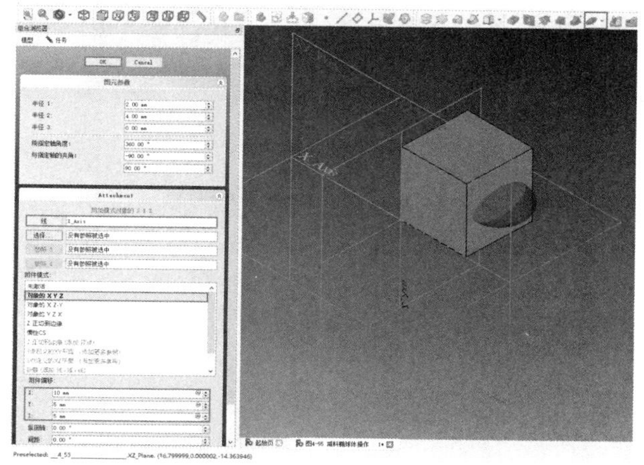

图4-56　减料椭球体的操作

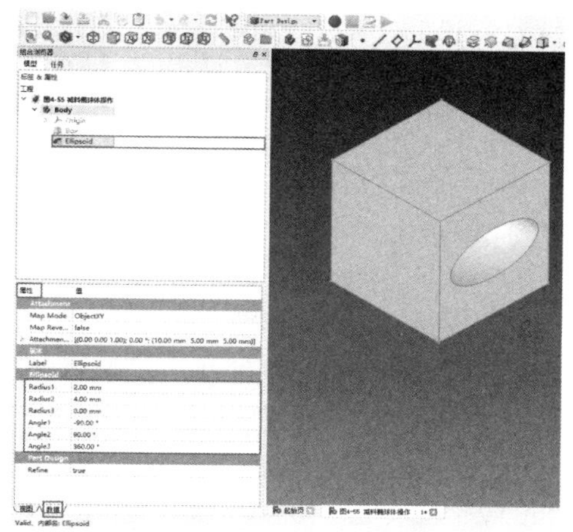

图4-57　减料椭球体操作完成

4.2.12　镜像

镜像根据实体上的某个特征，通过选定对称轴，创建一个与之对称的相同特征。

① 打开FreeCAD，点击新建文件，工作台选择Part Design，点击“增料圆柱体”图标，在“图元参数”对话框中将高度改为2mm，见图4-58，点击“OK”退出。

② 点击圆柱体顶面，顶面的颜色变绿，点击“创建新草图”图标，见图4-59，进入Sketcher（草图）工作台；在圆的左上角画出一个圆，点击圆心和原点，圆心和原点的颜色变绿，约束圆心与原点的水平距离为5mm，同样约束圆心与原点的竖直距离也为5mm，约束圆的半径为2mm，见图4-60，点击“Close”退出。

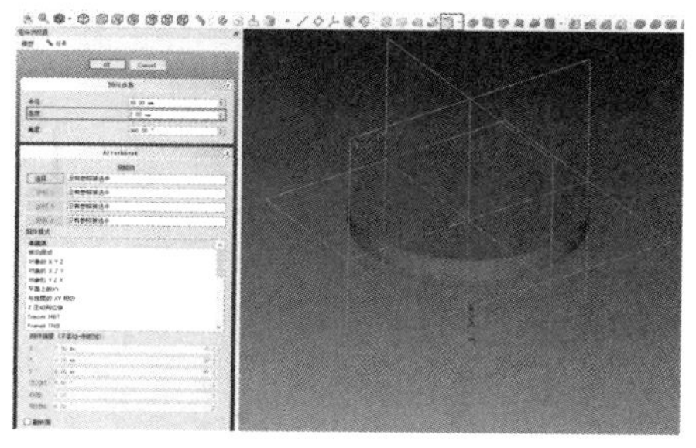

图4-58　增料圆柱体

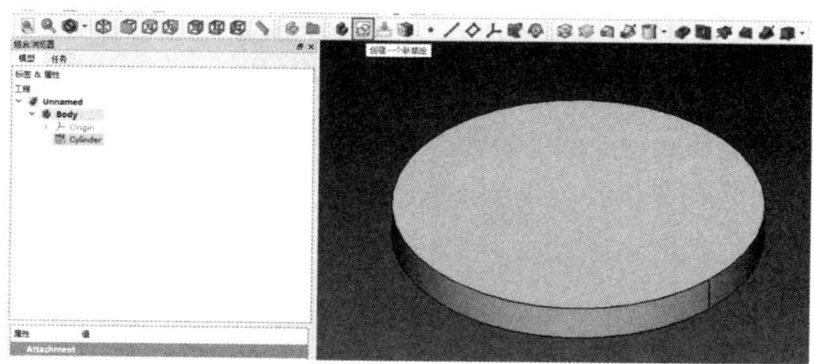

图4-59　点击圆柱顶面准备创建草图

③ 点击“凸台”图标，进入“凸台参数”对话框，长度选择默认的10mm，点击“OK”退出，见图4-61。

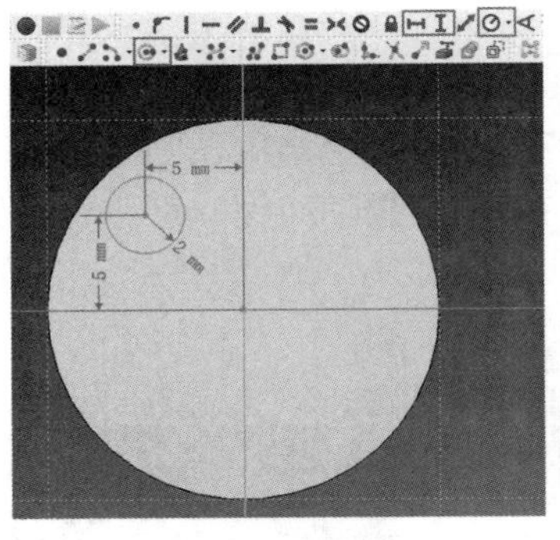

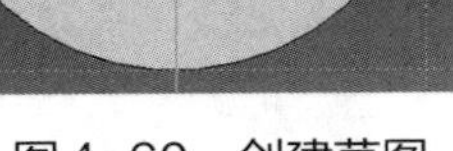

图4-60 创建草图

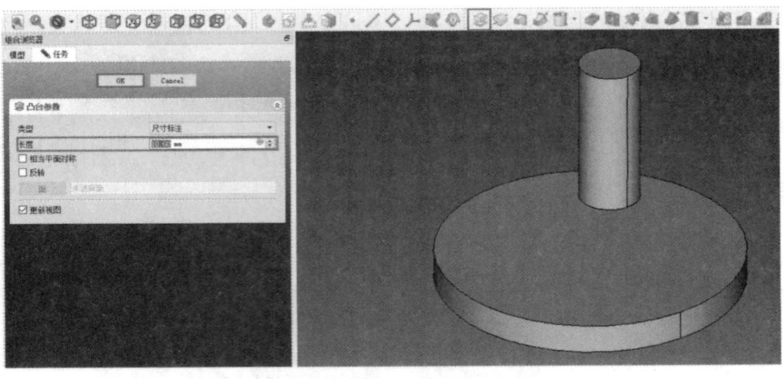

图4-61 创建凸台

④ 点击左侧模型模块中的“Pad”图标，则绘图区域中凸台和圆柱体的颜色变绿，点击“镜像”图标，进入镜像界面（如果没有点击“Pad”图标，直接点击镜像图标，则进入“选择特征”界面，点击“Pad（有效）”，点击“OK”，也能进入镜像界面），在“平面”中选择“水平草绘轴”或者“XZ基准面”，也可在绘图区域中直接点击“XZ_Plane”的边框线，见图4-62，“变换特征消息”框显示“变换成功”，点击“OK”退出。

⑤ 点击左侧模型模块中的图标Mirrored，则绘图区域中的实体变绿，见图4-63，点击“镜像”图标，进入“选择特征”对话框，点击“Pad（有效）”（因为要镜像的特征是凸台，而不是圆柱，所以选择Pad），点击“OK”，见图4-64；再次进入镜像界面，在“平面”中选择“垂直草绘轴”或者“YZ基准面”，也可在绘图区域中直接点击“YZ_Plane”的边框线，见图4-65，“变换特征消息”框显示“变换成功”，点击“OK”退出。

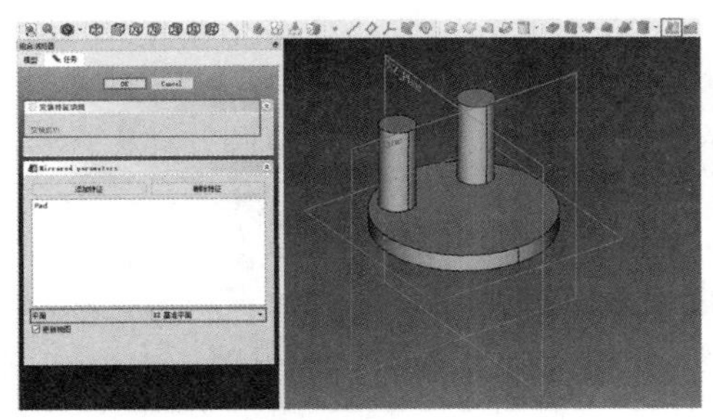

图4-62 镜像操作界面

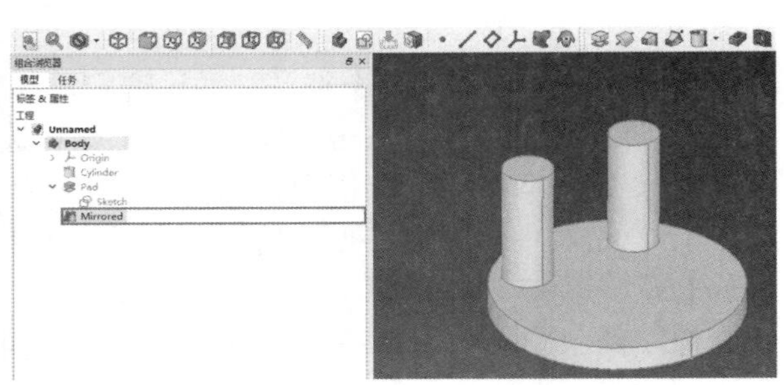

图4-63 选中实体变绿

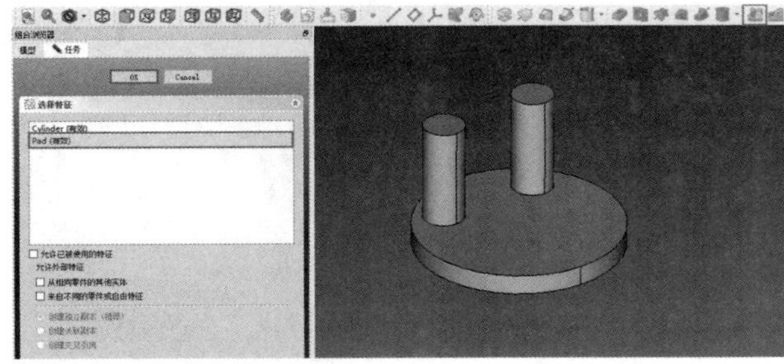

图4-64 选择镜像特征

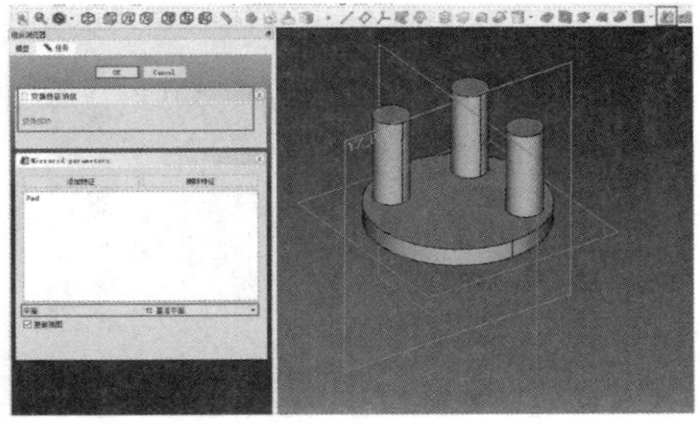

图4-65 第二次镜像操作

⑥ 第二次镜像操作成功，点击左侧模型模块中显示的图标Mirrored001，则镜像所形成的实体被选中，颜色变绿，可在此实体上进行后续操作；若此时按下空格键，则隐藏实

体，再次按下空格键，则取消隐藏，实体重现。

注意

① 镜像功能只能基于实体中的某个特征，创建一个与其对称的特征，并不能镜像整个实体。例如本例中，镜像的都是凸台，而不是原有凸台与圆柱体的组合实体。整个实体的镜像详见Draft工作台（第7章）中的镜像命令。

② 镜像的原有特征必须与实体相交，同样所创建的镜像也与该实体相交。例如本例中，凸台与圆柱体相交，同样，凸台的两个镜像也与圆柱体相交。

③ 实体中的特征经过镜像后，所创建的新的特征为镜像特征，不属于实体特征。在本例中，经过第一次镜像后，实体凸台有了与之对称的镜像凸台，所以圆柱体上有两个凸台；经过第二次镜像后，圆柱体上只有三个凸台，也就是说，第一次镜像后的镜像凸台，不属于实体特征，无法为其创建镜像凸台，所以第二次镜像也依然以实体凸台为原有特征，只能再次创建一个与实体凸台相对称的镜像凸台。图4-65中，三个凸台中只有第一个凸台是实体特征，另外的两个凸台均是镜像特征。

4.2.13 线性阵列

线性阵列的图标为，作用是将实体中已有的特征，在选定的某个线性方向上，均匀地创建数个与之相同的特征。

① 打开FreeCAD，点击新建文件，工作台选择Part Design，点击“增料立方体”图标，在“图元参数”对话框中更改“长度”为100mm，“宽度”为20mm，“高度”为20mm，见图4-66，点击“OK”退出；退出后如无法看见长方体，点击工具栏最左侧“显示全部”图标，则长方体可见。

② 点击长方体顶面，顶面的颜色变绿，见图4-67，点击“创建新草图”图标，进入Sketcher（草图）工作台；在长方体左侧画出两个圆，约束两个圆的半径均为3mm，约束其中一个圆心与原点的水平和竖直距离均为5mm，约束另一个圆的圆心与原点的水平距离为5mm、竖直距离为15mm，见图4-68，点击“Close”退出。

③ 点击凸台图标，进入凸台参数对话框，高度选择5mm，点击“OK”退出，见图4-69。

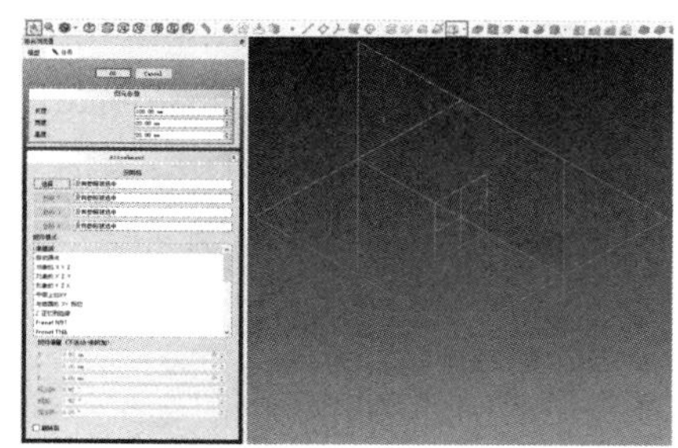

图4-66 增料方体

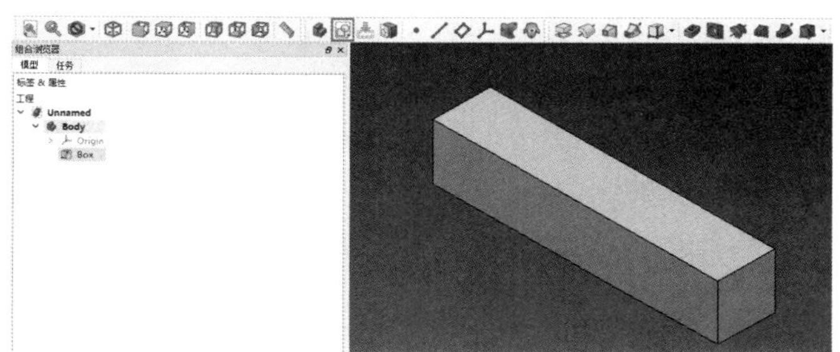

图4-67 点击长方体顶面准备创建草图

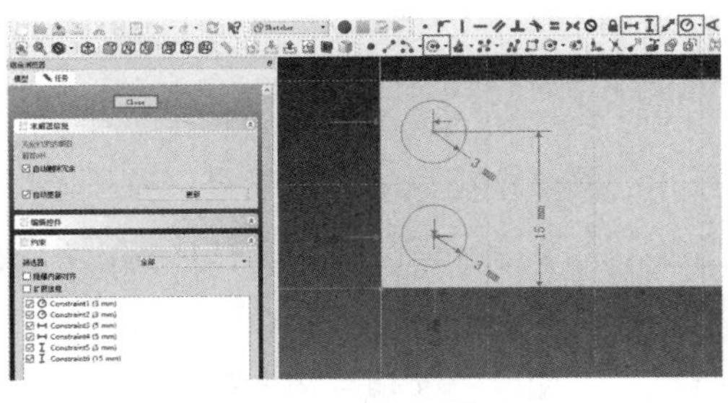

图4-68　创建草图

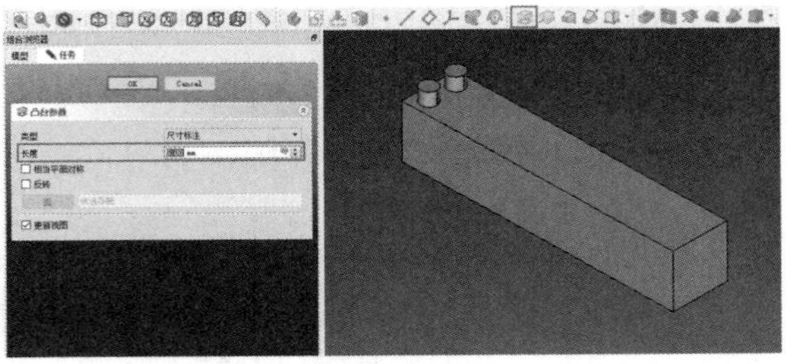

图4-69　创建凸台

④ 点击左侧模型模块中的“Pad”图标 Pad ，则绘图区域中的凸台和长方体的颜色变绿，点击“线性阵列”图标，进入线性阵列界面（如果没有点击“Pad”图标 Pad ，直接点击“线性阵列”图标，则进入选择特征界面，点击“Pad（有效）”，再点击OK，也能进入线性阵列界面）；在“方向”中选择“水平草绘轴”或者“X轴”，也可在绘图区域中直接点击“X轴”，在“长度”中输入90mm，“出现次数”输入9次，意味着在90mm长度的距离中出现了9次重复，也可以认为除去原有特征，共复制了8次，见图4-70，“变换特征消息”框显示“变换成功”，点击“OK”退出；如果选择“反转方向”，则阵列向反方向复制，此时阵列不与长方体实体相交，故阵列显示为红色，意为错误。

⑤ 点击左侧模型模块中的图标 LinearPattern，则绘图区域中的实体颜色变绿，见图4-71，可在此实体上进行后续操作；若此时按下空格键，则隐藏实体，再次按下空格键，则取消隐藏，实体重现。

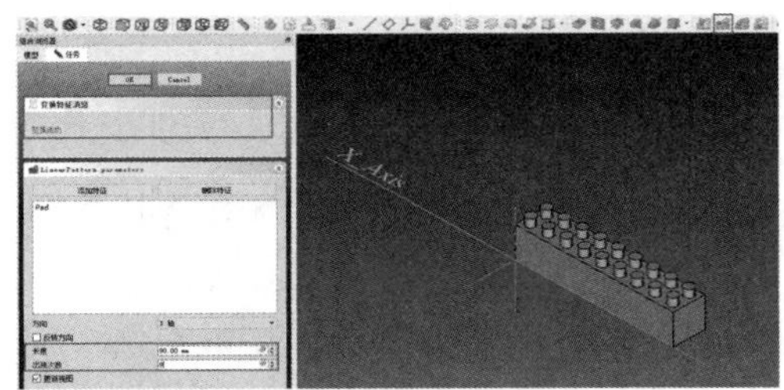

图4-70　线性阵列操作界面

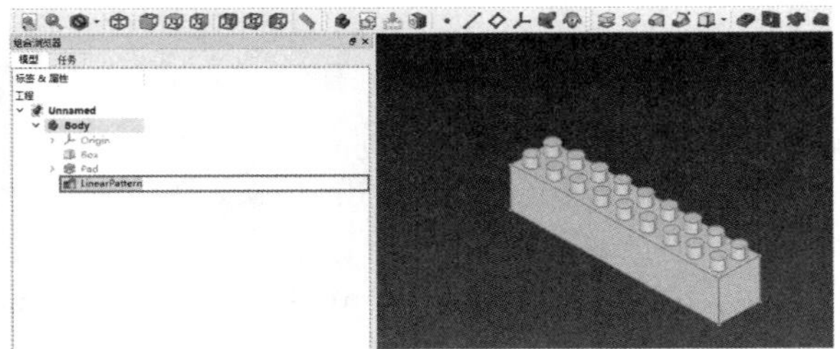

图4-71　线性阵列操作完成

注意

① 线性阵列只能基于实体中的某个特征，创建数个与其相同的特征，但并不能将整个实体复制数个。例如本例中，线性阵列的都是凸台，而不是原有凸台与长方体的组合实体。整个实体的阵列详见Draft工作台（第7章）中的阵列命令（正交阵列）。

② 原有特征必须与实体相交，同样，所创建的线性阵列特征也与该实体相交。本例中，无论原有凸台还是线性阵列凸台均与长方体相交；如果选择“反转方向”，则阵列显示为红色，表示错误，同时“变换特征消息”框显示与支持面不相交。

4.2.14 环形阵列

环形阵列的图标为，作用是将实体中原有的特征，围绕选定的轴均匀地创建数个与之相同的特征，创建的新特征与原有的特征围绕着选定的轴均匀分布。

① 打开FreeCAD，点击新建文件，工作台选择Part Design，任务栏中点击“创建实体”，点击任务栏“创建草图”。

② 进入草图选择界面，选择“XY基准平面”，进入Sketcher（草图）工作台，画出一个矩形，约束矩形左上角顶点和右下角顶点关于原点对称，约束边长为20mm，画出如图4-72所示的图形，点击“Close”退出。

③ 点击“凸台”图标，“凸台参数”中长度选择1mm，形成长方体，点击“OK”退出，见图4-73。

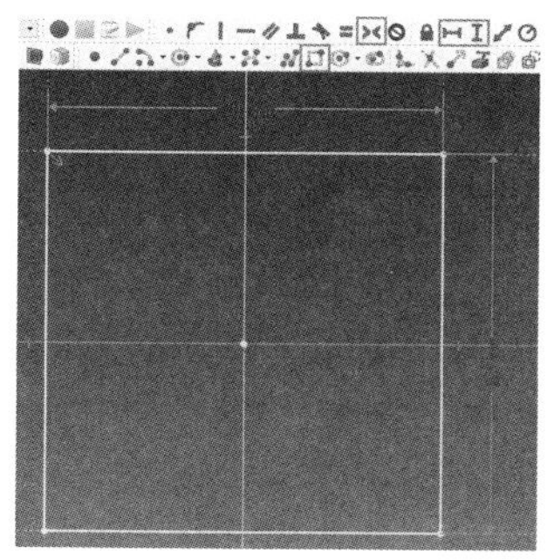

图4-72　创建第一个草图

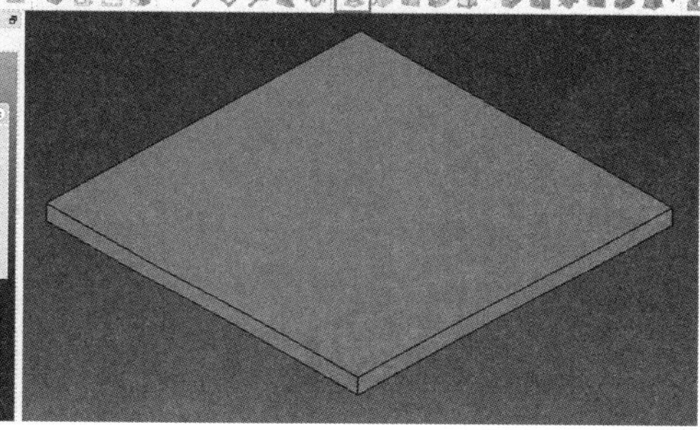

图4-73　创建凸台

④ 点击选中凸台的顶面，顶面的颜色变绿，点击“创建新草图”图标，或者点击任务栏中的“创建草图”图标创建草图，进入Sketcher（草图）工作台，此时相当于在凸台顶面绘制草图。在草图中绘制两个圆，约束半径均为1mm，约束这两个圆的圆心在竖直轴上。约束两个圆心距离原点的竖直距离分别为3mm和7mm，点击“Close”退出，见图4-74。

⑤ 点击“凹坑”图标，进入“凹槽参数”对话框，“类型”中选择“通过所有”（类型中也可选择“尺寸标注”，“长度”选择大于1mm的数值即可），点击“OK”退出，见图4-75。

⑥ 凹坑操作完成后，左侧模型模块中出现 Pocket 图标，点击该图标，则凹坑所

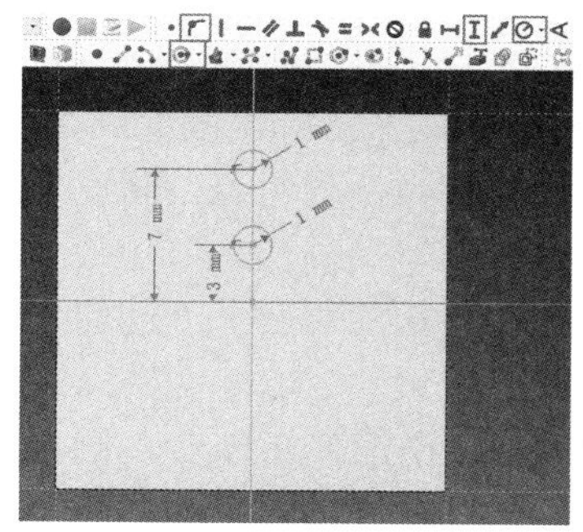

图4-74　创建第二个草图

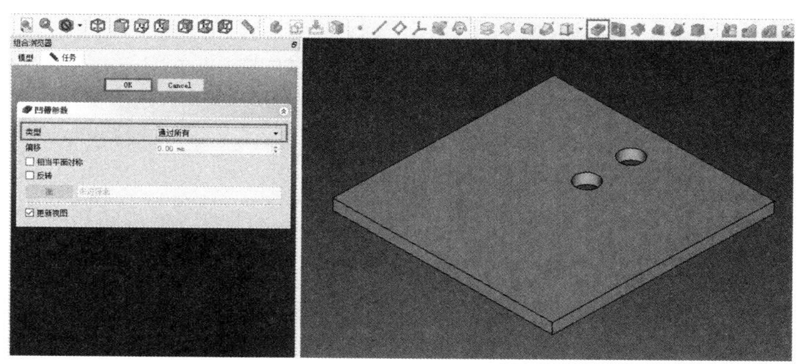

图4-75　凹坑操作

形成的实体被选中，颜色变绿，点击“环形阵列”图标，进入环形阵列操作界面（如果没有点击图标 Pocket，直接点击“环形阵列”图标，则进入选择特征界面，点击“Pocket（有效）”，再点击“OK”，也能进入环形阵列界面），“轴线”选择Z轴，或者直接在绘图区域点击Z轴，Z轴的颜色变绿，“角度”默认为360°，“出现次数”选择为8次，“变换特征消息”出现“变换成功”字样，点击“OK”退出，见图4-76。

⑦ 环形阵列操作完成后，左侧模型模块中出现图标 PolarPattern，点击该图标，则实体被选中，颜色变绿，可在此实体上进行后续操作；若此时按下空格键，则隐藏实体，再次按下空格键，则取消隐藏，实体重现；点击属性模块的“数据”按钮，可进行角度、次数的修改，见图4-77。

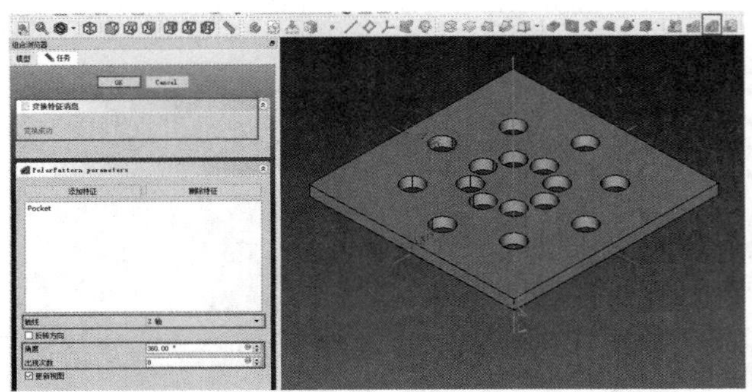

图4-76 环形阵列操作

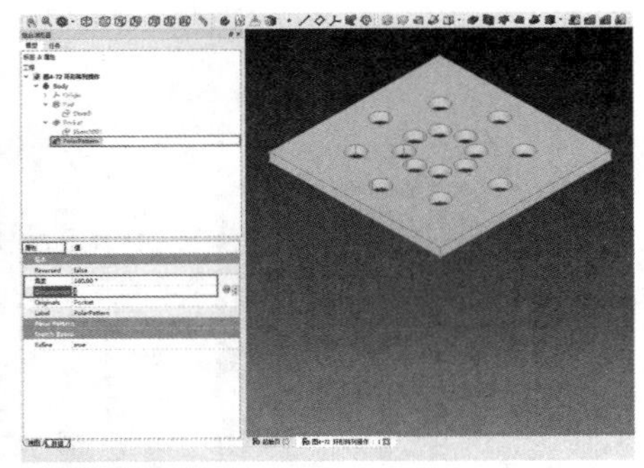

图4-77 环形阵列操作完成

注意

① 环形阵列只能基于实体中的某个特征，创建数个与其相同的特征，并不能将整个实体复制数个；若想复制数个实体，详见Draft工作台（第7章）中的阵列命令（极坐标阵列）。

② 原有特征必须与实体相交，同样，所创建的环形阵列特征也与该实体相交，如环形阵列显示为红色，则表示阵列结果错误。

③ 在第⑥步中，如果“出现次数”选择太多，比如10次，则图4-76中的内侧圆孔会相交，“变换特征消息”对话框出现 Transformed: Result has multiple solids. This is not supported at this time.，表示环形阵列操作失败。

4.2.15 多重阵列

多重阵列的图标为，可以理解为是镜像、线性阵列、环形阵列命令的组合。除此之外，还添加了缩放的功能。

① 打开FreeCAD，点击新建文件，工作台选择Part Design，任务栏中点击“创建实体”，点击任务栏“创建草图”。

② 进入草图选择界面，选择“XY基准平面”，进入Sketcher（草图）工作台，画出一个矩形，约束矩形左上角顶点和右下角顶点关于原点对称，约束边长为20mm，画出如图4-72所示的图形，点击“Close”退出。

③ 点击“凸台”图标，凸台参数中长度选择1mm，形成立方体，点击“OK”退出，见图4-73。

④ 点击选中凸台的顶面，顶面的颜色变绿，如图4-78，点击“创建新草图”图标，或者点击任务栏中的“创建草图”图标 创建草图 ，进入Sketcher（草图）工作台，此时相当于在凸台顶面绘制草图。在草图原点附近绘制一个圆，约束半径为0.5mm，约束这个圆的圆心与原点重合，点击“Close”退出，见图4-79。

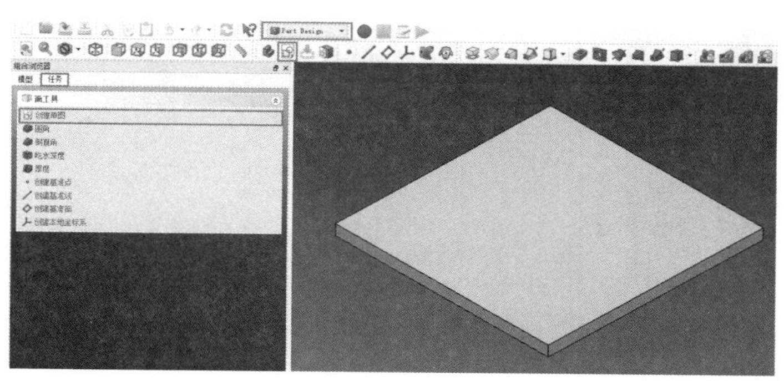

图4-78 准备在凸台顶面创建草图

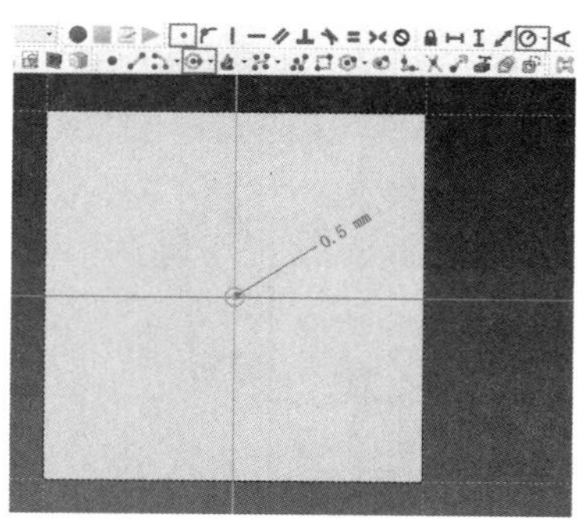

图4-79 创建的第二个草图

⑤ 点击“凹坑”图标，进入“凹槽参数”对话框，类型中选择“通过所有”（“类型”中也可选择“尺寸标注”，长度选择大于1mm的数值即可），点击“OK”退出，见图4-80。

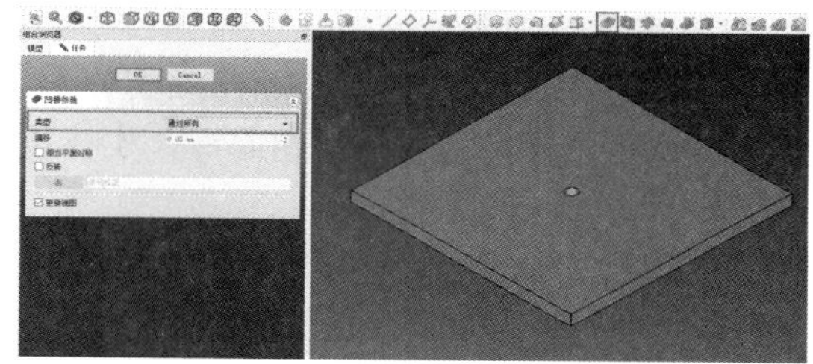

图4-80 凹坑操作

⑥ 凹坑操作完成后，左侧模型模块中出现 Pocket 图标，点击该图标，则凹坑所形成的实体被选中，颜色变绿，点击“多重阵列”图标，进入多重阵列操作界面（如果没有点击图标 Pocket ，直接点击“多重阵列”图标，则进入选择特征界面，点击“Pocket（有效）”，再点击“OK”，也能进入多重阵列界面）。

⑦ 在“变换”对话框中点击鼠标右键（注意是右键），出现多重阵列选择菜单，选择“添加线性阵列”，见图4-81。在“方向”中选择X轴，或者直接在绘图区域点击X轴，X轴的颜色变绿，“长度”中输入8mm，出现次数输入4，点击“确定”退出，见图4-82。

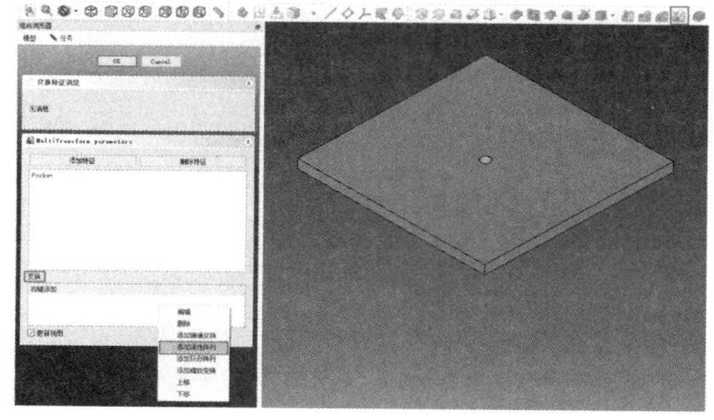

图4-81 多重阵列对话框选中择添加线性阵列

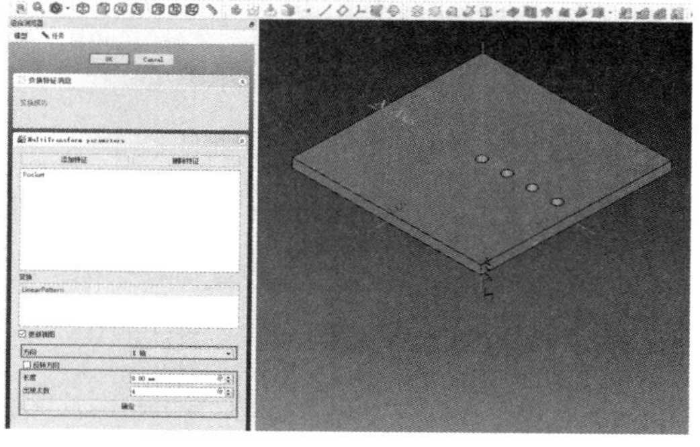

图4-82 线性阵列对话框

⑧ 在“变换”对话框中重新点击鼠标右键，出现多重阵列选择菜单，选择“添加缩放变换”，“缩放因子”默认为2，“出现次数”选择4，点击“确定”退出，见图4-83。

⑨ 在“变换”对话框中重新点击鼠标右键，出现多重阵列选择菜单，选择“添加环形阵列”，“轴线”选择Z轴，或者直接在绘图区域点击Z轴，Z轴的颜色变绿，“角度”默认为360°，“出现次数”选择10，点击“确定”退出，见图4-84，检查无误后点击“OK”退出。

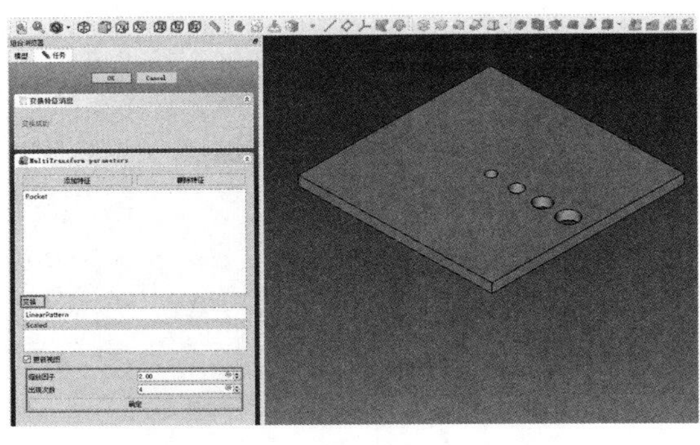

图4-83 缩放变换对话框

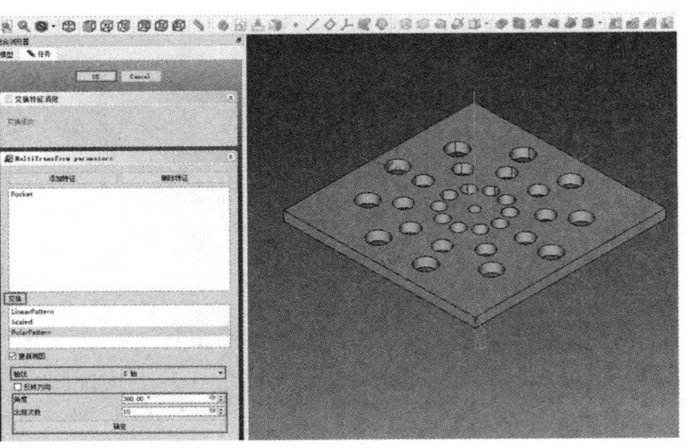

图4-84 环形阵列对话框

⑩ 多重阵列操作完成后，左侧模型模块中出现图标 MultiTransform，点击该图标，则实体被选中，颜色变绿，可在此实体上进行后续操作；若此时按下空格键，则隐藏实体，再次按下空格键，则取消隐藏，实体重现。

注意

① 如图4-85所示，在“变换”对话框中右键点击相应的阵列变换，出现多重阵列选择菜单，通过点击“上移”和“下移”可改变阵列变换的顺序，所得结果将会因阵列变换顺序的改变而改变，甚至有可能出现阵列变换后实体显示为红色，这表示操作有误。本例中将线性阵列“下移”后，所得结果见图4-85。

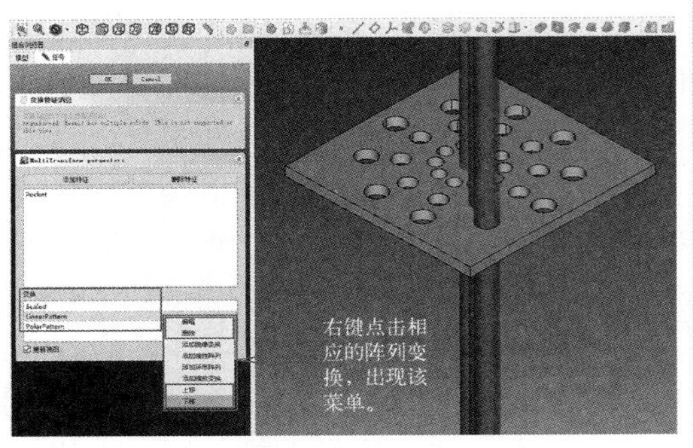

图4-85 实体显示红色表示操作有误

② 如图4-85所示，在“变换”对话框中右键点击相应的阵列变换，出现多重阵列选择菜单。点击“编辑”可对该阵列进行重新编辑，也可通过双击该阵列的方式，对其重新编辑；点击“删除”可删除该阵列变换。

③ 多重阵列变换的顺序中缩放变换最好不要放在第一步，且“出现次数”最好与上一步变换中的“出现次数”一致。本例中，第一步为线性阵列，出现次数为4次，第二步是缩放变换，出现次数也为4次。

4.2.16　倒圆角

倒圆角的图标为，作用是将实体中选定的棱边转变为光滑的圆角。倒圆角也是使用最频繁的一个命令，建议先完成三维建模的全部工作，最后再进行倒圆角的操作。

① 打开FreeCAD，点击新建文件，工作台选择Part Design，点击“增料立方体”图标，“图元参数”对话框中的长、宽、高的数值不做任何更改，均为默认值，点击“OK”退出，见图4-86。退出后如无法看见正方体，点击工具栏最左侧“显示全部”图标，则正方体可见。

② 在绘图区域中点击选中正方体的某条棱边，则选中棱边的颜色变绿，如果要选中多条棱边，则按住Ctrl。键进行多选，如图4-87中选择了三条棱边，点击倒圆角的图标，进入倒圆角操作界面。

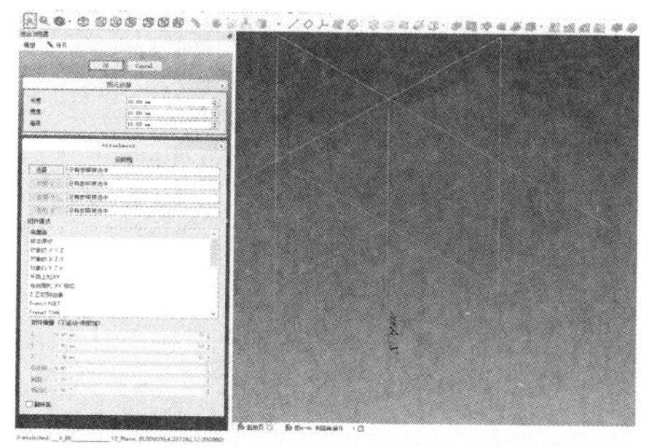

图4-86　增料立方体

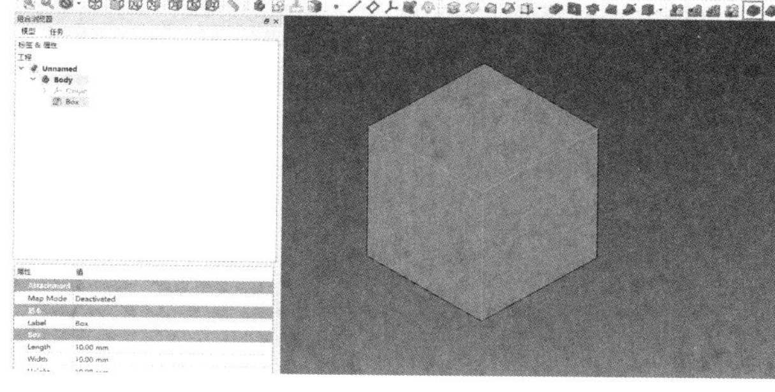

图4-87　选择棱边准备进行倒圆角操作

③ 左侧倒圆角对话框中，“半径”指的是倒圆角的半径，此例中选择默认值1mm；如需继续添加棱边进行倒圆角的操作，可点击“添加参照”按钮后，在绘图区域中点击相应的棱边，即可完成对该条棱边的倒圆角操作，不断地点击“添加参照”，不断地在绘图区域中点击相应的棱边，直到正方体所有的棱边均完成倒圆角的操作为止；实体后部的棱边可按“Shift+鼠标右键”旋转实体后再点击选中，见图4-88。

④ 如果倒圆角的棱边选择失误，需要删除该条边的倒圆角，则点击“删除参照”按钮后，在绘图区域中点击误选的棱边即可恢复原状；也可在左侧对话框中右击选择相应的平面或棱边，按下键盘“Delete”键即可；检查无误后点击“OK”退出。

⑤ 倒圆角操作完成后，左侧模型模块中出现图标 Fillet，点击该图标，则实体被选中，颜色变绿，可在此实体上进行后续操作；若此时按下空格键，则隐藏实体，再次按下空格键，则取消隐藏，实体重现；点击属性模块的“数据”按钮，可进行倒圆角半径参数的修改，见图4-89。

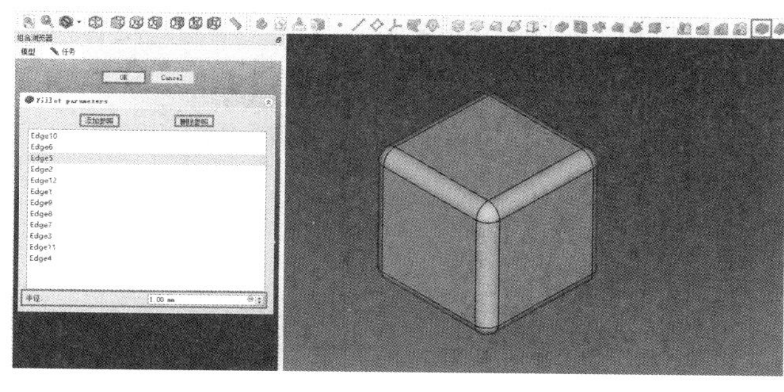

图4-88　倒圆角操作界面

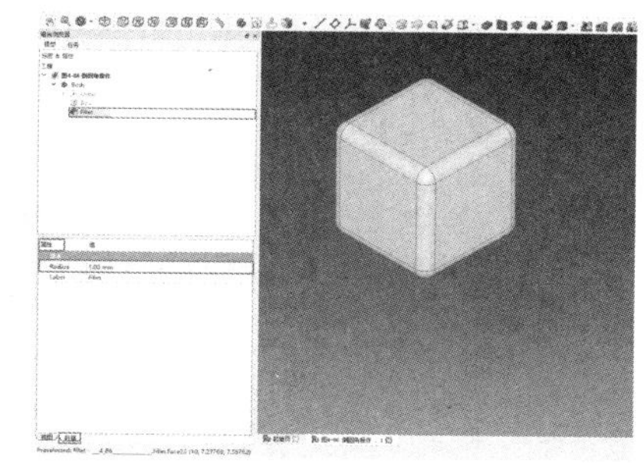

图4-89　倒圆角操作完成

注意

① 建议将倒圆角操作作为三维建模的最后一步，倒圆角操作之前应完成全部的三维建模工作，否则程序有可能出错，甚至崩溃。

② 此例中全部为先选中棱边，再进行倒圆角的操作。也可选择某个平面，平面变绿后再进行倒圆角的操作，则该平面所有的棱边均进行了倒圆角操作。

③ 无论是选择棱边进行倒圆角操作，还是选择平面进行倒圆角操作，最好一次完成全部的倒圆角操作。频繁地进行倒圆角操作有可能导致程序出错，甚至崩溃。

④ 倒圆角的半径如果设置过大，有可能导致程序无法计算。本例中，立方体的边长为10mm，对立方体同一个平面内两条平行的棱边进行倒圆角操作，则倒圆角的半径不能超过5mm，否则会出现错误提示；如果对本例中某条单一的棱边进行倒圆角操作，则倒圆角的半径不能超过10mm，否则会出现错误提示，此时倒圆角的半径可更改为9.999mm，以此来产生同样的效果。

4.2.17 倒角

倒角的图标为，作用是将实体中选定的边进行倒角操作，即以45°的平面连接两个相邻的平面。与倒圆角的操作步骤类似，建议先完成三维建模的全部工作，最后一步再进行倒角的操作。

① 打开FreeCAD，点击新建文件，工作台选择Part Design，点击“增料立方体”图标，“图元参数”对话框中的长、宽、高的数值不做任何更改，均为默认值，点击“OK”退出，见图4-86。退出后如无法看见长方体，点击工具栏最左侧“显示全部”图标，则立方体可见。

② 在绘图区域中点击选中正方体的某个平面，选中的平面颜色变绿，如果要选中多个平面，则按住Ctrl键进行多选，图4-90中选择了两个面，点击“倒角”图标或者左侧任务栏中的倒直角图标 倒直角，进入倒角操作界面。

③ 左侧倒角对话框中，“大小”指倒角的直角边，此例中选择默认值1mm；如需继续添加平面进行倒角的操作，可点击“添加参照”，在绘图区域中点击相应的平面，即可完成该平面所有棱边的倒角操作，不断地点击“添加参照”，不断地在绘图区域中点击相应的平面，直到正方体所有的平面均完成倒角的操作为止；实体后部的平面可按“Shift+鼠标右键”旋转实体后再点击选中，见图4-91。

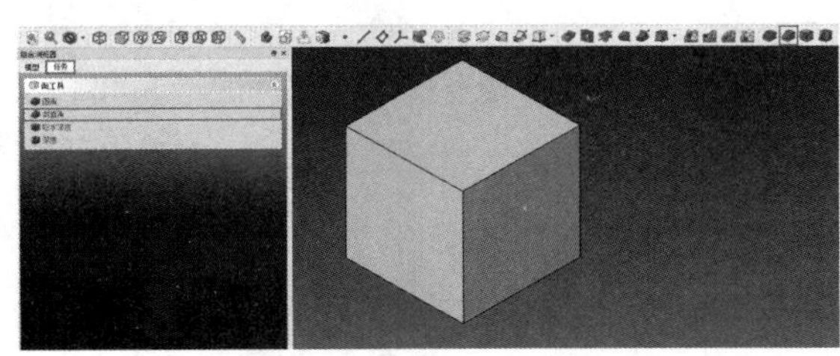

图4-90 选择两个平面进行倒角操作

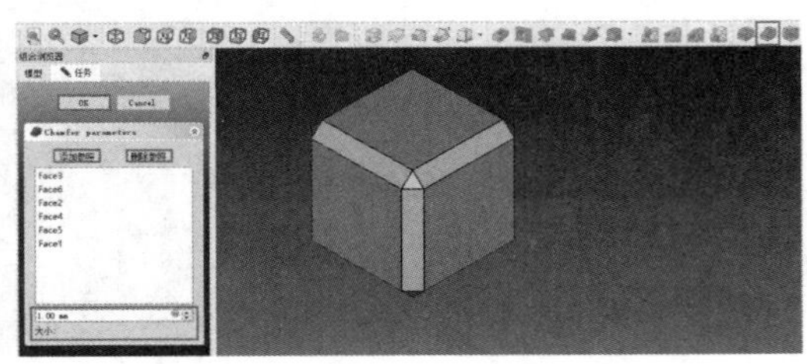

图4-91 倒角操作界面

④ 如果倒角的平面选择失误，需要删除该平面的倒角，则点击“删除参照”，在绘图区域中点击误选的平面即可恢复原状；也可在左侧对话框中右击选择相应的平面或棱边，点击“删除”即可；检查无误后点击“OK”退出。

⑤ 点击着色模式，选择“线框模式”图标，选择相应的视图（如前视图、后视图等），点击“测量距离”图标，点击倒角的其中一个端点，再点击倒角的另一个端点，则显示倒角两个端点之间的距离为1.41mm，同时在模型模块中也出现距离为1.41mm的图标 Distance: 1.41 mm，这是因为倒角的大小为1mm，是指其中一条直角边的长度，另外一条直角边的长度也为1mm，所以直角三角形的斜边即倒角的长度就是1.41mm，见图4-92。

⑥ 倒角操作完成后，点击着色模式，选择“带边着色模式”图标，视图选择轴测图，左侧模型模块中出现图标 Chamfer，点击该图标，则实体被选中，颜色变绿，可在此实体上进行后续操作；若此时按下空格键，则隐藏实体，再次按下空格键，则取消隐藏，实体重现；点击属性模块的“数据”按钮，可进行倒角参数的修改，见图4-93。

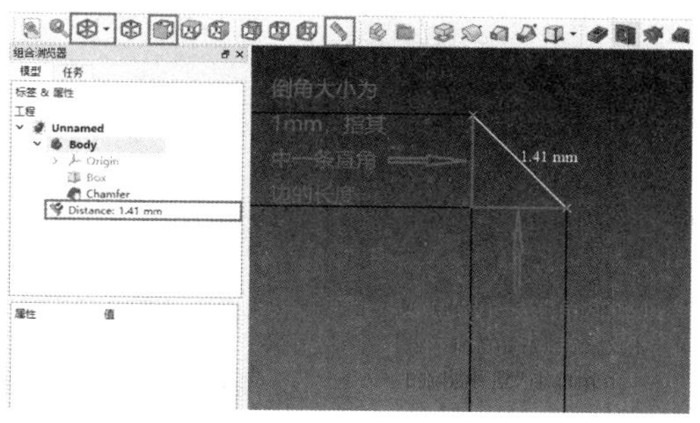

图4-92 倒角示意图

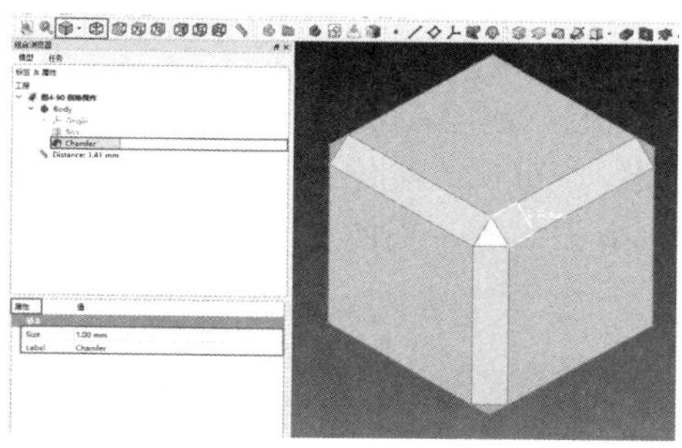

图4-93 倒角操作完成

注意

① 同倒圆角一样，建议将倒角操作作为三维建模的最后一步，倒角操作之前应完成全部的三维建模工作，否则程序有可能出错，甚至崩溃。

② 此例中全部为选中平面进行的倒角操作，也可先选择某条棱边，棱边的颜色变绿后再进行倒角操作。

③ 无论是选择棱边进行倒角，还是选择平面进行倒角，最好一次完成全部的倒角操作，频繁地进行倒角操作有可能导致程序出错，甚至崩溃。

④ 倒角的数值设置过大，有可能导致程序无法计算。本例中，立方体的边长为10mm，对某条单一的棱边进行倒角操作，则倒角的大小不能超过10mm，否则会出现错误提示，此时倒角的大小可更改为9.999mm，以此来产生同样的效果。

4.2.18 拔模

拔模的图标为，作用是在实体选定的面上创建斜角，并进行拉伸。

① 打开FreeCAD，点击新建文件，工作台选择Part Design，点击“增料立方体”图标，“图元参数”对话框中的长、宽、高的数值不做任何更改，均为默认值，点击“OK”

退出，见图4-86。退出后如无法看见长方体，点击工具栏最左侧“显示全部”图标，则立方体可见。

② 在绘图区域中点击选中正方体的某个侧面，选中的侧面颜色变绿，如果要选中多个平面，则按住Ctrl键进行多选，图4-94中选择了一个侧面，点击“拔模”图标，进入拔模操作界面。

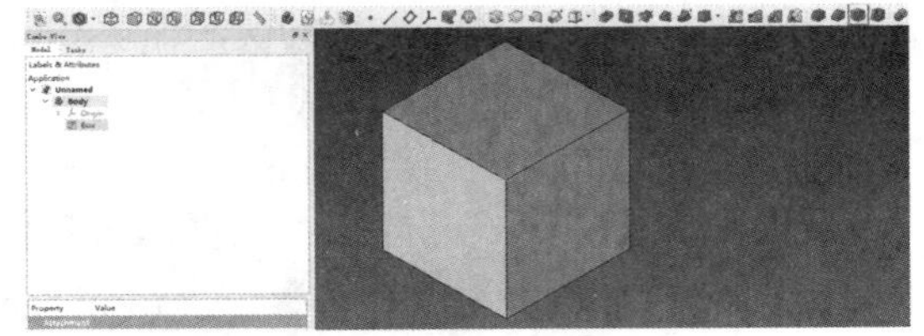

图4-94　选择侧面准备进行拔模

③ 左侧拔模对话框中，点击“添加面”按钮，在立方体中选择一个相邻的侧面，如果选择错误需要删除，则在“拔模参数”对话框中右击选择需要删除的平面，点击“删除”即可，或者在对话框中直接点击选中需要删除的平面，再按“Delete”键删除；“拔模角度”中输入45°；点击“中性面”，在立方体中选择顶面，意味着顶面的几何尺寸将保持固定不变；点击“拔模方向”，在立方体中选择竖向棱边，则拔模完成，点击“OK”退出，见图4-95。

④ 拔模操作完成后，左侧模型模块中出现图标 Draft，点击该图标，则实体被选中，颜色变绿，可在此实体上进行后续操作；若此时按下空格键，则隐藏实体，再次按下空格键，则取消隐藏，实体重现；点击属性模块的“数据”按钮，可进行拔模角度的修改，见图4-96。

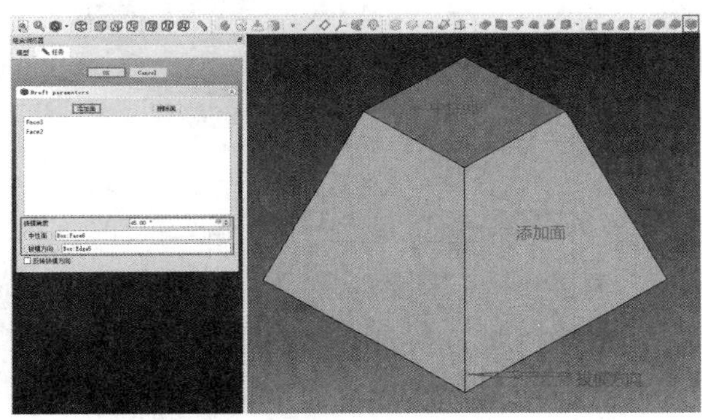

图4-95　拔模操作界面

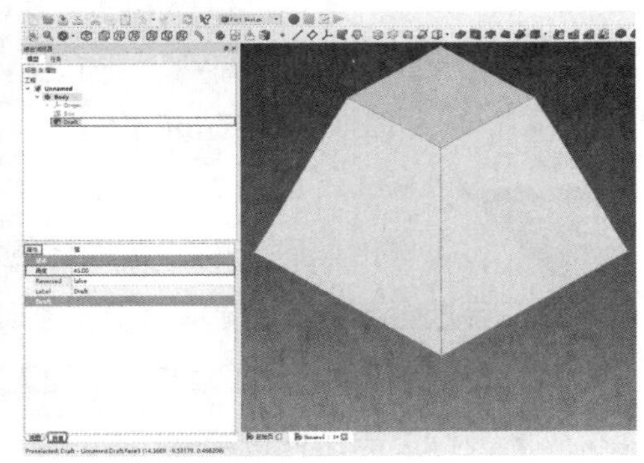

图4-96　拔模操作完成

注意

① 拔模操作之前如果进行了倒圆角或倒角操作，拔模有可能会失败，可先进行拔模操作后，再进行倒圆角或倒角操作。

②“拔模方向”选择错误，会导致拔模操作失败。

③“反转拔模方向”和“拔模方向”的联合操作，有可能会导致实体被抽壳（详见4.2.19），其结果可能无法预测，见图4-97。

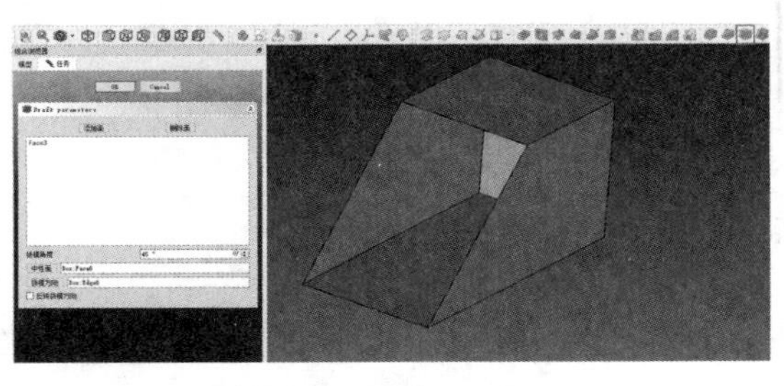

图4-97　拔模操作可能会导致实体被抽壳

4.2.19　抽壳

抽壳的图标为，可将原有实体转换为至少有一个敞开面的空心实体，空心实体的其余各边壁均保持相同的厚度，例如可将圆柱体转换为圆管，将立方体转换为方盒等。

① 打开FreeCAD，点击新建文件，工作台选择Part Design，点击“增料立方体”图标，“图元参数”对话框中的长、宽、高的数值不做任何更改，均为默认值，点击“OK”退出，见图4-86。退出后如无法看见长方体，点击工具栏最左侧“显示全部”图标，则立方体可见。

② 在绘图区域中点击选中正方体的顶面，选中的顶面颜色变绿，如果要选中多个平面，则按住Ctrl键进行多选，点击抽壳图标，进入抽壳操作界面。

③ 左侧抽壳对话框中，点击“添加面”图标，在立方体中选择一个侧面，如果选择错误需要删除，则在抽壳参数对话框中右击选择需要删除的平面，点击“删除”即可，或者在对话框中直接点击选中需要删除的平面，再按“Delete”键删除；“厚度”默认值为1mm，指空心实体其余各边壁的厚度，更改厚度值可增大或减小边壁厚度；在“接合类型”中选择“圆弧”，则表示对除敞开面以外的各棱边进行倒圆角处理，选择“交集”则表示维持原有实体的棱边；选中“厚度方向向里”，则厚度向内部延伸，不选中时，则厚度向外部延伸；点击“OK”退出，见图4-98。

④ 抽壳操作完成后，左侧模型模块中出现图标 Thickness，点击该图标，则实体被选中，颜色变绿，可在此实体上进行后续操作；若此时按下空格键，则隐藏实体，再次按下空格键，则取消隐藏，实体重现；点击属性模块的“数据”按钮，可对边壁的厚度值进行修改。

⑤ 如果第①步中点击“增料圆柱体”图标，选中圆柱体的顶面和底面（按“Shift+鼠标右键”旋转实体，按住Ctrl键进行多个平面的选择），则顶面和底面的颜色变绿，点击“抽壳”图标，则圆柱转换为圆管，见图4-99。

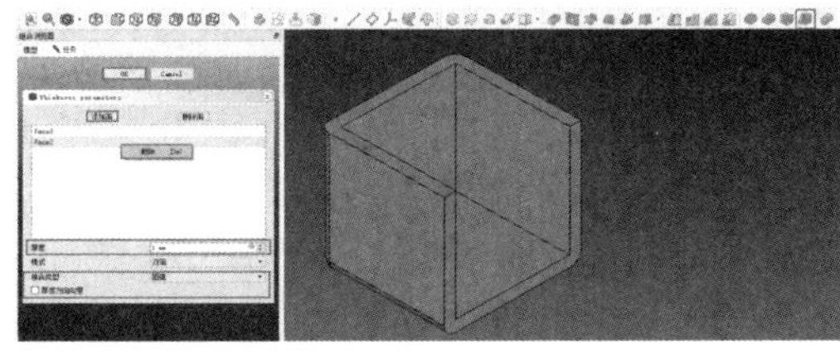

图4-98　抽壳操作界面

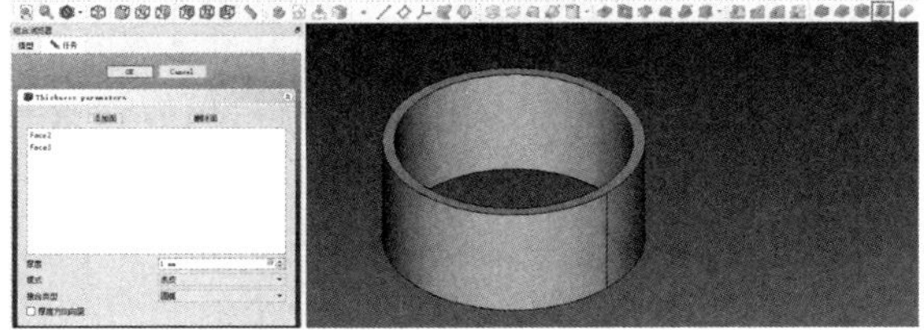

图4-99　圆柱体通过抽壳转变为圆管

注意

① 必须先选中至少一个平面，才能进行抽壳操作。

② 选中“厚度方向向里”时，则厚度值不能太大，否则会报错。本例中，正方体边长为10mm，选中“厚度方向向里”，当厚度值大于5.1mm时，点击“OK”，程序提示“输入错误”。

③ 选中“厚度方向向里”时，在“接合类型”中无论选择“圆弧”还是“交集”，一律按“交集”处理，即不进行倒圆角操作。

④ 实体形状过于复杂时，有可能会导致抽壳操作失败。

4.2.20 布尔运算

布尔运算的图标为，可对多个实体进行并集、交集和差集的操作，并将操作结果导入到激活的实体当中。

① 打开FreeCAD，点击新建文件，工作台选择Part Design，任务栏中点击“创建实体”，点击任务栏“创建草图”。

② 进入草图选择界面，选择“XY基准平面”，进入Sketcher（草图）工作台，画出一个圆，约束圆心与原点重合，约束半径为10mm，画出如图4-100所示的图形，点击“Close”退出。

③ 点击“凸台”图标，长度选择10mm，选中“相当平面对称”，点击“OK”退出，见图4-101。

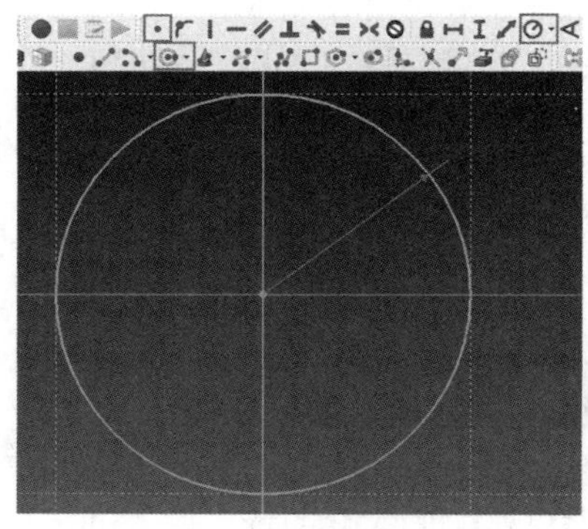

图4-100 第一个草图（XY基准平面）

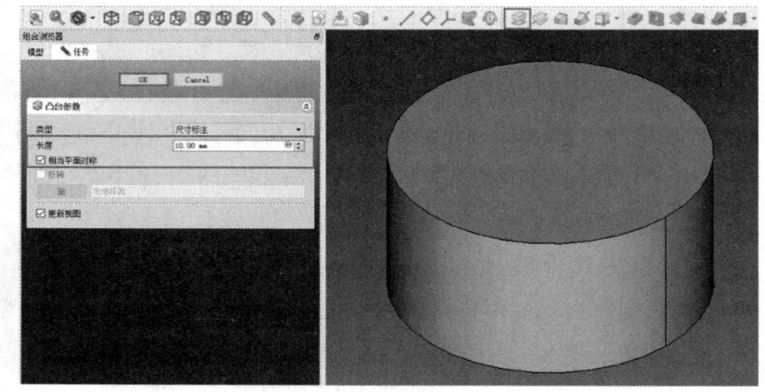

图4-101 第一个凸台操作界面

④ 点击“创建实体”，点击任务栏“创建草图”，进入草图选择界面，选择“XZ基准平面”，进入第二个草图界面，点击着色模式，选择“线框模式”图标，此时圆柱体的表面消失，画出一个圆，约束圆心与原点重合，约束半径为10mm，即第二个草图与第一个草图（图4-100）的图形相似，点击“Close”退出。

⑤ 点击“凸台”图标，长度选择10mm，选中“相当平面对称”，点击“OK”退出，即第二个凸台的操作与第一个的凸台操作相似，见图4-102。

⑥ 点击“创建实体”，点击任务栏“创建草图”，进入草图选择界面，选择“YZ基准平面”，进入第三个草图界面，画出一个圆，约束圆心与原点重合，约束半径为10mm，即第三个草图与第一、二个草图（图4-100）的图形相似，点击“Close”退出。

⑦ 点击“凸台”图标，长度选择10mm，选中“相当平面对称”，点击“OK”退出，即第三个凸台的操作与第一、二个凸台的操作相似；点击模型模块，可见3个实体（分别为Body、Body001和Body002），每个实体下面均有一个Pad（分别为Pad、Pad001和Pad002）；点击着色模式，选择“带边着色”图标，见图4-103；右键点击Body图标，选择“切换活动实体”，此时Body为激活实体。

⑧ 点击“布尔运算”图标，进入“布尔参数”对话框，对话框中的“求和”和“求差”翻译错误，应为“添加实体”和“删除实体”。点击“添加实体”，则绘图区域中的激活实体（Body）自动消失，只剩下未激活的实体（Body001和Body002），点击任意一个未激活实体的任意一点，则该未激活实体被选入“布尔参数”对话框；继续点击“添

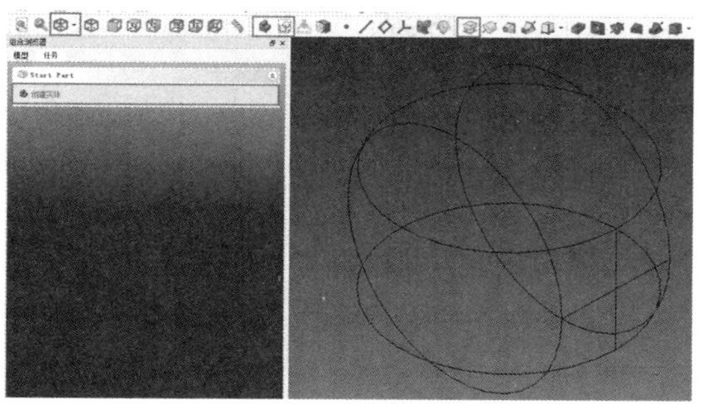

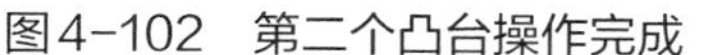

图4-102　第二个凸台操作完成

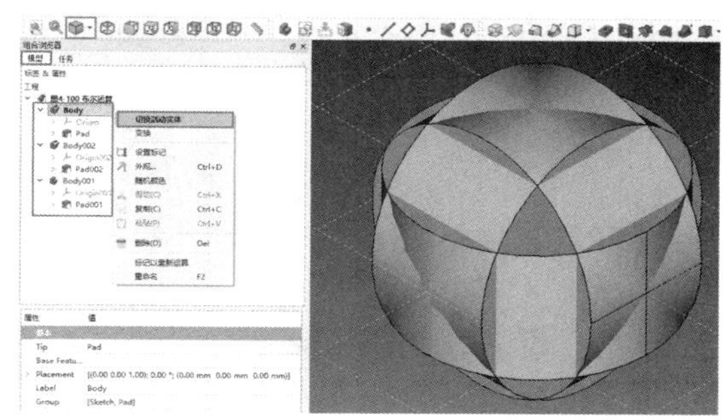

图4-103　第三个凸台操作完成

加实体”，则绘图区域中选入“布尔参数”对话框的实体也自动消失，只剩最后一个未激活实体以供选择，点击该未激活实体的任意一点，则该未激活实体也被选入“布尔参数”对话框，见图4-104。

⑨ 点击“布尔参数”对话框下方的下拉箭头，“结合”指的是并集，“剪切”指的是差集，“交集”指的是公共部分，选择“交集”，点击“OK”退出。

⑩ 布尔运算完成后，可见这三个圆柱体的交集为正方体，见图4-105；左侧模型模块中出现图标 Boolean，点击该图标左侧箭头可见两个未激活实体（Body001和Body002），同时可看到图标位于激活实体Body之下，意味着布尔运算结果已导入到活动实体Body当中；点击实体Body，则实体被选中，颜色变绿，可在此实体上进行后续操作；若此时按下空格键，则隐藏实体，再次按下空格键，则取消隐藏，实体重现。

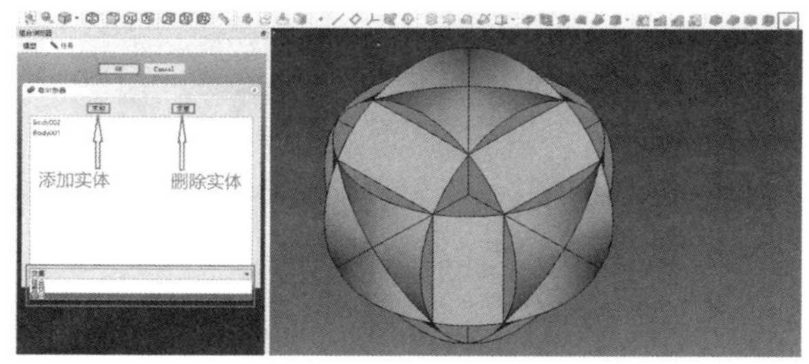

图4-104　布尔运算操作界面

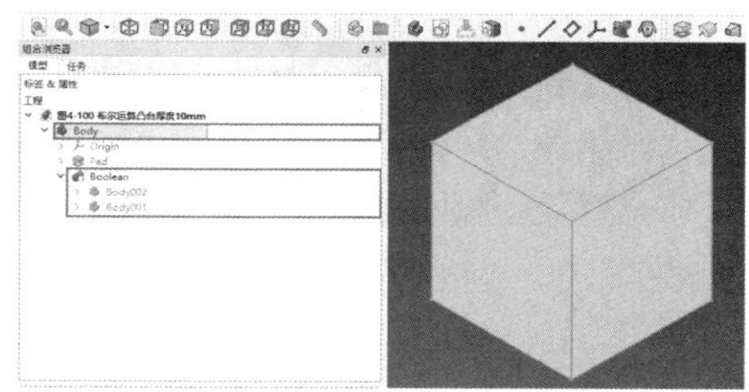

图4-105　布尔运算完成

注意

① 进行布尔运算之前要先激活一个实体，该实体将作为接收布尔运算结果的主体。

② 各个实体之间必须相交，否则无法进行并集、交集和差集的计算。

③ 图4-104中，如果添加实体有误，则在“布尔参数”对话框中右击选择需要删除的实体，点击“删除”即可，或者在对话框中直接点击选中需要删除的实体，再按“Delete”键删除。

4.3 帮助工具栏

帮助工具栏中第一个命令“创建并激活一个新的可编辑实体”及第二个命令“创建新草图”已在实例中应用多次，在此不再赘述，其余命令按照先后顺序逐一讲解。

4.3.1 编辑选定的草图

编辑选定的草图的图标为，作用为在模型模块中点击选中草图，再点击该命令以允许重新进入草图并进行编辑，该命令也可用双击模型模块中草图图标的方式予以替代。

① 打开FreeCAD，点击新建文件，工作台选择Part Design，任务栏中点击“创建实体”，点击任务栏“创建草图”。

② 进入草图选择界面，选择“XY基准平面”，进入第一个草图界面，画出一个矩形，约束长和宽均为10mm，约束左上角和右下角关于原点对称，画出如图4-106所示的图形，点击“Close”退出。

③ 点击“凸台”图标，“长度”选择10mm，点击“OK”退出，见图4-107。

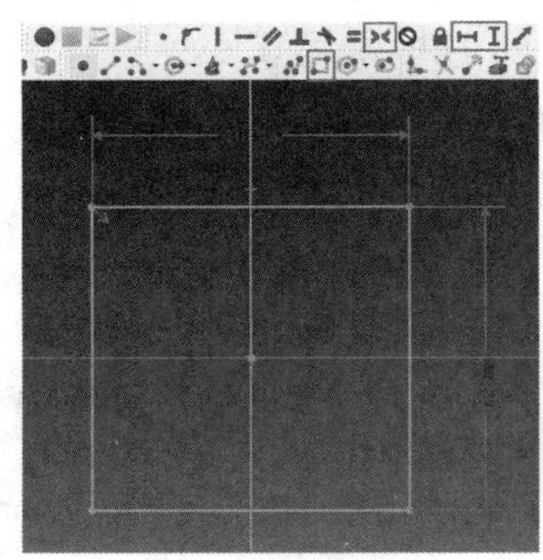

图4-106 画出的第一个草图

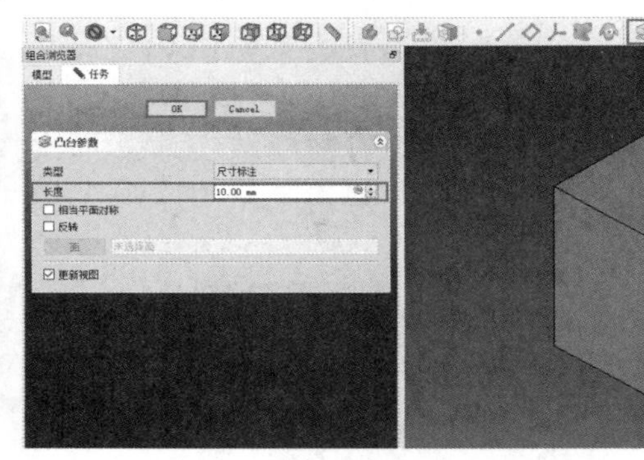

图4-107 凸台操作

④ 点击立方体顶面，顶面的颜色变绿，再点击工具栏“创建新草图”图标，或者点击左侧任务栏“创建草图”图标创建草图，创建第二个草图；在立方体表面画一个圆，约束圆心与原点重合，约束圆的半径为4mm，见图4-108，点击“Close”退出。

⑤ 点击组合浏览器中的模型模块，点击“Pad”左侧的小箭头，出现草图Sketch和Sketch001两个草图图标，见图4-109，选中其中任意一个草图，点击“编辑选定的草图”

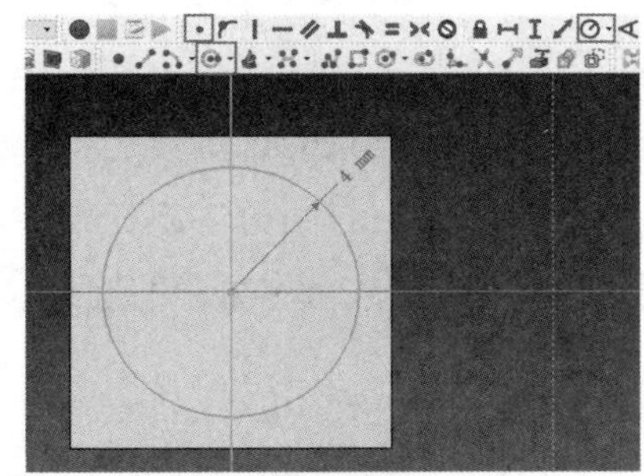

图4-108 立方体顶面的圆

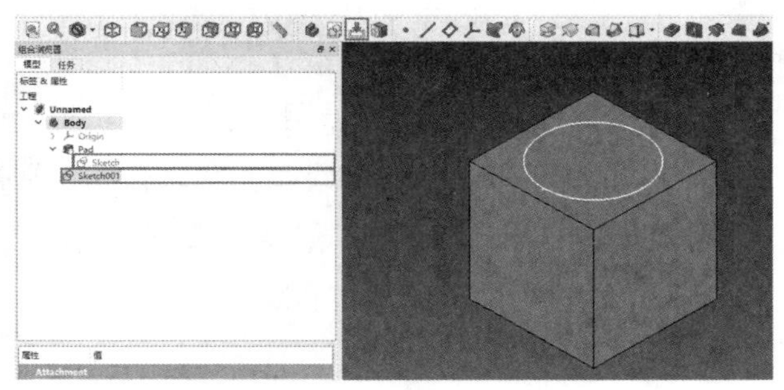

图4-109 编辑选定的草图

按钮，则重新进入Sketcher（草图）工作台，或者双击其中任意一个草图，也可进入Sketcher（草图）工作台，重新进行编辑。

4.3.2 映射草图至实体表面

映射草图至实体表面的图标为，该命令允许将“XY基准平面”“XZ基准平面”和“YZ基准平面”的草图移动到实体选定的表面上，也可将实体其他表面上的草图移动到选定的表面上。

① 打开FreeCAD，点击新建文件，工作台选择Part Design，任务栏中点击“创建实体”，点击任务栏“创建草图”。

② 进入草图选择界面，选择“XY基准平面”，进入Sketcher（草图）工作台，画出一个矩形，约束长和宽均为10mm，约束左上角和右下角关于原点对称，画出如图4-106所示的图形，点击“Close”退出。

③ 点击“凸台”图标，“长度”选择10mm，点击“OK”退出，见图4-107。

④ 点击着色模式，选择“线框模式”图标，此时立方体的表面消失，再点击工具栏“创建新草图”图标，或者点击左侧任务栏“创建草图”图标 创建草图，进入草图选择界面，选择“XY基准平面”，进入第二个草图界面，画一个圆，约束圆心与原点重合，约束圆的半径为2mm，见图4-110，在立方体的底面完成第二个草图的创建，点击“Close”退出。

⑤ 点击着色模式，选择“带边着色模式”图标，点击立方体侧面，侧面的颜色变绿，再点击工具栏“创建新草图”图标，创建第三个草图，在立方体侧面画一个圆，约束圆心在竖直轴上，约束圆心与原点的竖直距离为5mm，约束圆的半径为4mm，见图4-111，在立方体侧面完成第三个草图的创建，点击“Close”退出。

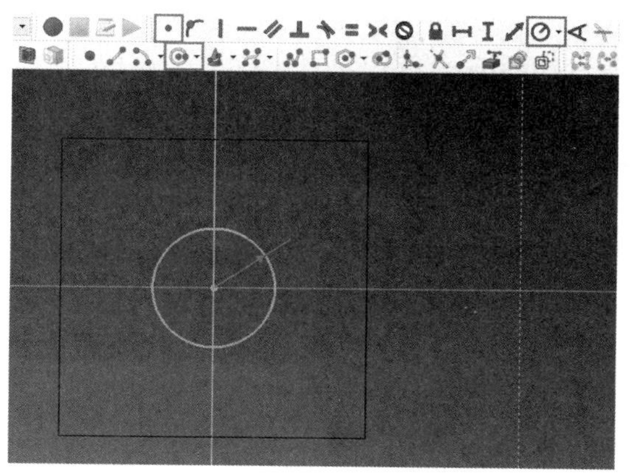

图4-110 创建的第二个草图

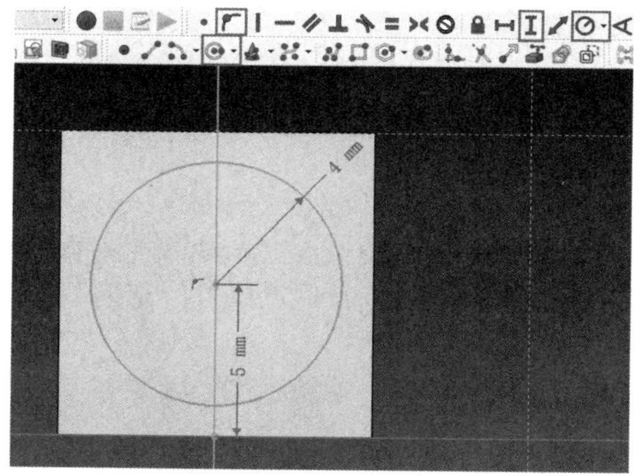

图4-111 创建的第三个草图

⑥ 点击着色模式，选择“线框模式”图标，见图4-112，左侧模型模块中有三个草图，Sketch用于凸台拉伸构成了Pad，Sketch001位于立方体底部，Sketch002位于立方体侧面；点击着色模式，选择“带边着色模式”图标，点击立方体顶面，顶面的颜色变绿，点击“映射草图至实体表面”按钮“”，分别选择Sketch001和Sketch002，见图4-113，选择“Flatface（当前）”（建议），则完成草图Sketch001和Sketch002的移动，此时

立方体顶面有两个草图，分别为Sketch001和Sketch002，见图4-114；在左侧模型模块中双击其中的草图图标，则可进入相应的草图进行编辑修改。

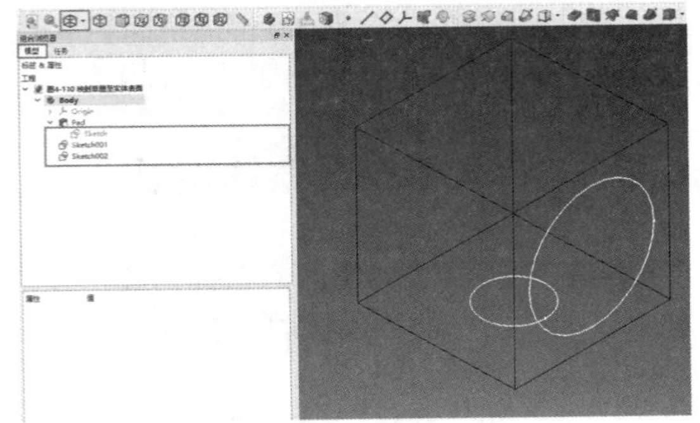
图4-112　模型模块中共有三个草图

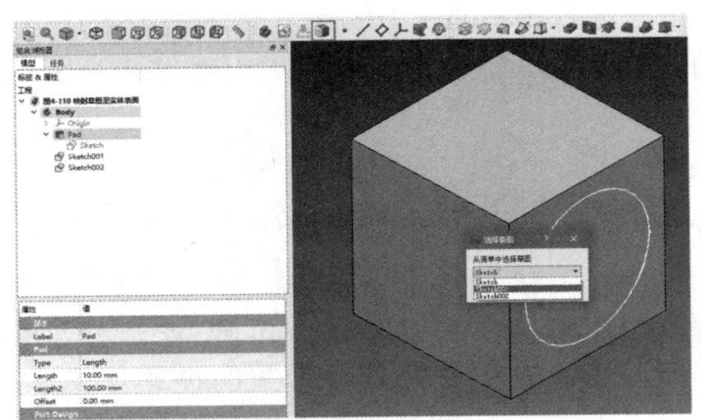
图4-113　映射草图至实体表面

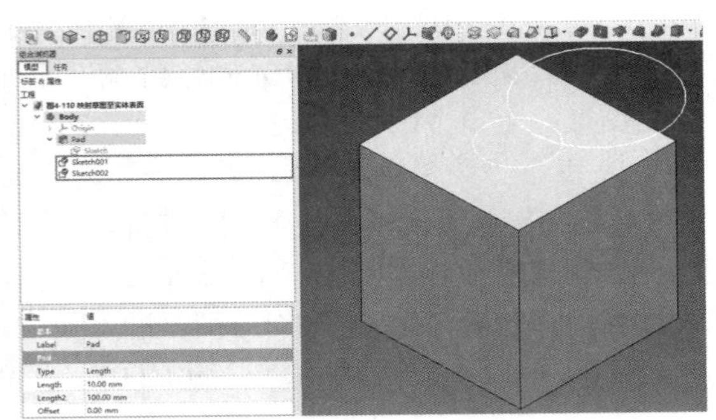
图4-114　映射草图至实体表面操作完成

4.3.3 创建新基准点

创建新基准点的图标为•，新基准点可为草图或者基本几何体（如立方体、球体等）提供参考点。

① 打开FreeCAD，点击新建文件，工作台选择Part Design，点击“增料立方体”图标，点击“OK”退出。

② 点击着色模式，选择“线框模式”图标，此时立方体的表面消失，只见外部框线；点击“创建新基准点”图标•，默认情况下，基准点位于立方体顶点位置，见图4-115。

③ 在绘图区域中点击立方体底面的某条棱边，该棱边的颜色变绿，点击“质心”，则基准点移至该棱边的中点位置，见图4-116；点击在底面中与该棱边平行的另一条棱边，

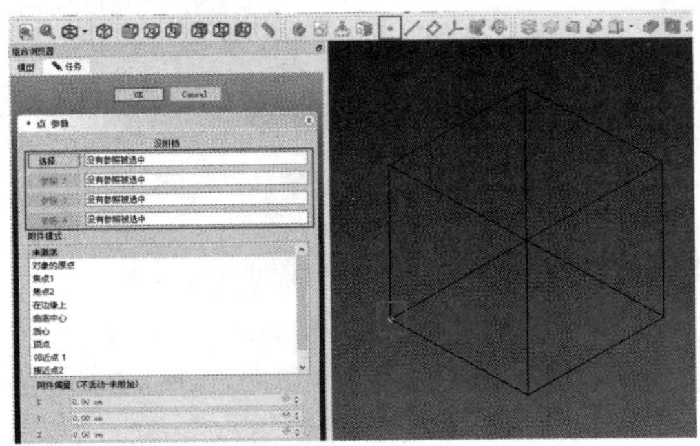
图4-115　基准点默认位置

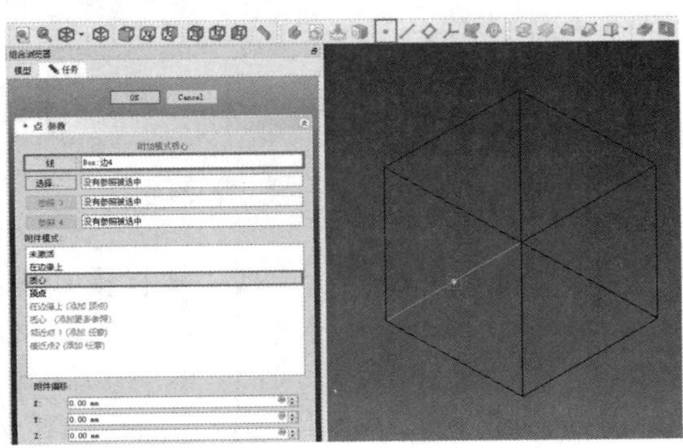
图4-116　基准点移动至棱边中点

则新基准点移至底面的中心位置，见图4-117；点击立方体顶面的任意一条棱边，则基准点的位置又发生改变，见图4-118；点击顶面中与上条棱边相平行的棱边，则新基准点移至立方体的中心位置，见图4-119；可用“Shift+鼠标右键”从任意角度观察基准点与立方体的位置关系，点击“OK”退出。

④ 操作完成后，左侧模型模块出现图标 DatumPoint，点击选中该图标，点击属性模块的“数据”按钮，双击“Attachment Offset/位置”，输入x、y、z的值可重新确定基准点的空间位置，见图4-120。

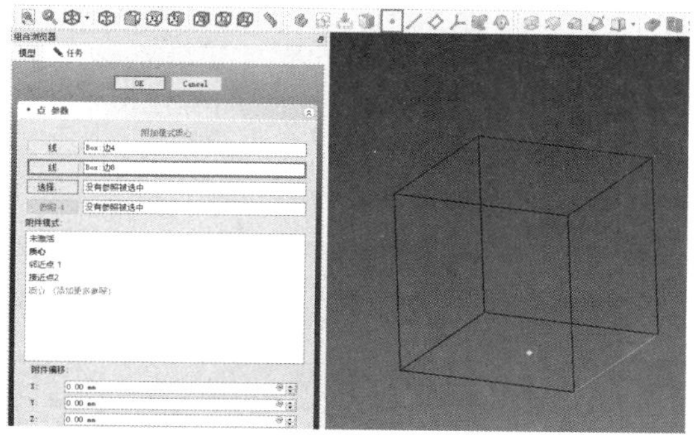

图4-117　基准点移动至底面中心

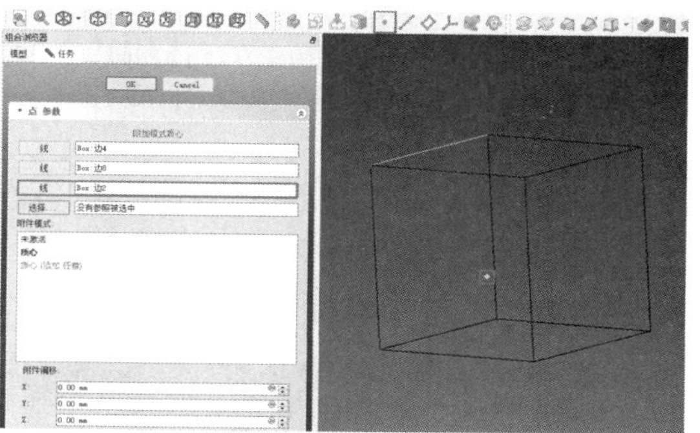

图4-118　基准点位置发生改变

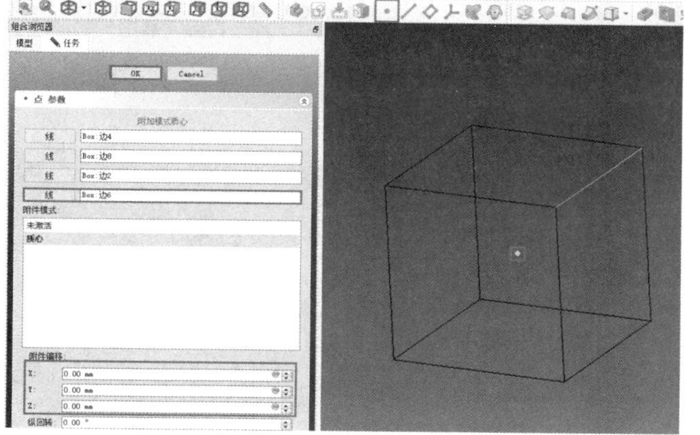

图4-119　基准点移动至立方体中心

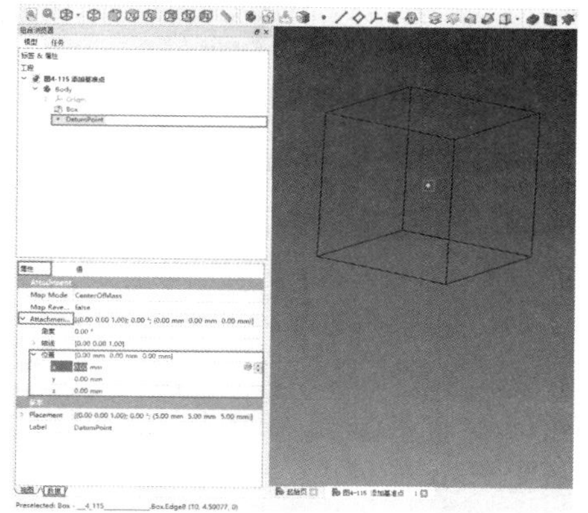

图4-120　基准点创建完成

注意

① “点参数”对话框中共有4个参照按钮，见图4-115，添加参照时，如果按钮显示为“参照”，应点击“参照”按钮，则“参照”按钮就更改为“选择”按钮，这时才能在绘图区域选择相应的棱边或顶点，依次添加参照，直到4个参照全部添满为止，见图4-119。

② 通过更改“附件偏移”对话框中X、Y、Z的值也可重新确定基准点的空间位置，见图4-119。

③ 基准点不能作为放样或扫略的几何图形。

4.3.4 创建新基准线

创建新基准线的图标为，新基准线可以作为草图或者基本几何体（如立方体、球体等）的参考线，例如可作为旋转（增料或者减料）的旋转轴。

① 打开FreeCAD，点击新建文件，工作台选择Part Design，点击“增料立方体”图标，点击“OK”退出。

② 点击着色模式，选择“线框模式”图标，此时立方体的表面消失，只见外部框线；点击“创建新基准线”图标，默认情况下，基准线与立方体某一棱边重合，见图4-121。

③ 在绘图区域中点击立方体的某个顶点，作为立方体对角线的其中一个端点，再点击对角线的另一个顶点，则基准线穿过这两个点，与体对角线重合，见图4-122，点击“OK”退出。

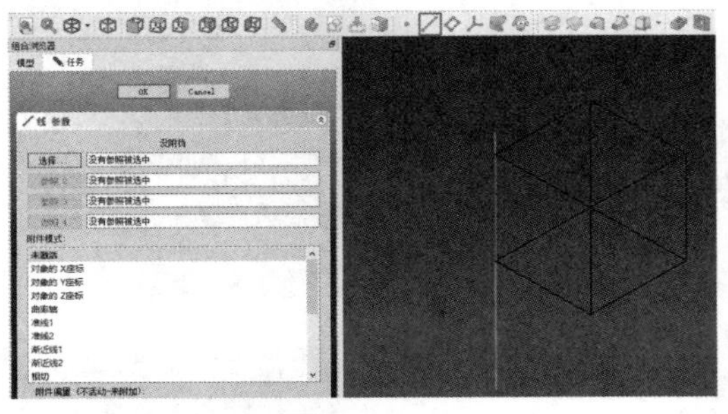

图4-121 基准线默认位置

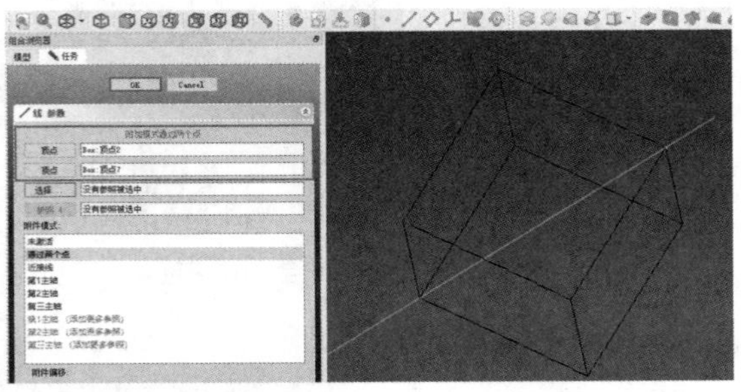

图4-122 基准线可作为立方体的对角线

④ 再次点击“创建新基准线”图标，重复第③步，在绘图区域中点击立方体另一条对角线的两个端点，两条基准线的交点即为立方体的中心，见图4-123，用“Shift+鼠标右键”可从任意角度观察基准线与立方体的位置关系，点击“OK”退出。

⑤ 操作完成后，左侧模型模块出现图标 DatumLine，点击选中该图标，点击属性模块的“数据”按钮，双击“Attachment Offset位置、角度及轴线”，输入x、y、z的值、角度和轴线，可重新确定基准线的空间位置。

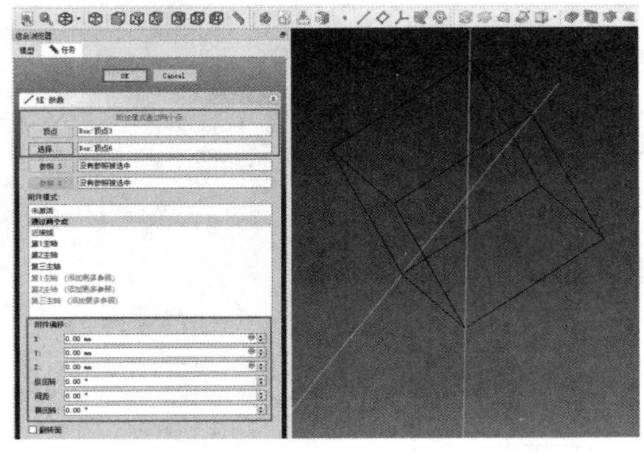

图4-123 两条对角线可确定立方体的中心

注意

①“线参数”对话框中也有4个参照按钮，添加参照时，如果按钮显示为“参照”，请点击“参照”按钮，则“参照”按钮就更改为“选择”按钮，这时才能在绘图区域选择相应的棱边或顶点。

② 更改“附件偏移”对话框中X、Y、Z的值，同时更改“纵回转”“间

距”“横回转”角度值可重新确定基准线的空间位置。X、Y、Z的值为局部坐标系中的值，而不是世界坐标系中的值。“纵回转”指基准线沿局部坐标系Z轴旋转的角度，“间距”指基准线沿局部坐标系Y轴旋转的角度，“横回转”指基准线沿局部坐标系X轴旋转的角度，见图4-123，局部坐标系内容参考第4章4.3.6。

4.3.5　创建新基准面

创建新基准面的图标为◇，新基准面可以作为草图或者其他基本几何体（如立方体、球体等）的参考面，也可将草图附着于新基准面上并进行编辑，这也是在曲面上创建草图的主要方法。

① 打开FreeCAD，点击新建文件，工作台选择Part Design，点击“增料圆柱体”图标，点击“OK”退出。

② 选中圆柱体顶面，则顶面的颜色变绿，点击“创建新基准面”图标◇，则新基准面位于圆柱体顶面，见图4-124。

③ 更改“间距”和“横回转”角度值为90°，则新基准面垂直于顶面，点击“OK”退出。

④ 左侧模型模块中出现图标◇ DatumPlane，点击选中该图标，则基准面的颜色变绿，见图4-125，再点击工具栏“创建新草图”图标，进入Sketcher（草图）工作台；点击着色模式，选择“线框模式”图标，此时圆柱体的表面消失，只见外部框线。

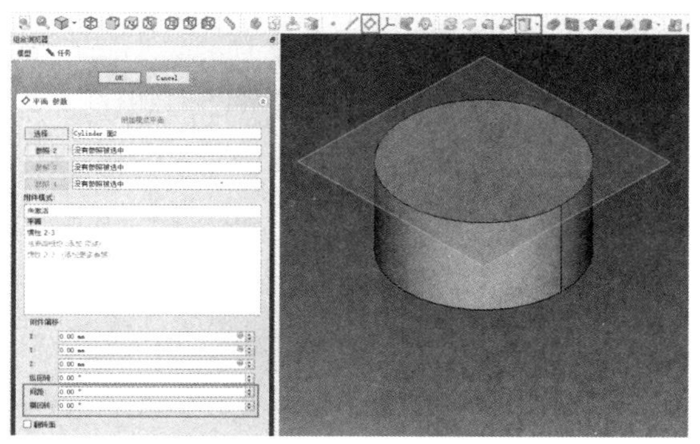

图4-124　创建新基准面

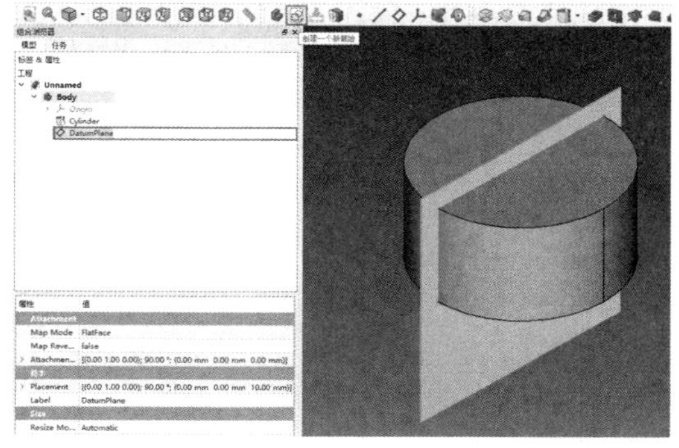

图4-125　准备在新基准面上创建草图

⑤ 画出一个矩形，约束左侧两个顶点关于水平轴对称，约束矩形的边长均为5mm，约束左侧顶点与原点的距离为2mm，见图4-126，点击“Close”退出。

⑥ 选中图标◇ DatumPlane并按下空格键，将新基准面隐藏；点击“凹坑”图标，“长度”选择20mm，并选中“相当平面对称”，见图4-127，点击“OK”退出。

⑦ 凹坑操作完成后，点击着色模式，选择“带边着色模式”图标，可见圆柱体侧面被切割出一个方孔。

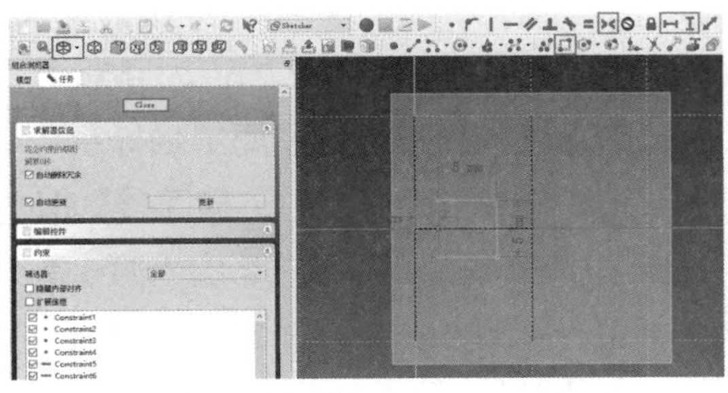

图4-126　在新基准面上创建的草图

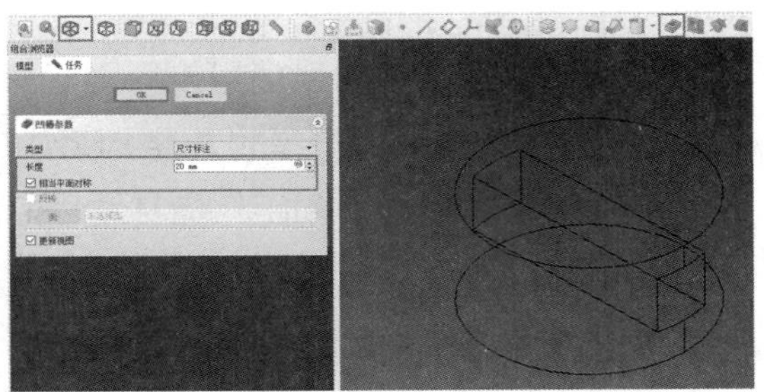

图4-127　在圆柱体侧面创建凹坑

注意

①此例为在曲面上进行三维操作的经典方法，概括如下：在曲面实体上新建基准面，并调整到合适的位置，选中新基准面并在此基准面上创建草图，通过草图中所绘制的图形，在实体的曲面上进行三维操作，如凹坑或凸台等。

②图4-125中，双击模型模块中的“DatumPlane”图标，或右击并选择“编辑基准”，可重新对新基准面的位置进行调整。

4.3.6　创建局部坐标系

创建局部坐标系的图标为，该命令可帮助识别实体在三维空间中的方向，也可为基本几何体（如立方体、球体等）在三维空间中的定位提供参考。

①打开4.3.4节中创建新基准线的FreeCAD文件，工作台选择Part Design，点击着色模式，选择“线框模式”图标，此时立方体的表面消失，只见外部框线和两条参考线，见图4-128。

②点击“创建局部坐标系”图标，则局部坐标系位于立方体某个顶点，其中红色线条为X轴方向，绿色线条为Y轴方向，蓝色线条为Z轴方向；在绘图区域点击正方体的任意一条棱边或者顶点，则软件自动选中一种最可能的局部坐标系，也可在附件模式中更改其他的选项，点击“OK”可退出，见图4-129。

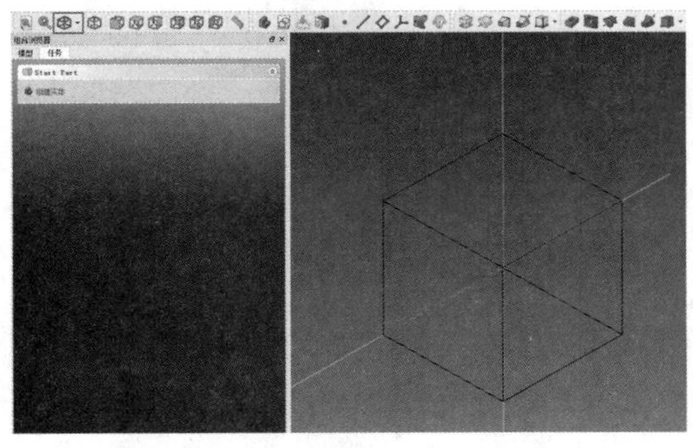

图4-128　打开创建新基准线文件

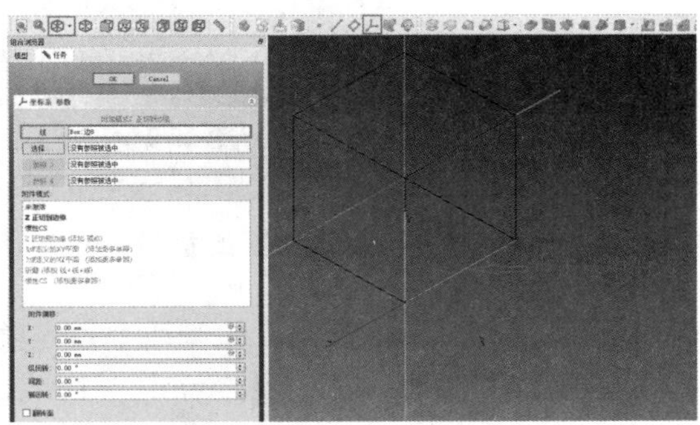

图4-129　创建局部坐标系界面

③更改“附件偏移”的Z值为3mm，可见局部坐标系向Z方向（世界坐标系中Y的负方向）移动了3mm，见图4-130；更改“附件偏移”的Y值，局部坐标系将向Y方向

（世界坐标系中的Z方向）移动；更改“附件偏移”的X值，局部坐标系将向X方向（世界坐标系中的X方向）移动。

④ 更改“附件偏移”的“纵回转”值为30°，可见局部坐标系沿Z轴（世界坐标系中的Y轴）旋转了30°，见图4-131；更改“间距”的角度值，局部坐标系将沿Y轴（世界坐标系中的Z轴）旋转；更改“横回转”的角度值，局部坐标系将沿X轴（世界坐标系中X轴）旋转；点击“OK”退出。

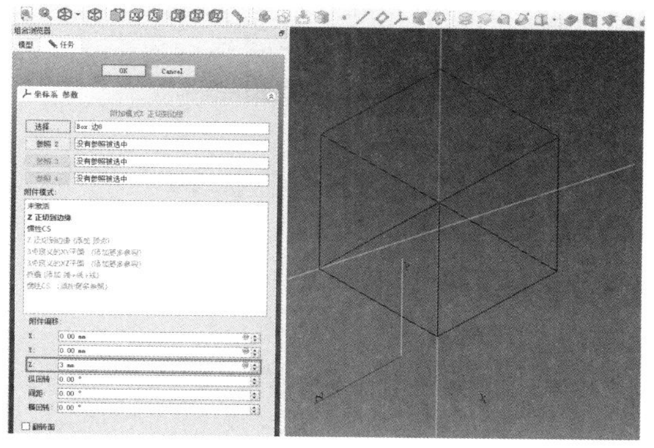

图4-130　更改附件偏移的Z值为3mm

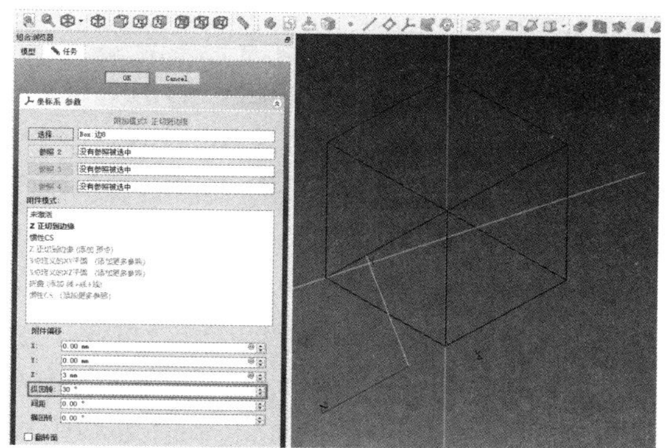

图4-131　更改纵回转角度值为30°

⑤ 退出后，左侧模型模块出现图标 Local_CS，双击该图标，或右击并选择“编辑基准”，可重新对局部坐标系进行编辑。

注意

① 此例中局部坐标系与世界坐标系不同，但通过调整“附件偏移”中的Z值为0mm，“横回转”的角度值为-90°，也可将局部坐标系调整为与世界坐标系相同的位置。

② 局部坐标系是以物体为坐标原点，局部坐标系的“附件偏移”操作都是围绕局部坐标系进行的，当物体模型进行旋转或平移等操作时，局部坐标系也执行相应的旋转或平移操作。

③ 世界坐标系是系统的绝对坐标系，在没有建立局部坐标系之前，所有点都是根据与世界坐标系中原点的相对位置来确定各自的坐标，绘图期间原点和坐标轴保持不变。

4.3.7　创建新图形面

创建新图形面的图标为，该命令可将已有实体上的某些特征（如点、线、面）复制到一个新的、激活的实体中，在新的实体中这些特征以半透明的黄颜色显示。

① 打开FreeCAD，点击新建文件，工作台选择Part Design，点击“增料圆柱体”图标，点击“OK”退出，左侧模型模块中出现“Body”图标。

② 点击“创建并激活一个新的可编辑实体”图标，左侧模型模块中出现“Body001”图标，见图4-132，点击“创建新图形面”图标，进入创建新图形面界面。

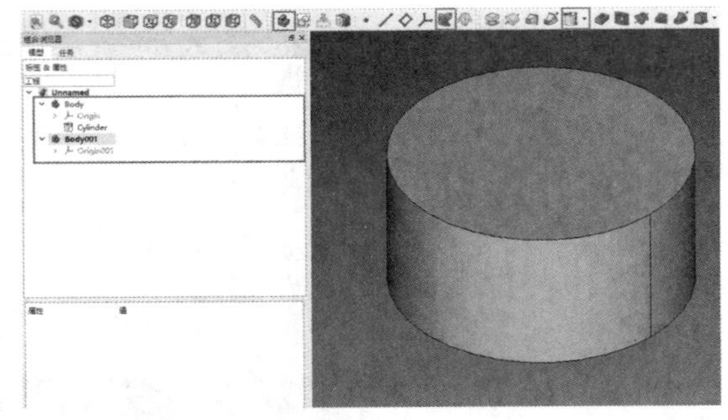
图4-132 创建已有实体和新实体

③ 点击“基准图形参数”对话框中“对象”按钮，在绘图区域中点击圆柱体任意一点，则圆柱体变为浅黄色，表示选中圆柱体作为已有实体；点击“添加几何图形”按钮，在绘图区域中选择圆柱体顶面，“基准图形参数”对话框中出现相应的顶面，再次点击“添加几何图形”按钮，在绘图区域中选择圆柱体侧面，“基准图形参数”对话框中出现相应的侧面；点击“添加几何图形”按钮，在绘图区域中选中底面（也可按“Shift+鼠标右键”旋转实体后点击其他的点、线、面），完成后，点击“OK”退出，见图4-133。

④ 左侧模型模块中出现图标 ShapeBinder，双击该图标可重新进入创建新图形面的界面；此时模型模块中的Body和Body001重合在一起，点击选中Body，按下空格键隐藏Body或按下Delete键删除Body，则只显示浅黄色的新图形面，形状大小与Body完全相同，见图4-134。

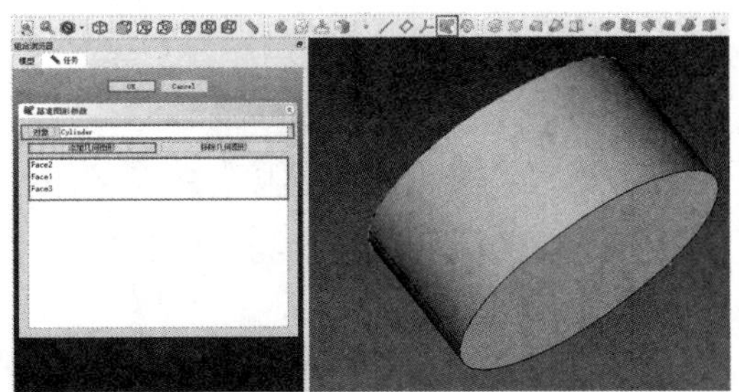
图4-133 创建新图形面的操作界面

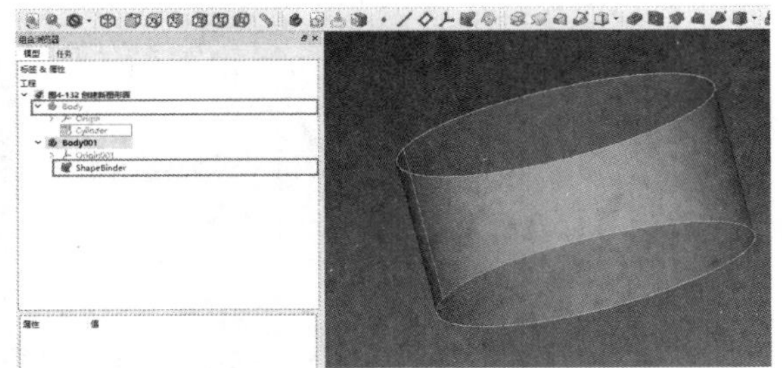
图4-134 创建新图形面操作完成

注意

① 图4-133中，选择原有实体特征时，每次点击“添加几何图形”按钮，只能添加一个原有实体特征，不能多选。

② 图4-133中，选择原有实体特征时，也可只选择顶面或顶面圆周等部分特征，不需要将原有实体的所有特征全部添加到新图形面中；若只选择顶面，则新图形面也仅为顶面；若只选择顶面圆周，则新图形面也仅为顶面圆周。

③ 也可在点击“增料圆柱体”图标后，直接点击“创建新图形面”图标，在同一个Body中创建新图形面；创建完成后，选中“圆柱体”图标后按下空格键隐藏圆柱体，则显示浅黄色的新图形面。

4.3.8 创建新副本

创建新副本的图标为，该命令可将单个实体进行克隆，主要用于将在其他工作台中创建的单个实体应用在Part Design工作台中时，克隆一个相同的副本；也可用于对在Part Design工作台中创建的单个实体进行克隆。

① 打开FreeCAD，点击新建文件，工作台选择Part，点击“建立一个立方实体”图标，左侧模型模块中出现图标 立方体，见图4-135。

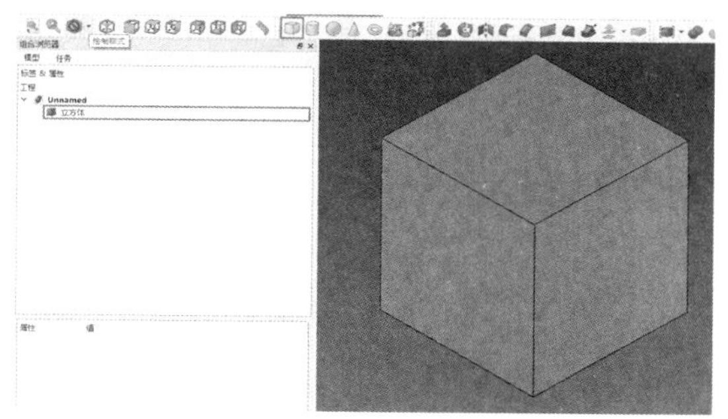

图4-135　Part工作台中创建一个立方体

② 切换到Part Design工作台中，在左侧模型模块中选中图标 立方体，则立方体的颜色变绿，点击“创建新副本”图标，则模型模块中新增一个实体Body，点击Body左侧的小箭头，出现图标 Clone，见图4-136，此时新副本和立方体实体重合在一起，坐标位置在原点。

③ 点击选中图标 Body，新副本的颜色变绿，点击属性模块的“数据”按钮，双击“Placement/位置”，将z的数值由0改为15mm，可观察到新副本的位置逐渐升高，并与原立方体分离，见图4-137。

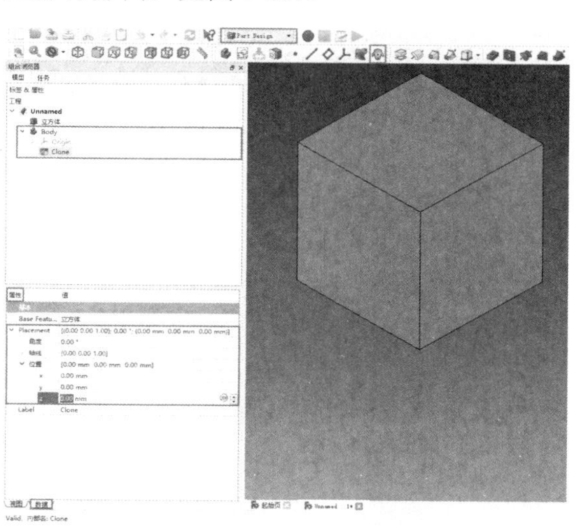

图4-136　新副本克隆完成

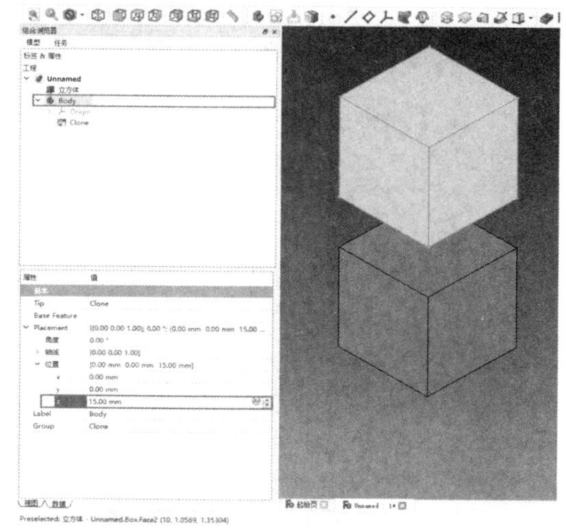

图4-137　原实体与新副本脱离

④ 选中新副本的其中一个侧面，该侧面的颜色变绿，点击“创建新草图”图标，见图4-138，进入草图界面，此时可在新副本侧面进行草图编辑，完成后可进行三维操作，见图4-139。

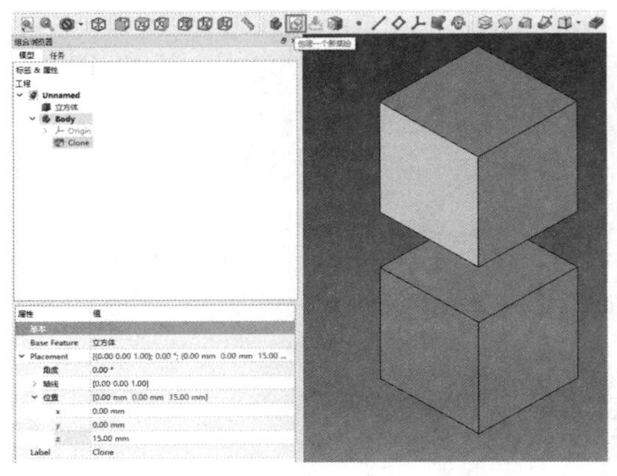

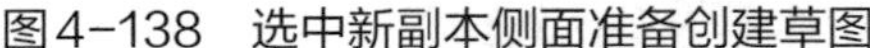
图4-138 选中新副本侧面准备创建草图

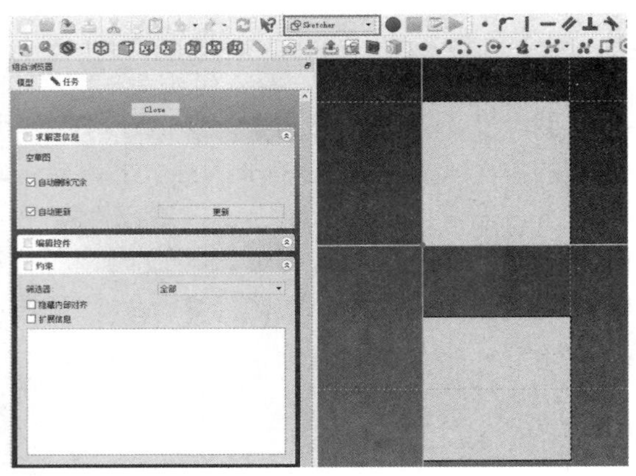
图4-139 进入新副本侧面的草图界面

注意

① 创建新副本仅支持克隆单个实体对象，无法一次克隆多个实体对象。

② 创建的新副本与原对象之间存在绑定关系，当原对象的形状发生改变时，副本的形状也会随之改变；本例中更改原立方体的长、宽、高后，新副本的长、宽、高也会随之改变。

③ 新副本与原立方体分离步骤中，也可选中图标 Clone，点击属性模块的“数据”按钮，双击“Placement/位置”，将z的数值由0改为15mm，完成坐标的更改；但保存命名并关闭FreeCAD后，重新打开该文件，点击图标 Clone时，则已无法更改新副本坐标，可是点击选中图标 Body，依然可以更改坐标，所以本例采用点击Body图标的方式更改坐标。

4.4 综合实例

第3章及第4章主要介绍了Sketcher工作台和Part Design工作台中的各个命令，虽然简单，但有助于初学者的理解和掌握。复杂的实体皆是由简单的命令叠加而成，对基础命令的融会贯通会帮助初学者快速掌握三维建模的要领，但领悟三维建模的精髓仍需要更多的练习，为此本书特挑选了三个较简单的应用实例，希望初学者理解掌握。

4.4.1 切割法构建三维模型

① 打开FreeCAD，点击新建文件，工作台选择Part Design，任务栏中点击“创建实体”，点击任务栏“创建草图”。

② 进入草图选择界面，选择“YZ基准平面”，进入Sketcher（草图）工作台，画出一个等边三角形，约束三角形底边为水平，约束三角形底边位于水平轴上，约束三角形上方

顶点位于竖直轴上，约束三角形边长为30mm，画出如图4-140所示的图形，点击“Close”退出。

③ 点击“凸台”图标，“凸台参数”对话框中“长度”选择50mm，形成一个横置的三棱柱，点击“OK”退出，见图4-141。

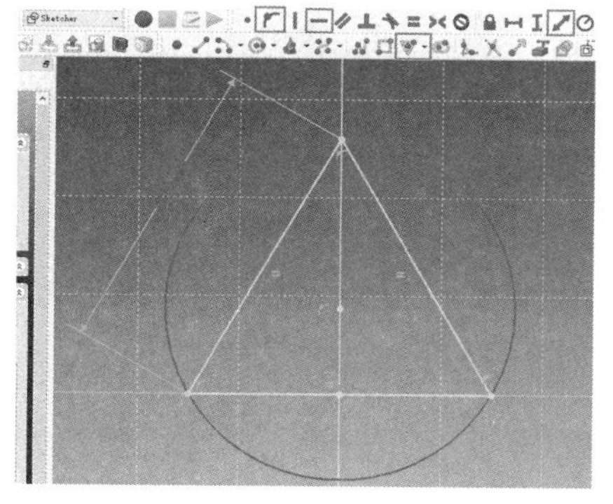

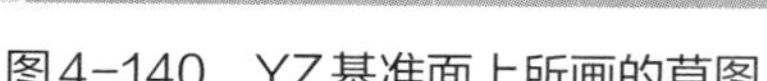
图4-140 YZ基准面上所画的草图

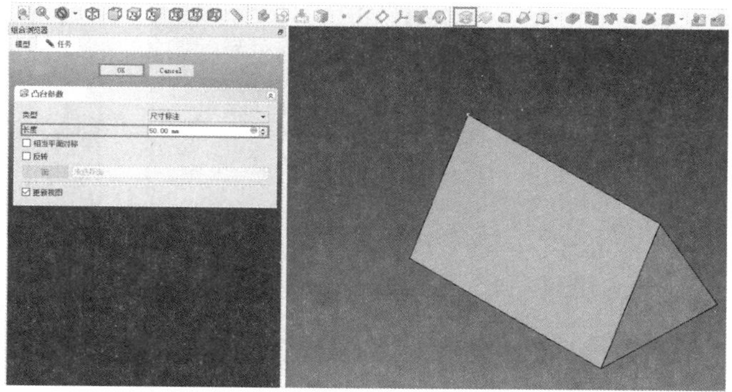
图4-141 凸台拉伸形成横置的三棱柱

④ 选中三棱柱的右侧平面，则该平面的颜色变绿，点击“创建新基准面”图标，见图4-142，进入创建新基准面界面；将“间距”改为90°，见图1-143，点击“OK”退出。

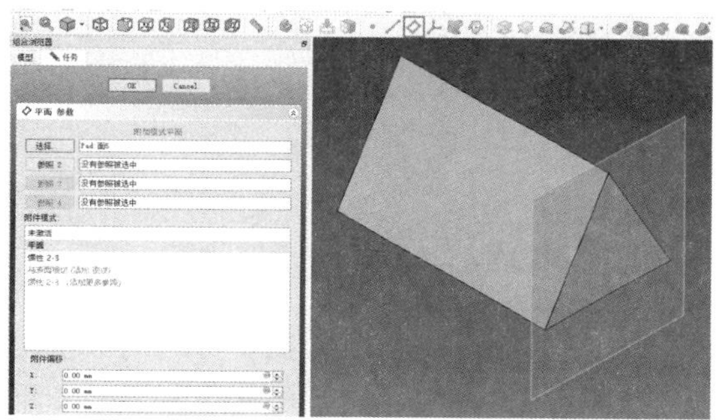
图4-142 在三棱柱右边平面上创建新基准面

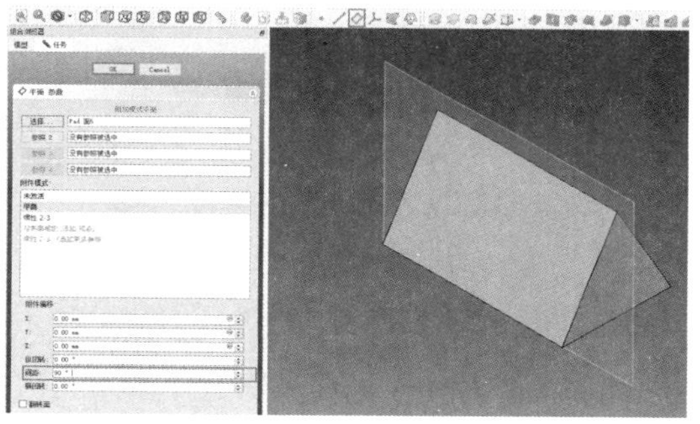
图4-143 旋转新基准面90°

⑤ 选中新基准面，则新基准面的颜色变绿，点击着色模式，选择“线框模式”图标，点击“创建新草图”图标，见图4-144，进入第二个草图界面，画出如图4-145所示的图形，点击“Close”退出。

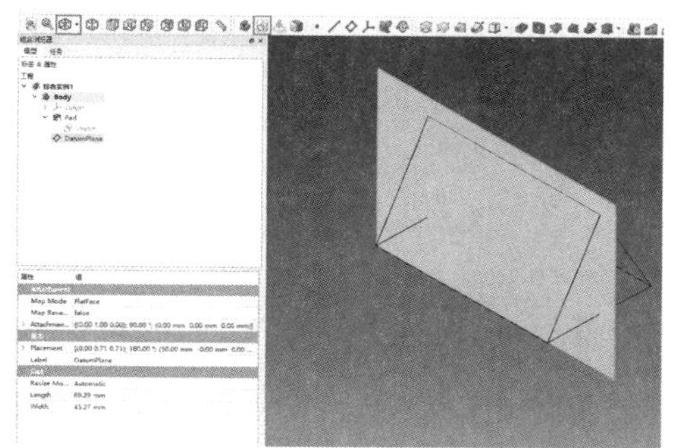
图4-144 准备创建第二个草图

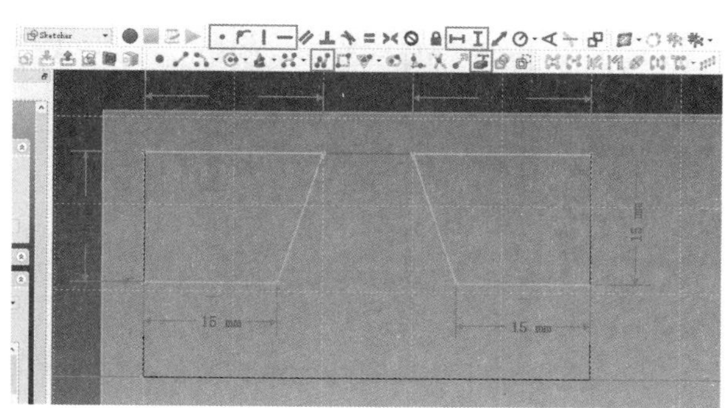
图4-145 第二个草图图形

⑥ 左侧模型模块中，选中图标 DatumPlane，按下空格键，隐藏新基准面，见图4-146；点击“凹坑”图标，进入“凹坑”界面，将“凹槽参数”对话框中的“类型”选择“通过所有”，选中“相当平面对称”复选框，见图4-147，点击“OK”退出。

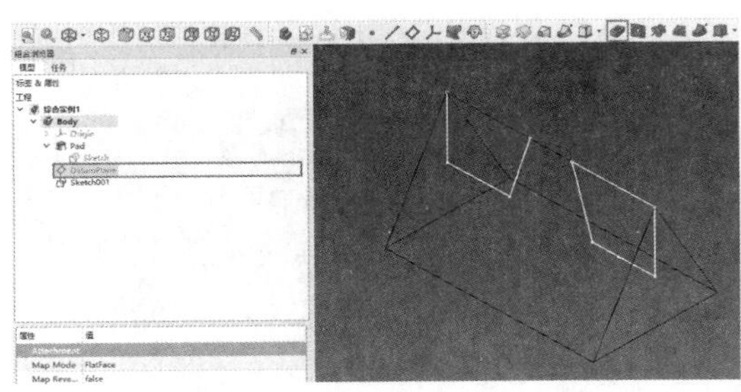

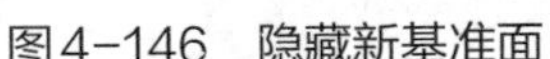
图4-146　隐藏新基准面

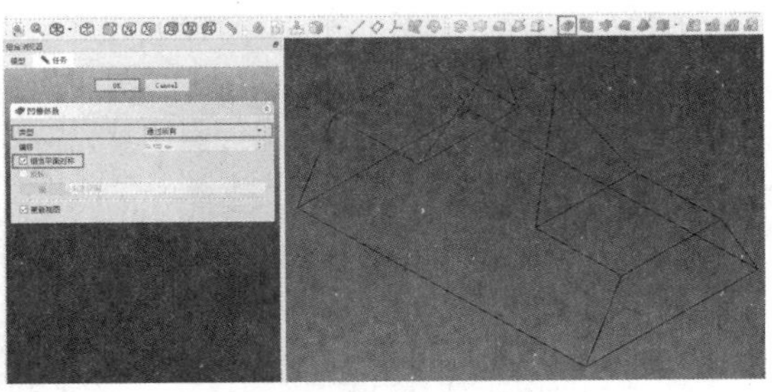

图4-147　凹坑操作界面

⑦ 凹坑操作完成后，点击着色模式，选择“带边着色模式”图标，点击选中实体最右侧的平面，则该平面的颜色变绿；点击“创建新草图”图标，进入第三个草图界面，画出如图4-148所示的图形，点击“Close”退出，见图4-149。

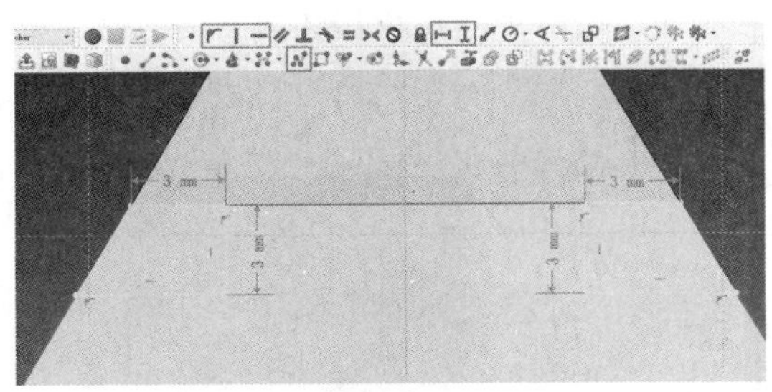

图4-148　第三个草图图形

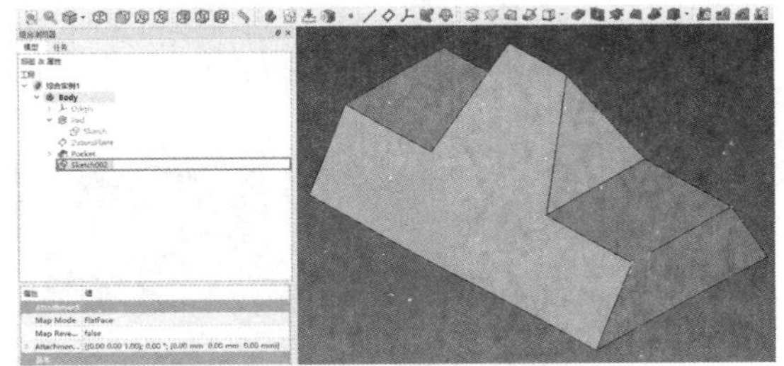

图4-149　第三个草图绘制完成

⑧ 选中Body的第三个草图Sketch002，点击属性模块的“数据”按钮，双击“Attachment Offset/位置”左侧的小箭头，将z的数值由0改为-8mm，可观察到第三个草图Sketch002的位置左移，见图4-150。

⑨ 点击“凹坑”图标，进入“凹坑”界面，“类型”选择“尺寸标注”，长度选择5mm，选中“相当平面对称”复选框，见图4-151，点击“OK”退出。

⑩ 左侧模型模块中出现 Pocket001 图标，点击选中该图标则对应实体的颜色变绿，点击“线性阵列”图标，进入线性阵列界面；“方向”选择X轴，选中“反转方向”复选

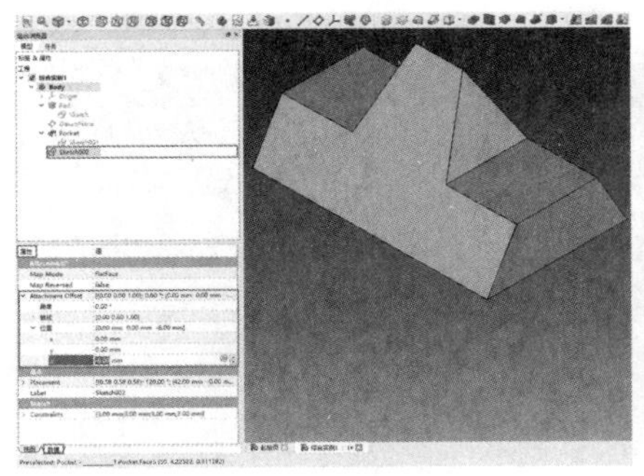

图4-150　移动第三个草图的位置

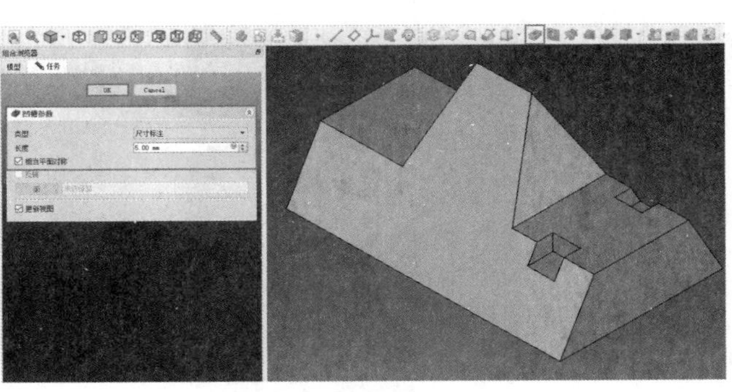

图4-151　对第三个草图进行凹槽操作

框，“长度”选择34mm，“出现次数”默认为2次，见图4-152；点击“OK”退出，操作完成，实体见图4-153。

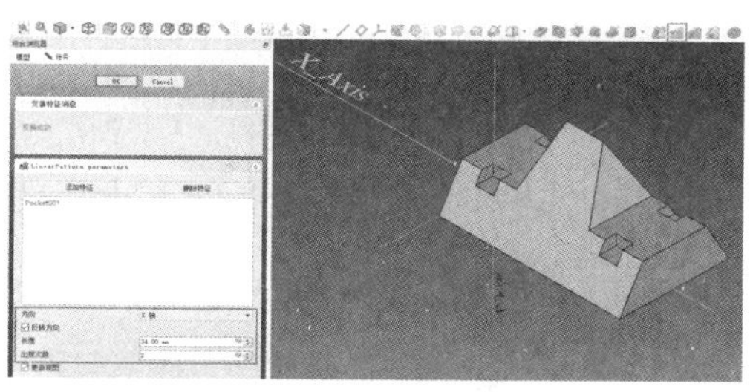
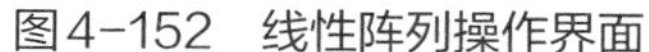
图4-152　线性阵列操作界面

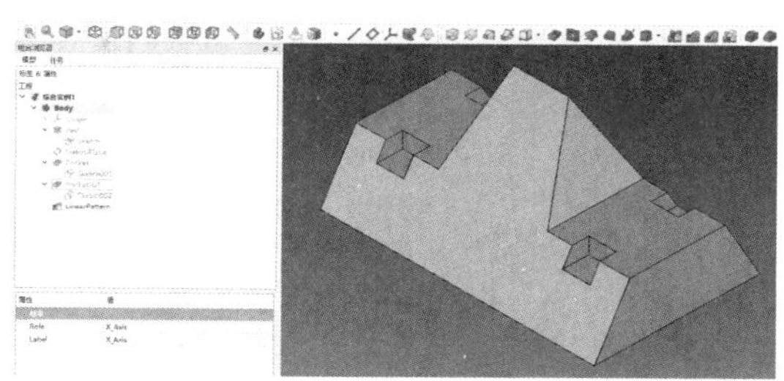
图4-153　完成切割法构建的三维模型

4.4.2　叠加法构建三维模型

① 打开FreeCAD，点击新建文件，工作台选择Part Design，任务栏中点击“创建实体”，点击任务栏“创建草图”。

② 进入草图选择界面，选择“XY基准平面”，进入Sketcher（草图）工作台，画出如图4-154所示的图形，点击“Close”退出。

③ 点击“凸台”图标，“凸台参数”对话框中“类型”选择“尺寸标注”，“长度”选择5mm，点击“OK”退出，见图4-155。

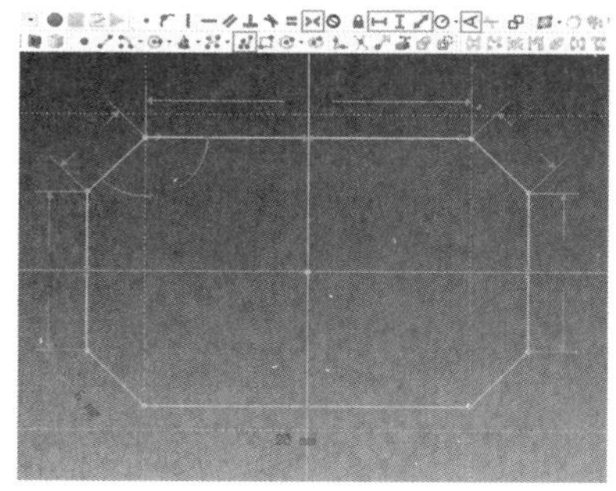
图4-154　第一个草图的图形

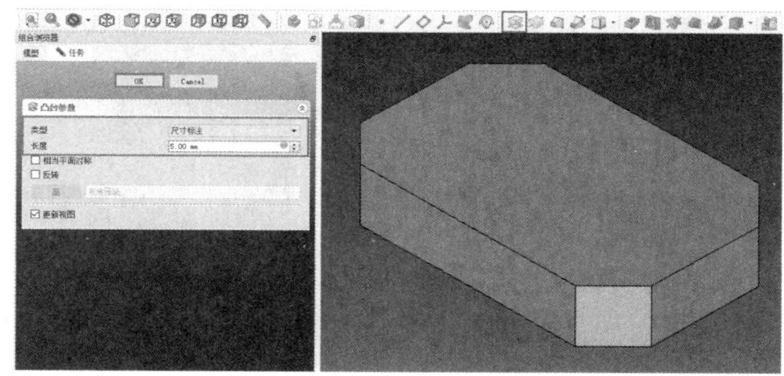
图4-155　对第一个草图图形进行凸台操作

④ 点击选中实体顶面，则顶面的颜色变绿，点击“创建新草图”图标，见图4-156，进入第二个草图界面，画出如图4-157所示的草图，点击“Close”退出。

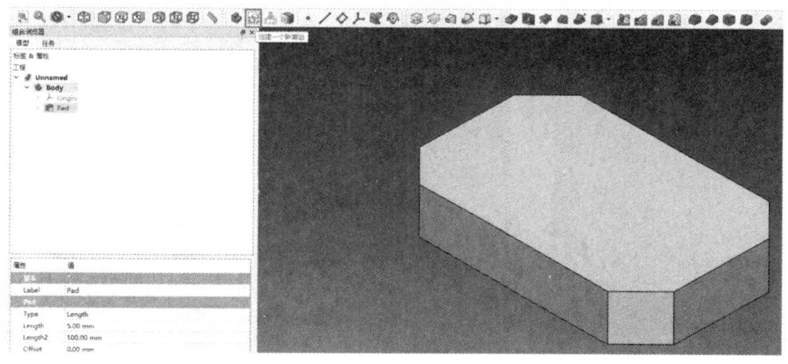
图4-156　选中实体顶面准备创建第二个草图

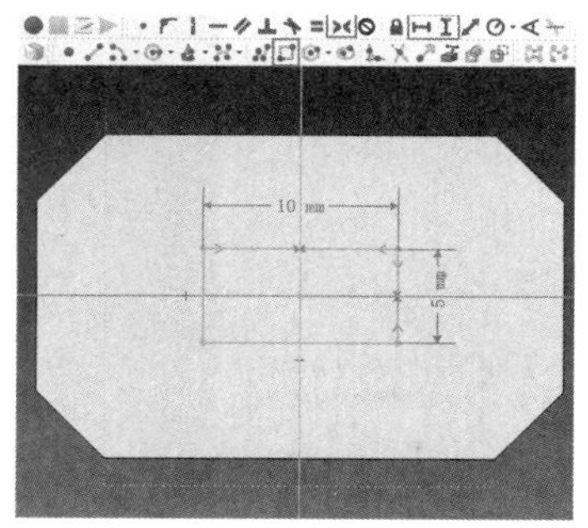
图4-157　第二个草图的图形

⑤ 点击“凸台”图标，“凸台参数”对话框中“类型”选择“尺寸标注”，“长度”选择10mm，点击“OK”退出，见图4-158。

⑥ 选中实体侧面，则侧面的颜色变绿，点击“创建新草图”图标，见图4-159，进入第三个草图界面，画出如图4-160所示的草图，图中圆弧和直径构成一个封闭图形，约束圆心在竖直轴上，点击“Close”退出。

⑦ 点击“凸台”图标，“凸台参数”对话框中“类型”选择“尺寸标注”，“长度”选择5mm，选中“反转”复选框，点击“OK”退出，见图4-161。

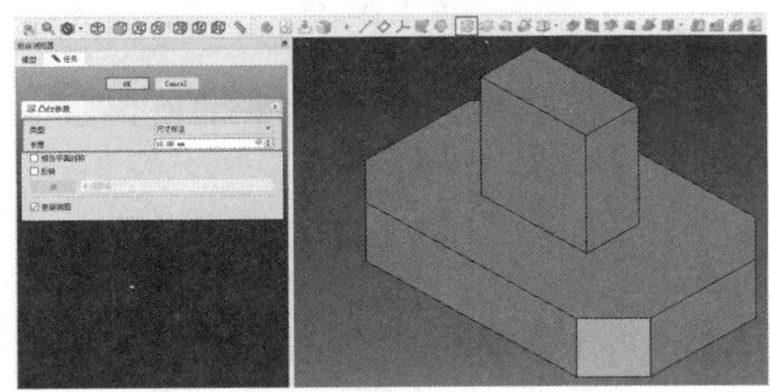

图4-158 对第二个草图图形进行凸台操作

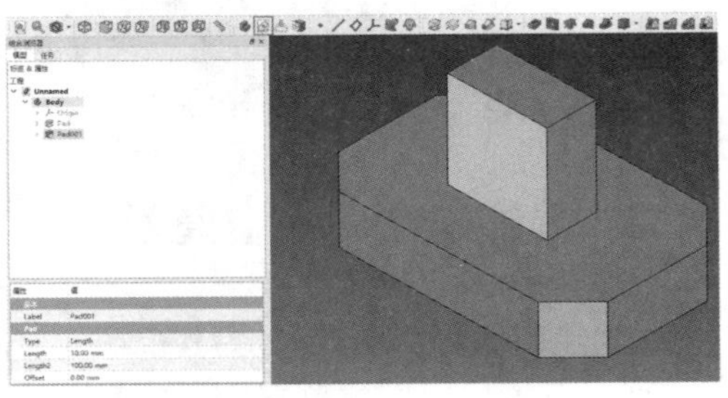

图4-159 选中侧面准备创建第三个草图

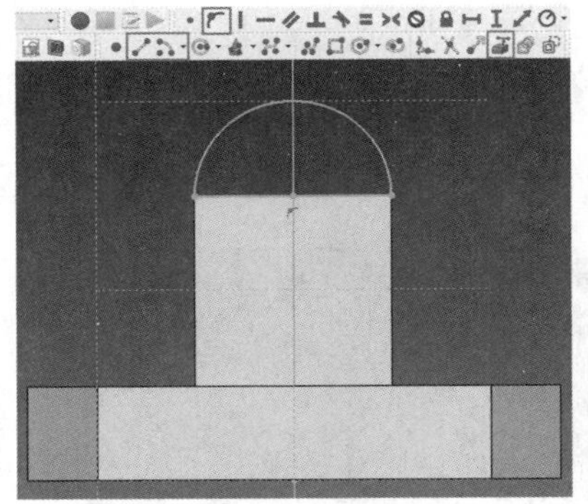

图4-160 第三个草图的图形

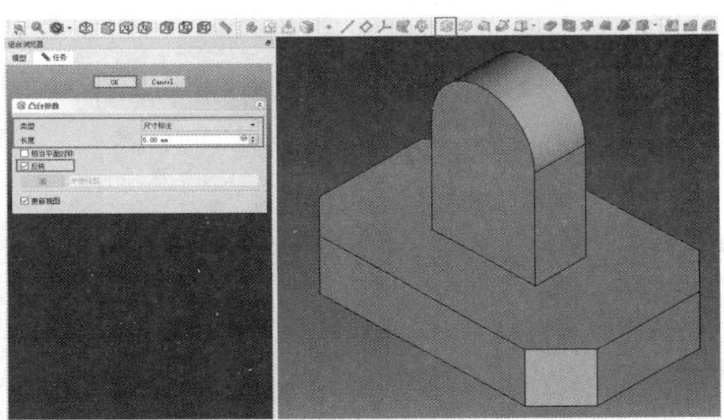

图4-161 对第三个草图进行凸台操作

⑧ 选中实体侧面，侧面的颜色变绿，点击“创建新草图”图标，见图4-162，进入第四个草图界面，画出如图4-163所示的草图，约束圆的直径为2mm；点击“创建关联边”图标，再点击半圆弧，则半圆弧的颜色变为紫色，同时显示半圆弧的圆心，约束半圆弧（紫色）的圆心和小圆的圆心重合，点击“Close”退出。

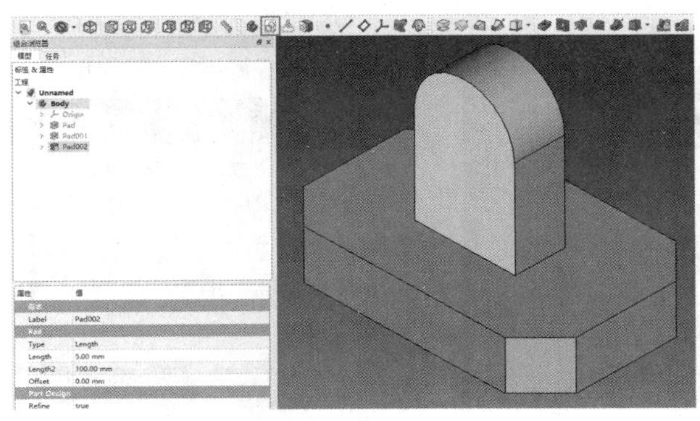

图4-162 选中侧面准备创建第四个草图

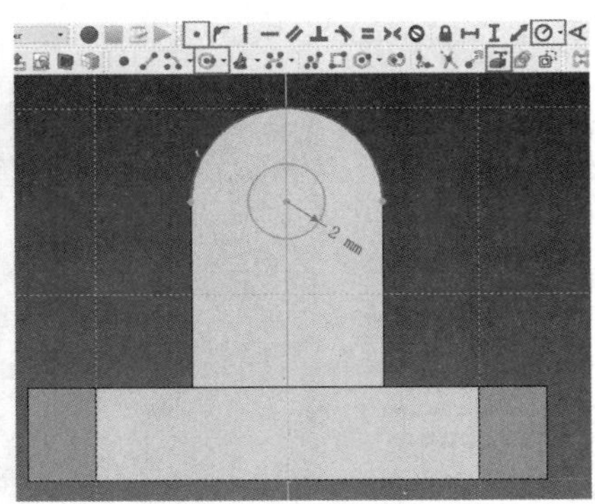

图4-163 第四个草图的图形

⑨ 点击“凸台”图标，“凸台参数”对话框中“类型”选择“尺寸标注”，“长度”选择5mm，点击“OK”退出，见图4-164。

⑩ 点击左侧模型模块中的 Pad003 图标，则该实体的颜色变绿，点击“镜像”图标，进入镜像界面；“平面”选择“XZ基准平面”，见图4-165；点击“OK”退出，操作完成，实体见图4-166。

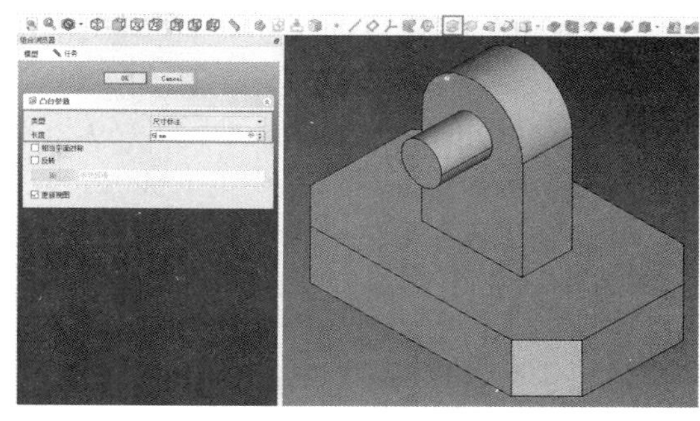

图4-164　对第四个草图进行凸台操作

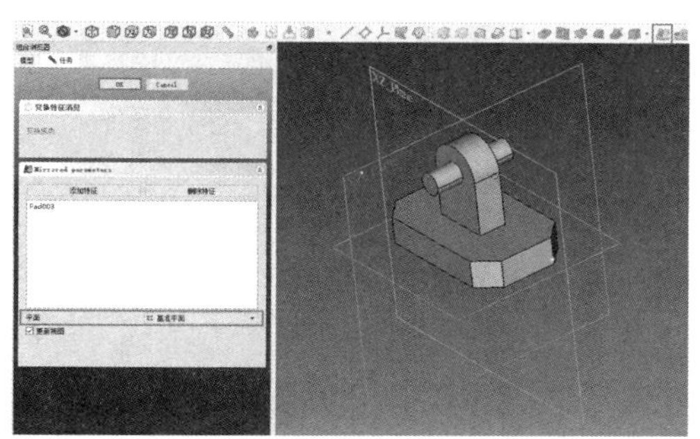

图4-165　镜像操作

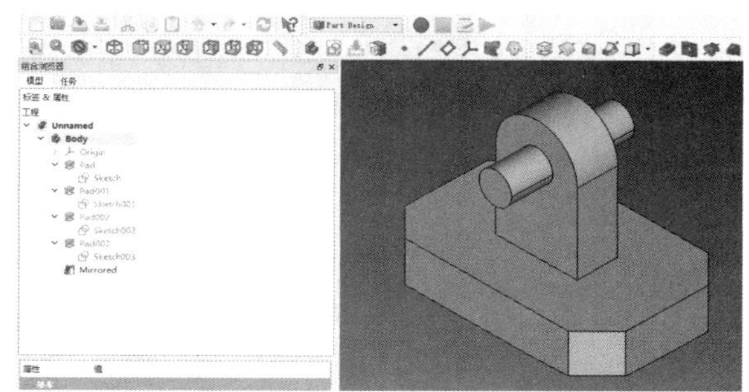

图4-166　完成叠加法构建的三维模型

4.4.3　放样、抽壳和阵列的综合应用

① 打开FreeCAD，点击新建文件，工作台选择Part Design，任务栏中点击“创建实体”，点击任务栏中的“创建草图”。

② 进入草图选择界面，选择“XY基准平面”，进入第一个草图界面，画出如图4-167所示的圆，约束圆的半径为10mm，约束圆心与原点重合，点击“Close”退出。

③ 点击“创建新草图”图标，选择“XY基准平面”，进入第二个草图界面（注意：不要在左侧模型模块中选中第一个草图，否则点击“创建新草图”时将进入第一个草图），约束圆的半径为5mm，约束圆心与原点重合，点击“Close”退出，见图4-168。

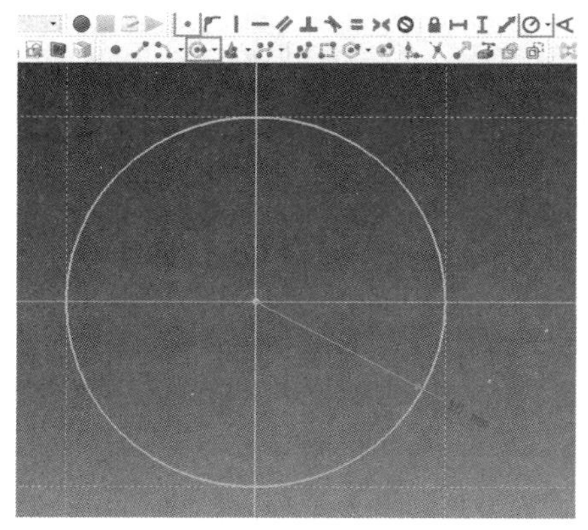

图4-167　第一个草图的图形

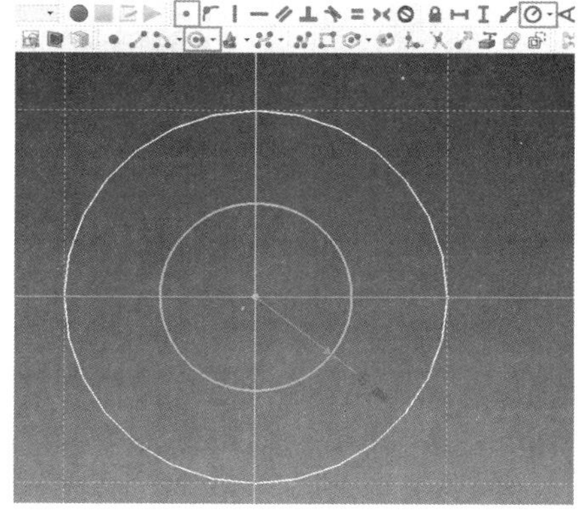

图4-168　第二个草图的图形

④ 左侧模型模块中，选中第二个草图Sketch001，点击属性模块的“数据”按钮，双击“Attachment Offset/位置”左侧的小箭头，将z的数值由0改为80mm，可观察到第二个草图Sketch001的位置上移，见图4-169。

⑤ 点击选中第二个草图Sketch001，点击“放样（增料）”图标，进入放样界面，在“放样参数”对话框中点击“添加截面”按钮，在绘图区域中点击选择下方的圆（即第一个草图Sketch），形成圆台，点击“OK”退出，见图4-170。

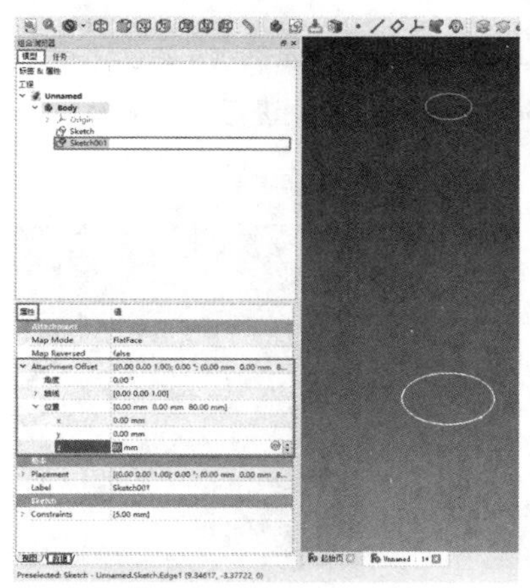

图4-169 改变第二个草图的高度

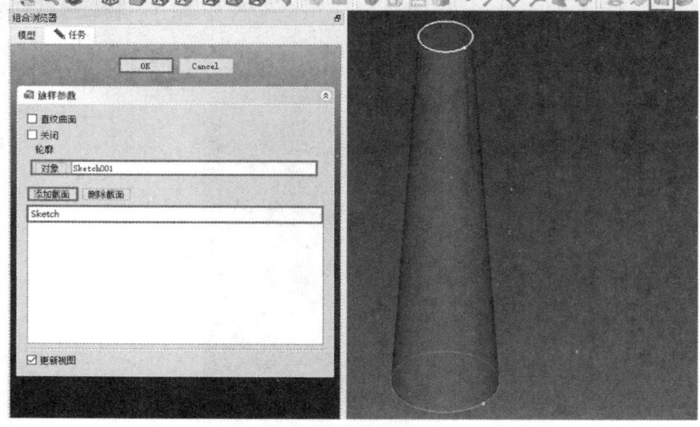

图4-170 放样（增料）操作界面

⑥ 选中圆台的顶面，顶面变绿，按住“Shift+鼠标右键”旋转圆台，按住“Ctrl”键选中底面，则底面和顶面的颜色变绿，见图4-171；点击“抽壳”图标，进入抽壳界面，“厚度”选择1mm，“模式”选择“双面”，“结合类型”选择“交集”，点击“OK”退出，见图4-172。

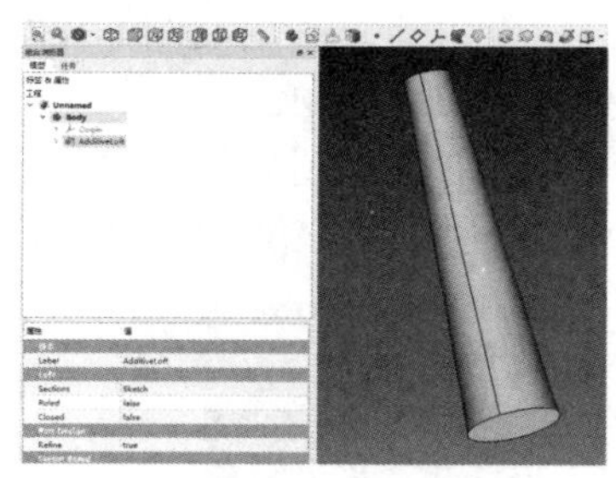

图4-171 选中圆台底面和顶面准备抽壳

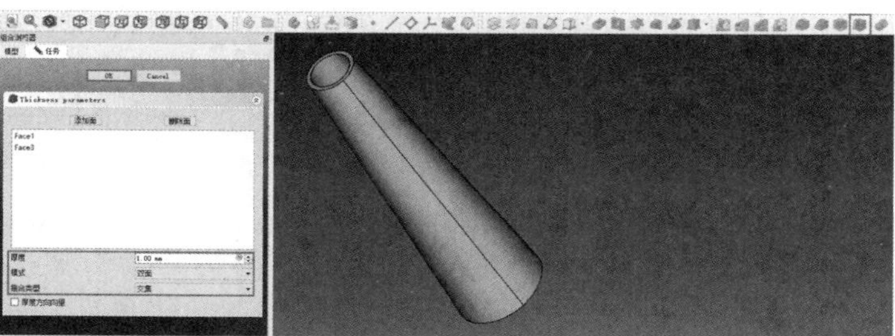

图4-172 抽壳操作界面

⑦ 选中圆台的顶面，顶面的颜色变绿，点击“创建新基准面”图标，见图4-173，进入创建新基准面界面；将“间距”改为90°，见图1-174，点击“OK”退出。

⑧ 选中新基准面，则新基准面的颜色变绿，点击“创建新草图”图标，在新基准面上创建草图，见图4-175；进入第三个草图界面，点击着色模式，选择“线框模式”图标，画出如图4-176所示的草图，约束圆心在水平轴上，约束半径为3mm，约束圆心到原点的距离为5mm，点击“Close”退出，图4-176中的黄色矩形为新基准面。

⑨ 选中新基准面，按下空格键，隐藏新基准面；点击着色模式，选择“带边着色模

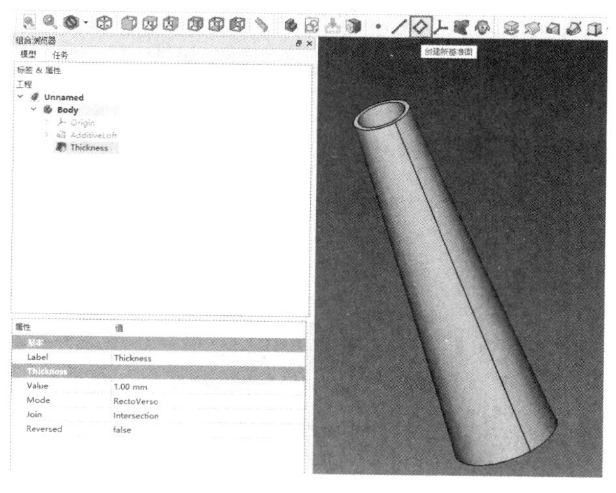

图4-173 选中顶面准备创建新基准面

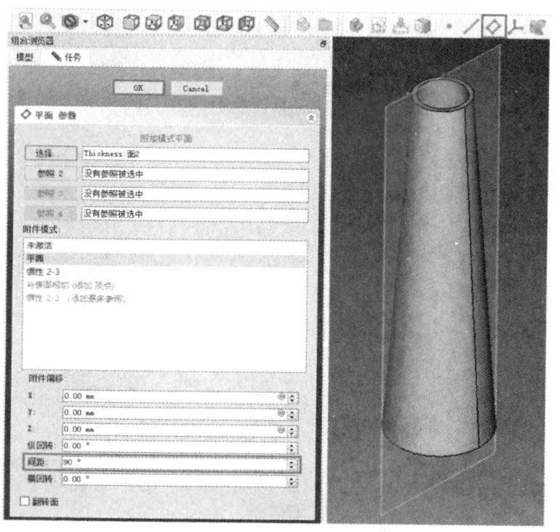

图4-174 新基准面操作界面

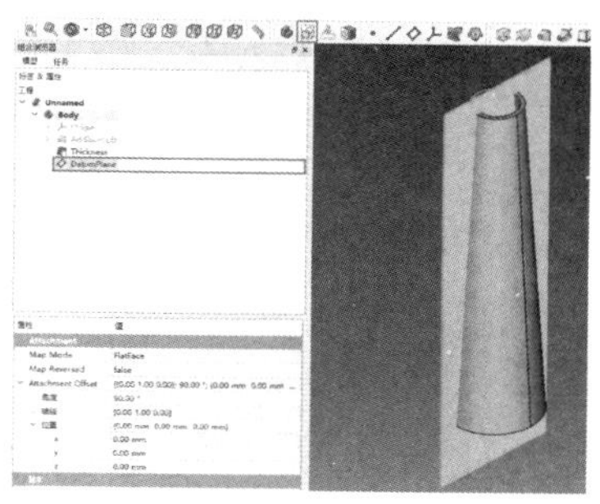

图4-175 准备在新基准面上创建草图

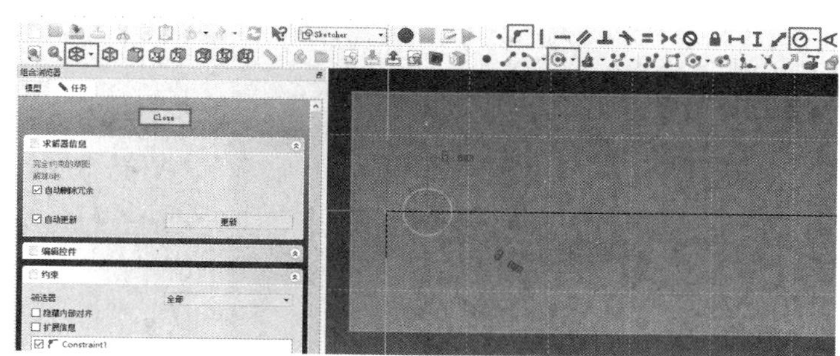

图4-176 新基准面上的草图图形

式”图标；点击“凹坑”图标，进入凹坑操作界面，“凹槽参数”对话框中选中“类型”为“通过所有”，点击“OK”退出，见图4-177。

⑩ 左侧模型模块中，选中Pocket图标，点击“多重阵列”图标，进入多重阵列界面，见图4-178；在“变换”对话框中点击右键，选择“添加环形阵列”，见图4-179，轴线选择Z轴，“出现次数”选择4次，见图4-180，点击“确定”完成。

⑪ 在“变换”对话框中点击右键，选择“添加线性阵列”，见图4-181；方向选择Z轴，选中“反转方向”复选框，“长度”选择65mm，“出现次数”选择4次，点击“确定”完成，见图4-182。

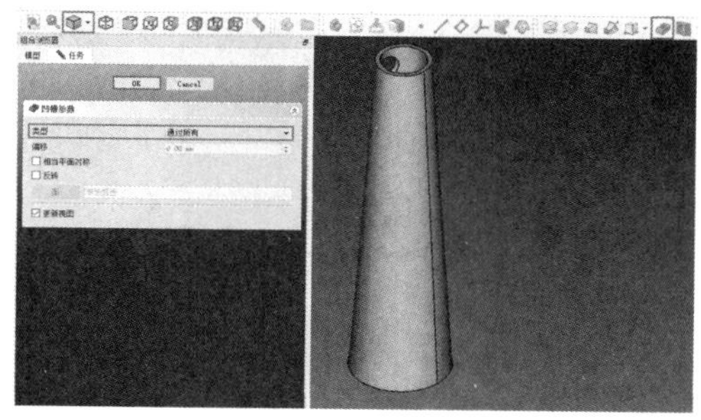

图4-177 凹坑操作界面

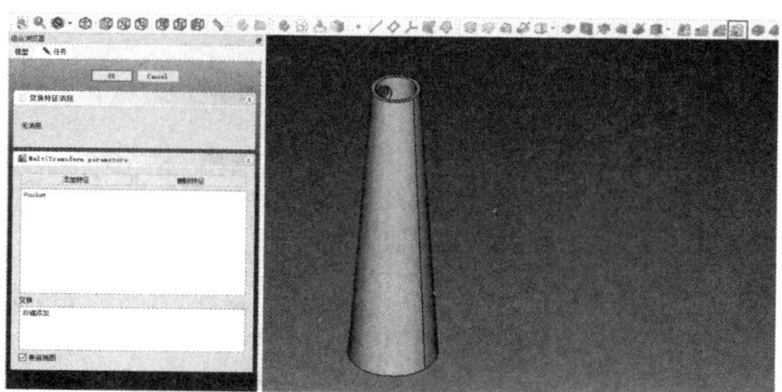

图4-178 准备进行多重阵列操作

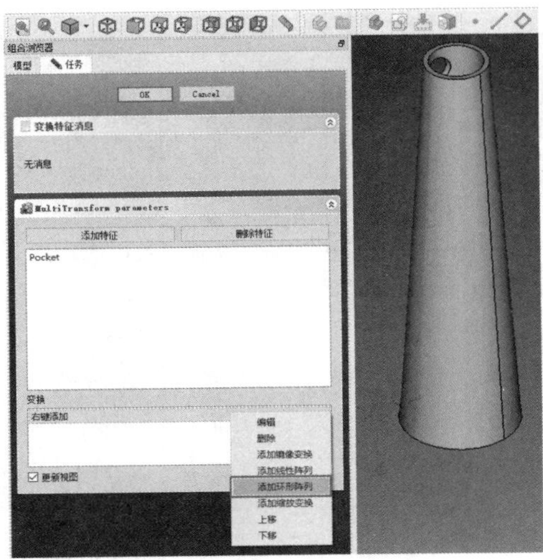

图4-179　准备进行环形阵列操作

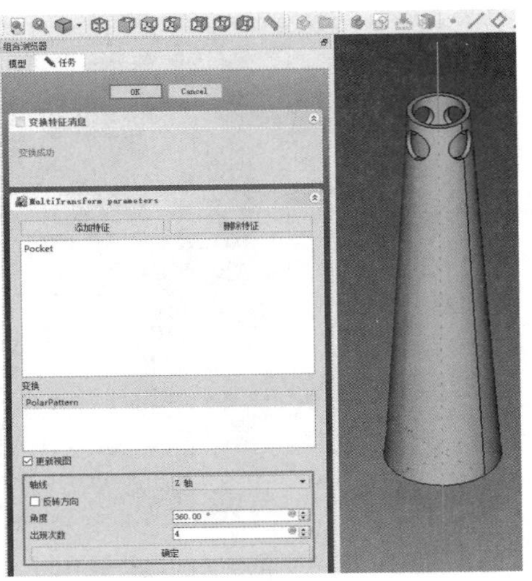

图4-180　环形阵列操作完成

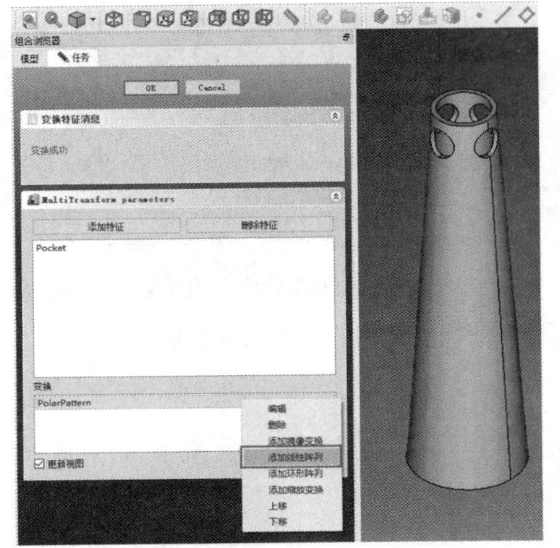

图4-181　准备进行线性阵列操作

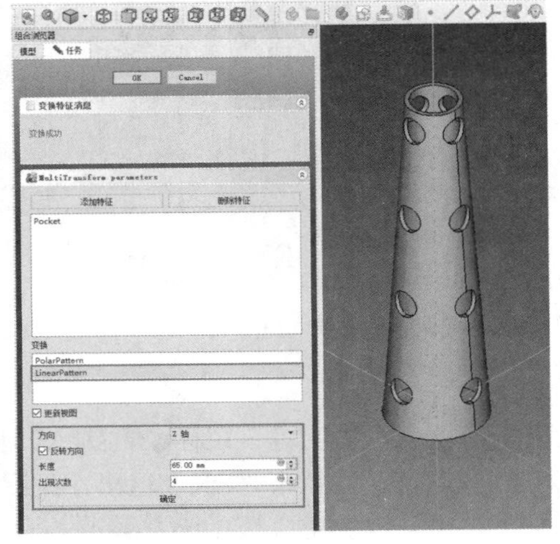

图4-182　线性阵列操作完成

⑫ 在变换对话框中点击右键，选择“添加缩放变换”，见图4-183；“缩放因子”选择2，“出现次数”选择4次，点击“确定”完成，见图4-184；点击“OK”退出，操作完成，实体见图4-185。

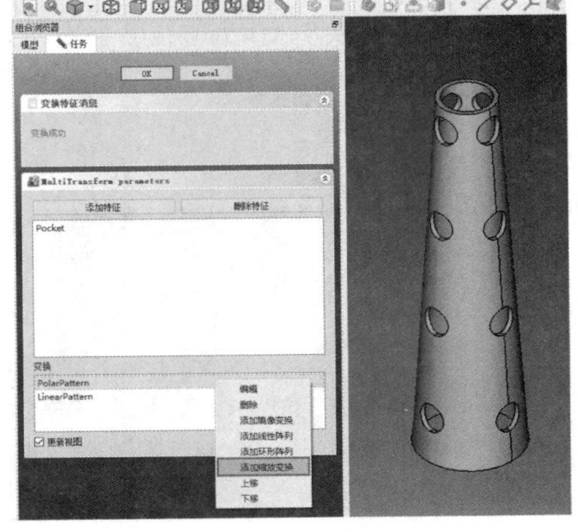

图4-183　准备进行缩放变换操作

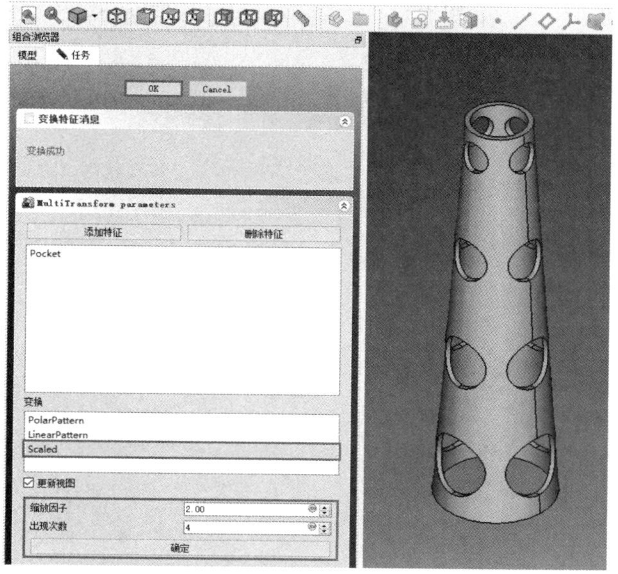

图4-184　缩放变换操作完成

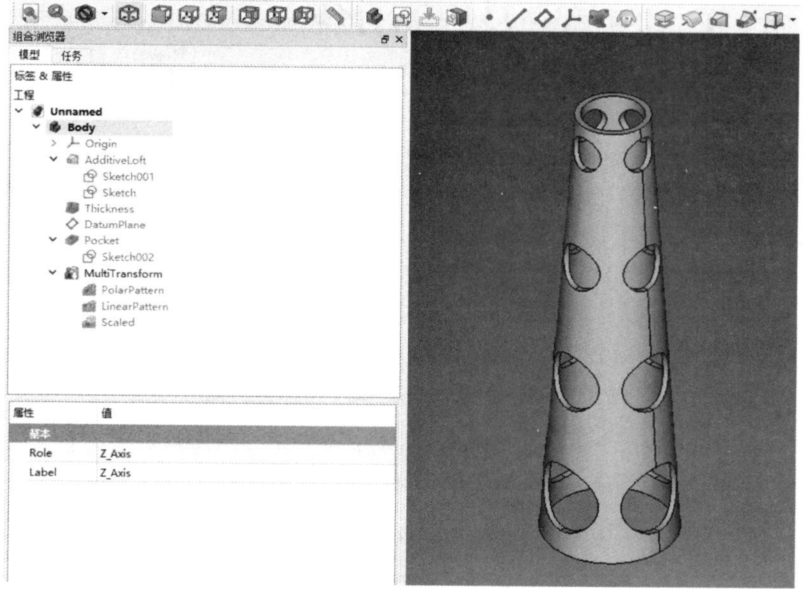

图4-185　放样、抽壳和阵列构建的三维模型

第 5 章

Part 工作台常用命令详解

扫码观看
本章视频

5.1 Part工作台简介及界面介绍

Part工作台是FreeCAD中比较重要的一个工作台，与Part Design工作台相比，同样具备实体建模的功能，而且可以进行更高级、更复杂的三维实体创建，其中的部分命令名称虽然与Part Design工作台相同，但操作界面、处理流程、处理结果的可靠性及人性化方面明显比Part Design工作台更为合理。另外，FreeCAD中的其他主要工作台（例如：Sketcher，Part Design，Draft工作台等）构建的模型都可以在Part工作台中进行二次编辑操作，因此Part工作台可以认为是FreeCAD建模功能的核心组件。

打开FreeCAD，点击新建文件，工作台选择Part，操作界面如图5-1所示，最常用的工具栏为实体工具栏、零件工具栏、布尔运算工具栏和测量工具栏，各工具栏命令见表5-1 ～表5-4。

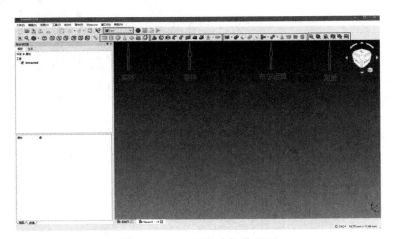

图5-1　Part工作台操作界面

表5-1　Part工作台中实体工具栏命令

实体工具栏命令	作用
	创建立方体
	创建圆柱体
	创建球体
	创建圆台（圆锥体）
	创建圆环体
	创建参数化的几何图元：可创建立方体、圆柱体、点、线、螺旋、正多边形等
	创建形体高级工具：可由选定的顶点生成棱、面；也可由面生成壳、体等

表5-2　Part工作台中零件工具栏命令

零件工具栏命令	作用
	拉伸：可将点、线、面拉伸成为相应的线、面、体等
	旋转：将所选对象围绕给定的轴旋转
	镜像：根据选定的平面复制一个新的对象，新对象与原对象关于平面对称
	倒圆角：在选定对象的边缘上创建圆角
	倒角：在选定对象的边缘上创建倒角
	直纹面：用无数条的直线连接已创建的两条线条进而形成平面或者曲面
	放样：将两个或多个横截面过渡连接，可形成一个面、壳或者实体
	扫略：通过一条路径将一个或多个横截面过渡连接，形成一个面、壳或者实体
	三维偏移：在一定距离外创建一个与选定对象平行的副本
	二维偏移：创建一条与选定对象相平行的线条，也可用于缩放选定的平面
	抽壳：将实体转换为空心对象，并重新设定每个面的厚度

表5-3　Part工作台中布尔运算工具栏命令

布尔运算工具栏命令	作用
	组合：将一组不同的对象组合成一个对象
	分解：将组合所形成的对象拆分成若干个形状
	组合过滤器：从组合中分离并复制所选定的对象
	布尔运算：对所选定的对象进行布尔运算
	差集：选中两个对象，在第一个选中的对象中减去第二个选中的对象
	并集：将多个对象组合成一个

续表

布尔运算工具栏命令	作用
	交集：提取各个对象之间的公共部分
	连接：连接两个对象
	嵌入：将一个对象嵌入到另一个对象之中
	切口：在一个对象上创建一个切口，切口大小、形状与另一个对象相吻合
	形状拆分：将两个相交对象的公共部分进行拆分
	分割：使用分割对象对被分割对象进行分割
	切片：功能与分割类似，但无法与原对象分离
	检查：验证对象中是否存在错误
	清理：将选定的特征（如圆角、倒角、孔、凸台等）从对象中移除
	截面：将两个相交对象的公共部分以边线的形式显示出来
	横截面：对选定的对象创建一个或多个横截面

表5-4　Part工作台中测量工具栏命令

测量工具栏命令	作用
	测量长度
	测量角度
	删除所有测量
	切换所有：显示或隐藏所有测量
	切换3D：显示或隐藏长度测量（红色）和角度测量（蓝色），三维测量（绿色）始终显示
	切换增量：显示或隐藏三维测量（绿色），长度测量（红色）和角度测量（蓝色）始终显示

5.2 实体工具栏

实体工具栏中创建立方体、球体及圆柱体的命令比较简单，读者可自行尝试，本书重点讲解创建圆台（圆锥体）、圆环体、创建参数化的几何图元和创建形体高级工具。

5.2.1 圆台（圆锥体）

① 打开FreeCAD，点击新建文件，工作台选择Part，点击“创建圆锥体”图标，则在绘图区域显示一个圆台，同时左侧模型模块中出现“圆锥体”图标，点击选中该图标，圆台的颜色变绿，见图5-2。

② 点击属性模块的“数据”按钮，双击“Placement/位置”，更改x、y、z的值可调整圆台的位置；“Cone”中的“Radius1”表示圆台底面圆的半径，“Radius2”表示圆台顶面圆的半径，“Height”的值表示圆台的高度，“角度”表示圆台旋转的角度；将Radius1或Radius2的值改为0，则圆台变为圆锥；将Radius1改为5mm，Radius2改为0mm，Height改为15mm，角度改为300°，圆锥体如图5-3所示。

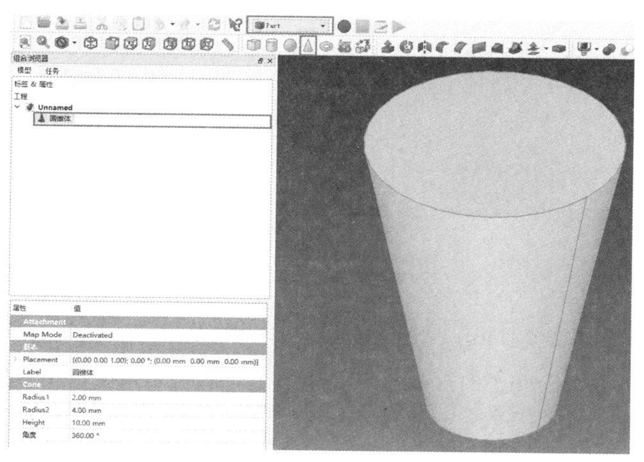

图5-2 创建圆锥体

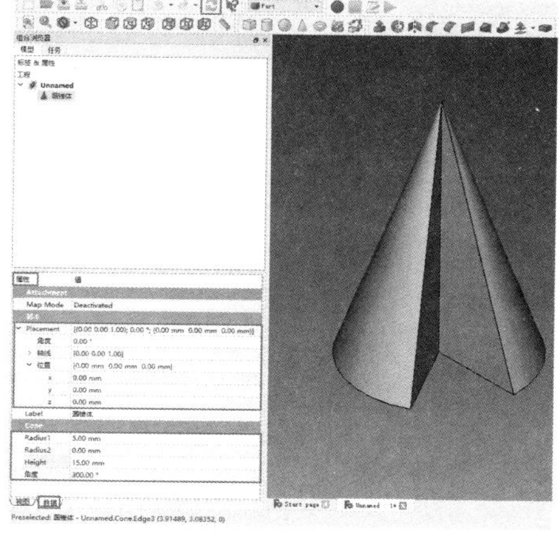

图5-3 编辑圆锥体

注意

“属性/数据”中更改数值后，假如对象无变化，则点击“刷新”图标，对象会按照设定的数值发生变化。“刷新”图标位置见图5-3。

5.2.2 圆环体

① 打开FreeCAD，点击新建文件，工作台选择Part，点击“创建圆环体”图标，则在绘图区域显示一个圆环，同时左侧模型模块中出现圆环体图标，点击选中该图标，圆环的颜色变绿，见图5-4。

② 点击属性模块的“数据”按钮，双击“Placement/位置”，更改x、y、z的值可调整圆环的位置；圆环的横截面为圆，“Torus”中的“Radius1”表示圆环横截面的圆心与旋转中心轴的距离，“Radius2”表示圆环横截面的半径，“Angle1”的值表示圆环下半部分与XY平面的夹角，“Angle2”的值表示圆环上半部分与XY平面的夹角，“Angle3”的值表示圆环横截面围绕中心轴旋转的角度；将Angle1改为−120°，Angle2改为120°，Angle3改为300°，圆环体如图5-5所示。

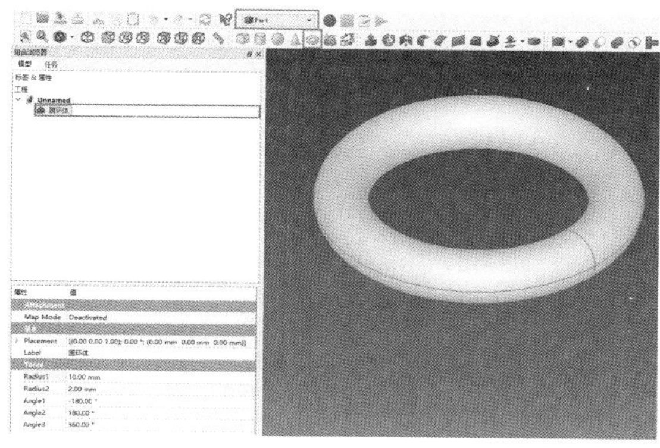

图5-4 创建圆环体

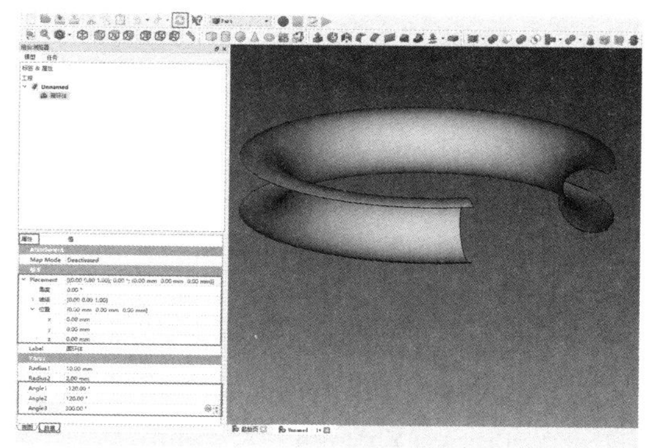

图5-5 编辑圆环体

注意 “属性/数据”中更改数值后，假如对象无变化，则点击“刷新”图标，见图5-5。

5.2.3 创建参数化的几何图元

创建参数化几何图元的图标为，点击该图标，操作界面见图5-6，点击“平面”旁的下拉菜单可见该命令所创建的对象众多，见图5-7，每个对象均有参数及位置两个对话框，其中“位置”对话框的内容保持不变，而“参数”对话框中的参数随创建对象的不同而不同，对于三维的立方体、圆柱体、圆锥体、圆环体、棱柱以及二维的圆、椭圆、点、线、正多边形，因为前面已做过介绍或者比较简单，在此不再赘述，读者可自行了解，本节重点介绍平面、球体、椭圆体、楔形、螺旋和螺旋体。

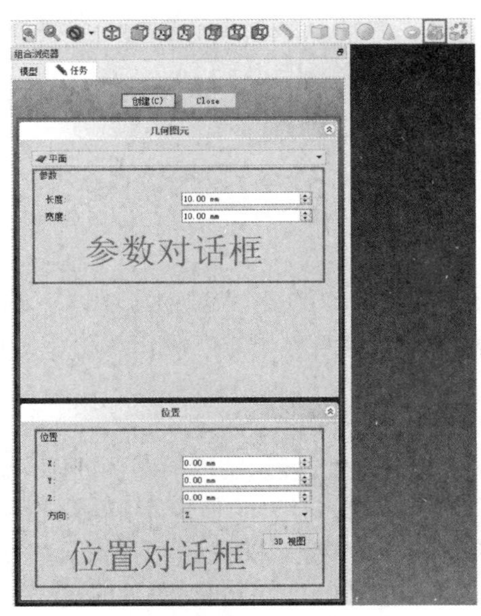

图5-6 创建参数化几何图元界面

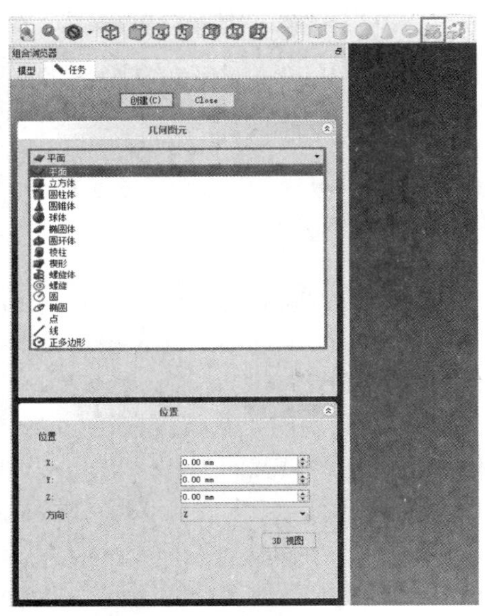

图5-7 创建参数化几何图元可创建多种对象

5.2.3.1 平面

① 打开FreeCAD，点击新建文件，工作台选择Part，点击“创建参数化几何图元”图标，见图5-6，“几何图元”中选择“平面”，点击“创建”，默认情况下平面位于原点（0，0，0），“方向”为“Z”，见图5-8。

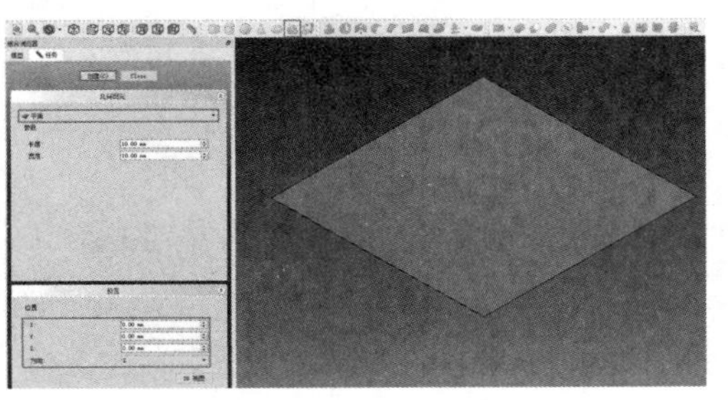

图5-8 创建平面

② 准备创建新的平面，在位置模块中输入X=0mm、Y=0mm、Z=0mm，“方向”中选择“Y”，或者先点击“3D视图”按钮，

再在绘图区域中直接点击对应的顶点，见图5-9中红色矩形框内的绿点，点击“创建”，结果见图5-10；“方向”中选择“Y”，代表垂直于平面的法向方向为Y方向，同理，如果选择“X”，代表垂直于平面的法向方向为X方向，如果选择“Z”，代表垂直于平面的法向方向为Z方向。

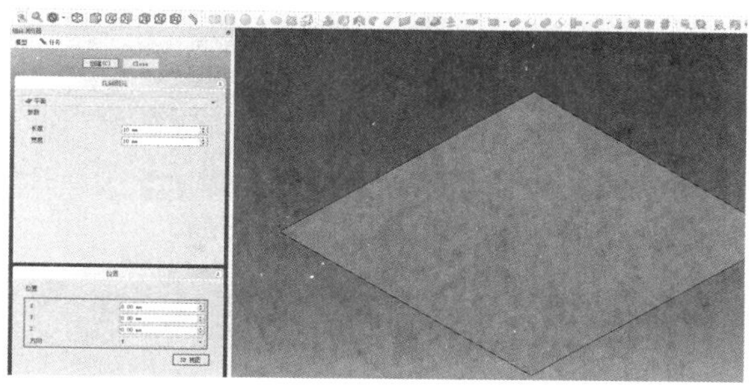

图5-9 准备创建新平面

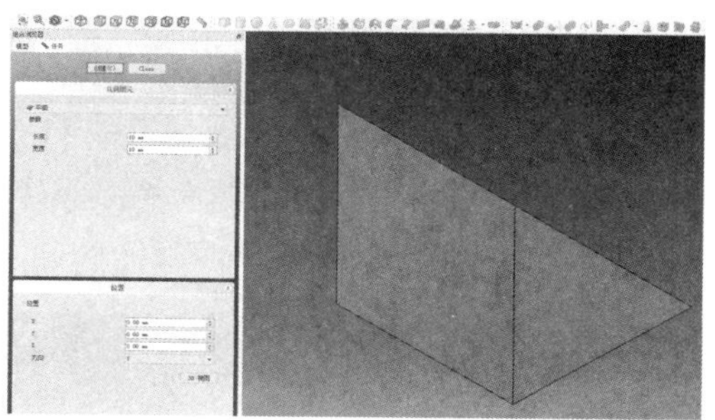

图5-10 新平面创建完成

③ 点击“3D视图”按钮，再在绘图区域中直接点击对应的顶点，见图5-11中红色矩形框内的绿点，或者在位置模块中输入X=0mm、Y=0mm、Z=10mm，“方向”中选择“Z”，见图5-11，点击“创建”，结果见图5-12。

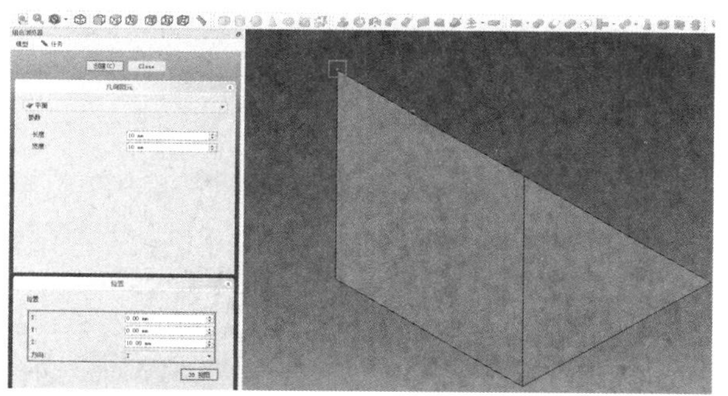

图5-11 准备创建新平面

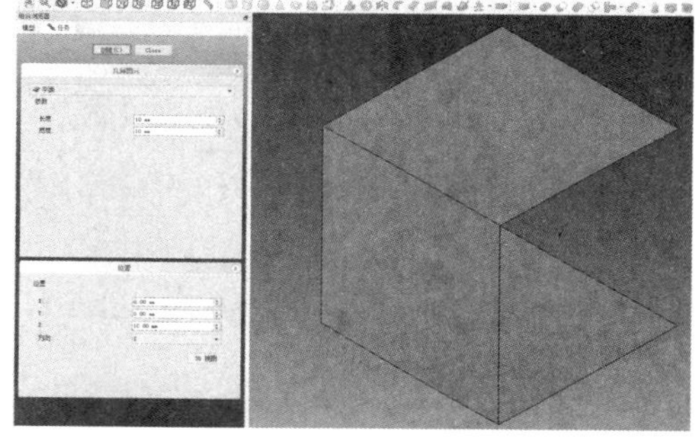

图5-12 新平面创建完成

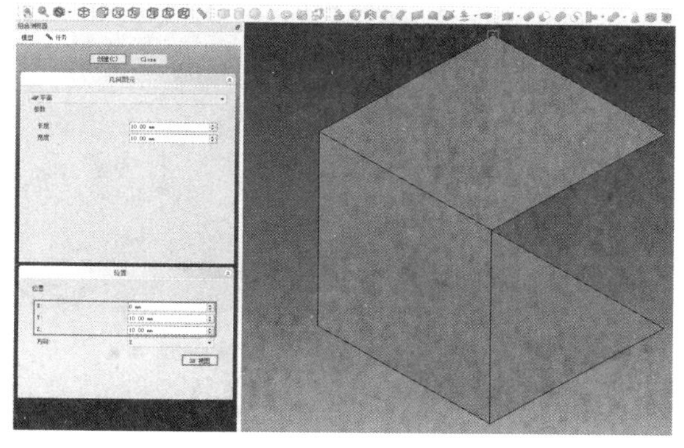

图5-13 准备创建新平面

④ 点击“3D视图”按钮，再在绘图区域中直接点击对应的顶点，见图5-13中红色矩形框内的绿点，或者在位置模块中输入X=0mm、Y=10mm、Z=10mm，“方向”中选择“用户定义”，在弹出的对话框中输入向量X=0、Y=−1、Z=0，点击“OK”退出，见图5-14，点击“创建”，结果见图5-15。

⑤ 点击“3D视图”按钮，再在绘图区域中直接点击对应的顶点，见图5-16中红色矩形框内的绿点，或者在位置模块中输入X=0mm、Y=0mm、Z=10mm；“方向”中选择“用户定义”，在弹出的对话框中选择X=0、Y=1、Z=−1，点击“OK”退出；“参数”对话框中将“长度”调整为14.14mm，见图5-16，点击“创建”，结果见图5-17。

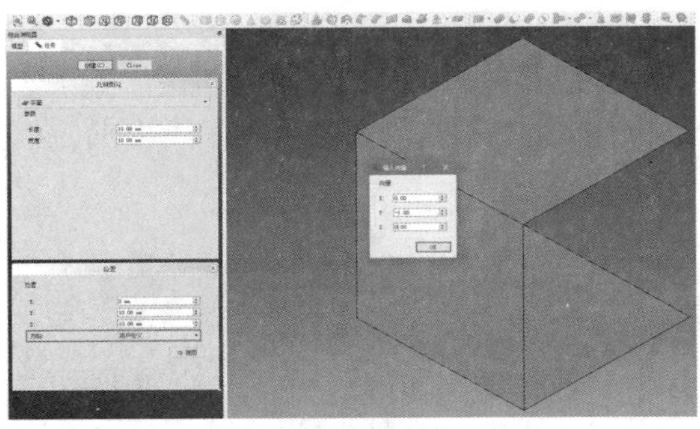

图5-14　输入平面向量

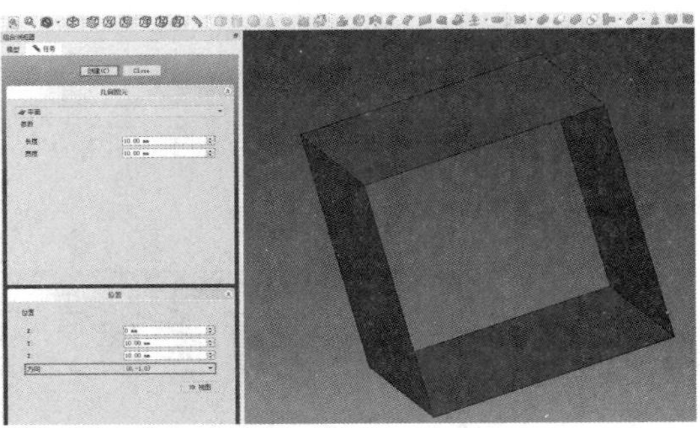

图5-15　新平面创建完成

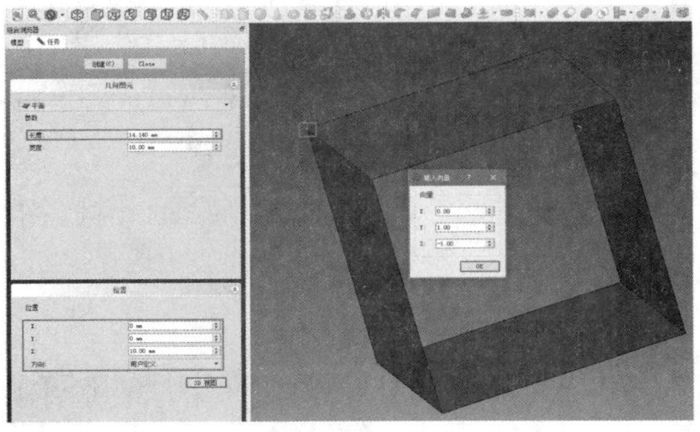

图5-16　准备创建新平面

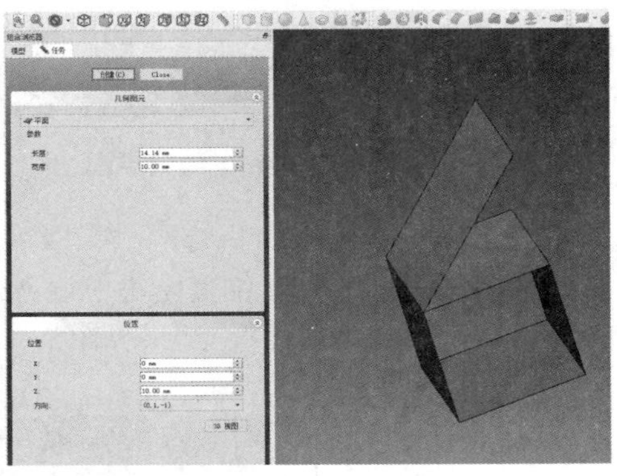

图5-17　新平面创建完成

⑥ 点击“3D视图”按钮，再在绘图区域中直接点击对应的顶点，见图5-18中红色矩形框内的绿点，或者在位置模块中输入X=0mm、Y=10mm、Z=10mm；“方向”中选择“Y”；“参数”对话框中将长度调整为10mm，见图5-18，点击“创建”，结果见图5-19。

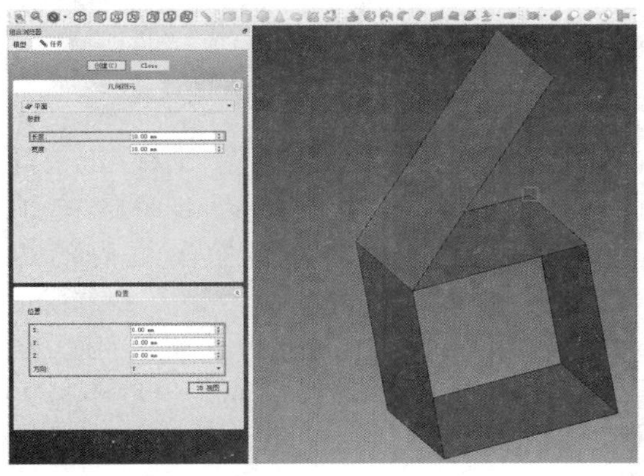

图5-18　准备创建新平面

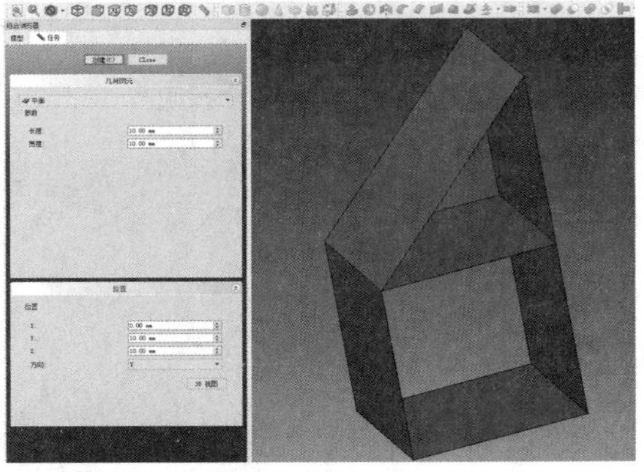

图5-19　新平面创建完成

注意

① 在绘图区域选择顶点时，有时并不是绿点，而是黄点。

② 在绘图区域选择顶点后，还需检查位置坐标是否正确，仅靠肉眼观察绘图区域中顶点的位置并不精确，见图5-9、图5-11、图5-13、图5-16、图5-18。

5.2.3.2 球体

① 打开FreeCAD，点击新建文件，工作台选择Part，点击“创建参数化几何图元”图标，见图5-6，“几何图元”中选择“球体”，半径及三个角度选择默认，“位置”对话框中默认球体位于原点（0，0，0），“方向”默认为Z，见图5-20，点击“创建”，点击“Close”退出。

② 左侧模型模块中出现 球体 图标，点击选中该图标，绘图区域中球体的颜色变绿，点击属性模块的“数据”按钮，双击“Placement/位置”，更改x、y、z的值可调整球体的位置；“Sphere”中的“Radius”表示球体半径，“Angle1”的值表示球体下半部分与XY平面的夹角，“Angle2”的值表示球体上半部分与XY平面的夹角，“Angle3”的值表示横截面围绕Z轴旋转的角度；将Angle1改为−45°，Angle2改为45°，Angle3改为300°，球体如图5-21所示。

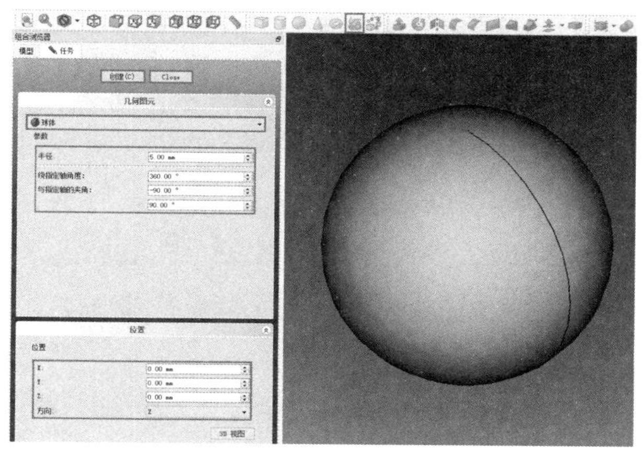

图5-20 创建球体

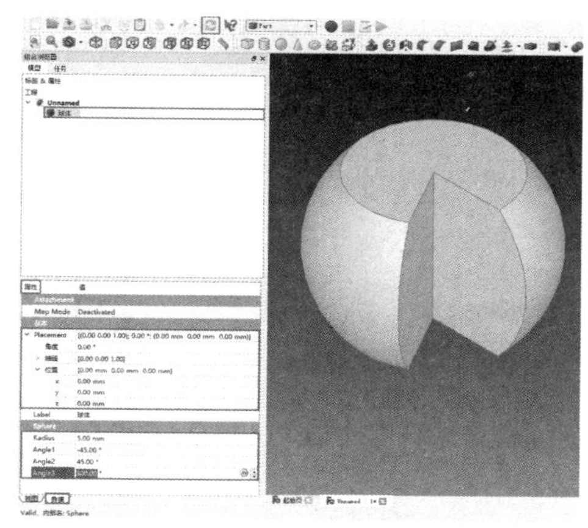

图5-21 球体形状编辑

注意

① “属性/数据”中更改数值后，假如对象无变化，则点击“刷新”图标，见图5-21。

② 初学者创建球体成功后可在“属性/数据”中编辑对象，见图5-21；熟练后可直接在创建前编辑对象，见图5-20。

5.2.3.3 椭圆体

椭圆体是由二维平面的椭圆围绕它的长轴或短轴旋转一周所形成的三维几何体。

① 打开FreeCAD，点击新建文件，工作台选择Part，点击“创建参数化几何图元”图标，见图5-6，“几何图元”中选择“椭圆体”，“参数”对话框中三个半径及角度选择默认，“位置”对话框中所有选项选择默认，见图5-22，点击“创建”，点击“Close”退出。

② 左侧模型模块中出现 椭圆体 图标，点击选中该图标，绘图区域中椭圆体的颜色变绿；点击属性模块的“数据”按钮，双击“Placement/位置”，更改x、y、z的值可调整椭圆体的位置；“Ellipsoid”中的“Radius1”表示椭圆体对XZ平面（或YZ平面）投影所

形成椭圆中与Z轴平行的半径，“Radius2”指椭圆体对XY平面投影所形成椭圆的长（或短）半径，“Radius3”指椭圆体对XY平面投影所形成椭圆的短（或长）半径，本例中“Radius2”与“Radius3”相同，说明在XY平面的投影为一个圆；“Angle1”的值表示椭圆体下半部分与XY平面的夹角，“Angle2”的值表示椭圆体上半部分与XY平面的夹角，“Angle3”的值表示横截面围绕Z轴旋转的角度；将Radius3改为6mm，Angle1改为−45°，Angle2改为45°，Angle3改为300°，椭圆体见图5-23。

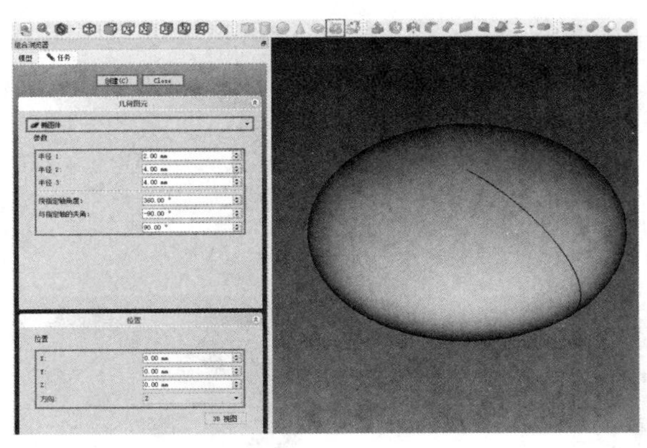

图5-22 创建椭圆体

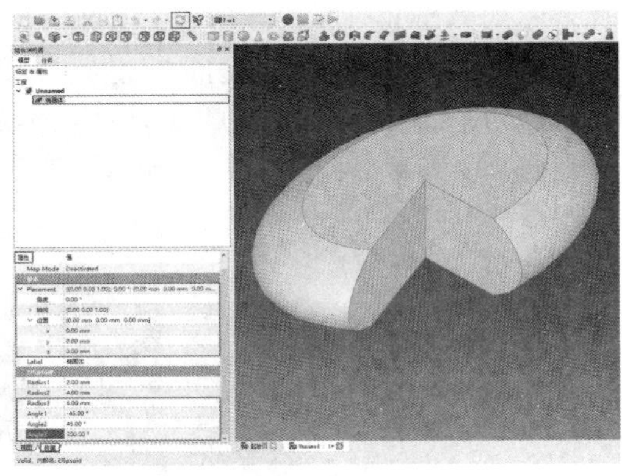

图5-23 椭圆体形状编辑

注意

① “属性/数据”中更改数值后，假如对象无变化，则点击“刷新”图标，见图5-23。

② 初学者创建椭圆体成功后可在“属性/数据”中编辑对象，见图5-23；熟练后可直接在创建前编辑对象，见图5-22。

5.2.3.4 楔形

楔形可以看做是棱柱的一种变形，一般而言，棱柱的顶面和底面平行且全等，若顶面和底面平行但不全等则为棱台，若顶面缩小成一条线，则外形就是俗称的楔子，若顶面继续缩小成为一个点则为棱锥，无论棱台还是棱锥均属于楔形的范畴。

① 打开FreeCAD，点击新建文件，工作台选择Part，点击“创建参数化几何图元”图标，见图5-6，几何图元中选择“楔形”，参数对话框中X最小值/最大值、Y最小值/最大值、Z最小值/最大值、X2最小值/最大值、Z2最小值/最大值均选择默认，“位置”对话框中所有选项选择默认（默认方向是将楔形底部放置在XZ平面中，顶部放置在Y轴方向上，X、Y、Z方向参照FreeCAD界面右下角的坐标轴），点击“创建”，见图5-24。

②“参数”对话框放大图见图5-25。其中，“X最小值/最大值”指楔形底面平面中X轴的起始/终止位置，“Y最小值/最大值”指楔形高度的起始/终止位置，“Z最小值/最大值”指楔形底面Z轴的起始/终止位置，“X2最小值/最大值”指楔形顶面平面中X轴的起始/终止位置，“Z2最小值/最大值”指楔形顶面平面中Z轴的起始/终止位置，共有10个值，底面4个值，顶面4个值，高度2个值。

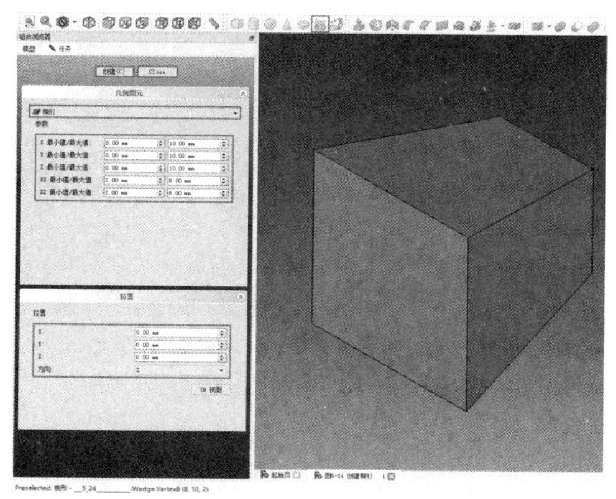

图5-24　创建楔形

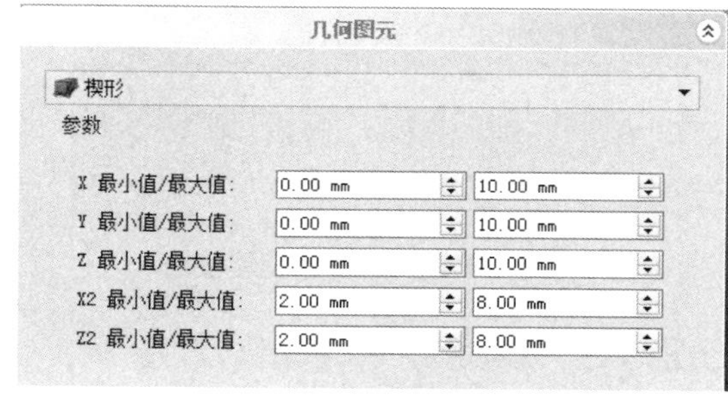

图5-25　楔形的参数对话框

③“位置”对话框中更改X、Y、Z的值可调整楔形的位置，更改“方向”可改变楔形高度的方向，点击“Close”退出。

④ 左侧模型模块中出现楔形图标，点击选中该图标，绘图区域中楔形的颜色变绿；点击属性模块的“数据”按钮，双击“Placement/位置”，更改x、y、z的值可调整楔形的位置，见图5-26。

⑤ 属性模块的“Wedge”中共有10个指标，分别对应创建过程中的10个值，Xmin对应楔形底面X轴的起始位置，Ymin对应楔形高度起始位置，Zmin对应楔形底面Z轴的起始位置，X2min对应顶面X轴的起始位置，Z2min对应顶面Z轴的起始位置，Xmax对应底面X轴的终止位置，Ymax对应楔形高度的终止位置，Zmax对应底面Z轴的终止位置，X2max对应顶面X轴的终止位置，Z2max对应顶面Z轴的终止位置，见图5-27。

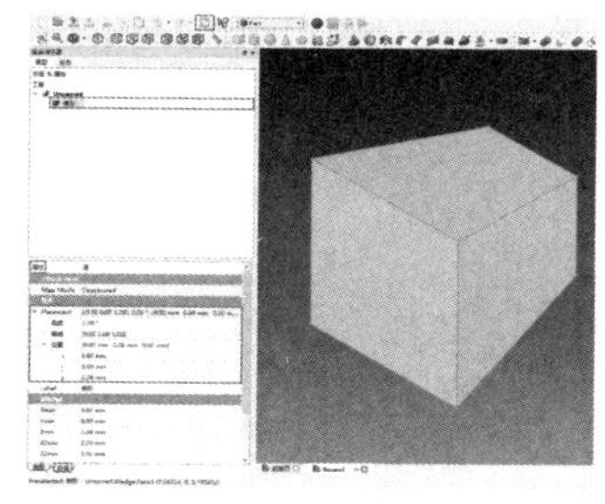

图5-26　楔形创建完成

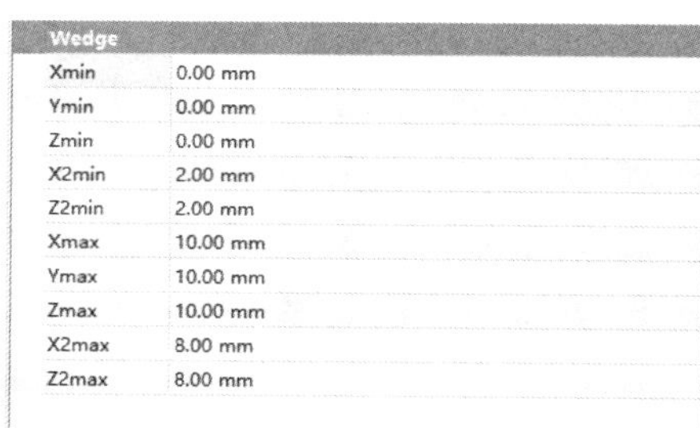

Wedge
Xmin 0.00 mm
Ymin 0.00 mm
Zmin 0.00 mm
X2min 2.00 mm
Z2min 2.00 mm
Xmax 10.00 mm
Ymax 10.00 mm
Zmax 10.00 mm
X2max 8.00 mm
Z2max 8.00 mm

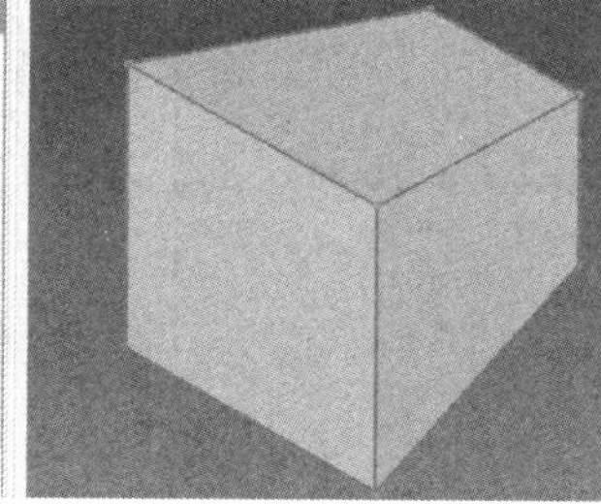

图5-27　在“属性/数据”中可重新编辑楔形

注意

① 更改“参数”对话框或属性模块中“数据”按钮Wedge中的10个值，可创建棱柱或棱锥，见图5-28和图5-29。

②“属性/数据”中更改数值后，假如对象无变化，则点击“刷新”图标，见图5-26。

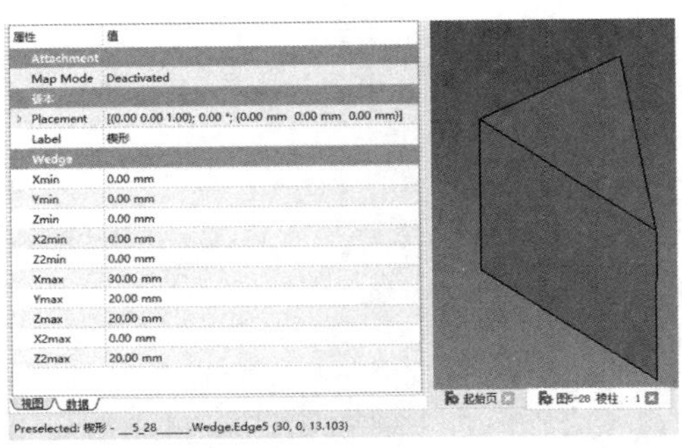

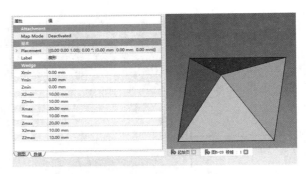

图5-28 编辑楔形参数创建棱柱

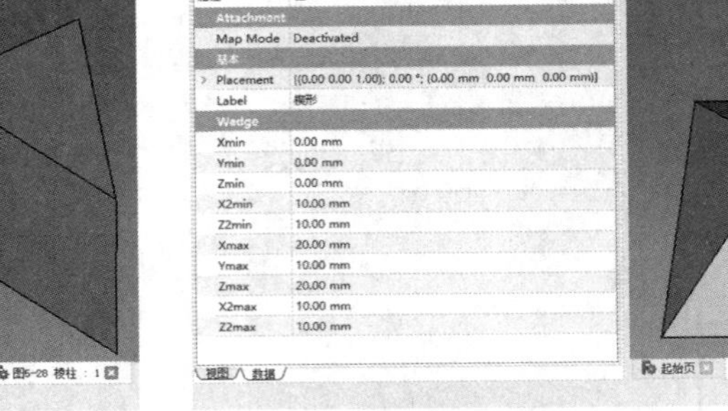

图5-29 编辑楔形参数创建棱锥

5.2.3.5 螺旋

本节的螺旋指的是二维平面中的螺旋线。

① 打开FreeCAD，点击新建文件，工作台选择Part，点击“创建参数化几何图元”图标，见图5-6，“几何图元”中选择“螺旋”，“参数”对话框中的三个参数分别为节距、圈数和半径，“参数”及“位置”对话框中的所有选项均选择默认，见图5-30，点击“创建”后点击“Close”退出。

② 左侧模型模块中出现螺旋图标，点击选中该图标，绘图区域中螺旋的颜色变绿；点击属性模块的“数据”按钮，双击“Placement/位置”，更改x、y、z的值可调整螺旋的位置；“Spiral”中的“Growth（节距）”表示螺旋旋转一圈后起点到终点的距离，“Radius（半径）”指螺旋的起始半径，“Rotations（旋转）”指螺旋旋转圈数，螺旋如图5-31所示。

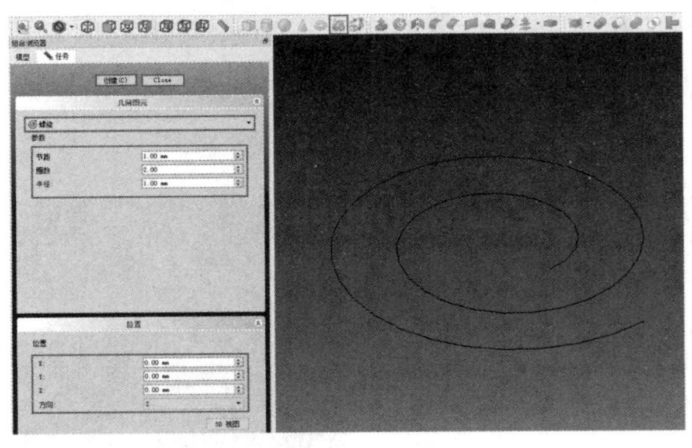
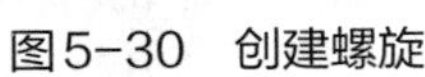

图5-30 创建螺旋

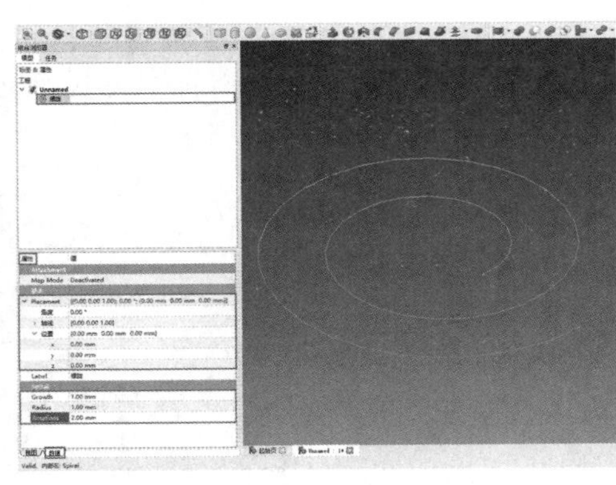

图5-31 螺旋创建完成

③ 本例中“Growth（节距）”为1mm，“Rotations（旋转）”为2圈，所以起点和终点的距离应为2mm；点击“测量长度”图标，在绘图区域选中螺旋的起点和终点，显示距离为2mm，见图5-32，点击“Close”退出；“Radius（半径）”为1mm，“Growth（节距）为1mm”，所以螺旋旋转半圈后的直径应为2.5mm，点击图标，选中螺旋的起点和半圈后的终点，显示距离为2.5mm，见图5-33。

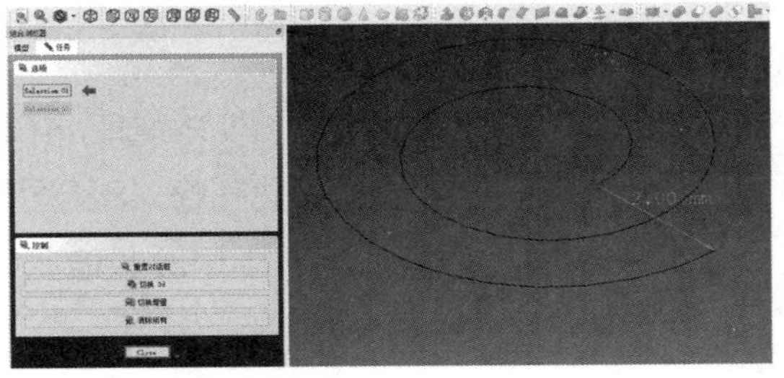

图5-32 测量螺旋起点到终点的距离

5.2.3.6　螺旋体

本节的螺旋体指的是三维空间中的螺旋线。

① 打开FreeCAD，点击新建文件，工作台选择Part，点击“创建参数化几何图元”图标，见图5-6，“几何图元”中选择“螺旋体”，“参数”对话框中的5个参数分别为间距、高度、半径、角度和坐标系，均选择默认，“位置”对话框中所有选项选择默认，点击“创建”，见图5-34，点击“Close”退出。

② 左侧模型模块中出现螺旋体图标，点击选中该图标，绘图区域中螺旋体的颜色变绿；点击属性模块的“数据”按钮，双击“Placement/位置”，更改x、y、z的值可调整螺旋体的位置；“Helix”中的“Pitch（间距）”表示相邻两个螺纹之间的距离，“Height（高度）”指螺旋体起点位置到终点位置的垂直距离，“Radius（半径）”指视角从上往下观察螺旋体所构建的圆的半径，“角度”指螺旋体所围绕的对象，可以是圆柱体，也可以是圆锥体，若是圆柱体，则角度为0°，若是圆锥体，则角度必须介于0°～90°之间，图5-34中“坐标系”有两个选项，分别为“左手”和“右手”，指的是左旋和右旋；将角度更改为45°，则螺旋体如图5-35所示。

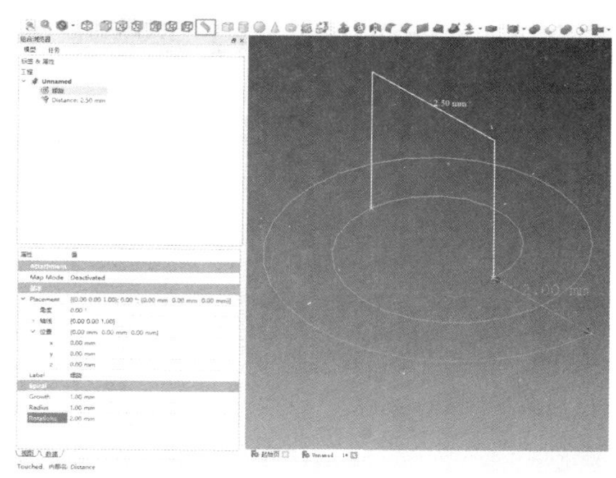

图5-33　测量螺旋旋转半圈后的直径

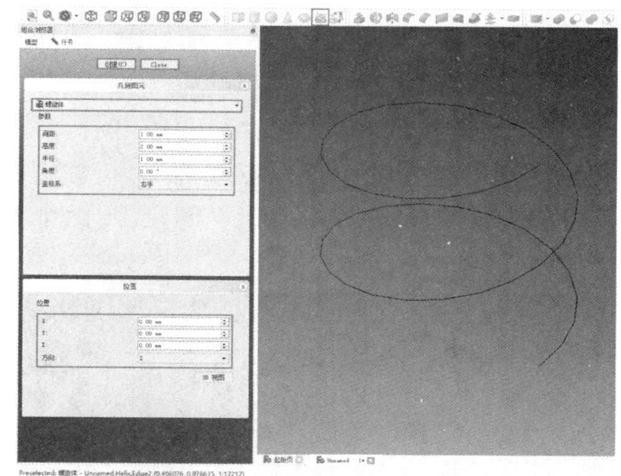

图5-34　创建螺旋体

③ 点击“测量长度”图标，在绘图区域点击选中螺旋体的起点和终点，则出现起点和终点的水平距离、垂直距离和两点距离，点击“切换3d”按钮切换3d，则保留水平距离、垂直距离的同时，两点距离消失，再次点击则两点距离重新出现；点击“切换增量”按钮切换增量，则保留两点距离的同时，水平距离和垂直距离消失，再次点击则水平距离和垂直距离重新出现；点击“清除所有”按钮清除所有，则删除所有距离，见图5-36；点击“Close”退出。

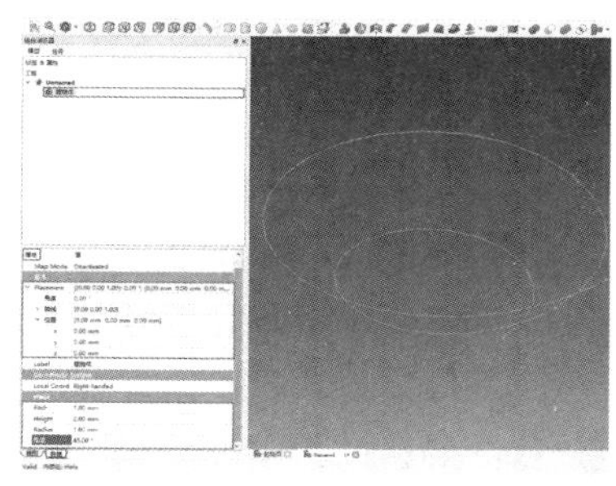

图5-35　更改螺旋体角度为45°

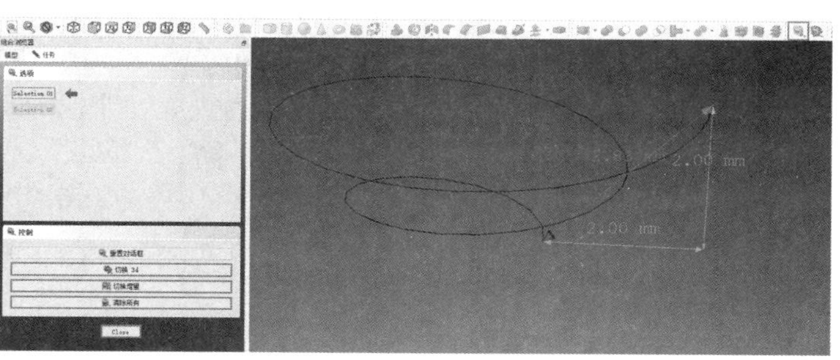

图5-36　测量螺旋体起点到终点的距离

5.2.4 创建形体高级工具

创建形体高级工具的图标为，点击该图标，操作界面如图5-37所示。创建形体共有六种方式，分别为顶点生成棱、Wire from edges（棱边生成线）、由顶点创建面、棱生成面、面生成壳、壳生成体。每种创建方式均需选择相应的点、线或面，创建所需的具体几何元素可在该对话框底部查看提示。点击“创建”按钮，生成相应的形体，点击“Close”可退出。

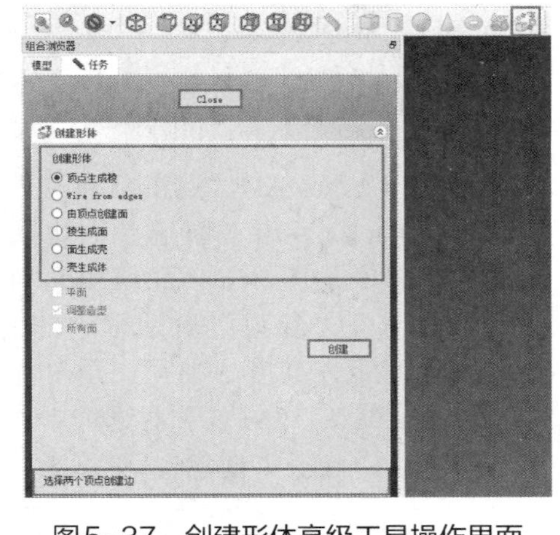

图5-37　创建形体高级工具操作界面

5.2.4.1　顶点生成棱

① 打开FreeCAD，点击新建文件，工作台选择Part，点击“创建立方体”图标，则在绘图区域显示一个立方体，同时左侧模型模块中出现立方体图标，见图5-38。

② 点击“创建形体高级工具”图标，选择“顶点生成棱”，参考对话框底部显示的提示信息“选择两个顶点创建边”，按住“Ctrl”键在绘图区域选择两个顶点，两个顶点的颜色变绿，见图5-39，点击“创建”，两个绿点消失，点击“Close”退出。

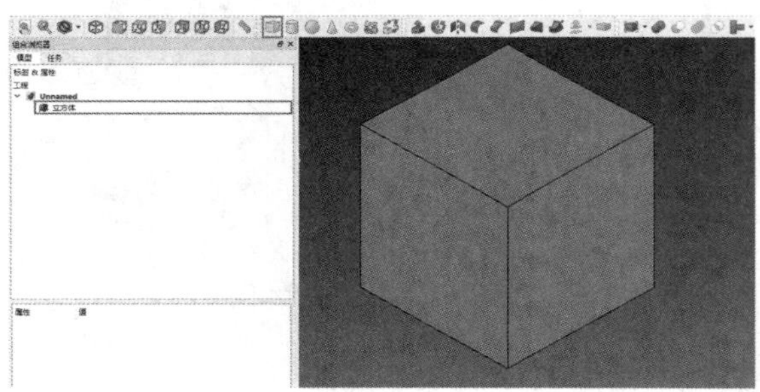

图5-38　创建立方体

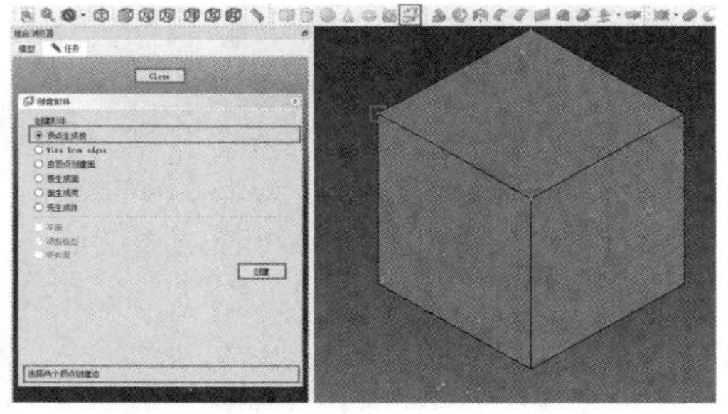

图5-39　选择两个顶点创建棱边

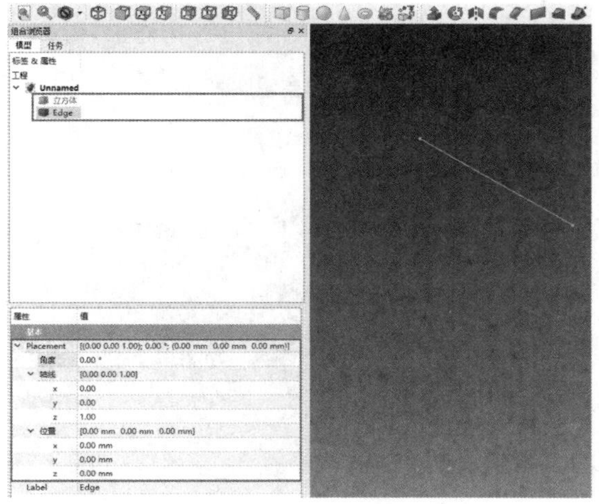

图5-40　可对棱边进行位置和角度的编辑

③ 左侧模型模块中出现Edge图标，此时立方体与棱边相重合，点击选中立方体图标，按空格键隐藏立方体，或按“Delete”键删除立方体，则会显示刚刚创建的棱边；点击选中左侧模型模块中的Edge图标，绘图区域中棱边的颜色变绿；点击属性模块的“数据”按钮，双击“Placement/位置”，更改x、y、z的值可调整棱边的位置；点击“Placement/轴线”，轴线默认为z=1、x=0、y=0，意味着棱边的旋转将会默认以Z轴为轴线；可对轴线向量进行更改，在“角度”中输入具体的数值，可使棱边围绕着选定的轴旋转所输入的角度，见图5-40。

注意

① 绘图区域中选择顶点时，若出现⊘图标，表示位置错误，可用鼠标滚轮放大该区域，缓慢移动鼠标，直到出现黄点后再点击选中该顶点。

② 绘图区域中选择顶点时，两个顶点可在同一条棱边上，也可不在同一条棱边上，例如可以选择立方体某个面对角线的两个顶点，也可选择立方体体对角线的两个顶点。

5.2.4.2　Wire from edges（棱边生成线）

① 打开FreeCAD，点击新建文件，工作台选择Part，点击“创建立方体”图标，则在绘图区域显示一个立方体，同时左侧模型模块中出现 立方体 图标，见图5-38。

② 点击“创建形体高级工具”图标，选择“Wire from edges”，参考对话框底部显示的提示信息“选择相邻的边”，按住“Ctrl”键在绘图区域选择两条相邻的棱边，则两条棱边的颜色变绿，见图5-41，点击“创建”按钮，两条绿色的棱边消失，点击“Close”退出。

③ 左侧模型模块中出现 Wire 图标，此时立方体与两条线重合，点击选中 立方体 图标，按空格键隐藏立方体，或按“Delete”键删除立方体，则显示刚刚创建的两条线；点击选中左侧模型模块中的 Wire 图标，绘图区域中两条线的颜色变绿；点击属性模块的“数据”按钮，双击“Placement/位置”，更改x、y、z的值可调整两条线的位置；点击“Placement/轴线”，轴线默认为z=1、x=0、y=0，意味着线的旋转将会默认以Z轴为轴线，可对其进行更改；在“角度”中输入具体的数值，可使线围绕选定的轴旋转所输入的角度，见图5-42。

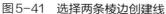

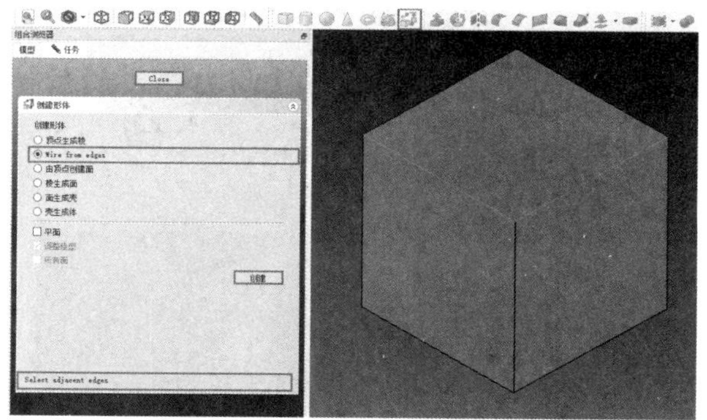

图5-41　选择两条棱边创建线

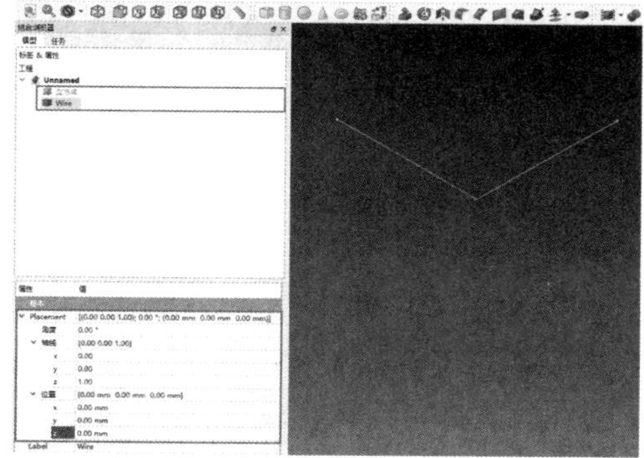

图5-42　可对创建的线进行位置和角度的编辑

注意

① 绘图区域中选择棱边时，若两条棱边不相连，则创建后只保留第一条棱边。

② 绘图区域中选择棱边时，也可在同一平面内选择多条相邻的棱边，例如在立方体的某个平面上按住“Ctrl”键点击该平面内的3条或4条棱边，则3条或4条棱边的颜色变绿，点击“创建”按钮，点击“Close”退出，隐藏或删除立方体后，显示“门”或“口”字形的线。

5.2.4.3 由顶点创建面

① 打开FreeCAD，点击新建文件，工作台选择Part，点击“创建立方体”图标，则在绘图区域显示一个立方体，同时左侧模型模块中出现 立方体 图标，见图5-38。

② 点击“创建形体高级工具”图标，选择“由顶点创建面”，同时选中“平面”复选框，参考对话框底部显示的提示信息“选取一个顶点清单”，按住“Ctrl”键在绘图区域选择立方体某个平面上的所有顶点，则某个平面的四个顶点全部变绿，见图5-43，点击“创建”，四个绿色顶点消失，点击“Close”退出。

③ 左侧模型模块中出现 Face 图标，此时立方体与平面重合，点击选中 立方体 图标，按空格键隐藏立方体，或按“Delete”键删除立方体，则显示创建的平面；点击选中左侧模型模块中的 Face 图标，绘图区域中平面的颜色变绿；点击属性模块的“数据”按钮，双击“Placement/位置”，更改x、y、z的值可调整平面的位置；点击“Placement/轴线”，轴线默认为z=1、x=0、y=0，意味着平面的旋转将会默认以Z轴为轴线；可对其进行更改，在“角度”中输入具体的数值，可使平面围绕选定的轴旋转所输入的角度，见图5-44。

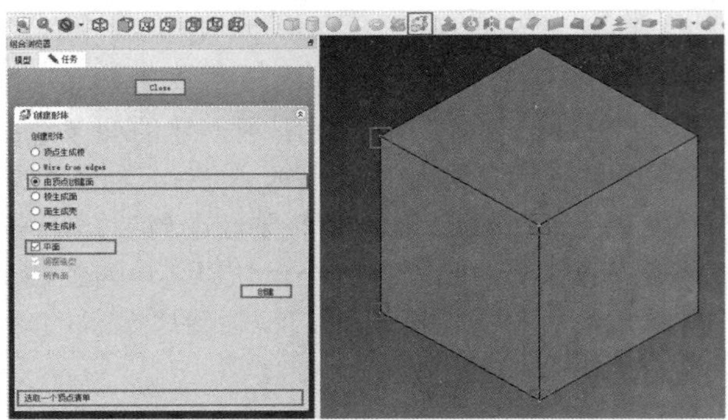

图5-43 选择平面的四个顶点创建平面

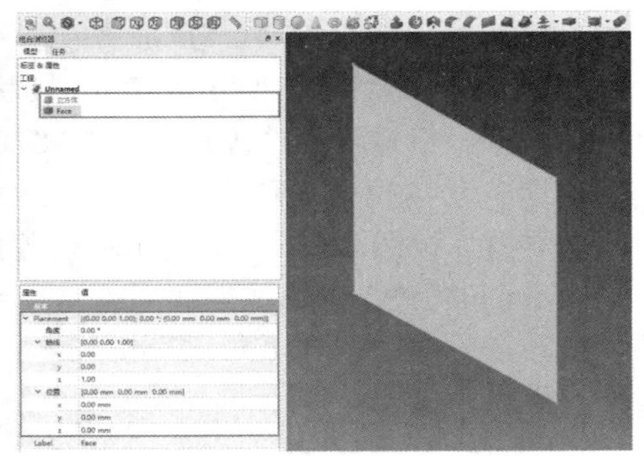

图5-44 可对创建的平面进行位置和角度的编辑

注意

① 如图5-43，创建平面时，如若不选中“平面”复选框，则无法创建平面。

② 绘图区域中选择顶点时，在某个平面上至少要选取3个点，只选择2个点无法创建平面，选取3个点，则创建一个三角形的平面，见图5-45。

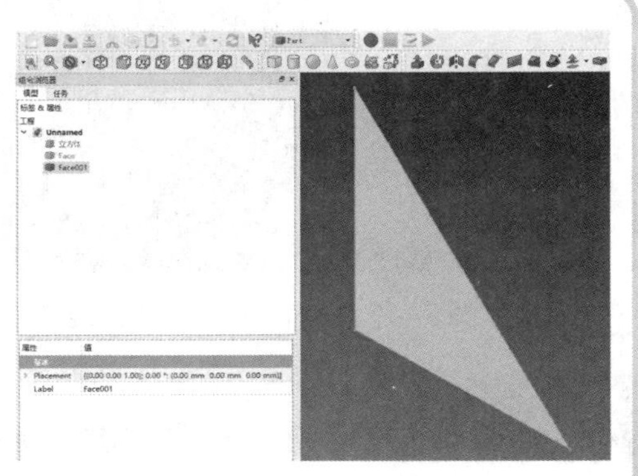

图5-45 选取三个点创建三角形平面

5.2.4.4 棱生成面

① 打开FreeCAD，点击新建文件，工作台选择Part，点击“创建立方体”图标，则

在绘图区域显示一个立方体，同时左侧模型模块中出现 立方体 图标，见图5-38。

② 点击“创建形体高级工具”图标，选择“棱生成面”，参考对话框底部显示的提示信息“选择一组闭合的边”，按住“Ctrl”键在绘图区域选择正方体某个平面上的四条棱边，则某个平面四条棱边的颜色全部变绿，见图5-46；点击“创建”，四条绿色的棱边消失，点击“Close”退出。

③ 左侧模型模块中出现 Face 图标，此时立方体与平面重合，点击选中 立方体 图标，按空格键隐藏立方体，或按“Delete”键删除立方体，则显示刚刚创建的平面；点击选中左侧模型模块中的 Face 图标，绘图区域中平面的颜色变绿；点击属性模块的“数据”按钮，双击“Placement/位置”，更改x、y、z的值可调整平面的位置；点击“Placement/轴线”，轴线默认为z=1、x=0、y=0，意味着平面的旋转将会默认以Z轴为轴线，可对其进行更改，在“角度”中输入具体的数值，可使平面围绕选定的轴旋转所输入的角度，见图5-47。

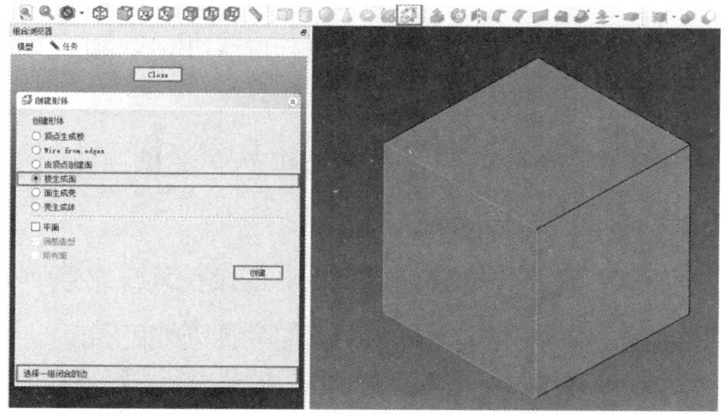

图5-46　选择棱边准备创建平面

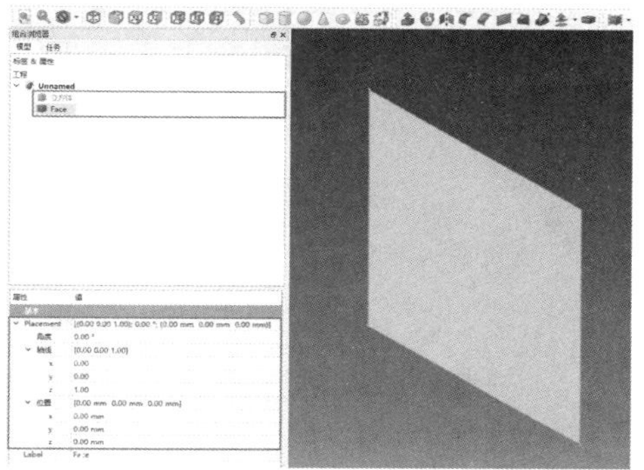

图5-47　可对创建的平面进行位置和角度的编辑

注意

① 如图5-46，创建平面时，不论是否选中“平面”复选框，均能创建平面。

② 绘图区域中选择棱边时，必须将某平面的全部棱边选中，如果只选取3条棱边，选中“平面”复选框，则创建后按空格键隐藏立方体，发现仅有三个顶点，并无相应的平面。

③ 该命令每次只能创建一个平面，若选择多个平面的全部棱边，创建后只保留第一个平面。

5.2.4.5　面生成壳

① 打开FreeCAD，点击新建文件，工作台选择Part，点击“创建立方体”图标，则在绘图区域显示一个立方体，同时左侧模型模块中出现 立方体 图标，见图5-38。

② 点击“创建形体高级工具”图标，选择“面生成壳”，参考对话框底部显示的提示信息“选择相邻面”，按住“Ctrl”键在绘图区域选择立方体相邻的四个平面，则所选中的平面全部变绿，见图5-48，点击“创建”，绿色的平面消失，点击“Close”退出；若选中“所有面”复选框，则点击立方体任意一点，正方体的六个平面全部被选中变绿。

③ 左侧模型模块中出现 Shell 图标，此时立方体与创建的壳重合，点击选中 立方体 图标，按空格键隐藏立方体，或按“Delete”键删除立方体，则显示创建的壳，点击选中左侧模型模块中的 Shell 图标，绘图区域中壳的颜色变绿；点击属性模块的“数据”按钮，双击“Placement/位置”和“轴线”，可对创建的壳进行位置和角度的编辑，见图5-49。

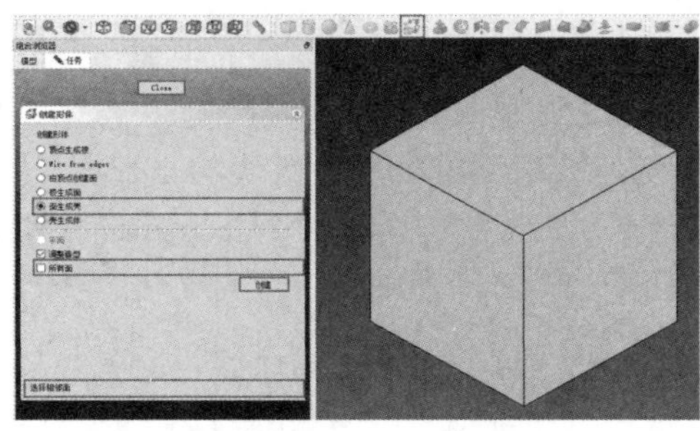

图5-48 选择相邻的四个平面创建壳

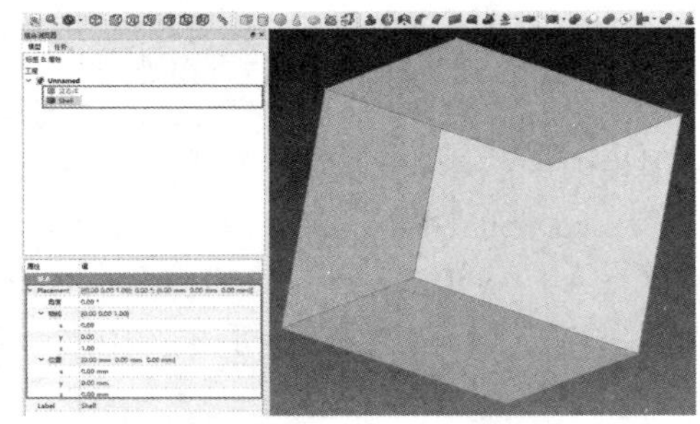

图5-49 可对创建的壳进行位置和角度的编辑

注意

① 绘图区域中选择平面时，应至少选择两个平面，且两个平面必须相连，否则无法创建壳。

② 选中“调整造型”复选框，可清除不必要的痕迹线。例如布尔运算之后，一些对象的痕迹线仍然可见，选中该复选框，将创建一个完全清除痕迹线的壳。

5.2.4.6 壳生成体

① 打开5.2.4.5节中的FreeCAD文件，见图5-49，以壳为原件，创建生成新的实体。

② 点击“创建形体高级工具”图标，选择“壳生成体”，参考对话框底部显示的提示信息“可以选择所有形体类型”，点击选择原有的壳中任意一点，则任意一点所在的平面变绿，见图5-50，点击“创建”，绿色的平面消失，点击“Close”退出。

③ 左侧模型模块中出现 Solid 图标，此时原有的壳与创建的实体重合，点击选中 立方体 和 Shell 图标，按空格键隐藏这两个对象，或按“Delete”键删除，则显示刚刚创建的实体，实体与原有的壳形状大小相同，点击选中 Solid 图标，绘图区域中实体的颜色变绿；点击属性模块的“数据”按钮，双击“Placement/位置”和“轴线”，可对实体进行位置和角度的编辑，见图5-51。

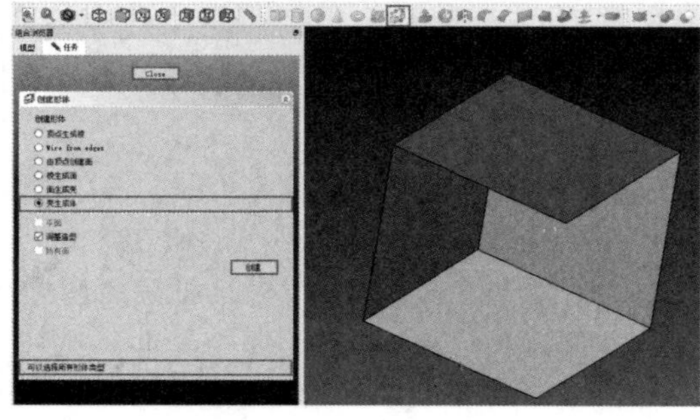

图5-50 选择平面创建实体

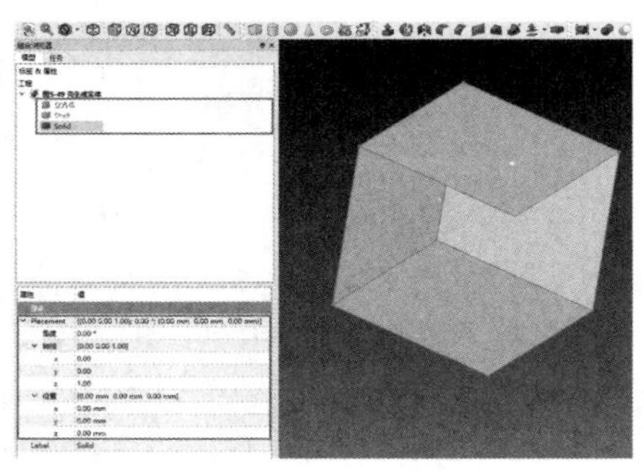

图5-51 可对创建的实体进行位置和角度的编辑

注意

① 绘图区域中点击选择壳的任意一点时，虽然只选中壳的其中一个平面，但创建的实体却是基于整个壳的。

② 以上“创建形体高级工具”的实例均基于立方体，其他形状的对象也可进行同样的操作。

③ Part Design工作台中所创建的实体只需切换到Part工作台，就可进行一系列同样的操作。

5.3 零件工具栏

零件工具栏中包含拉伸、旋转、镜像、倒圆角、倒角、直纹面、放样、扫略、三维偏移、二维偏移和抽壳，很多命令的功能与Part Design中的命令很相似，但功能又有较大的扩展和提升，具体应用如下。

5.3.1 拉伸

拉伸的图标为，作用是在将几何元素对象（包括点、线、面等）进行拉伸，拉伸方向可以是法向，或者是已有线条的方向，也可以是任意指定的方向。通过拉伸可将点拉伸为线，将线拉伸为壳或面，将面拉伸为壳或实体。

5.3.1.1 点拉伸为线

① 打开FreeCAD，点击新建文件，工作台选择Part，点击“创建参数化几何图元”图标，“几何图元”选择创建一个“点”，点击“创建”，点击“Close”退出，见图5-52。

② 左侧模型模块中出现 • 顶点 图标，点击选中，顶点的颜色变绿，为便于观察，点击属性模块的“视图”按钮，点击“Point Size”属性，更改值为10，可将点进行放大，见图5-53。

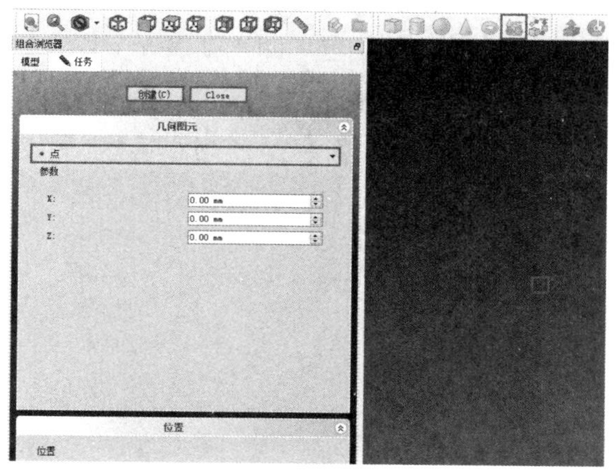

图5-52　创建一个点

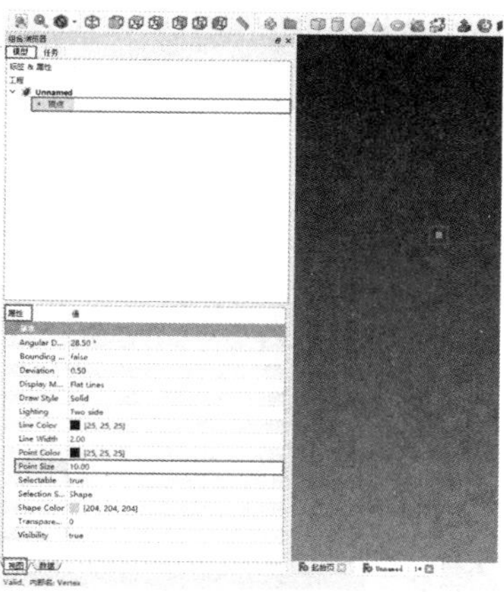

图5-53　放大创建的点

③ 点击“拉伸”图标，选择“自定义方向”（因为点没有法向，此例中也没有其他线条），在对话框底部形状中选择“顶点”；“长度”在本例中指沿Z轴方向延长10mm，反向延长0mm，选择“对称”复选框，意味着延长线与该点的坐标对称；点击“Apply”拉伸，点击“Close”退出；也可点击“OK”，则拉伸后直接退出，见图5-54。

④ 左侧模型模块中出现 Extrude 图标，点击选中该图标，绘图区域中拉伸后形成的线条颜色变绿；点击属性模块的“数据”按钮，可重新对拉伸内容进行编辑，见图5-55。

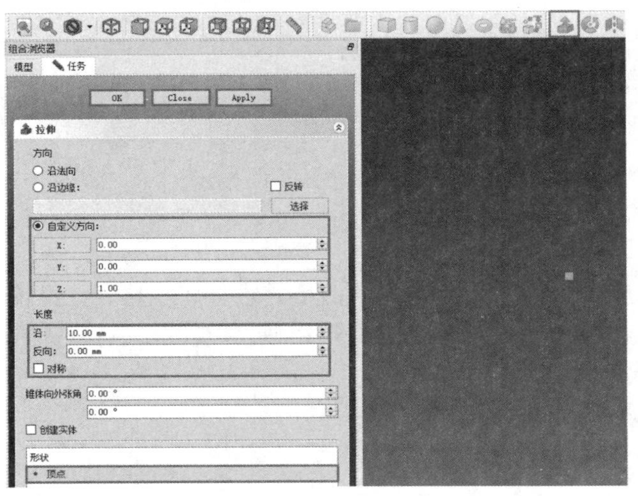

图5-54 拉伸操作界面

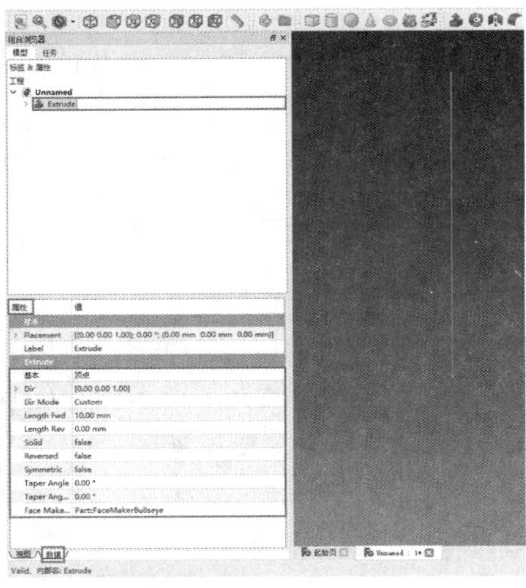

图5-55 可对拉伸的线重新进行编辑

5.3.1.2 线拉伸为实体或壳

① 打开FreeCAD，点击新建文件，工作台选择Part，点击“创建参数化几何图元”图标，选择创建一个“圆”，圆心坐标为（0，0，0），点击“创建”；再选择创建一条“线”，线的起点为（0，0，0），终点为（10，10，10），点击“创建”，点击“Close”退出，见图5-56。

② 左侧模型模块中出现 圆 和 线 图标；点击“拉伸”图标，选择“沿边缘”，点击“选择”按钮，在绘图区域中点击选择线条作为拉伸路径，则线条的颜色变绿，“长度”自动变为0mm，如果选中“反转”复选框，则创建的对象将沿与线条的相反方向拉伸；在对话框底部“形状”中选择“圆”作为拉伸对象，见图5-57；如果选中“创建实体”复选框，点击“Apply”，拉伸命令会创建出一个封闭的圆柱体（实体），见图5-58，如果

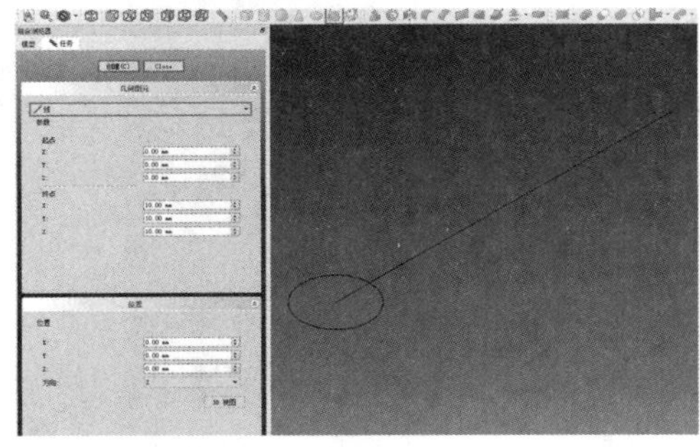

图5-56 创建一个圆和一条线

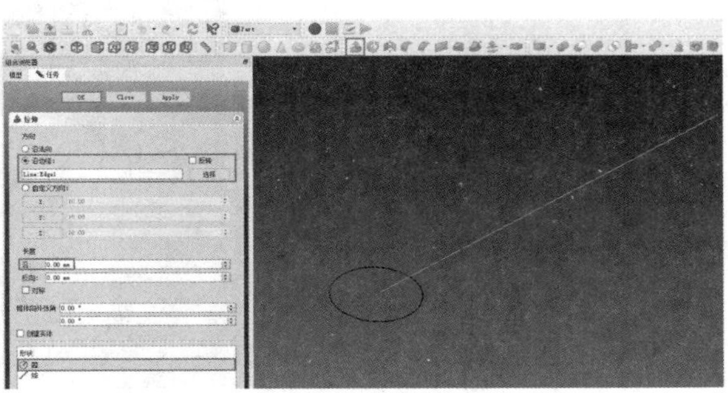

图5-57 选择线条作为圆拉伸的方向

不选“创建实体”复选框，点击“Apply”，拉伸命令会创建出一个开放的圆管（壳），见图5-59；点击“Close”退出。

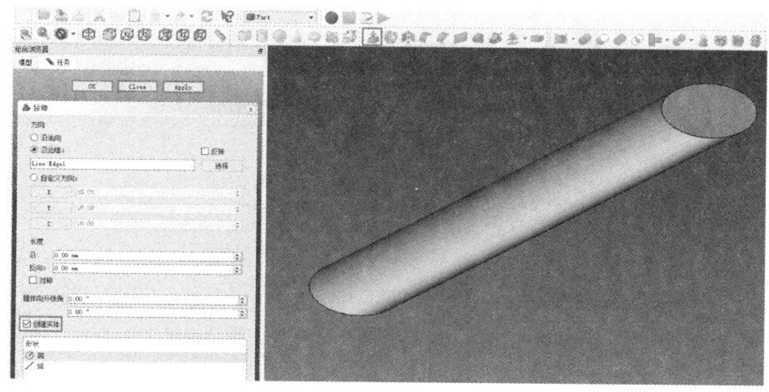

图5-58　选中“创建实体”复选框

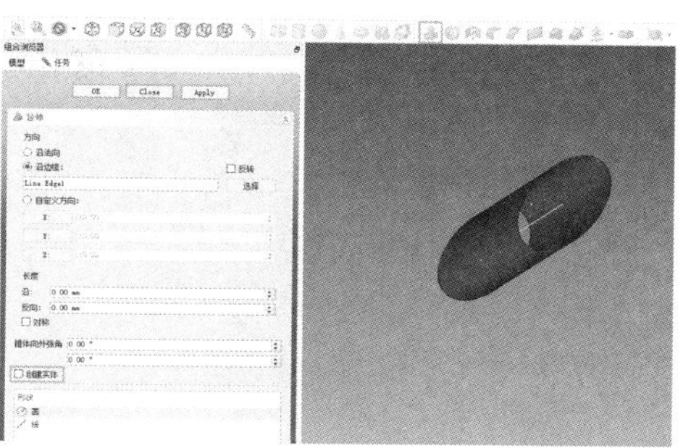

图5-59　未选中“创建实体”复选框

③ 左侧模型模块中出现 Extrude 图标，点击选中该图标左侧小箭头，显示 圆，说明该实体或壳是基于对圆的拉伸而形成的，同时绘图区域中拉伸所形成的实体或壳的颜色变绿；点击属性模块的“数据”按钮，可重新对拉伸内容进行编辑，见图5-60。

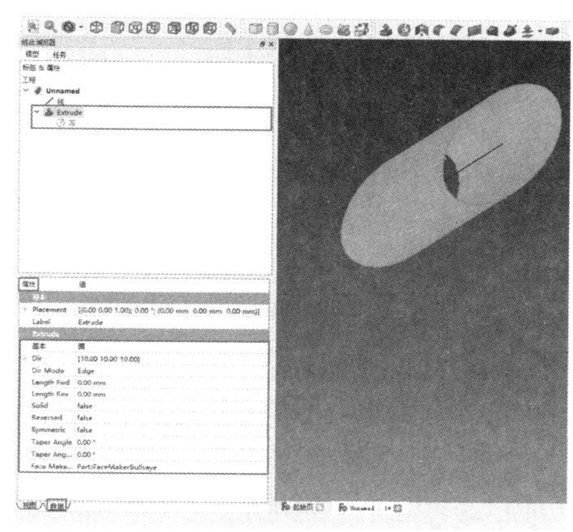

图5-60　拉伸操作完成

5.3.1.3　平面沿法向拉伸为实体

① 打开FreeCAD，点击新建文件，工作台选择Part，点击“创建参数化几何图元”图标，“几何图元”选择创建一个“平面”，点击“创建”，点击“Close”退出，见图5-61。

② 左侧模型模块中出现 平面 图标，点击选中该图标，则绘图区域中平面的颜色变绿，点击“拉伸”图标，对话框底部“形状”中自动选中“平面”；选择“沿法向”，“长度”更改为20mm，“反向”为5mm，表示平面沿法向正方向拉伸20mm，向法向负方向拉伸5mm，合计25mm；点击“Apply”，拉伸命令会创建出一个长方体，见图5-62；如果选中“对称”复选框，则反向拉伸的数值变为暗淡的不可更改状态，这表示拉伸将不考虑反向拉伸的数值，创建的对象将仅考虑正向拉伸的数值且沿平面对称。

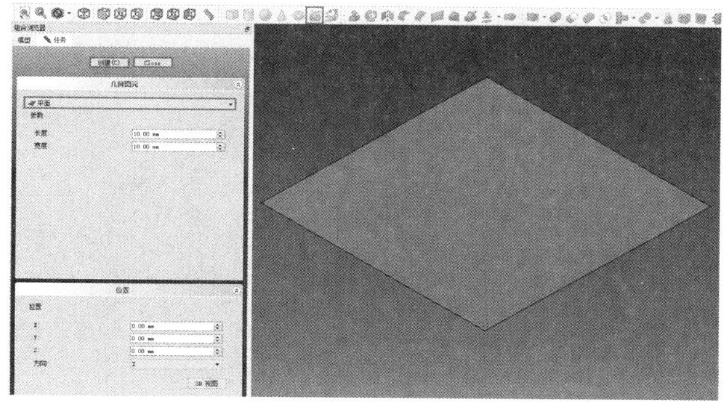

图5-61　创建平面

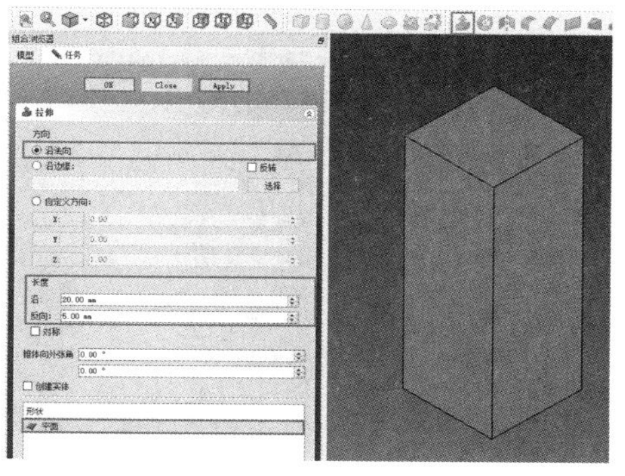

图5-62　平面拉伸成为长方体

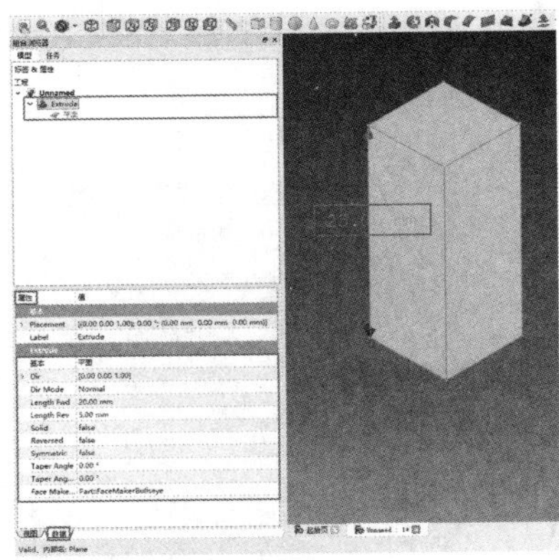

图5-63　拉伸操作完成

③ 左侧模型模块中出现 Extrude 图标，点击选中该图标，绘图区域中拉伸所形成的实体颜色变绿；点击属性模块的“数据”按钮，可重新对拉伸内容进行编辑；点击“测量长度”图标，在绘图区域选中竖向棱边的起点和终点，显示距离为25mm，点击“Close”退出，见图5-63。

5.3.1.4　平面沿一定角度拉伸为实体或壳

① 打开FreeCAD，点击新建文件，工作台选择Part，点击“创建参数化几何图元”图标，“几何图元”选择创建一个“平面”，点击“创建”，点击“Close”退出，见图5-61。

② 左侧模型模块中出现 平面 图标，点击选中该图标，则绘图区域中平面的颜色变绿，点击“拉伸”图标，对话框底部“形状”中自动选中“平面”；选择“沿法向”，长度更改为20mm，反向20mm，表示平面沿法向正方向拉伸20mm，向法向负方向拉伸20mm，合计40mm，此时正向和负向拉伸的长度值相等，意味着所创建的对象与平面对称；“锥体向外张角”第一个框填入45°，表示沿法向正方向拉伸时角度向外45°，第二个框填入30°，表示沿法向负方向拉伸时角度向外30°；如果选中“创建实体”复选框，点击“Apply”，拉伸命令会创建出一个封闭的实体，见图5-64；如果不选“创建实体”复选框，点击“Apply”，拉伸命令会创建出一个开放的壳，见图5-65；点击“Close”退出。

③ 左侧模型模块中出现 Extrude 图标，点击选中该图标，绘图区域中拉伸所形成的实体或壳的颜色变绿；点击属性模块的“数据”按钮，可重新对拉伸的参数进行编辑，见图5-66，各个参数的含义详见第②步或第7章7.1.4节；点击“测量长度”图标，绘图区域点击对应的起点和终点，可显示相应的三维数值（根据勾股定理计算直角三角形斜边的长度=sqrt（$2\times8.45^2+40^2$）=41.75），见图5-66，点击“Close”退出。

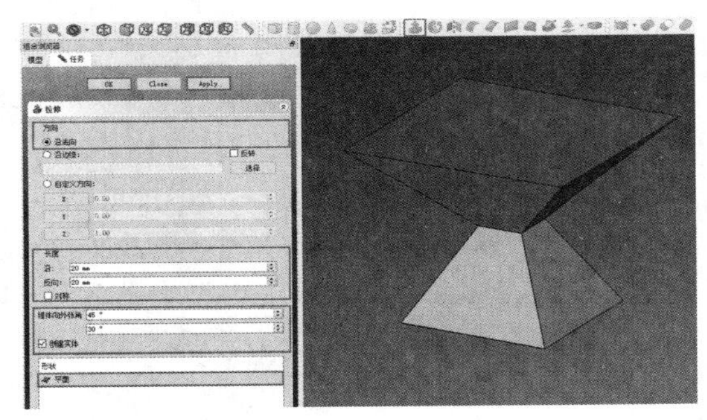

图5-64　锥体向外张角创建实体

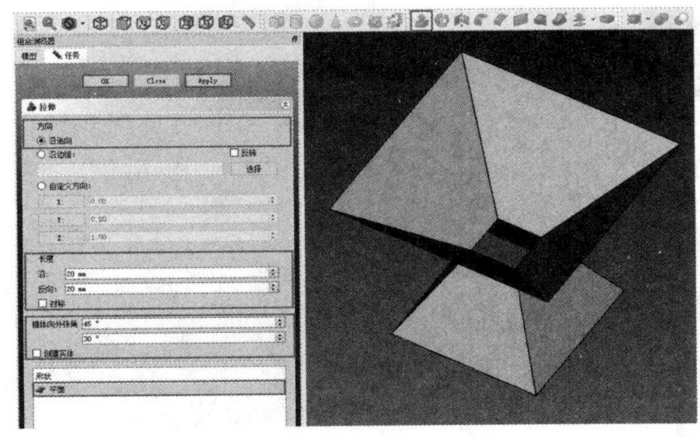

图5-65　锥体向外张角创建壳

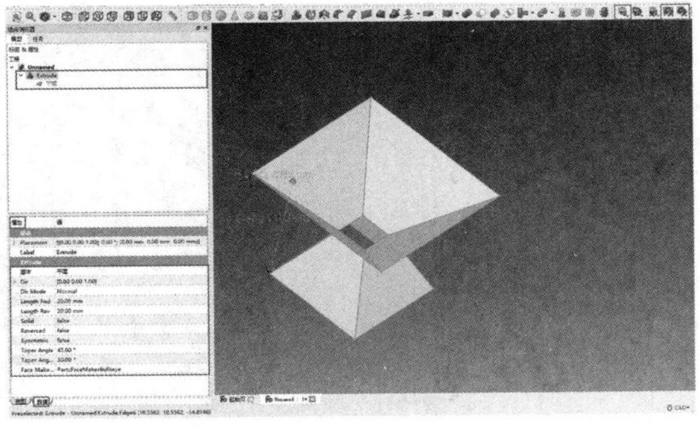

图5-66　拉伸操作完成

注意

① Part工作台中的拉伸和Part Design工作台中的凸台就功能来说很相似，但Part Design工作台中的凸台只能垂直拉伸草图，无法将草图拉伸成与法向方向有一定夹角的实体，如图5-58、图5-64所示，也无法拉伸形成如图5-65所示的壳。

② Part工作台中绘制复杂的二维图形较为困难，但可将Part Design工作台中所绘制的复杂草图切换到Part工作台进行拉伸，形成具有一定夹角的实体或壳，如图5-64或图5-65。

③ 图5-65中，如果“长度”中“反向”数值为0，则即使向“锥体向外张角”的第二个框填入数值，也无法反向构建实体或壳。

④ 点击属性模块的“数据”按钮，“Dir”中的值和“Length Fwd”“Length Rev”虽然都表示拉伸的长度，但只有“Length Fwd”和“Length Rev”均为零时，拉伸的长度才以Dir中的值为准。

5.3.2　旋转

旋转的图标为，作用是将选定的对象绕指定的轴旋转形成线、面、壳或实体，旋转轴可以通过坐标及向量确定，也可通过选择参考线确定。

5.3.2.1　通过坐标及向量确定旋转轴

① 打开FreeCAD，点击新建文件，工作台选择Part，点击“创建参数化几何图元”图标，“几何图元”选择创建一个“平面”，“参数”及“位置”均为默认值，点击“创建”，点击“Close”退出，见图5-61。

② 左侧模型模块中出现 平面 图标，点击选中该图标，则绘图区域中平面的颜色变绿，见图5-67；点击“旋转”图标，则“旋转”对话框“形状”中自动选中“平面”；回转轴中心X、中心Y、中心Z指回转轴的起点坐标，方向X、方向Y、方向Z指回转轴向量，本例中回转轴中心默认为（0，0，0），回转轴向量更改为（1，1，0），意味着旋转轴位于XY平面内，与X轴呈45°夹角，与Y轴也呈45°夹角；“角度”选择默认的360°，选中“创建实体”复选框；选中“对称角度”复选框意味着正向旋转一半的角度，同时反向旋转一半的角度，本例中因为旋转360°，所以可以选择也可以不选择，见图5-68；点击“OK”创建并退出。

③ 左侧模型模块中出现 Revolve 图标，点击选中该图标，绘图区域中旋转所形成的实体颜色变绿；点击属性模块的“数据”按钮，可重新对旋转内容进行编辑，见图5-69。

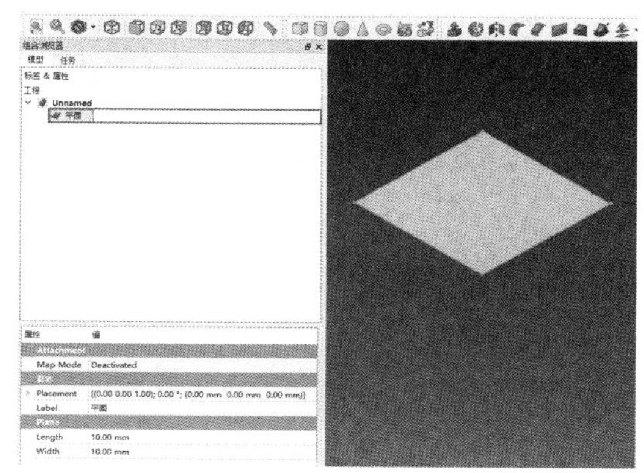

图5-67　点击平面准备旋转操作

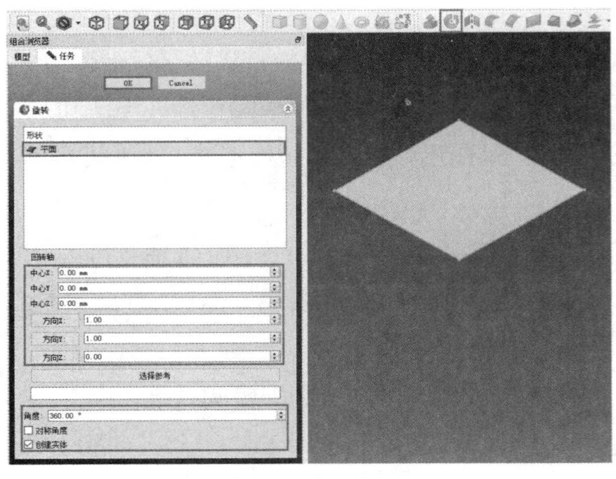

图5-68　选择回转轴及角度

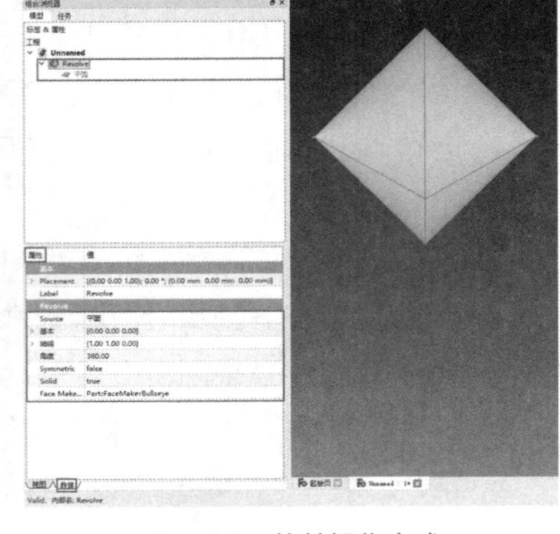

图5-69　旋转操作完成

5.3.2.2　通过选择参考线确定旋转轴

① 打开FreeCAD，点击新建文件，工作台选择Part，点击“创建参数化几何图元”图标，“几何图元”选择创建一个“平面”，点击“创建”，点击“Close”退出，见图5-61。

② 左侧模型模块中出现 平面 图标，点击选中该图标，则绘图区域中平面的颜色变绿，见图5-67；点击“旋转”图标，则“旋转”对话框“形状”中自动选中“平面”；点击“选择”按钮，在绘图区域中点击选择旋转轴，所选中棱边的颜色变绿，同时左侧模型模块中的回转轴中心X、Y、Z及方向向量全部变为灰色，无法更改；角度更改为180°，选中“对称角度”复选框，意味着正向旋转90°，同时反向旋转90°；选中“创建实体”复选框，见图5-70，点击“OK”创建并退出。

③ 左侧模型模块中出现 Revolve 图标，点击选中该图标，绘图区域中由旋转所形成的实体颜色变绿；点击属性模块的“数据”按钮，可重新对旋转内容进行编辑，见图5-71。

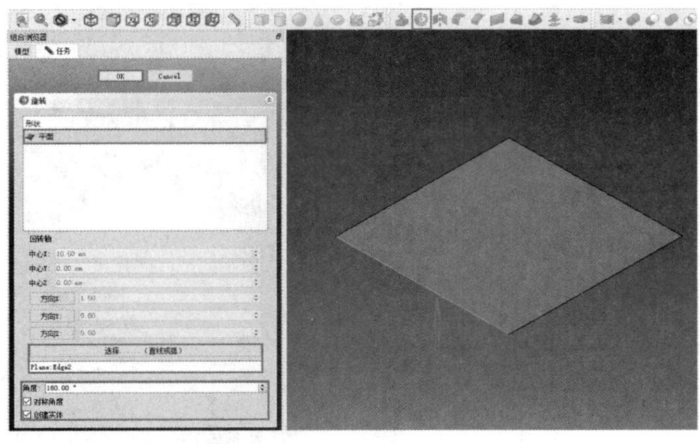

图5-70　选择旋转轴及角度

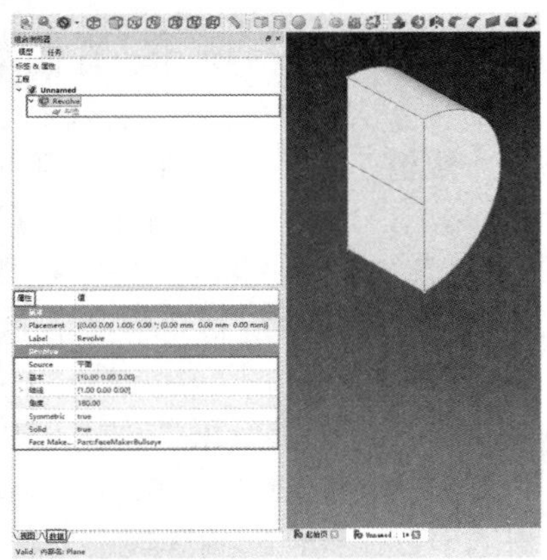

图5-71　旋转操作完成

注意

旋转命令所选定的对象只能为点、线、面和壳（本例中为平面），通过旋转得到对应的线、面、壳和实体，不允许将实体作为选定的对象进行旋转。

5.3.3　镜像

镜像的图标为，作用是根据原对象创建一个新副本，新副本与原对象关于镜像平面对称，镜像平面可以是标准平面（XY、XZ、YZ平面），也可以是与标准平面相平行的平面。

① 打开“5.3.2.2通过选择参考线确定旋转轴”的FreeCAD文件，工作台选择Part，左侧模型模块中出现 Revolve 图标，点击选中该图标，绘图区域中旋转所形成的实体颜色变绿，见图5-71。

② 点击“镜像”图标，则“镜像”对话框“形状”中自动选中“ Revolve ”；点击“镜像平面”右边 的下拉箭头，选择“XZ平面”为镜像平面，基准点选择为（0，−10，0），表示所选择的镜像平面穿过基准点（0，−10，0）且平行于XZ平面，点击“OK”创建并退出，见图5-72。

③ 左侧模型模块中出现 Revolve (Mirror #1) 图标，点击选中该图标，绘图区域中镜像所形成的新副本颜色变绿；点击属性模块的“数据”按钮，可重新对镜像平面进行编辑，见图5-73。

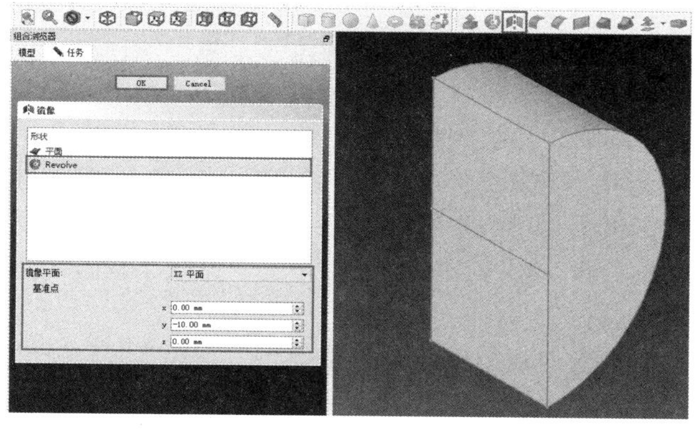

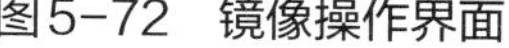

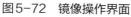

图5-72　镜像操作界面

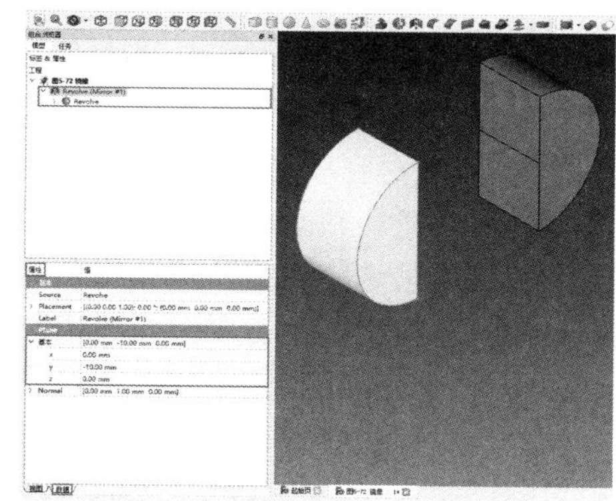

图5-73　镜像操作完成

注意

① 镜像平面只能是标准平面（XY、XZ、YZ平面），或者是与标准平面相平行的平面，FreeCAD 0.18版本不支持与标准平面不平行的平面作为镜像平面。

② 基准点可以认为是平行于标准平面的镜像平面中的一点。

③ 图5-72中，基准点的默认坐标为（0，0，0），如果选择默认坐标，镜像平面选择“XZ平面”，点击“OK”创建并退出后，所得镜像结果见图5-74。

④ 图5-72中，基准点选择默认坐标（0，0，0），镜像平面选择“XY平面”，点击“OK”创建并退出后，所得镜像的新副本与原对象重合，点击选中

Revolve (Mirror #1)图标，点击属性模块的“数据”按钮，双击“Placement/位置”，更改x、y、z的值可调整镜像新副本的位置，见图5-75。

图5-74　基准点选择默认值后镜像所得的结果

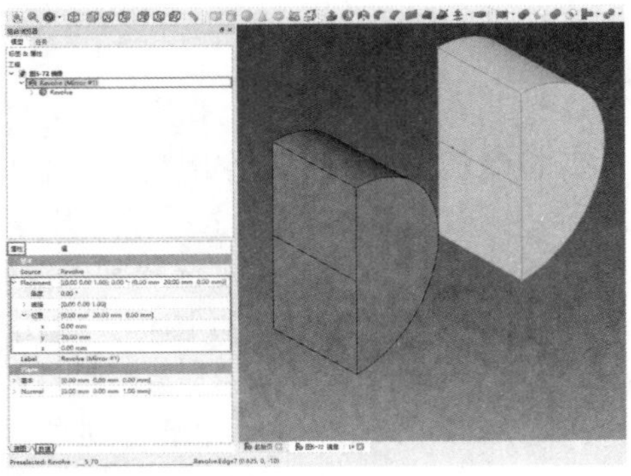
图5-75　更改坐标位置可区分镜像与原对象

5.3.4　倒圆角

5.3.4.1　常数半径倒圆角

① 打开FreeCAD，点击新建文件，工作台选择Part，点击“创建立方体”图标，则在绘图区域出现一个立方体，同时左侧模型模块中出现立方体图标，见图5-38。

② 点击左侧模型模块中的立方体图标，则绘图区域中立方体的颜色变绿；点击“倒圆角”图标，出现“圆角边”对话框，选择“选取边”，点击“全部”按钮，则立方体的所有棱边被选中，颜色变为绿色，同时在“倒圆角边”中，FreeCAD自动在相应棱边前的复选框中打钩，点击“无”按钮，则取消全部勾选；“圆角类型”选择“常数半径”，“半径”默认为1mm，见图5-76；点击“OK”退出。

③ 左侧模型模块中出现Fillet图标，点击选中该图标，则绘图区域中常数半径倒圆角所形成的新实体颜色变绿，见图5-77。

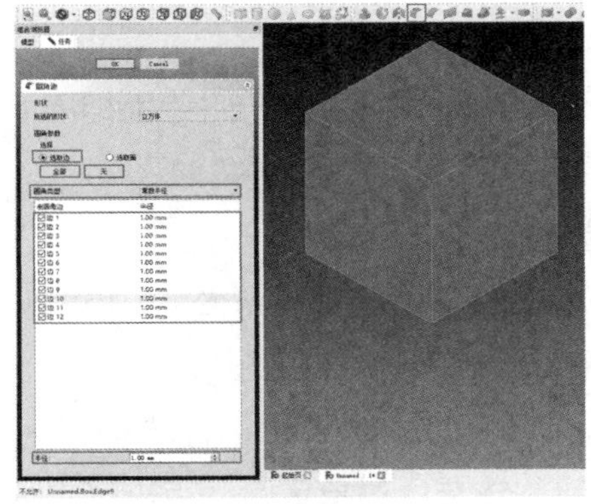
图5-76　倒圆角操作界面

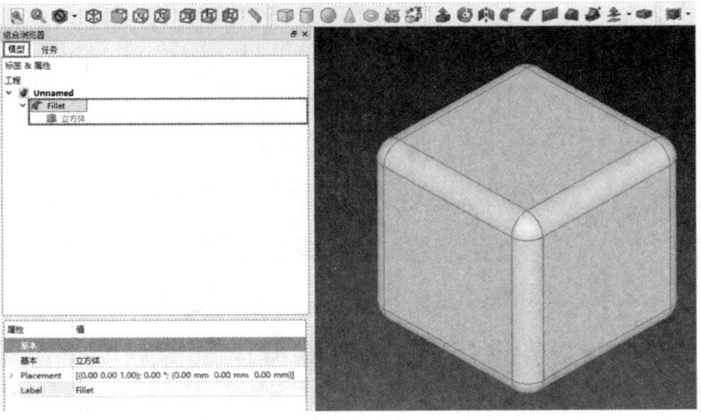

图5-77　常数半径倒圆角操作完成

注意

① 倒圆角的棱边选择过程中如果需要对个别棱边进行倒圆角操作，直接在绘图区域中点击选中相应的棱边即可，见图5-78；选中顶面的两条棱边，则两条棱边的颜色变绿，同时在左侧“倒圆角边”中，FreeCAD自动在相应棱边前的复选框中打钩，点击“OK”退出。

② 倒圆角操作中，也可点击选中“选取面”单选框，见图5-79，在绘图区域中点击选中顶面，则顶面的四条棱边被选中变绿，同时在左侧“倒圆角边”中，FreeCAD自动在相应棱边前的复选框中打钩，点击“OK”退出。

③ 鼠标点击选择棱边的过程中，不按Ctrl键也能进行多条棱边的选择。

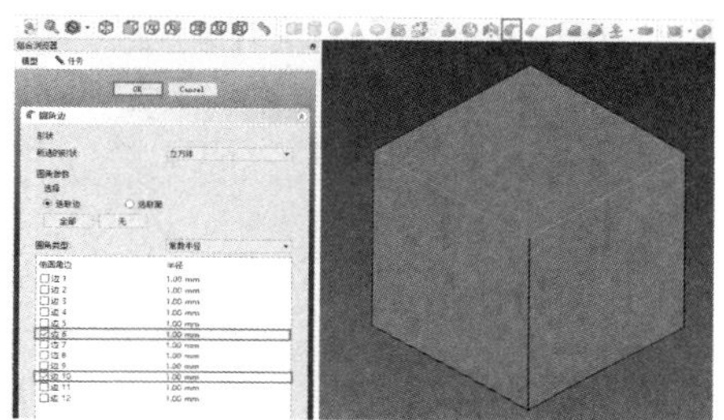

图5-78　对个别棱边进行倒圆角操作

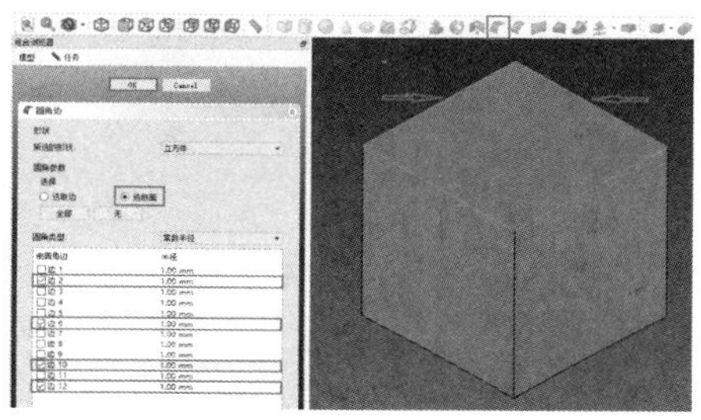

图5-79　选取面进行倒圆角操作

5.3.4.2　可变半径倒圆角

① 打开FreeCAD，点击新建文件，工作台选择Part，点击“创建立方体”图标，则在绘图区域出现一个立方体，同时左侧模型模块中出现 立方体 图标，见图5-38。

② 点击左侧模型模块中的 立方体 图标，则绘图区域中立方体的颜色变绿；点击“倒圆角”图标，出现“圆角边”对话框；“圆角类型”选择“可变半径”，在绘图区域中点击选中若干条棱边，同时在左侧“倒圆角边”中，FreeCAD自动在相应棱边前的复选框中打钩，对话框底部的“半径”选择从0.5mm至1mm，“倒圆角边”中的“开始半径”和“结束半径”也同时变得与对话框底部的“半径”数值相同，见图5-80；点击“OK”退出。

③ 左侧模型模块中出现 Fillet 图标，点击选中该图标，则绘图区域中可变半径倒圆角所形成的新实体变绿，见图5-81。

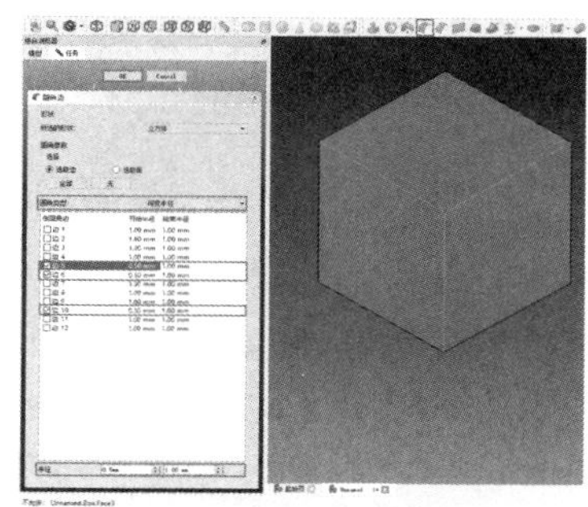

图5-80　可变半径的倒圆角操作

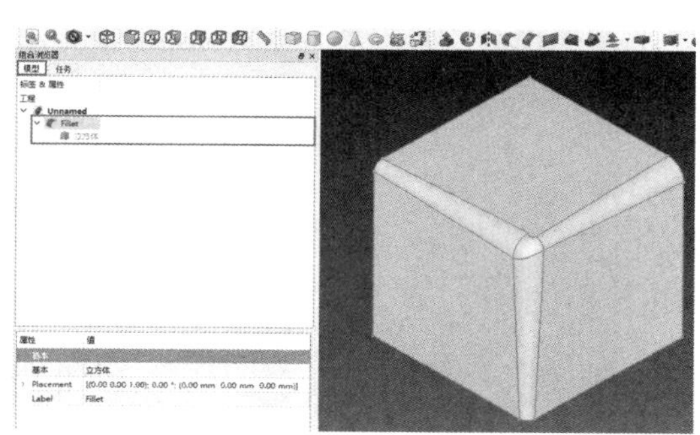

图5-81　可变半径的倒圆角操作完成

注意

① 可变半径倒圆角操作过程中，应先选择棱边，再在对话框底部的“半径”中改变“开始半径”和“结束半径”的数值，这样每条被选中棱边的“开始半径”和“结束半径”将与对话框底部的“半径”相同；如果改变顺序时先在对话框底部的“半径”中改变“开始半径”和“结束半径”的数值，再选择棱边，则需更改每条被选中棱边的“开始半径”和“结束半径”的数值，非常麻烦。

② 对复杂对象进行倒圆角操作时有可能会失败，原因很多，有时是对象的几何形状有误，有时是进行了过于复杂的操作，因此建议：a.先完成三维建模的全部工作，最后一步再进行倒圆角的操作；b.倒圆角操作前，先点击“检查”图标，对三维对象的错误进行检查并改正；c.推荐勾选菜单栏中“编辑/偏好设定/零件设计”中的“布尔操作后自动检查模型”和“布尔操作后自动优化模型”，详见第1章1.4节。

5.3.5 倒角

5.3.5.1 固定长度倒角

① 打开FreeCAD，点击新建文件，工作台选择Part，点击“创建立方体”图标，则在绘图区域出现一个立方体，同时左侧模型模块中出现 立方体 图标，见图5-38。

② 直接点击“倒角”图标，出现“倒角边缘”对话框，“所选的形状”中选择“立方体”，点击选择“选取边”单选框，点击“全部”按钮，则立方体所有棱边被选中变绿，同时在“倒角边”中，FreeCAD自动在相应棱边前的复选框中打钩，点击“无”按钮，则取消全部选择；“圆角类型”选择“固定长度”，“长度”默认为1mm，见图5-82，点击“OK”退出。

③ 左侧模型模块中出现 Chamfer 图标，点击“测量长度”图标，选择合适的视图，在绘图区域选中倒角的起点和终点，如图5-83所示，倒角的水平距离为1mm，垂直距离也为1mm，倒角边长为1.41mm，点击“Close”退出。

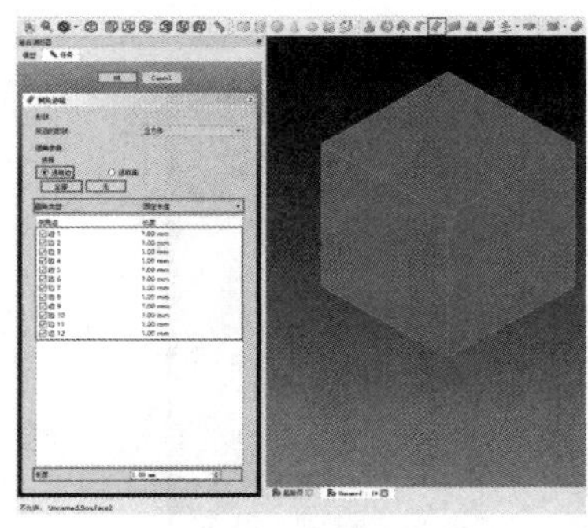

图5-82 固定长度的倒角操作

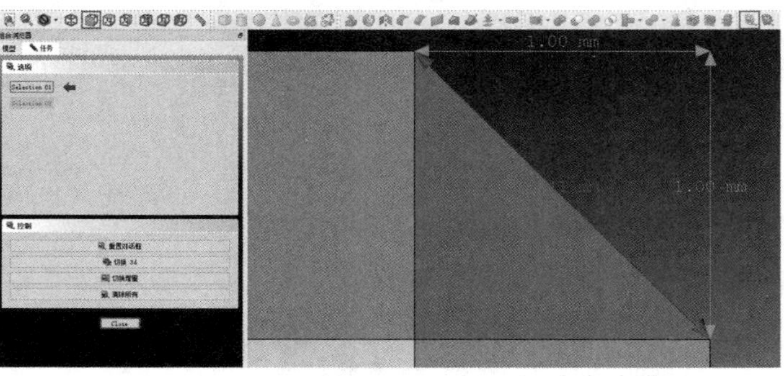

图5-83 倒角的长度

5.3.5.2　可变长度倒角

① 打开FreeCAD，点击新建文件，工作台选择Part，点击"创建立方体"图标，则在绘图区域出现一个立方体，同时左侧模型模块中出现 立方体 图标，见图5-38。

② 直接点击"倒角"图标，出现"倒角边缘"对话框，"所选的形状"中选择"立方体"，"圆角类型"选择"可变长度"，在绘图区域中点击选中若干条棱边，同时在左侧"倒角边"中，FreeCAD自动在相应棱边前的复选框中打钩，对话框底部的"长度"选择从0.1mm至1mm，"倒角边"中的"开始长度"和"终止长度"也同时变得与对话框底部的"长度"数值相同，见图5-84，点击"OK"退出。

③ 左侧模型模块中出现 Chamfer 图标，点击"测量长度"图标，选择合适的视图，在绘图区域选中倒角的起点和终点，如图5-85所示，倒角的水平距离为1mm，垂直距离为0.1mm，倒角边长为1mm，点击"Close"退出。

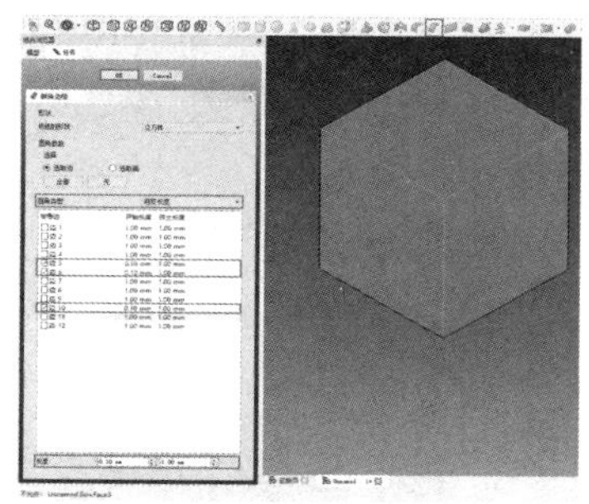

图5-84　可变长度的倒角操作

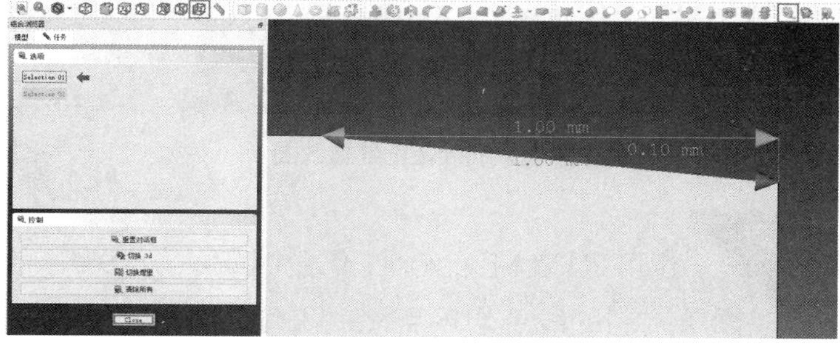

图5-85　可变长度的倒角操作完成

注意

倒角注意事项可参考Part工作台中的倒圆角注意事项及Part Design工作台中倒圆角及倒角的注意事项。

5.3.6　直纹面

直纹面的图标为，作用是以密集的直线连接已创建的两条线条进而形成平面或者曲面，线条可以是直线、曲线、弧或封闭的图形。

① 打开FreeCAD，点击新建文件，工作台选择Part，点击"创建参数化几何图元"图标，选择"线"，起点选择（5, 0, 0），终点选择（15, 0, 0），点击"创建"；再次选择"线"，起点选择（0, 0, 5），终点选择（0, 0, 15），点击"创建"，点击"Close"退出，见图5-86。

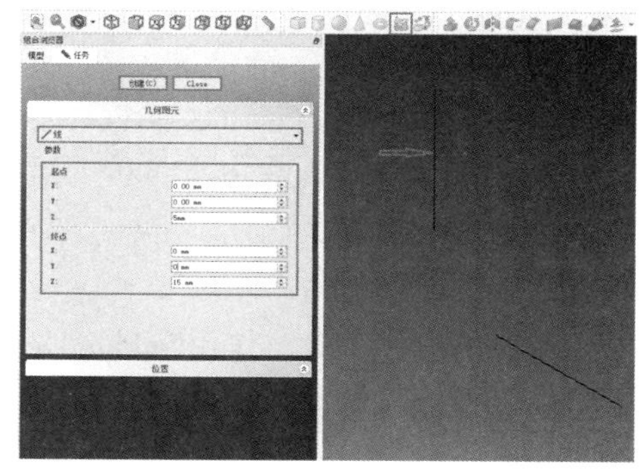

图5-86　创建两条直线

② 左侧模型模块中出现两个"线"图标，按住Ctrl键点击选中这两个图标，绘图区域中两条线的颜色变绿，见图5-87；点击"直纹面"图标，则直纹面创建成功，左侧模型模块中

出现Ruled_Surface图标，选中后直纹面的颜色变绿，点击属性模块的“数据”按钮，双击“Placement/位置”，更改x、y、z的值可调整直纹面的位置，同时可见两条直线依然停留在原来的位置，见图5-88。

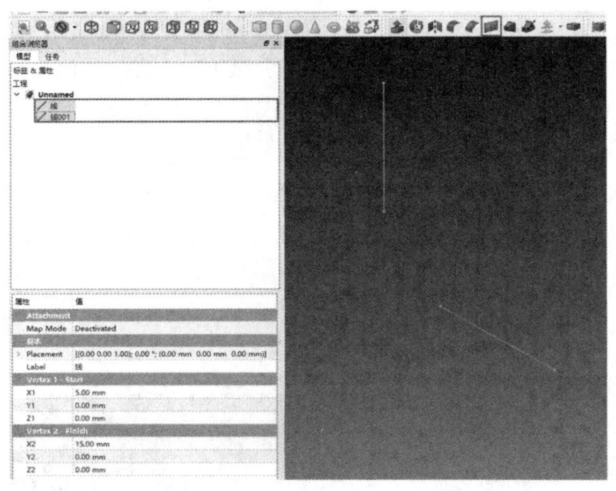

图5-87　选中两条直线准备创建直纹面

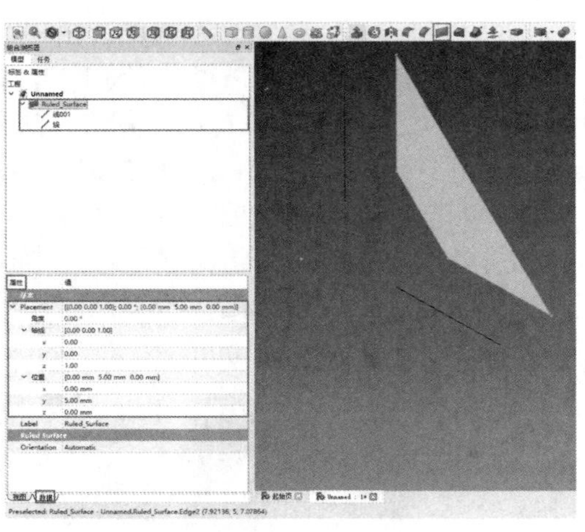

图5-88　更改直纹面的位置

注意

也可将Part Design工作台中草图所绘制的线条切换到Part工作台中进行直纹面的创建。例如在Part Design工作台中创建实体，创建两个草图，均为XY基准平面，在每个草图中绘制一个圆，点击第二个草图Sketch001的“Attachment Offset/位置”，将第二个草图Sketch001的位置z逐渐升高，切换到Part工作台中，点击“直纹面”图标，则直纹面创建成功，形成一个圆台的侧壁，见图5-89。

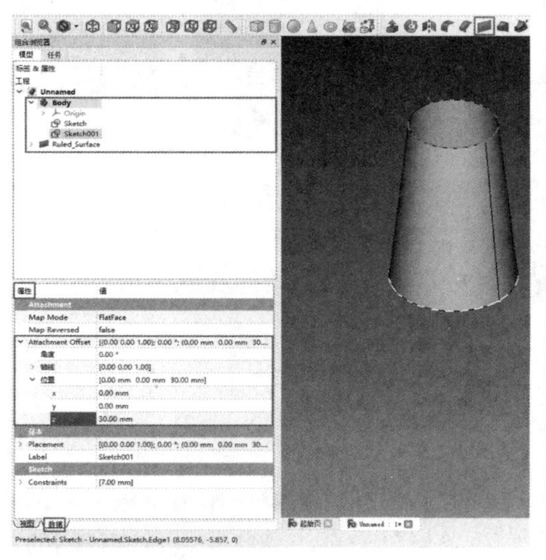

图5-89　用Part Design中所绘制的草图创建直纹面

5.3.7　放样

放样的图标为，作用与Part Design工作台中的放样（增料）类似，可将两个或多个横截面过渡连接，形成一个实体或壳。在Part工作台中放样的横截面可以是线和面，也可以是点。

① 打开FreeCAD，点击新建文件，工作台选择Part，点击“创建参数化几何图元”图

标，“几何图元”中选择“正多边形”，“参数”及“位置”均为默认，点击“创建”；再选择“几何图元”中的“点”，“参数”选择（0，0，10），点击“创建”，点击“Close”退出，见图5-90。

② 左侧模型模块中出现 正多边形 和 • 顶点 图标，点击“放样”图标，将“可用的轮廓”列表中的正多边形和顶点通过添加箭头导入到“选定的轮廓”列表中，见图5-91；导入完成后，选中“创建实体”复选框，意味着放样后将创建实体，不选意味着放样后将创建一个开放的壳；选中“直纹曲面”复选框，意味着放样后将创建直纹面；选中“关闭”复选框，意味着放样后将创建一个从最后一个横截面到第一个横截面的闭合图形；本例中，选中“创建实体”复选框，点击“OK”退出，见图5-92。

③ 左侧模型模块中出现 Loft 图标，点击选中该图标，则绘图区域中放样所形成的新实体颜色变绿；点击该图标左侧小箭头，显示正多边形和顶点，说明放样实体或壳是基于正多边形和顶点形成的；点击属性模块的“数据”按钮，可重新对放样内容进行编辑，见图5-93。

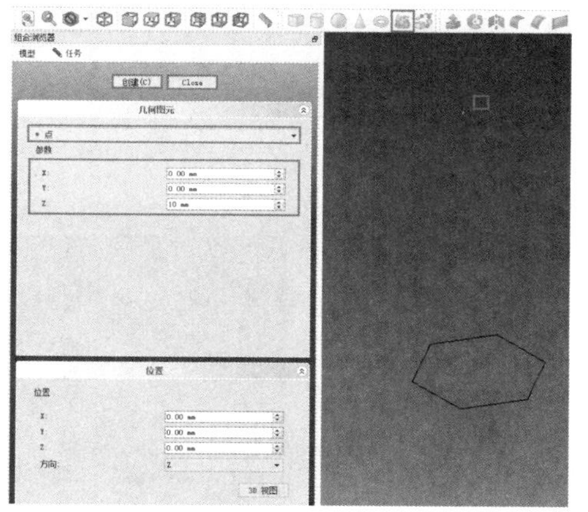

图5-90　创建正六边形和点

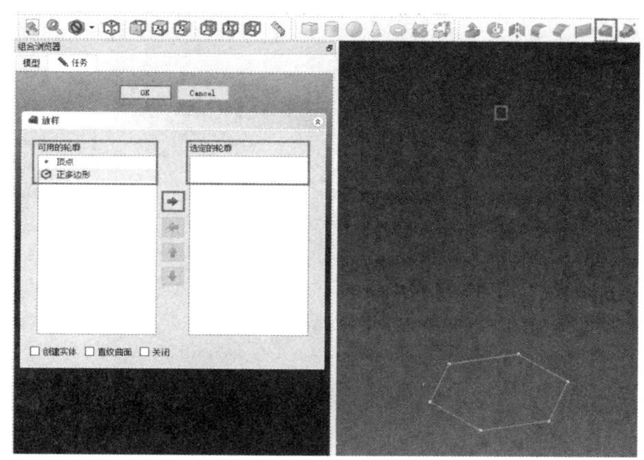

图5-91　放样操作界面

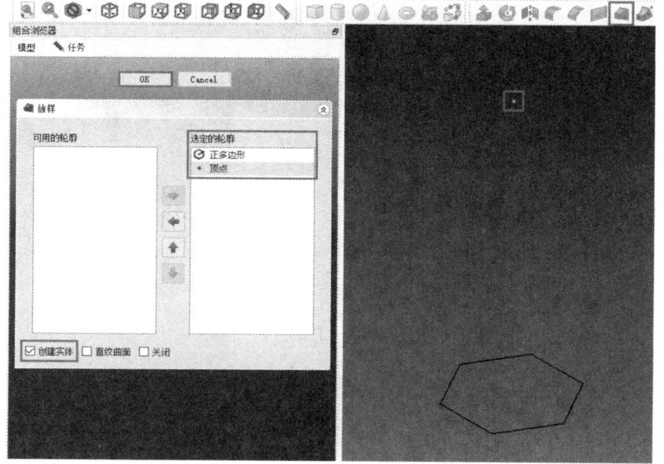

图5-92　选定横截面准备放样

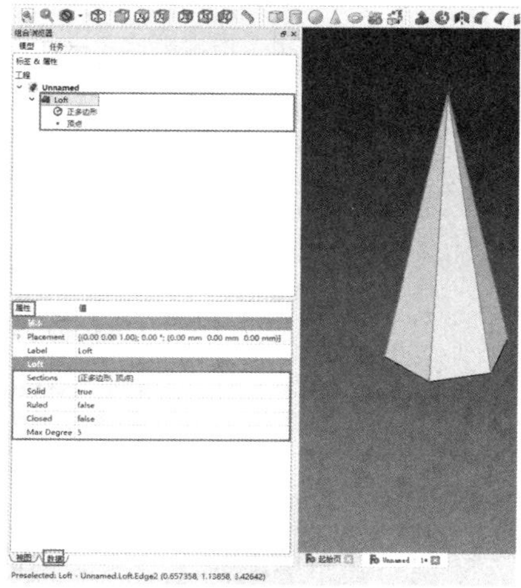

图5-93　放样完成

注意

① 在多个横截面的放样操作中，点只能放在“选定的轮廓”列表中的第一个或最后一个，不能将点放在所有横截面的中间。

② 放样所需的多个横截面，不能存在于同一个平面上。

③ 在多个横截面的放样操作中，“选定的轮廓”列表中的横截面可以用上移⬆或下移⬇箭头改变顺序，“选定的轮廓”列表中横截面放置的顺序必须与放样顺序一致，否则有可能产生扭曲；例如图5-94中，正多边形002的位置位于多个横截面的中间，而在“选定的轮廓”列表中却位于底部，列表中横截面的放置顺序与放样顺序不一致，导致放样结果扭曲，见图5-95；应通过上移箭头⬆，将正多边形002的位置移动到“选定的轮廓”列表的中间位置，则放样结果正确，见图5-96和图5-97。

④ 也可以将Part Design工作台中所绘制的草图图形切换到Part工作台中作为横截面。

⑤ 选中“关闭”复选框，放样后有时会出现失败或扭曲的结果。

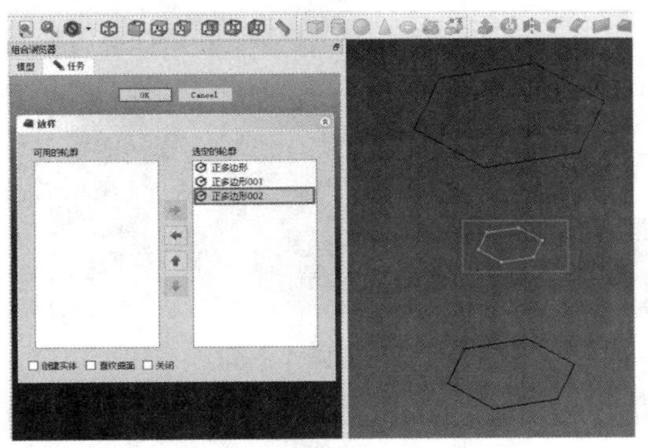

图5-94　放样顺序不一致

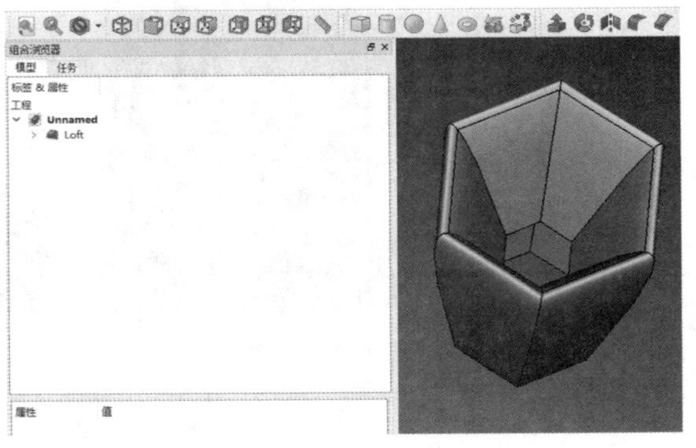

图5-95　放样结果扭曲

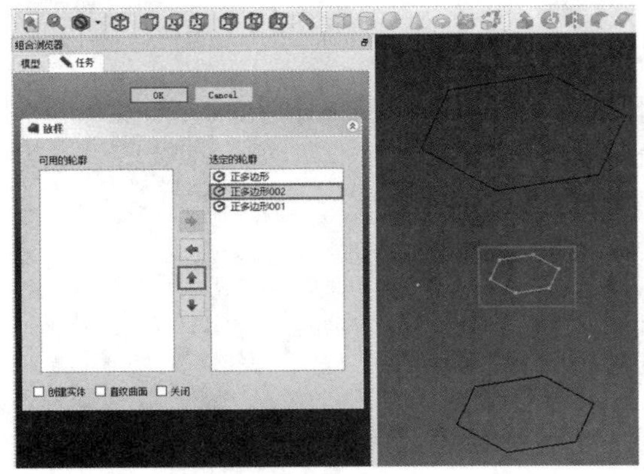

图5-96　正确的放样顺序

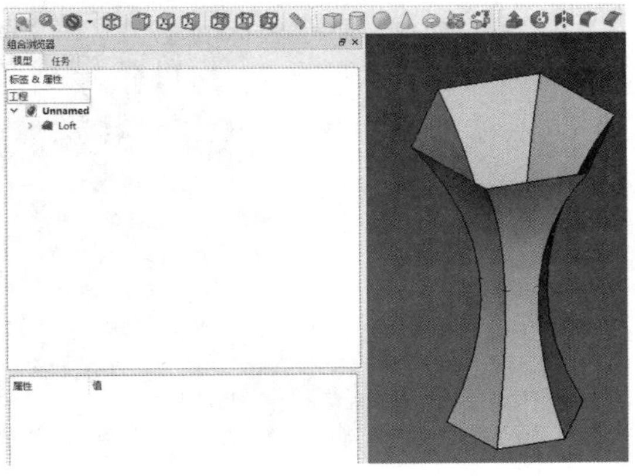

图5-97　正确的放样结果

5.3.8　扫略

扫略的图标为，作用与Part Design工作台中的扫略（增料）类似，通过一条路径（直线或曲线）将一个或多个横截面进行光滑的过渡连接，形成实体或壳。在Part工作台中扫略的横截面可以是线和面，也可以是点。

① 打开FreeCAD，点击新建文件，工作台选择Part，点击“创建参数化几何图元”图标，“几何图元”选择“螺旋体”，“参数”中“高度”改为4mm，“位置”及其他参数均为默认，点击“创建”；“几何图元”再选择“圆”，半径选择0.3mm，位置选择（1，0，0），“方向”选择Y，见图5-98，点击“创建”，点击“Close”退出。

② 左侧模型模块中出现 螺旋体 和 圆 图标，点击“扫略”图标，将“可用的轮廓”列表中的“圆”通过添加箭头导入到“选定的轮廓”列表中，见图5-99；点击“扫描路径”按钮，按住“Ctrl”键在绘图区域中分段连续点击螺旋体，直至螺旋体全部选中变绿，点击“完成”按钮，扫描路径选择完成，见图5-100；选中“创建实体”复选框，意味着扫略后将创建实体，不选意味着扫略后将创建一个开放的壳，本例选中“创建实体”复选框；“Frenet”复选框指横截面轮廓沿扫描路径的变化方式，当扫描路径为螺旋时，建议勾选，否则会导致扫略结果有轻微的扭曲，当扫描路径不是螺旋时，建议不要勾选，否则也会导致扫略结果有轻微的扭曲，具体应视场景的需要而选择，本例中的扫描路径为螺旋，应选中“Frenet”复选框；点击“OK”退出。

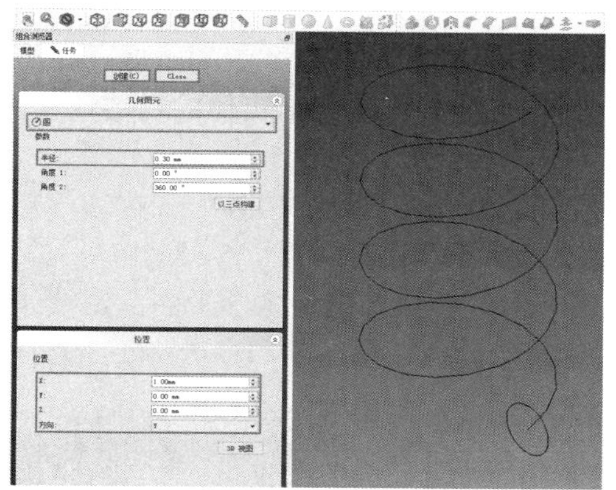

图5-98　创建螺旋体和圆

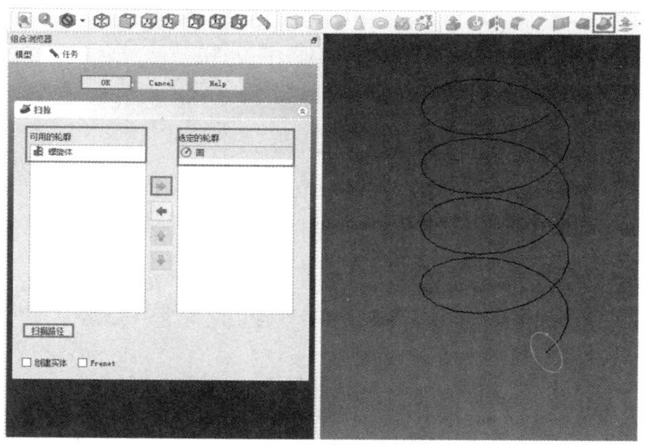

图5-99　将圆确定为扫描轮廓

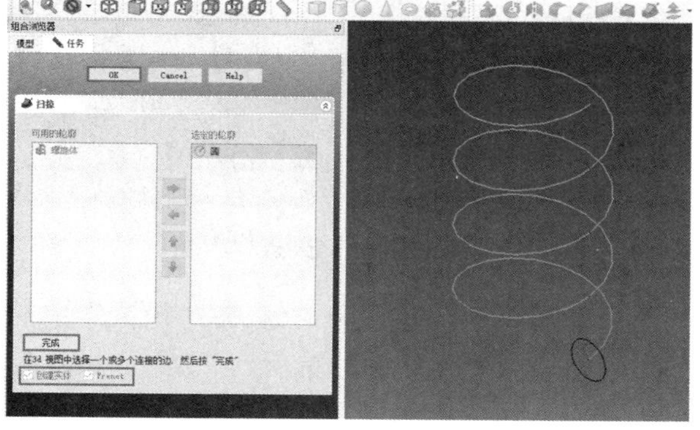

图5-100　选中螺旋体作为扫描路径

③ 左侧模型模块中出现 Sweep 图标，点击选中该图标，则绘图区域中扫略所形成的实体颜色变绿；点击该图标左侧小箭头，显示“圆”的图标，说明扫略的横截面是一个圆；点击属性模块的“数据”按钮，可重新对扫略内容进行编辑，见图5-101。

注意

① 在多个横截面的扫略操作中，点只能放在“选定的轮廓”列表中的第一个或最后一个，不能将点放在所有横截面的中间，例如不能将一个圆扫略到一个点，再扫略到一个椭圆，但是可以从一个点扫略到一个圆，再扫略到另一个点，这与放样的注意事项相同。

② 在多个横截面的扫略操作中，“选定的轮廓”列表中横截面放置的顺序可随意，因为扫略是按照扫描路径进行扫略操作的，与“选定的轮廓”列表中横截面放置的顺序无关。

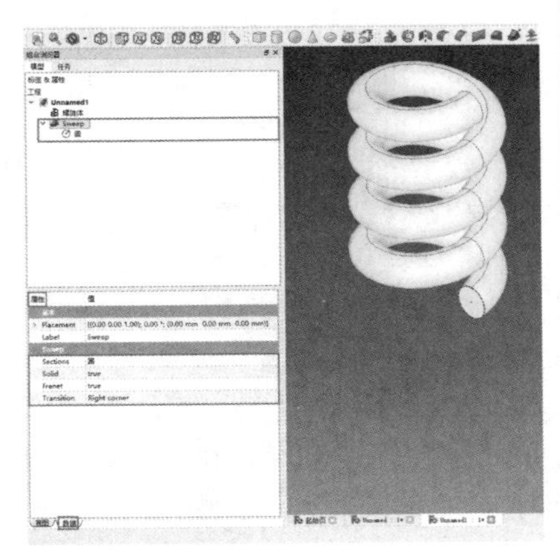

图5-101 扫略操作完成

③ 也可将Part Design工作台中所绘制的草图图形切换到Part工作台中作为横截面和扫描路径。

5.3.9 抽壳

抽壳的图标为，作用是将实体转换为空心对象，并重新设定每个面的厚度。此命令与Part Design工作台中的抽壳命令类似，简单有效，可显著加快三维实体的构造速度，并尽量避免频繁地使用拉伸命令。

① 打开FreeCAD，点击新建文件，工作台选择Part，点击“创建立方体”图标，则在绘图区域显示一个立方体，同时左侧模型模块中出现 立方体 图标，见图5-38。

② 选中立方体的顶面，顶面的颜色变绿，见图5-102，如果要选中多个平面，则按住“Ctrl”键进行多选，点击“抽壳”图标，进入抽壳操作界面，见图5-103。

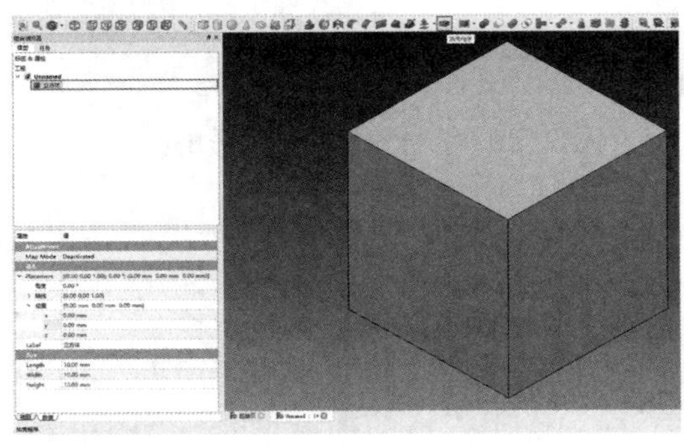

图5-102 选中顶面准备抽壳

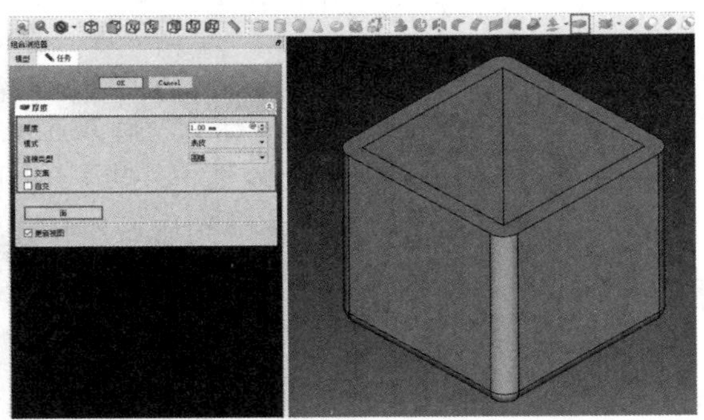

图5-103 抽壳操作界面

③“抽壳”对话框中，“厚度”指壁厚，正值向外偏移，负值向内偏移；“模式”中的“表皮”指无顶面但有底面的情况，“管状”指既无顶面又无底面的情况，“双面”指既有顶面又有底面的情况；“连接类型”中“圆弧”指进行倒圆角操作，“相切”指不进行倒圆角操作；“交集”复选框指允许孔洞向内扩展直到相交；“自交”指允许启用自相交；本例

中全部选择默认值。

④ 点击“面”按钮，在绘图区域中选择要删除的面，按住“Ctrl”键可进行多个面的删除，点击“完成”后开口方向发生改变；点击“OK”退出；见图5-104。

⑤ 左侧模型模块中出现 Thickness 图标，点击选中该图标，则绘图区域中抽壳所形成的新实体颜色变绿；点击该图标左侧的小箭头，显示“立方体”的图标，说明新实体是基于对立方体的抽壳形成的；点击属性模块的“数据”按钮，可重新对抽壳内容进行编辑，见图5-105。

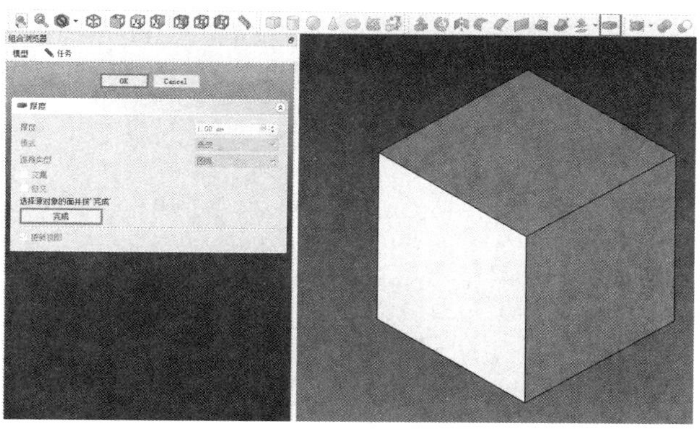

图5-104 抽壳操作中更改开口方向

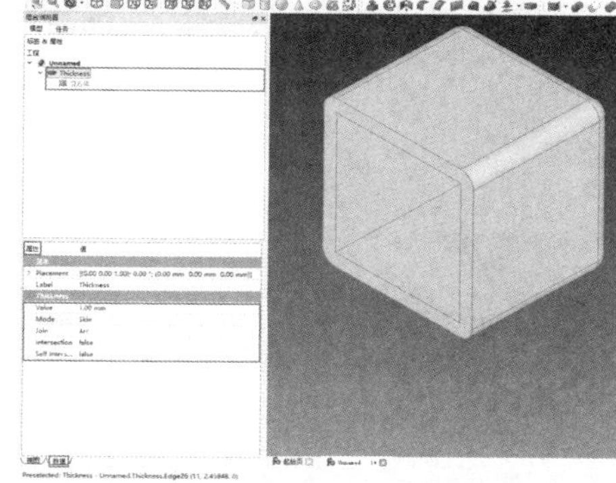

图5-105 抽壳操作完成

注意

① 必须先选中至少一个平面，才能进行抽壳操作。

② 实体形状过于复杂时，抽壳操作可能会失败。

5.3.10 三维偏移

三维偏移的图标为，作用是在一定距离外创建一个与选定对象平行的副本。

① 打开5.3.9中的FreeCAD文件，工作台选择Part，点击左侧模型模块中的 Thickness 图标，则绘图区域中抽壳所形成的实体颜色变绿，见图5-105。

② 点击“三维偏移”图标，进入三维偏移界面，“偏移”数值越大，则边壁的厚度也就越大；“填充偏移”复选框主要应用于二维图形的偏移时，填充两个形状之间的间隙，其余参数及含义与抽壳相同，本例中所有参数全部选择默认，见图5-106，点击“OK”退出。

③ 左侧模型模块中出现 Offset 图标，点击选中该图标，则绘图区域中三维偏移所形成的新实体颜色变绿；点击属性模块的“数据”按钮，可重新对三维偏移的内容进行编辑，也可双击 Offset 图标重新进入“偏移”对话框；点击 Offset 图标左侧小箭头，显示 Thickness 图标，再点击其左侧小箭头，出现 立方体 图标，见图5-107。

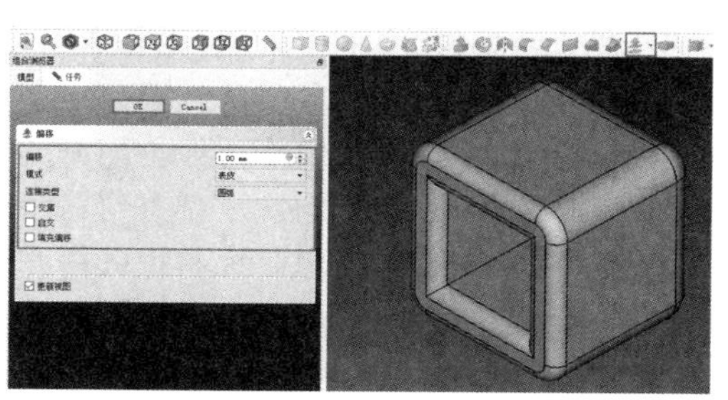

图5-106 三维偏移操作界面

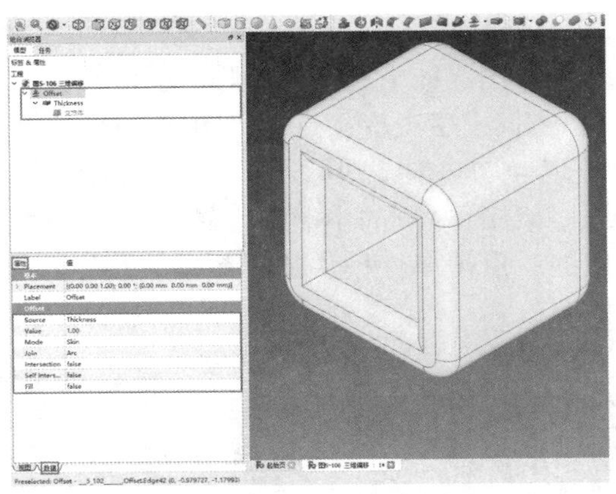

图5-107 三维偏移操作完成

注意

三维偏移也可对二维图形进行操作，例如工作台选择Part，点击"创建参数化几何图元"图标，选择"平面"，点击"创建"，点击"Close"退出；点击选中该平面，该平面的颜色变绿，点击"三维偏移"图标，选中"填充偏移"复选框，三维偏移结果见图5-108。

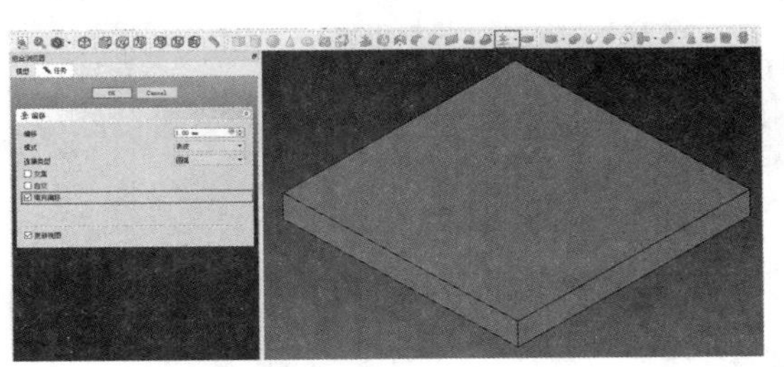

图5-108 对二维平面也可进行三维偏移操作

5.3.11 二维偏移

二维偏移的图标为，作用是在二维平面中创建一条与选定对象相平行的线条，也可以用于缩放选定的平面。

① 打开FreeCAD，点击新建文件，工作台选择Part，点击"创建参数化几何图元"图标，"几何图元"选择"正多边形"，"位置"及"参数"均为默认，点击"创建"，见图5-109，点击"Close"退出。

② 点击左侧模型模块中的 正多边形 图标，则绘图区域中正六边形的颜色变绿，点击"二维偏移"图标，进入偏移界面；"偏移"数值为正则向外偏移，数值为负则向内偏移；"模式"中选择"表皮"，则偏移为非闭合图形，见图5-110，选择"管状"，则偏移为闭合图形，见图5-111；"连接类型"中选择"圆弧"，则偏移形状倒圆角，见图5-111，选择"相切"，则偏移形状不倒圆角，见图5-112；"填充偏移"复选框指是

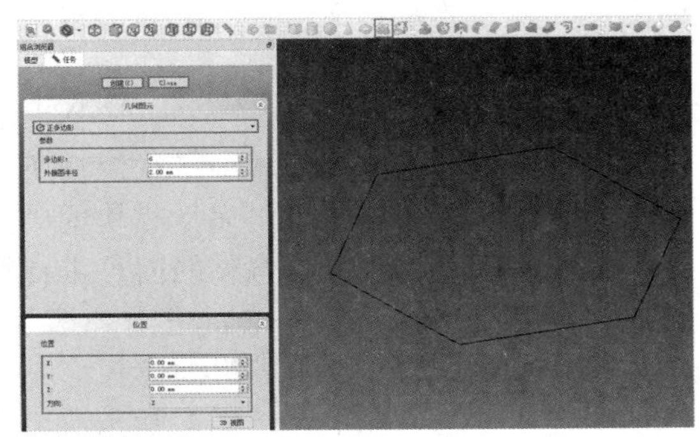

图5-109 创建正六边形

否将原对象与偏移之间的空间进行填充，如果选中，则进行填充，见图5-113，如果不选中，则不填充，见图5-111；本例中“模式”选择“管状”，“连接类型”中选择“圆弧”，选中“填充偏移”复选框，点击“OK”退出。

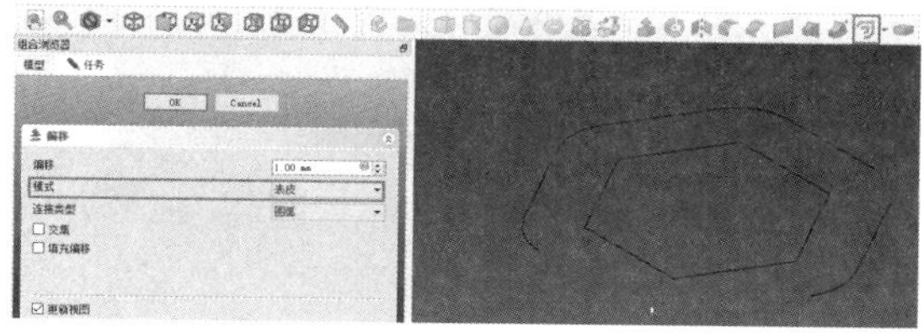

图5-110 模式为“表皮”时偏移为非闭合图形

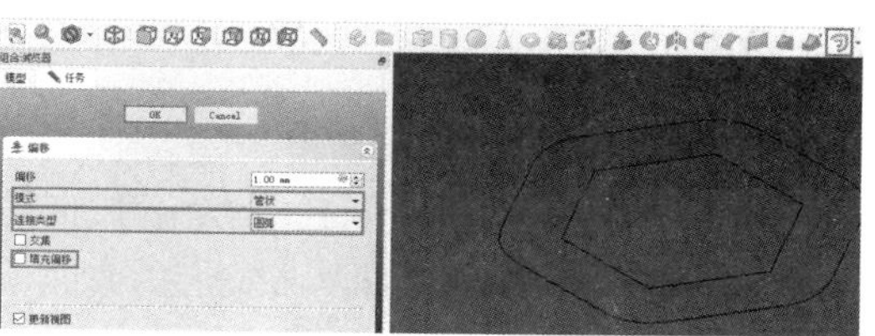

图5-111 模式为“管状”时偏移为闭合图形

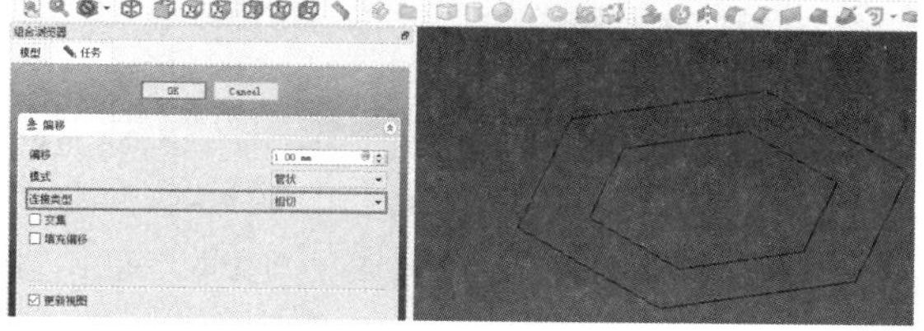

图5-112 连接类型为“相切”时偏移不倒圆角

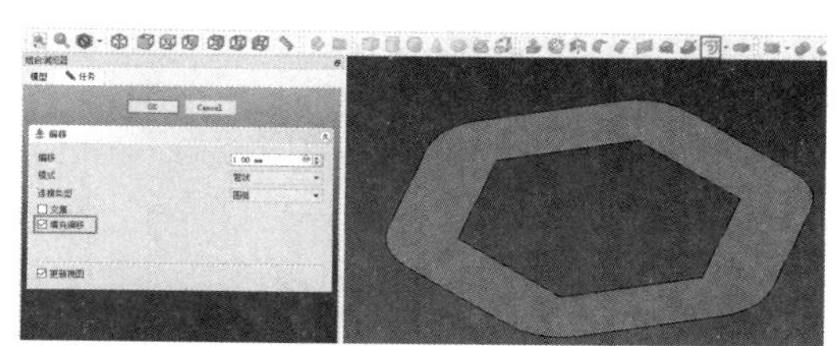

图5-113 选中填充偏移

③ 左侧模型模块中出现 Offset2D 图标，点击选中该图标，则绘图区域中二维偏移所形成的对象颜色变绿，点击属性模块的“数据”按钮，可重新对二维偏移的内容进行编辑，也可双击 Offset2D 图标重新进入偏移界面；点击 Offset2D 图标左侧小箭头，显示 正多边形 图标，见图5-114。

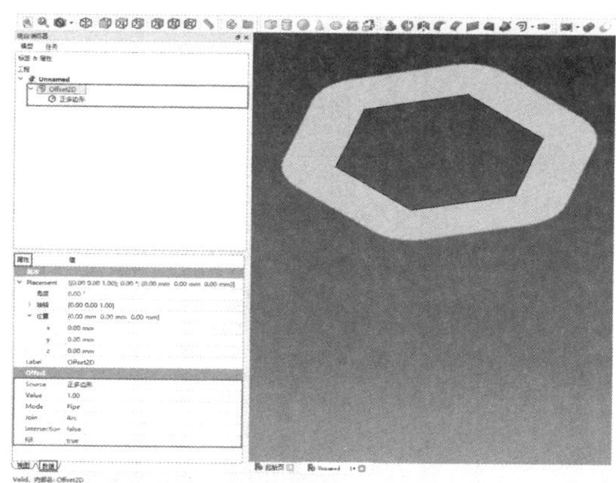

图5-114 二维偏移操作完成

注意

① 维偏移命令内部错误较多，尤其在Windows操作系统中，软件经常崩溃。

② 对于圆的二维偏移，错误及非预期结果较多。

③ 二维偏移中的“交集”很多时候不起作用。

④ 二维偏移不支持对线段进行偏移。

5.4 布尔运算工具栏

布尔运算工具栏可对已存在的对象进行逻辑运算，以产生新的对象，其中最典型也最常用的布尔运算为并集、交集和差集运算。

5.4.1 组合

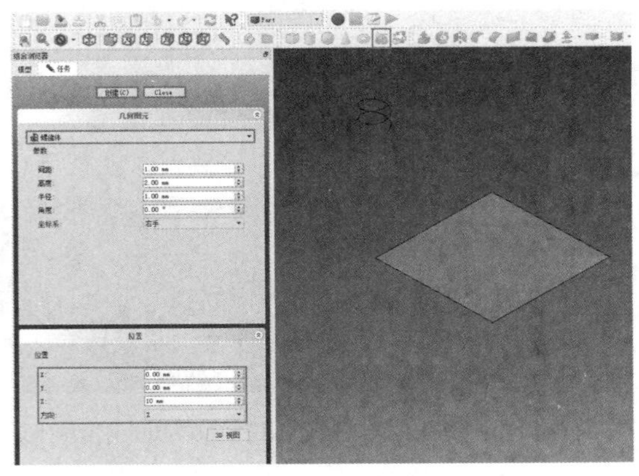

图5-115　创建平面及螺旋体

组合的图标为，可将一组不同的对象（包括实体、壳、点、线、面等）组合成一个对象。

① 打开FreeCAD，点击新建文件，工作台选择Part，点击“创建参数化几何图元”图标，“几何图元”选择“平面”，“位置”及“参数”均为默认，点击“创建”;“几何图元”再选择“螺旋体”，“位置”改为（0，0，10），其余参数不变，点击“创建”，见图5-115，点击“Close”退出。

② 按住“Ctrl”键点击左侧模型模块中的 平面 和 螺旋体 图标，则绘图区域中平面和螺旋体的颜色变绿，点击“组合”图标，见图5-116（a），则平面和螺旋体组合为一体，左侧模型模块中出现 Compound 图标，点击选中该图标，则绘图区域中的平面和螺旋体均变绿，点击属性模块的“数据”按钮，可对组合体的位置及轴线进行编辑；点击 Compound 图标左侧小箭头，在其下方显示“平面”和“螺旋体”，表示该组合体由平面和螺旋体组成，见图5-116（b）。

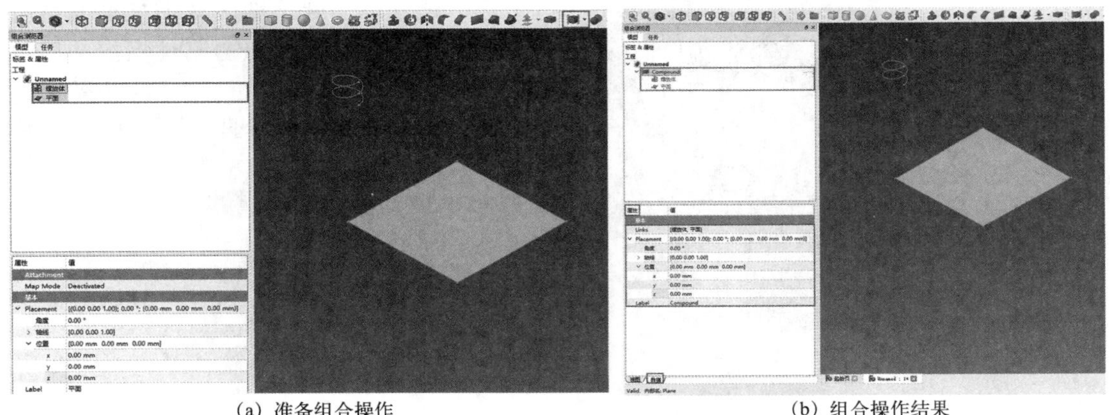

（a）准备组合操作　　（b）组合操作结果

图5-116　准备组合操作及组合操作结果

注意

由相互接触的对象所形成的组合体可能会对后续的布尔运算有影响。

5.4.2 分解

分解的图标为，可以认为是组合的逆运算，可将组合体（包括实体、壳、点、线、面等）分解成若干个对象。

① 打开5.4.1的FreeCAD文件，点击选中 Compound 图标，则绘图区域中平面和螺旋体的颜色变绿，见图5-117。

② 点击“分解”图标后，左侧模型模块中出现 Compound.0 和 Compound.1 图标，选中 Compound.0 图标，则绘图区域中的平面变绿，选中 Compound.1 图标，则绘图区域中的螺旋体变绿，点击选中其中任意一个图标，点击属性模块的“数据”按钮，可更改这个分解部分的位置、轴线及角度，可见组合体已被分解成Compound.0和Compound.1两部分；点击这两个图标左侧小箭头，在其下方均显示相同的 Compound 图标，表示Compound.0和Compound.1均来自于Compound组合体，见图5-118。

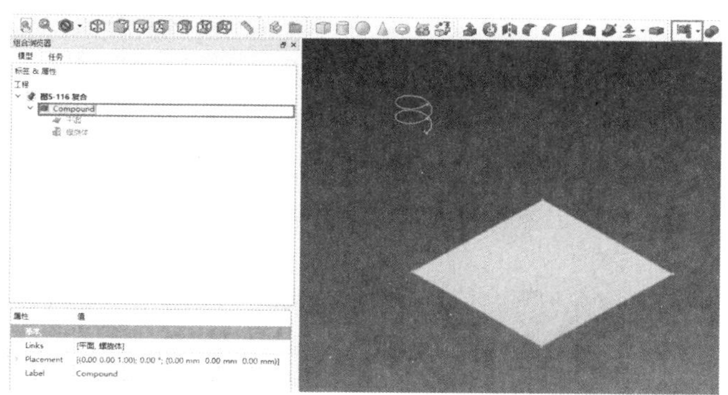

图5-117　准备分解操作

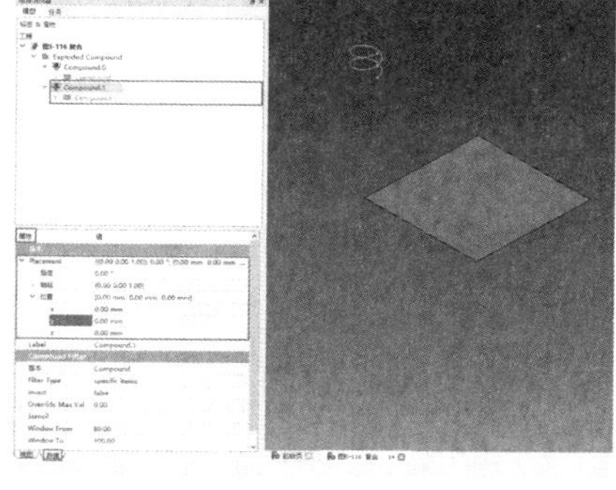

图5-118　分解操作完成

5.4.3　组合过滤器

组合过滤器的图标为，作用为从组合中分离并复制所选定的对象。

① 打开FreeCAD，点击新建文件，工作台选择Part，点击“创建立方体”图标和“创建圆柱体”图标，则在绘图区域出现一个正方体和一个圆柱体，同时左侧模型模块中出现 立方体 图标和 圆柱体 图标，见图5-119。

② 按住“Ctrl”键点击选中左侧模型模块中的 立方体 图标和 圆柱体 图标，则绘图区域中立方体和圆柱体的颜色变绿，点击“组合”图标，将立方体和圆柱体组合，则左侧模型模块中出现 Compound 图标，点击图标左侧的小箭头，出现“立方体”和“圆柱体”图标，见图5-120。

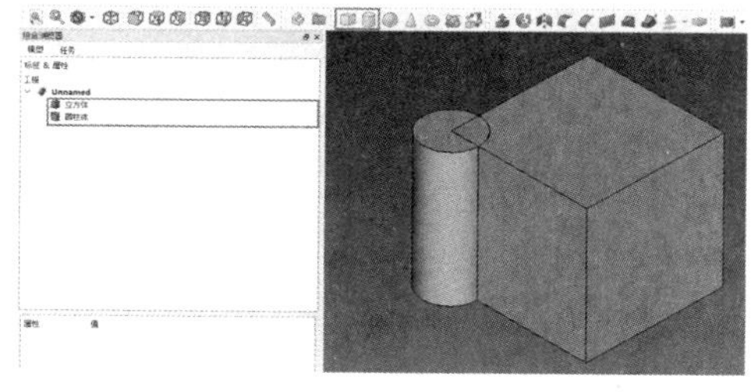

图5-119　创建圆柱体和立方体

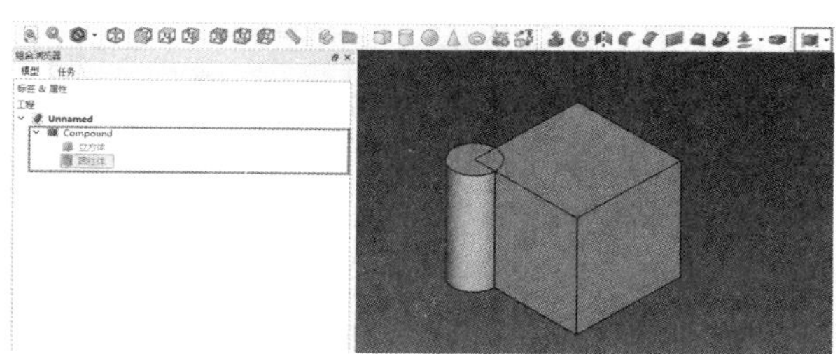

图5-120　将圆柱体和立方体组合

③ 点击选中左侧模型模块中的图标 立方体，点击“组合过滤器”图标，则左侧模型模块中出现 CompoundFilter 图标，点击选中该图标，点击属性模块的“数据”按钮，更改立

方体的位置；点击图标左侧小箭头，在其下方均显示“立方体”图标，说明该组合过滤器由立方体复制而来，见图5-121。

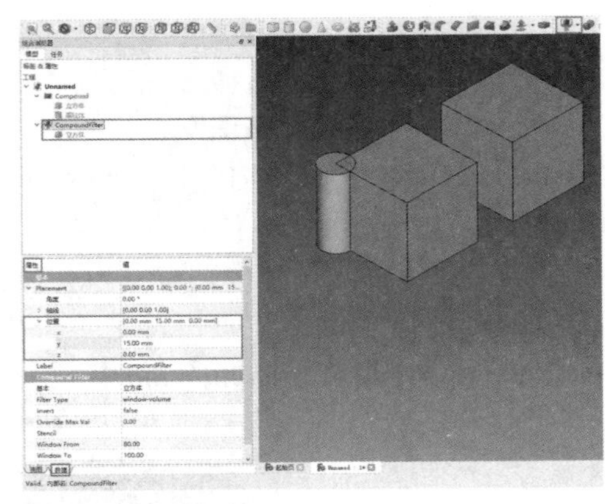

图5-121 将立方体从组合中分离并复制

5.4.4 布尔运算

布尔运算的图标为●，可对若干个实体进行并集、交集、差集和截面的操作，功能与Part Design工作台中的布尔运算类似，但操作界面不同。

5.4.4.1 两个实体的布尔运算

① 打开FreeCAD，点击新建文件，工作台选择Part，点击“创建立方体”图标和“创建圆柱体”图标，则在绘图区域显示一个正方体和一个圆柱体，同时左侧模型模块中出现 立方体图标和 圆柱体图标，见图5-119。

② 点击“布尔运算”图标，进入“布尔运算”界面，在“第一个形状”中选中“立方体”复选框，在“第二个形状”中选中“圆柱体”复选框，点击选择“并集”单选框，点击“Apply”按钮，则圆柱体和立方体之间的边界线消失，两个实体合并，同时组合体中出现 Fusion图标，该图标表示圆柱体和立方体所形成的并集部分，见图5-122。

③ 也可在进入“布尔运算”界面后，在“第一个形状”中选中“立方体”复选框，在“第二个形状”中选中“圆柱体”复选框，点击选择“交集”单选框，点击“Apply”按钮，则圆柱体和立方体的大部分消失，只剩两个实体的公共部分，同时组合体中出现 Common图标，该图标表示圆柱体和立方体的交集部分，见图5-123。

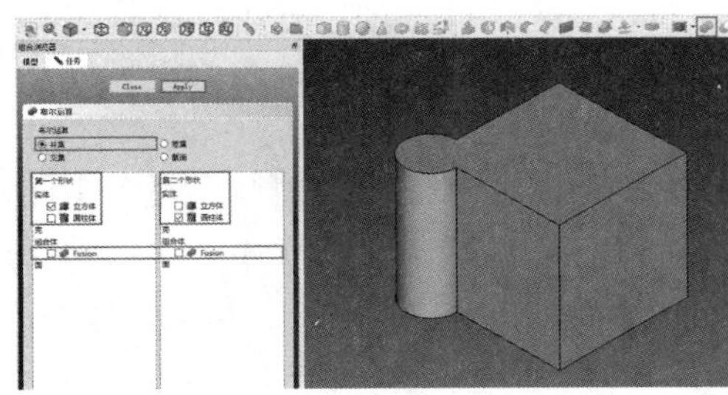

图5-122 布尔运算的并集

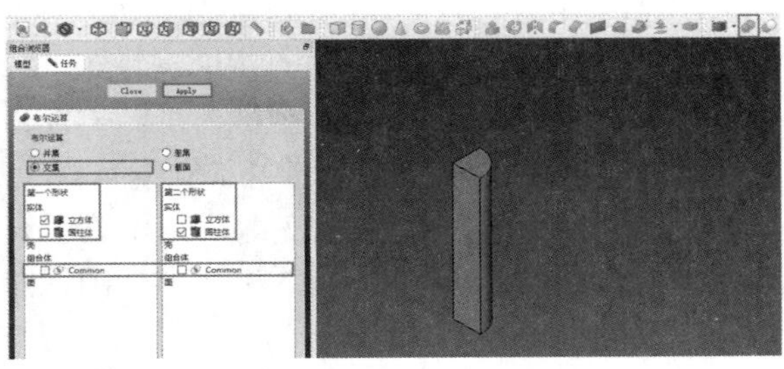

图5-123 布尔运算的交集

④ 也可在进入“布尔运算”界面后，在“第一个形状”中选中“立方体”复选框，在“第二个形状”中选中“圆柱体”复选框，选择“差集”单选框，点击“Apply”按钮，则圆柱体全部消失，立方体的一角也随之消失，只剩立方体的大部分，相当于立方体减去圆柱体，同时组合体中出现 Cut图标，该图标表示立方体减去圆柱体后的差集部分，见图5-124。

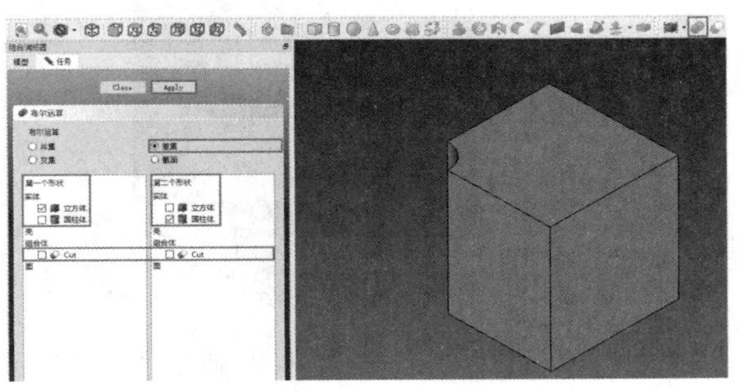

图5-124 布尔运算的差集

⑤ 也可在进入“布尔运算”界面后，在“第一个形状”中选中“圆柱体”复选框，在“第二个形状”中选中“立方体”复选框，选择“差集”单选框，点击“Apply”按钮，则立方体全部消失，圆柱体的一部分也随之消失，只剩圆柱体的大部分，相当于圆柱体减去立方体，同时组合体中也出现 Cut 图标，该图标表示圆柱体减去立方体后的差集部分，见图5-125，可见立方体减去圆柱体所得结果与圆柱体减去立方体所得结果并不相同。

⑥ 也可在进入布尔运算界面后，在“第一个形状”中选中“立方体”复选框，在“第二个形状”中选中“圆柱体”复选框，选择“截面”单选框，点击“Apply”按钮，则圆柱体和立方体消失，只剩两者的相交界面部分，并且该相交界面以边线的形式显示，同时组合体中出现 Section 图标，该图标表示立方体和圆柱体的相交界面，见图5-126。

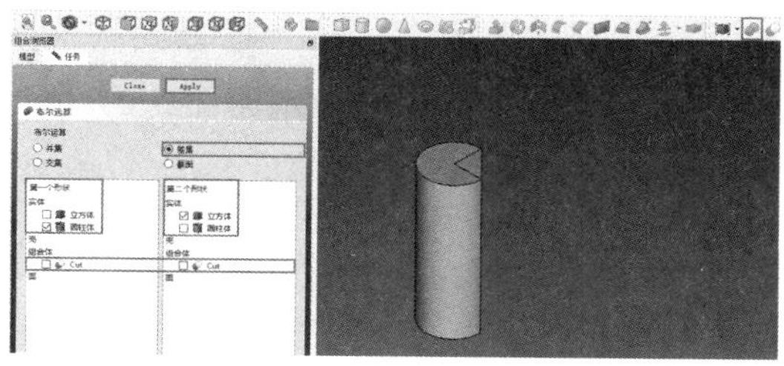

图5-125 布尔运算的差集

图5-126 布尔运算的截面

5.4.4.2 三个实体的布尔交集运算

① 打开FreeCAD，点击新建文件，工作台选择Part，依次点击“创建立方体”图标、“创建圆柱体”图标和“创建球体”图标，则在绘图区域出现一个正方体、一个圆柱体和一个球体，同时左侧模型模块中出现 立方体 图标、 圆柱体 图标和 球体 图标，见图5-127。

② 点击“布尔运算”图标，进入“布尔运算”界面，在“第一个形状”中选中“立方体”复选框，在“第二个形状”中选中“圆柱体”复选框，选择“交集”单选框，点击“Apply”按钮，则圆柱体和立方体的大部分消失，只剩两个实体的公共部分，同时组合体中出现 Common 图标，该图标表示圆柱体和立方体的交集部分，见图5-128。

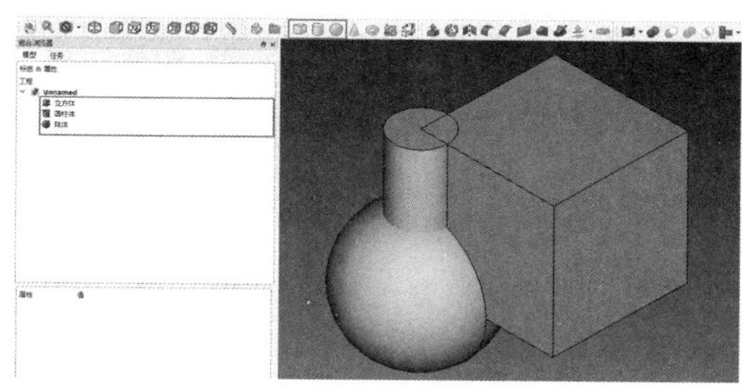

图5-127 创建立方体、圆柱体和球体

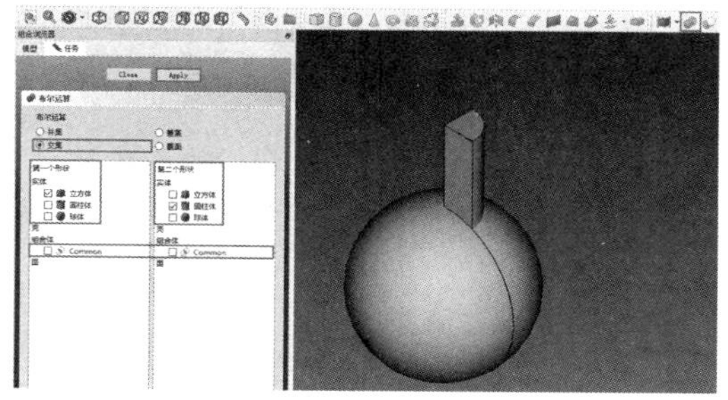

图5-128 立方体和圆柱体的交集

③ 继续在“第一个形状”中选中“立方体”复选框，在“第二个形状”中选中“球体”复选框，选择“交集”单选框，点击“Apply”按钮，则球体的大部分消失，只剩立方体和球体的公共部分，同时组合体中出现 Common001 图标，该图标表示立方体和球体的交集部分，见图5-129。

④ 在“第一个形状”中选中“圆柱体”复选框，在“第二个形状”中选中“球体”复选框，选择“交集”单选框，点击“Apply”按钮，则出现圆柱体和球体的公共部分，同时组合体中出现 Common002 图标，该图标表示球体和圆柱体的交集部分，见图5-130。

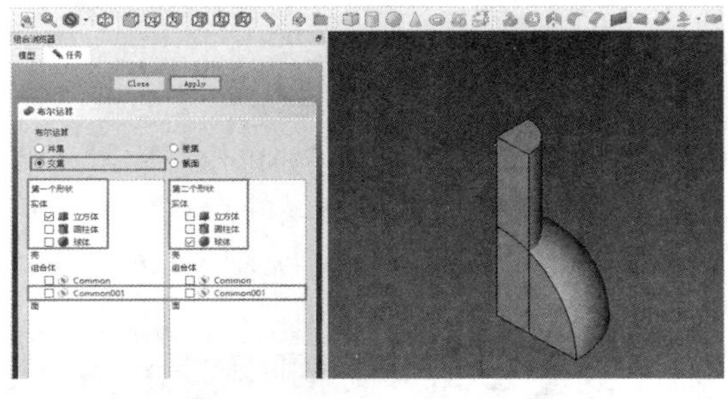

图5-129　立方体和球体的交集

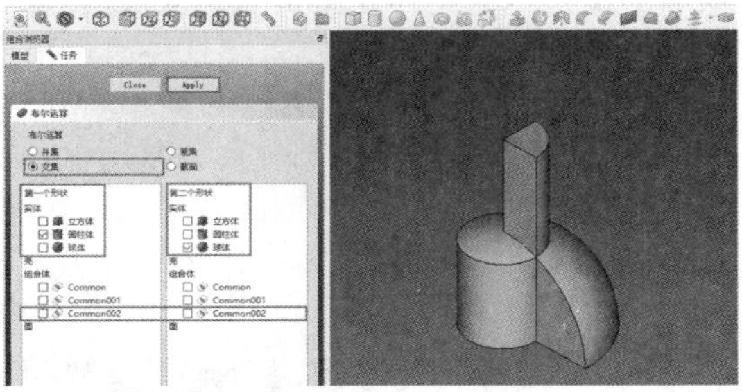

图5-130　圆柱体和球体的交集

⑤ 在“第一个形状”的“组合体”中选中“Common”复选框，在“第二个形状”的“组合体”中选中“Common001”复选框，选择“交集”单选框，点击“Apply”按钮，则出现第一个正方体、圆柱体和球体的交集，只是此交集现在还与其他部分重合在一起，同时组合体中出现 Common003 图标，该图标表示第一个正方体、圆柱体和球体的交集部分，见图5-131。

⑥ 在“第一个形状”的“组合体”中选中“Common”复选框，在“第二个形状”的“组合体”中选中“Common002”复选框，选择“交集”单选框，点击“Apply”按钮，则出现第二个正方体、圆柱体和球体的交集，该交集与第一个正方体、圆柱体和球体的交集重合，同时组合体中出现 Common004 图标，该图标表示第二个正方体、圆柱体和球体的交集部分，见图5-132。

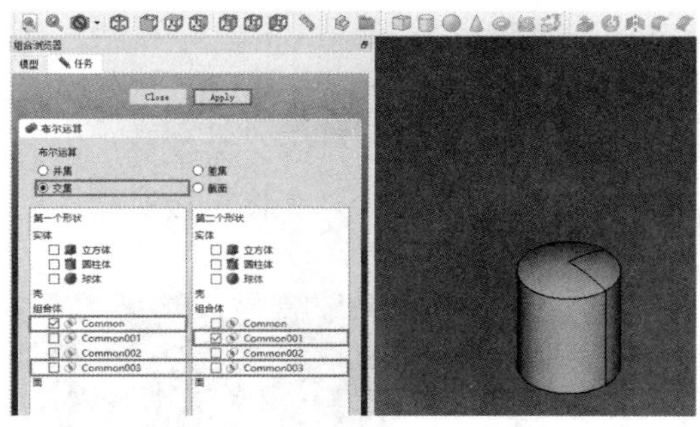

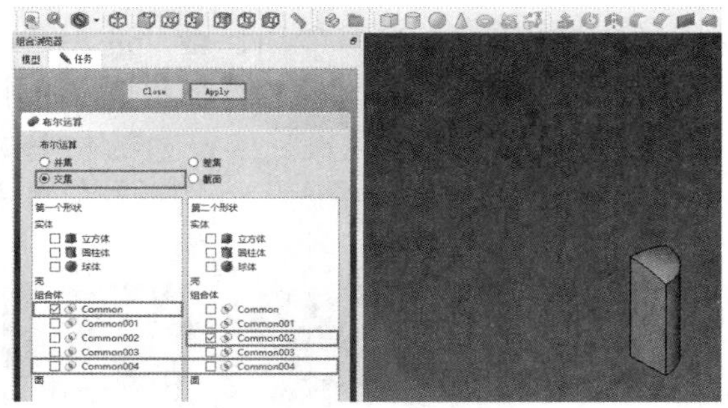

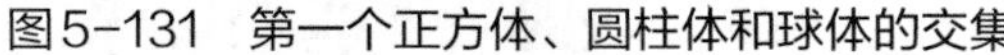

图5-131　第一个正方体、圆柱体和球体的交集

图5-132　第二个正方体、圆柱体和球体的交集

⑦ 在“第一个形状”的“组合体”中选中“Common001”复选框，在“第二个形状”的“组合体”中选中“Common002”复选框，选择“交集”单选框，点击“Apply”按钮，则出现第三个正方体、圆柱体和球体的交集，该交集与第一个和第二个正方体、圆柱体和球体的交集重合，同时组合体中出现 Common005 图标，该图标表示第三个正方体、圆柱体和球体的交集部分，见图5-133。

⑧ 点击“Close”退出，左侧模型模块中出现Common003、Common004、Common005图标，依次点击各自图标左侧小箭头，则出现相应交集的组成部分；选中Common003图标，点击属性模块的“数据”按钮，双击“Placement/位置”，更改y值为10mm，则将第

一个正方体、圆柱体和球体的交集移出重合部分；选中Common004图标，点击属性模块的“数据”按钮，双击“Placement/位置”，更改x值为10mm，则将第二个正方体、圆柱体和球体的交集移出重合部分，此时原位置只剩第三个正方体、圆柱体和球体的交集，见图5-134。

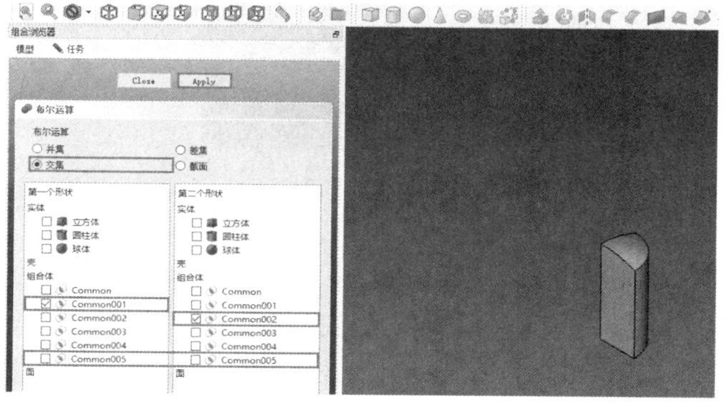

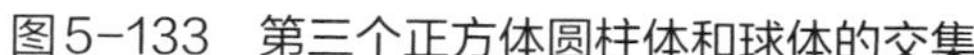
图5-133 第三个正方体圆柱体和球体的交集

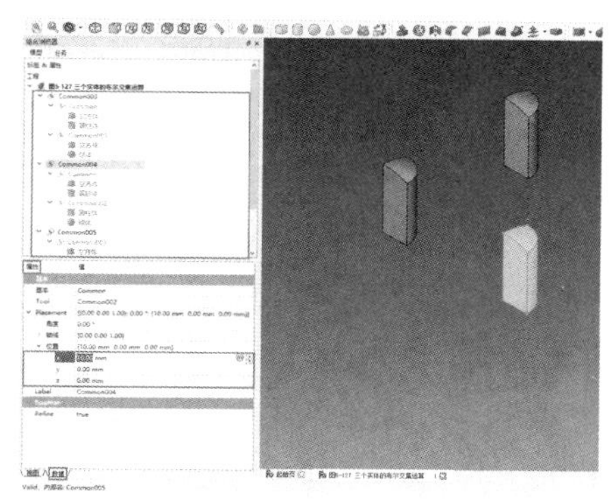
图5-134 将三个重合交集依次分离

注意

布尔运算只能对组合体和实体进行并集、交集、差集的运算，无法对非实体（壳和面）进行并集、交集、差集的运算。

5.4.5 差集

差集的图标为，可对两个对象进行差集操作，用第一个选中的对象减去第二个选中的对象，功能与布尔运算中的差集类似，但并没有与布尔运算类似的操作界面。

① 打开FreeCAD，点击新建文件，工作台选择Part，点击“创建立方体”图标和“创建圆柱体”图标，则在绘图区域出现一个正方体和一个圆柱体，同时左侧模型模块中出现 立方体 图标和 圆柱体图标，见图5-119。

② 先点击选中左侧模型模块中的 立方体 图标，绘图区域中立方体的颜色变绿，再按住“Ctrl”键点击选中左侧模型模块中的 圆柱体图标，绘图区域中圆柱体的颜色也变绿，点击“差集”图标，则绘图区域中显示立方体减去圆柱体后所剩余的部分，同时左侧模型模块中出现 Cut 图标，见图5-135。

③ 如若先点击选中左侧模型模块中的 圆柱体图标，绘图区域中圆柱体的颜色变绿，再按住“Ctrl”键点击选中左侧模型模块中的 立方体 图标，绘图区域中立方体的颜色也变绿，点击“差集”图标，则绘图区域显示圆柱体减去立方体后所剩余的部分，同时左侧模型模块中出现 Cut 图标，见图5-136。

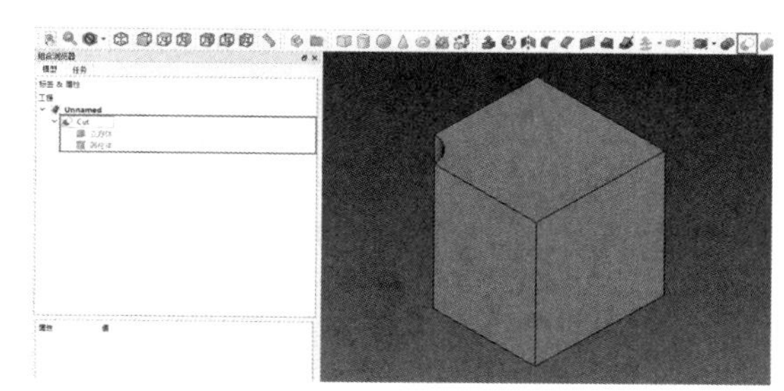
图5-135 立方体减去圆柱体

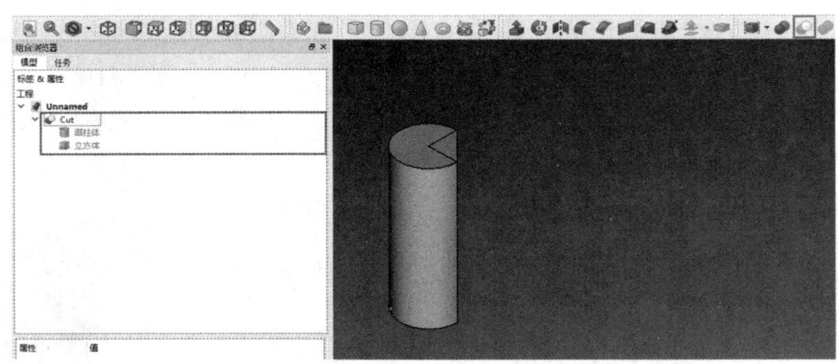

图5-136　圆柱体减去立方体

差集操作只能在两个对象之间进行，无法同时对多个对象进行差集操作。

5.4.6　并集

并集的图标为，可对多个对象进行并集操作，功能与布尔运算中的并集类似，但并没有与布尔运算类似的操作界面。

① 打开FreeCAD，点击新建文件，工作台选择Part，依次点击“创建立方体”图标、“创建圆柱体”图标和“创建球体”图标，则在绘图区域出现一个正方体、一个圆柱体和一个球体，同时左侧模型模块中出现 立方体 图标、 圆柱体图标和 球体图标，见图5-127。

② 按住“Ctrl”键依次点击选中左侧模型模块中的 立方体 图标、 圆柱体图标和 球体图标，绘图区域中的三个实体全部变绿；点击“并集”图标，则显示三个实体合并后的形状，同时左侧模型模块中出现 Fusion 图标，点击该图标左侧小箭头，可见并集是由正方体、圆柱体和球体组成的；点击 Fusion 图标，绘图区域中的并集变绿，点击属性模块的“数据”按钮，双击“Placement/位置”，更改x、y、z的值可调整该并集的位置，见图5-137。

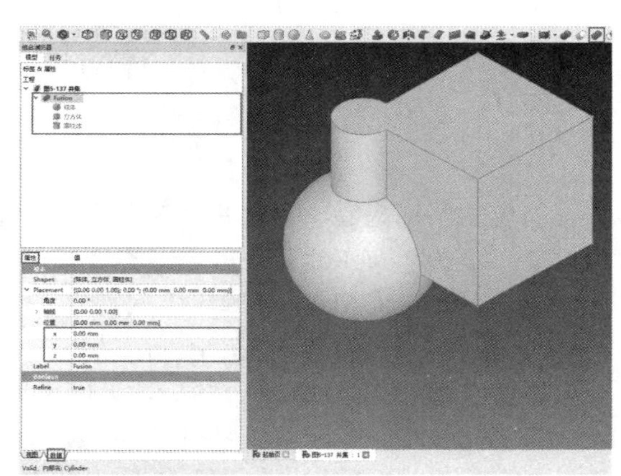

图5-137　立方体、圆柱体和球体的并集

5.4.7　交集

交集的图标为，可对多个对象进行交集操作，功能与布尔运算中的交集类似，但并没有与布尔运算类似的操作界面。

① 打开FreeCAD，点击新建文件，工作台选择Part，依次点击“创建立方体”图标、“创建圆柱体”图标和“创建球体”图标，则在绘图区域出现一个正方体、一个圆柱体和一个球体，同时左侧模型模块中出现 立方体 图标、 圆柱体图标和 球体图标，见图5-127。

② 按住“Ctrl”键依次点击选中左侧模型模块中的 立方体 图标、 圆柱体图标和 球体图标，绘图区域中三个实体的颜色全部变绿；点击“交集”图标，则显示三个实体的交集部分，同时左侧模型模块中出现 Common 图标，点击该图标左侧小箭头，可见该交集是由正方体、圆柱体和球体的公共部分组成的；点击 Common 图标，绘图区域中交集的颜色变绿，点击属性模块的“数据”按钮，双击“Placement/位置”，更改x、y、z的值可调整该交集的位置，见图5-138。

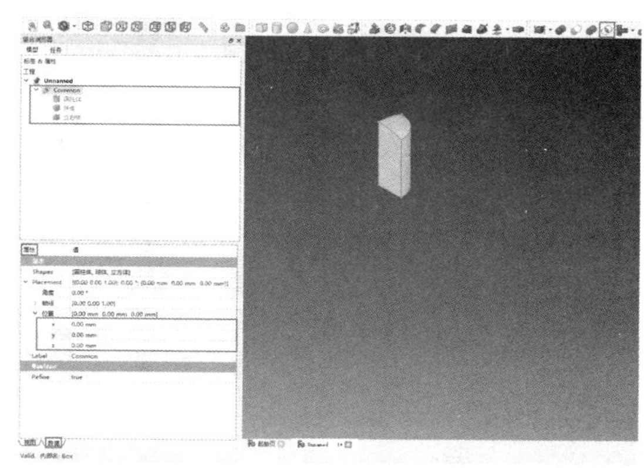

图5-138　立方体、圆柱体和球体的交集

5.4.8　连接

连接的图标为，最典型的应用为将两节圆管进行各种角度的连接（包括内壁与外壁）。

① 打开FreeCAD，点击新建文件，工作台选择Part，点击“创建参数化几何图元”图标，“几何图元”选择创建一个“圆柱体”，“参数”与“位置”均为默认，点击“创建”；“几何图元”再次选择“圆柱体”，“参数”默认，“位置”更改为（10，0，5），“方向”更改为“X”，点击“创建”，见图5-139，点击“Close”退出。

② 按住“Ctrl”键选中第一个圆柱体的上、下两个底面，两个底面变绿，点击“抽壳”图标，“参数”全部选择默认，点击“OK”退出，见图5-140；对第二个圆柱体也进行抽壳操作，不同之处在于“厚度”选择−0.5mm，见图5-141，两个圆柱体均变为圆管，点击“OK”退出。

③ 左侧模型模块中选中 Thickness001 图标，第二根圆管的颜色变绿，点击属性模块的“数据”按钮，双击“Placement/位置”，更改x值为−10mm，则第二根圆管插入至第一根圆管内部，见图5-142，按住“Shift+鼠标右键”旋转后可观察圆管内部的插入情况，见图5-143。

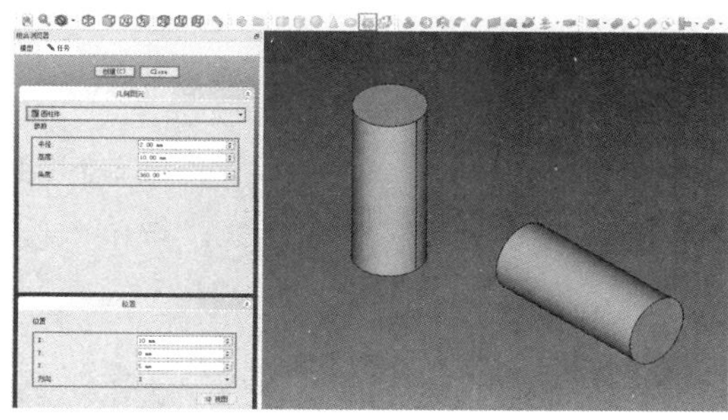

图5-139　创建两个圆柱体

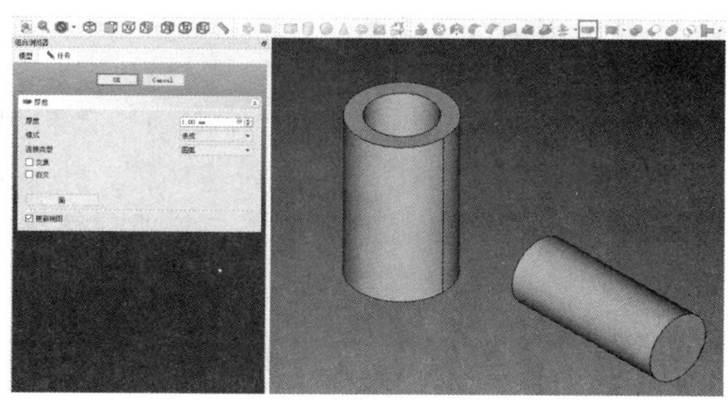

图5-140　对第一个圆柱体进行抽壳

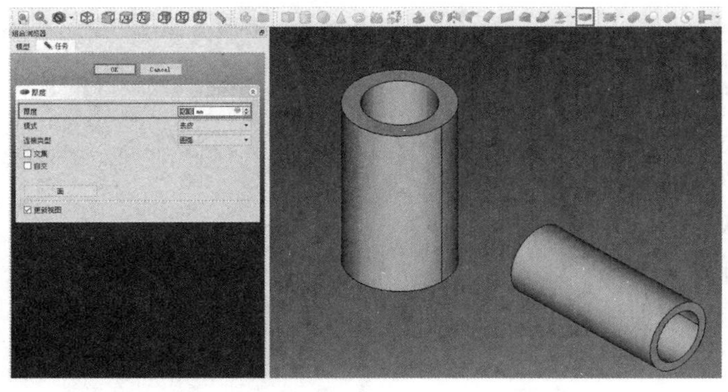

图5-141 对第二个圆柱体进行抽壳

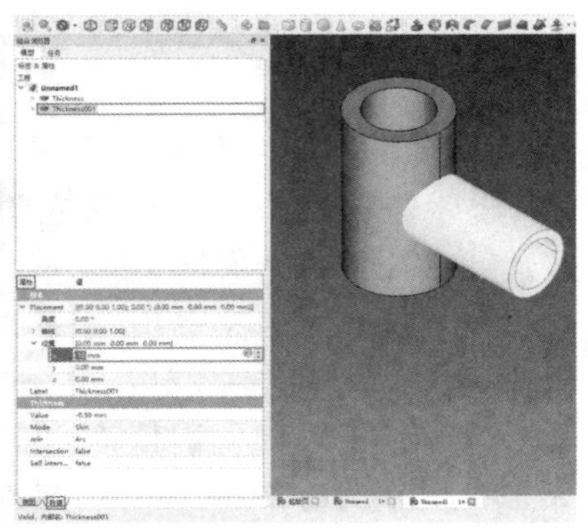

图5-142 将第二根圆管插入到第一根圆管内部

④ 按住“Ctrl”键选中 Thickness001 和 Thickness 图标，则两根圆管的颜色变绿，点击“连接”图标，则两根圆管的内壁和外壁以相贯线的形式连接在一起；同时，左侧模型模块中出现 Connect 图标，点击该图标，绘图区域中两根圆管的颜色变绿，点击属性模块的“数据”按钮，双击“Placement/位置”，更改x、y、z的值可调整该对象的位置，见图5-144。

图5-143 “Shift+鼠标右键”旋转后可观察到圆管内部

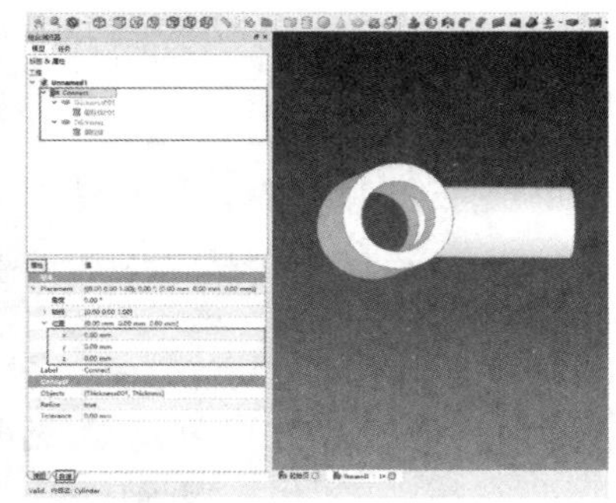

图5-144 两根圆管连接完成

注意

图5-142中，第二根圆管要插入到第一根圆管内部一定的深度，否则无法完成连接操作。

5.4.9 嵌入

嵌入的图标为，可将一个对象嵌入到另一个对象中。

① 打开FreeCAD，点击新建文件，工作台选择Part，点击“创建参数化几何图元”图标，“几何图元”选择创建一个“圆柱体”，“参数”与“位置”均为默认，点击“创建”；“几何图元”再次选择“圆柱体”，“参数”默认，“位置”更改为（10，0，5），方向更改为“X”，点击“创建”，见图5-139，点击“Close”退出。

② 按住“Ctrl”键选中第一个圆柱体的上、下两个底面，两个底面变绿，点击“抽壳”图标，“参数”全部选择默认，点击“OK”退出，见图5-140；对第二个圆柱体同

样进行抽壳操作，不同之处在于“厚度”选择−0.5mm，见图5-141，两个圆柱体变为圆管，点击“OK”退出。

③ 左侧模型模块中选中 Thickness001 图标，第二根圆管的颜色变绿，点击属性模块的“数据”按钮，双击“Placement/位置”，更改x值为−10mm，则第二根圆管插入至第一根圆管内部，见图5-142，按住“Shift键+鼠标右键”旋转后可观察圆管内部的插入情况，见图5-143。

④ 先选中 Thickness 图标，再按住“Ctrl”键选中 Thickness001 图标，两根圆管的颜色变绿，点击“嵌入”图标，则两根圆管嵌入在一起；同时，左侧模型模块中出现 Embed 图标，点击该图标，则绘图区域中两根嵌入在一起的圆管颜色变绿，点击属性模块的“数据”按钮，双击“Placement/位置”，更改x、y、z的值可调整该对象的位置，见图5-145。

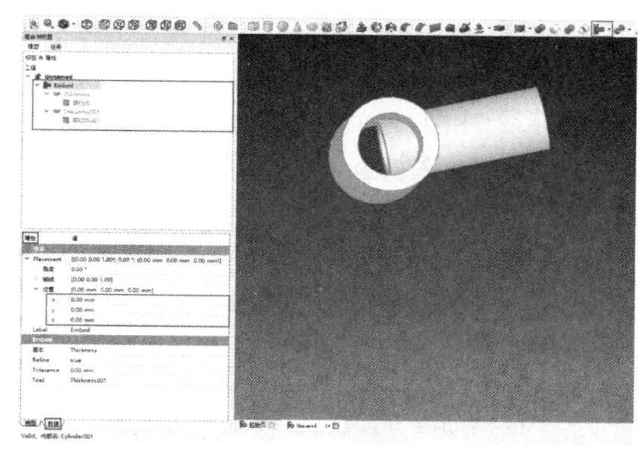

图5-145　两根圆管嵌入完成

注意

图5-145中，两根圆管选择的先后顺序不同会导致嵌入的结果不同，如果先选择 Thickness001 图标，再选中 Thickness 图标，点击嵌入图标，则结果如图5-146所示，两根圆管只有外壁连接，被插入的圆管内壁没有变化。

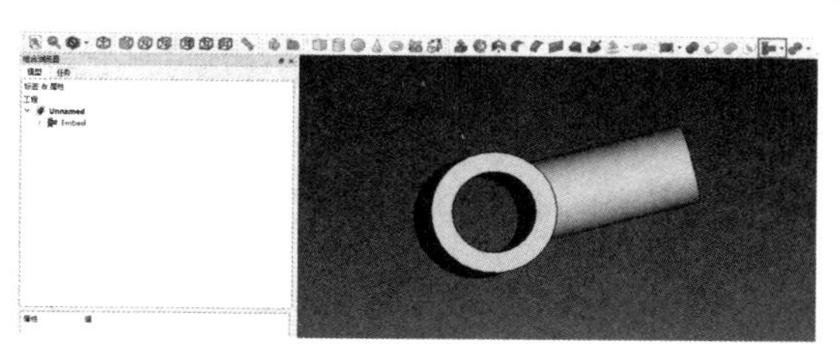

图5-146　选择顺序不同导致嵌入结果不同

5.4.10　切口

切口的图标为，作用是在一个对象（如管道）中创建切口，切口形状与另一个对象的截面相吻合。

① 打开FreeCAD，点击新建文件，工作台选择Part，点击“创建参数化几何图元”图标，“几何图元”选择创建一个“圆柱体”，“参数”与“位置”均为默认，点击“创建”；再次在“几何图元”中选择创建“圆柱体”，“参数”默认，位置更改为（10，0，5），“方向”更改为“X”，点击“创建”，见图5-139，点击“Close”退出。

② 按住“Ctrl”键选中第一个圆柱体的上、下两个底面，两个底面变绿，点击“抽壳”图标，“参数”全部选择默认，点击“OK”退出，见图5-140；对第二个圆柱体同样进行抽壳操作，不同之处在于“厚度”选择−0.5mm，见图5-141，两个圆柱体变为圆管，点击“OK”退出。

③ 左侧模型模块中选中 Thickness001 图标，第二根圆管的颜色变绿，点击属性模块的

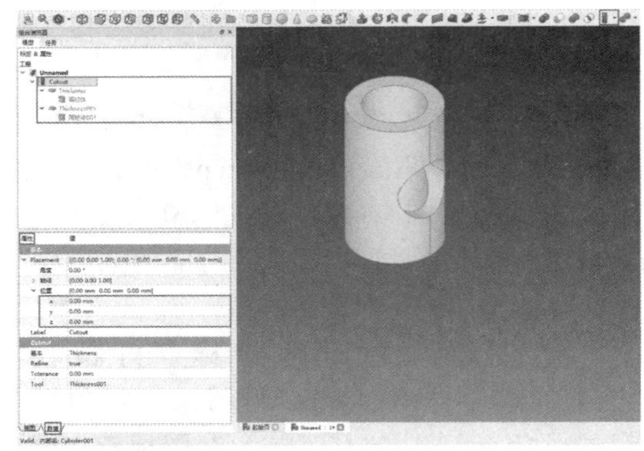

图5-147　切口操作完成

"数据"按钮，双击"Placement/位置"，更改x值为-10mm，则第二根圆管插入至第一根圆管内部，见图5-142，按住"Shift＋鼠标右键"旋转后可观察圆管内部的插入情况，见图5-143。

④ 先选中被切口对象 Thickness 图标，再按住"Ctrl"键选中切口对象 Thickness001 图标，两根圆管的颜色变绿，点击"切口"图标，则被切口对象管壁上出现一个切口，切口形状为圆形，与切口对象 Thickness001 的截面相同，同时切口对象 Thickness001 消失；左侧模型模块中出现 Cutout 图标，点击该图标，则绘图区域中被切口的圆管颜色变绿，点击属性模块的"数据"按钮，双击"Placement/位置"，更改x、y、z的值可调整该对象的位置，见图5-147。

注意

① 图5-147中，两根圆管选择的先后顺序不同同样会导致切口的结果不同，如果先选择 Thickness001 图标，再选中 Thickness 图标，点击切口图标，则结果如图5-148所示。

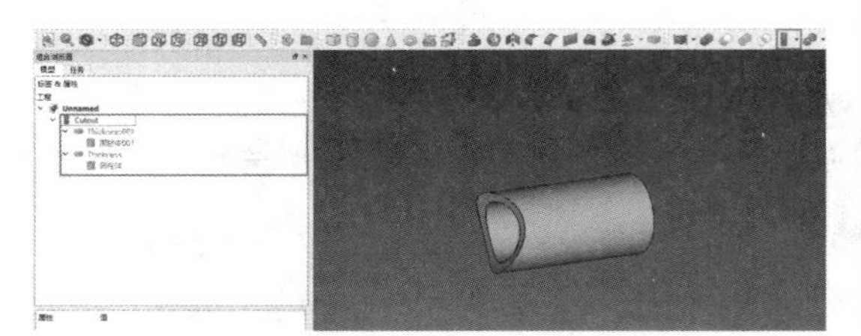

图5-148　选择顺序不同导致切口结果不同

② 如果细圆管 Thickness001 完全穿透粗圆管 Thickness，见图5-149，点击切口图标，则被切口圆管的管壁上会出现两个圆形切口，见图5-150。

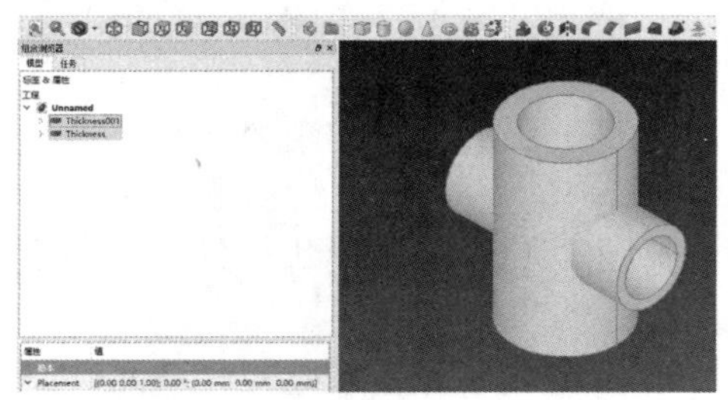

图5-149　细圆管完全穿透粗圆管

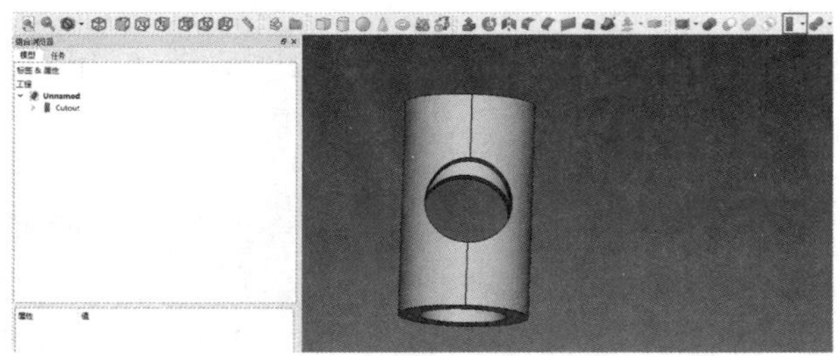

图5-150　完全穿透后可形成两个切口

5.4.11　形状拆分

形状拆分的图标为，作用是将两个相交对象的公共部分进行拆分，但该命令只是中间步骤，无法完成全部过程，剩下的步骤需要切换至Draft工作台中，使用降级命令完成。

① 打开FreeCAD，点击新建文件，工作台选择Part，点击"创建参数化几何图元"图

标，“几何图元”选择创建一个“球体”，“参数”与“位置”均为默认，点击“创建”；“几何图元”再次选择“球体”，“参数”默认，“位置”更改为（0，0，5），点击“创建”，见图5-151，点击“Close”退出。

② 按住“Ctrl”键选中左侧模型模块中出现的两个图标 球体，绘图区域中两个球体的颜色变绿，点击“形状拆分”图标，则左侧模型模块中出现 BooleanFragments 图标，见图5-152。

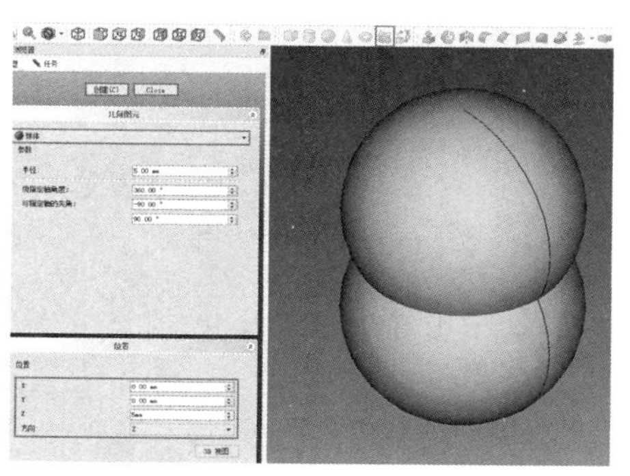

图5-151　创建两个球体

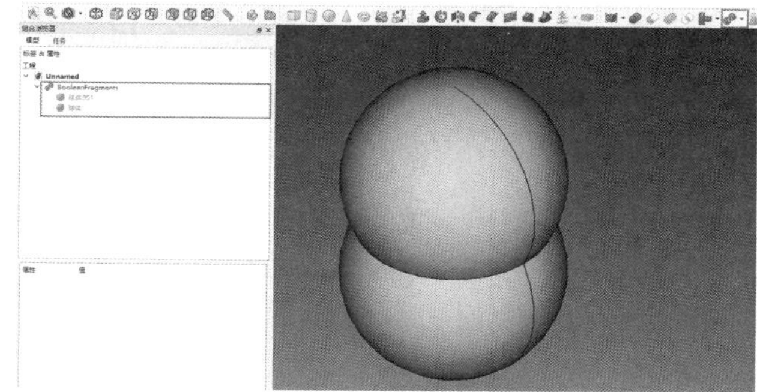

图5-152　点击“形状拆分”图标

③ 工作台选择Draft，点击 BooleanFragments 图标，两个球体的颜色变绿，点击“降级”图标，左侧模型模块中出现四个“Face”图标，见图5-153。

④ 选中 Face 图标，点击属性模块的“数据”按钮，双击“Placement/位置”，更改z值；选中 Face001 图标，点击属性模块的“数据”按钮，双击“Placement/位置”，更改z值；选中 Face002 图标，点击属性模块的“数据”按钮，双击“Placement/位置”，更改z值，见图5-154，可见通过Part工作台的“形状拆分”命令和Draft工作台中的“降级”命令，使得两个混合的球体被分解成若干个单独的组成部分。

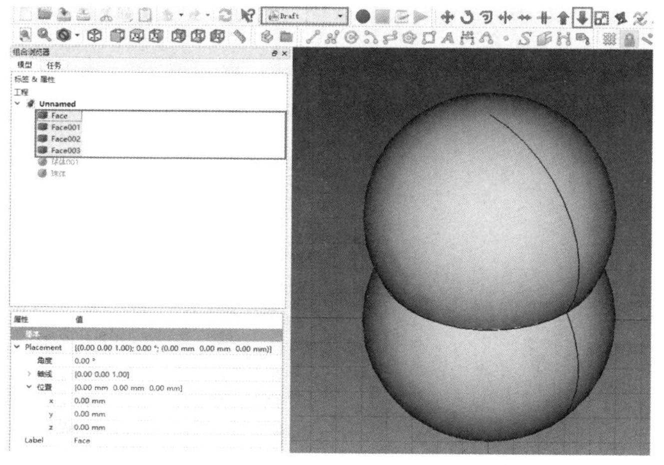

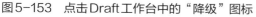

图5-153　点击Draft工作台中的“降级”图标

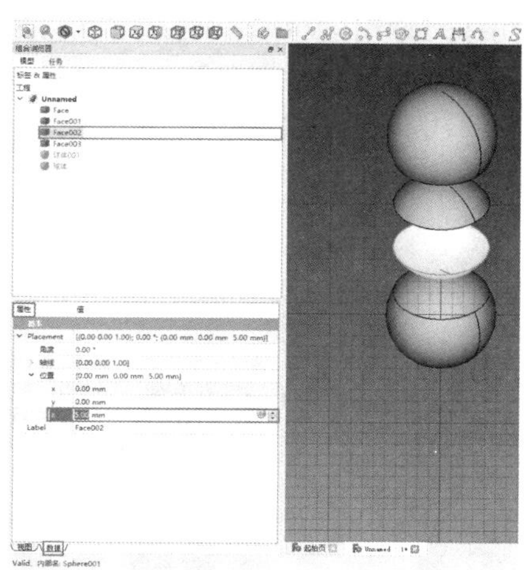

图5-154　分解完成

5.4.12　分割

分割的图标为，可使用分割对象对被分割对象进行分割操作，分割对象可以是平面、曲面或实体，分割后所形成的对象可与原对象完全脱离。

① 打开FreeCAD，点击新建文件，工作台选择Part，点击“创建参数化几何图元”图标，“几何图元”中选择创建一个“圆锥体”，“参数”对话框中“半径1”选择0mm，“位置”对话框中“方向”选择“用户定义”，在向量中更改Z为−1，即（0，0，−1），点击“OK”退出“输入向量”对话框，见图5-155，点击“创建”。

② 选择创建一个“平面”，“参数”默认，“位置”更改为（2，−5，−10），“方向”选择“X”，点击“创建”，见图5-156，点击“Close”退出。

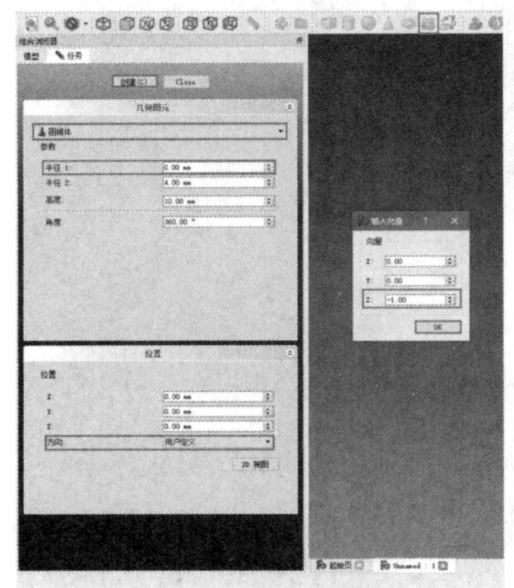

图5-155　创建圆锥体

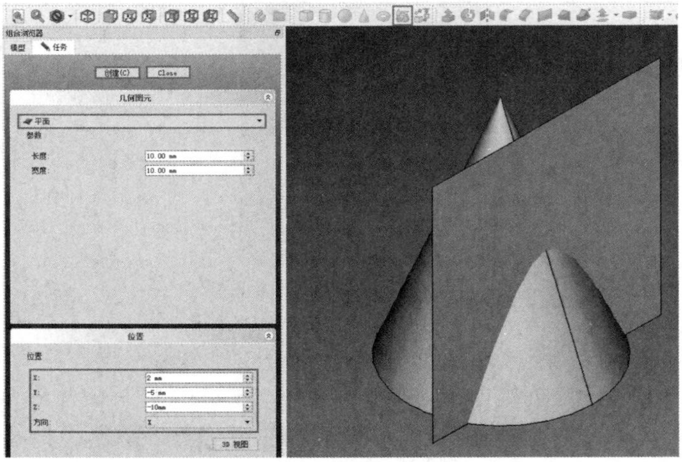

图5-156　创建一个贯穿圆锥体的平面

③ 左侧模型模块中出现“平面”和“圆锥体”的图标，先选中被分割对象“圆锥体”的图标，绘图区域中圆锥体的颜色变绿，再按住“Ctrl”键点击选中分割对象“平面”的图标，绘图区域中平面的颜色也变绿，点击“分割”图标，则平面消失，圆锥体表面出现一条闭合的分割曲线，见图5-157。

④ 左侧模型模块中出现Exploded Slice图标，点击选中该图标左侧小箭头，出现Slice.0和Slice.1两个图标，分别代表被分割圆锥体的两部分；点击其中任意一个图标，点击属性模块的“数据”按钮，“双击Placement/位置”，更改x值为5mm，可将该部分从圆锥体中分离出去，见图5-158。

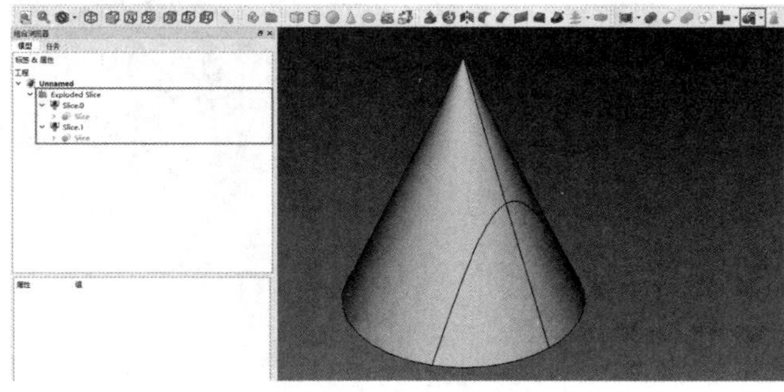

图5-157　圆锥体被平面分割

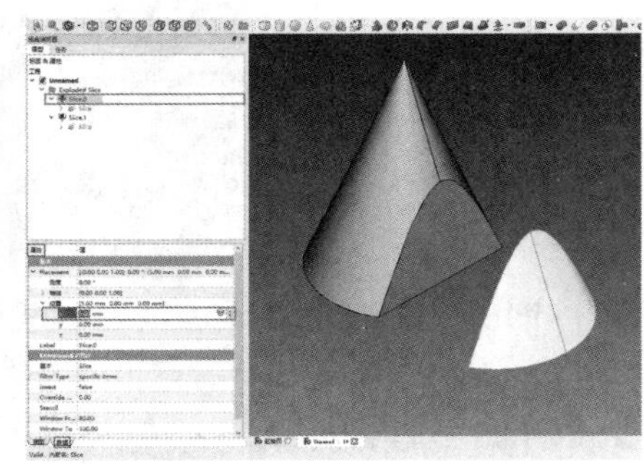

图5-158　将其中一部分从圆锥体中分离出去

注意

① 分割对象必须将被分割对象完全贯穿，本例中如果平面仅仅与圆锥体相交而没有完全贯穿，则无法将圆锥体一分为二。

② 图5-157中，选择顺序不能颠倒，如果先选中“平面”，再选中“圆锥体”，点击分割图标后，则圆锥体消失，平面被圆锥体一分为二，见图5-159。

③ 本例中圆锥体被平面分割。也可在Part Design工作台中绘制曲线，切换到Part工作台中点击“拉伸”图标，将拉伸后形成的曲面移动位置使其完全贯穿圆锥体，再对圆锥体进行曲面分割，见图5-160。

④ 可使用Part或Part Design工作台中构建的实体对圆锥体进行分割。

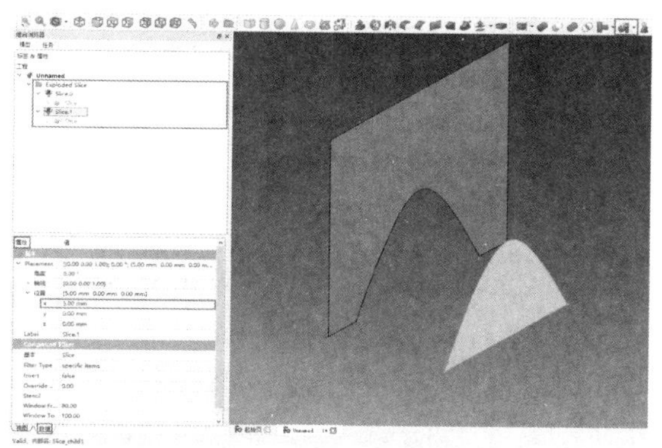

图5-159 选择顺序颠倒后的结果

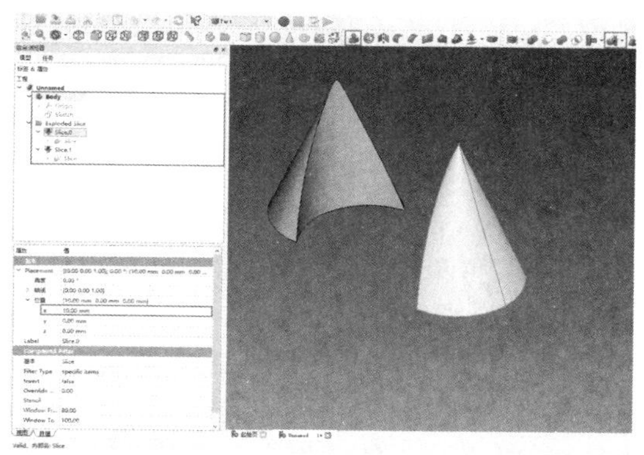

图5-160 对圆锥体进行曲面分割

5.4.13 切片

切片的图标为，功能与分割类似，可以用平面、曲面或实体对被切片对象进行切割，但被切片对象除表面留下一条闭合的线条之外，所形成的切片部分无法与原对象分离，这一点与分割命令有明显的不同。

① 打开FreeCAD，点击新建文件，工作台选择Part，点击“创建参数化几何图元”图标，“几何图元”选择创建一个“立方体”，“参数”及“位置”选择默认，点击“创建”；“几何图元”再次选择“立方体”，“长度”改为20mm，“宽度”改为20mm，“高度”改为2mm，“位置”更改为（−5，−5，5），“方向”选择为“Z”，点击“创建”，见图5-161，绘图区域中出现一个立方体和一个长方体，点击“Close”退出。

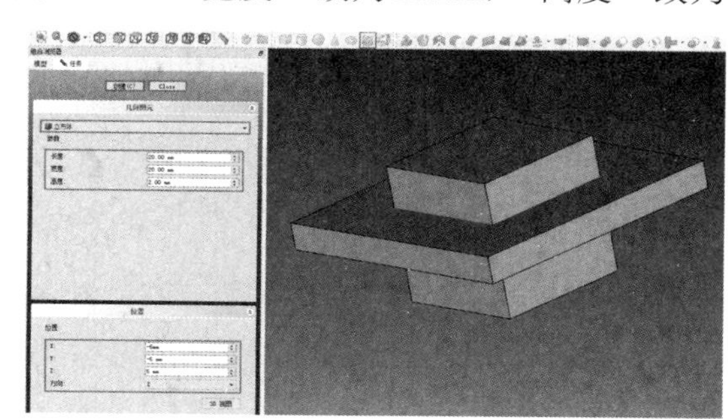

图5-161 创建一个立方体一个长方体

② 左侧模型模块中出现 立方体 和 立方体001 两个图标，先点击被切片对象 立方体 图标，绘图区域中立方体的颜色变绿，再按住“Ctrl”键选中切片对象 立方体001 图标，绘图区域中长方体的颜色

变绿；点击“切片”图标，长方体消失，立方体表面出现两条闭合的直线，见图5-162。

③ 左侧模型模块中出现 Slice 图标，点击选中该图标左侧小箭头，出现立方体和立方体001两个图标；选中 Slice 图标，绘图区域中对象的颜色变绿，点击属性模块的“数据”按钮，双击“Placement/位置”，更改x、y、z的值，可调整切片的位置，见图5-163。

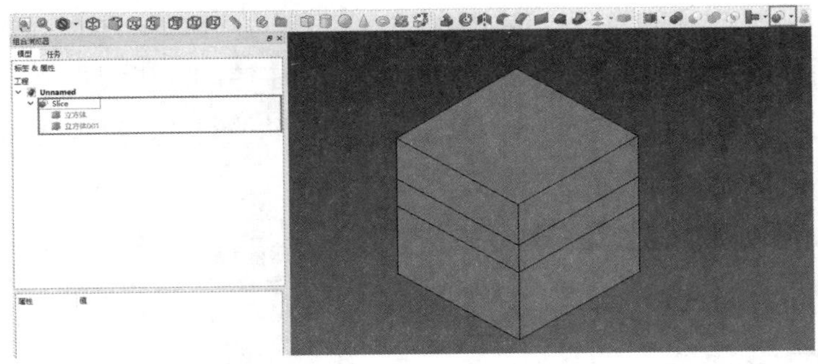

图5-162　切片完成

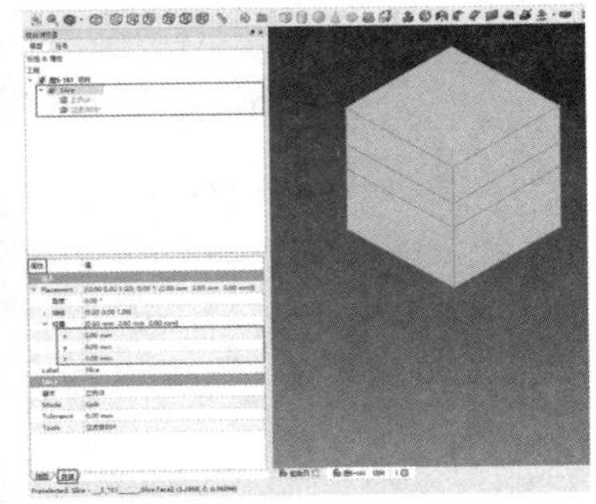

图5-163　调整切片的位置

5.4.14　检查

检查的图标为，作用为验证对象中是否存在错误。

① 打开第4章或第5章中任意一个FreeCAD文件，本例中选择5.4.8中的FreeCAD文件，在左侧模型模块中点击选中 Connect 图标，则整个对象的颜色变绿；点击检查图标，出现“检查几何”对话框，提示该对象并无错误，见图5-164。

②“造型内容”对话框中显示该对象的顶点、线、边、面、实体、壳和组合体的数量，点击“Close”退出。

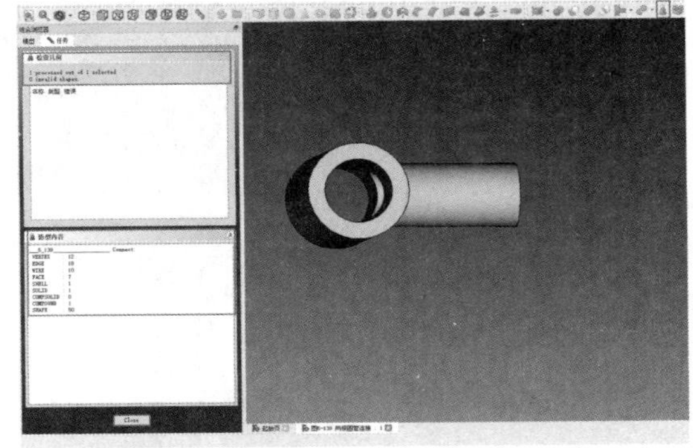

图5-164　检查

注意

① 也可在左侧模型模块中点击选中多个对象进行检查。

② 应选择整个对象进行检查，而并非仅仅选择对象的一小部分（如一个面或一条线等）来进行检查。

③ 如果需要进行额外的布尔运算检查，可按以下步骤操作：选择菜单栏中工具/编辑参数/Preferences/Mod/Part/

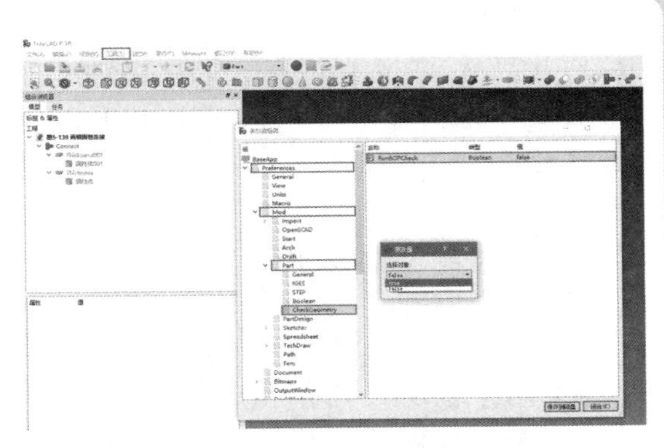

图5-165　开启布尔运算检查的步骤

CheckGeometry，在RunBOPCheck参数的“类型”或“值”下双击并设置为true，点击“OK”，点击“保存到磁盘”，点击“闭合”，见图5-165，关闭FreeCAD软件并重新启动，再按检查的步骤重新进行检查。

④ 经过检查如果出现错误，可在“检查几何”对话框中点击错误信息，则出现错误的对象会在绘图区域中高亮显示，提醒绘制者检查建模步骤，并修复错误。

5.4.15 清理

清理的图标为，作用为将选定的特征（如圆角、倒角、孔、凸台等）从对象中移除。

5.4.15.1 凸台的清理

① 打开4.4.2中的FreeCAD文件，工作台切换至Part，按住“Ctrl”键选中对象上部凸台所有的面，被选中面的颜色变绿，同时“清理”图标变亮，见图5-166。

② 点击“清理”图标，对象上部的凸台全部消失，左侧模型模块中出现 Defeatured 图标，见图5-167。

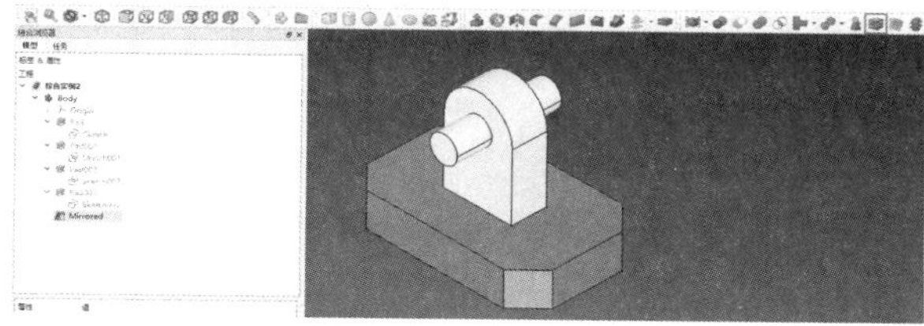

图5-166 选中凸台所有的面准备清理

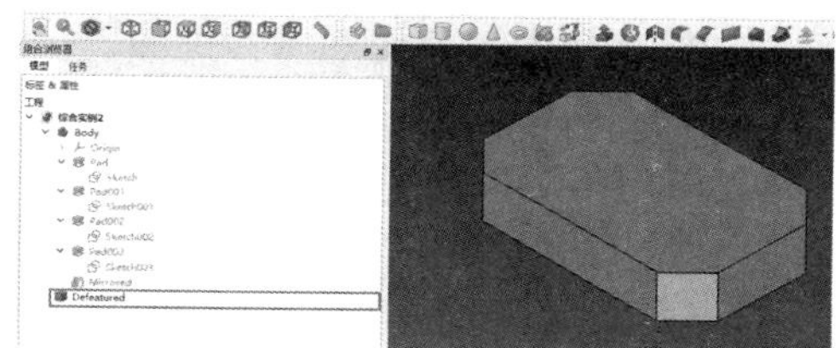

图5-167 清理完成

5.4.15.2 凹坑的清理

① 打开4.2.6中的FreeCAD文件，工作台切换至Part，按住“Ctrl”键点击对象中凹坑的侧面和底面，则凹坑侧面和底面的颜色变绿，同时“清理”图标变亮，见图5-168。

② 点击“清理”图标，对象中的凹坑消失，左侧模型模块中出现 Defeatured 图标，见图5-169。

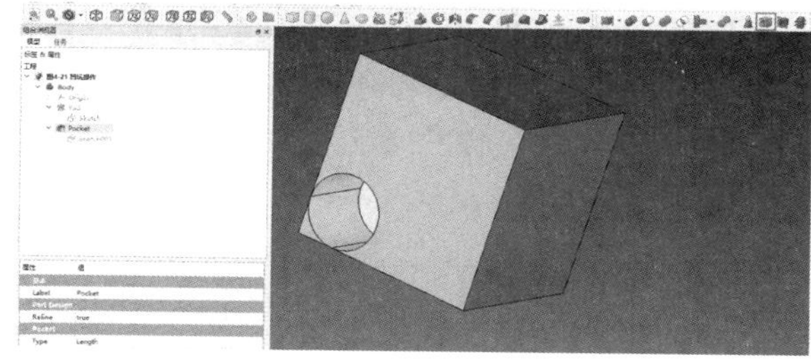

图5-168 选中凹坑的底面和侧面准备清理

图5-169 凹坑清理完成

5.4.15.3 圆角或倒角的清理

① 打开5.3.5中的FreeCAD文件，工作台选择Part，按住“Ctrl”键点击对象中所有的倒角面，则被选中面的颜色变绿，同时“清理”图标变亮，见图5-170。

② 点击“清理”图标，对象中的倒角消失，左侧模型模块中出现 Defeatured 图标，见图5-171。

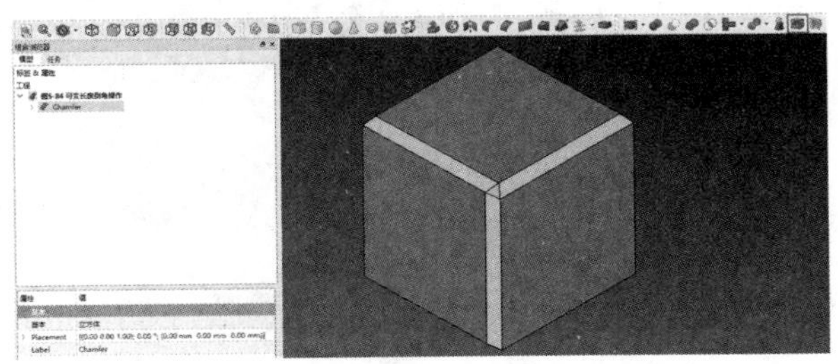
图5-170 选中所有的倒角面准备清理

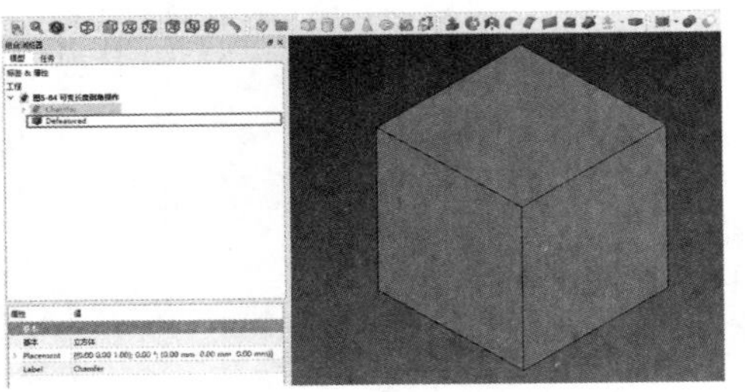
图5-171 倒角清理完成

注意

① 凸台和凹坑的清理过程中，一定要选中凸台和凹坑所有的面，否则会清理失败。

② 圆角或倒角的清理过程中，建议也选中所有圆角或倒角的面，再点击“清理”图标；如果只选中一部分圆角或倒角的面进行清理，结果有时会成功，有时会失败，有时对象会扭曲。

5.4.16 截面

截面的图标为，作用是将两个相交对象的公共部分以边线的形式显示出来，功能与布尔运算中的截面类似，但并没有与布尔运算类似的操作界面。

① 打开FreeCAD，点击新建文件，工作台选择Part，点击“创建立方体”图标和“创建圆柱体”图标，则在绘图区域出现一个正方体和一个圆柱体，同时左侧模型模块中出现 立方体 图标和 圆柱体 图标，见图5-119。

② 先选中左侧模型模块中的任意一个图标，再选中另一个图标，绘图区域中两个对象的颜色均变绿；点击“截面”图标，则圆柱体和立方体消失，只剩两者的相交界面部分，并且该相交界面只以边线的形式显示，同时左侧模型模块中出现 Section 图标，见图5-172。

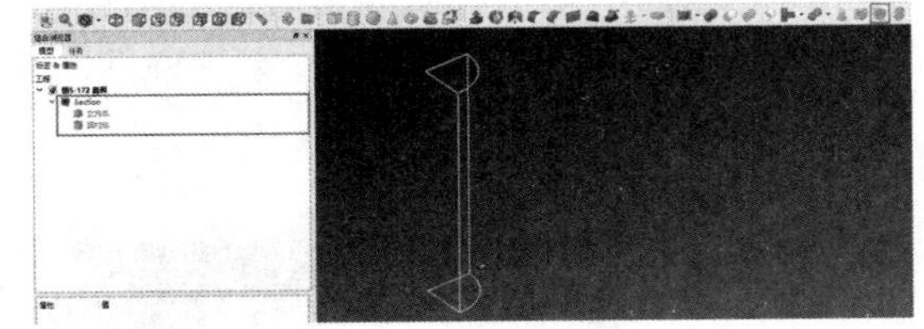
图5-172 截面操作完成

5.4.17 横截面

横截面的图标为，作用是对选定的对象创建一个或多个横截面，并可对横截面之间的距离、个数、位置及横截面的方向进行设定。

① 打开FreeCAD，点击新建文件，工作台选择Part，点击“创建球体”图标和“创建圆锥体”图标，则在绘图区域出现一个球体和一个圆锥体，同时左侧模型模块中出现球体图标和圆锥体图标，见图5-173。

② 按住“Ctrl”键选中左侧模型模块中出现的“球体”和“圆锥体”图标，绘图区域中球体和圆锥体的颜色变绿，点击“横截面”图标，进入“横截面”对话框，见图5-174。

图5-173　创建一个球体和一个圆锥体

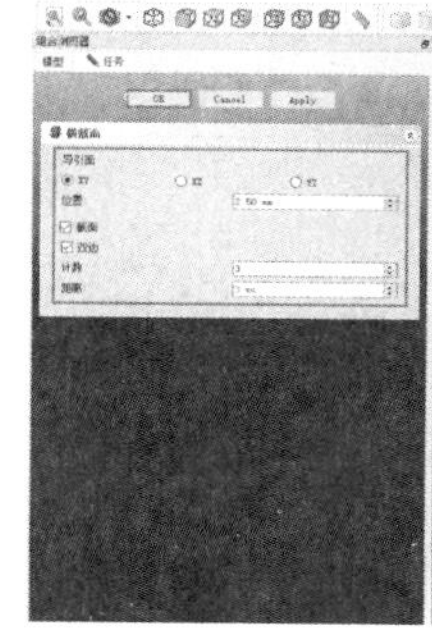

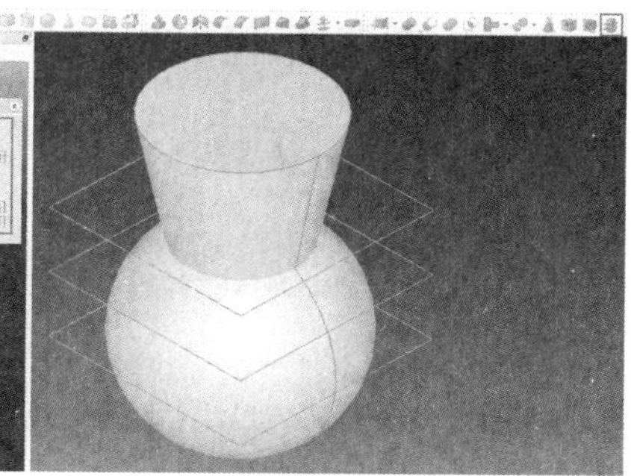

图5-174　进入“横截面”对话框

③“导引面”中的XY、XZ、YZ分别表示相应的基准平面，通过选择相应的基准平面可更改横截面的方向；“位置”表示横截面与相应基准平面之间的距离，数值可设为正值也可设为负值；选中“截面”复选框表示可以创建多个横截面；选中“双边”复选框表示将在“位置”两侧对称布置横截面；“计数”表示横截面的设定个数；“距离”表示相邻两个横截面之间的距离；本例中“导引面”选择XY，“位置”设定为2.5mm，选中“截面”和“双边”复选框，“计数”设定为3，表示有3个横截面，“距离”设定为3mm，见图5-174，点击“OK”退出。

④ 左侧模型模块中出现2个“横截面”图标，分别表示圆锥体和球体的横截面，同时球体和圆锥体表面出现闭合的曲线，这些曲线为横截面与球体或圆锥体的交线；按住“Ctrl”键选中左侧模型模块中的“球体”和“圆锥体”图标，按下空格键隐藏球体和圆锥体，此时绘图区域中只剩代表横截面的封闭曲线，见图5-175。

⑤ 点击“测量长度”图标，点击选中任意两个相邻的横截面，出现两个相邻横截面的直线距离、水平距离和垂直距离；通过连续点击“切换3d”按钮切换 3d，可显示或隐藏相邻横截面的直线距离；通过连续点击“切换增量”按钮切换增量，可显示或隐藏相邻横截面的水平距离和垂直距离；点击“清除所有”按钮清除所有，相邻横截面的所有距离均消失，见图5-176，点击“Close”退出。

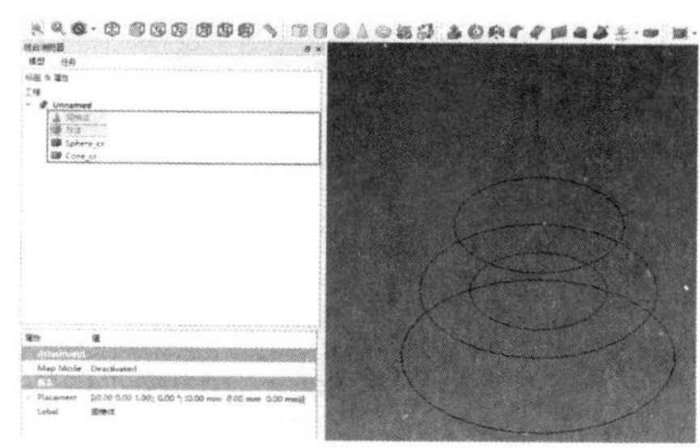

图5-175　代表横截面的封闭曲线

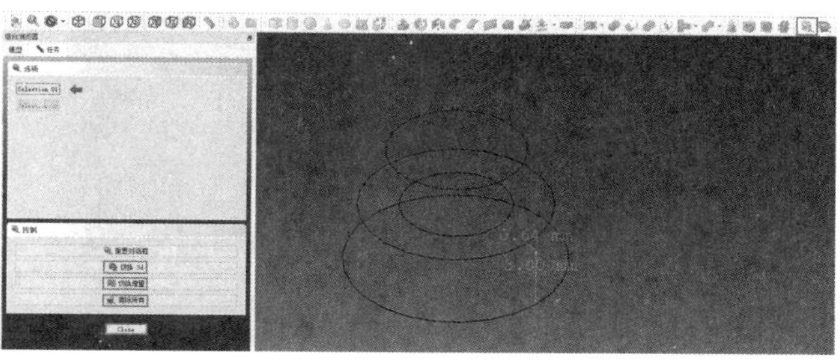

图5-176　测量相邻横截面之间的距离

注意

由“测量长度”命令和“测量角度”命令产生的测量数值，包括长度数值、角度数值、水平距离数值、垂直距离数值等，当关闭FreeCAD后将被清除，即测量数值不会保存在FreeCAD文件中，重新打开FreeCAD文件后会发现所有的测量数值已消失。

5.5 综合实例

5.5.1 构建一个四通的三维模型

① 打开FreeCAD，点击新建文件，工作台选择Part，点击“创建圆柱体”图标，则在绘图区域出现一个圆柱体，同时左侧模型模块中出现 圆柱体 图标，见图5-177。

② 点击选中圆柱体的顶面，圆柱体顶面的颜色变绿，通过“Shift+鼠标右键”旋转圆柱体后再按住“Ctrl”键点击选中圆柱体的底面，则圆柱体顶面和底面的颜色均变绿，见图5-178；点击“抽壳”图标，“厚度”及其他各参数选择默认，见图5-179，形成第一根圆管，点击“OK”退出。

③ 点击选中左侧模型模块中出现的 Thickness 图标，点击属性模块的“数据”按钮，双击“Placement/轴线”，更改轴线向量为（0，1，0），“角度”更改为90°，使圆管横置；双击“Placement/位置”，更改坐标为（−5，10，5），调整圆管的位置，见图5-180。

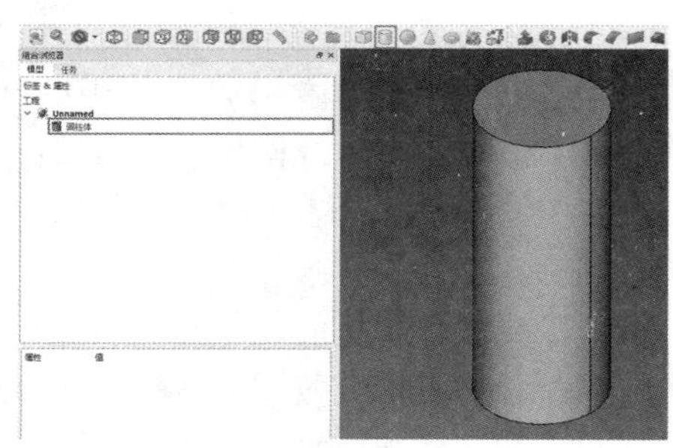

图5-177 创建第一个圆柱体

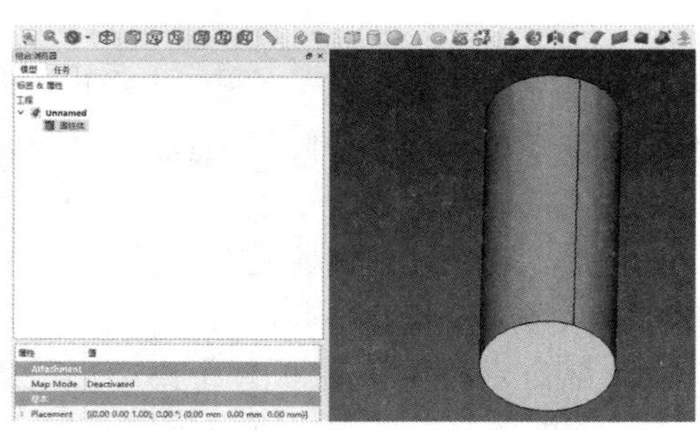

图5-178 选中圆柱体的顶面和底面

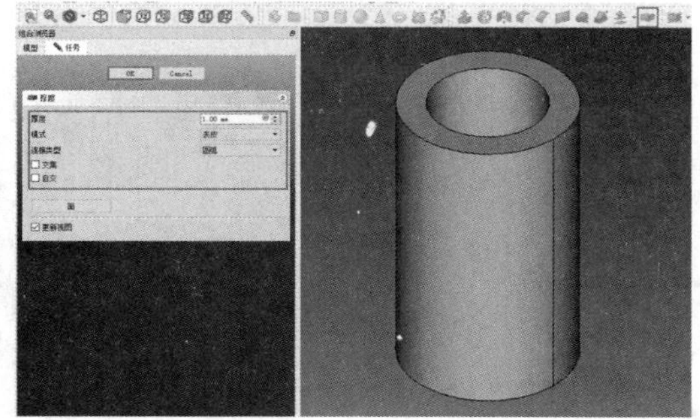

图5-179 对圆柱体进行抽壳形成圆管

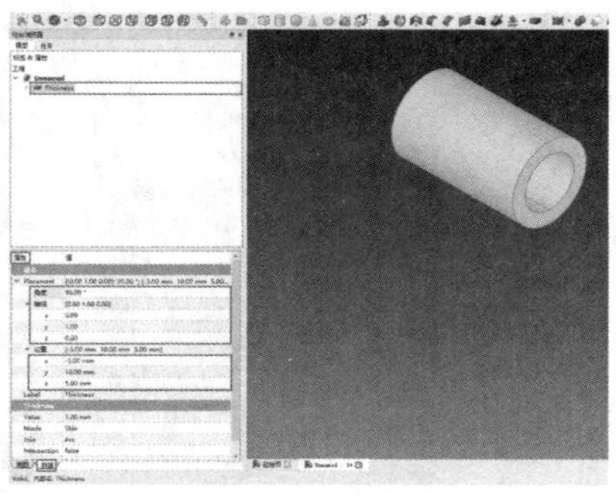

图5-180 将圆管横置并更改其位置

④ 再次点击“创建圆柱体”图标，按照第②步中的方法同样对该圆柱体进行抽壳，形成第二根圆管，见图5-181。

⑤ 选中左侧模型模块中的 Thickness 图标，点击属性模块的“数据”按钮，双击“Placement/位置”，更改坐标为（−5，0，5），使得第一根圆管与第二根圆管垂直相交，见图5-182。

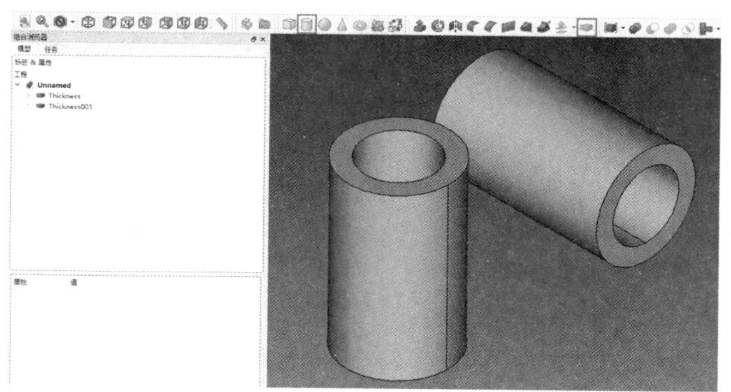

图5-181 创建第二个圆柱体并抽壳

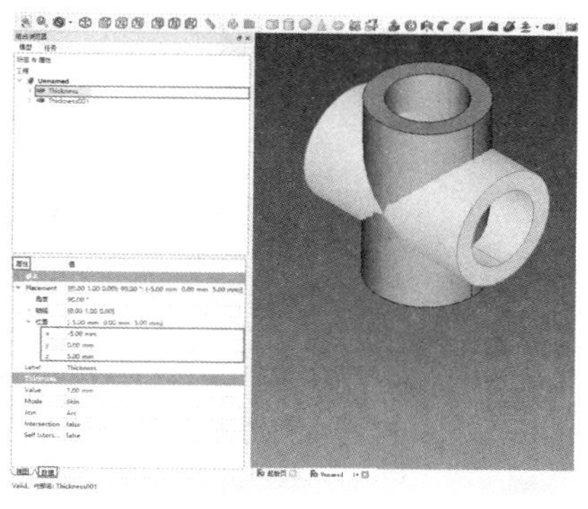

图5-182 更改位置使得两根圆管垂直相交

⑥ 选中左侧模型模块中的 Thickness 和 Thickness001 图标，绘图区域中两根相交圆管的颜色均变绿，点击“并集”图标，将两根圆管合并，左侧模型模块中出现 Fusion 图标，见图5-183，此时两根垂直相交的圆管并不互通。

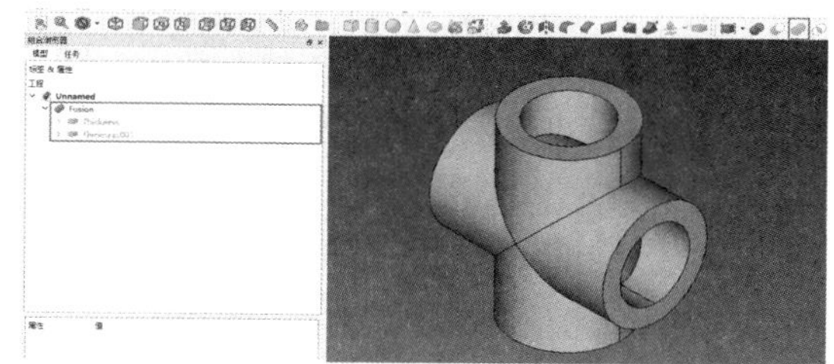

图5-183 将两根圆管合并

⑦ 再次点击“创建圆柱体”图标，创建的“圆柱体002”位于垂直圆管的内部，见图5-184；先选中 Fusion 图标，再选中 圆柱体002 图标，点击“差集”图标，用两根圆管的并集减去垂直圆管内的圆柱体002，使得垂直圆管内部畅通，见图5-185。

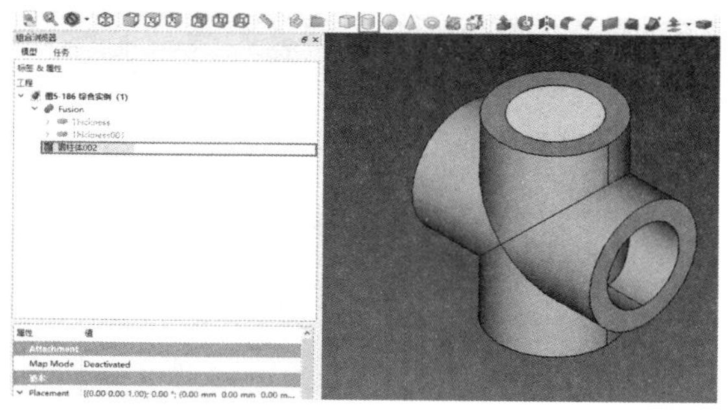

图5-184 创建的第三个圆柱体位于垂直圆管内部

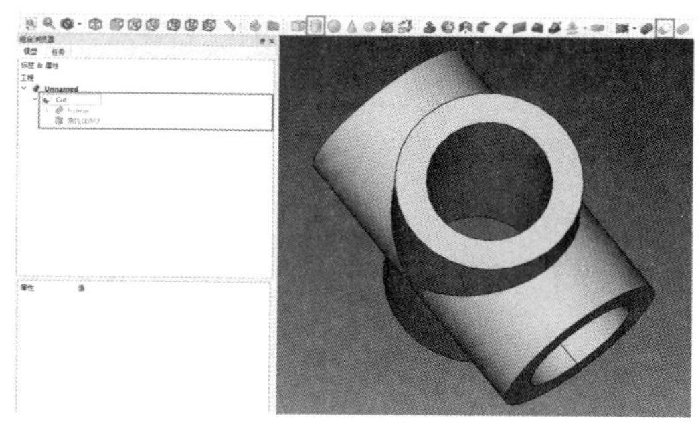

图5-185 用并集减去垂直圆管内的圆柱体

⑧ 再次点击“创建圆柱体”图标，选中 圆柱体003 图标，点击属性模块的“数据”按钮，双击“Placement/轴线”，更改轴线向量为（0，1，0），“角度”更改为90°，使圆柱体横置；双击“Placement/位置”，更改坐标为（−5，0，5），使得该圆柱体横置并放置于水平圆管内部，见图5-186。

⑨ 先选中 Cut 图标，再选中 圆柱体003 图标，点击“差集”图标，用两根圆管的并集减去水平圆管内的圆柱体003，使得水平圆管内部畅通，见图5-187，四通实体完成。

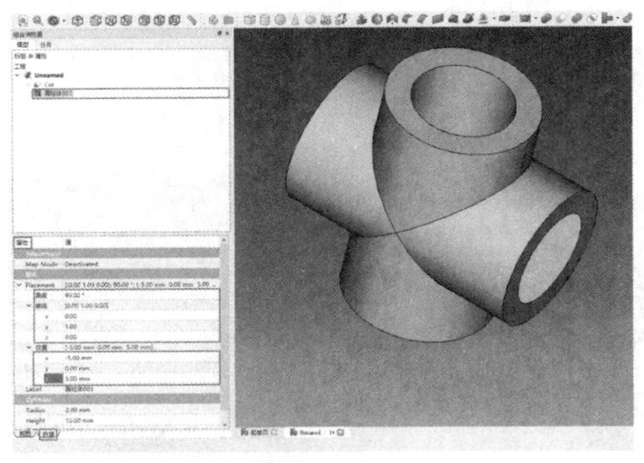
图5-186　新建圆柱体并将其横置于水平圆管内部

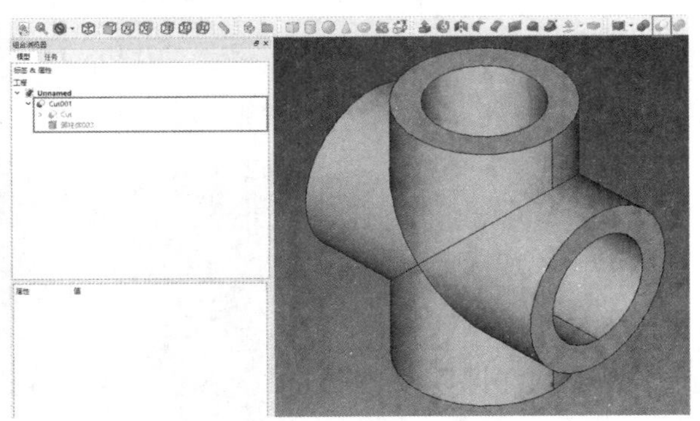
图5-187　四通实体完成

5.5.2　用铅垂面切割三根相互垂直的圆柱体的交集

① 打开FreeCAD，点击新建文件，工作台选择Part，点击“创建参数化几何图元”图标，“几何图元”中选择“圆柱体”，“参数”及“位置”选择默认，“方向”选择Z，点击“创建”按钮，则在绘图区域出现一个圆柱体，见图5-188。

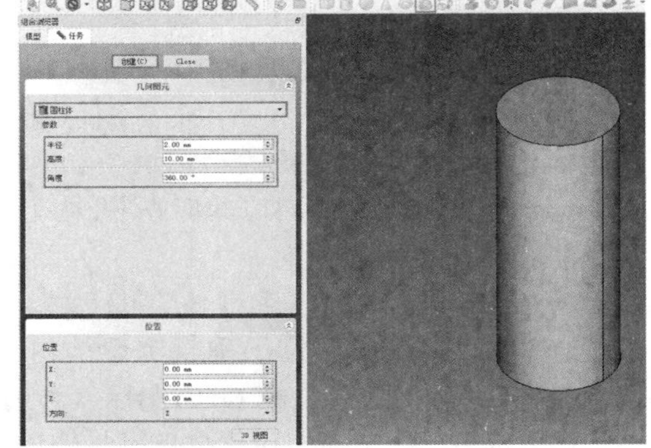
图5-188　创建第一个圆柱体

②“几何图元”中再次选择“圆柱体”，“参数”选择默认，“位置”坐标更改为（0，−5，5），“方向”选择“Y”，点击“创建”按钮，则在绘图区域出现两个相互垂直的圆柱体，见图5-189。

③“几何图元”中再次选择“圆柱体”，“参数”选择默认，“位置”坐标更改为（−5，0，5），“方向”选择X，点击“创建”按钮，则在绘图区域出现三个相互垂直的圆柱体，见图5-190，点击“Close”退出。

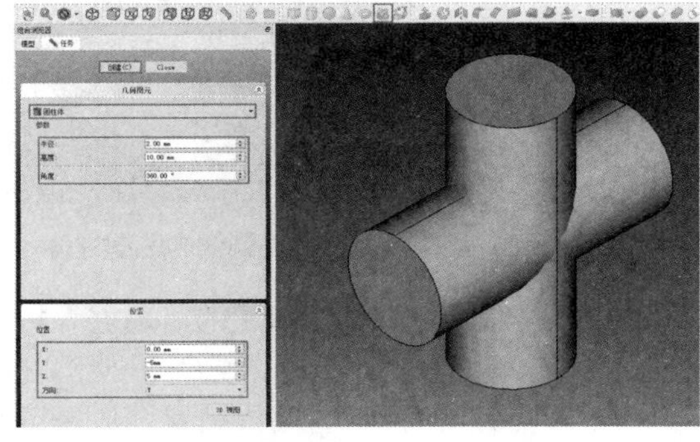
图5-189　创建第二个圆柱体

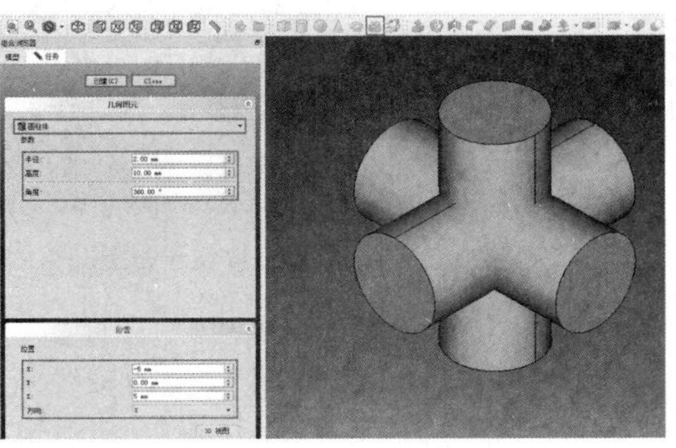
图5-190　创建第三个圆柱体

④ 按住“Ctrl”键点击选中左侧模型模块中出现的三个圆柱体图标，绘图区域中的三个圆柱体的颜色变绿，见图5-191；点击“交集”图标，则三个圆柱体的大部分消失，只剩三个圆柱体的公共交集部分，同时左侧模型模块中出现 Common 图标，见图5-192。

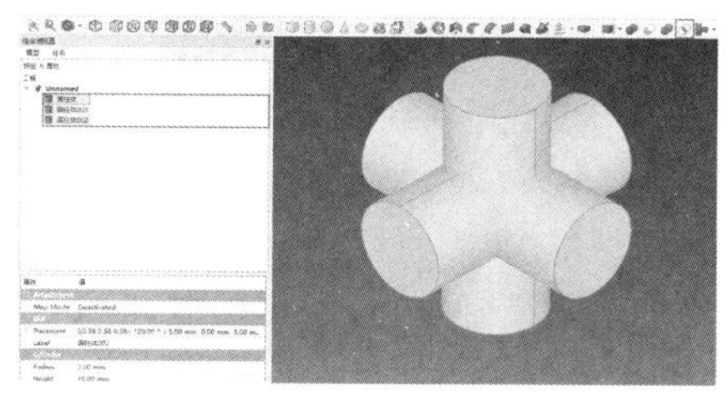

图5-191 选中三个圆柱体准备进行交集操作

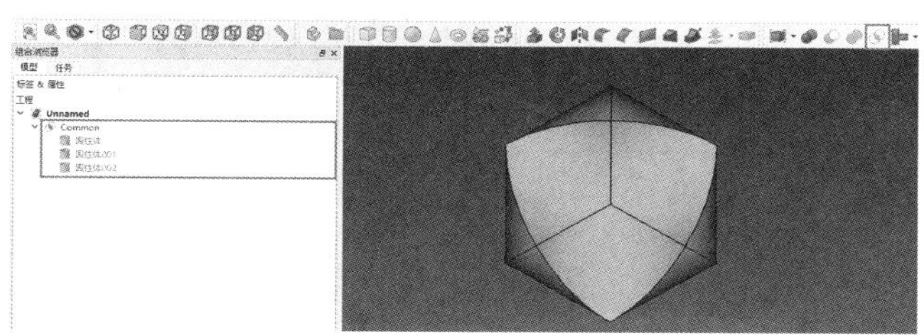

图5-192 三个圆柱体的交集

⑤ 点击“创建参数化几何图元”图标，“几何图元”中选择“平面”，“参数”默认，“位置”坐标更改为（−5，0，0），“方向”选择“Y”，点击“创建”按钮，则在绘图区域创建一个平面，该平面横穿三个圆柱体的公共交集，见图5-193，点击“Close”退出。

⑥ 先选中 Common 图标，再按住“Ctrl”键选中 平面 图标，则交集和平面的颜色变绿；点击“分割”图标，交集中间出现一条闭合的曲线，同时左侧模型模块中出现图标 Exploded Slice，点击选中该图标左侧小箭头，出现 Slice.0 图标和 Slice.1 图标，选中其中一个，按下空格键将其隐藏，见图5-194。

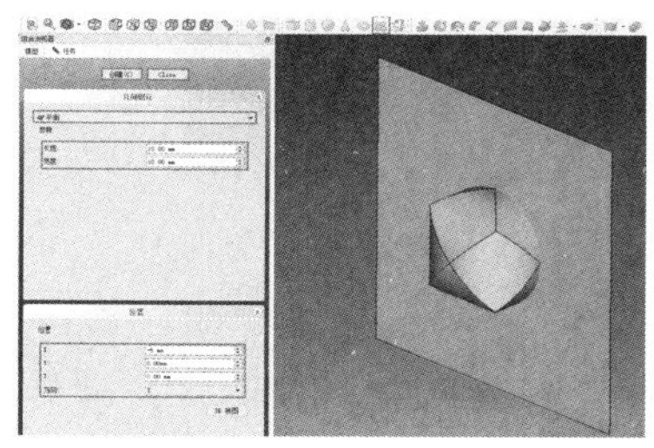

图5-193 创建一个平面横穿交集

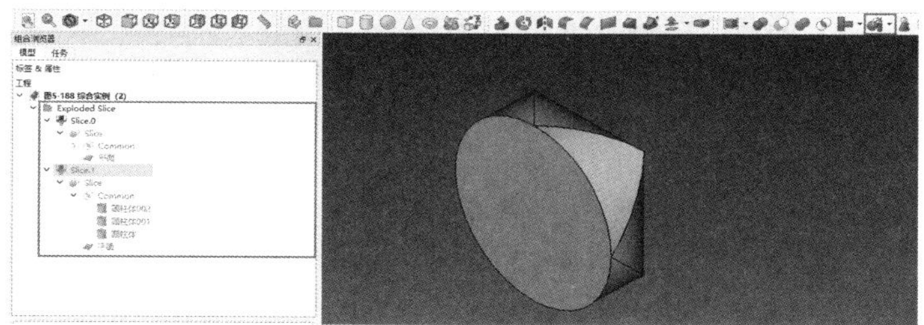

图5-194 分割交集并将其中的一半隐藏

5.5.3 构建螺栓的三维模型

① 打开FreeCAD，点击新建文件，工作台选择Part，点击“创建参数化几何图元”图标，“几何图元”中选择“圆柱体”，“参数”及“位置”选择默认，“方向”选择“Z”，点击“创建”按钮，则在绘图区域显示一个圆柱体，见图5-188。

②“几何图元”中选择“螺旋体”，参数中“间距”选择0.5mm、“高度”选择7mm、“半径”选择2mm，“位置”坐标默认，点击“创建”按钮，见图5-195。

③“几何图元”中选择“正多边形”，“多边形”为6，“外接圆半径”为0.2mm，“位置”坐标更改为（2，0，0），“方向”选择“Y”，点击“创建”按钮，圆柱体下方出现一个小正六边形，见图5-196，点击“Close”退出。

④ 点击“扫略”图标，将正多边形导入选定的轮廓；点击“扫描路径”按钮，按住“Ctrl”键依次点击螺旋体，直到将所有螺旋体选中，螺旋体的颜色变绿，点击“完成”

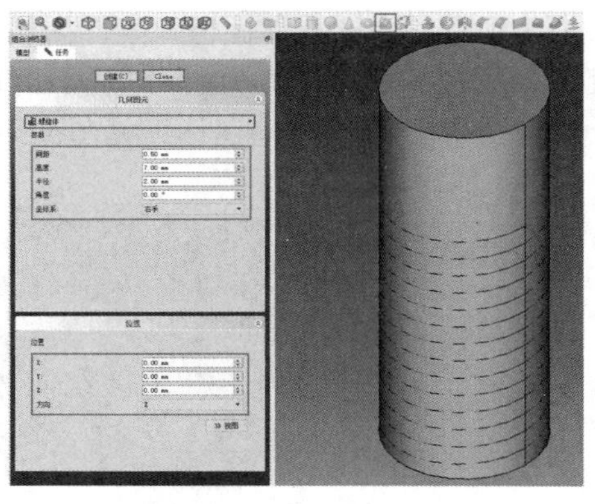

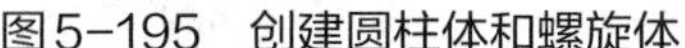

图5-195　创建圆柱体和螺旋体

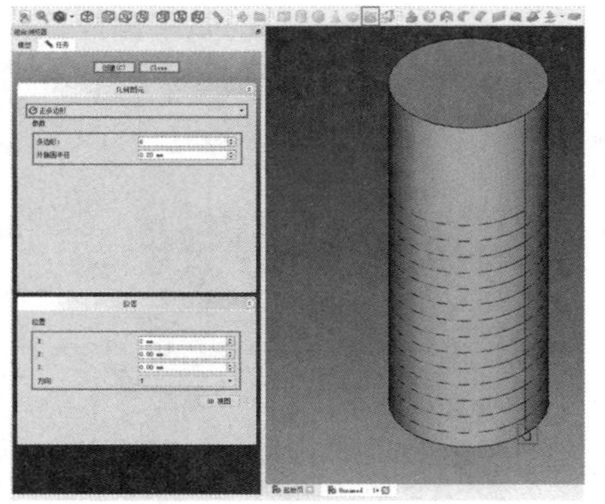

图5-196　创建正六边形

按钮，退出扫描路径选择，选中“创建实体”复选框，见图5-197，点击“OK”退出，结果见图5-198。

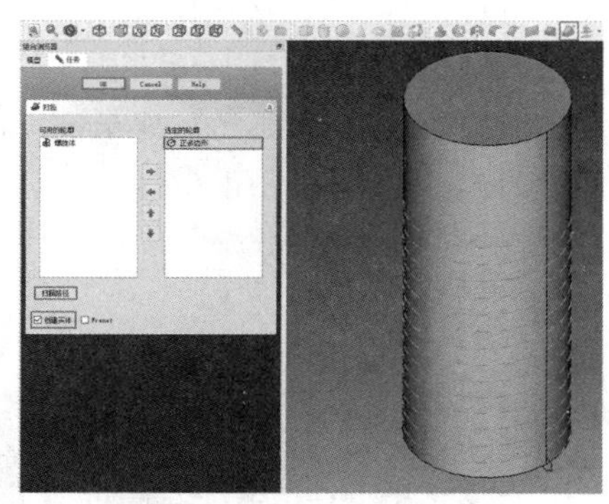

图5-197　进行扫略操作

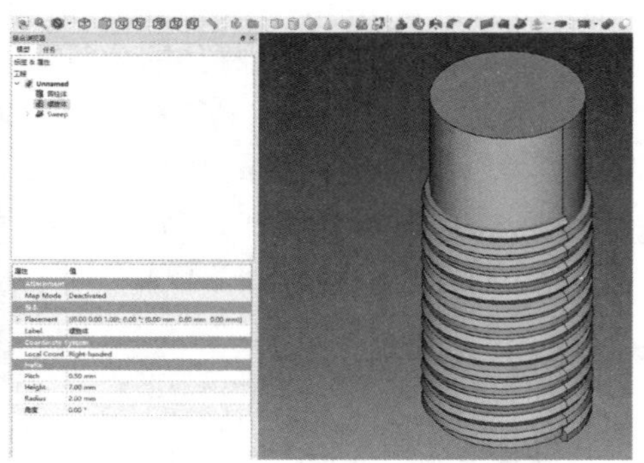

图5-198　扫略操作完成

⑤ 先选中圆柱体，圆柱体的颜色变绿，点击属性模块的“数据”按钮，双击“Placement/位置”，更改z值为−0.2mm，再点击左侧模型模块中出现的Sweep图标，螺旋体的颜色也变绿，点击“差集”图标，用圆柱体减去螺旋体，则圆柱体表面出现螺纹；选中螺旋体，按下空格键将螺旋体隐藏，见图5-199。

⑥ 点击“创建参数化几何图元”图标，选择“正多边形”，“多边形”为6，“外接圆半径”更改为4mm，“位置”坐标更改为（0，0，10），见图5-200，点击“创建”按钮，点击“Close”退出。

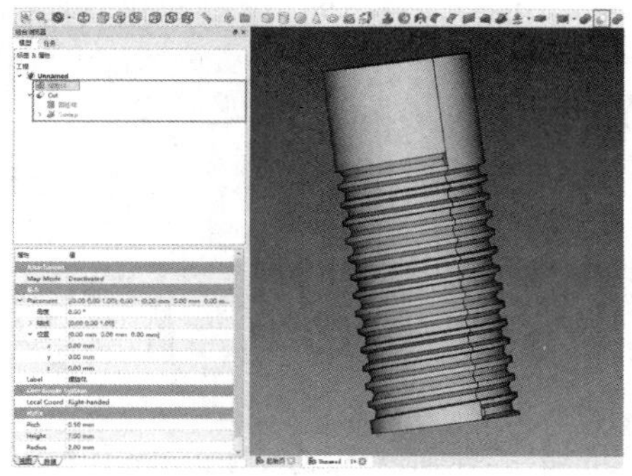

图5-199　圆柱体表面出现螺纹

图5-200　在圆柱顶面创建正六边形

⑦ 点击“拉伸”图标，选中 正多边形001，“方向”选择“沿法向”，“长度/沿”更改为3mm，见图5-201，选中“创建实体”复选框，点击“OK”创建并退出。

⑧ 选中左侧模型模块中的 Extrude 图标，点击“倒角”图标，进入倒角界面，点击“全部”按钮，将所有倒角边的复选框选中，“长度”更改为0.1mm，见图5-202，点击“OK”退出，螺栓的三维模型构建完成，见图5-203。

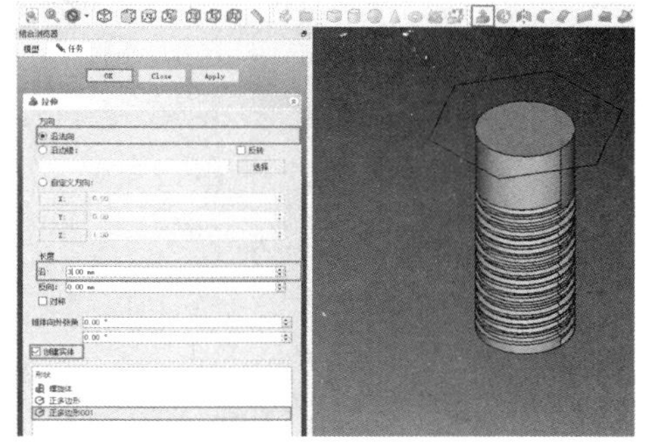

图5-201　拉伸操作

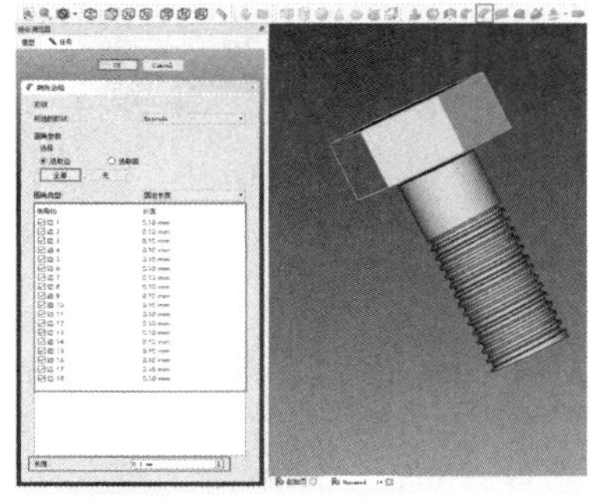

图5-202　倒角操作

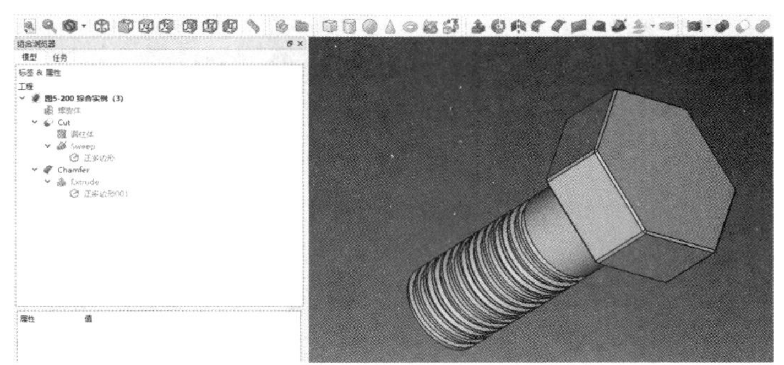

图5-203　螺栓三维模型构建完成

注意

① 本例仅为Part工作台中各命令的联合演示，螺栓及螺纹模型的构建最好在Part Design工作台中通过建孔命令完成。

② 在第⑤步操作中，将圆柱体位置下移-0.2mm是为了防止后续差集操作产生圆柱体被镂空的现象，若圆柱体位置保持不变，大概率会出现圆柱体被镂空的现象，见图5-204，这属于该软件差集算法的一个纰漏。

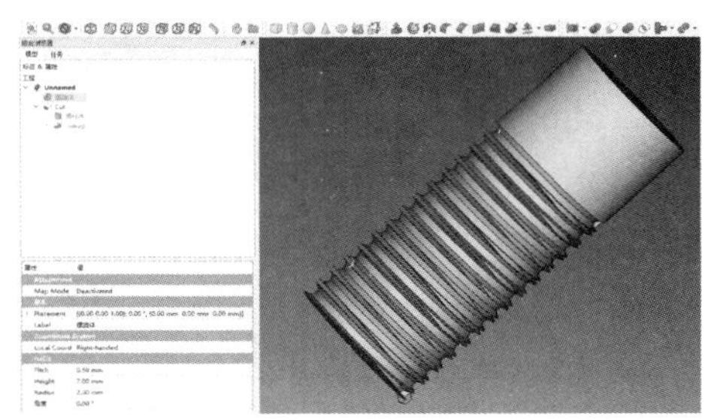

图5-204　圆柱体被镂空

第6章

Draft工作台中二维图形的绘制

扫码观看
本章视频

6.1 Draft工作台简介及界面介绍

Draft工作台主要用于绘制平面二维图形，所创建的二维图形可用于FreeCAD中的其他工作台（如Part或Arch等工作台）作为构建三维模型的平面基础图形，也可导出成为其他类型的文件格式（如DXF、DWG等），再用其他相关专业软件（如AutoCAD等）进行后续的编辑。除此之外，Draft工作台还包含一些辅助功能（如特征点捕捉、网格等），还可以对二维或三维模型进行简单的操作，如旋转、移动、阵列等。需要注意的是，FreeCAD软件的优势在于三维模型的构建，而对于二维图形绘制来说其他相关专业软件（如AutoCAD等）可能更为擅长，因此如果需要绘制复杂的二维图形且无三维建模的需求时，建议使用其他相关软件进行绘制。

打开FreeCAD，点击新建文件，工作台选择Draft，操作界面如图6-1所示，Draft工作台中的主要工具栏为底图创建、底图修改、Draft托盘和底图捕捉，本章节将重点介绍底图创建、底图捕捉及Draft托盘工具栏，各工具栏命令见表6-1～表6-3，这些工具栏主要应用于二维图形的绘制。底图修改工具栏主要是对已绘制完成的二维图形进行各种后续的操作，将在第7章中详细介绍。

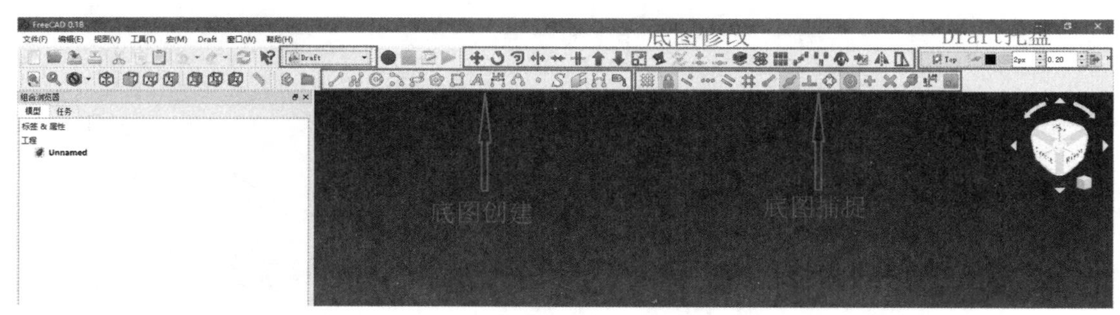

图6-1 Draft工作台操作界面

表6-1 Draft工作台中底图创建工具栏命令

底图创建工具栏命令	作用
	线段：可用两点法或极坐标法创建一条或多条线段
	折线：创建多条首尾相互连接的线段，从而组成一条折线
	圆：通过确定圆心坐标及半径创建一个或多个圆
	圆弧：通过确定圆心坐标、圆弧半径、起始角度和张角创建出圆弧
	椭圆：通过两个点的坐标确定椭圆的外接矩形，进而创建椭圆
	正多边形：输入外接圆圆心的坐标、边数及半径创建正多边形
	矩形：通过两个点的坐标创建出矩形
	文本：确定起始点坐标并输入内容，按回车键两次完成文本创建
	尺寸标注：可对线段长度、直径、夹角进行测量并标注
	B样条曲线：创建一条曲线，并使得该曲线经过所有给定的点
	点：可在当前的平面中创建一个或多个点
	文本字符串：通过指定坐标、高度和字体，创建二维平面字符串
	复制表面：可将实体表面所选定的数个面予以复制，形成新的面
	贝塞尔曲线：利用创建的多个点的坐标绘制出一条光滑的曲线
	标签：创建一个带导引线和箭头的文本框，用于输入对象的信息

表6-2 Draft工作台中底图捕捉工具栏命令

底图捕捉工具栏命令	作用
	网格开关：可显示或关闭绘图区域中的网格
	捕捉总开关：可禁用或待命所有的特征捕捉功能
	最近点捕捉：可捕捉到对象上的边或端点
	延伸捕捉：可捕捉到线段延长线上的点
	平行捕捉：可绘制出与线段相平行的线段
	网格捕捉：可捕捉到两条网格线的交点
	端点捕捉：可捕捉对象的端点
	中点捕捉：可捕捉对象的中点
	垂直捕捉：可捕捉对象的垂足
	角度捕捉：可捕捉到圆周或圆弧上的一些特殊角度点
	圆心捕捉：可捕捉圆或圆弧的圆心
	正交捕捉：可捕捉线段与水平线呈45°及其整数倍数夹角的点

续表

底图捕捉工具栏命令	作用
	交集捕捉：可捕捉两条线段或圆弧之间的交点
	特定捕捉：可捕捉到特定对象的特殊位置点
	尺寸捕捉：可显示两个端点之间的水平距离和垂直距离
	工作面捕捉：可捕捉其他对象在该工作平面上投影的特征点

表6-3　Draft工作台中托盘工具栏命令

托盘工具栏命令	作用
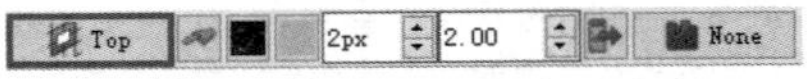 Top 2px 2.00 None	设置工作平面：可设定工作平面及偏移距离、网格间距及主网格线分格数等
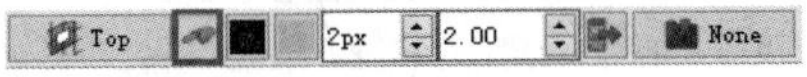 Top 2px 2.00 None	辅助线模式：点击该图标可在正常模式与辅助线模式之间相互切换
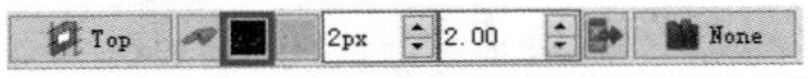 Top 2px 2.00 None	线条颜色：点击该图标可选择线条的颜色
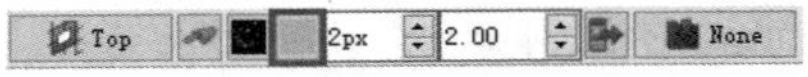 Top 2px 2.00 None	填充颜色：点击该图标可选择填充的颜色
 Top 2px 2.00 None	当前线宽：可输入合适的数值以设定线宽
 Top 2px 2.00 None	当前字号：可输入合适的数值以设定字号的大小
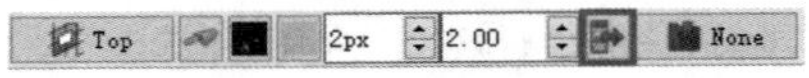 Top 2px 2.00 None	应用于选中对象：将设定的线条颜色、填充颜色、线宽和字号应用于对象
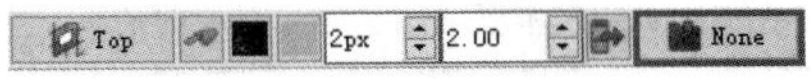 Top 2px 2.00 None	自动分组：选择活动的组，并将随后创建的新对象自动移动到活动的组当中

6.2 底图创建工具栏

底图创建工具栏中的部分命令与Sketcher工作台中的命令类似，主要为创建各种几何元素，除此之外还可对几何元素进行尺寸、文字等信息的标注。

6.2.1 线段

线段的图标为，作用是通过两点坐标法或极坐标法创建一条或多条线段。

6.2.1.1 两点坐标法

① 打开FreeCAD，点击新建文件，工作台选择Draft，工作平面设置为XY（工作平面的设置非常重要，详见6.4.1节），视图选择“轴测图”；点击“线段”图标，则在左侧任务栏中出现“线”对话框，见图6-2。

② 此时可在绘图区域点击线段的第一个端点，或者在左侧任务栏的“线”对话框中输入第一个端点的坐标；本例中输入（0，0，0），在“全局X”中输入0，按下回车键，光标自动跳转到“全局Y”，再次输入0，按下回车键，光标自动跳转到“全局Z”，再次

输入0，点击“输入点”按钮 输入点，第一个端点的坐标输入完成，见图6-2。

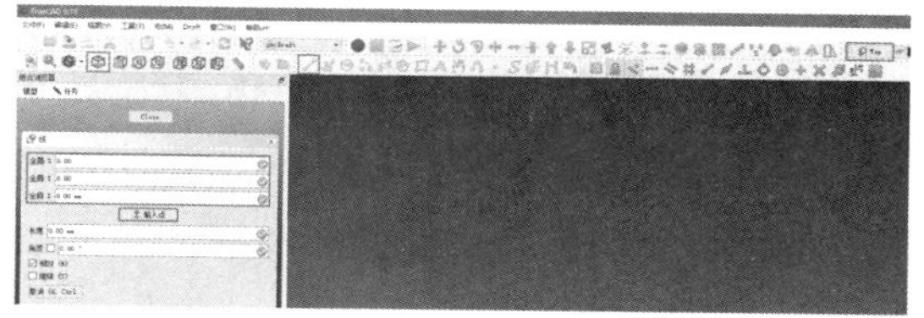

图6-2 输入线段第一个端点的坐标

③ 此时可在绘图区域点击线段的第二个端点，或者在左侧任务栏的线段对话框中输入第二个端点的坐标；本例中输入（10，10，10），在“全局X”中输入10mm，按下回车键，光标自动跳转到“全局Y”，再次输入10mm，按下回车键，光标自动跳转到“全局Z”，再次输入10mm；不要选中“相对”复选框，点击“输入点”按钮 输入点，第二个端点的坐标输入完成，同时自动退出“线”对话框，见图6-3。

④ 左侧模型模块中出现 Line 图标，点击选中该图标，绘图区域中的线段被选中，颜色变绿，点击属性模块的“数据”按钮，双击“Start”或“End”，可更改线段端点的坐标值；也可更改“Length”属性（即线段长度）的数值，见图6-4；可点击不同的视图，从不同的视角观察该线段。

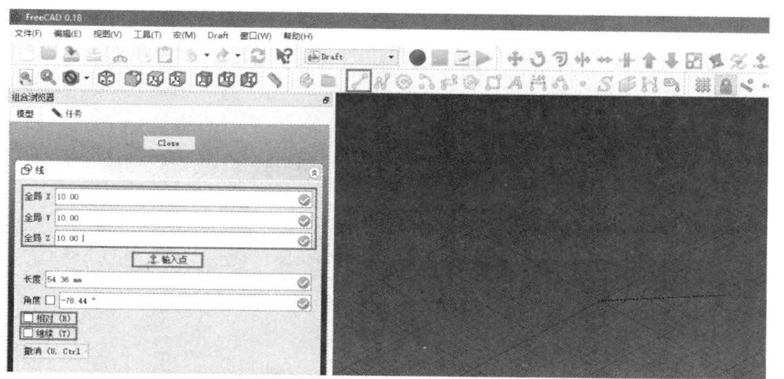

图6-3 输入线段第二个端点的坐标

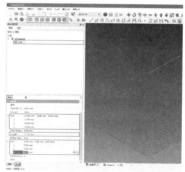

图6-4 退出后也可重新更改线段坐标

注意

① 图6-3中如果选中了“相对”复选框，意为第二个端点的坐标是对应于第一个端点的相对坐标；如果没有选中“相对”复选框，则第二个端点的坐标是相对于原点的绝对坐标；假如第一个端点的坐标为（10，10，10），选中“相对”复选框，第二个端点的坐标继续输入（10，10，10），则第二个端点的绝对坐标就为（20，20，20）；所以采用两点坐标法绘制线段时，建议不要选中“相对”复选框。

② 对于多条线段的绘制，可在图6-3中选中“继续”复选框，输入第一条线段第二个端点的坐标后，点击“输入点”按钮 输入点，此时并不会退出“线”对话框，而是重新进入新的“线”对话框，可继续输入第二条线段第一个端点的坐标，省去了退出后重新点击“线段”图标的步骤。

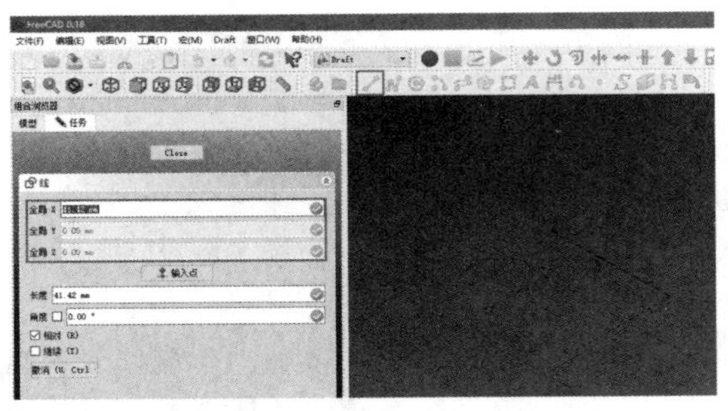

图6-5　按下X键后Y轴和Z轴数值不可更改

③ 输入坐标时，应将鼠标指针移动到绘图区域之外，否则移动鼠标会导致坐标值的改变。

④ 绘制线段的过程中，当鼠标在绘图区域时，按下“X”键，则“全局Y”和“全局Z”变得暗淡，表示不可更改，即约束线段与X轴平行或重合，见图6-5；同理，按下“Y”键可约束线段与Y轴平行或重合，按下“Z”键可约束线段与Z轴平行或重合。

⑤ 绘制线段过程中，按住“Shift”键可进行水平或垂直约束。例如在绘图区域确定第一个端点后，按住“Shift”键，可水平（或垂直）约束第二个端点的位置；移动鼠标到相应位置，再次按住“Shift”键，可垂直（或水平）约束第二个端点的位置，见图6-6和图6-7。

⑥ 点击“线”对话框中的“撤销”按钮撤消 (U, Ctrl，可撤销最后一点的操作，但笔者尝试多次后认为该按钮在当前环境中无效。

⑦ 绘制线段的过程中，点击“Close”按钮或者按下键盘“Esc”键，可终止线段的绘制并退出“线”对话框。

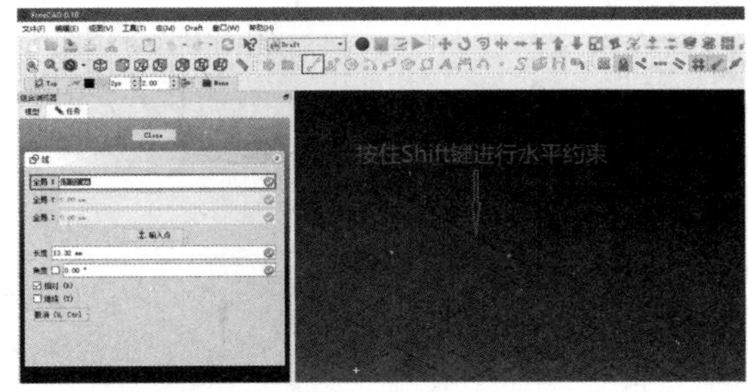

图6-6　按住“Shift”键可进行水平约束

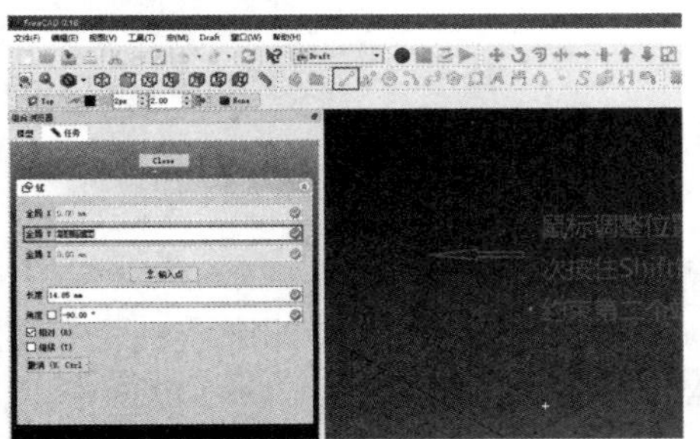

图6-7　移动鼠标再按“Shift”键可切换为垂直约束

6.2.1.2　极坐标法

① 打开FreeCAD，点击新建文件，工作台选择Draft，工作平面设置为XY（工作平面的设置非常重要，详见6.4.1），视图选择“俯视图”。

② 点击“线”图标，则在左侧任务栏中出现“线”对话框，先在绘图区域点击极坐标的极点，或者在左侧任务栏的“线”对话框中输入极点的坐标；本例中输入（20，20，0），在“全局X”中输入20mm，按下回车键，光标自动跳转到“全局Y”，再次输入

20mm，按下回车键，光标自动跳转到“全局Z”，输入0，点击“输入点”按钮，则极点坐标输入完成，见图6-8。

③ 再输入极坐标的“长度”和“角度”，选中“角度”旁的复选框表示将采用极坐标法绘制线段，本例中选择“长度”为20mm，“角度”固定为45°，则自动显示出第二个端点的坐标为（14.14，14.14，0）；选中“相对”复选框，则表示第二个端点的坐标是相对于极点坐标而言的，见图6-9，点击“输入点”按钮，该点的极坐标输入完成，同时自动退出“线”对话框。

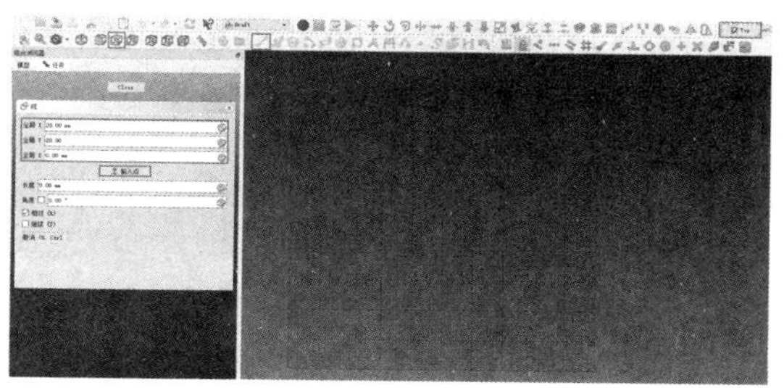

图6-8 输入极坐标的极点坐标

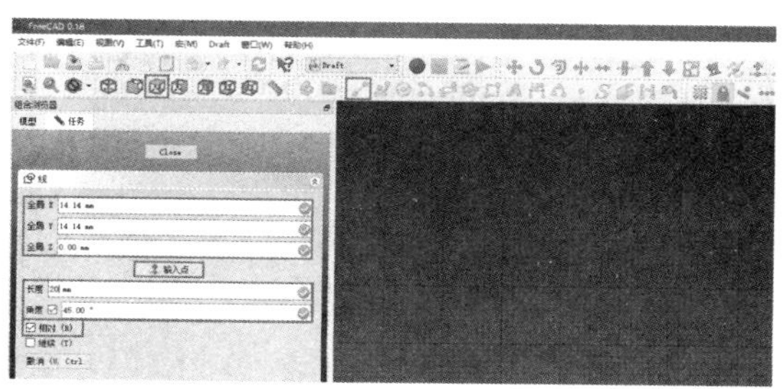

图6-9 输入极坐标的“长度”和“角度”

注意

采用极坐标法绘制线段时，建议选中“相对”复选框，否则“长度”是关于原点坐标的长度，并非是相对于极点坐标的长度，本例中如果不选中“相对”复选框，则“Length”属性（即线段长度）的数值仅为8.29mm。

6.2.2 折线

折线的图标为，作用是通过输入多个点的坐标来创建出多条首尾相互连接的线段，从而组成一条有多个转折点的折线。

① 打开FreeCAD，点击新建文件，工作台选择Draft，工作平面设置为XY（详见6.4.1），视图选择“轴测图”；点击“折线”图标，则在左侧任务栏中出现“草图线”对话框，见图6-10。

② 此时可在绘图区域点击折线的第一个端点，或者在左侧任务栏的“草图线”对话框中输入第一个端点的坐标；本例中输入（0,0,0），在“全局X”中输入0，按下回车键，光标自动跳转到“全局Y”，再次输入0，按下回车键，光标自动跳转到“全局Z”，再次输入0，点击“输入点”按钮，第一个端点的坐标输入完成，见图6-10。

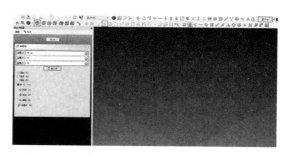

图6-10 “草图线”对话框中输入第一点坐标

③ 选中“相对”复选框，此时可在绘图区域点击折线的第二个端点，或者在左侧任务栏的“草图线”对话框中输入第二个端点的坐标；此例中输入（10，15，20），方法同上，点击“输入点”按钮

输入点，第二个端点的坐标输入完成，见图6-11。

④ 选中“相对”复选框，此时可在绘图区域点击折线的第三个端点，或者在左侧任务栏的“草图线”对话框中输入第三个端点的坐标；本例中输入（25，25，25），方法同上，点击“输入点”按钮输入点，第三个端点的坐标输入完成，见图6-12。

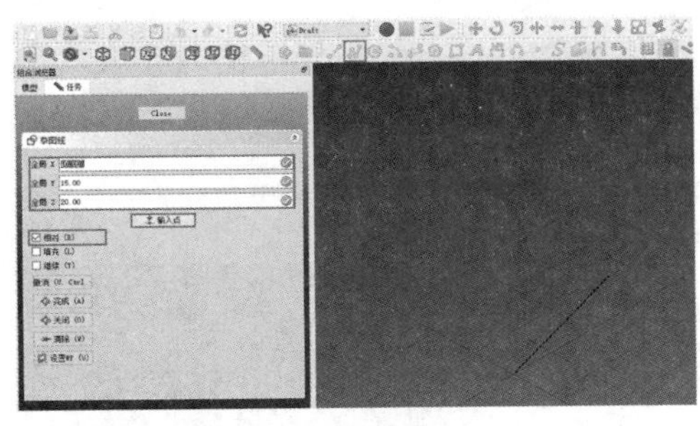

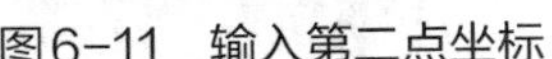

图6-11　输入第二点坐标

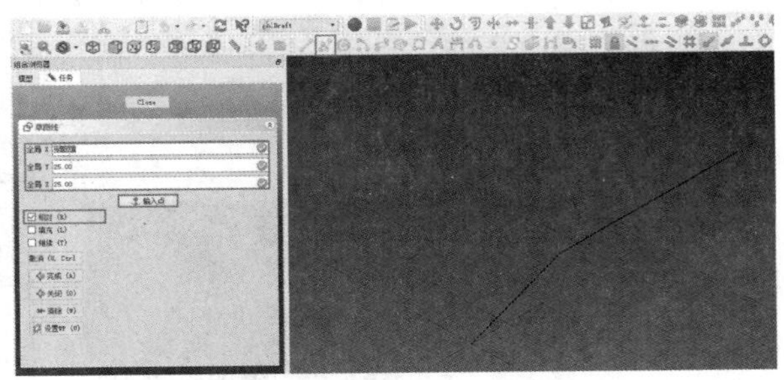

图6-12　输入第三点坐标

⑤ 选中“相对”复选框，此时可在绘图区域点击折线的第四个端点，或者在左侧任务栏的“草图线”对话框中输入第四个端点的坐标；本例中输入（10，−10，−45），方法同上，点击“输入点”按钮输入点，第四个端点的坐标输入完成，见图6-13。

⑥ 将底图捕捉工具栏的“捕捉总开关”打开，再点击“端点捕捉”图标，移动鼠标至原点附近，原点变成白色，鼠标变成白色十字，同时旁边出现“端点捕捉”图标时，点击鼠标左键，使折线成为首尾相连的封闭图形，同时自动退出对话框，见图6-14。

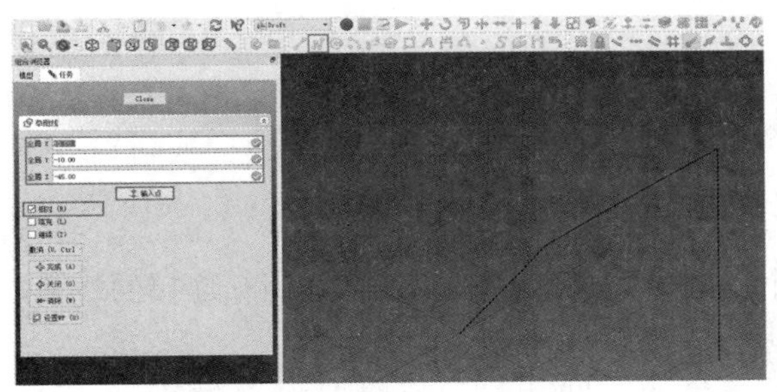

图6-13　输入第四点坐标

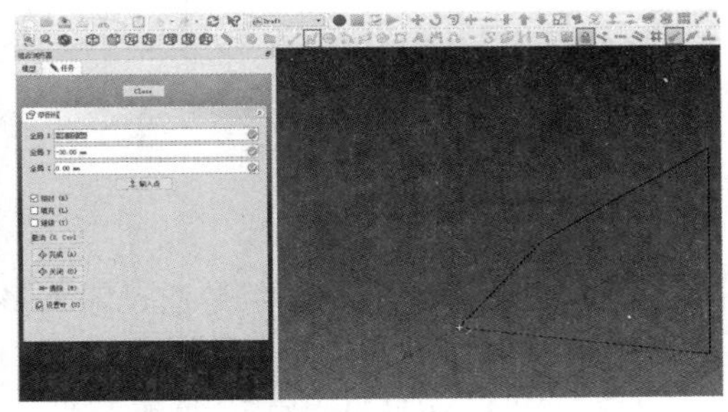

图6-14　将折线首尾相连形成闭合图形

注意

① 线对话框中的“相对”和“继续”复选框，其含义与“线”对话框中的相同。

② 点击折线对话框中的“撤销”按钮撤消 (U, Ctrl，可撤销最后一点的操作。

③ 点击折线对话框中的“完成”按钮完成 (A)，可结束折线的操作，并使折线不闭合。

④ 点击折线对话框中的“关闭”按钮关闭 (O)，可使折线的第一个点与最后一个点相连接，形成闭合的折线，条件是应至少有三个不在同一条直线上的端点才能形成闭合折线；此处的“关闭”翻译错误，应翻译为“闭合”。

⑤ 点击折线对话框中的“清除”按钮清除(W)，可删除该折线，并从最后一点开始新折线的绘制。

⑥ 点击折线对话框中的“设置”按钮设置WP(U)，将调整最后一个点至原点，并将该点的方向设定为当前的工作面，当点击“Close”按钮或者按下键盘“Esc”键后，工作平面恢复至原样。

⑦ 绘制折线的过程中，点击“Close”按钮或者按下键盘“Esc”键，可终止折线的绘制并退出折线对话框，但已经绘制的折线将予以保留。

⑧ 如果选中“填充”复选框，则将在闭合折线中填充形成一个平面，见图6-15；需要注意的是，可利用关闭按钮关闭(O)或本例中“端点捕捉”方法形成闭合折线，同时所形成的闭合折线必须在同一个平面上，否则也无法形成填充；本例中的四个点不在同一平面上，所以无法填充，见图6-14；另外，如果折线中有线段相交，也无法填充。

⑨ 折线绘制过程中“Shift”键的用法与线段绘制中的用法相同。

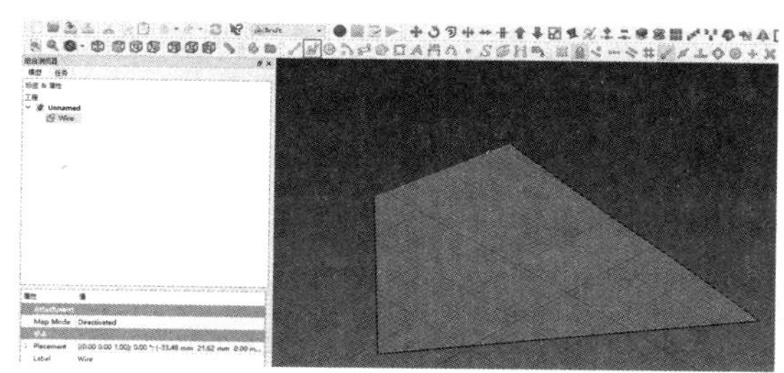

图6-15　折线填充

6.2.3 圆

圆的图标为，创建步骤为第一步确定圆心坐标、第二步确定圆的半径。

① 打开FreeCAD，点击新建文件，工作台选择Draft，工作平面设置为XY，视图选择“轴测图”；点击“圆”图标，则在左侧任务栏中出现“圆”对话框，见图6-16；输入圆心坐标，此例中输入（0，0，0），方法同上，点击“输入点”按钮输入点，进入第二步。

② 在“半径”中输入6mm，见图6-17，按回车键退出；左侧模型模块中出现Circle图标，点击选中，创建的圆颜色变绿，点击属性模块的“数据”按钮，双击“Placement/位置”，更改x、y、z的值可调整圆的位置，更改“Radius”的数值可改变圆的半径，将“Make Face”更改为“false”可去除填充，见图6-18。

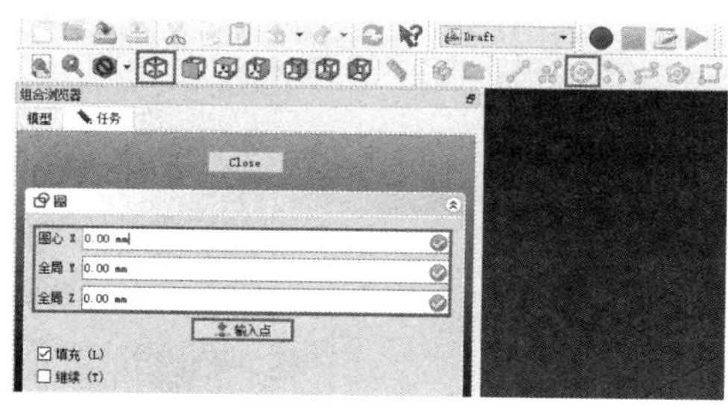

图6-16　输入圆心坐标

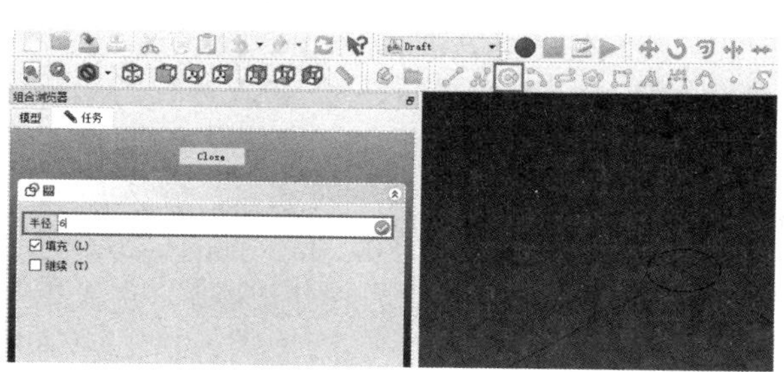

图6-17　输入圆的半径

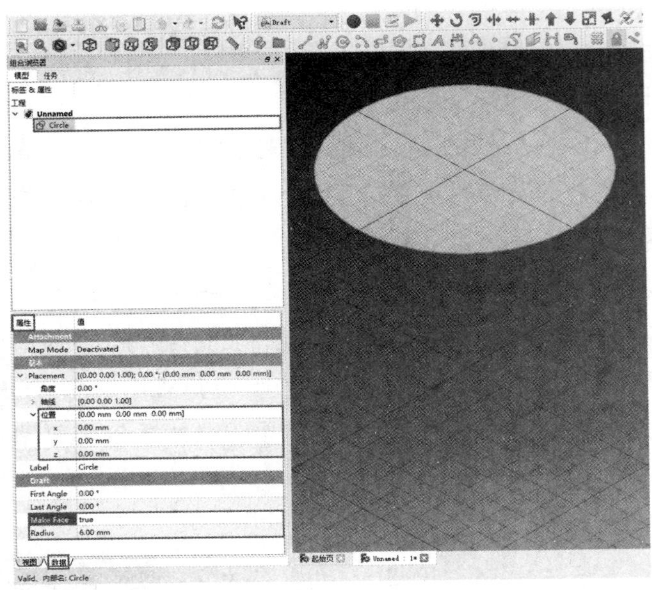

图6-18　完成圆的创建

注意

① 输入半径后，按回车键即可退出，圆的创建过程完成；如果按下Close按钮，则意味着终止圆的创建并退出。

② 也可通过在绘图区域中点击相应位置确定圆心坐标及半径，见图6-19。

图6-19　圆心坐标及半径也可通过点击确定

③“填充”和“继续”复选框，其含义与折线对话框中的相同。

6.2.4　圆弧

圆弧的图标为，创建步骤为第一步确定圆心坐标、第二步确定圆弧的半径、第三步确定圆弧的起始角度、第四步确定圆弧的张角。

① 打开FreeCAD，点击新建文件，工作台选择Draft，工作平面设置为XY，视图选择“轴测图”；点击“圆弧”图标，则在左侧任务栏中出现“圆弧”对话框；输入圆心坐标，此例中输入（0，0，0），见图6-20，方法同上，点击“输入点”按钮输入点，进入第二步。

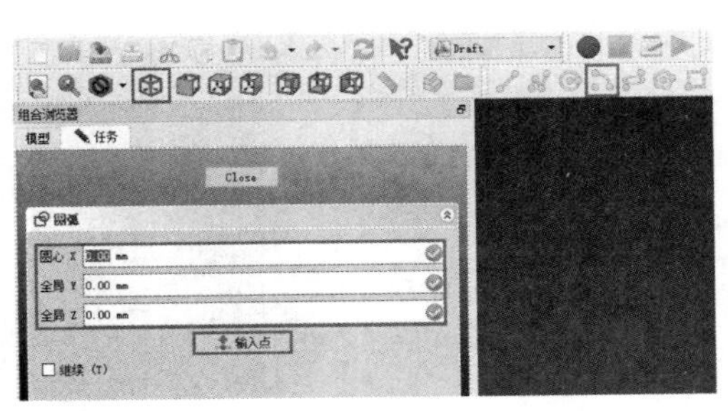

图6-20　输入圆弧的圆心坐标

② 在“半径”中输入6mm，见图6-21，

按回车键进入下一步；在“起始角度”中输入圆弧的起始角度，本例中输入60°，见图6-22，按回车键进入下一步；在“张角”中输入圆弧的角度，本例中输入120°，见图6-23，按回车键退出圆弧对话框，圆弧创建完成；在Draft工作台中添加了辅助线段Line、Line001、Line002，切换至Part工作台，点击“角度测量”图标，结果如图6-24所示。

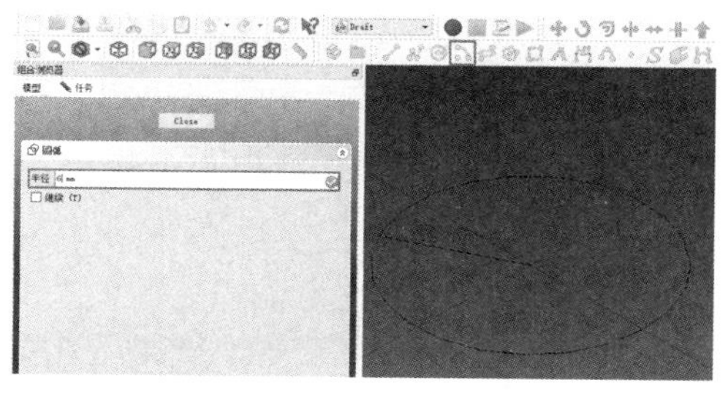

图6-21　输入圆弧的半径

图6-22　输入圆弧的起始角度

图6-23　输入圆弧的张角

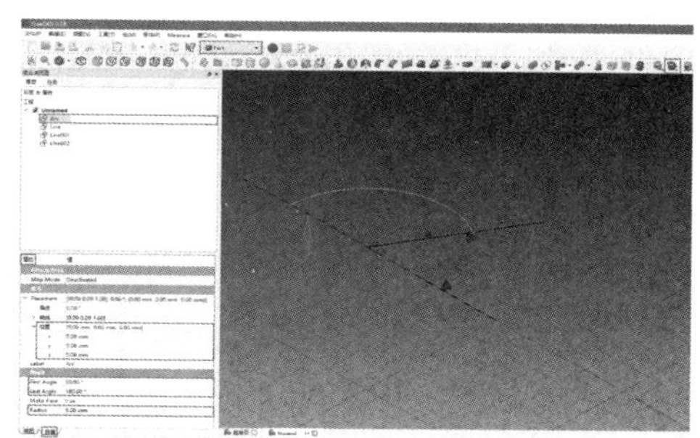

图6-24　圆弧创建完成

③ 左侧模型模块中出现 Arc 图标，点击选中，圆弧的颜色变绿，点击属性模块的“数据”按钮，双击“Placement/位置”，更改x、y、z的值可调整圆弧的位置，更改“Radius”的数值可改变圆弧的半径，更改“First Angle”和“Last Angle”可改变圆弧的起始角度和张角，见图6-24。

① 由于圆弧不是封闭图形，所以无法对其进行填充。

②“继续”复选框，其含义与线段对话框中的相同。

③ 圆弧的圆心坐标、半径、起始角度和张角也可通过在绘图区域中点击相应位置进行确定。

6.2.5　椭圆

椭圆的图标为，创建步骤为在平面上确定两个点的坐标，以这两个点的坐标确定椭圆的外接矩形，进而创建椭圆。

① 打开FreeCAD，点击新建文件，工作台选择Draft，工作平面设置为XY，视图选

择“轴测图”；点击“椭圆”图标，则在左侧任务栏中出现“椭圆”对话框；输入第一个点的坐标，此例中输入（10，10，0），方法同上，见图6-25，点击“输入点”按钮，绘图区域中出现一个箭头指向第一个点的坐标，同时进入第二步。

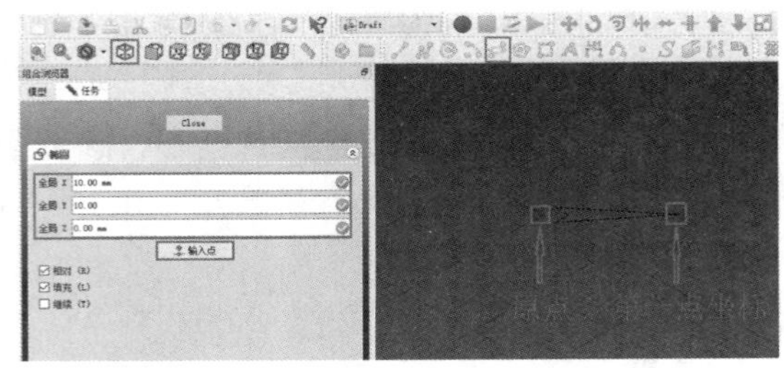
图6-25　输入椭圆第一个点的坐标

② 在第二个点的坐标中输入（20，10，0），见图6-26，点击“输入点”按钮后，自动退出了“椭圆”对话框，椭圆创建完成；在椭圆的创建过程中因选中了“相对”复选框，所以第二个点的绝对坐标为（30，20，0），见图6-27。

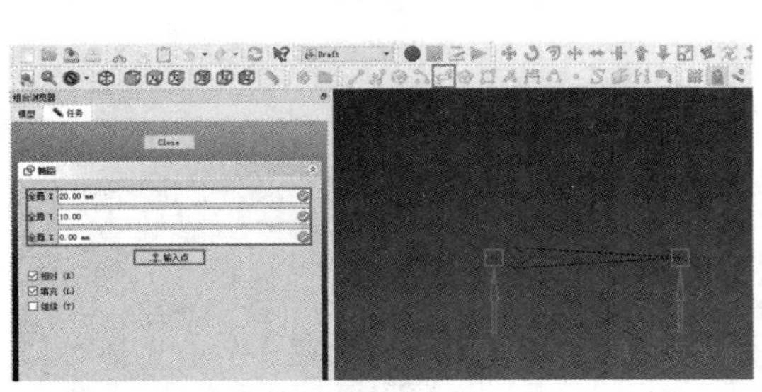
图6-26　输入椭圆第二个点的坐标

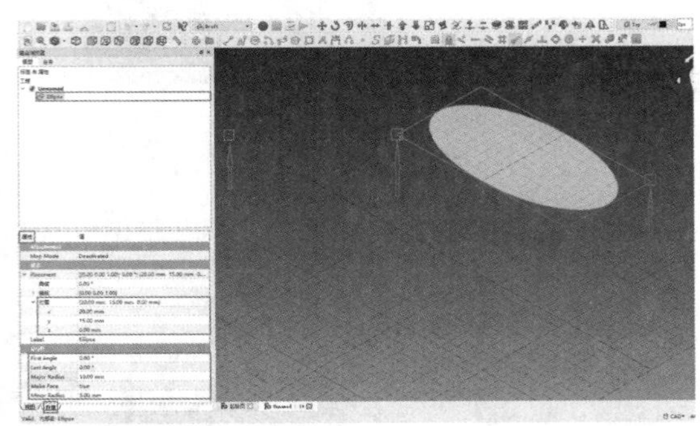
图6-27　椭圆创建完成

③ 左侧模型模块中出现 Ellipse 图标，点击选中，创建的椭圆颜色变绿，点击属性模块的“数据”按钮，双击“Placement/位置”，更改x、y、z的值可调整椭圆的位置，更改“Major Radius”的数值可改变椭圆的长半径，更改“Minor Radius”的数值可改变椭圆的短半径，更改“First Angle”和“Last Angle”可将椭圆变为椭圆弧，见图6-27。

注意

① 椭圆的创建是通过确定两个点的坐标进而确定椭圆的长径及短径，从而确定了椭圆的形状。

②“相对”“填充”和“继续”复选框，其含义与前述命令中的相同。

③ 椭圆中第一个点和第二个点的坐标也可通过在绘图区域中点击相应位置进行确定。

6.2.6　正多边形

正多边形的图标为，创建步骤为首先输入正多边形外接圆圆心的坐标及边数，再输入相应外接圆的半径，从而完成正多边形的创建。FreeCAD默认正多边形的圆为外接圆，也可改为内切圆。

① 打开FreeCAD，点击新建文件，工作台选择Draft，工作平面设置为XY，视图选择“轴测图”；点击“正多边形”图标，则在左侧任务栏中出现“多边形”对话框；

首先输入正多边形的圆心坐标，本例中输入（0，0，0），再在“侧面”中输入正多边形的边数，本例中输入6，见图6-28，点击“输入点”按钮输入点完成第一步的操作；“侧面”在此处的翻译有误，应翻译为“正多边形边数”。

② 进入第二步，输入半径，本例中输入10mm，见图6-29，按下回车键后自动退出“多边形”对话框，完成正多边形的创建；此处的“半径”默认为正多边形的外接圆半径。

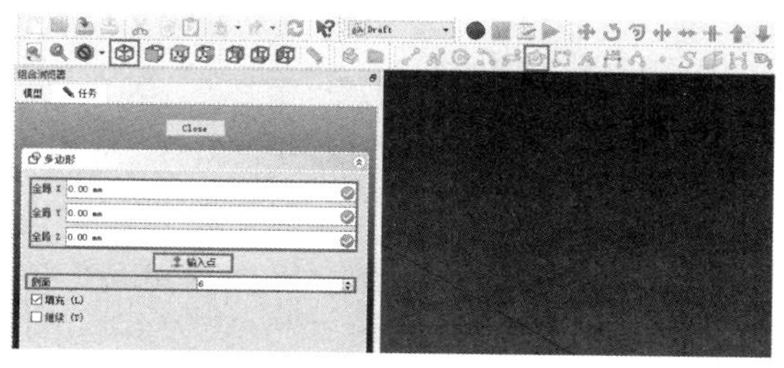

图6-28　输入正多边形的圆心坐标及边数

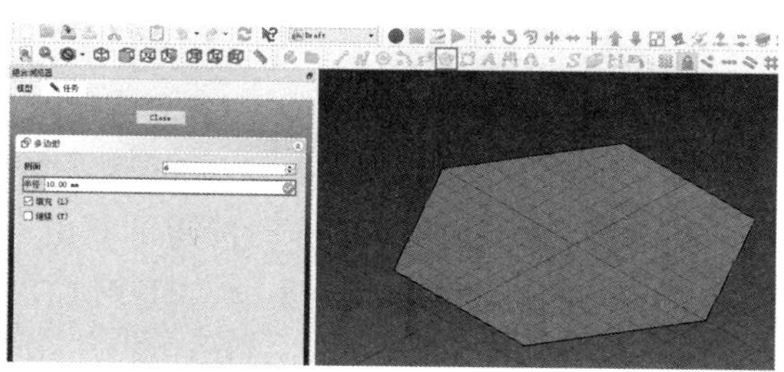

图6-29　输入圆的半径

③ 左侧模型模块中出现Polygon图标，点击选中，绘图区域中正多边形的颜色变绿，点击属性模块的“数据”按钮，双击“Placement/位置”，更改x、y、z的值可调整正多边形的位置；更改“Chamfer size”的数值可对倒角尺寸进行设定；更改“Fillet Radius”的数值可对倒圆角的半径进行设定；更改“Faces Number”的数值可改变正多边形的边数；“Draw Mode”可对外接圆法或内切圆法进行选择，inscribed指正多边形画法中默认的外接圆法，circumscribed指正多边形画法中的内切圆法；更改“Radius”的数值可更改相应圆的半径，见图6-30。

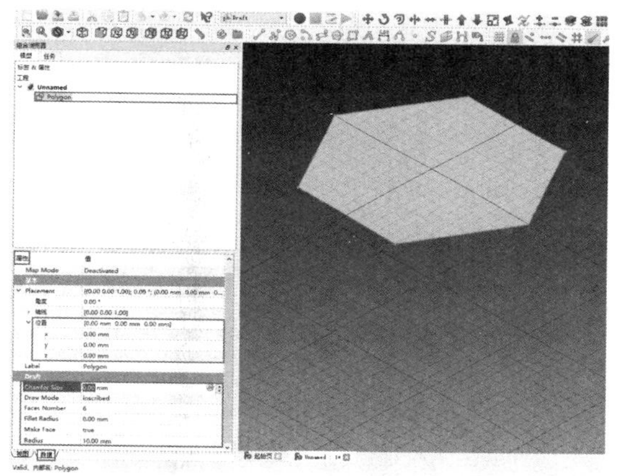

图6-30　正多边形创建完成

注意

①“继续”和“填充”复选框，其含义与前述命令中的相同。

② 正多边形的圆心坐标和半径也可在绘图区域中点击相应的位置进行确定，而边数则需要在对话框中输入。

6.2.7　矩形

矩形的图标为，创建步骤为在平面上确定两个点，根据这两个点的坐标完成矩形的创建。

① 打开FreeCAD，点击新建文件，工作台选择Draft，工作平面设置为XY，视图选择“轴测图”；点击“矩形”图标，则在左侧任务栏中出现“矩形”对话框；首先输

入矩形第一个点的坐标，本例中输入（0，0，0），见图6-31，点击“输入点”按钮 输入点，完成第一步的操作，进入第二步。

② 输入矩形第二个点的坐标，本例中输入（10，10，0），见图6-32，点击“输入点”按钮 输入点 后自动退出“矩形”对话框，矩形的创建完成。

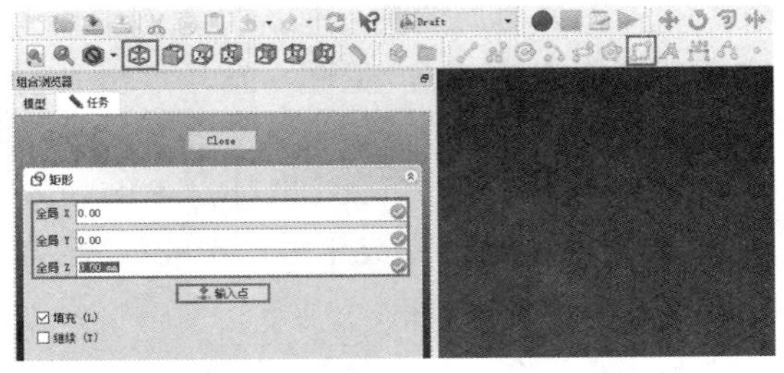

图6-31　输入矩形第一个点的坐标

③ 左侧模型模块中出现 Rectangle 图标，点击选中，绘图区域中的矩形颜色变绿，点击属性模块的“数据”按钮，双击“Placement/位置”，更改x、y、z的值可调整矩形的位置；更改“Chamfer size”的数值可对倒角尺寸进行设定；更改“Fillet Radius”的数值可对倒圆角的半径进行设定；更改“Height”和“Length”的数值可改变矩形的长和宽；更改“Rows”和“Columns”的数值可将矩形的长和宽划分为若干个相等的部分，本例中将Rows和Columns的数值更改为4，则把长和宽均匀划分为4等份，见图6-33。

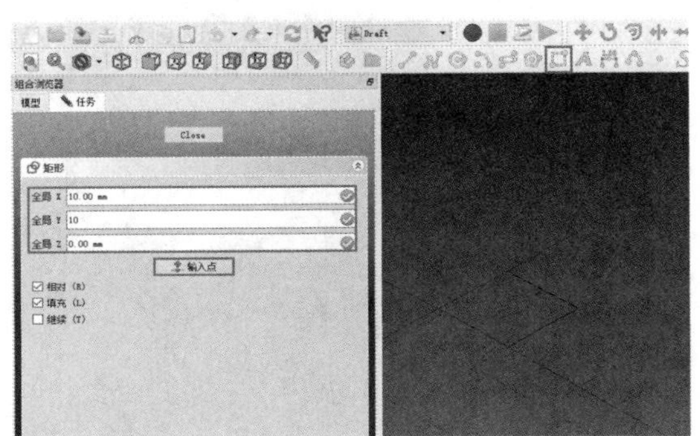

图6-32　输入矩形第二个点的坐标

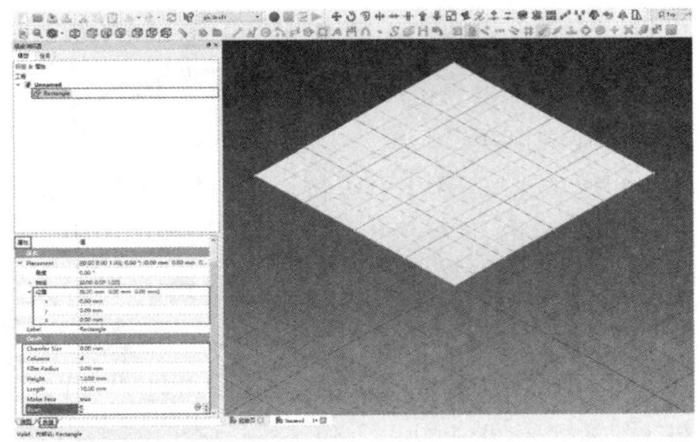

图6-33　矩形创建完成并将长和宽划分为4等份

注意

① “相对”“继续”和“填充”复选框，其含义与前述命令中的相同。

② 矩形中第一个点和第二个点的坐标也可通过在绘图区域中点击相应位置进行确定。

③ 矩形命令的说明中提到：第二个点的坐标不能放在X、Y和Z轴上，否则生成的矩形将无法显示，但笔者尝试多次后发现该说明有误，第二个点的坐标可以放到X、Y和Z轴上。

6.2.8　文本

文本的图标为 A，创建步骤为首先在绘图区域确定文本的起始点坐标，再输入相应的文本内容，通过连续按回车键或向下箭头键（▼）两次以完成文本的创建。

① 打开FreeCAD，点击新建文件，工作台选择Draft，工作平面设置为XY，视图选择“轴测图” ；点击“文本”图标 A，则在左侧任务栏中出现“文本”对话框；首先输

入文本的起始点坐标，本例中输入（0，0，0），见图6-34，点击“输入点”按钮 输入点，完成第一步的操作。

② 进入第二步，输入文本内容，本例中输入“FreeCAD is a 3D CAD/CAE parametric modeling application”，见图6-35；按一次回车键或向下箭头键（▼）可另起一行，以输入新的文本内容；连续按回车键或向下箭头键（▼）两次可退出“文本”对话框，完成文本的创建，并可对文本进行后续编辑，见图6-36。

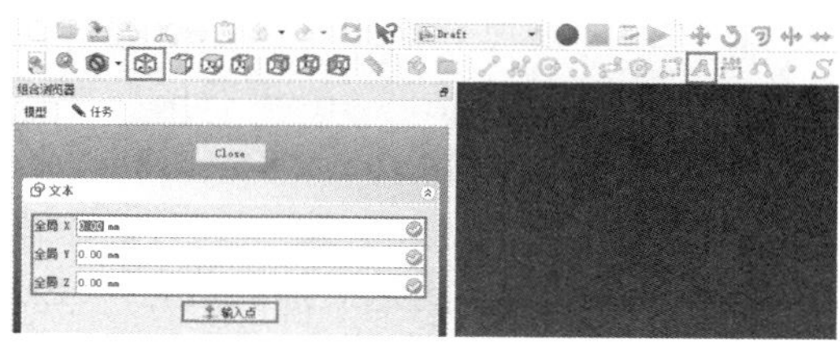

图6-34 输入文本的起始点坐标

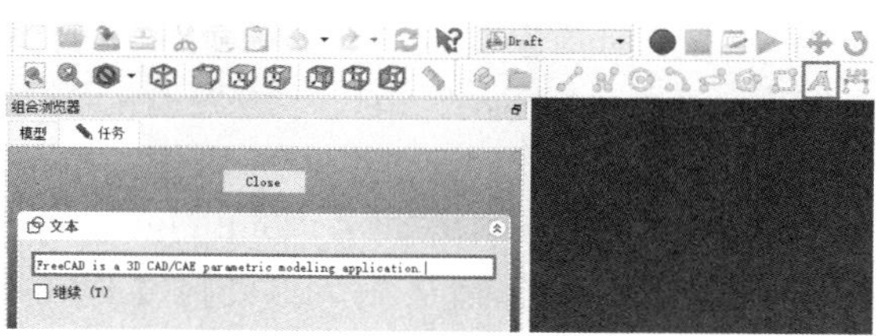

图6-35 输入文本内容

③ 左侧模型模块中出现 Text 图标，点击选中该图标，点击属性模块的“视图”按钮，在“Display Mode”中可选择三维文本或二维文本，三维文本与坐标轴平行，二维文本的方向则始终与水平线平行，本例中选择三维文本；在“Font Name”中可选择文本的字体，本例中选择“Times New Roman”字体；在“Font Size”中可更改字体的大小，本例中更改为1mm；“Justification”指文本对齐方式，可选择与起始点左对齐、右对齐或居中对齐，但笔者尝试多次后认为该功能在当前环境中无效；“Line Spacing”指多行文本的行间距；“Text color”指文本的颜色，本例中选择红色；Visibility中可选择true或者false，选择true则文本可见，选择false则文本隐藏，见图6-36。

图6-36 文本创建完成并对文本进行后续编辑

注意

① 输入的文本内容必须是英文字母或数字，输入汉字后则无法显示；如果必须要输入汉字，则可参考底图创建工具栏中的文本字符串命令。

② “继续”复选框其含义与前述命令中的相同。

③ 图6-34、图6-35中点击“Close”按钮，则终止文本创建并退出。

④ “Display Mode”中选择二维文本时，更改“Font Size”数值，则行间距也会随之改变。

6.2.9 尺寸标注

尺寸标注的图标为，可对线段长度、圆的直径（或半径）、两条线段的夹角进行测量并标注。

6.2.9.1 线段长度的测量

① 打开6.2.6中的FreeCAD文件，见图6-30，工作台选择Draft，工作平面设置为XY，视图选择“轴测图”；点击“尺寸标注”图标，则在左侧任务栏中出现“尺寸标注”对话框；首先点击“选取边”按钮选取边（E），在绘图区域中点击要测量的边，见图6-37。

② 点击该边后，移动鼠标至合适的位置，出现一条尺寸标注线段，线段中心位置显示该边的长度值，见图6-38；左侧模型模块中出现Dimension图标，点击选中该图标，尺寸标注线段的颜色变绿，点击属性模块的“视图”按钮，可对尺寸标注中的众多属性进行编辑；“Arrow Size”指尺寸边界的箭头大小，本例中选择0.2mm；“Arrow Type”指尺寸边界的箭头样式，可选点状、圆圈、箭头和斜划线，本例中选择箭头；“Decimals”指测量值中小数的显示位数；“Dim Overshoot”指尺寸标注线段的附加长度，本例中选择0mm；“Ext Lines”指从测量点到尺寸标注线段之间的线段长度，此处选择1.3mm；“Ext Overshoot”指测量点到尺寸标注线段以外的附加长度，可以认为是“Ext Lines”的附加长度，此处选择1mm；“Flip Arrows”指是否反转箭头方向；“Flip Text”指是否反转字体方向；在“Font Size”中可更改字体的大小，本例中更改为1mm；“Line Color”指尺寸标注的箭头、线段和数值的颜色；“Line Width”指尺寸标注线段的宽度；“Override”中可输入指定要显示的自定义文本，隐藏实际的测量值；“Show Unit”指是否在测量值旁边显示单位；双击“Text Position”可更改测量值的坐标位置；“Text Spacing”限定测量值与尺寸标注线段的间隔距离；“Unit Override”指定测量值的单位，例如km或m等，见图6-38。

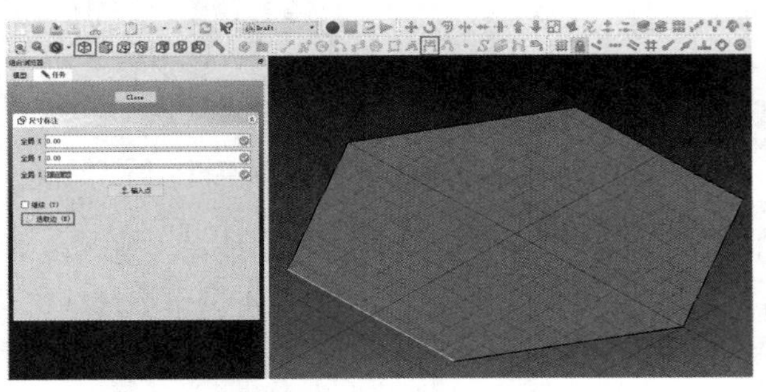

图6-37 选取要测量长度的边

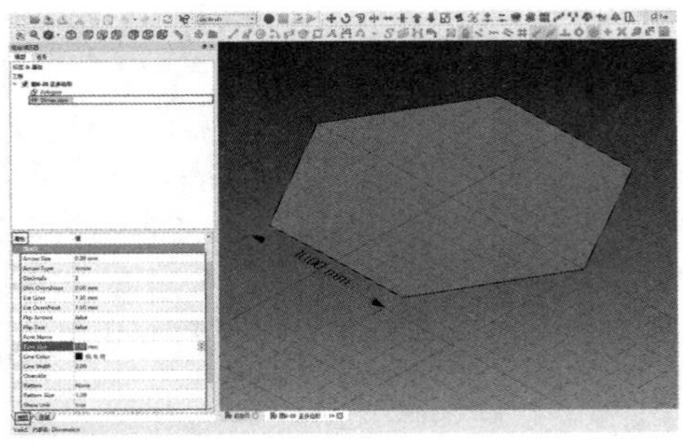

图6-38 长度测量完成并可对其属性进行编辑

注意

① 另一种尺寸标注的方法：先将底图捕捉工具栏的“捕捉总开关”打开，再点击端点捕捉、中点捕捉和圆心捕捉，点击“尺寸标注”图标后，直接移动鼠标至相应的点位附近时，点位的颜色发生改变，鼠标变成白色十字，同时旁边出现相应的图标，点击鼠标左键，使该点位被选中；用同样的方法再选取另一个点，移动鼠标至合适的位置点击，则完成尺寸标注。此方法也很方便，见图6-39。

② 尺寸标注除了点击“选取边”按钮选取边（E）的方法和“注意”①中的方法之外，还可在对话框中以输入坐标的方法确定想要测量的边。

③ 为了使尺寸标注的属性一致，避免频繁地调整各个标注的属性，可将尺

寸标注的属性设定为统一样式，方法为：打开菜单栏中“编辑/偏好设定/Draft/文字和尺寸”，将文本设置和尺寸设置中的各个属性调整成合适的选项，见图6-40，点击“Apply”和“OK”后保存并关闭FreeCAD，重新打开该文件并进行标注时，所有尺寸标注的属性均为先前设定的统一样式。

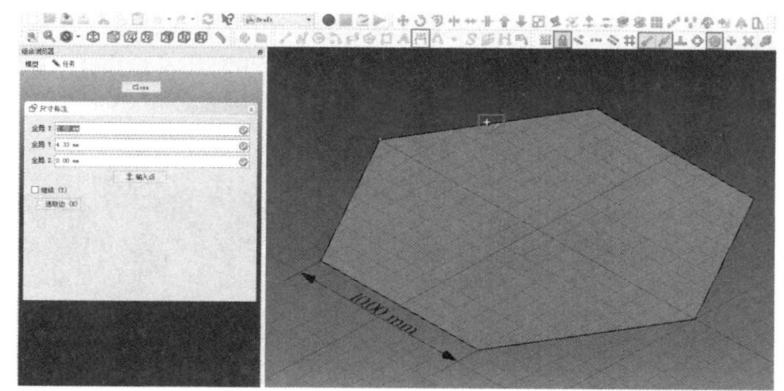

图6-39 底图捕捉工具栏也能快速地选边标注

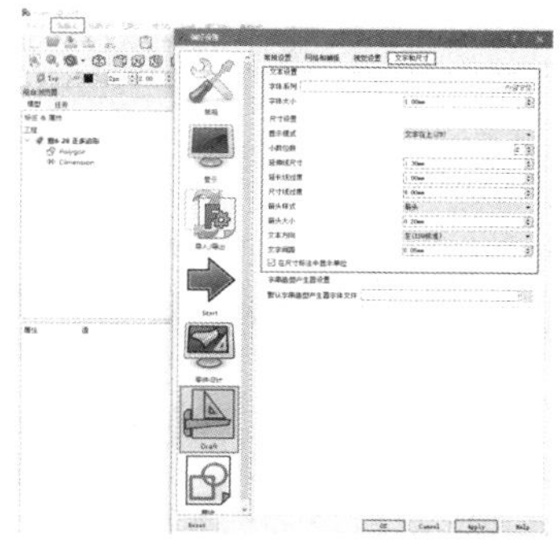

图6-40 将尺寸标注的各个属性设定为统一样式

6.2.9.2 角度的测量

① 打开6.2.7中的FreeCAD文件，见图6-33，工作台选择Draft，工作平面设置为XY，视图选择“轴测图”；点击“尺寸标注”图标，则在左侧任务栏中出现“尺寸标注”对话框；点击“选取边”按钮 选取边 (E)，鼠标移动至绘图区域后按住“Alt”键，点击选择矩形的两条相邻的边，移动鼠标至合适的位置点击，出现这两条边的角度值，见图6-41。

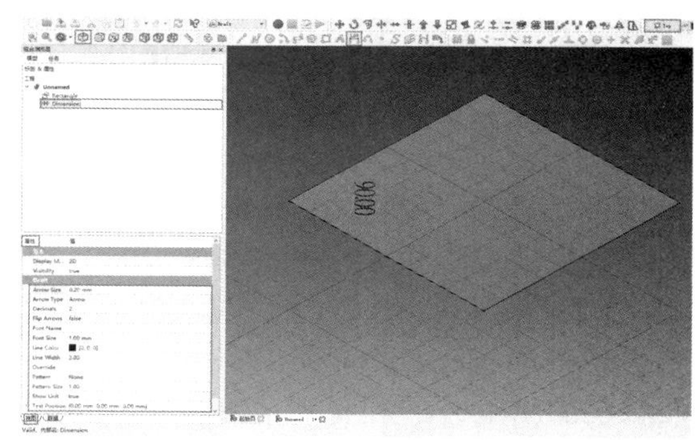

图6-41 角度测量

② 左侧模型模块中出现 Dimension 图标，点击选中，角度标注的颜色变绿，点击属性模块的“视图”按钮，可对角度标注中的众多属性进行编辑，见图6-41，相关内容参见线段长度的测量。

注意

① 图6-41中移动鼠标至相反的位置点击则显示270°，见图6-42，可见鼠标移动的方向不同则显示的角度不同。

② 有些角度比较特殊，需添加辅助线才能测量；例如测量圆

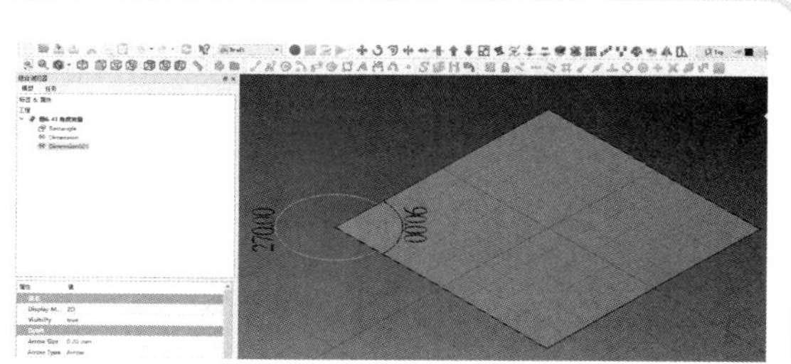

图6-42 鼠标移动的方向不同则显示的角度不同

弧的角度需要添加两条半径才能测量，见图6-24。

6.2.9.3 直径/半径的测量

① 打开6.2.3中的FreeCAD文件，见图6-18，工作台选择Draft，工作平面设置为XY，视图选择“轴测图”；点击“尺寸标注”图标，则在左侧任务栏中出现“尺寸标注”对话框；首先点击“选取边”按钮选取边（E），在绘图区域中点击要测量的圆周，见图6-43，选择合适的位置点击，出现该圆的直径，见图6-44。

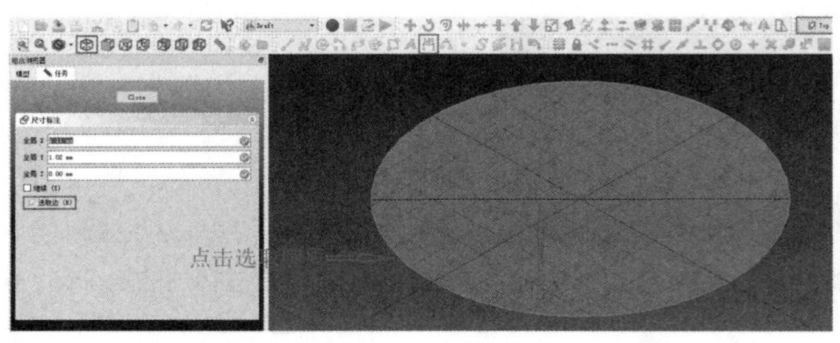

图6-43 点击选取边后点击要测量的圆周

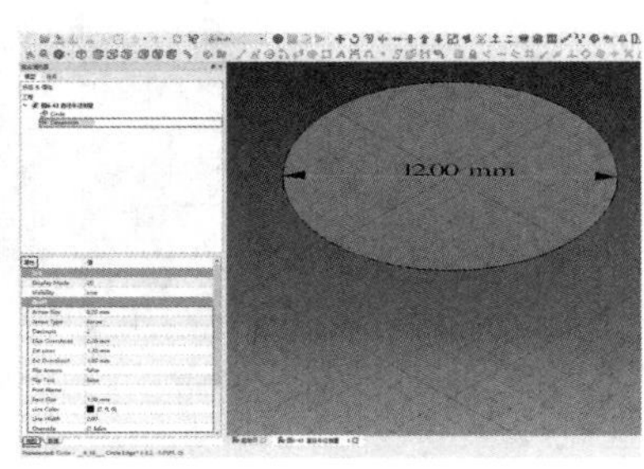

图6-44 直径测量完成

② 如果要显示半径，点击“尺寸标注”图标后，点击“选取边”按钮选取边（E），在绘图区域中点击要测量的圆周，见图6-43，按住“Shift”键，则直径变成半径，选择合适的位置点击，出现该圆的半径，见图6-45。

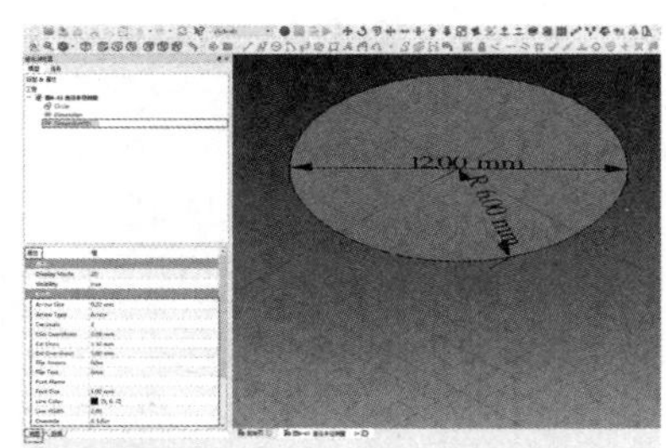

图6-45 按住“Shift”键完成半径的测量

③ 左侧模型模块中出现Dimension图标，点击选中，直径（或半径）标注的颜色变绿，点击属性模块的“视图”按钮，可对直径（或半径）标注中的众多属性进行编辑，见图6-44和图6-45，相关内容参见线段长度的测量。

注意

① 测量线段长度和直径时，按下“选取边”按钮选取边（E）后选择相应的线段和圆周；测量角度时，按下“选取边”按钮选取边（E）后，鼠标移动至绘图区域，按下“Alt”键选择夹角的两条边；测量半径时，按下“选取边”按钮选取边（E）后，选择相应的圆周，再按下“Shift”键。

② 直径（或半径）标注统一样式的设定参见图6-40。

6.2.10 B样条曲线

B样条曲线的图标为，通俗的理解就是利用多个给定的点创建一条弯曲的曲线，并使得该曲线经过所有给定的点。

① 打开FreeCAD，点击新建文件，工作台选择Draft，工作平面设置为XY，视图选择“轴测图”；点击“B样条曲线”图标，则在左侧任务栏中出现“B样条曲线”对话框，点击取消勾选“相对”复选框；输入第一个点的坐标，本例中输入（0，0，0），见图6-46，点击“输入点”按钮 输入点，进入第二步。

② 在第二个点的坐标中输入（−5，−4，0），点击“输入点”按钮 输入点 后，进入第三步；在第三个点的坐标中输入（0，12，0），点击“输入点”按钮 输入点 后，进入第四步；在第四个点的坐标中输入（5，5，0），点击“输入点”按钮 输入点，如有后续点的坐标则依次输入即可；点击“完成”按钮 完成 (A) 退出，视图选择“俯视图”，可见该曲线穿过了所有的点，见图6-47。

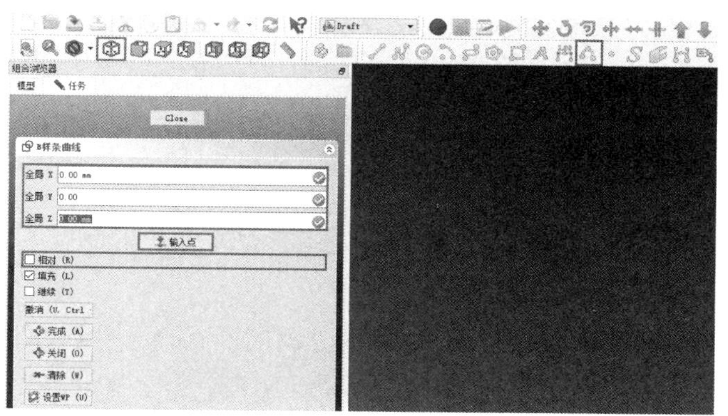

图6-46　输入B样条曲线第一个点的坐标

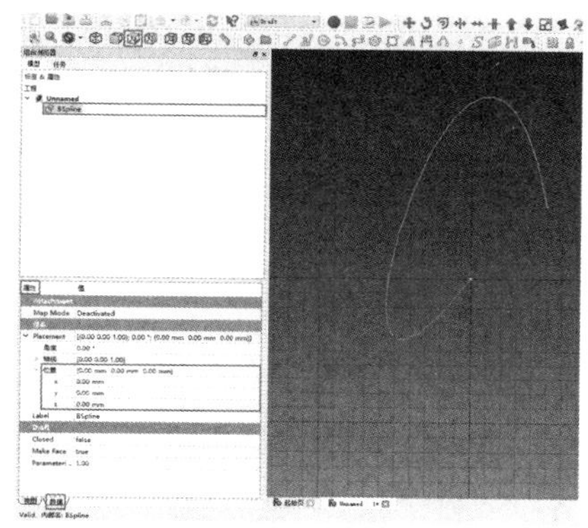

图6-47　B样条曲线操作完成

③ 左侧模型模块中出现 BSpline 图标，点击选中，绘图区域中的B样条曲线颜色变绿，点击属性模块的“数据”按钮，双击“Placement/位置”，更改x、y、z的值可调整B样条曲线的位置。

注意

① 点击取消勾选“相对”复选框是为了方便输入绝对坐标，“填充”和“继续”复选框，其含义与折线对话框中的相同。如果所绘制的B样条曲线是闭合的，且有缠绕、扭曲或相交等特征（例如绘制的形状类似于8），则不应选择填充该B样条曲线；如果已填充，则该B样条曲线会变为不可见，此时可先点击选中左侧模型模块中的B样条曲线图标 BSpline，再点击属性模块的“数据”按钮，将“Make Face”属性改为false，或者将“Closed”属性改为false，则不可见的B样条曲线将变为可见。

② 点击“B样条曲线”对话框中的“撤销”按钮 撤消 (U, Ctrl，可撤销最后一点的操作。

③ 点击“B样条曲线”对话框中的“完成”按钮 完成 (A)，可结束操作，并使B样条曲线不闭合。

④ 点击“B样条曲线”对话框中的“关闭”按钮（关闭 (O)），可使“B样条曲线”的第一个点与最后一个点相连接，形成闭合的曲线，条件是应至少有三个不在同一条直线上的点才能形成闭合曲线；此处的“关闭”翻译错误，应翻译为“闭合”。

⑤ 点击“B样条曲线”对话框中的“清除”按钮（清除 (W)），可删除该曲线，并从最后一点开始新曲线的绘制。

⑥ 点击“B样条曲线”对话框中的“设置”按钮（设置WP (U)），将调整最后一个点至原点，并将该点的方向设定为当前的工作面。

⑦ 绘制B样条曲线的过程中，点击“Close”按钮或者按下键盘“Esc”键，可终止B样条曲线的绘制并退出B样条曲线对话框，但已经绘制的B样条曲线将予以保留。

⑧ 绘制B样条曲线的过程也可通过在绘图区域中连续点击不同的位置，确定数个不同点的坐标，进而完成B样条曲线的绘制。

6.2.11 点

点的图标为◦，可在当前的平面中创建一个或多个点。

① 打开FreeCAD，点击新建文件，工作台选择Draft，工作平面设置为XY，视图选择“轴测图”；点击“点”图标◦，则在左侧任务栏中出现“点”对话框；输入点的坐标，本例中输入（10，10，0），点击“输入点”按钮（输入点），完成点的绘制，见图6-48；如果勾选了“继续”复选框，则在完成第一个点的绘制之后，将重新启动一个新的“点”对话框，可继续绘制其他的点。

② 左侧模型模块中出现● Point图标，点击选中，绘图区域中点的颜色变绿，点击属性模块的“数据”按钮，更改x、y、z的值可改变点的位置。

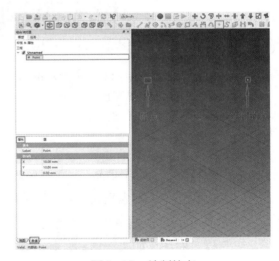

图6-48　绘制的点

注意

① 绘制点的过程中，点击“Close”按钮或者按下键盘“Esc”键，可终止点的绘制并退出对话框。

② 绘制点的过程也可通过在绘图区域中点击相应的位置，进而确定点的坐标，完成点的绘制。

6.2.12　文本字符串

文本字符串的图标为S，作用为通过指定的坐标、高度和字体，创建二维的平面字符串，完成后可与Part工作台中的拉伸命令结合使用，将二维平面字符串拉伸为三维立体字符串。

① 打开FreeCAD，点击新建文件，工作台选择Draft，工作平面设置为XY，视图选择“轴测图”；点击“文本字符串”图标S，则在左侧任务栏中出现对话框。

② 在对话框中输入文本字符串的起始坐标，或在绘图区域中点击相应位置，如果点击位置错误，可按Reset Point按钮，坐标自动恢复为（0，0，0），本例中输入（10，10，0）；“字符串”框中输入文本字符串的内容，本例中输入“FREECAD”；“高度”指文本字符串的高度，本例中为默认值10mm；点击“字体文件”框旁的…按钮，指定该文本字符串的字体（字体文件位于C:\Windows\Fonts文件夹中，但Win10操作系统禁止FreeCAD软件打开C:\Windows\Fonts文件夹，可事先将C:\Windows\Fonts中的全部或主要字体文件复制到FreeCAD的安装文件夹中，本例将C:\Windows\Fonts中的全部汉字字体和Tiems New Roman字体文件复制到D:\FreeCAD 0.18文件夹中，见图6-49）为times.ttf（Tiems New Roman字体），见图6-50，点击“OK”创建完成并退出对话框。

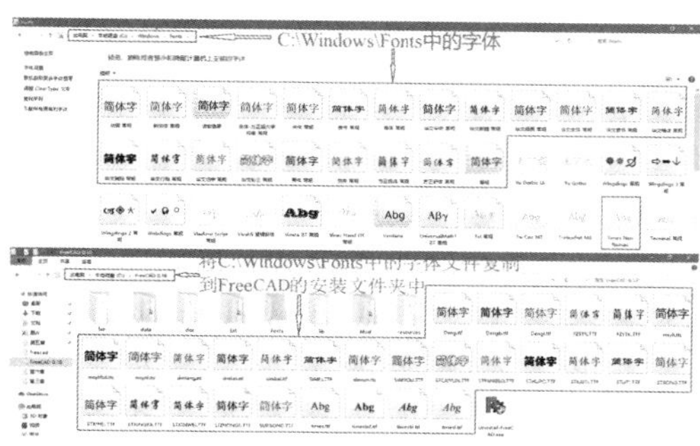

图6-49　将字体文件复制到安装文件夹中

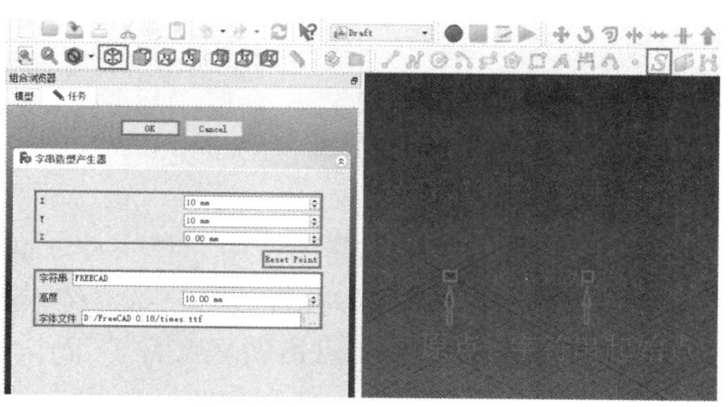

图6-50　准备创建FREECAD文本字符串

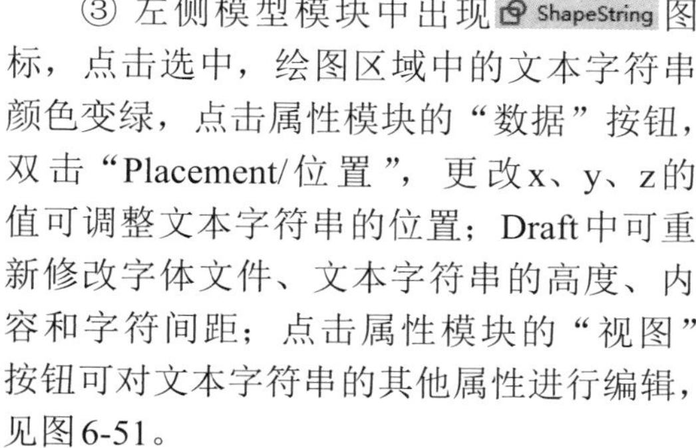

③ 左侧模型模块中出现ShapeString图标，点击选中，绘图区域中的文本字符串颜色变绿，点击属性模块的“数据”按钮，双击“Placement/位置”，更改x、y、z的值可调整文本字符串的位置；Draft中可重新修改字体文件、文本字符串的高度、内容和字符间距；点击属性模块的“视图”按钮可对文本字符串的其他属性进行编辑，见图6-51。

图6-51　文本字符串创建完成

④ 工作台切换到Part，点击选中左侧模型模块中的ShapeString图标，点击“拉伸”图标，方向选择“沿法向”，“长度/沿”为10mm，选中“创建实体”复选框，点击“OK”完成拉伸并退出，见图6-52。

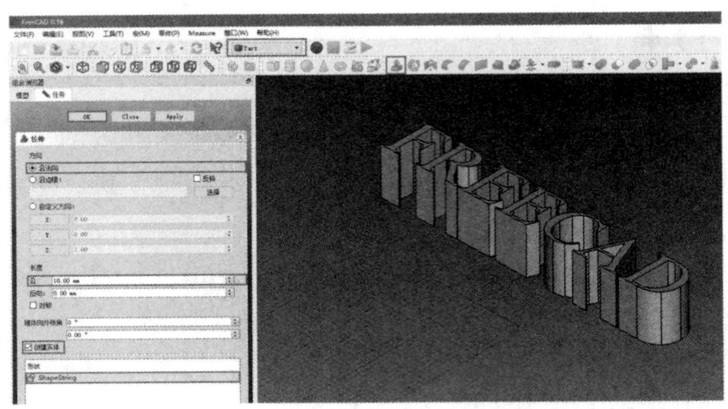

图6-52　将二维字符串拉伸为三维立体字符串

注意

① 文本字符串中也可输入汉字内容。

② 文本字符串的高度过小可能会导致字符串的形状变形。

③ FreeCAD软件的安装文件夹位置参见1.3（以Windows版本为例）。

④ 在C:\Windows\Fonts中，字体的文件名称详细可见，但复制到FreeCAD的安装文件夹D:\FreeCAD 0.18中后，文件名称发生改变，导致字体的辨认难度增加，希望读者注意。

6.2.13　复制表面

复制表面的图标为，作用为将实体表面所选定的数个面予以复制，所形成的新表面可用于拉伸或覆盖，例如拉伸成为三维立体模型，或者覆盖于实体表面，形成壁纸或装饰。

① 打开FreeCAD，点击新建文件，工作台选择Part，点击“创建立方体”图标，则在绘图区域显示一个立方体，同时左侧模型模块中出现 立方体 图标。

② 工作台切换到Draft，工作平面设置为XY，视图选择“轴测图”；按住“Ctrl”键点击选中立方体的两个侧面，见图6-53，两个侧面的颜色变绿；点击“复制表面”图标，左侧模型模块中出现 Facebinder 图标，点击选中，绘图区域中所复制平面的顶点颜色变绿，此时所复制的平面与立方体重合在一起，见图6-54。

③ 点击属性模块的“数据”按钮，双击“Placement/位置”，更改x、y、z的值可调

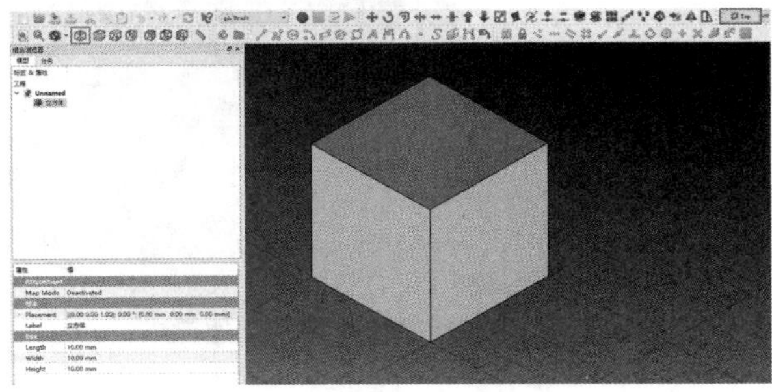

图6-53　选中立方体的两个侧面准备复制

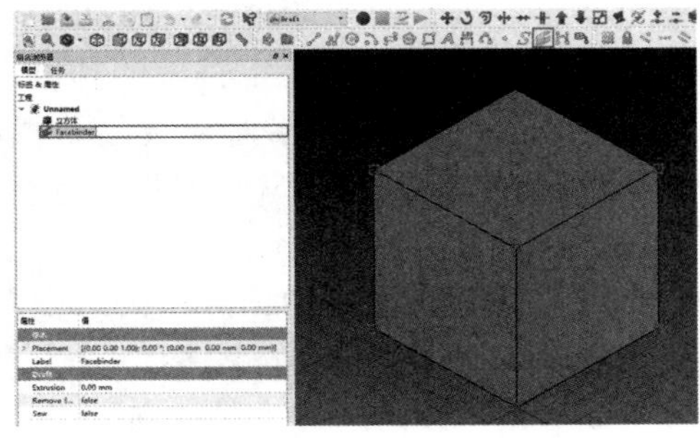

图6-54　所复制的平面与立方体重合

整所复制表面的位置，本例中将x值改为22mm，见图6-55；“Extrusion”属性可将所复制的表面进行拉伸，正值表示向外拉伸，负值表示向内拉伸，本例中拉伸−2mm，见图6-56，其中的重合部分并未融合，可见明显的分割线；“Remove Splitter”选择为true，则拉伸时会将重合的部分进行融合，清除重合的分割线，见图6-57；“Sew”选择为true，则拉伸时会尝试将表面上的孔洞等拓扑结构进行融合。

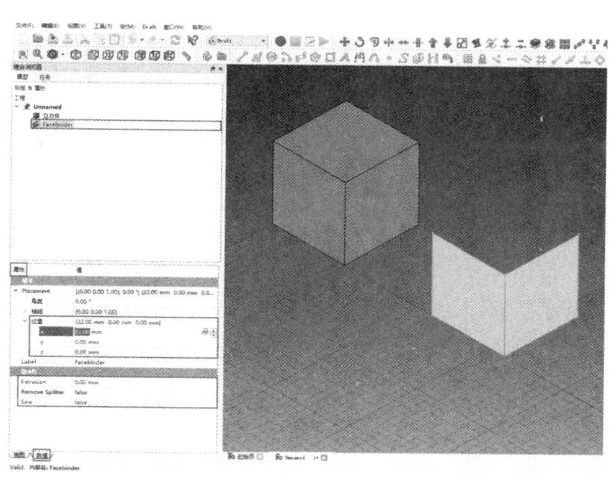

图6-55 分离所复制的平面

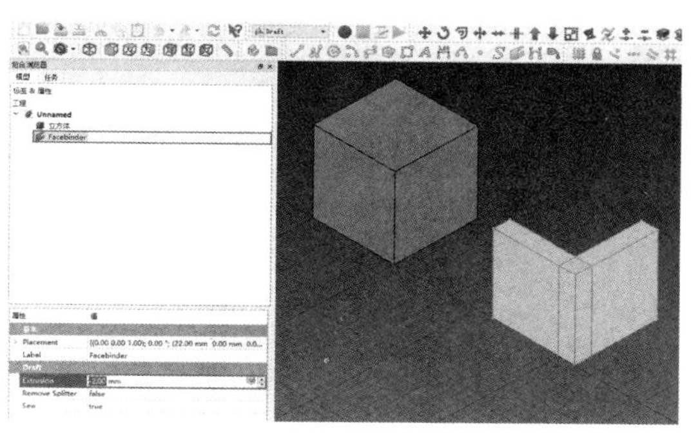

图6-56 将分离所复制的平面向内拉伸

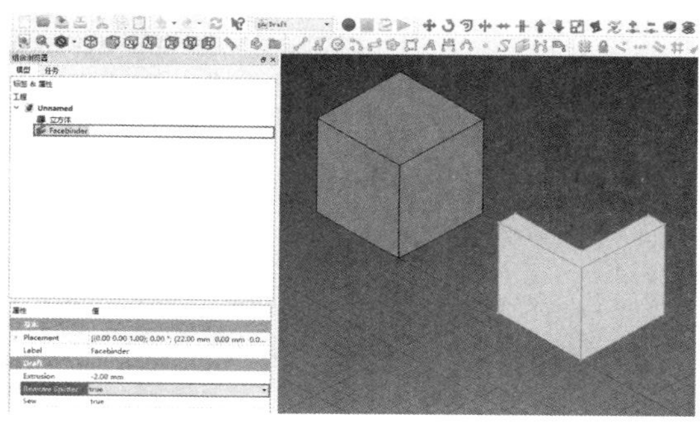

图6-57 “Remove Splitter”为true将重合部分融合

注意

① 移动或旋转原对象，则所复制的表面将与原对象保持联动，少数情况下如果所复制的表面不联动，可点击“刷新”图标；图6-58中将正方体旋转45°，则所复制的平面也自动旋转45°。

② “复制表面”命令可以复制平面，也能复制曲面。

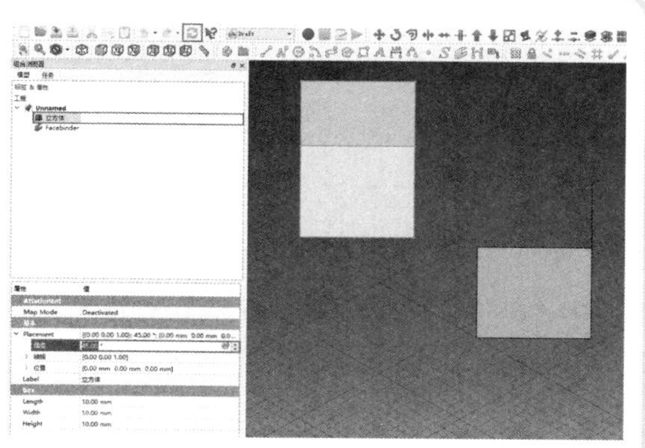

图6-58 所复制的平面与原实体保持联动

6.2.14 贝塞尔曲线

贝塞尔曲线又称贝兹曲线或贝济埃曲线，图标为，其作用为利用创建的多个点的坐标绘制出一条光滑的曲线。从数学的角度来讲，贝塞尔曲线和B样条曲线都是根据控制点来创建曲线的，但贝塞尔曲线是B样条曲线中的一个特例；在B样条曲线中，曲线穿过了所有的控制点，但在贝塞尔曲线中，曲线只穿过第一个控制点和最后一个控制点，其余点的作用只是控制曲线的方向；贝塞尔曲线中的每个控制点都会影响整条曲线的形状，而B样条曲线中的单个控制点只会影响整条曲线的一部分。可见，B样条曲线具有更大的灵活性。

① 打开6.2.10中的FreeCAD文件，工作台选择Draft，工作平面设置为XY，视图选择“俯视图”；点击“贝塞尔曲线”图标，则在左侧任务栏中出现“贝兹曲线”对话框，点击取消勾选“相对”复选框；输入第一个点的坐标，此例中输入（0，0，0），见图6-59，点击“输入点”按钮，进入第二步。

② 在第二个点的坐标中输入（−5，−4，0），点击“输入点”按钮后，进入第三步；在第三个点的坐标中输入（0，12，0），点击“输入点”按钮后，进入第四步；在第四个点的坐标中输入（5，5，0），点击“输入点”按钮后点击“完成”按钮退出。可见贝塞尔曲线只穿过了第一个控制点和最后一个控制点，见图6-60。

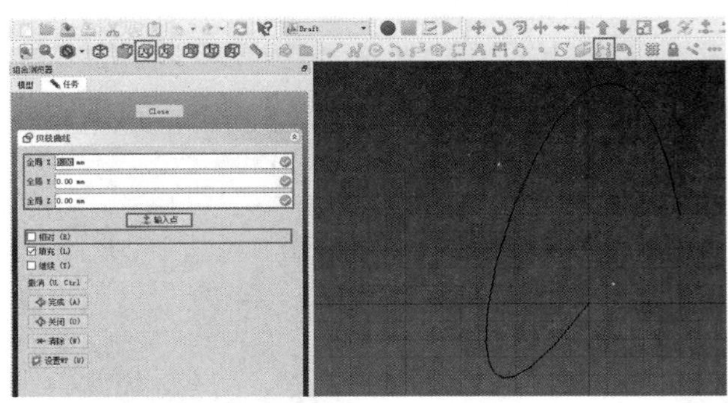

图6-59 输入贝塞尔曲线第一个点的坐标

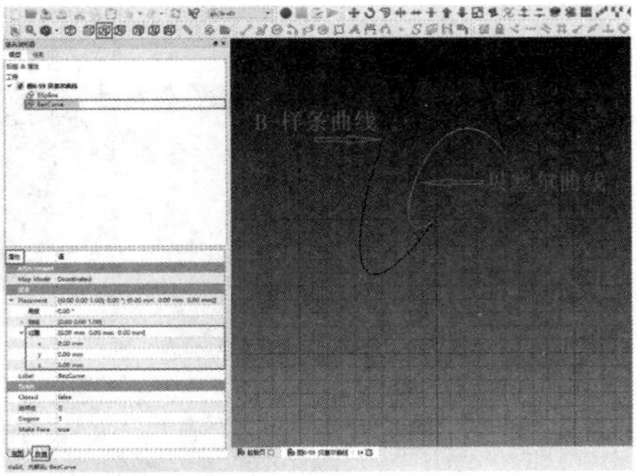

图6-60 贝塞尔曲线与B样条曲线的对比

③ 左侧模型模块中出现BezCurve图标，点击选中，绘图区域中贝塞尔曲线的颜色变绿，点击属性模块的“数据”按钮，双击“Placement/位置”，更改x、y、z的值可调整贝塞尔曲线的位置。

注意

① 点击取消勾选“相对”复选框是为了方便输入绝对坐标；“填充”和“继续”复选框，其含义与折线对话框中的相同。

②“贝兹曲线”对话框中的“撤销”按钮、“完成”按钮、“关闭”按钮、“清除”按钮和“设置”按钮，含义与“B样条曲线”对话框中的相同。

③ 绘制贝塞尔曲线的过程中，点击“Close”按钮或者按下键盘“Esc”键，可终止贝塞尔曲线的绘制并退出“贝兹曲线”对话框，但已经绘制的贝塞尔曲线将予以保留。

④ 也可通过在绘图区域中多次点击相应的位置确定多个点的坐标，以完成贝塞尔曲线的绘制。

6.2.15 标签

标签的图标为，其作用为创建一个带导引线和箭头的文本框，文本框中可输入关于对象的注释说明等信息。

① 打开6.2.14中的FreeCAD文件，工作台选择Draft，工作平面设置为XY，视图选择“俯视图”，见图6-60；点击“标签”图标，则在左侧任务栏中出现“标签”对话框；首先在“Label type”中选择“Custom（自定义）”；其次画出导引线，在绘图区域中的贝塞尔曲线附近点击，相当于输入第一个点的坐标；移动鼠标至合适的位置点击第二次，相当于输入第二个点的坐标；水平或垂直移动鼠标至合适的位置点击第三次，相当于输入第三个点的坐标，见图6-61；三次点击完成后自动退出“标签”对话框。

② 左侧模型模块中出现 dLabel 图标，点击选中，绘图区域中的标签颜色变绿，点击属性模块的“视图”按钮，在“Text Alignment”中选择“bottom”（或者top、middle），使得“Label”移动到导引线合适的位置，见图6-62；在“Text Size”中可更改字号大小，本例中选择2mm；点击属性模块的“数据”按钮，在“Custom Text”中点击按钮，可在弹出的“列表”对话框中输入标签的文本内容，本例中输入Bezier curve，见图6-63，点击“OK”完成；如果没有立即显示文本内容，可点击“刷新”图标，即可显示。

③ 以同样的步骤完成对B样条曲线的标注，见图6-64。

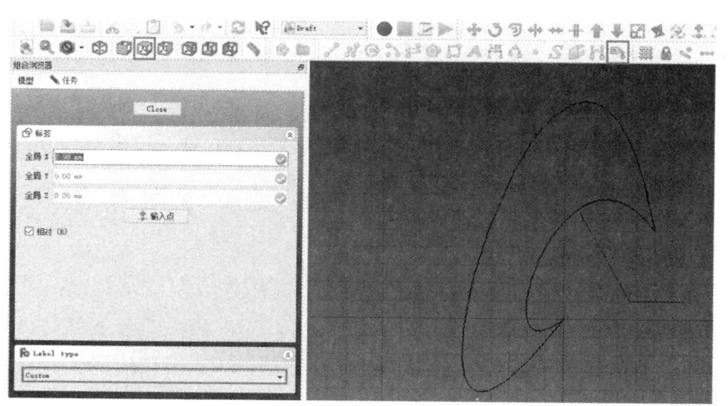

图6-61 点击标签命令并画出导引线

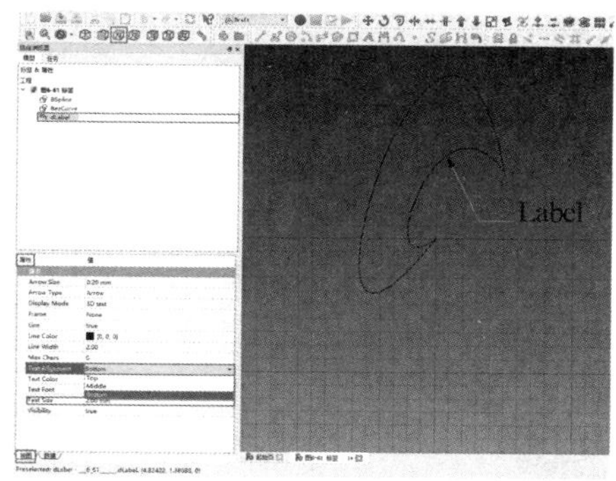

图6-62 将Label移动到导引线附近

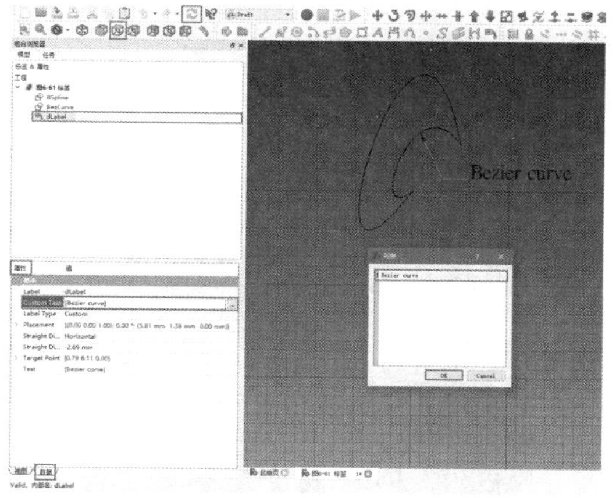

图6-63 输入标签的文本内容

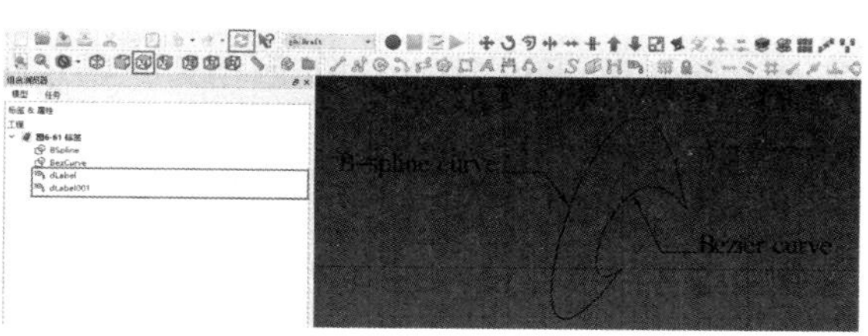

图6-64 标签操作完成

注意

① 标签“列表”对话框中输入的文本内容必须是英文字母或数字，输入汉字后则无法显示。

② 如果必须要输入汉字，先在“列表”对话框中输入汉字，使导引线附近的“Label”消失，再点击“文本字符串”图标，在字符串中输入相应的文本内容，选择合适的字体高度和字体文件，具体内容及操作见6.2.12，结果如图6-65所示。

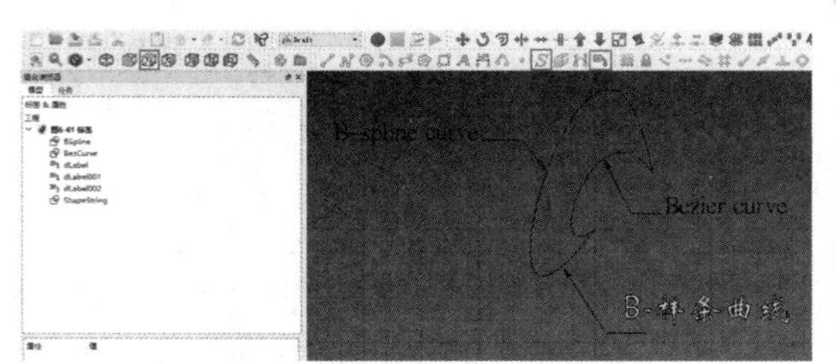

图6-65 标签和文本字符串联用可输入汉字

③ 图6-61的“Label type”中也可选择其他的选项，例如名称、位置、长度、面积、体积等。

6.3 底图捕捉工具栏

底图捕捉工具栏中有很多的特征（如圆心、端点、中点等）捕捉，点击相应的特征捕捉图标可打开或关闭该特征的捕捉功能。在绘图过程中为了精确定位，可事先打开相应的特征捕捉功能，通过在绘图区域中点击对象的相应特征，可使该特征与另一个对象精准连接在一起，功能类似于AutoCAD中的对象捕捉。

注意

同时打开多个特征的捕捉功能，可能会导致一些特征的捕捉失败，因此除少数情况外，建议特征捕捉时只打开相应特征的捕捉功能，其他特征的捕捉功能最好处于待命状态。

6.3.1 网格开关

网格开关的图标为，点击该图标可打开（或关闭）绘图区域中的网格，再点击该图标则关闭（或打开）绘图区域中的网格，见图6-66。网格的设置有两种方法，第一种：可打开菜单栏“编辑/偏好设定/Draft/网格和捕捉”，对主网格线分格、网格间距、网格大小进行设定，见图6-67。第二种：可在“Draft托盘”中进行设置，点击“Draft托盘”中的“设置工作平面”

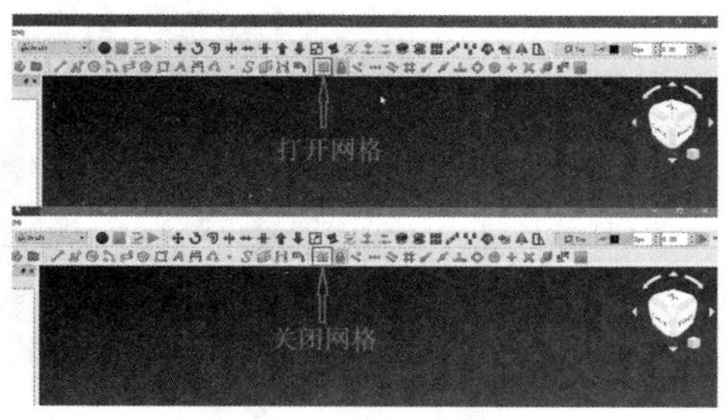

图6-66 打开或关闭网格

按钮 Top ，进入“选择平面”对话框，可选择上面图、正面图、侧面图，并更改“偏移”距离，也可对“网格间距”及主网格线分格（软件中翻译为“每段干线”）进行设定，见图6-68，点击“Close”退出。

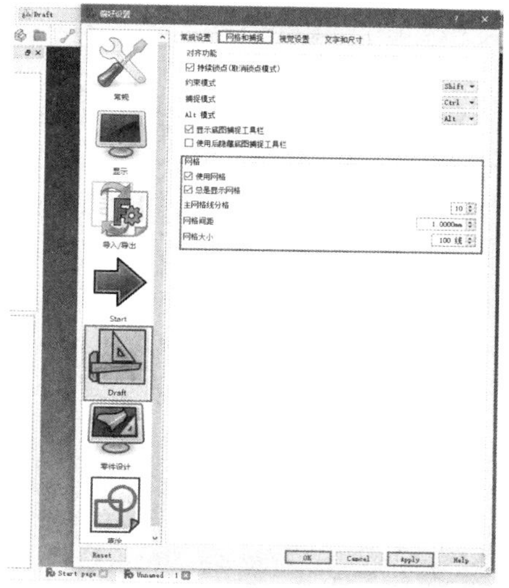

图6-67　网格的设置

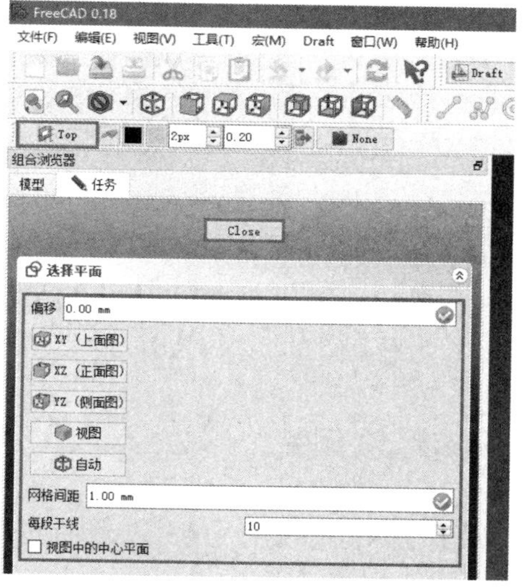

图6-68　Draft托盘中可以设置工作平面及网格

注意

① 使用网格的目的是为了精确绘制图形，因此需要对网格的单位进行设置。方法为：选择菜单栏中“编辑/偏好设定/常规/单位”，见图6-69，选择“标准（mm/kg/s/degree）”，单位制为毫米/千克/秒/度，适合于机械零件的绘制；选择“公制（m/kg/s/degree）”，单位制为米/千克/秒/度，适合于建筑物的绘制；点击“Apply”和“OK”后关闭FreeCAD软件，重新打开FreeCAD后，该设置生效。

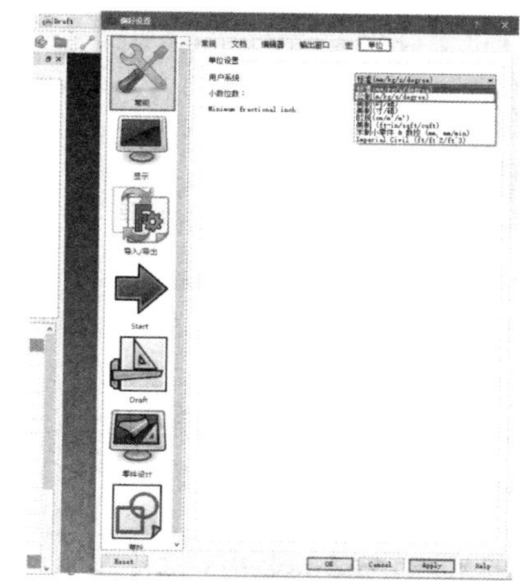

图6-69　网格单位的设置

② 网格单位设置完成后，也需要对Draft工作台中的网格大小进行设置，以满足不同尺度的建模需要。方法为：选择菜单栏中“编辑/偏好设定/Draft/网格和捕捉”，默认的“主网格线分格”为10等份、“网格间距”为1mm、“网格大小”共100线，则100线×1mm=100mm，说明网格长和宽均为100mm，适用于小尺寸机械零件的建模；也可将其改为其他数字，例如将“网格间距”改为10mm，“网格大小”改为共1000线，则1000线

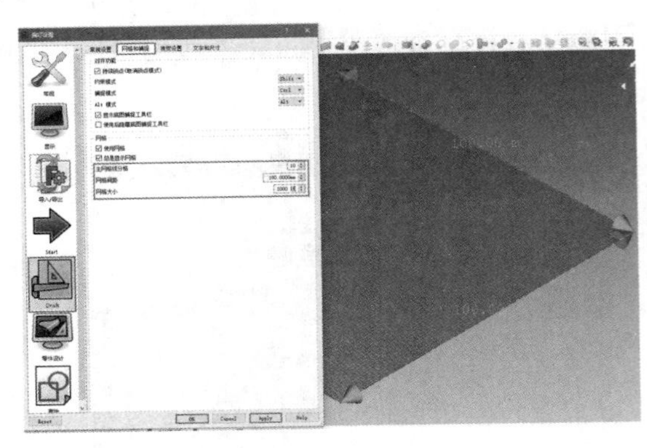
图6-70　网格大小的设置

×100mm=100000mm=100m，见图6-70，说明网格的长和宽均为100m，适用于建筑物的建模；点击"Apply"和"OK"后关闭FreeCAD软件，重新打开FreeCAD后，该设置生效。

6.3.2　捕捉总开关

捕捉总开关的图标为，点击该图标可禁用后面所有的特征捕捉功能，再次点击该图标可使所有的特征捕捉功能处于待命状态，见图6-71。

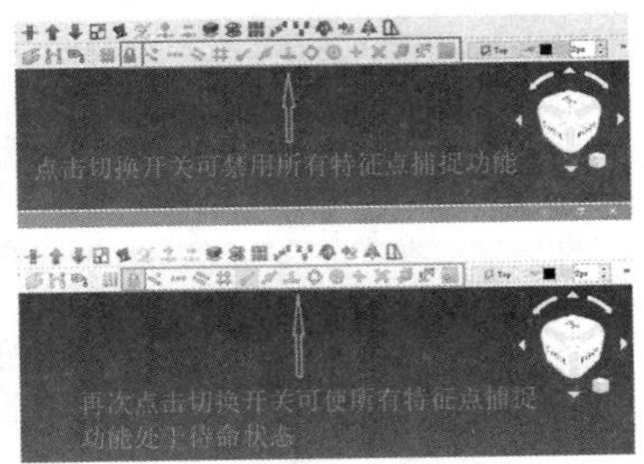

图6-71　捕捉总开关可禁用或待命所有捕捉功能

注意

待命并不意味打开了特征捕捉功能，需要点击相应的特征捕捉图标才能打开对应的捕捉功能，图6-71的下半部分图中只有"端点捕捉"功能处于打开状态，其余的所有特征捕捉功能处于待命状态。

6.3.3　最近点捕捉

最近点捕捉的图标为，点击该图标可捕捉到对象上的边或端点。

① 打开FreeCAD，点击新建文件，工作台选择Draft，工作平面设置为XY，视图选择"轴测图"；点击"线段"图标，在绘图区域中绘制任意一条线段，见图6-72。

图6-72　绘制任意一条线段

② 点击“最近点捕捉”图标，使最近点捕捉功能处于打开状态，其余所有特征捕捉功能处于待命状态；点击“矩形”图标，在绘图区域空白处点击，以确定其中一个端点的坐标，再移动鼠标至线段附近时，鼠标指针变为小圆圈的形状，见图6-73，点击可使矩形的另一端点准确地落在线段上，见图6-74，绘制完成。

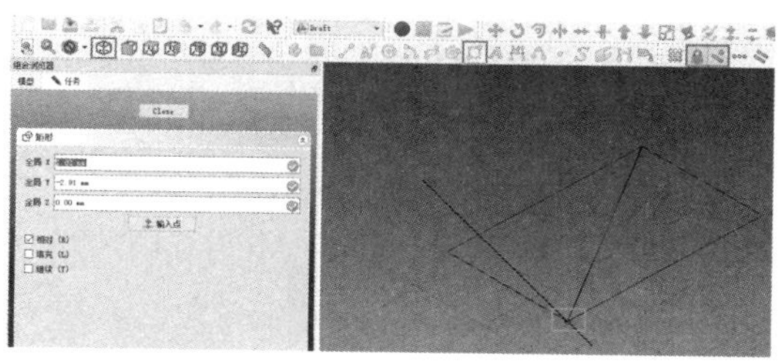

图6-73　将矩形的一个端点放在线段上

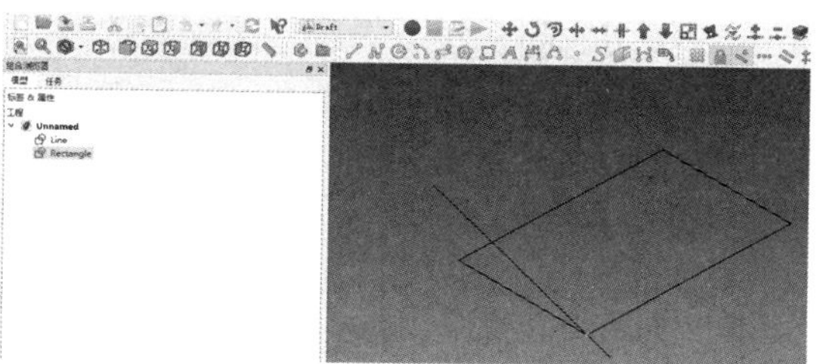

图6-74　绘制完成

注意

① 本例中的矩形也可以是圆、折线、圆弧或线段等其他几何元素。

② 当鼠标移动至线段端点时，点击可使矩形的另一点与线段的端点重合。

6.3.4　延伸捕捉

延伸捕捉的图标为，点击该图标可捕捉到线段延长线上的点。

① 打开FreeCAD，点击新建文件，工作台选择Draft，工作平面设置为XY，视图选择“轴测图”；点击“线段”图标，在绘图区域中绘制任意一条线段，见图6-72。

② 点击“延伸捕捉”图标，使延伸捕捉功能处于打开状态，其余所有特征捕捉功能处于待命状态；再次点击“线段”图标，在绘图区域空白处点击，以确定其中一个端点的坐标，再移动鼠标至线段的延长线附近时，出现已有线段的延长线并以虚线表示，同时鼠标指针变为白色十字，旁边出现延伸图标，见图6-75，点击可使线段的另一端点准确地落在线段延长线上，同时虚线延长线消失，见图6-76，绘制完成。

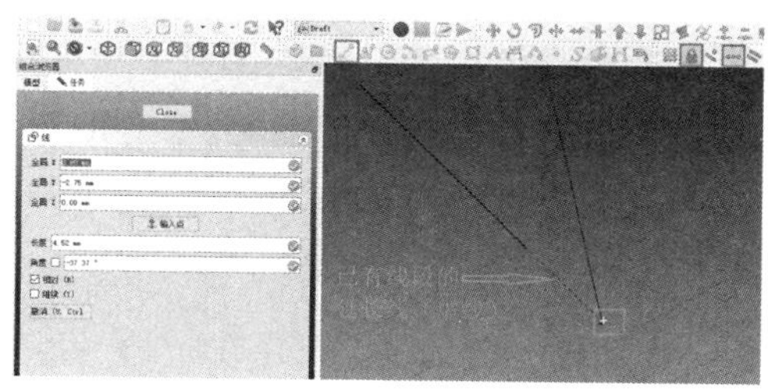

图6-75　将线段的端点放在已有线段的延长线上

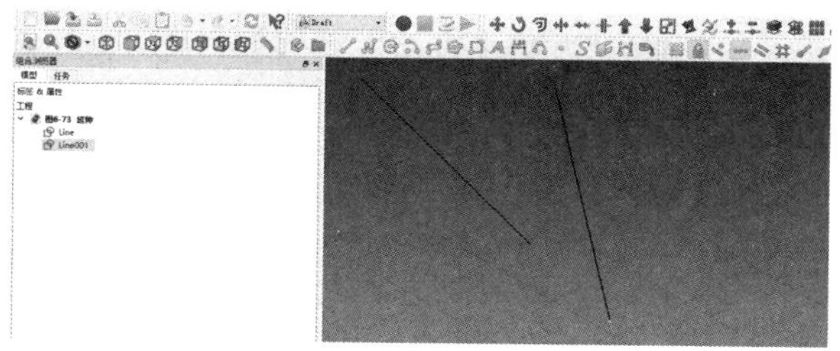

图6-76　绘制完成

注意

① 本例中的第二条线段也可以是圆、折线、矩形或圆弧等其他几何元素。

② 如果绘图区域中有多条线段时方法同上，先点击“延伸”捕捉图标，打

开延伸捕捉功能，再点击“线段”图标，在绘图区域空白处点击，以确定其中一个端点的坐标，再移动鼠标至对应线段的延长线附近时，会出现对应线段的延长线并以虚线表示，同时鼠标指针变为白色十字，旁边出现延伸图标，点击可使线段的另一端点准确地落在对应线段的延长线上。

6.3.5 平行捕捉

平行捕捉的图标为，点击该图标可绘制出与已有线段相平行的线段。

① 打开FreeCAD，点击新建文件，工作台选择Draft，工作平面设置为XY，视图选择“轴测图”；点击“线段”图标，在绘图区域中绘制任意一条线段，见图6-72。

② 点击“平行捕捉”图标，使平行捕捉功能处于打开状态，其余所有特征捕捉功能处于待命状态；再次点击“线段”图标，在绘图区域空白处点击，以确定其中一个端点的坐标，再移动鼠标并保持与已有线段相同的斜率，远离已有线段的两个端点直到鼠标指针变为白色十字，同时旁边出现平行捕捉图标，见图6-77，点击可绘制出与已有线段相平行的线段，见图6-78，绘制完成。

图6-77 绘制已有线段的平行线

图6-78 绘制完成

注意 如果绘图区域中有多条线段时方法同上，点击“平行捕捉”图标，打开平行捕捉功能，再点击“线段”图标，在绘图区域空白处点击，以确定其中一个端点的坐标，再移动鼠标至平行的位置时，鼠标指针变为白色十字，旁边出现平行图标，点击可使该线段平行于已有线段。

6.3.6 网格捕捉

网格捕捉的图标为，点击该图标可捕捉两条网格线的交点。

① 打开FreeCAD，点击新建文件，工作台选择Draft，工作平面设置为XY，视图选择“轴测图”；确保绘图区域中的网格处于打开状态（参见6.3.1节）。

② 点击“网格捕捉”图标，使网格捕捉功能处于打开状态，其余所有特征捕捉功能处于待命状态；点击“线段”图标，在绘图区域空白处点击，以确定其中一个端点的坐标，再移

动鼠标至两条网格线的交点附近，这时鼠标指针变为白色十字，同时旁边出现“网格捕捉”图标，见图6-79，点击可使线段的第二个端点与两条网格线的交点重合，见图6-80，绘制完成。

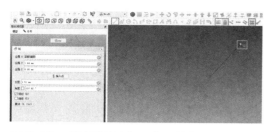

图6-79　线段的端点与两条网格线的交点重合

图6-80　绘制完成

注意

① 本例中的线段也可以是圆、折线、矩形或圆弧等其他几何元素。

② 本例中线段的第一个端点也可使用网格捕捉功能，如果第二个端点也同样使用网格捕捉功能，则该线段的两个端点均与网格线的交点重合。

6.3.7　端点捕捉

端点捕捉的图标为，点击该图标可捕捉对象的端点。

① 打开FreeCAD，点击新建文件，工作台选择Draft，工作平面设置为XY，视图选择“轴测图”；点击“圆弧”图标，在绘图区域中绘制任意一条圆弧，见图6-81。

② 点击“端点捕捉”图标，使端点捕捉功能处于打开状态，其余所有特征捕捉功能处于待命状态；点击“线段”图标，移动鼠标至圆弧端点附近，这时鼠标指针变为白色十字，同时旁边出现“端点捕捉”图标，点击可使线段的第一个端点与圆弧的端点重合；再移动鼠标至圆弧的另一个端点附近，鼠标指针同样变为白色十字并出现“端点捕捉”图标，点击使线段的第二个端点与圆弧的另一个端点重合，见图6-82，绘制完成。

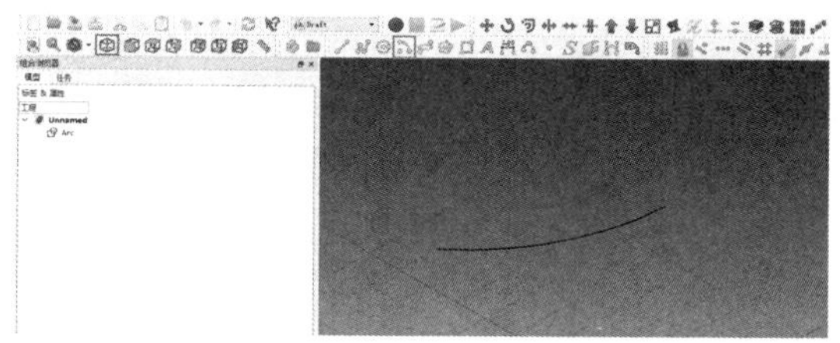

图6-81　绘制任意一条圆弧

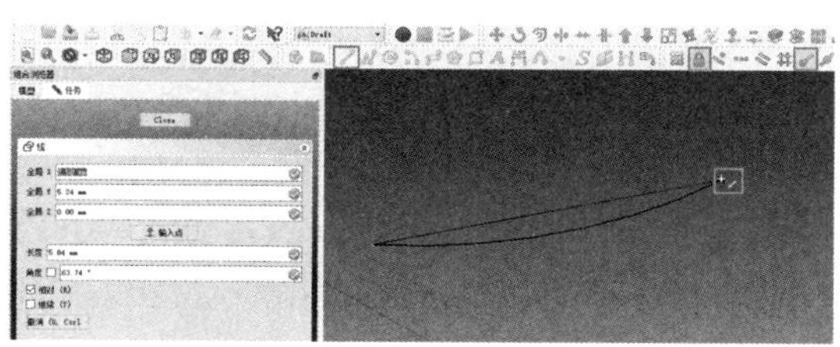

图6-82　线段的端点与圆弧的端点重合

注意

① 端点捕捉与最近点捕捉的区别为：最近点捕捉既可捕捉端点，也可捕捉边，而端点捕捉只能捕捉端点。

② 如果想捕捉其他对象的端点，移动光标至其他对象的端点位置附近，待鼠标指针变为白色十字后，点击即可。

6.3.8 中点捕捉

中点捕捉的图标为，点击该图标可捕捉对象的中点。

① 打开FreeCAD，点击新建文件，工作台选择Draft，工作平面设置为XY，视图选择“轴测图”；点击“正多边形”图标，在绘图区域中绘制一个三角形，见图6-83。

② 点击“中点捕捉”图标，使中点捕捉功能处于打开状态，其余所有特征捕捉功能处于待命状态；点击“线段”图标后，移动鼠标至三角形其中一条边的中点附近，这时鼠标指针变为白色十字，同时旁边出现“中点捕捉”图标，点击可使线段的第一个端点与该边的中点重合；再移动鼠标至另一条边的中点附近，鼠标指针同样变为白色十字并出现“中点捕捉”图标，点击使线段的第二个端点与另一条边的中点重合，见图6-84，三角形的中位线绘制完成。

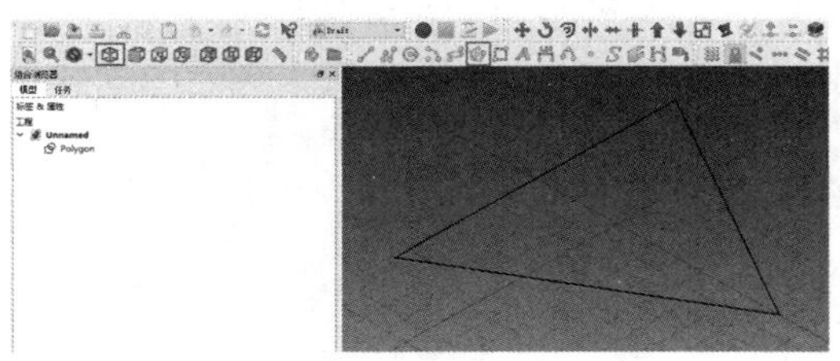

图6-83 绘制一个三角形

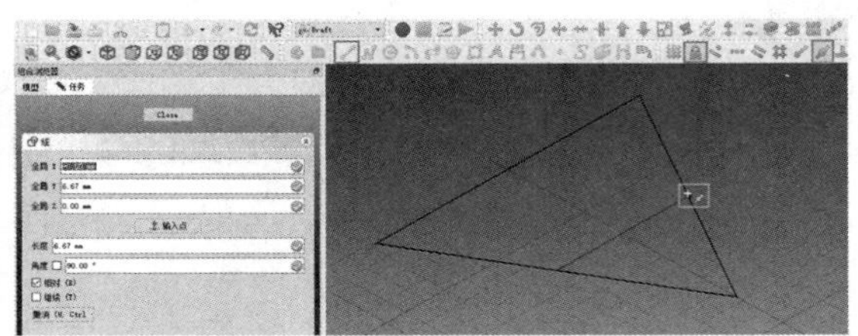

图6-84 三角形的中位线绘制完成

6.3.9 垂直捕捉

垂直捕捉的图标为，点击该图标可捕捉对象的垂足。

① 打开FreeCAD，点击新建文件，工作台选择Draft，工作平面设置为XY，视图选择“轴测图”；点击“正多边形”图标，在绘图区域中绘制一个三角形，见图6-83。

② 点击“中点捕捉”图标，使中点捕捉功能处于打开状态，其余所有特征捕捉功能处于待命状态；点击“线段”图标后，移动鼠标至三角形其中一条边的中点附近，这时鼠标指针变为白色十字，同时旁边出现“中点捕捉”图标，见图6-85，点击可使线段的第一个端点与该边的中点重合。

③ 再次点击“中点捕捉”图标，使其处于待命状态；点击“垂直捕捉”图标，使垂直捕捉功能处于打开状态；移动鼠标至另一条边的垂足附近，鼠标指针变为白色十字并出现“垂直捕捉”图标，点击使线段的第二个端点与垂足重合，所形成的线段与三角形的另一条边垂直，见图6-86，这条线段即为过三角形一条边的中点与另一条边垂直的垂线，绘制完成。

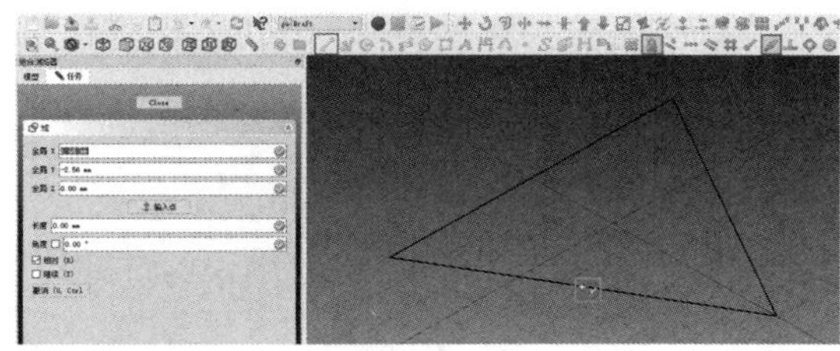

图6-85 捕捉到三角形其中一条边的中点

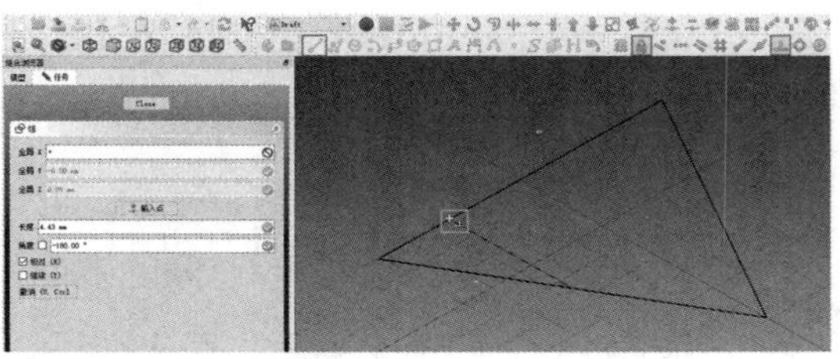

图6-86 过三角形一条边的中点做另一边的垂线

注意

垂直捕捉功能所捕捉到的垂足可以在线段本身上，见图6-86，也可以在线段的延长线上，见图6-87，只需将垂线的第二个端点放到已有线段的端点附近即可捕捉到垂足，点击完成。

图6-87 做线段延长线的垂线

6.3.10 角度捕捉和圆心捕捉

角度捕捉的图标为，点击该图标可捕捉到圆周或圆弧上的一些特殊角度点；以右侧水平半径为起始边，可分别绘制出夹角为30°或45°以及对应其整数倍数夹角的半径，则这些半径与圆周或圆弧的交点即为特殊角度点；圆周上所有特殊角度点对应的夹角分别为0°、30°、45°、60°、90°、120°、135°、150°、180°、210°、225°、240°、270°、300°、315°、330°。

圆心捕捉的图标为，点击该图标可捕捉圆或圆弧的圆心。

① 打开FreeCAD，点击新建文件，工作台选择Draft，工作平面设置为XY，视图选择"俯视图"；点击"圆"图标，在绘图区域中绘制一个圆，见图6-88。

② 点击"角度捕捉"图标和"圆心捕捉"图标，使角度捕捉和圆心捕捉功能处于打开状态，其余所有特征捕捉功能处于待命状态；点击"线段"图标后，选中"继续"复选框，移动鼠标至圆周附近，这时鼠标指针变为白色十字，旁边出现"圆心捕捉"图标，同时圆心位置处出现一个黑点代表圆心，见图6-89，点击可使线段的第一个端点与圆心重合。

③ 移动鼠标至圆周的特殊角度点附近，鼠标指针变为白色十字并出现"角度捕捉"图标，点击使线段的第二个端点与特殊角度点重合，所形成的线段是一条半径，且该半径与右侧水平半径的夹角为30°，见图6-90。

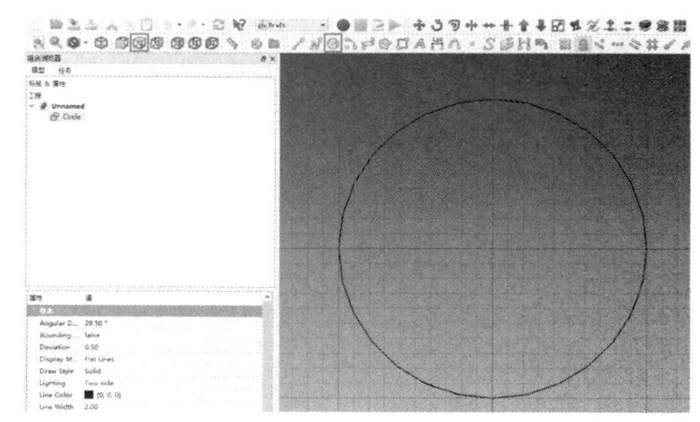
图6-88 创建一个圆并选择俯视图

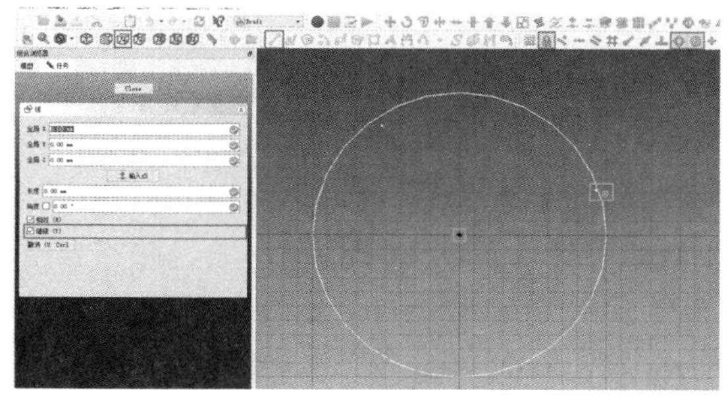
图6-89 捕捉到圆心

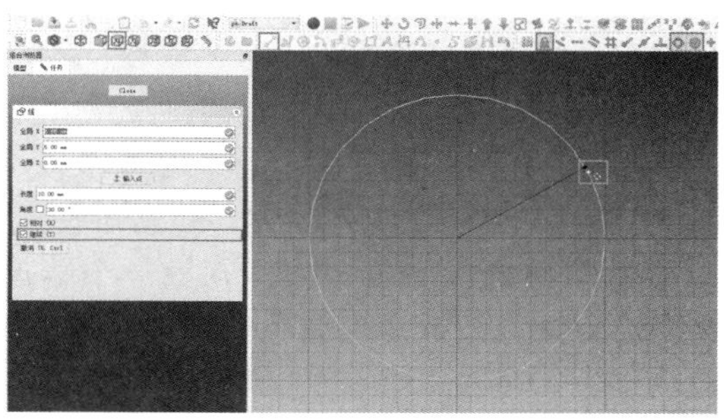
图6-90 捕捉到特殊角度点

④ 在圆周上不断地移动鼠标，不断地捕捉圆心和特殊角度点，点击可绘制出不同夹角的半径，见图6-91，点击“Close”退出；点击“尺寸标注”图标后，按住“Alt”键，可测量特殊角度点所对应的夹角，见图6-92，相关内容参见6.2.9。

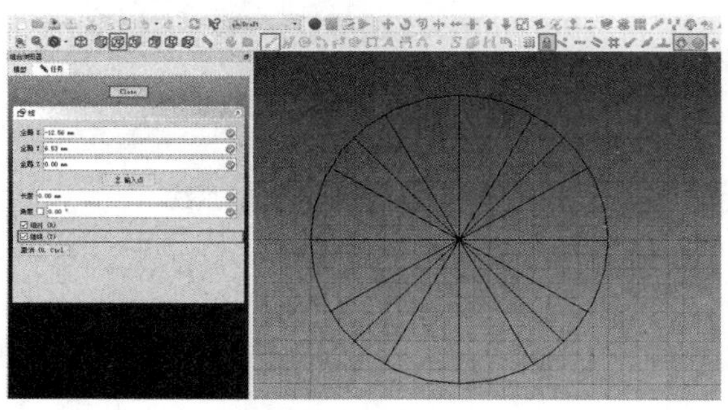

图6-91 绘制出所有特殊角度点对应的半径

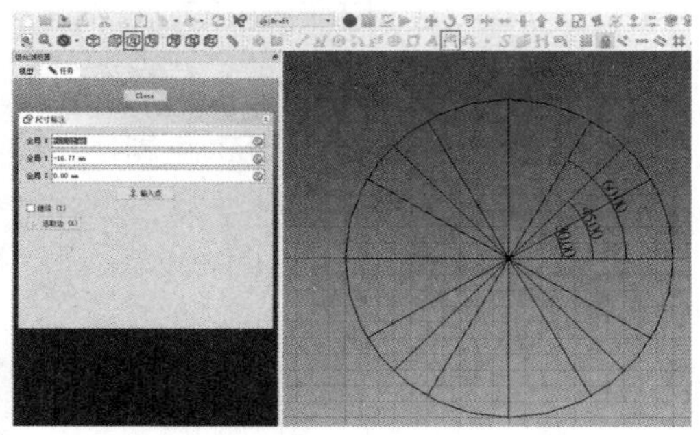

图6-92 点击尺寸标注按住“Alt”键可测量夹角

注意 并非只有圆心可与特殊角度点相连，任意端点均可与特殊角度点连接形成线段，见图6-93。

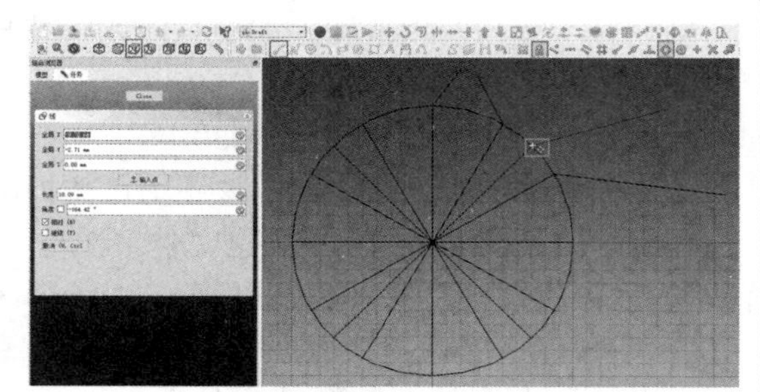

图6-93 任意端点可与特殊角度点连接形成线段

6.3.11 正交捕捉

正交捕捉的图标为，点击该图标可捕捉线段与水平线呈45°以及对应其整数倍数夹角的端点。步骤如下：首先打开正交捕捉功能，确定线段的第一个端点，再以水平线为起始边，可捕捉到夹角为45°以及对应其整数倍数夹角的第二个端点，所绘制的线段与水平线的夹角可分别为0°、45°、90°、135°、180°、225°、270°、315°。

① 打开FreeCAD，点击新建文件，工作台选择Draft，工作平面设置为XY，视图选择“俯视图”；点击“正交捕捉”图标，使正交捕捉功能处于打开状态，其余所有特征捕捉功能处于待命状态。

② 点击“线段”图标后，选中“继续”复选框，先输入线段第一个端点的坐标，此例中为（0，0，0），移动鼠标至45°夹角附近，这时鼠标指针变为白色十字，旁边出现“正交捕捉”图标，见图6-94，点击可使线段与水平线夹角为45°。

③ 继续绘制第二条线段，第一个端点的坐标仍设定为（0，0，0），移动鼠标至垂直轴附近，鼠标指针变为白色十字，旁边出现“正交捕捉”图标，点击可使线段与水平线夹角为90°；不断重复上述步骤依次绘制出夹角为135°、180°、225°、270°、315°、360°的线段，见图6-95。

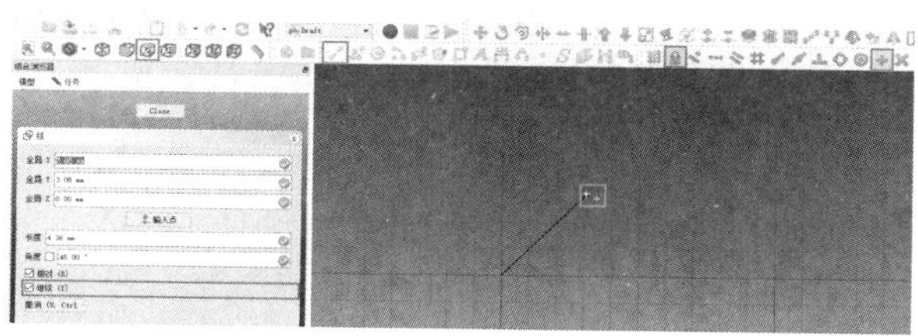

图6-94　绘制与水平线夹角为45°的线段

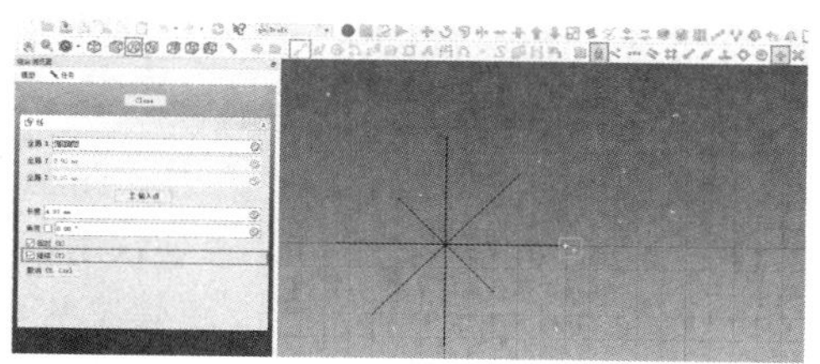

图6-95　绘制其他正交线段

注意

正交捕捉只限制夹角为45°以及对应其整数倍数的夹角，并不限制线段的长度，所以图6-95中的线段长短不一。

6.3.12　交集捕捉

交集捕捉的图标为，点击该图标可捕捉两条线段或圆弧之间的交点。

① 打开FreeCAD，点击新建文件，工作台选择Draft，工作平面设置为XY，视图选择“俯视图”；点击“线段”图标，在绘图区域中绘制任意两条相交的线段，见图6-96。

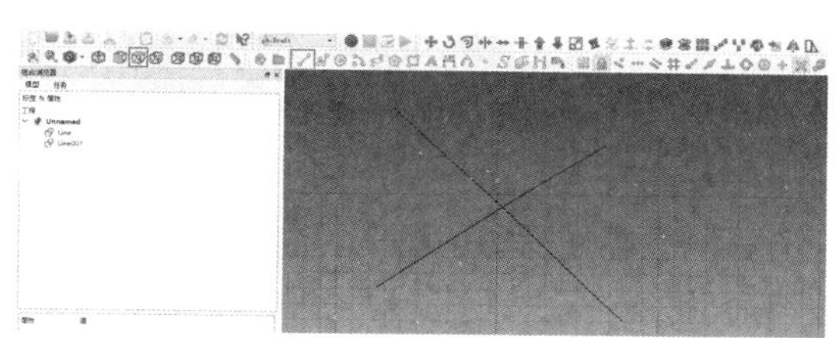

图6-96　绘制任意两条相交的线段

② 点击“交集捕捉”图标，使交集捕捉功能处于打开状态，其余所有特征捕捉功能处于待命状态；再次点击“线段”图标后，移动鼠标至两条线段的交点附近，这时鼠标指针变为白色十字，同时旁边出现“交点捕捉”图标，见图6-97，点击可使线段的第一个端点与两条线段的交点重合，移动鼠标至空白区域点击，可确定线段的第二个端点，见图6-98。

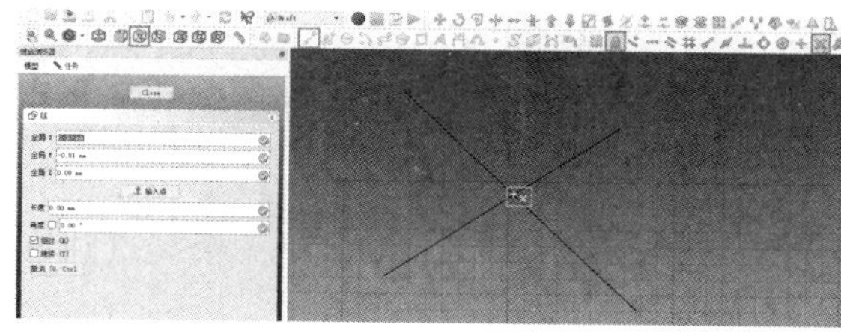

图6-97　线段的第一个端点与交点重合

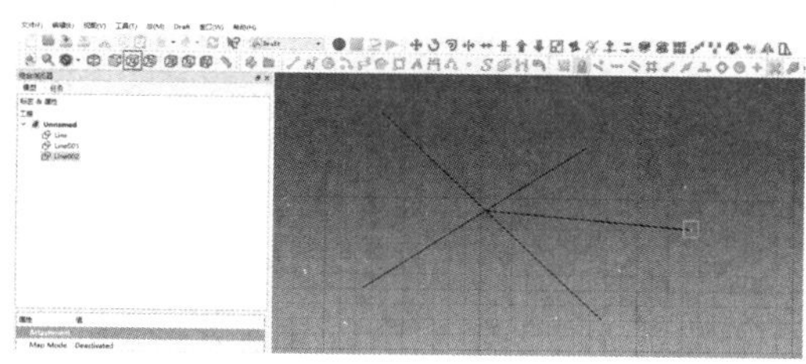

图6-98　空白区域点击确定线段的第二个端点

③ 也可点击“线段”图标后，移动鼠标至空白区域点击，先确定线段的第一个端点，再移动鼠标至两条线段的交点附近，这时鼠标指针变为白色十字，同时旁边出现“交点捕捉”图标，点击可使线段的第二个端点与两条线段的交点重合，见图6-99。

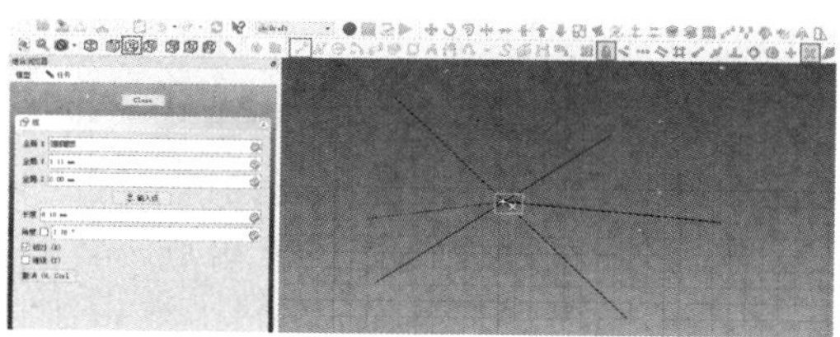

图6-99　线段的第二个端点与交点重合

6.3.13 特定捕捉

特定捕捉的图标为，点击该图标可捕捉到特定对象的特殊位置点，实际中常和Arch工作台中的“创建墙体”等命令联用。

① 打开FreeCAD，点击新建文件，工作台选择Draft，工作平面设置为XY，视图选择“轴测图”；点击“矩形”图标，在绘图区域中绘制任意一个矩形，见图6-100。

② 左侧模型模块中出现Rectangle图标，点击选中该图标，绘图区域中的矩形被选中变绿；工作台切换到Arch，点击“创建墙体”图标，矩形变为相应的墙体，见图6-101。

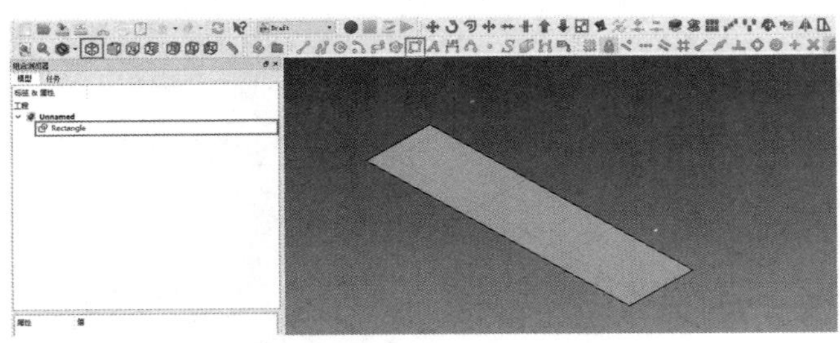

图6-100 画出任意一个矩形

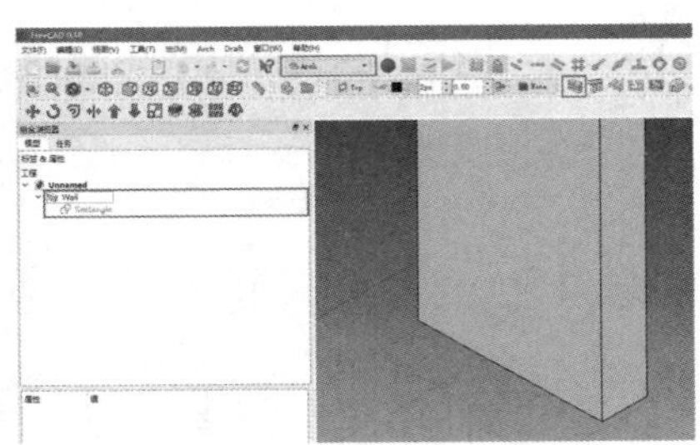

图6-101 矩形变为墙体

③ 点击“特定捕捉”图标，使特定捕捉功能处于打开状态，其余所有特征捕捉功能处于待命状态；点击“线段”图标，移动鼠标至空白区域点击，先确定线段的第一个端点，再移动鼠标至墙体的顶点附近，这时鼠标指针变为白色十字，同时旁边出现“特定捕捉”图标，点击可使线段的第二个端点与墙体的顶点重合，见图6-102；同样，鼠标移动到墙体的另外三个顶点附近时，也能自动捕捉到特殊位置点。

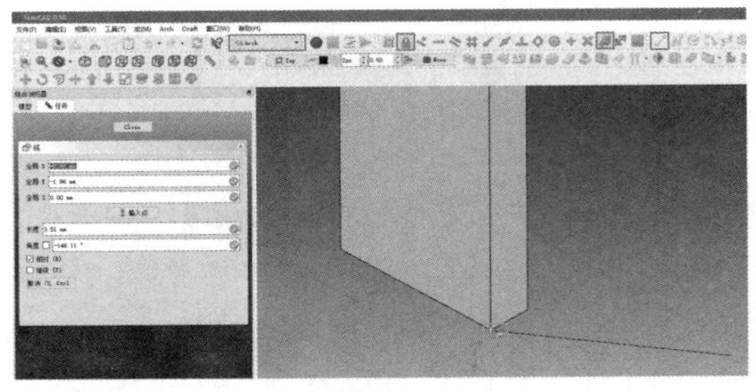

图6-102 捕捉到墙体的特殊位置点（顶点）

6.3.14 尺寸捕捉

尺寸捕捉的图标为，打开该捕捉功能后在绘制各种图形时，可显示第一个端点到第二个端点之间的水平距离和垂直距离。

① 打开FreeCAD，点击新建文件，工作台选择Draft，工作平面设置为XY，视图选择“轴测图”；点击“尺寸捕捉”图标，使尺寸捕捉功能处于打开状态，其余所有特征捕捉功能处于待命状态。

② 点击底图创建工具栏中除“文本”图标、“点”图标、“文本字符串”图标和“复制表面”图标之外的任意一个图标（本例以“线段”为例），移动鼠标至空白区域点击，先确定第一个端点，再移动鼠标，可显示鼠标与第一个端点之间的水平距离和垂直距离，见图6-103；点击确定第二个端点后水平距离和垂直距离自动消失，见图6-104。

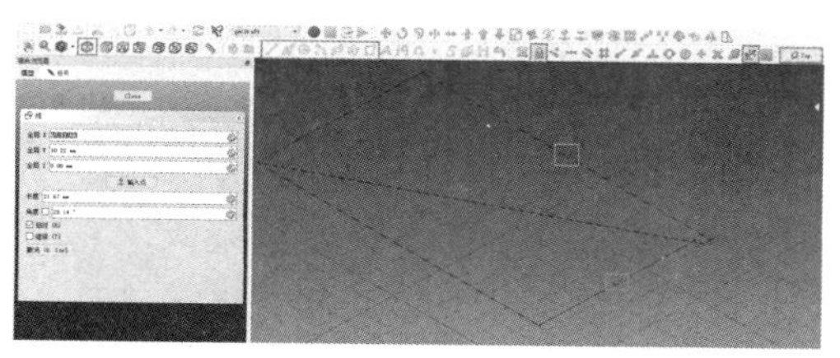

图6-103 显示两端点间水平距离和垂直距离

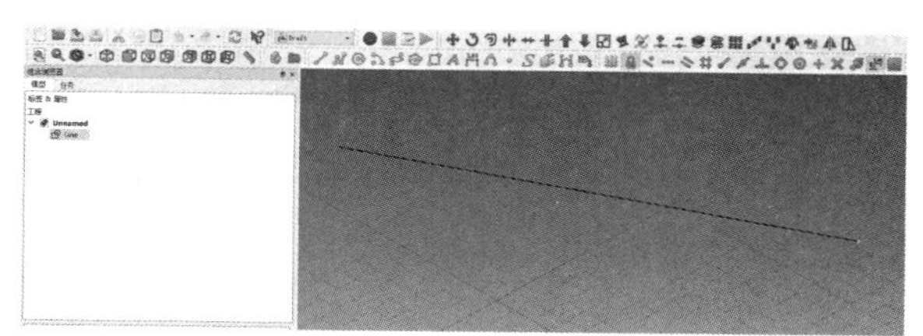

图6-104 确定第二个端点后距离自动消失

注意 尺寸捕捉功能仅在XY平面上显示水平方向和垂直方向的距离，但点击“Draft托盘”进入“选择平面”对话框后，假如选择了XZ平面和YZ平面，则只显示水平方向的距离。

6.3.15 工作面捕捉

工作面捕捉的图标为，打开该捕捉功能后可使用另一种捕捉功能捕捉当前工作平面之外的对象在该工作平面上投影的特征点。

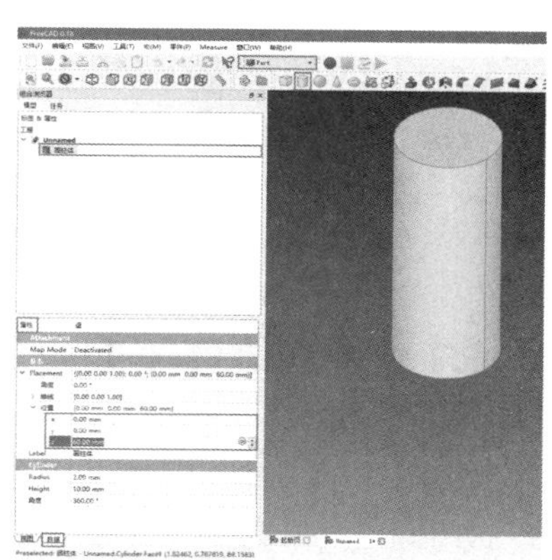

图6-105 创建圆柱体并更改Z值

① 打开FreeCAD，点击新建文件，工作台选择Part，点击“创建圆柱体”图标，则在绘图区域显示一个圆柱体，同时左侧模型模块中出现 圆柱体 图标，点击选中，绘图区域中的圆柱体颜色变绿，点击属性模块的“数据”按钮，双击“Placement/位置”，保持x和y值不变，更改z值为60mm，可升高圆柱体的位置，使圆柱体脱离当前工作平面，见图6-105。

② 工作台切换到Draft，工作平面设置为XY，视图选择“轴测图”；点击“工作面捕捉”图标和“圆心捕捉”图标，使工作面捕捉功能和圆心捕捉功能处于打开状态，其余所有特征捕捉功能处于待命状态；点击“线段”图标后，移动鼠标至空白区域点击，先确定第一个端点，再移动鼠标至圆柱体底面的圆周，这时鼠标指针变为白色十字，旁边出现“圆心捕捉”图标，同时工作平面原点位置处出现一个黑点代表圆柱体在工作平面上所投影的圆心，见图6-106，点击可使线段的第二个端点与圆柱体所投影的圆心（黑点）重合。

③ 视图选择“俯视图”，着色模式选择“线框模式”，可见线段的第二个端点与圆心重合，见图6-107。

图6-106 捕捉到圆柱体在工作平面上投影的圆心

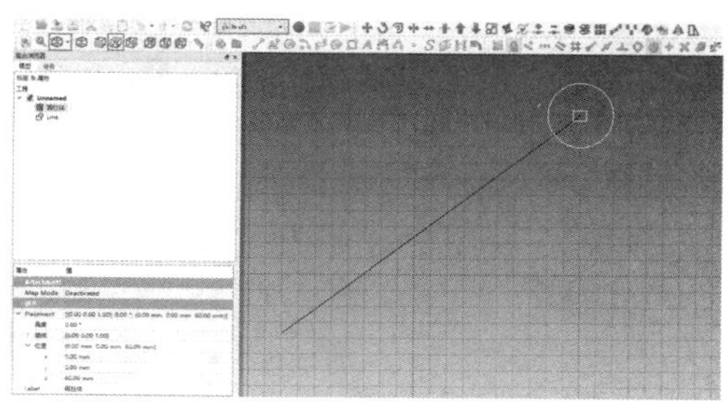

图6-107 “线框模式”下的可见端点与圆心重合

注意

工作面捕捉条件下，其他特征捕捉方法类似，例如图6-108为工作面捕捉条件下的角度捕捉。

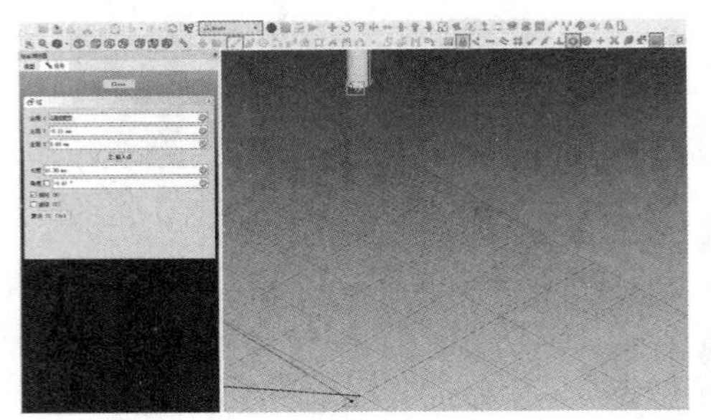

图6-108 工作面捕捉条件下的角度捕捉

6.4 Draft托盘工具栏

Draft托盘工具栏可改变Draft工作台的视觉属性，包括在XY平面、XZ平面和YZ平面之间切换工作平面，在辅助线模式和正常模式之间进行切换，更改线条颜色和填充颜色，更改线宽和字号大小，将各种属性应用于选中的对象和自动分组。

6.4.1 设置工作平面

设置工作平面的图标为Top，按下该图标后可在XY平面、XZ平面和YZ平面中选择工作平面，并在不同的工作平面绘制图形，见图6-68，类似于Part Design工作台中的视图选择界面；按下XY（上面图）按钮，工作平面将设置在XY平面上；按下XZ（正面图）按钮，工作平面将设置在XZ平面上；按下YZ（侧面图）按钮，工作平面将设置在YZ平面上；按下视图按钮，工作平面将设置为三维视图；按下自动按钮，软件将根据所使用的工具自动设置工作平面，但笔者并不建议选择自动，因为选择自动后，随着作图的进行，网格平面会随之发生偏转。设定好工作平面后可紧接着设定工作平面的“偏移”距离，同时对“网格间距”及主网格线分格（软件中翻译为“每段干线”）进行设定。

① 打开FreeCAD，点击新建文件，工作台选择Draft，工作平面设置为XY，视图选择“轴测图”；点击“圆”图标，在绘图区域中绘制一个圆，见图6-109。

② 点击“设置工作平面”图标Top，进入“选择平面”对话框，在“偏移”对话框中输入10mm，点击XY（上面图）按钮，见图6-110，则自动关闭“选择平面”对话框，并将工作

图6-109 绘制一个圆

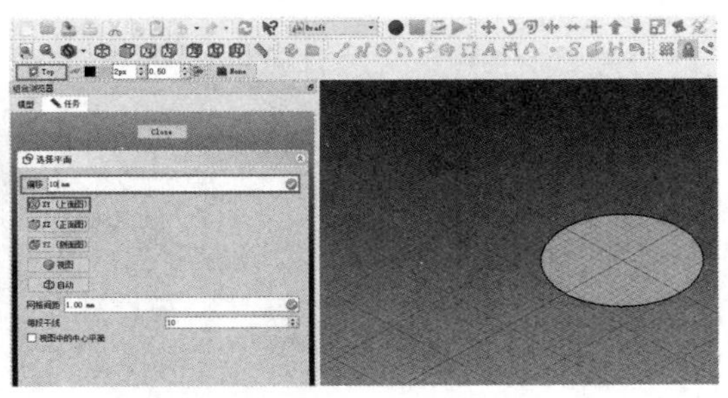

图6-110 将工作平面的高度提升10mm

平面提升10mm，同时工作平面图标由Top变为Top + 10.0；按“Shift+鼠标右键”旋转可观察到工作平面与已绘制的圆分离，见图6-111。

③ 点击“圆”图标，圆心坐标中输入（0，0，10），半径输入10mm，可在提升后的工作平面上绘制另一个圆，见图6-112。

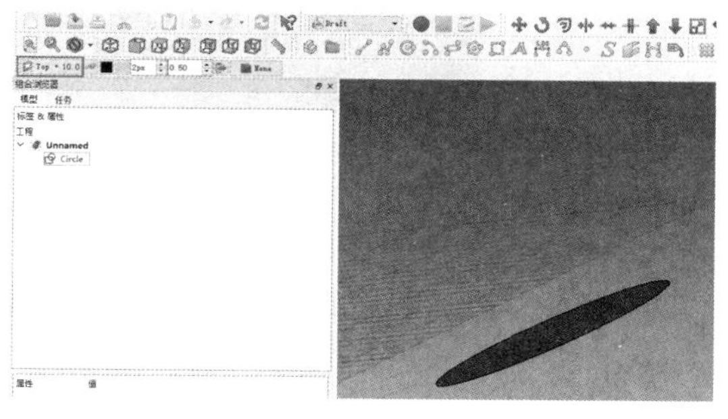

图6-111 工作平面与已绘制的圆分离

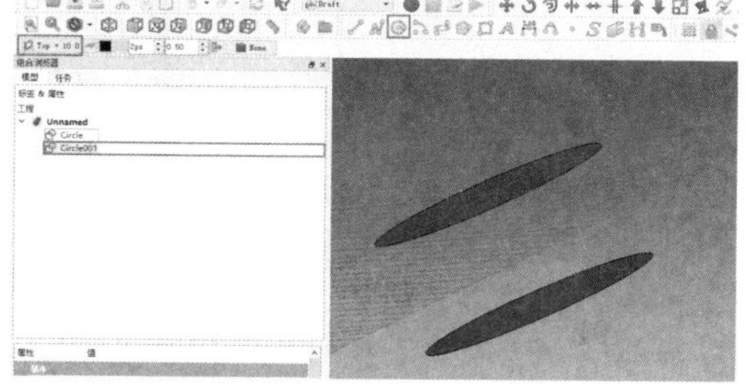

图6-112 在工作平面上绘制另一个圆

④ 点击“设置工作平面”图标Top + 10.0，进入“选择平面”对话框，点击XZ（正面图）按钮，则自动关闭“选择平面”对话框，工作平面由Top + 10.0变为Front + 10.0；点击“矩形”图标，可在绘图区域上绘制一个矩形，见图6-113。

⑤ 点击“设置工作平面”图标Front + 10.0，进入“选择平面”对话框，点击YZ（侧面图）按钮，则自动关闭“选择平面”对话框，工作平面由Front + 10.0变为Side + 10.0；点击“正多边形”图标，可在绘图区域上绘制一个三角形，见图6-114，可见圆、矩形和三角形分属于不同的工作平面，各个工作平面之间的夹角均为90°。

图6-113 更改工作平面并绘制一个矩形

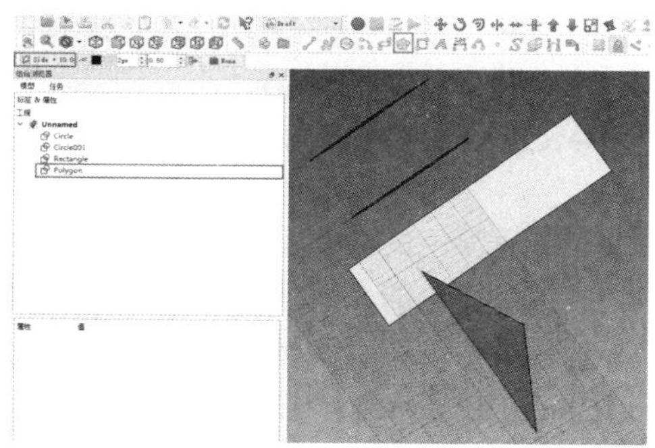

图6-114 再次更改工作平面并绘制三角形

6.4.2 辅助线模式

辅助线模式的图标为，点击该图标后可由正常模式进入辅助线模式，再次点击该图标可退出辅助线模式重新进入正常模式。进入辅助线模式后可绘制各种辅助的线条或图形，颜色为蓝色，这些辅助的线条有利于正常模式下几何图形的绘制；当整个几何图形绘制完成后不再需要辅助的线条时，可隐藏或删除之。

① 打开FreeCAD，点击新建文件，工作台选择Draft，工作平面设置为XY，视图选择“轴测图”；点击“辅助线模式”图标，可在绘图区域中绘制各种辅助的线条或图形，但线条或图形的颜色为蓝色，见图6-115，同时左侧模型模块中出现 > Construction 图

图6-115　辅助线模式下的线条及图形

标，点击其左侧的小箭头可见各种辅助的线条及图形均在 Construction 图标下。

② 再次点击“辅助线模式”图标，可切换到正常模式下；点击“线段”图标和“端点捕捉”图标，移动鼠标至空白区域点击，先确定线段的第一个端点，再移动鼠标至辅助线条的端点附近，这时鼠标指针变为白色十字，同时旁边出现“端点捕捉”图标，点击可使线段的第二个端点与辅助线条的端点重合，见图6-116，正常模式下的线条颜色为黑色。

③ 绘制完成后点击选中左侧模型模块中 Construction 图标下的线条和图形，按下空格键可隐藏辅助线模式下的对象，按下“Delete”键或右键选择“删除”可删除相应的对象，见图6-117。

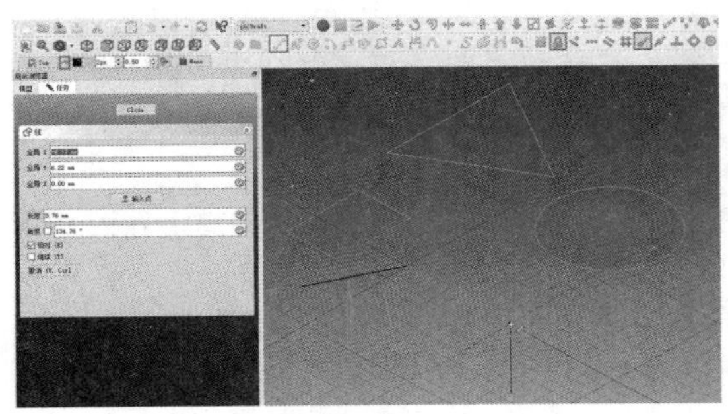

图6-116　切换至正常模式下的线条

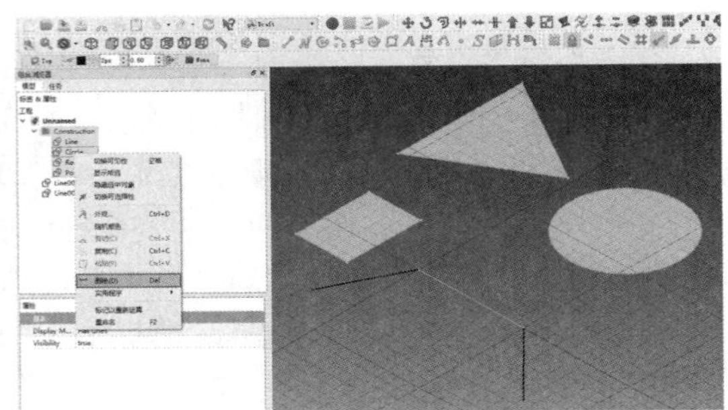

图6-117　删除辅助线模式下的线条及图形

6.4.3 线条颜色和填充颜色

线条颜色的图标为■，点击该图标后可选择线条的颜色，见图6-118，点击“OK”完成；填充颜色的图标为■，点击该图标后可选择填充的颜色，见图6-119，点击“OK”完成。更改线条颜色和填充颜色的方法有两种：第一种，先选择线条颜色和填充颜色，再绘制各种线条及图形，颜色均为所选择的颜色；第二种，先绘制图形，再选中相应的对象（可直接在绘图区域中点击选中，也可在左侧模型模块中点击选中），更改其线条颜色和填充颜色，则只有选中对象的线条颜色和填充颜色发生改变。

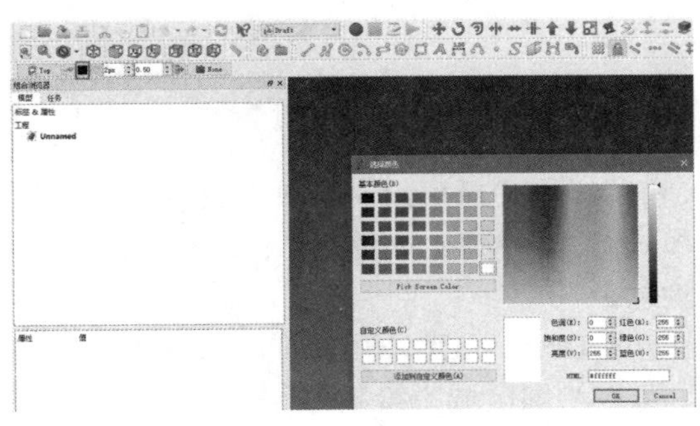

图6-118　更改线条颜色

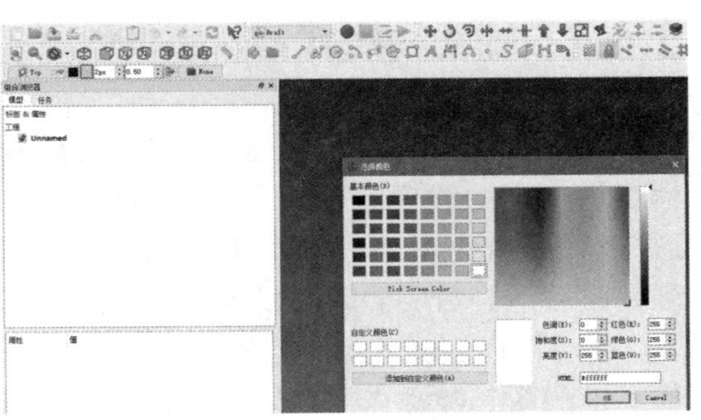

图6-119　更改填充颜色

注意

线条颜色和填充颜色更改完成后，图6-118和图6-119中左上角的颜色矩形方框内，相应的“线条颜色”图标和“填充颜色”图标的颜色也会改变成所选择的颜色。

6.4.4 当前线宽和当前字号

可在“当前线宽”2px中输入合适的数值以设定线宽；可在“当前字号”0.50中输入对应的数值以设定字号的大小，见图6-120。

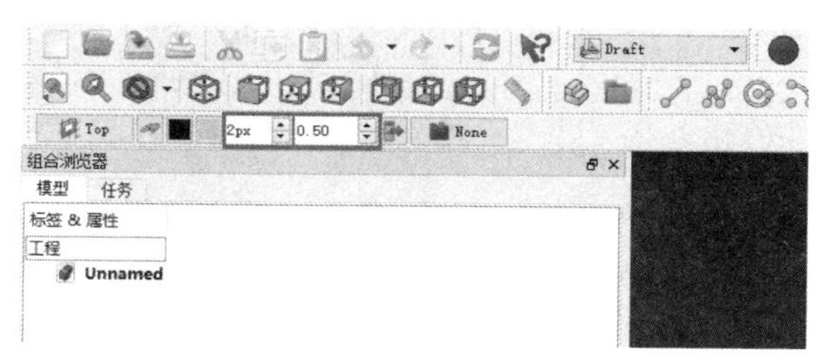

图6-120 更改当前线宽和当前字号

6.4.5 应用于选中对象

应用于选中对象的图标为，功能为将设定好的线条颜色、填充颜色、当前线宽和当前字号应用于选中对象。

① 打开6.2.9节中的FreeCAD文件，见图6-121。

② 将“线条颜色”更改为黄颜色；将“填充颜色”更改为绿颜色；将“当前线宽”更改为5px；将“当前字号”更改为1.5；在左侧模型模块中按住“Ctrl”键点击选中 Polygon 和 Dimension 图标，两个对象的颜色变绿，点击“应用于选中对象”图标，则这两个对象中的线条颜色、填充颜色、当前线宽和当前字号均按设定的颜色和数值改变特征，见图6-122。

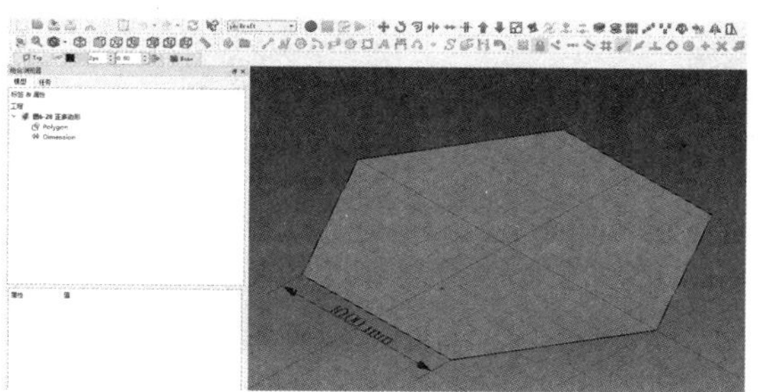

图6-121 打开示例文件

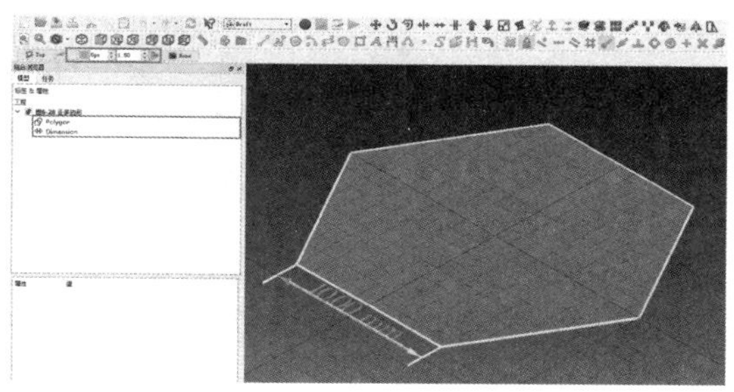

图6-122 颜色、线宽和字号均按要求发生改变

注意

也可先选中 Polygon 和 Dimension 这两个对象，再更改线条颜色、填充颜色、当前线宽和当前字号，此时无需点击“应用于选中对象”图标，两个对象也能按设定的颜色和数值改变特征。

6.4.6 自动分组

自动分组的图标为 None，功能为选择相应的组，并将随后创建的新对象移动到相应的组中。

① 打开FreeCAD，点击新建文件，工作台选择Draft，工作平面设置为XY，视图选择“轴测图”；点击“辅助线模式”图标，可在绘图区域中绘制各种辅助的线条或图形，但线条或图形的颜色为蓝色，见图6-123中的圆和矩形，同时左侧模型模块中出现 Construction 图标，点击其左侧的小箭头可见各种辅助的线条及图形。

② 点击“自动分组”图标 None，出现“None”和相应的组选项，见图6-124，选择其中的一个组。

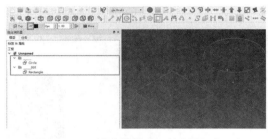

图6-123　辅助线模式下绘制圆和矩形

图6-124　选择相应的组

③ 继续绘制各种线条或图形，则所绘制的对象出现在其他图标下，见图6-125。

④ 选中其中任意一个对象，点击“右键/实用程序/移动到组”，见图6-126，在弹出的对话框中选择相应的组，则任意对象被移动到相应的组中。

⑤ 再次点击“辅助线模式”图标，可切换到正常模式下；点击“自动分组”图标，选择“None”，关闭自动分组。

图6-125　绘制椭圆和圆弧

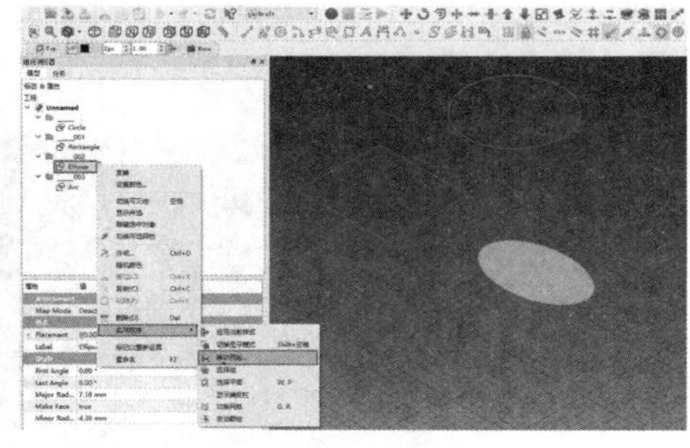

图6-126　选中对象右键实用程序移动到组

6.5 综合实例

6.5.1 绘制某零件的二维图形并标注尺寸

① 打开FreeCAD，点击新建文件，工作台选择Draft，工作平面设置为XY，视图选择“俯视图”，见图6-127。

② 点击“矩形”图标，输入矩形第一个点的坐标（−20，−20，0），紧接着输入矩形第二个点的坐标（20，20，0），不要在“相对”及“填充”复选框中打钩，见图6-128。

图6-127 工作平面设置为XY视图为俯视图

图6-128 画出一个矩形

③ 点击“圆”的图标，输入圆心坐标（0，0，0），半径输入10mm，不要在“填充”复选框中打钩，见图6-129。

④ 点击“圆”的图标，勾选“继续”复选框，第一个圆心坐标为（15，15，0），半径输入3mm；第二个圆心坐标为（−15，15，0），半径输入3mm；第三个圆心坐标为（−15，−15，0），半径输入3mm；第四个圆心坐标为（15，−15，0），半径输入3mm；点击“Close”关闭，见图6-130。

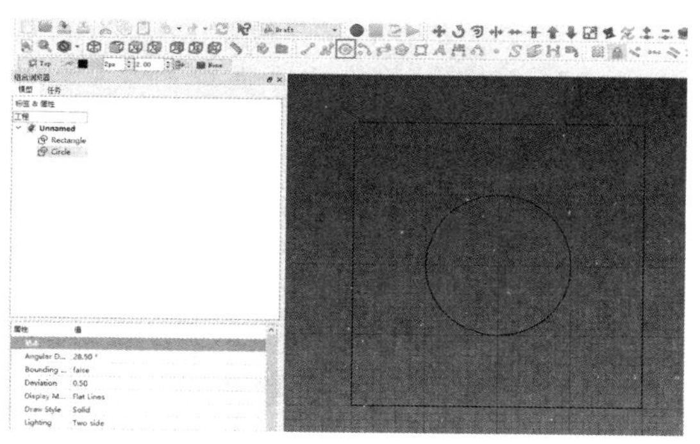
图6-129 画出一个圆形

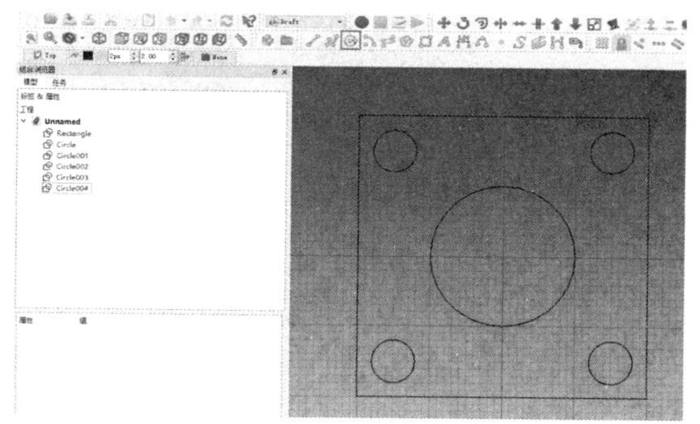
图6-130 画出四个小圆

⑤ 点击“端点捕捉”图标，使端点捕捉功能处于打开状态，其余所有特征捕捉功能处于待命状态；点击“尺寸标注”图标，先点击线段左侧端点，再点击线段右侧端点，可测量出线段的长度（如果先点击右侧端点，再点击左侧端点，则长度数字方向颠倒），见图6-131。

⑥ 点击属性模块的“视图”按钮，更改“Arrow Size”为0.5mm，“Arrow Type”为“Arrow”，“Font Size”为2mm，更改完成后选择菜单栏“编辑/偏好设定/Draft/文字和尺寸”，将“文本设置”和“尺寸设置”中的“字体大小”、“箭头样式”和“箭头大小”更改成与属性模块“视图”按钮中同样的参数和数值，见图6-132，点击“Apply”和“OK”后命名并关闭FreeCAD软件，重新打开该文件并进行标注时，所有的尺寸标注的属性均为先前设定的统一样式。

⑦ 对大圆直径进行尺寸标注；对小圆半径进行尺寸标注时按下“Shift”键，则直径改为半径；小圆半径标注完成后，在“Override”属性内容前可输入“4*”字样，则属性值更改为“4*R $dim”，代表4个相同的圆，“Arrow Type”更改为“Tick-2”，见图6-133。

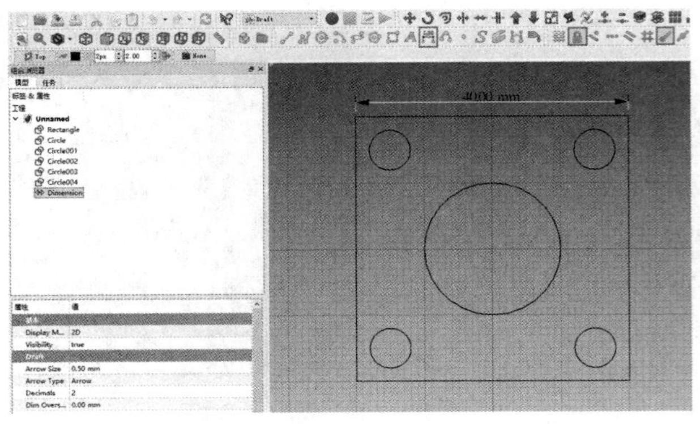

图6-131　标注尺寸

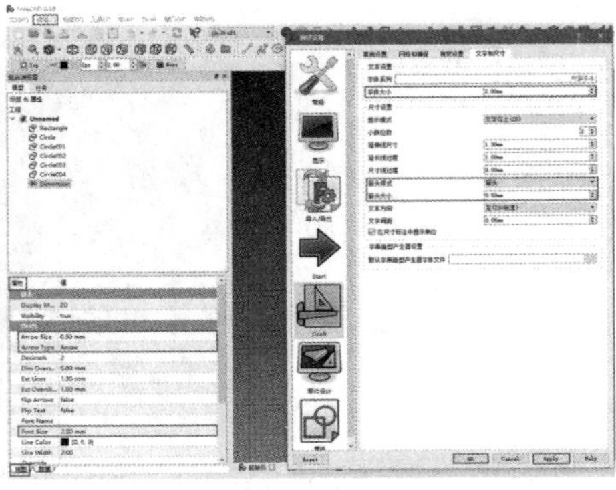

图6-132　设置统一的尺寸标注格式

⑧ 点击“圆心捕捉”图标，使圆心捕捉功能处于打开状态，其余所有特征捕捉功能处于待命状态；点击“尺寸标注”图标，标注两个圆心之间的距离，见图6-134，绘制完成。

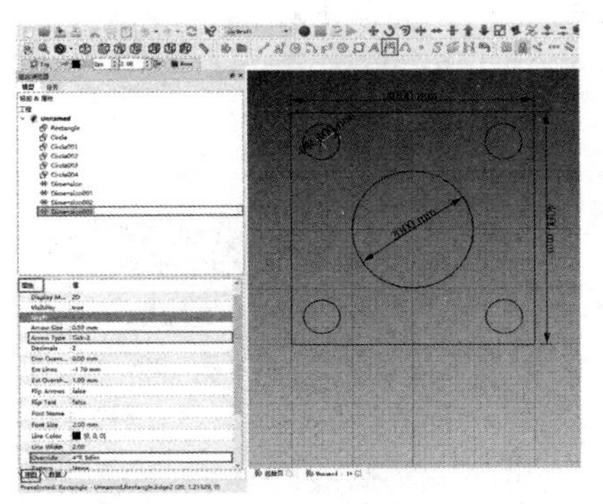

图6-133　标注其他尺寸

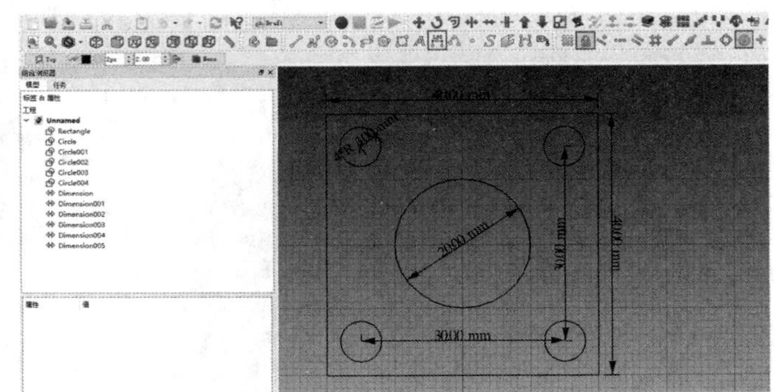

图6-134　标注圆心之间的距离

6.5.2　构建某零件的三维模型

① 打开6.5.1节中的FreeCAD文件，工作台选择Draft，工作平面设置为XY，视图选择“轴测图”，在左侧模型模块中选中所有“Dimension”图标，按下空格键隐藏，见图6-135。

② 工作台切换到Part，在左侧模型模块中选中 Rectangle 图标，绘图区域中矩形的颜色变绿，点击“拉伸”图标，“方向”选择“沿法向”，“长度”选择10mm，点击“OK”退出，即将矩形拉伸为长方体，左侧模型模块中出现 Extrude 图标，点击选择“线框模式”图标，见图6-136。

③ 在左侧模型模块中选中 Circle 图标，绘图区域中大圆的颜色变绿，点击属性的“数据”按钮，双击“Placement/位置”，将z的数值由0改为5mm，可观察到大圆的位置逐渐升高，见图6-137。

④ 在左侧模型模块中选中 Circle 图标，绘图区域中大圆的颜色变绿，点击“拉伸”图标，方向选择“沿法向”，“长度”选择10mm，点击“OK”退出，即将大圆拉伸为大圆柱体，左侧模型模块中出现 Extrude001 图标，见图6-138。

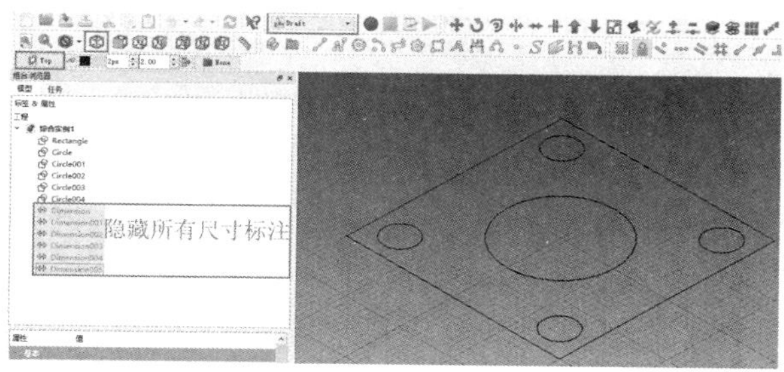

图6-135　打开已有文件隐藏所有尺寸标注

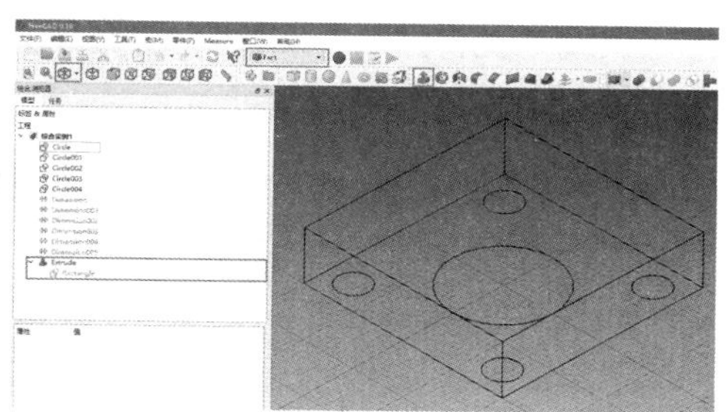

图6-136　将矩形拉伸为长方体

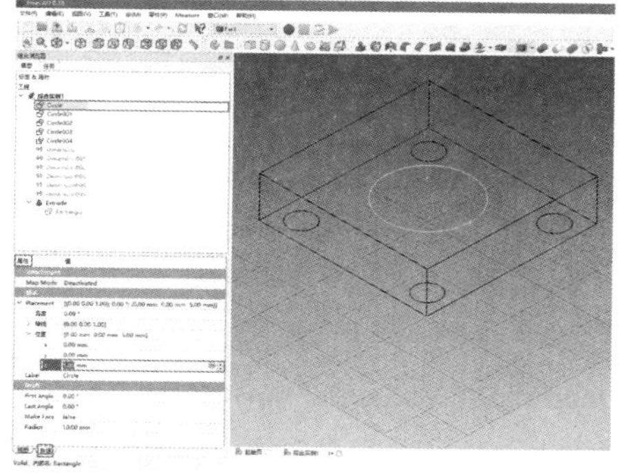

图6-137　将大圆的z值更改为5mm

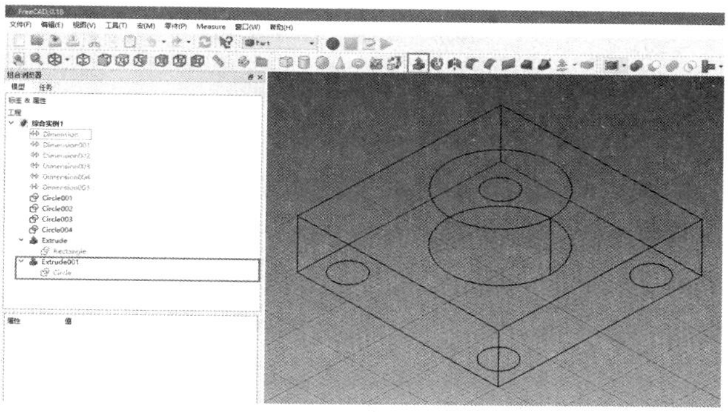

图6-138　将大圆拉伸为大圆柱体

⑤ 选中左侧模型模块中的四个小圆图标，绘图区域中的四个小圆颜色变绿，点击“拉伸”图标，“方向”选择“沿法向”，“长度”选择10mm，点击“OK”退出，即将四个小圆拉伸为四个小圆柱体，左侧模型模块中出现四个拉伸图标，见图6-139；点击选择“带边着色模式”图标，见图6-140。

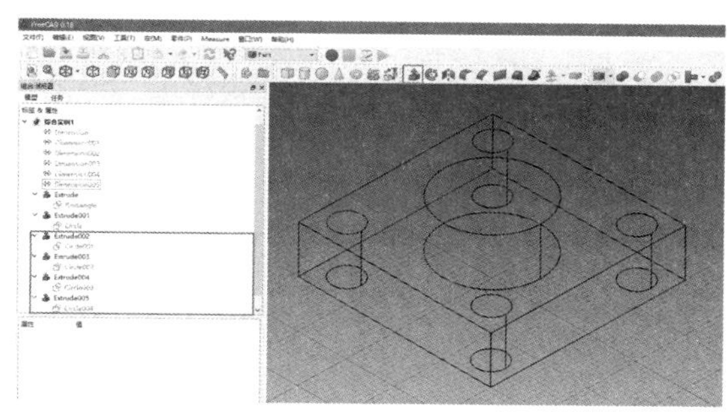

图6-139　将四个小圆拉伸为四个小圆柱体

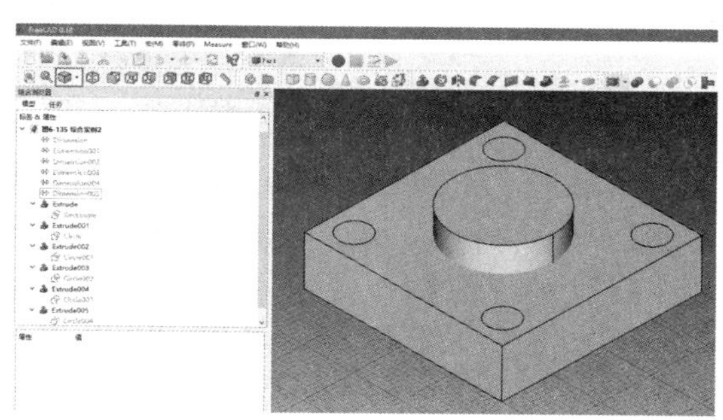

图6-140　选择带边着色模式

⑥ 选中左侧模型模块中的 Extrude 图标，再按住“Ctrl”键选中 Extrude001 图标，点击“差集”图标，即将长方体减去大圆柱体，左侧模型模块出现 Cut 图标，见图6-141。

⑦ 选中左侧模型模块中的 Cut 图标，再按住“Ctrl”键选中 Extrude002 图标，点击“差集”图标，左侧模型模块出现 Cut001 图标；选中左侧模型模块中的 Cut001 图标，再按住“Ctrl”键选中 Extrude003 图标，点击“差集”图标，左侧模型模块出现 Cut002 图标；选中左侧模型模块中的 Cut002 图标，再按住“Ctrl”键选中 Extrude004 图标，点击“差集”图标，左侧模型模块出现 Cut003 图标；选中左侧模型模块中的 Cut003 图标，再按住“Ctrl”键选中 Extrude005 图标，点击“差集”图标，左侧模型模块出现 Cut004 图

标；也就是说将四个小圆柱体依次减去，见图6-142。

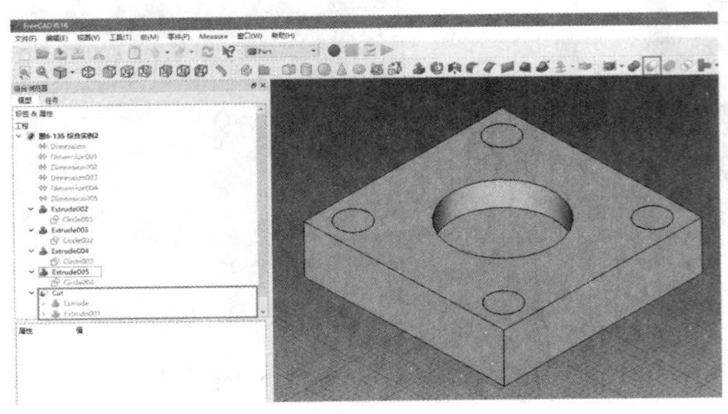

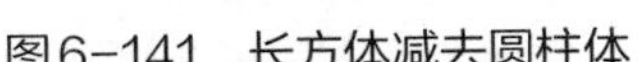
图6-141　长方体减去圆柱体

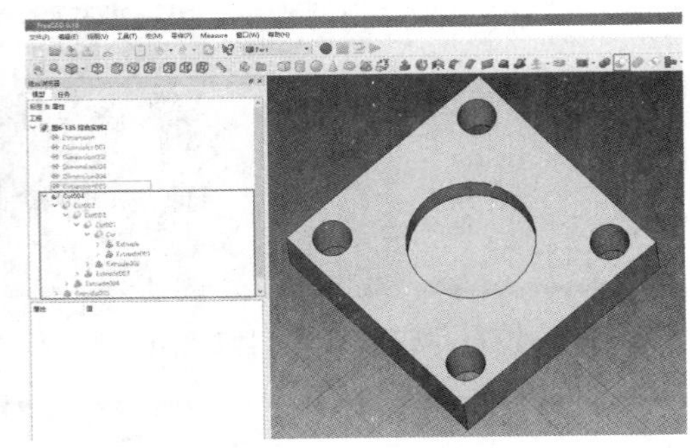
图6-142　依次减去四个小圆柱体

⑧ 工作台切换到Draft，点击“圆”图标，输入圆心坐标（0，0，5），半径输入3mm，在大圆中绘制出一个小圆，点击选中左侧模型模块中的 Circle009 图标，小圆变绿，见图6-143；工作台切换到Part，点击“拉伸”图标，“方向”选择“沿法向”，“长度”选择10mm，点击“OK”退出，即将小圆拉伸为圆柱体，左侧模型模块中出现 Extrude006 图标，见图6-144。

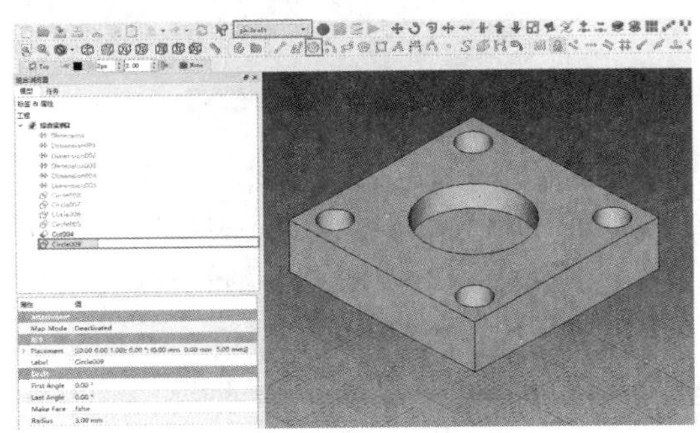
图6-143　在大圆中绘制一个小圆

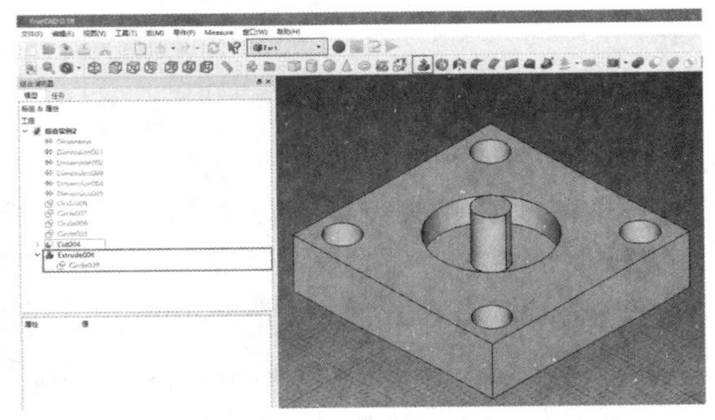
图6-144　将小圆拉伸为圆柱体

⑨ 工作台切换到Draft，选中对象的侧面，侧面的颜色变绿，点击 Top 图标，可将网格移至对象的侧面，见图6-145；点击“圆”图标，在网格区域的中心位置绘制一个圆，点击属性的“数据”按钮，双击“Placement/位置”，将圆心位置更改为（0，−20，5），半径更改为3mm，见图6-146。

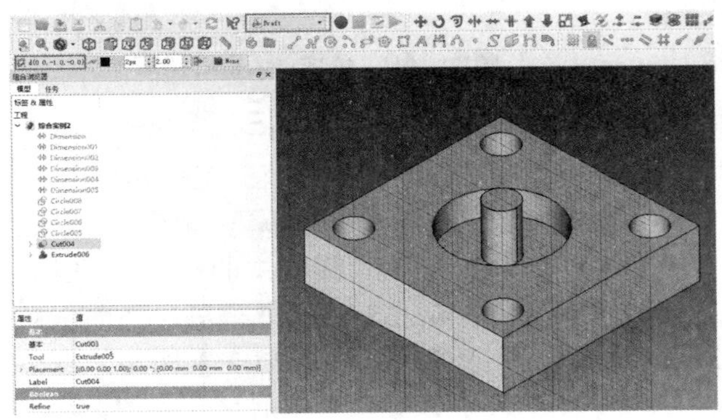
图6-145　将网格移至对象的侧面

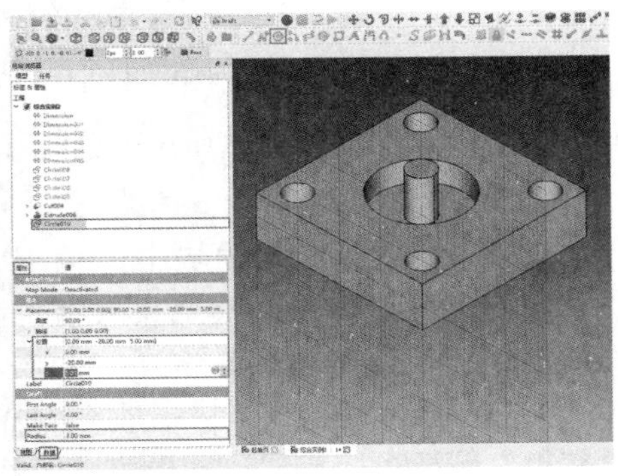
图6-146　在对象的侧面绘制一个圆

⑩ 工作台切换到Part，点击选中左侧模型模块中的 Circle010 图标，小圆的颜色变绿，点击“拉伸”图标，“方向”选择“沿法向”，“长度”选择10mm，点击“OK”退出，即将对象侧面的小圆拉伸为圆柱体，左侧模型模块中出现 Extrude007 图标，见图6-147；点击选中 Extrude007 图标，圆柱体的颜色变绿，点击“镜像”图标，镜像平面选择XZ平面，点击“OK”退出，左侧模型模块出现 Extrude007 (Mirror #1) 图标，见图6-148；工作台切换到Draft，点击“网格开关”图标，将网格关闭，绘制完成，见图6-149。

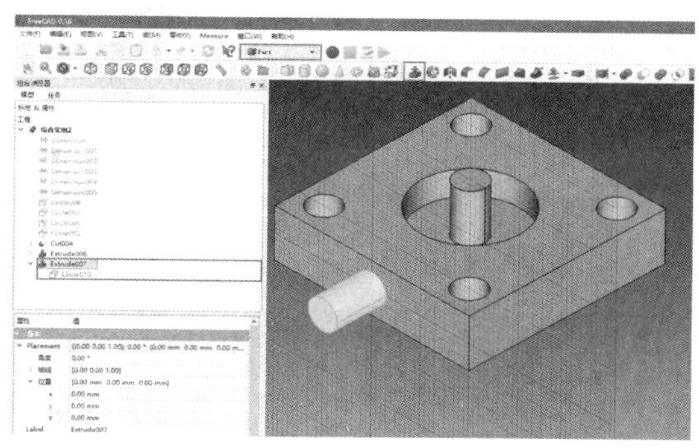

图6-147 在对象侧面将小圆拉伸为小圆柱体

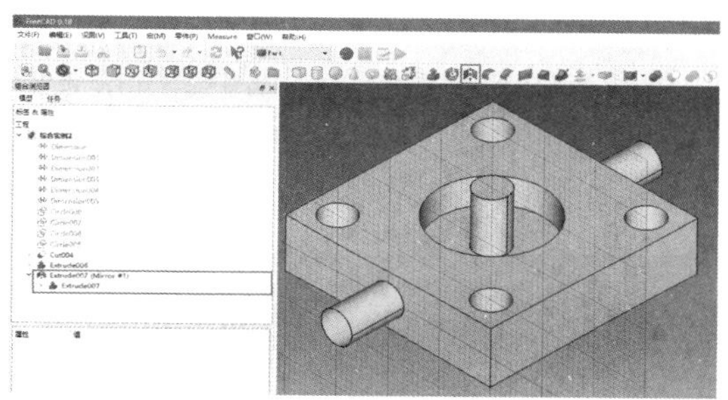

图6-148 对小圆柱体进行镜像操作

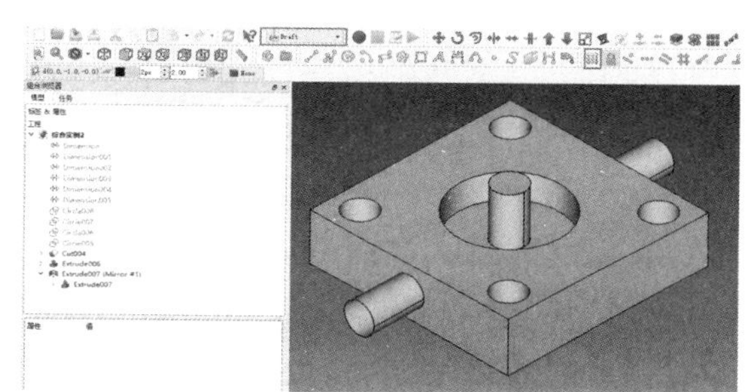

图6-149 关闭网格绘制完成

6.5.3 构建花瓶的三维模型

① 打开FreeCAD，点击新建文件，工作台选择Draft，工作平面设置为XZ，视图选择“正视图”，见图6-150。

② 点击“B样条曲线”图标，绘制出如图6-151的样条曲线；切换到Part工作台，选中左侧模型模块中的 BSpline 图标，B样条曲线的颜色变绿，点击“二维偏移”图标，选择“偏移”为1mm，点击“OK”退出，见图6-152。

③ 切换到Draft工作台，点击“网格捕捉”图标和“端点捕捉”图标，使网格捕

图6-150 工作平面设置为XZ，视图为正视图

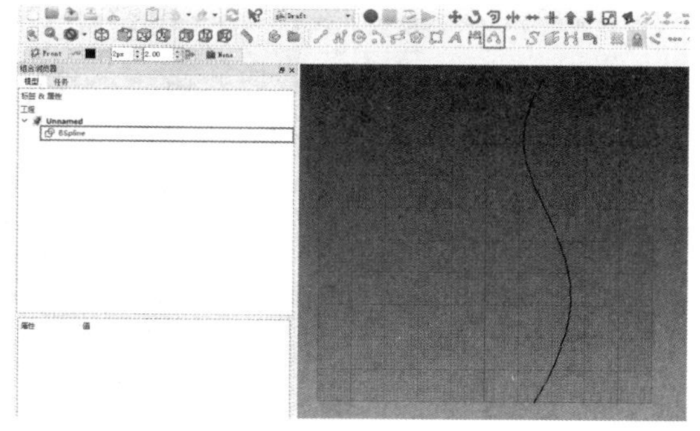

图6-151 绘制B样条曲线

捉功能和端点捕捉功能处于打开状态，其余所有特征捕捉功能处于待命状态；点击“线段”图标，绘制出花瓶外底和内底的半径（内底半径和外底半径之间无连接），并将瓶口的内外壁用线段连接，见图6-153。

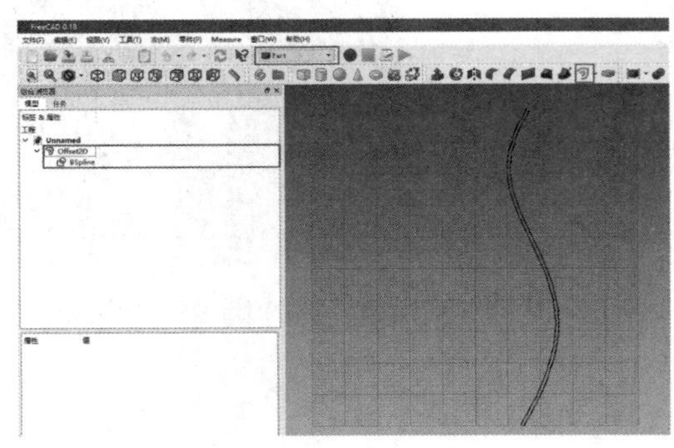
图6-152　将B样条曲线进行二维偏移

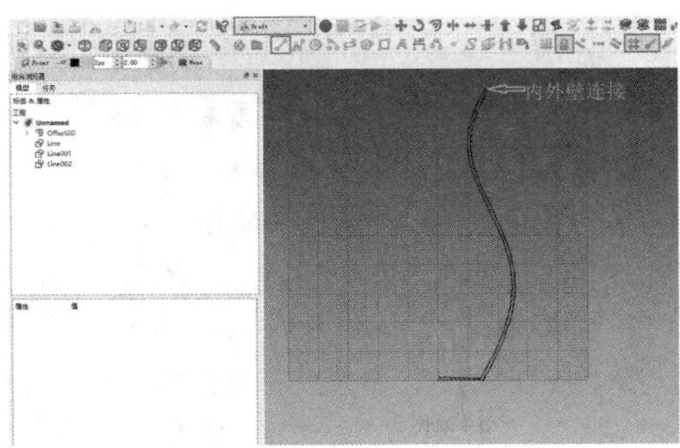

图6-153　绘制内外底半径并连接内外壁

④ 切换到Part工作台，选中左侧模型模块中的所有线条，则绘图区域中所有线条的颜色变绿，见图6-154；点击“旋转”图标，“方向Z”选择为1，其余全部为0，旋转角度为360°，点击“OK”退出，花瓶形状初见端倪，见图6-155。

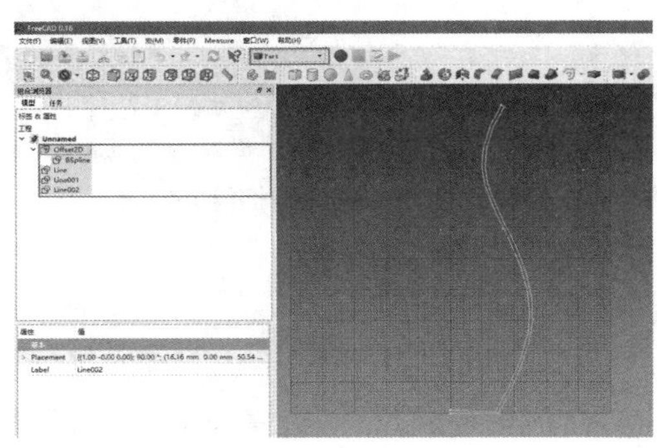
图6-154　选中所有线条

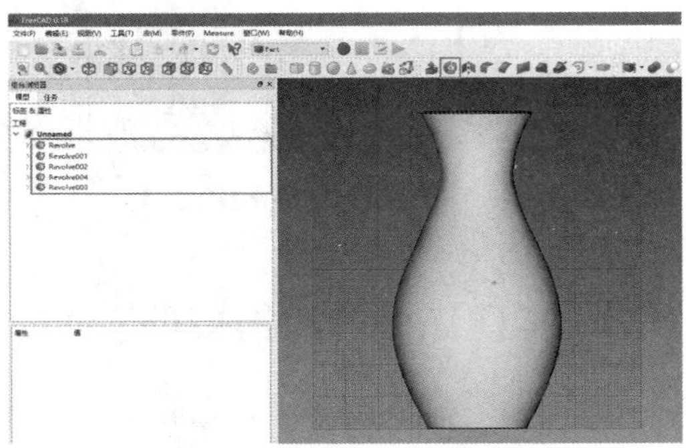
图6-155　花瓶形状初见端倪

⑤ 选中左侧模型模块中的所有“旋转”图标，点击“并集”图标进行合并，左侧模型模块中出现“并集”图标Fusion，见图6-156；工作台切换到Draft，点击“网格开关”图标，将网格关闭。

⑥ 右键点击左侧模型模块中的“并集”图标Fusion，选择“外观”，见图6-157；在

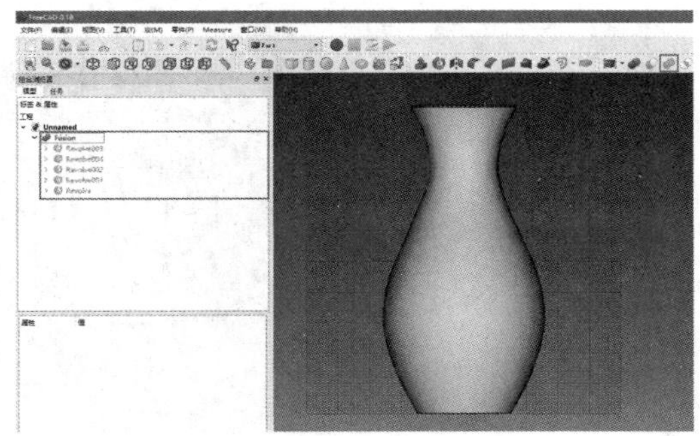
图6-156　合并操作完成

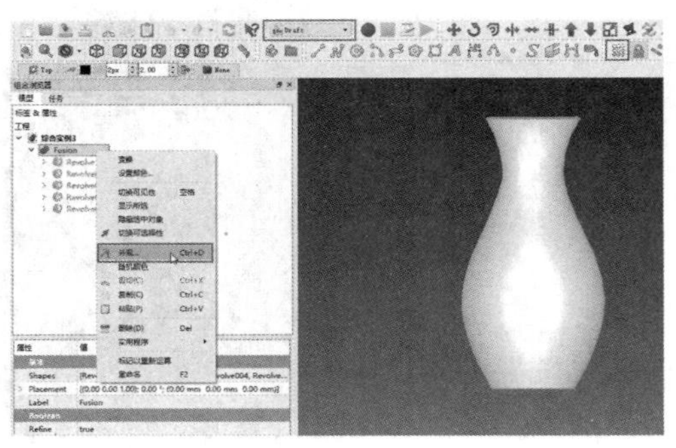
图6-157　右键点击选择外观

"显示属性"对话框中，"文档窗口"选择"Shaded"，"材质"选择"玉"，"透明度"选择10，点击"Close"退出，见图6-158；视图选择"轴测图"，绘制完成，见图6-159。

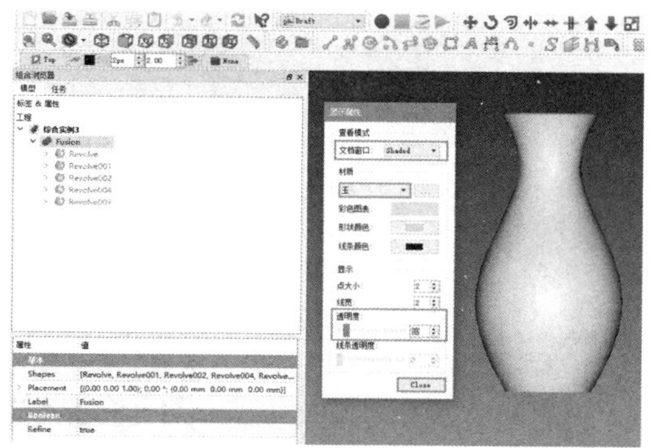

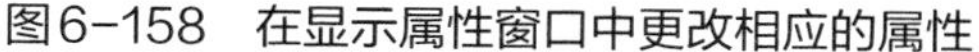
图6-158　在显示属性窗口中更改相应的属性

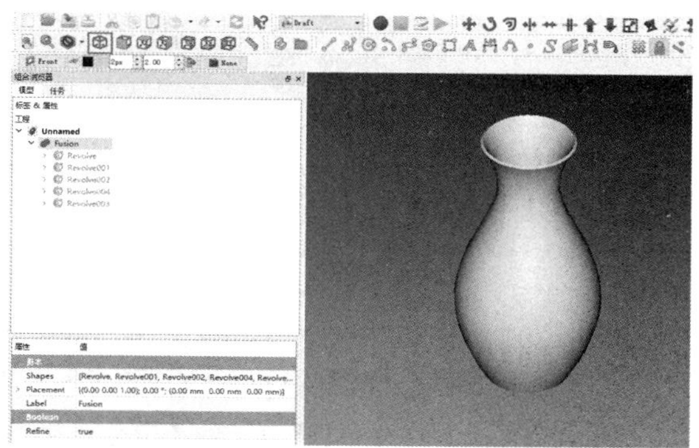

图6-159　花瓶绘制完成

第 7 章

Draft 工作台中对二维图形的各种操作命令

扫码观看
本章视频

上一章主要介绍了Draft工作台中的底图创建工具栏、底图捕捉工具栏和Draft托盘工具栏，本章将主要介绍底图修改工具栏，各命令汇总详见表7-1。

表7-1　Draft工作台中底图修改工具栏命令

底图修改工具栏命令	作用
	移动：将选定的对象从一个基准点移动或复制到另一个基准点
	旋转：将所选定的对象围绕基准点和基线进行旋转
	二维偏移：将选定的对象在工作平面内偏移一定距离
	修剪：可延长或缩短线段，也可将封闭且填充的二维平面拉伸成为立体模型
	拼接：将所选定的多条线条拼接成为一条
	分割：按照线段或折线上指定的点或边进行拆分
	升级：对线段、折线或其他二维对象进行升级或合并
	降级：将立体模型和图形分解成为面和边，也可进行差集操作
	缩放：可将选中的对象进行放大或缩小操作
	编辑：将选中的对象进行图形化编辑
	折线 /B 样条曲线转换：折线与 B 样条曲线相互转换
	添加点：在折线或 B 样条曲线中添加新的控制点
	删除点：在折线或 B 样条曲线中删除已有的控制点

续表

底图修改工具栏命令	作用
	投影：将三维模型的各个视图投影到XY平面上
	底图/草图转换：可将底图对象与草图对象相互转化
	阵列：对二维或三维对象进行正交阵列或极坐标阵列操作
	线阵列：将选中的对象沿着指定的路径进行阵列操作
	点阵列：为将选中的对象布置到指定的点的位置
	克隆：将选中的二维或三维对象复制出一个新的副本
	制图：将选中的对象复制到标准的图纸中
	镜像：创建一个与选中的对象形状相同且对称的副本
	牵引：通过移动部分控制点从而使得对象伸缩变形

7.1 底图修改工具栏

7.1.1 移动

移动的图标为✥，作用是将选定的对象从一个基准点移动或复制到另一基准点。

7.1.1.1 输入坐标法

① 打开FreeCAD，点击新建文件，工作台选择Draft，工作平面设置为XY，视图选择“轴测图”；点击“矩形”图标，在绘图区域中绘制任意两个矩形，点击左侧模型模块中任意一个矩形图标（或者直接在绘图区域中点击任意一个矩形），则该矩形的颜色变绿，见图7-1。

② 点击“移动”图标✥，则在左侧任务栏中出现“移动”对话框，见图7-2；此时可在“移动”对话框中输入第一个基准点的坐标，本例中输入（0，0，0），点击“输入点”按钮，第一个基准点的坐标输入完成；紧接着输入第二个基准点的坐标，此例中输入（10，10，0），不要选中“相对”和“继续”复选框，点击选中“复制”复选框，见图7-3，

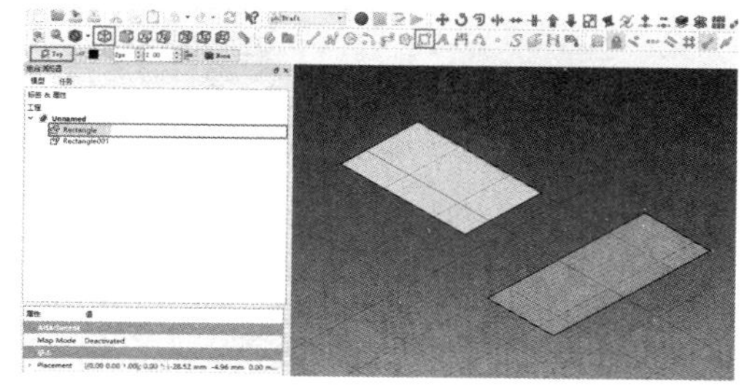
图7-1 绘制任意两个矩形并选中其中的一个

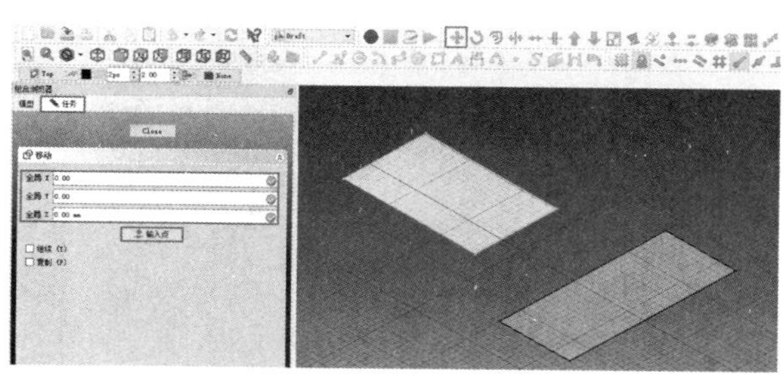
图7-2 输入的第一个基准点的坐标

点击“输入点”按钮![输入点]，则“移动”对话框自动关闭，所选中的矩形被复制，见图7-4。

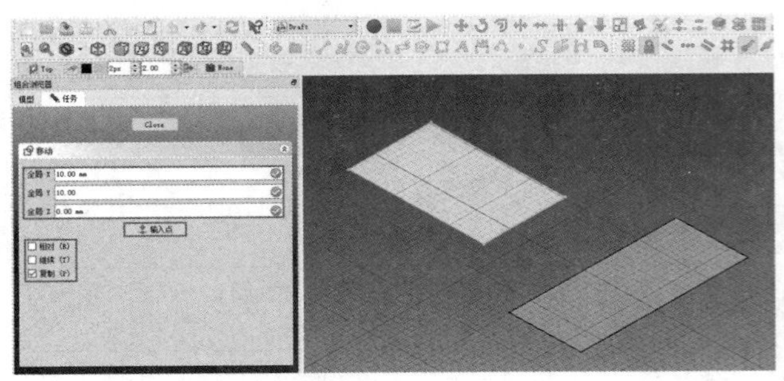

图7-3　输入的第二个基准点的坐标

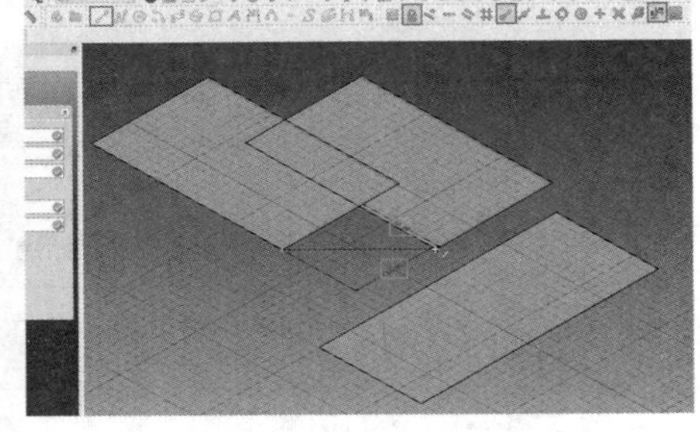

图7-4　显示两个矩形对应顶点之间的距离

③ 测量原矩形与所复制矩形之间的距离，点击“尺寸捕捉”图标和“端点捕捉”图标，使尺寸捕捉功能和端点捕捉功能处于打开状态，其余所有特征捕捉功能处于待命状态；点击“线段”图标，连接原矩形和所复制矩形相应的顶点，显示两个矩形对应顶点之间的横坐标和纵坐标的距离均为10mm，见图7-4。

注意

① 图7-3中假如选中了“相对”复选框，意味着第二个基准点的坐标是对应于第一个基准点的相对坐标，如果没有选中“相对”复选框，则第二个端点的坐标是相对于原点的绝对坐标。

② 如果没有选中“复制”复选框，则只移动，不复制，不保留原矩形。

7.1.1.2　绘图区域捕捉点击法

① 打开FreeCAD，点击新建文件，工作台选择Draft，工作平面设置为XY，视图选择“轴测图”；点击“矩形”图标，在绘图区域中绘制任意两个矩形，点击左侧模型模块中任意一个矩形图标（或者直接在绘图区域中点击任意一个矩形），则该矩形的颜色变绿，见图7-1。

② 点击“移动”图标，则在左侧任务栏中出现“移动”对话框，点击选中“复制”复选框，并点击“端点捕捉”图标，使端点捕捉功能处于打开状态，其余所有特征捕捉功能处于待命状态；移动鼠标至所选矩形的顶点附近，这时鼠标指针变为白色十字，同时旁边出现“端点捕捉”图标，点击可使第一个基准点与矩形的顶点重合，见图7-5。

③ 移动鼠标至第二个矩形对应的顶点附近，鼠标指针变为白色十字，同时旁边出现“端点捕捉”图标，点击可确定第二个基准点，见图7-6，“移动”对话框自动关闭；结果

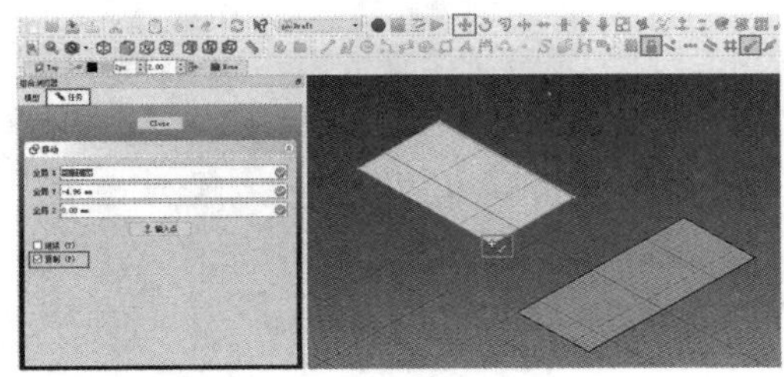

图7-5　点击使矩形的顶点与第一个基准点重合

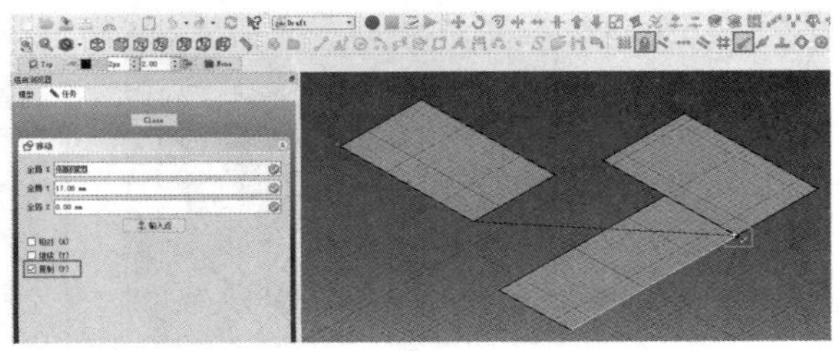

图7-6　移动鼠标点击确定第二个基准点

为第一个矩形被复制，所复制的矩形与第二个矩形连接在一起。

注意

① 图7-5中，如果点击选中了“继续”复选框，点击第二个基准点后，此时并不会自动退出“移动”对话框，而是重新进入新的“移动”对话框，可继续点击第一个基准点，再点击第二个基准点，重复进行复制，省去了退出后重新点击“移动”图标✥的步骤，见图7-7和图7-8；图7-5中，如果只点击选中了“继续”复选框，没有选中“复制”复选框，则只能进行重复的移动，而不能进行重复的复制。

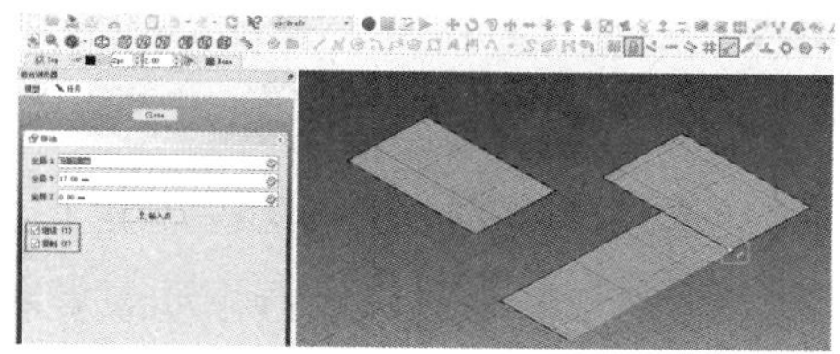

图7-7 完成复制后继续点击第一个基准点

图7-8 继续点击第二个基准点重复进行复制

② 图7-5中，无论是否点击选中“复制”复选框，只要点击确定第一个基准点后，按住“Alt”键，均可切换到复制模式，一直按住“Alt”键，在图7-6中的第二个基准点点击数次，可将第一个矩形复制数次，所复制的数个矩形重叠在一起，可通过点击属性模块的“数据”按钮，双击“Placement/位置”，更改x、y、z的值调整所复制矩形的位置，见图7-9；松开“Alt”键后，自动关闭“移动”对话框，结束复制。

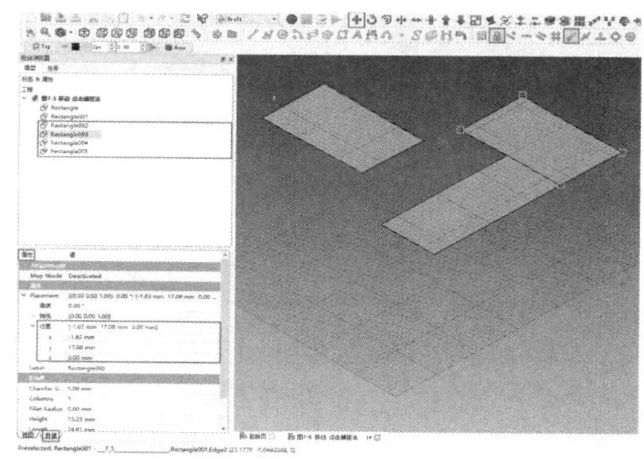

图7-9 按住Alt键也可重复进行复制

③ 图7-5中，点击确定第一个基准点后，按住“Shift”键，则第二个基准点的位置只能限制在相对于第一个基准点的水平线或垂直线上，见图7-10及图7-11。

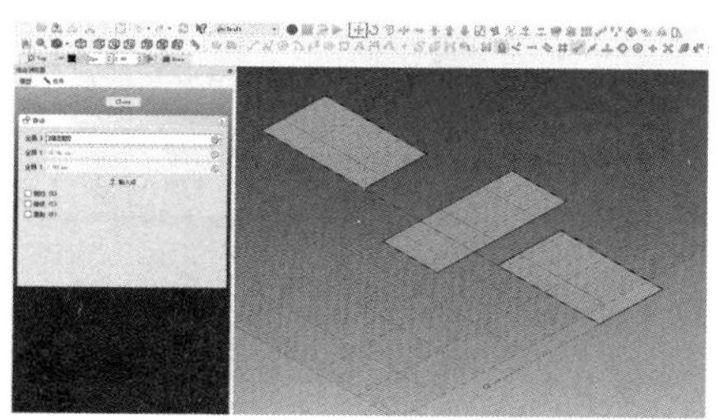

图7-10 按住“Shift”键将基准点限制在水平线上

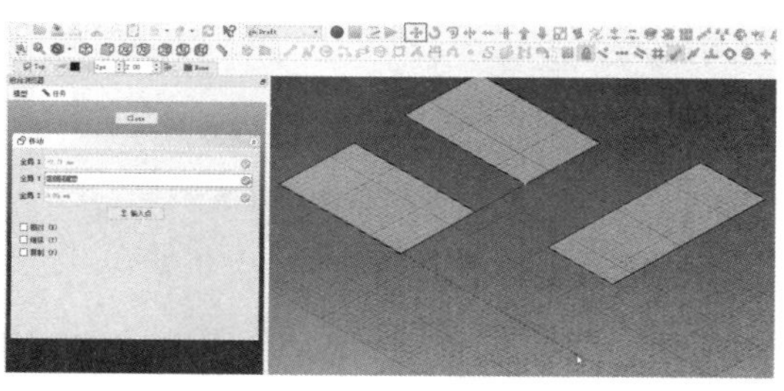

图7-11 按住“Shift”键将基准点限制在垂直线上

④ Part工作台中创建的对象，切换到Draft工作台后，也可通过“移动”命令对其进行移动或复制，见图7-12及图7-13。

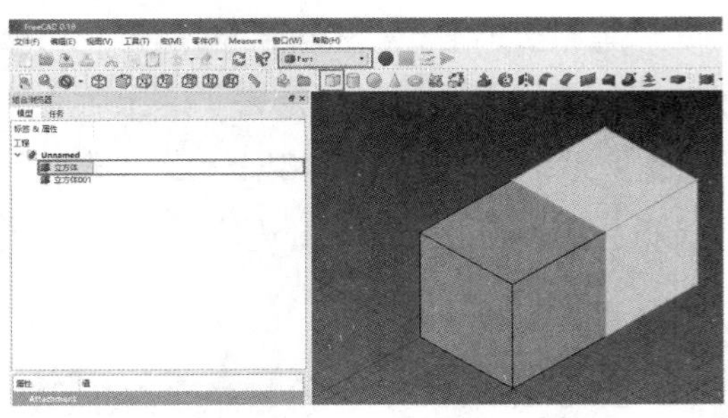

图7-12　Part工作台中创建两个立方体

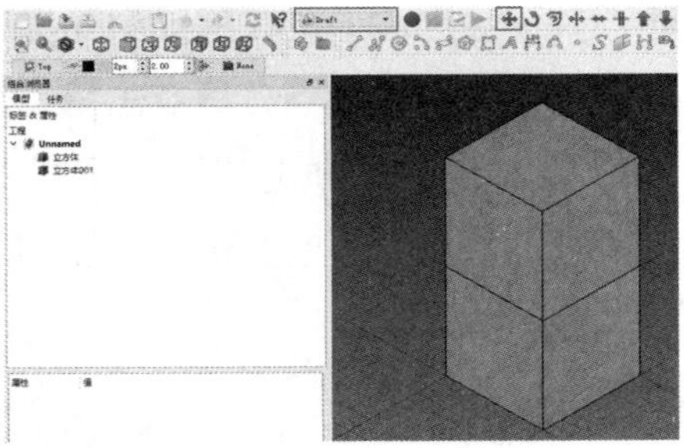

图7-13　Draft工作台中移动立方体

⑤ Part Design工作台中通过增料体（增料立方体、增料圆柱体等）创建的对象，切换到Draft工作台后，也可通过“移动”命令对其进行移动或复制，见图7-14及图7-15。

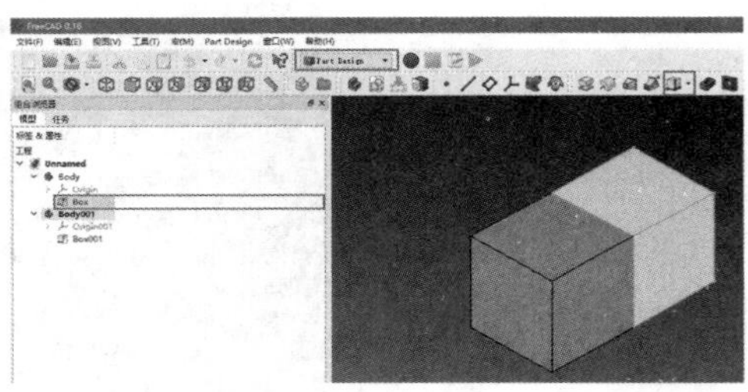

图7-14　Part Design工作台中创建两个增料立方体

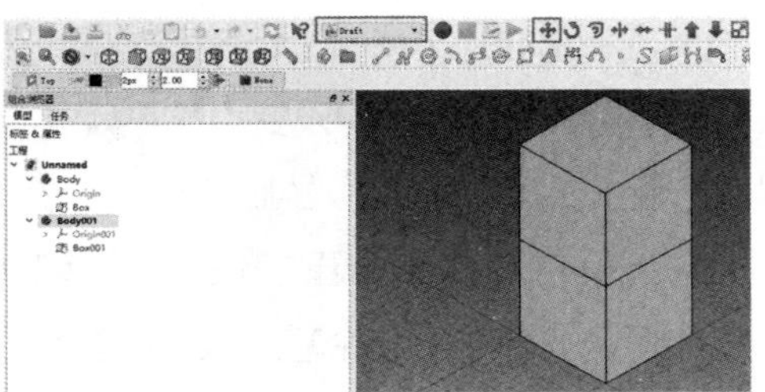

图7-15　Draft工作台中移动增料立方体

⑥ Part Design工作台中通过草图的凸台、旋转等命令创建的三维对象，切换到Draft工作台后，移动时必须点击选中左侧模型模块中的Body图标，否则移动命令无效。

⑦ Part Design工作台中通过创建实体和创建草图所绘制的二维平面图形，切换到Draft工作台后，移动时也必须点击选中左侧模型模块中的Body图标，否则移动命令无效。

7.1.2　旋转

旋转的图标为，作用是将所选定的对象围绕基准点和基线进行旋转，同时也可选择在旋转的同时是否对所选定的对象进行复制。

① 打开FreeCAD，点击新建文件，工作台选择Draft，工作平面设置为XY，视图选择“轴测图”；点击“矩形”图标，在绘图区域中绘制任意一个矩形，点击左侧模型模

块中的矩形图标 Rectangle（或者直接在绘图区域点击该矩形），则该矩形的颜色变绿；点击“端点捕捉”图标，使端点捕捉功能处于打开状态，其余所有特征捕捉功能处于待命状态，见图7-16。

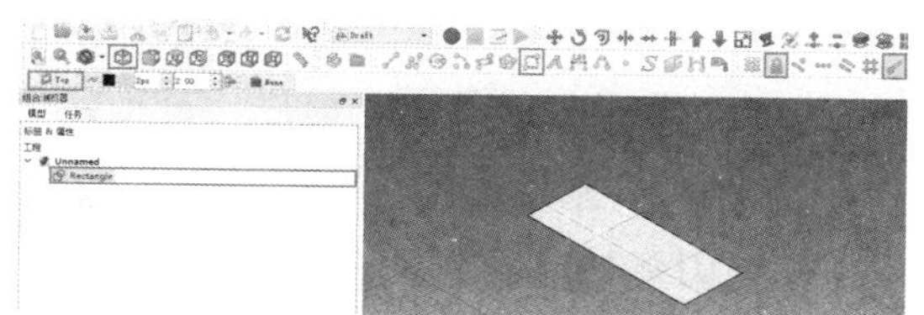
图7-16　Draft工作台中绘制一个矩形

② 点击“旋转”图标，则在左侧任务栏中出现旋转对话框，见图7-17，不要点击选中“继续”和“复制”复选框。此时有两种方法确定旋转的基准点和基线。第一种方法：在旋转对话框中输入第一个基准点的坐标，点击“输入点”按钮 输入点，见图7-17，旋转就以第一个基准点为旋转的中心点；紧接着在绘图区域中通过各种特征点捕捉功能点击确定第二个基准点，两个基准点的连线就是旋转的基线。第二种方法：在绘图区域中通过各种特征捕捉功能，点击确定第一个和第二个基准点，进而两个基准点的连线就是旋转的基线，第一个基准点为旋转的中心点。本例中采用第二种方法，通过“端点捕捉”功能，将矩形右下角的顶点作为第一个基准点，右上角的顶点作为第二个基准点，两个基准点的连线为旋转基线，见图7-18。

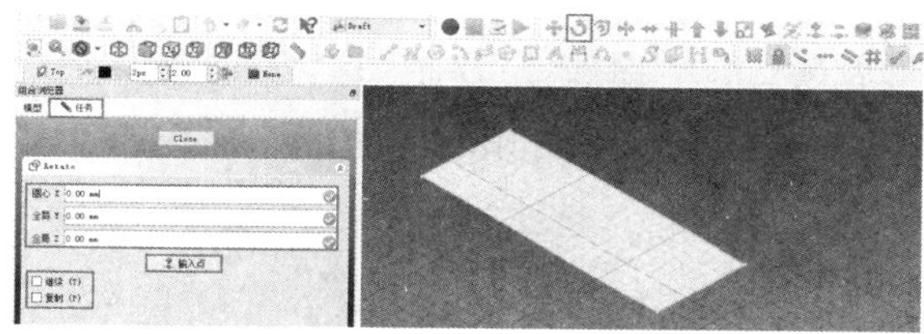
图7-17　输入第一个基准点坐标

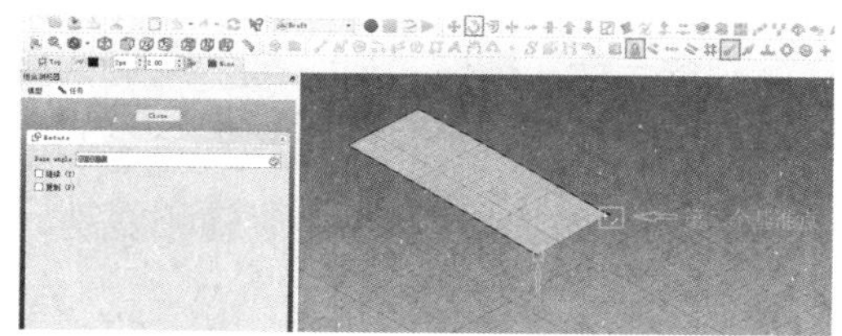
图7-18　确定旋转的基线

③ 旋转角度的确定也有两种方法，第一种方法：可在旋转对话框中输入旋转角度；第二种方法：也可在绘图区域中移动鼠标使基线旋转到合适的位置，点击确定旋转的角度。本例中采用第一种方法，输入旋转的角度为270°，见图7-19。输入旋转角度后按下回车键，旋转对话框自动关闭，旋转完成，见图7-20。

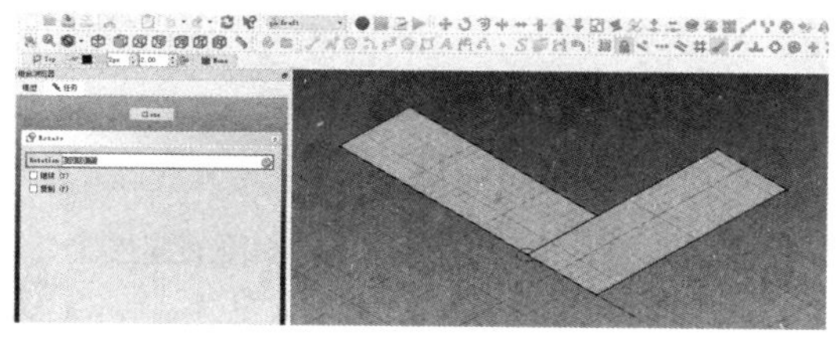
图7-19　输入旋转的角度

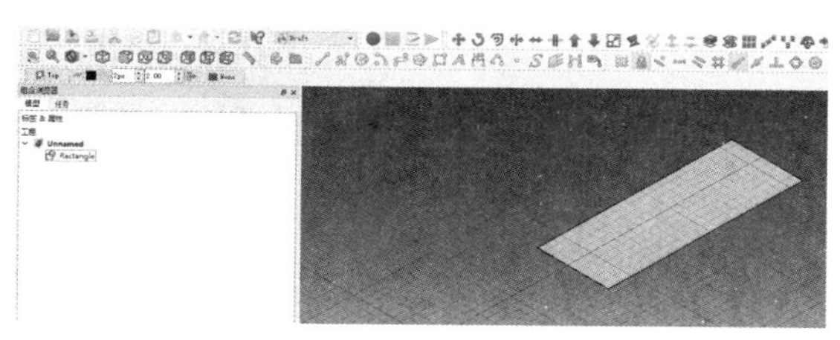
图7-20　旋转完成

注意

① 图7-17中的“复制”复选框含义与“移动”对话框中的“复制”复选框含义相似，如果没有选中“复制”复选框，则只旋转，不复制，不保留原对象；如果选中“复制”复选框，则既旋转，又复制，保留原对象，见图7-21。

② 图7-17中，如果同时点击选中“继续”复选框和“复制”复选框，输入

旋转角度并按下回车键后，并不会自动退出“旋转”对话框，而是重新进入新的“旋转”对话框，可继续点击第一个基准点，再点击第二个基准点，重复进行旋转和复制，省去了退出后重新点击“旋转”图标的步骤，见图7-22；图7-17中，如果只点击选中了“继续”复选框，没有选中“复制”复选框，则只能进行重复的旋转，而不能进行重复的复制。

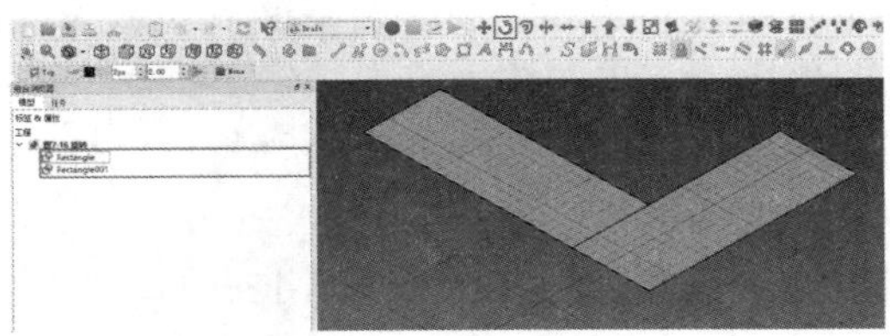

图7-21　选中“复制”复选框则既旋转又复制

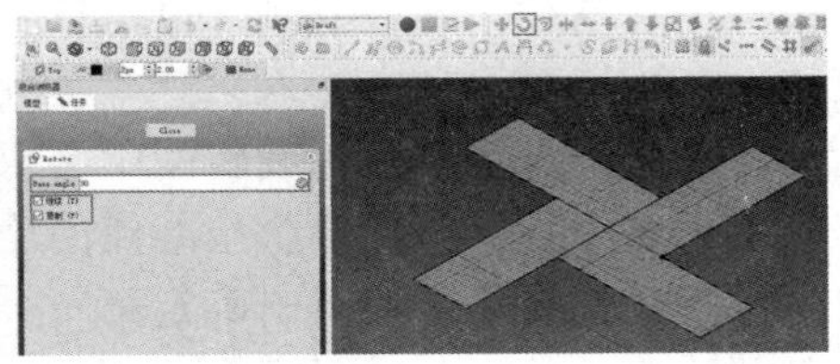

图7-22　选中“继续”和“复制”可重复进行旋转复制

③ 图7-17中，无论是否点击选中“复制”复选框，只要点击确定第二个基准点后，按住“Alt”键，均可切换到复制模式；一直按住“Alt”键，在绘图区域中移动鼠标使基线旋转到合适的位置，点击以确定旋转的角度；之后不断地重复上述步骤，可不断地旋转和复制；松开“Alt”键后，自动关闭旋转对话框，结束复制，见图7-23。

④ 图7-17中，点击确定第二个基准点后，按住“Shift”键，则旋转的角度只能与基线呈90°或者是90°的整数倍数，例如90°、180°、270°等，见图7-24。

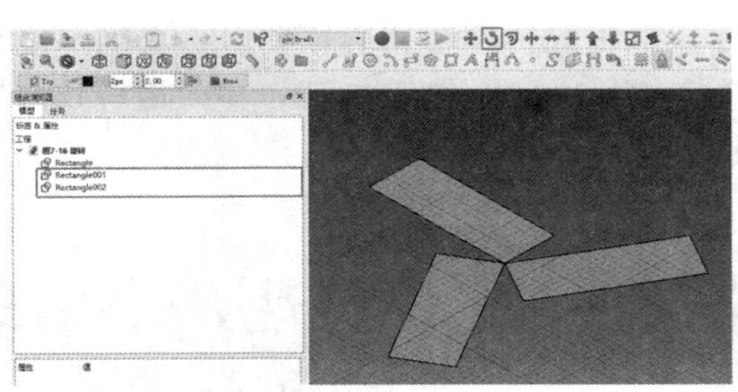

图7-23　按住“Alt”键可重复进行旋转和复制

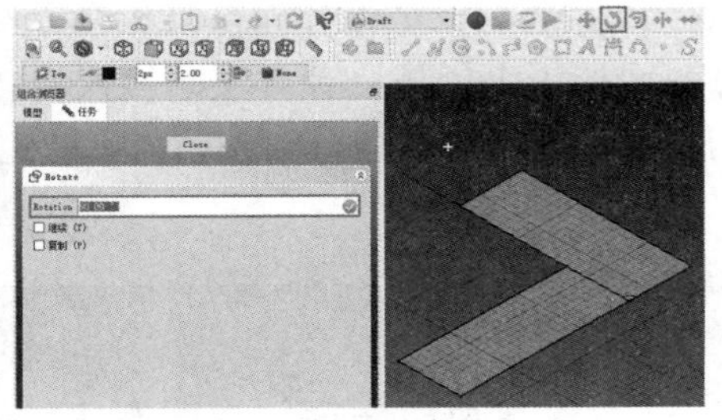

图7-24　按住“Shift”键则旋转角度为90°的整数倍

⑤ Part工作台及Part Design工作台中创建的三维立体对象，切换到Draft工作台后，也可通过“旋转”命令对其进行旋转或复制，但旋转的方向与工作平面有关，选择不同的工作平面，旋转的方向也不相同；图7-25～图7-27中，第一基准点和第二基准点均相同，但工作平面分别为XY平面、XZ平面和YZ平面时，旋转的方向各不相同。

⑥ Part Design工作台中通过草图的凸台、旋转等命令创建的三维对象，切

换到Draft工作台后，旋转时必须点击选中左侧模型模块中的 Body 图标，否则旋转命令无效。

⑦ Part Design工作台中通过创建实体和创建草图所绘制的二维平面图形，切换到Draft工作台后，使用旋转命令无效。

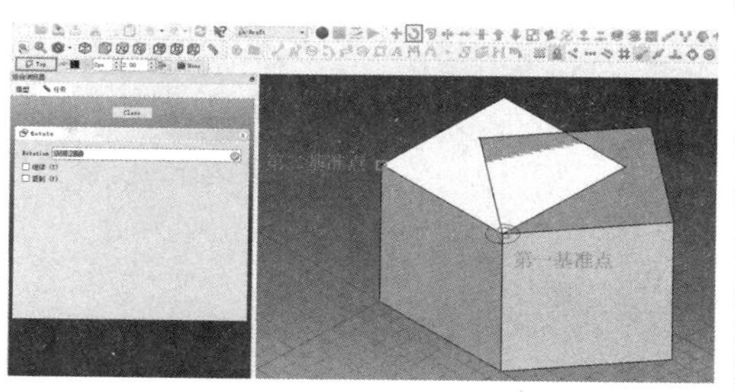

图7-25 XY平面时的旋转方向

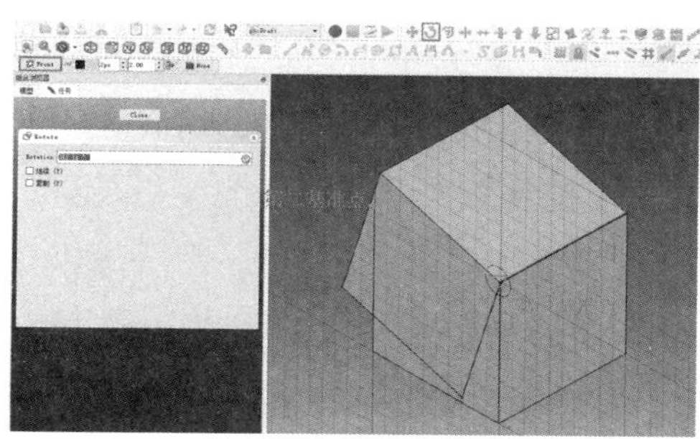
图7-26 XZ平面时的旋转方向

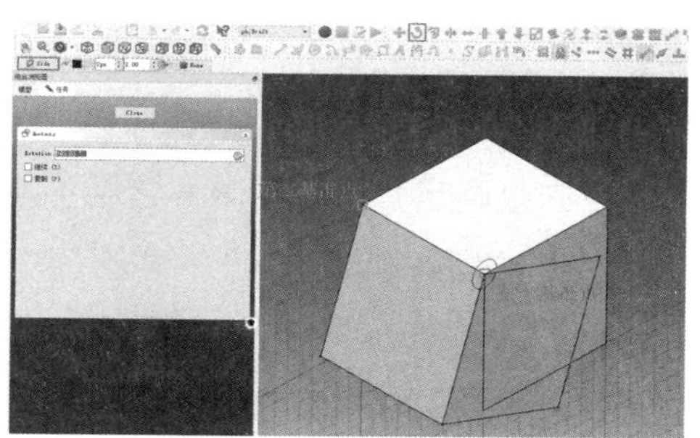
图7-27 YZ平面时的旋转方向

7.1.3 二维偏移

二维偏移的图标为，作用是将选定的对象在工作平面内偏移一定的距离，偏移所形成的对象可以认为是原对象的缩放版。

① 打开FreeCAD，点击新建文件，工作台选择Draft，工作平面设置为XY，视图选择“俯视图”；点击“折线”图标，在绘图区域中绘制任意一条折线，点击选中左侧模型模块中的“折线”图标，则该折线的颜色变绿，见图7-28。

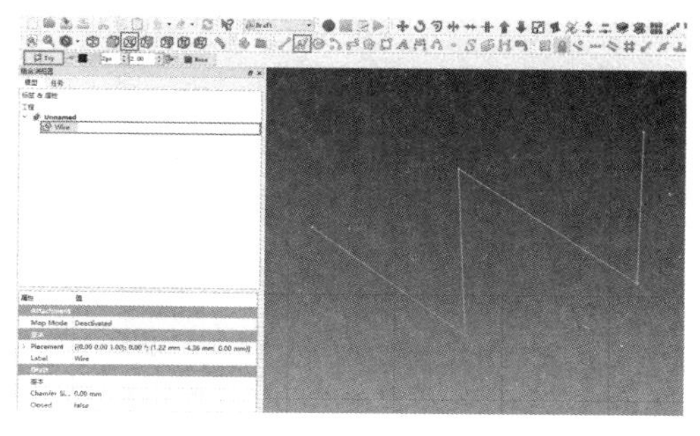
图7-28 Draft工作台中绘制一条折线

② 点击“二维偏移”图标，则在左侧任务栏中出现“偏移”对话框，见图7-29，鼠标移动到折线附近时，鼠标指针变为白色十字，同时与其中一条线段有垂线相交，当移动鼠标靠近折线的另一条线段时，垂线又与另一条线段相交，垂线的长度即代表偏移的距离，可在对话框中输入，也可在绘图区域中点击确定。

③ 如果点击选中了“复制”复选框，则偏移结束后会保留原对象，如果没有选中“复制”复选框，则偏移结束后会删除原对象；如果点击选中“OCC风格偏移”，则会围绕所选定的对象产生一个封闭的形状。

④ 本例中点击选中“复制”复选框，并在“偏移”对话框的“距离”中输入0.5mm，按下回车键后自动退出对话框，见图7-30。

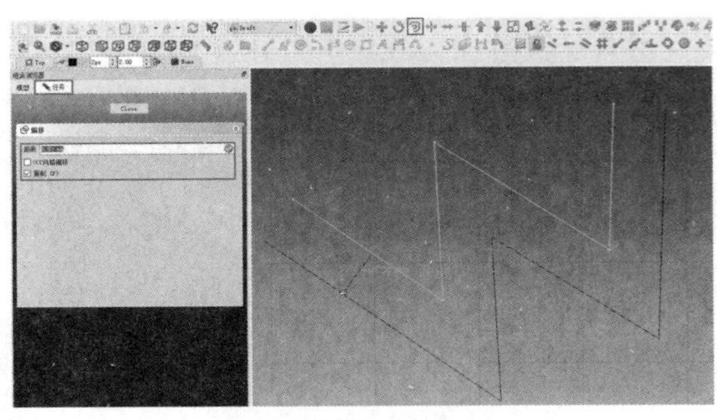

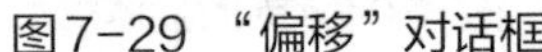

图7-29 “偏移”对话框

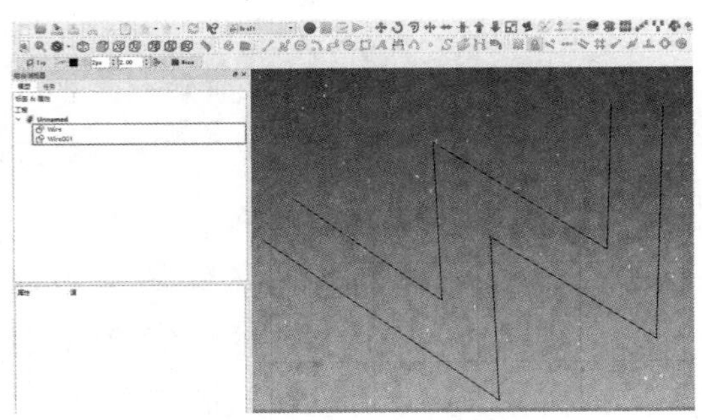

图7-30 偏移完成

注意

① 图7-29中，无论是否点击选中“复制”复选框，只要按住“Alt”键，均可切换到复制模式；一直按住“Alt”键，在绘图区域中移动鼠标到合适的位置，点击以确定偏移的距离；之后不断地重复上述步骤，可不断地偏移和复制；松开“Alt”键后，自动关闭“偏移”对话框，结束复制，见图7-31。

② 点击选中“OCC风格偏移”，则会围绕所选定的对象产生一个封闭的形状，如果同时点击选中“复制”复选框，则会保留已选定的对象，见图7-32。

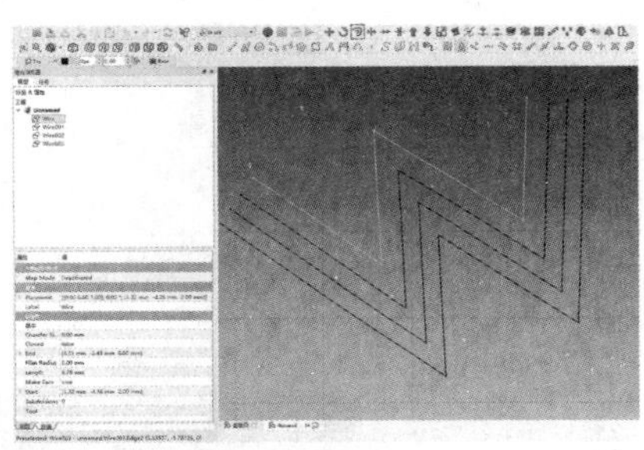

图7-31 按住“Alt”键可重复进行偏移和复制

图7-32 选中“OCC风格偏移”会产生封闭的形状

③ 偏移操作时，鼠标的移动会使垂线与折线中不同的线段相交，此时按住“Shift”键，可使垂线始终保持与当前线段相交，从而避免因鼠标的移动而使垂线与折线中的其他线段相交。

④ 其他对象（例如圆、线段、椭圆、多边形等或者是它们的组合）也可使用偏移命令进行偏移。

7.1.4 修剪

修剪的图标为，作用可分为三种，第一种：延伸，可将线段延长，功能与Sketcher工作台中的延伸命令类似；第二种：修剪，可将线段的长度缩短，功能与Sketcher工作台中的修剪命令类似；第三种：拉伸，可将封闭且填充的二维平面图形拉伸成为三维立体模型，此功能与Part工作台中的拉伸命令和Part Design工作台中的凸台命令类似。

7.1.4.1　延伸

① 打开FreeCAD，点击新建文件，工作台选择Draft，工作平面设置为XY，视图选择“俯视图”；点击“线段”图标，在绘图区域中绘制两条不相交的线段，点击选中左侧模型模块中需要延长的线段图标（或者直接在绘图区域点击该线段），则该线段的颜色变绿，见图7-33。

② 点击“修剪”图标，则在左侧任务栏中出现“修剪”对话框，鼠标沿着需要延长的线段方向移动至两条线段的交点附近时，另一条线段的颜色变为黄色，点击鼠标使两条线段相交，见图7-34，之后“修剪”对话框自动关闭，延伸完成。

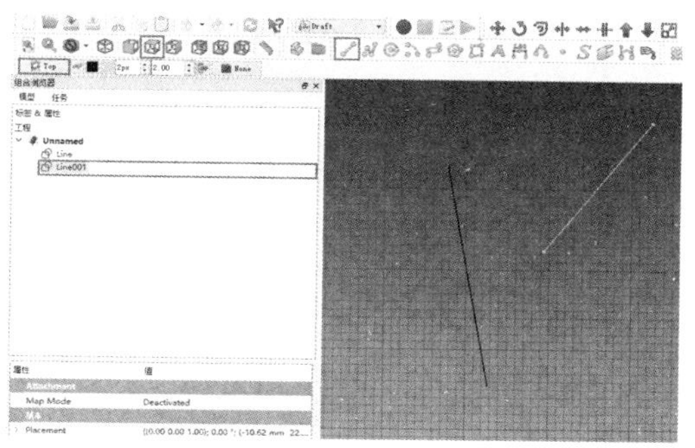

图7-33　绘制两条不相交的线段

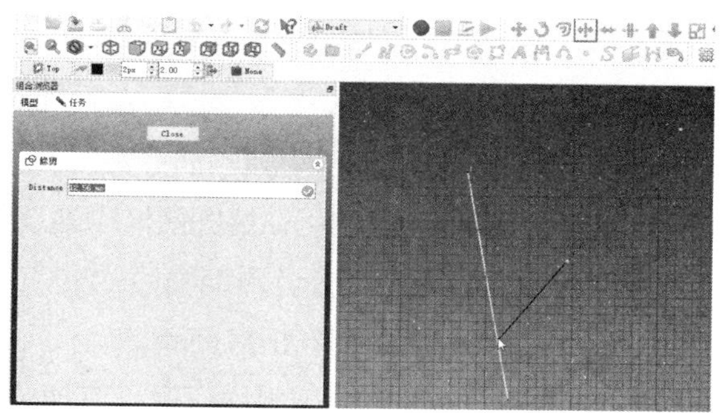

图7-34　延长线段至两条线段的交点

注意

① 本例中是将一条线段延长至与另一条线段的交点，对于单独的线段也可使用“修剪”命令沿着线段的方向延长相应的距离，延长的距离可在“修剪”对话框中输入，也可在绘图区域中通过鼠标点击确定。

② 将线段延长至两条线段的交点后还可以越过另一条线段并继续延伸。

7.1.4.2　修剪

① 打开FreeCAD，点击新建文件，工作台选择Draft，工作平面设置为XY，视图选择“俯视图”；点击“线段”图标，在绘图区域中绘制两条相交的线段，点击选中左侧模型模块中需要缩短的线段图标（或者直接在绘图区域点击该线段），则该线段的颜色变绿，见图7-35。

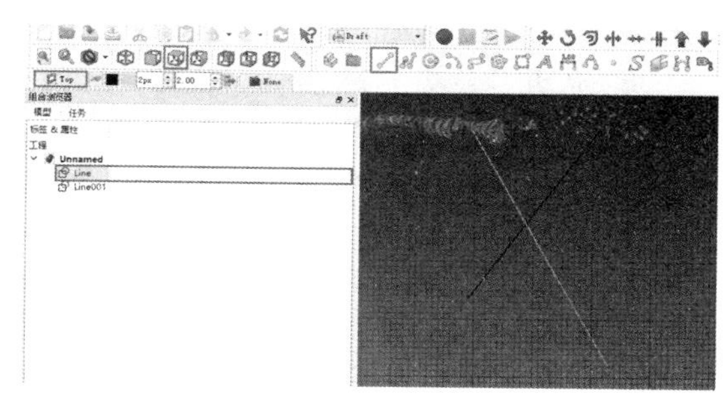

图7-35　绘制两条相交的线段

② 点击“修剪”图标，则在左侧任务栏中出现“修剪”对话框，鼠标沿着需要缩短的线段方向移动至两条线段的交点附近时，另一条线段的颜色变为黄色，点击使该条线段缩短至两条线段的交点，见图7-36，之后“修剪”对话框自动关闭，完成线段的修剪，见图7-37。

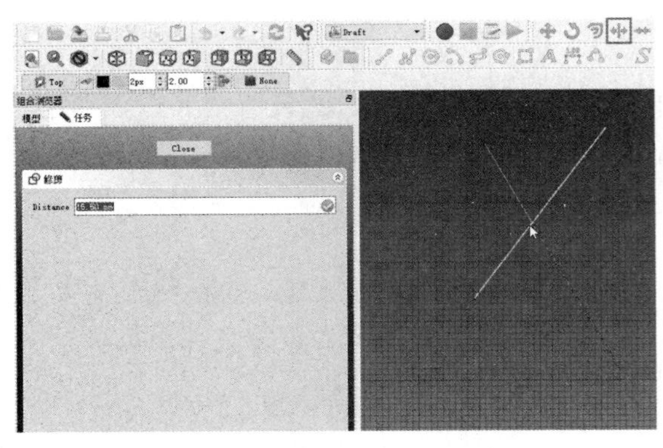

图7-36　缩短其中一条线段至两条线段的交点

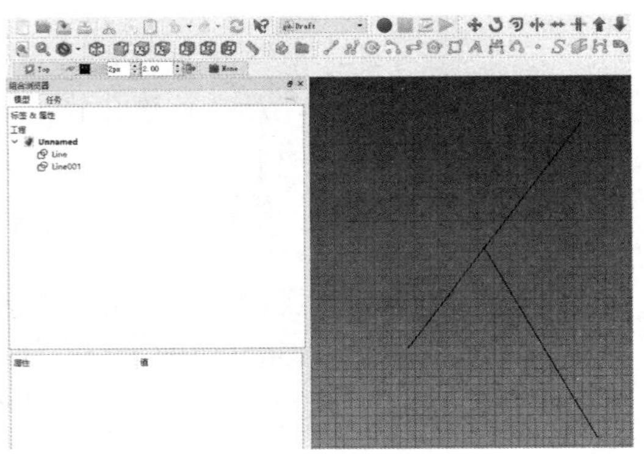
图7-37　修剪完成

注意

① 也可使用“修剪”命令对单独的线段进行缩短，缩短的长度可在“修剪”对话框中输入，也可在绘图区域中通过鼠标点击确定。

② 延伸或修剪至两条线段的交点时，无需打开底图捕捉工具栏的“交集捕捉”功能也能捕捉到相应交点。

③ 图7-36中修剪线段时，滚动鼠标的滚轮放大绘图区域，可观察到该线段分为两部分，一部分为深绿色与黑色交替出现的部分（线段的下半部分），此部分为保留部分；另一部分为浅绿色部分（线段的上半部分），为即将删减的部分。

④ 修剪时随着鼠标的移动，保留或删减的部分也会随之改变，此时按住“Shift”键可锁定保留的部分，避免因鼠标位置的移动而影响修剪的结果。

⑤ 将线段缩短至两条线段的交点后还可以越过另一条线段并继续缩短长度。

7.1.4.3　拉伸

① 打开FreeCAD，点击新建文件，工作台选择Draft，工作平面设置为XY，视图选择“轴测图”；点击“圆”图标，在绘图区域中绘制一个圆，并选择填充，点击选中左侧模型模块中的图标Circle（或者直接在绘图区域点击该圆），则该圆的颜色变绿，见图7-38。

② 点击“修剪”图标，则在左侧任务栏中出现“修剪”对话框；先不要输入具体的“距离”数值，而是先按下“Z”键，则出现一个随鼠标上下移动的圆，见图7-39，在

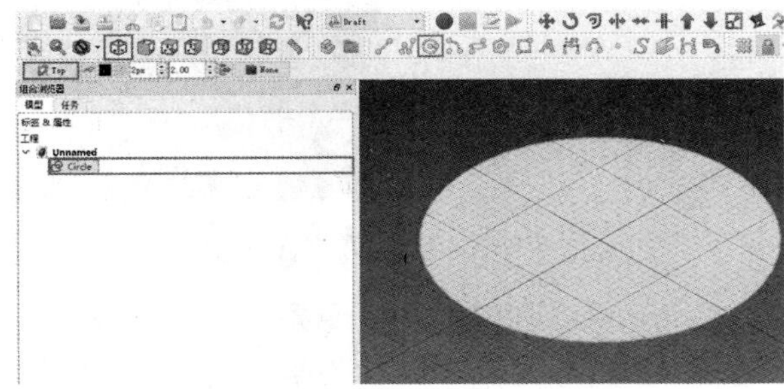
图7-38　绘制并填充一个圆

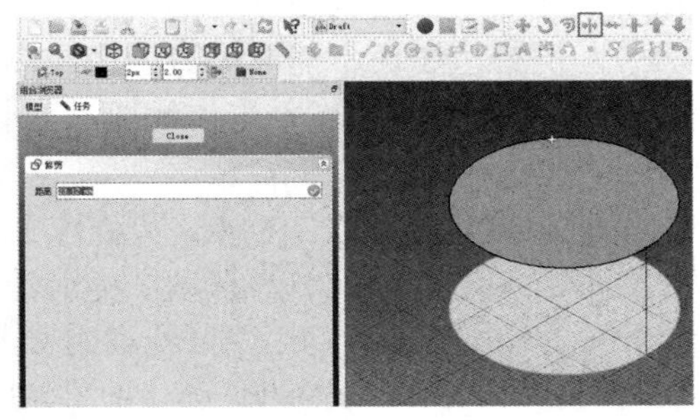
图7-39　按下“Z”键拉伸成为一个圆柱体

对话框中输入拉伸的数值，按回车键结束；也可在绘图区域中合适的位置点击以确定拉伸的高度（此时的高度并不一定精确），“修剪”对话框自动关闭，点击左侧模型模块中的 Extrusion 图标，则圆柱体的颜色变绿，见图7-40。

③ 点击属性模块的“数据”按钮显示拉伸的各参数，双击“Dir”属性显示x、y、z的值，“Dir”表示拉伸的方向，此时修改z值可精准地确定圆柱体的高度值，见图7-40，修改x和y的值则意味着拉伸方向并不垂直于相应的平面，而是有一定的倾角；“Dir Mode”中选择“Custom”模式表示可编辑“Dir”中的数值，见图7-41，选择“Normal”模式表示拉伸方向只能垂直于相应的平面，选择“Edge”模式表示拉伸前的对象是一条线而非一个平面，“Normal”模式和“Edge”模式时，“Dir”为只读模式，无法更改“Dir”中的x、y、z的值；“Length Fwd”表示沿“Dir”方向的拉伸长度；“Length Rev”表示沿“Dir”相反方向的拉伸长度；“Solid”选择为true表示拉伸成实体，选择false表示拉伸成一个壳；“Reversed”意为反转，表示拉伸的方向与“Dir”中的方向相反；“Symmetric”意为对称，如果选择为true，则拉伸后的三维立体模型关于圆形所在的平面对称，并且拉伸长度将只考虑“Length Fwd”的长度，并不考虑“Length Rev”的长度；“Taper Angle”表示沿“Dir”方向拉伸时的角度，即椎体向外张角；“Taper Angle Rev”表示沿“Dir”相反方向拉伸时的角度；“Face Maker Class”为平面编程代码，用于保证兼容性，不建议改动；以上各个参数与Part工作台中的“拉伸”命令参数相同，初学者可参考Part工作台中的拉伸命令以加深理解。

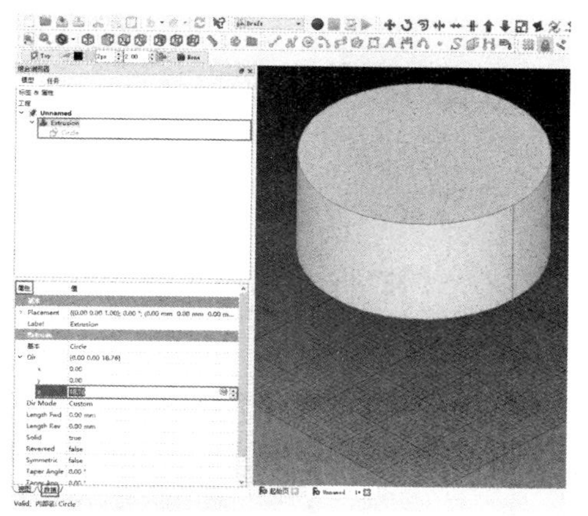

图7-40　拉伸完成

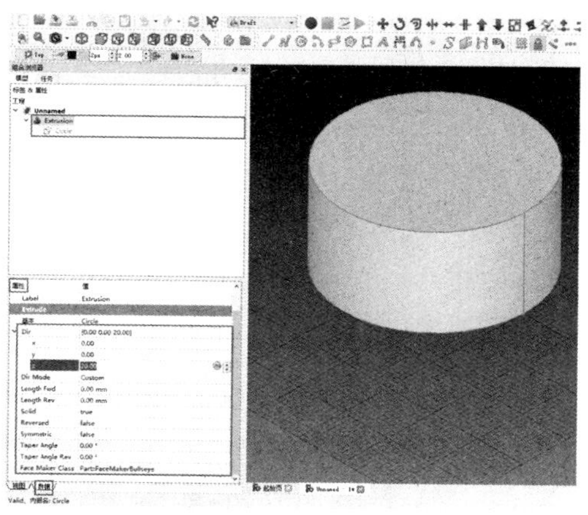

图7-41　拉伸的各属性

注意

① 图7-38中所绘制的圆或其他封闭的图形必须要经过填充才能拉伸成为立体模型，如果没有填充，则所绘制的圆形其实仅为一个圆周，拉伸命令对封闭的没有填充的图形无效。

② 更改属性模块中的各参数后，若绘图区域中的图形没有变化，可点击刷新图标完成参数的更改。

③ 若工作平面设置为XZ平面或者YZ平面，拉伸时同样先不要输入具体的“距离”数值，而是先按下“Z”键，出现一个随鼠标移动的圆，在对话框中输入

拉伸的数值，按回车键结束；也可在合适的位置点击以确定圆柱体的长度（此时的长度并不一定精确），见图7-42，最后在“Dir”中更改x或y的值，以精准地确定圆柱体的长度值。

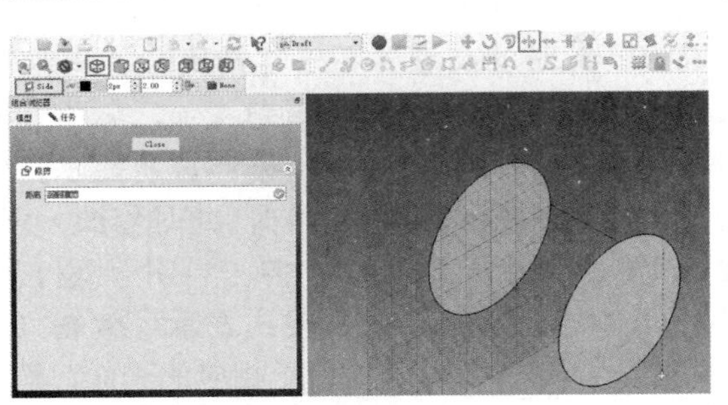
图7-42　基于其他工作平面的拉伸同样先按“Z”键

④“Dir”中的值和“Length Fwd”虽然都表示拉伸的长度，但只有“Length Fwd”和“Length Rev”均为零时，拉伸的长度才以“Dir”中的值为准。

⑤ 应在英文输入状态下按“Z”键，中文输入状态下按“Z”键会导致FreeCAD崩溃。

7.1.5　拼接

拼接的图标为，作用为将选中的首尾相连的线段或折线拼接成为一条线段或一条折线。

① 打开FreeCAD，点击新建文件，工作台选择Draft，工作平面设置为XY，视图选择“轴测图”；点击“线段”图标，在绘图区域中绘制任意一条线段，见图7-43。

② 点击“端点捕捉”图标，使端点捕捉功能处于打开状态，其余所有特征捕捉功能处于待命状态；点击“折线”图标，在绘图区域中绘制一条折线，并使折线与线段的端点相连接，见图7-44。

图7-43　绘制一条线段

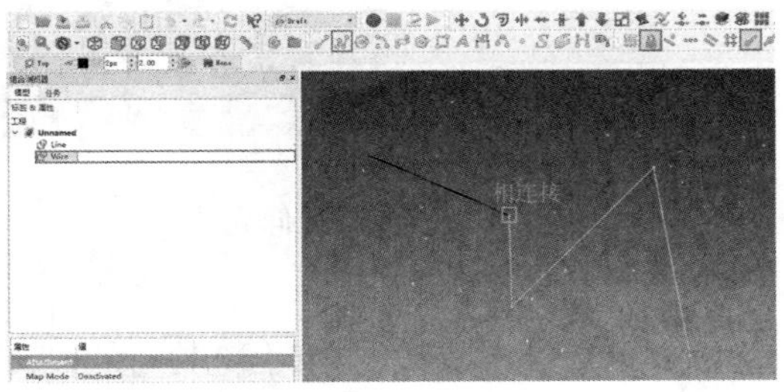
图7-44　绘制一条折线与线段的端点相连接

③ 若先点击左侧模型模块中的折线，则折线颜色变绿，再按住“Ctrl”键点击左侧模型模块中的线段，则折线和线段的颜色均变绿；点击“拼接”图标，则折线和线段拼接成为一条折线，见图7-45。

④ 若先点击左侧模型模块中的线段，则线段颜色变绿，再按住“Ctrl”键点击左侧模型模块中的折线，则折线和线段的颜色均变绿；点击“拼接”图标，则线段和折线拼接成为一条线段，见图7-46。

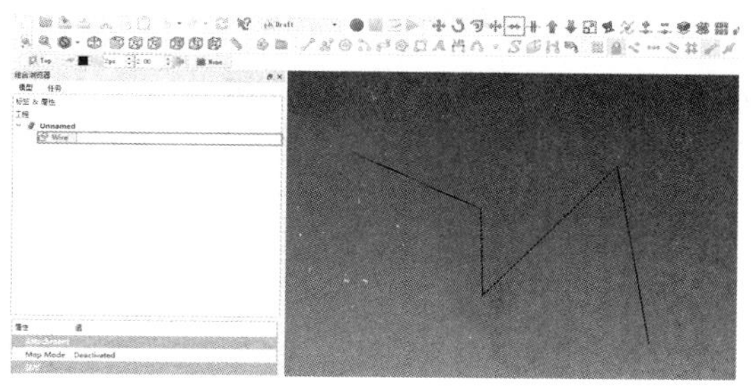

图7-45 折线与线段拼接成一条折线

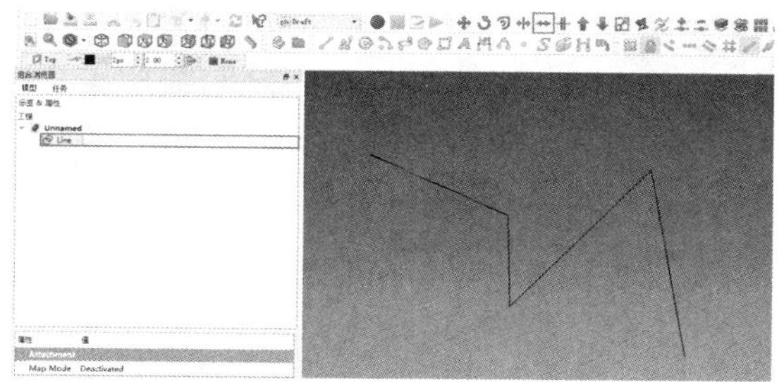

图7-46 线段与折线拼接成一条线段

注意

① 根据第③步和第④步可总结出：拼接前所选中的第一条线条的种类决定了拼接后线条的种类。

② 本例作为示例仅有一条线段与一条折线相拼接，也可将首尾相连的多条线段或折线，或线段与折线的组合拼接成一条线段或一条折线，但有时会发生拼接失败的现象。

7.1.6 分割

分割的图标为，分点分割和边分割两种。点分割的作用是将线段或非闭合的折线按照指定的点拆分成两条线段或两条折线；边分割的作用是将闭合的折线按照指定的边拆分成一条折线和一条线段。

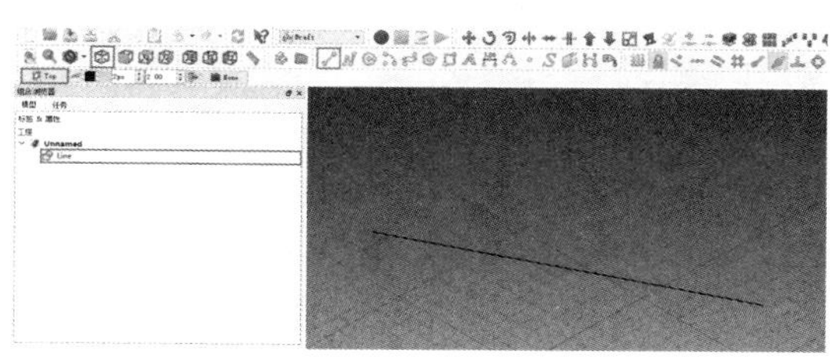

图7-47 绘制一条线段

7.1.6.1 点分割

① 打开FreeCAD，点击新建文件，工作台选择Draft，工作平面设置为XY，视图选择“轴测图”；点击“线段”图标，在绘图区域中绘制任意一条线段，见图7-47。

② 点击“中点捕捉”图标，使中点捕捉功能处于打开状态，其余所有特征捕捉功能处于待命状态；点击“分割”图标，移动鼠标至线段中点附近，这时鼠标指针变为白色十字，同时旁边出现“中点捕捉”图标，见图7-48；鼠标点击使线段从中点处一分为二，左侧模型模块中的线段图标由一个变成两个，见图7-49，点分割完成；接下来可对这两条线段进行移动、旋转等其他操作。

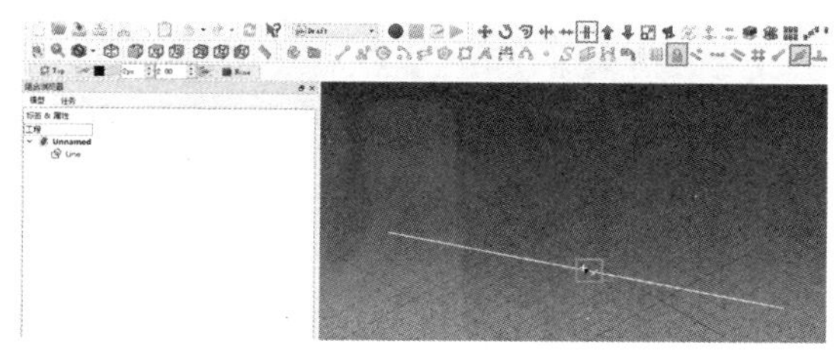

图7-48 点击“分割”图标在中点处拆分线段

图7-49 点分割完成

注意

① 本例是从中点处对线段进行分割，也可关闭“中点捕捉”功能，在线段的任意点处对其进行分割。

② 点分割同样可应用于非闭合的折线，见图7-50，图中红色矩形框内的绿点为分割点。

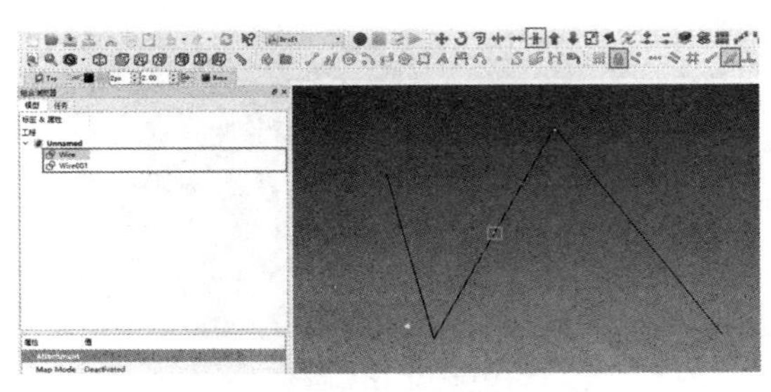

图7-50　点击“分割”图标在中点处拆分折线

③ 点分割适用于线段或非闭合的折线，对于闭合的折线只能进行边分割，无法进行点分割。

7.1.6.2　边分割

① 打开FreeCAD，点击新建文件，工作台选择Draft，工作平面设置为XY，视图选择“轴测图”；点击“折线”图标，在绘图区域中绘制一条闭合的折线，见图7-51。

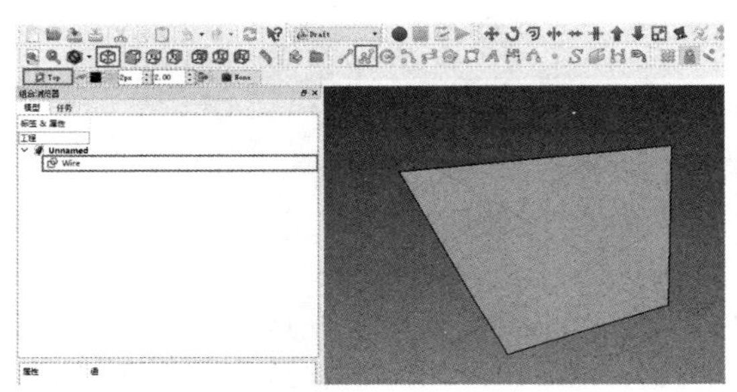

图7-51　绘制一条闭合的折线

② 点击“分割”图标，移动鼠标至折线的某条边时，指针变为白色十字，见图7-52；鼠标点击使该边从折线中分割出来，变为一条线段，左侧模型模块中增加一个线段图标，见图7-53，其余折线的边依然为折线，边分割完成；接下来可对线段或折线进行移动、旋转等其他操作。

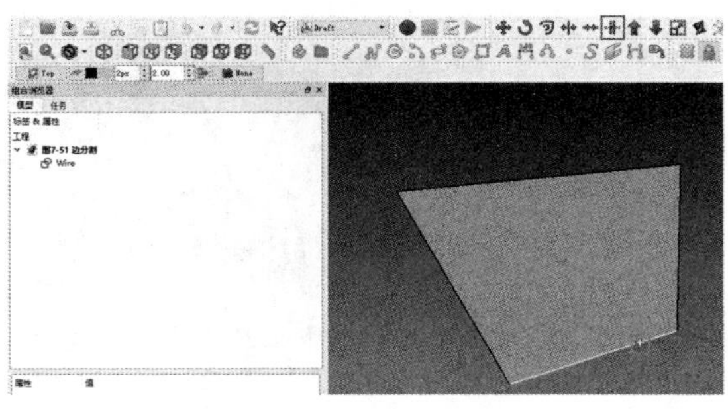

图7-52　对闭合折线进行边分割

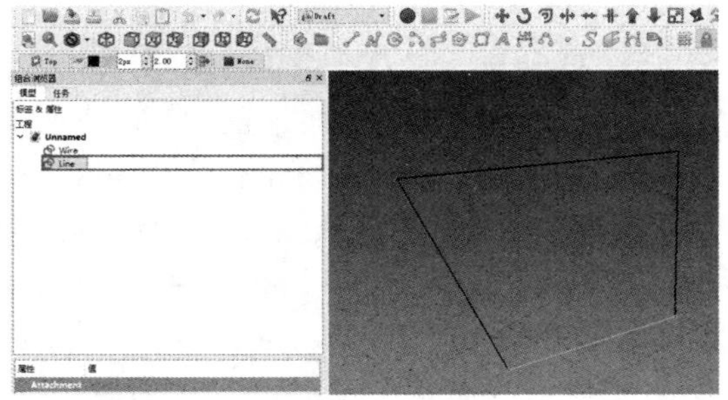

图7-53　边分割完成

注意

① 对于闭合的折线，只能进行边分割，无法进行点分割。

② 边分割时无需打开特征捕捉功能。

7.1.7 升级

升级的图标为⬆，作用为对Draft工作台中的线段、折线或其他二维对象进行升级或合并。

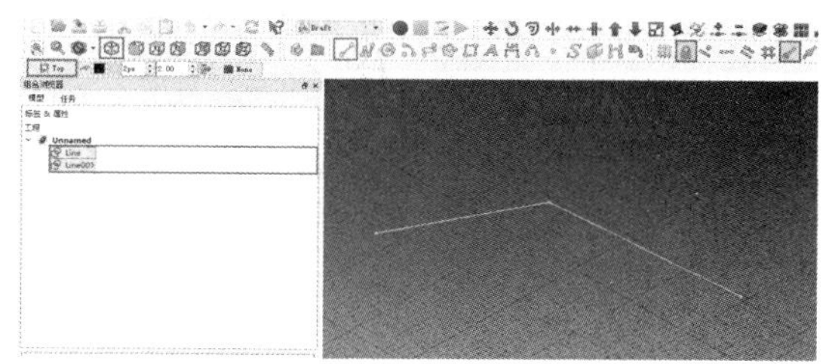

图7-54　绘制两条相连的线段

① 打开FreeCAD，点击新建文件，工作台选择Draft，工作平面设置为XY，视图选择“轴测图”；点击“线段”图标，在绘图区域中绘制任意一条线段；点击“端点捕捉”图标，使端点捕捉功能处于打开状态，其余所有特征捕捉功能处于待命状态；继续点击“线段”图标，在绘图区域中绘制另一条线段，并使该线段与前一条线段的端点连接，见图7-54。

② 按住“Ctrl”键点击选中左侧模型模块中的两个线段图标，则绘图区域的两条线段的颜色变绿；点击“升级”图标⬆，则左侧模型模块中的两个线段图标变为一个不可编辑的折线图标 Wire，点击选中该图标，绘图区域中的折线颜色变绿，见图7-55。

③ 第二次点击“升级”图标⬆，则非闭合的折线变为闭合折线，同时左侧模型模块中的不可编辑折线图标 Wire 变为 Wire001，点击选中该图标 Wire001，绘图区域中的闭合折线颜色变绿，见图7-56。

图7-55　点击“升级”图标变为不可编辑的折线

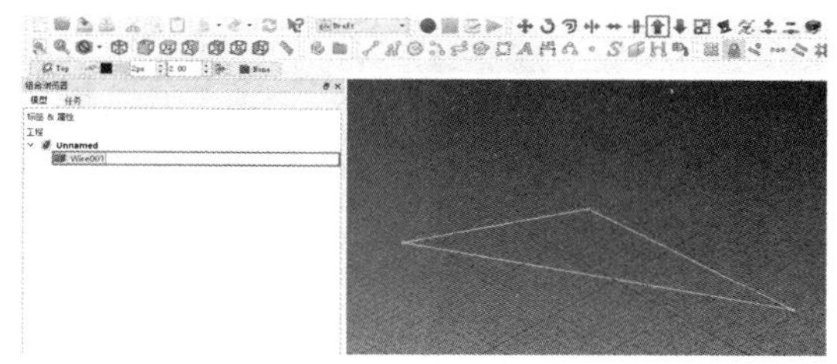

图7-56　点击“升级”图标变为闭合折线

④ 第三次点击“升级”图标⬆，则闭合折线被填充，左侧模型模块中的不可编辑折线图标 Wire001 变为面图标 Face，点击选中该图标 Face，绘图区域中的填充折线颜色变绿，见图7-57。

⑤ 第四次点击“升级”图标⬆，不可编辑的填充折线变为可编辑的闭合填充折线，左侧模型模块中的面图标 Face 变为折线图标 Wire，见图7-58。

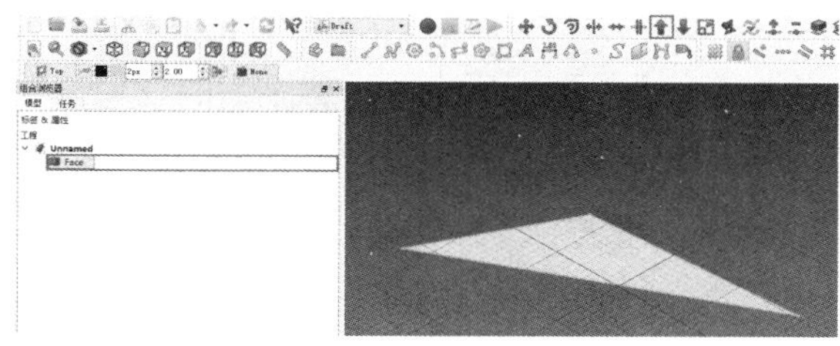

图7-57　点击“升级”图标闭合折线被填充

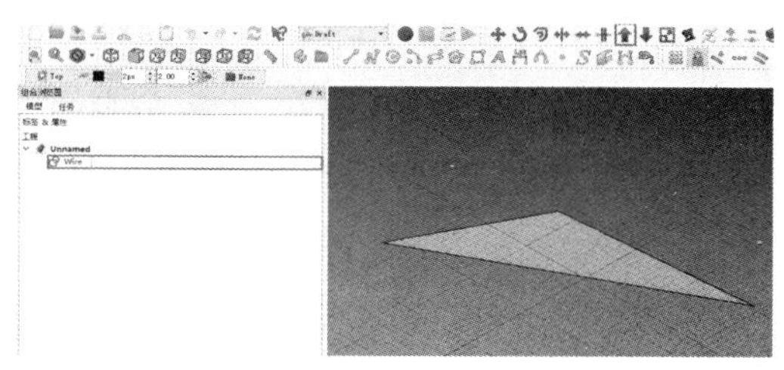

图7-58　点击“升级”图标变为可编辑的闭合折线

⑥ 在绘图区域绘制一条非闭合的折线，并与先前闭合的折线相交，点击选中左侧模型模块中的非闭合折线图标，则绘图区域中的非闭合折线颜色变绿，见图7-59。

⑦ 点击“升级”图标，则非闭合的折线变为闭合折线并被填充，见图7-60（也可点击选中非闭合折线中的其中一条边，则该边颜色变绿，见图7-61，点击“升级”图标，非闭合的折线也能变为闭合折线并被填充，见图7-60）。

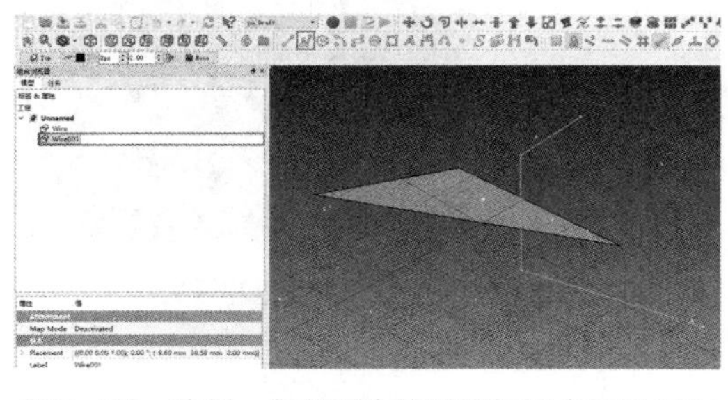

图7-59 绘制一条非闭合的折线与闭合折线相交

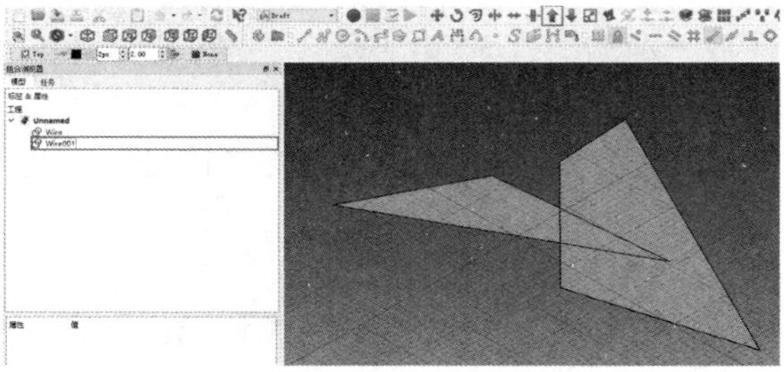

图7-60 点击“升级”图标变为闭合折线

⑧ 按住“Ctrl”键点击选中左侧模型模块中的两条闭合折线图标，则绘图区域中的两条闭合折线颜色变绿；点击“升级”图标，两条闭合折线合并形成一个新的并集，同时左侧模型模块中的两条闭合折线图标变为一个并集图标 Fusion，见图7-62。

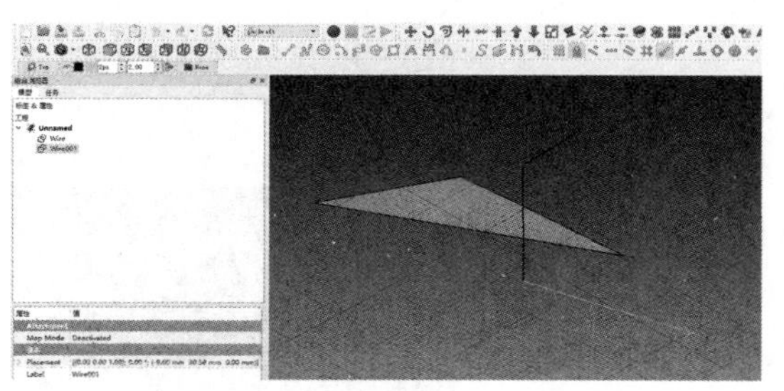

图7-61 选中一条边点击“升级”也可变为闭合折线

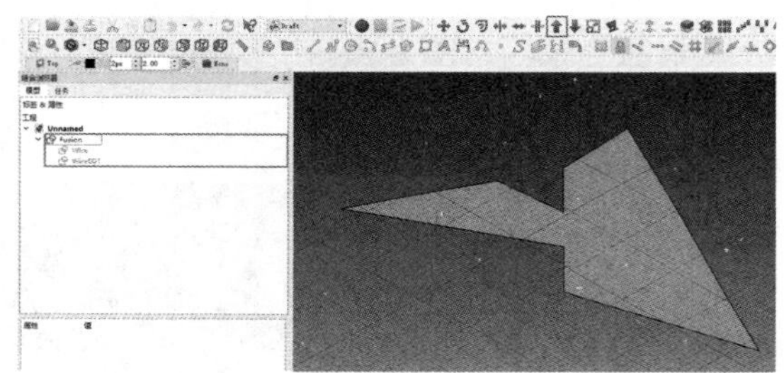

图7-62 两条闭合折线合并融合

注意

① 根据用法可总结出：先选中要升级的对象，再点击“升级”图标进行升级。

② 选中两条相连的线段，点击“升级”图标后变为一条非闭合的、不可编辑折线。

③ 选中非闭合的、不可编辑折线，点击“升级”图标后变为一条闭合的、不可编辑折线。

④ 选中闭合的、不可编辑折线，点击“升级”图标后变为一条闭合的、填充的、不可编辑折线。

⑤ 选中闭合的、填充的、不可编辑折线，点击“升级”图标后变为闭合的、填充的、可编辑折线。

⑥ 选中两条或多条相交的、闭合的、填充的、可编辑折线，点击“升级”图

标后合并形成一个新的并集。

⑦ 选中非闭合的、可编辑折线，点击"升级"图标后变为一条闭合的、填充的、可编辑折线。

⑧ 选中非闭合的、可编辑折线的一条边，点击"升级"图标后变为闭合的、填充的、可编辑折线。

⑨ 一条闭合的、填充的、可编辑折线为"升级"的最高阶段，选中后再点击"升级"图标则无效。

⑩ 如果选中一条闭合的折线和一条与折线相交的线段，点击"升级"图标后则会创建一个复合对象，见图7-63。

⑪ 除闭合填充的折线外，其他两个或多个图形之间也可进行升级合并，形成一个新的并集，见图7-64分别为：矩形与六边形可升级合并，矩形与三角形可升级合并，圆形与椭圆形可升级合并，圆形与矩形可升级合并；对于不包含曲线的升级合并，图标均为 Fusion，对于包含曲线的升级合并，图标则为 Union。

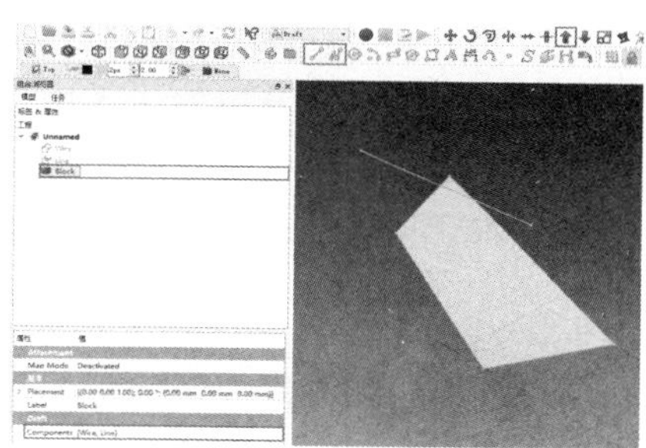

图7-63 创建的复合对象

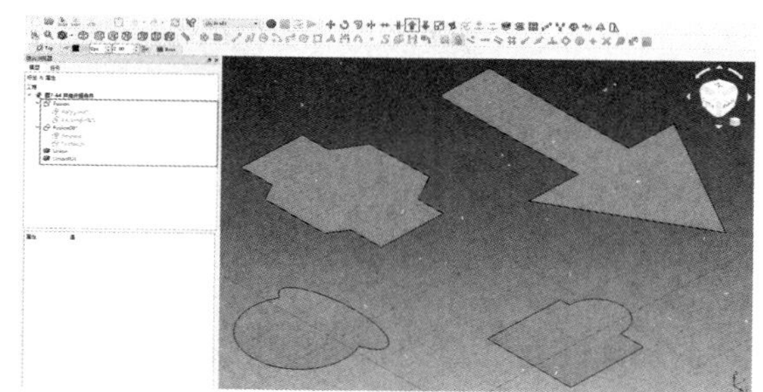

图7-64 其他图形的升级合并

7.1.8 降级

降级的图标为，作用为将选中的三维立体模型分解成为多个面，或将选中的二维平面图形及闭合折线分解成多条边，也可对多个二维平面图形进行差集操作。

① 打开FreeCAD，点击新建文件，工作台选择Draft，工作平面设置为XY，视图选择"轴测图"；点击"折线"图标，在绘图区域绘制任意一条闭合的折线，并将其填充，见图7-65。

② 选中左侧模型模块中的 Wire 图标，则绘图区域中的折线颜色变绿，点击"修剪"图标，按下"Z"键将折线拉伸成为三维立体模型，左侧模型模块中出现图标 Extrusion，见图7-66。

③ 点击选中左侧模型模块中的图标 Extrusion，绘图区域中的三维对象颜色变绿；点击"降级"图标，则左侧模型模块中出现一个不可编辑的"实体"图标 Solid，见图7-67；点击选中该图标，三维对象颜色变绿，第二次点击"降级"图标，可将实体分解为多个

面，左侧模型模块中出现多个“面”图标，见图7-68。

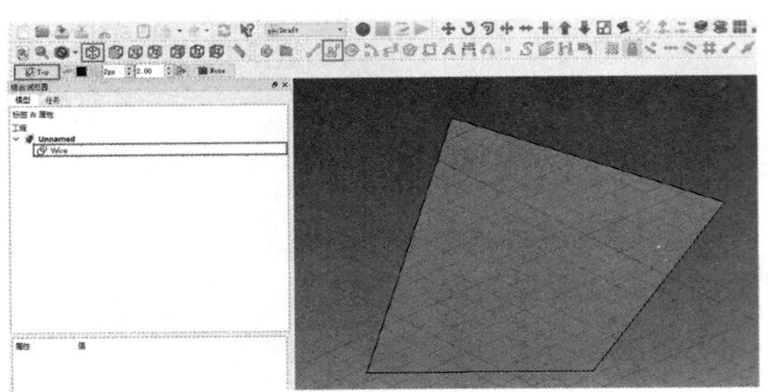
图7-65　绘制一条填充的闭合折线

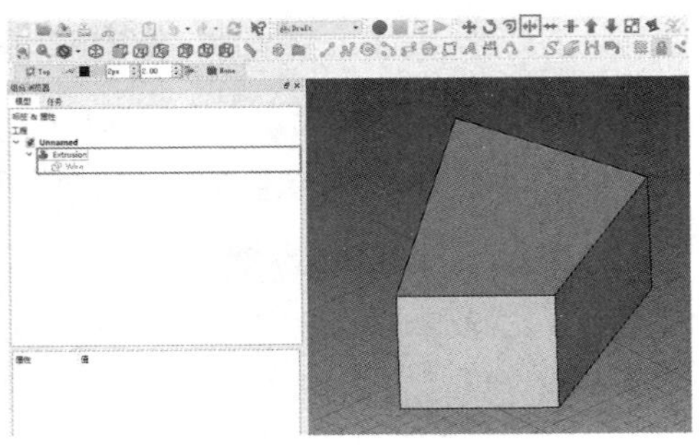
图7-66　将折线拉伸成为三维立体模型

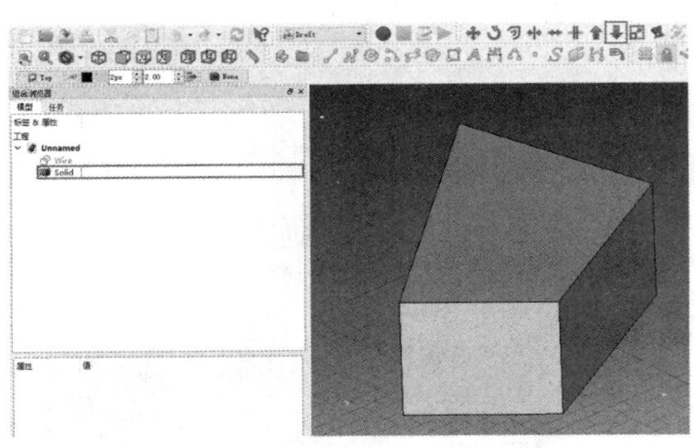
图7-67　点击“降级”图标变为不可编辑实体

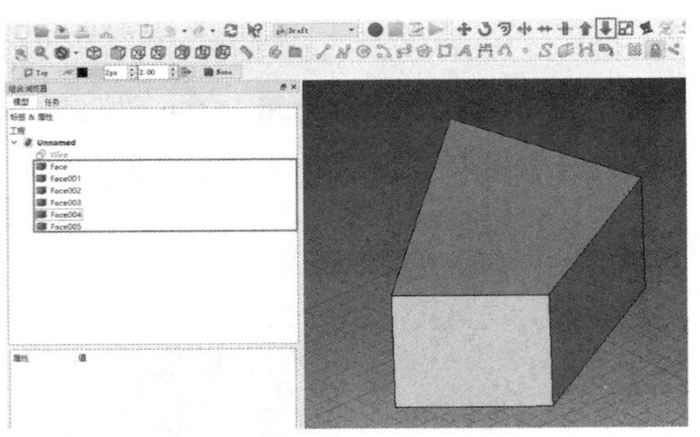
图7-68　点击“降级”图标将实体分解为多个面

④ 点击左侧模型模块中的任意一个面图标（或者在绘图区域点击任意一个平面），则该面的颜色变绿；点击属性模块的“数据”按钮，双击“Placement/位置”，更改x值为15mm，将该面进行移动，见图7-69。

⑤ 点击选中该平面，该平面的颜色变绿；第三次点击“降级”图标，“面”图标变为不可编辑的“折线”图标 Wire001，同时填充消失，见图7-70。

⑥ 点击选中不可编辑“折线”图标 Wire001，折线颜色变绿；第四次点击“降级”图标，将折线分解成为多条边，左侧模型模块中的“折线”图标消失，出现多个“边”图标 Edge，见图7-71。

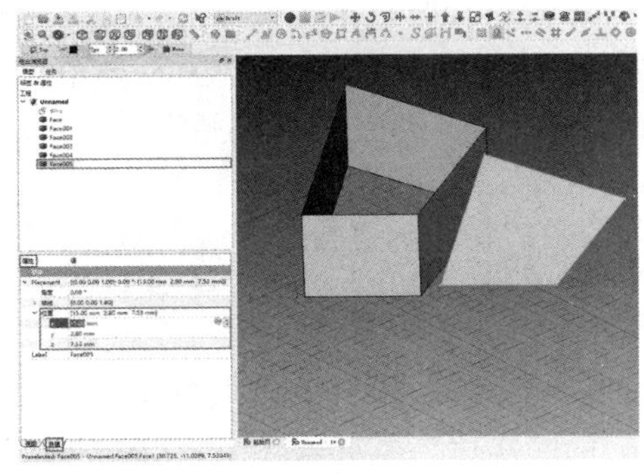
图7-69　移动平面

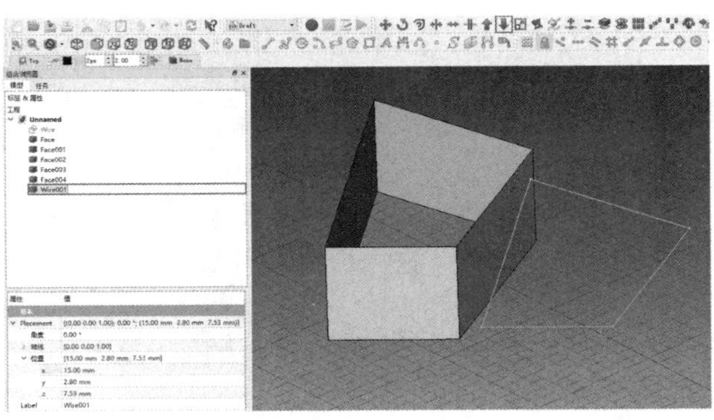
图7-70　点击降级图标变为不可编辑折线

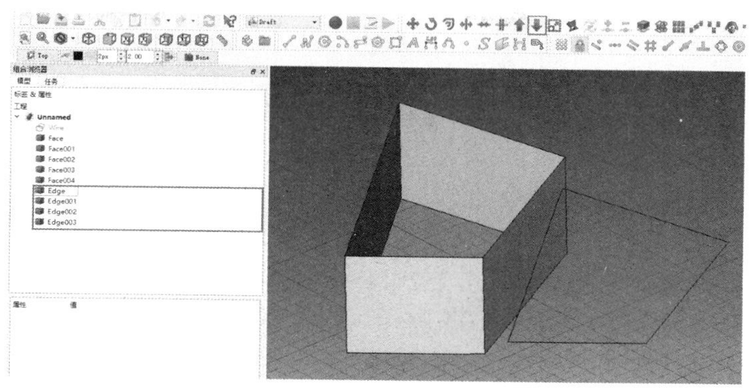

图7-71　点击“降级”图标变为多条边

注意

① 如果三维立体模型中包含曲面，通过多次选择和多次点击“降级”图标，也能将曲面降级分解成多条边，例如可将圆柱体的侧面通过降级分解为高和两条圆周，见图7-72。

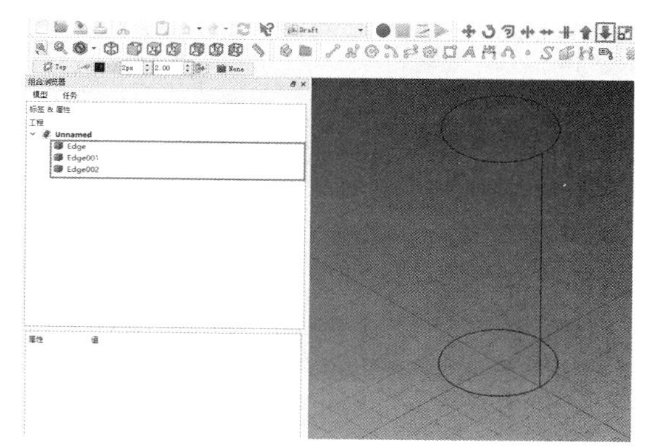

图7-72　点击“降级”图标将圆柱曲面变为三条边

② 除折线外，也可将多边形、圆形和矩形等通过点击“降级”图标分解成多条边，见图7-73。

③“降级”命令还可用于相交图形的相减，先选中第一个图形，再选中第二个、第三个等多个图形，点击“降级”图标，则从第一个图形中减去后续的图形，见图7-74分别为：矩形减去三角形、六边形减去矩形、圆形减去矩形及三角形、椭圆形减去正六边形及矩形；只减去一个图形的图标为 Cut ，减去两个及两个以上图形的图标为 Subtraction 。

④ 根据以上用法可总结出：先选中要降级的对象，再点击“降级”图标进行降级。

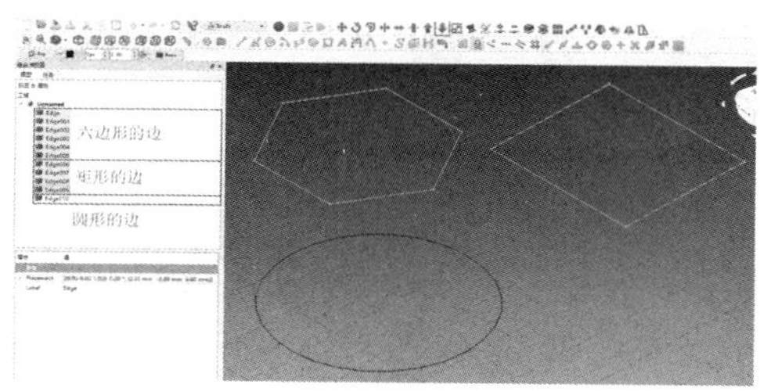

图7-73　将多边形、矩形和圆形分解为多条边

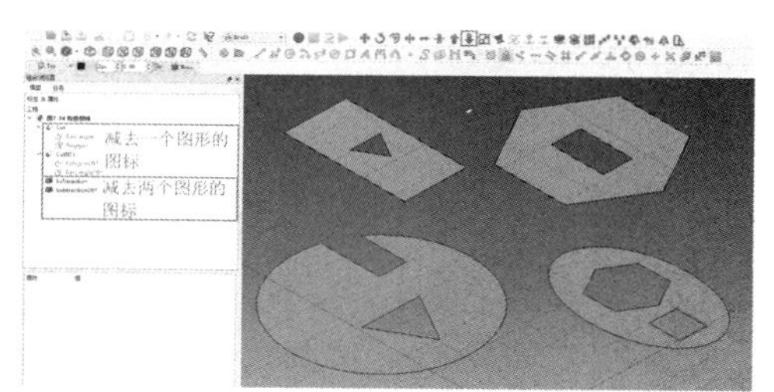

图7-74　降级命令还可用于相交图形的相减

7.1.9 缩放

缩放的图标为，作用为将选中的三维立体模型或二维平面模型按照设定的基准点和比例进行放大或缩小。

① 打开FreeCAD，点击新建文件，工作台选择Draft，工作平面设置为XY，视图选择“轴测图”；点击“矩形”图标，在绘图区域绘制一个矩形，起点为（0，0，0），终点为（1，1，0），并将其填充，见图7-75。

② 选中左侧模型模块中的Rectangle图标，则绘图区域中的矩形颜色变绿，点击“缩放”图标，进入缩放对话框的第一步，见图7-76；此时可在缩放对话框中输入基准点的坐标，本例中输入（0，0，0），即原点为基准点，点击“输入点”按钮输入点，缩放基准点的坐标输入完成；缩放的基准点也可在绘图区域中通过打开相应的特征捕捉功能，再点击特征点获得；“继续”和“复制”复选框的含义与前述其他命令相似。

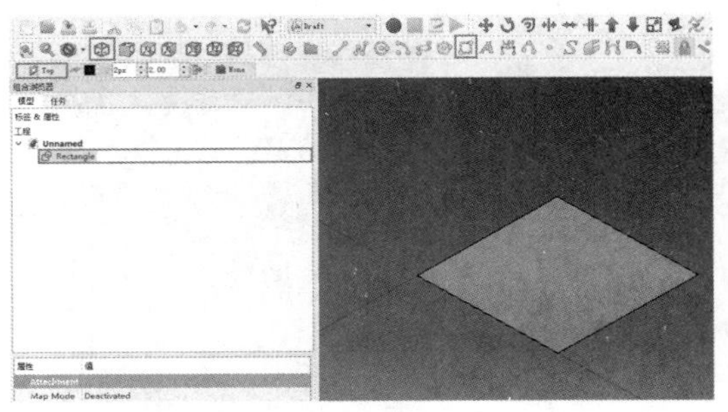

图7-75　绘制一个矩形

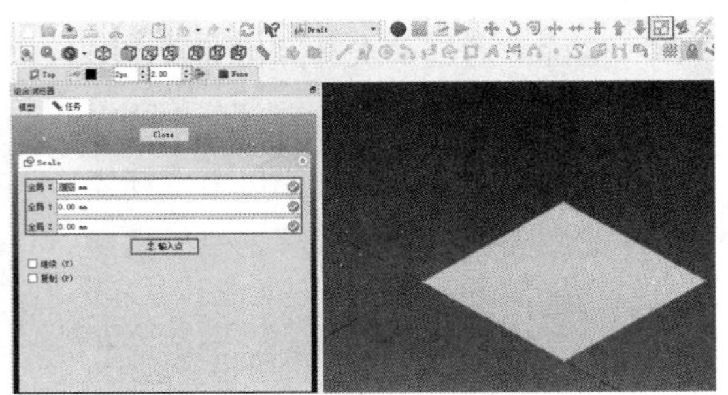

图7-76　输入缩放基准点的坐标

③ 进入“缩放”对话框的第二步，见图7-77；X系数、Y系数和Z系数代表沿各自方向的缩放比例；点击选中“均匀缩放”复选框，可将X、Y和Z方向的缩放比例锁定为相同的值，本例中选中该复选框，并将缩放比例修改为2，意为以原点为基准点，将原矩形沿X和Y方向各放大2倍；点击选中“工作平面方向”复选框，可锁定在当前工作平面中进行缩放，否则将在X、Y和Z三个方向上同时进行缩放。

④ 结果中的第一个“创建副本”翻译错误，应翻译为“创建克隆”，点击选中该单选框后再点击“OK”，则将原有的矩形对象隐藏，同时创建一个克隆对象，左侧模型模块中出现“克隆”图标Scale，克隆对象的大小为原有矩形对象的4倍，见图7-78；点击属性模块的数据按钮，点击“Scale”属性左侧的小箭头 › Scale可重新更改缩放比例；若要显示隐藏的原矩形，先点击选中左侧模型模块中的“矩形”图标，再按下空格键则可显示隐藏的原矩形。

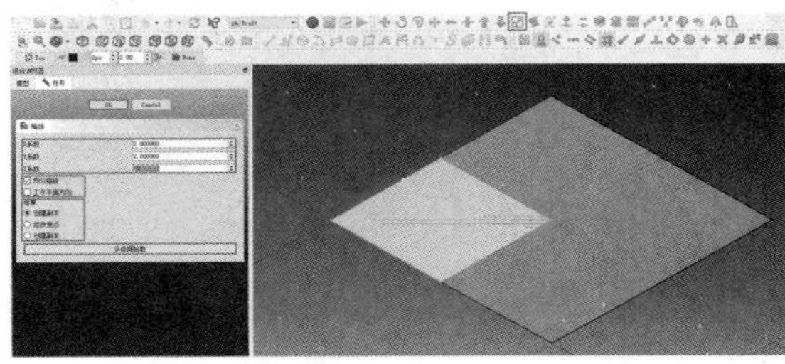

图7-77　缩放对话框的第二步

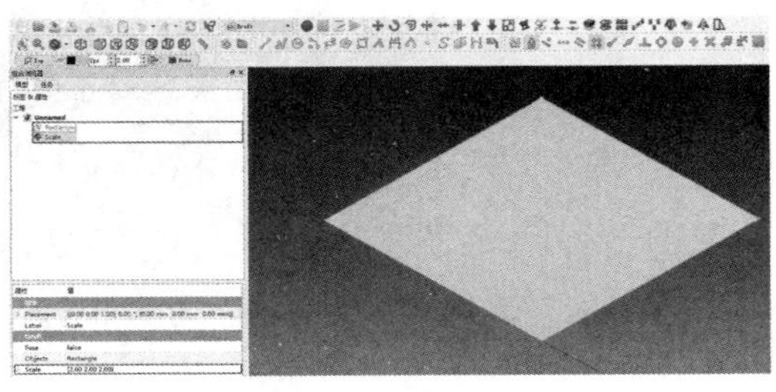

图7-78　缩放过程中选择“创建克隆”

⑤ 结果中的“修改原点”翻译错误，应翻译为“修改原对象”，作用为仅将选中的对象进行缩放，并不产生克隆或其他副本；点击选中该单选框后再点击“OK”，则原矩形沿X和Y方向各放大2倍，并无克隆或其他副本产生，见图7-79。

⑥ 点击选中结果中的第二个“创建副本”单选框，再点击“OK”，则原矩形沿X和Y方向各放大2倍后生成一个新的矩形，同时原矩形被保留，左侧模型模块中新出现一个矩形图标，见图7-80。

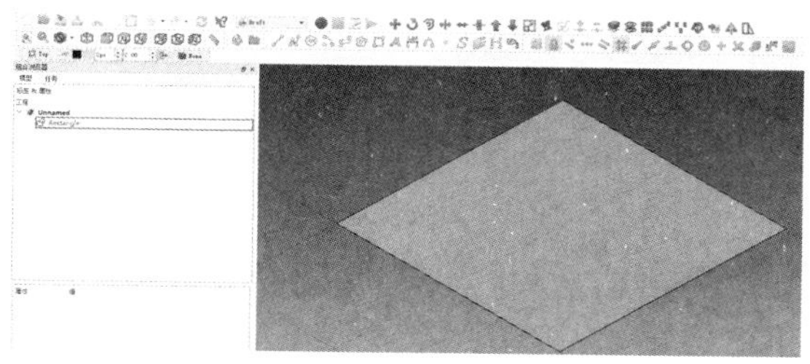

图7-79　缩放过程中选择修改原对象

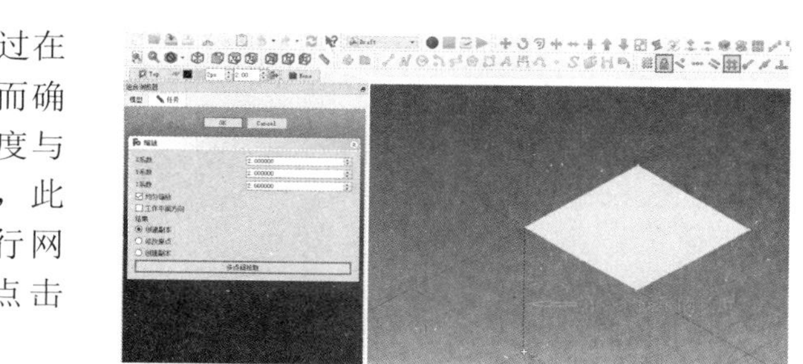

图7-80　缩放过程中选择“创建副本”

⑦ 点击“多点间拾取”按钮可通过在绘图区域点击相应的两个特殊点，从而确定两个向量的长度，以第二个向量长度与第一个向量长度的比值作为缩放比例，此例中选择打开“网格捕捉”功能进行网格点的捕捉，见图7-81～图7-83，点击“OK”退出，完成缩放操作。

图7-81　点击确定第一条向量的长度

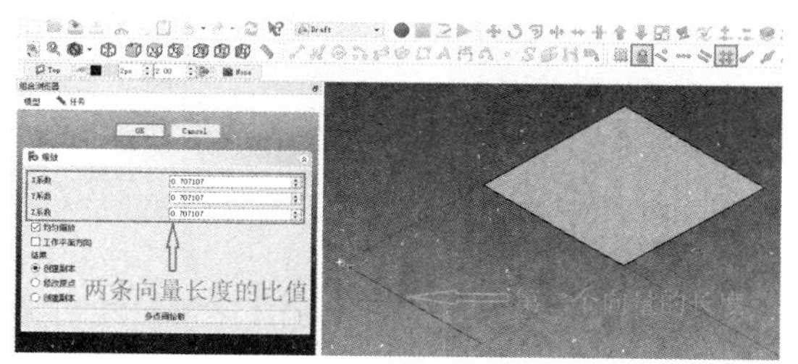

图7-82　点击确定第二条向量的长度

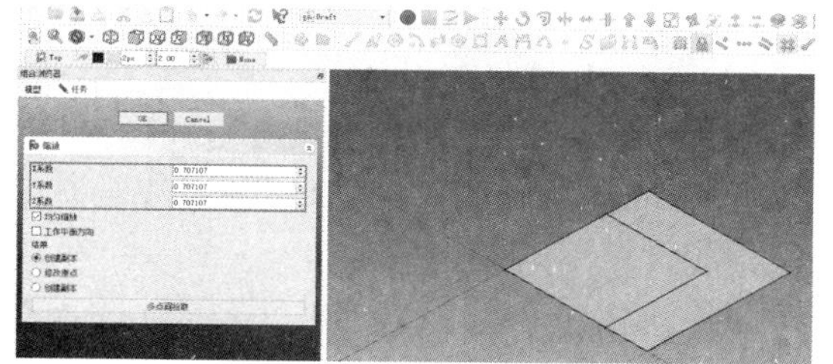

图7-83　以两条向量长度的比值作为缩放比例

注意

① 缩放的基准点也可在绘图区域中通过打开相应的特征捕捉功能，再点击特征点获得，见图7-84。

② 结果中选择第二个“创建副本”后，新副本是一个全新的

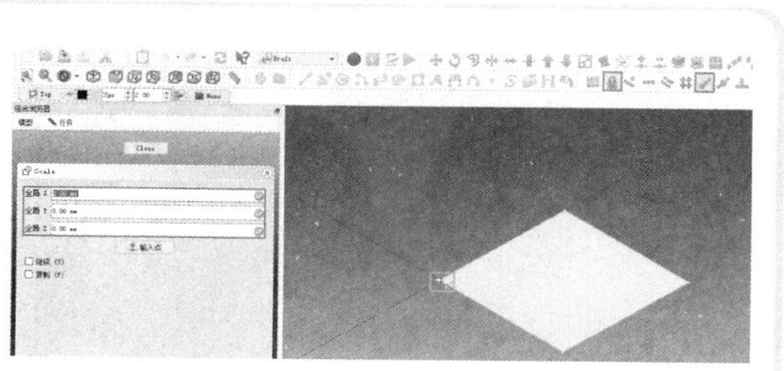

图7-84　缩放基准点也可通过点击特殊点确定

对象，具有自己的属性。

③ 缩放命令可同样应用于Part工作台或Part Design工作台中创建的三维对象。

7.1.10 编辑

编辑的图标为，作用为将选中的对象进行图形化编辑，例如改变矩形的长和宽，更改折线的顶点位置，更改圆、圆弧和多边形的半径或圆心位置，改变B样条曲线和贝塞尔曲线的形状等。

① 打开FreeCAD，点击新建文件，工作台选择Draft，工作平面设置为XY，视图选择“轴测图”；点击“B样条曲线”图标，在绘图区域绘制任意一条B样条曲线，见图7-85。

② 点击选中左侧模型模块中的BSpline图标，则绘图区域中的B样条曲线颜色变绿；点击“编辑”图标，进入“编辑”对话框，见图7-86。

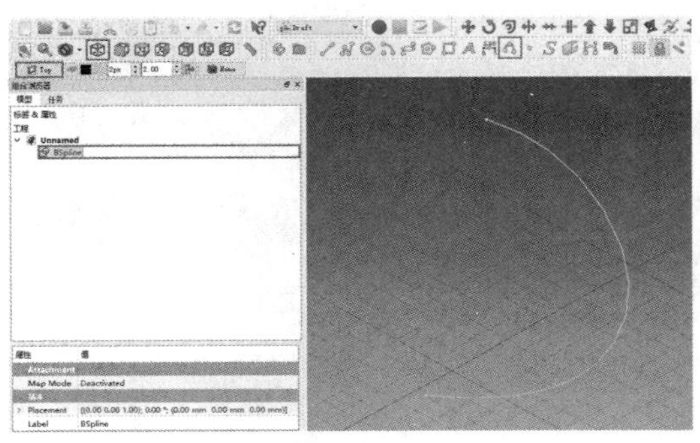

图7-85 绘制任意一条B样条曲线

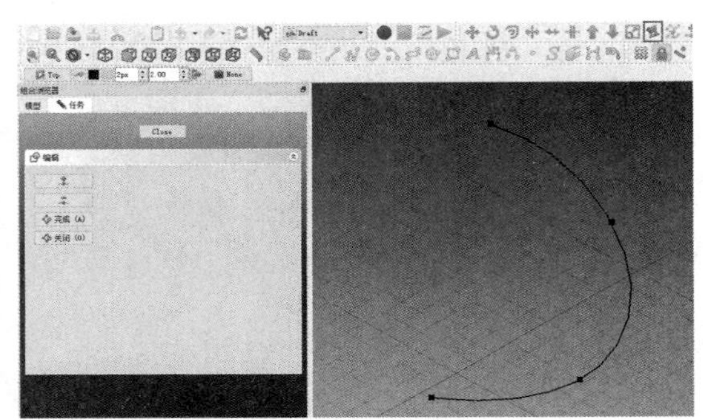

图7-86 “编辑”对话框

③ 对话框中的“关闭”按钮翻译错误，应翻译为“闭合”；点击“关闭”按钮，自动退出“编辑”对话框，若B样条曲线没有改变，可点击“刷新”图标，则B样条曲线闭合并被填充，见图7-87。

④ 点击“添加点”按钮，鼠标移至B样条曲线附近，点击可添加B样条曲线的控制点，多次点击可多次添加，见图7-88，点击“完成”按钮完成(A)可退出“编辑”对话框。

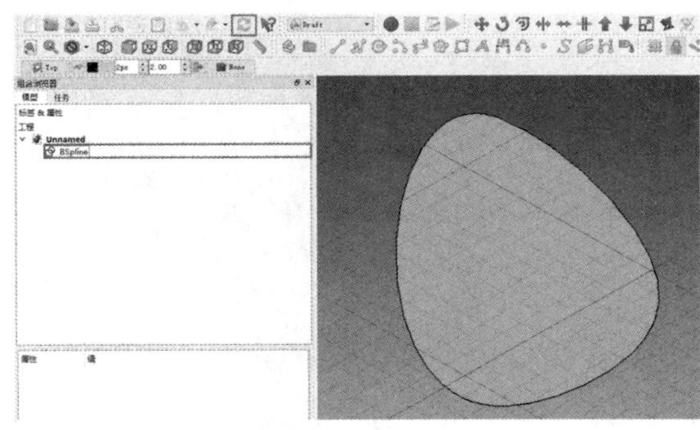

图7-87 点击“关闭”按钮样条曲线闭合并被填充

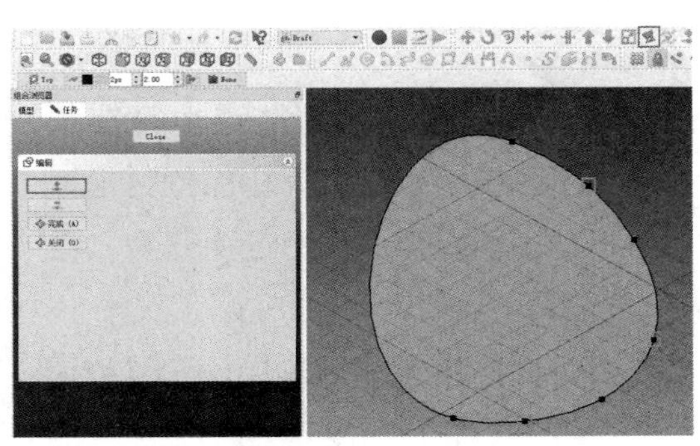

图7-88 点击“添加点”按钮可增加控制点

⑤ 点击“删除点”按钮，鼠标移至B样条曲线的控制点附近，点击可删除B样条曲线的控制点，若无效，可用鼠标滚轮放大该区域，再用鼠标点击控制点可删除之，见图7-89，点击“完成”按钮 完成(A) 可退出“编辑”对话框。

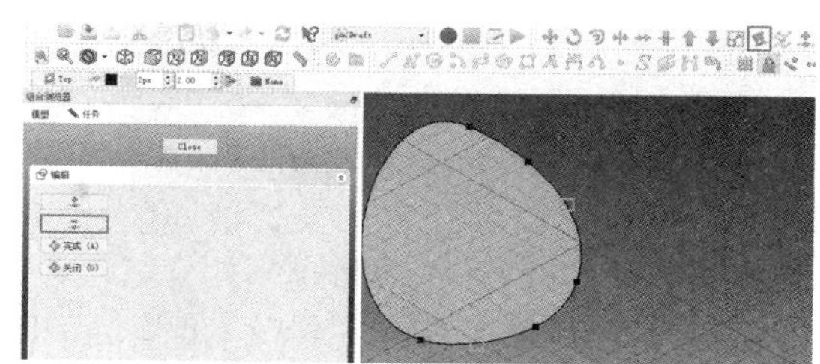

图7-89 点击“删除点”按钮可删除控制点

⑥ 鼠标直接点击绘图区域中B样条曲线的控制点，如果没有选中可用鼠标滚轮放大该区域，再用鼠标点击选中控制点；选中后移动鼠标并点击，可更改控制点的位置；也可在“点”对话框中直接输入坐标，点击“输入点”按钮 输入点 后，完成控制点位置的更改，见图7-90及图7-91，点击“完成”按钮 完成(A) 可退出“编辑”对话框，“相对”复选框含义与前述命令相似。

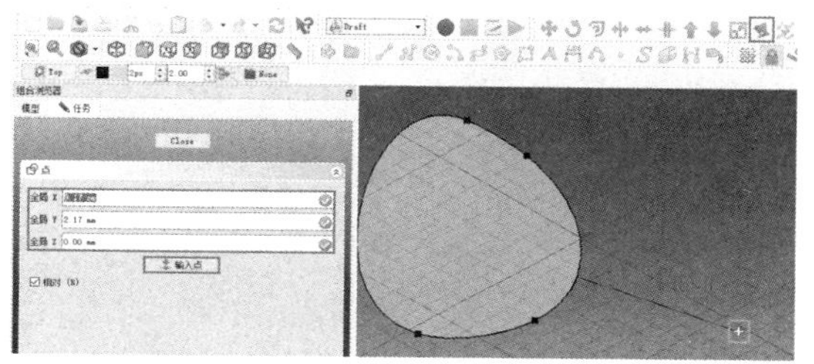

图7-90 移动控制点的位置

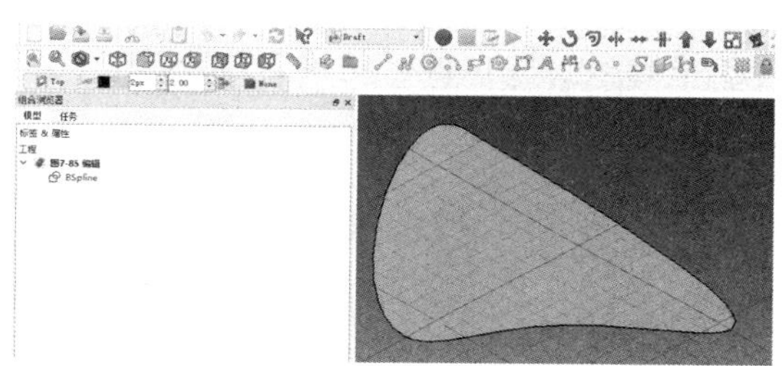

图7-91 控制点位置更改完成

注意

① 除点击“编辑”图标可进入“编辑”对话框外，双击左侧模型模块中对应的图标，也可进入“编辑”对话框。

②“编辑”命令一次只能处理一个选定的对象。

③ 在“点”对话框中直接输入坐标时，按下“X”键，则Y坐标值和Z坐标值变为不可更改，即约束坐标与X轴平行或重合；同理按下“Y”键，可约束坐标与Y轴平行或重合；按下“Z”键，可约束坐标与Z轴平行或重合；详见6.2.1节。

④ 在“点”对话框中直接输入坐标时，按住“Shift”键可进行水平或垂直约束；移动鼠标到相应位置，再次按住“Shift”键，可切换为垂直/水平约束，详见6.2.1节。

⑤“编辑”命令主要用于编辑线段、折线、矩形、圆、圆弧、多边形、B样条曲线和贝塞尔曲线。

7.1.11 折线/B样条曲线转换

折线/B样条曲线转换的图标为，作用为将选中的折线转换成形状相似的B样条曲线，或者将选中的B样条曲线转换成形状相似的折线，转换后保留原对象。

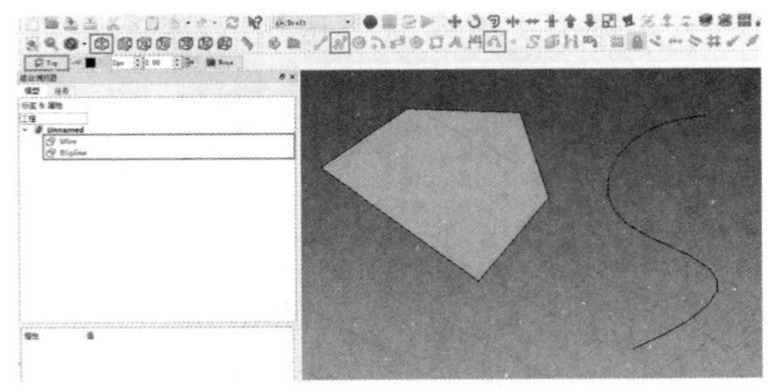

图7-92　绘制折线和B样条曲线

① 打开FreeCAD，点击新建文件，工作台选择Draft，工作平面设置为XY，视图选择"轴测图"；点击"折线"图标，在绘图区域中绘制任意一条折线（闭合与否均可）；点击"B样条曲线"图标，在绘图区域中绘制任意一条B样条曲线（闭合与否均可），见图7-92。

② 点击选中左侧模型模块中的 Wire 图标，绘图区域中的折线颜色变绿；点击"折线/B样条曲线转换"图标，则根据折线形状自动创建一条形状类似的B样条曲线，原折线保留，见图7-93。

③ 点击选中左侧模型模块中的 BSpline 图标，绘图区域中的B样条曲线颜色变绿；点击"折线/B样条曲线转换"图标，则根据B样条曲线的形状自动创建一条形状类似的折线，B样条曲线保留，见图7-94。

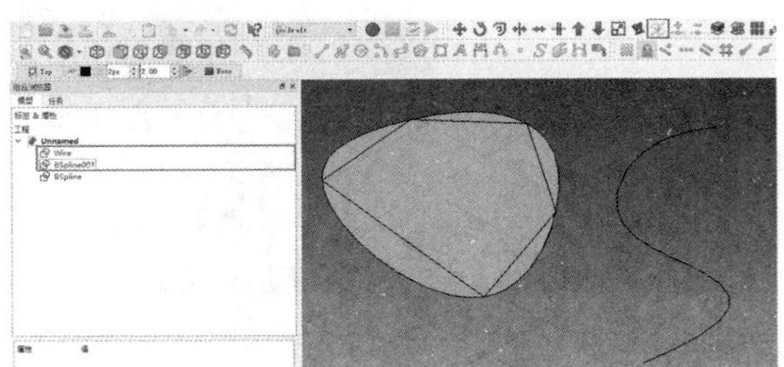

图7-93　将折线转换为B样条曲线

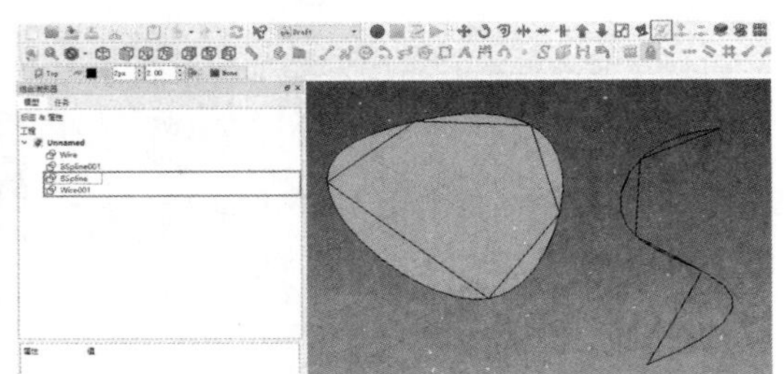

图7-94　将B样条曲线转换为折线

注意

① 如果所选择的折线为闭合折线且具有过于尖锐的顶角，则新创建的B样条曲线可能会发生缠绕、扭曲或相交等情况，这将导致该B样条曲线不可见；此时可先点击选中左侧模型模块中的"B样条曲线"图标 BSpline，再点击属性模块的"数据"按钮，将"Make Face"属性改为false（非填充），或者将"Closed"属性改为false（非闭合），则不可见的B样条曲线将变为可见，见图7-95。

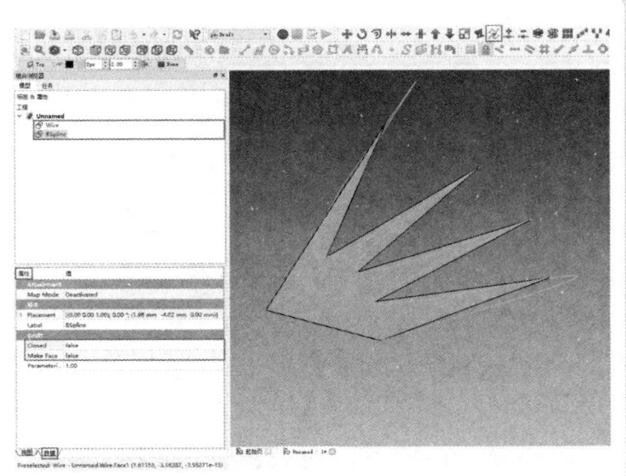

图7-95　尖锐的折线会导致B样条曲线不可见

② 该命令仅适用于折线与B样条曲线之间的相互转换，其他对象并不适用。

7.1.12 添加点

添加点的图标为，作用为在选中的线段、折线或B样条曲线中添加新的控制点，操作界面和功能与7.1.10节中的“添加点”相同。

① 打开FreeCAD，点击新建文件，工作台选择Draft，工作平面设置为XY，视图选择“轴测图”；点击“折线”图标，在绘图区域中绘制任意一条折线，见图7-96。

② 点击选中左侧模型模块中的 Wire 图标，绘图区域中的折线颜色变绿；点击“添加点”图标，出现与“编辑”命令相同的对话框，此时“添加点”按钮处于高亮状态，表示“添加点”功能已开启；鼠标移至折线附近，点击可使折线上添加新的控制点，多次点击可多次添加，见图7-97。

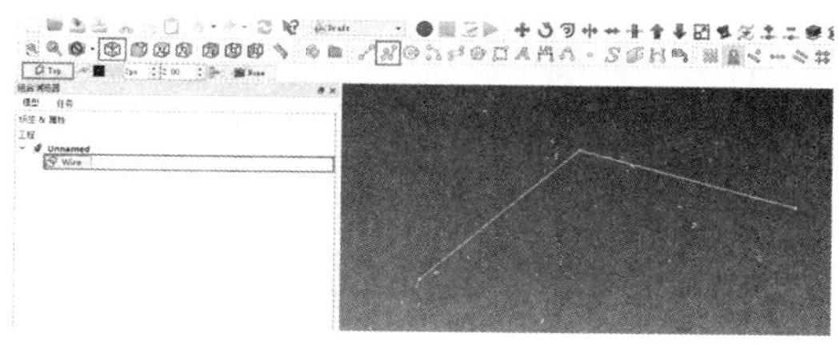

图7-96 绘制任意一条折线

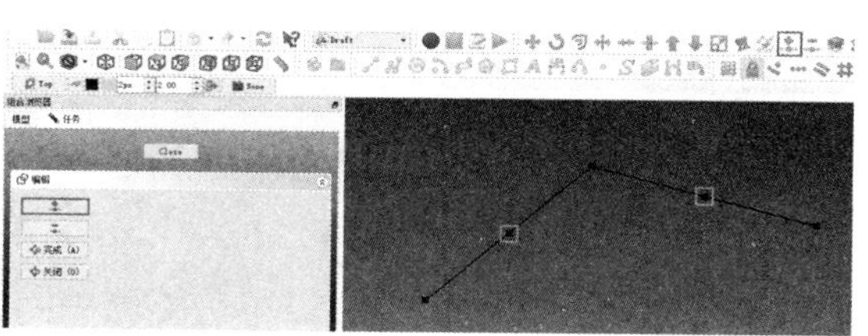

图7-97 点击添加控制点

③ 对话框中的“关闭”按钮翻译错误，应翻译为“闭合”；点击“闭合”按钮，自动退出“编辑”对话框，若折线没有改变，可点击“刷新”图标，则折线闭合并被填充，见图7-98；点击“完成”按钮或 Close 按钮则退出“编辑”对话框。

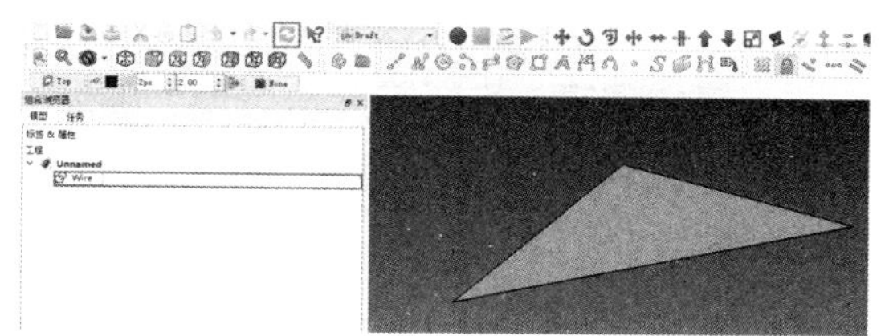

图7-98 点击关闭按钮折线闭合并被填充

注意

① 该命令可在线段、折线和B样条曲线中添加控制点，但在线段中添加控制点并无任何实际意义。

②“添加点”的操作过程中，再次点击“添加点”按钮，则该按钮的颜色变灰暗，表示“添加点”功能已关闭，此时可进行控制点位置的更改，更改的方法与“编辑”命令中的相同。

③ 在添加完控制点并退出后，点击“编辑”图标，通过鼠标点击绘图区域或输入坐标两种方法，均可更改各控制点的位置，详见7.1.10节。

7.1.13 删除点

删除点的图标为，作用为在选中的折线或B样条曲线中删除已有的控制点，操作界面和功能与“编辑”命令中的“删除点”相同。

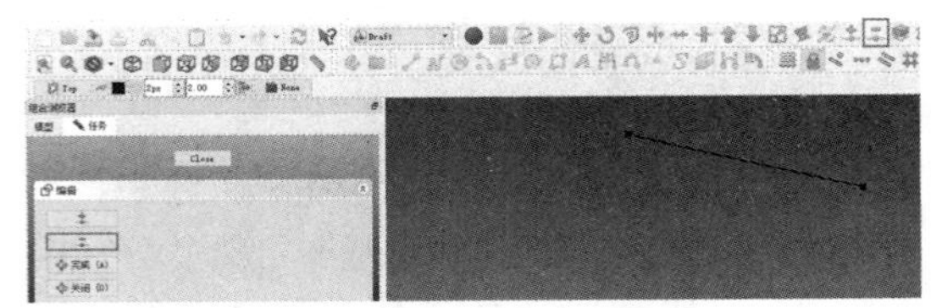
图7-99　在绘图区域中点击控制点使之删除

① 打开FreeCAD，点击新建文件，工作台选择Draft，工作平面设置为XY，视图选择“轴测图”；点击“折线”图标，在绘图区域中绘制任意一条折线，见图7-96。

② 点击选中左侧模型模块中的 Wire 图标，绘图区域中折线的颜色变绿；点击“删除点”图标，出现与“编辑”命令相同的对话框，此时“删除点”按钮处于高亮状态，表示“删除点”功能已开启；鼠标移至折线的控制点，点击可删除折线的控制点，如果没有选中可用鼠标滚轮放大该区域，再用鼠标点击删除控制点，见图7-99；点击“完成”按钮 完成(A) 或 Close 按钮则退出“编辑”对话框；“关闭”（闭合）的含义与“添加点”命令中的相同。

注意

① 该命令可在折线和B样条曲线中删除控制点。

② 删除点的操作过程中，再次点击“删除点”按钮，则该按钮颜色变灰暗，表示“删除点”功能已关闭，此时可进行控制点位置的更改，位置更改的方法与“编辑”命令中的相同。

③ 删除点的功能有时会存在一定的可靠性问题，即使控制点区域已经放大到最大程度，也经常无法完成删除点的操作，因此建议切换到“编辑”命令中，再尝试进行“删除点”的操作。

7.1.14　投影

投影的图标为，作用为将选中的三维模型以不同的视图投影到XY平面上。

① 打开5.2.3.2中的FreeCAD文件，点击“文件/另存为”，输入文件名（本例中输入“图7-100投影”）；工作台选择Draft，工作平面设置为XY，视图选择“轴测图”，见图7-100。

② 视图选择“俯视图”，点击选中左侧模型模块中的 球体 图标，则球体（该球体的形状经过编辑）变绿，见图7-101；点击“投影”图标，左侧模型模块中出现“投影”图标 Shape2DView；点击选中模型模块中的 球体 图标，按下空格键将球体隐藏，可见球体的

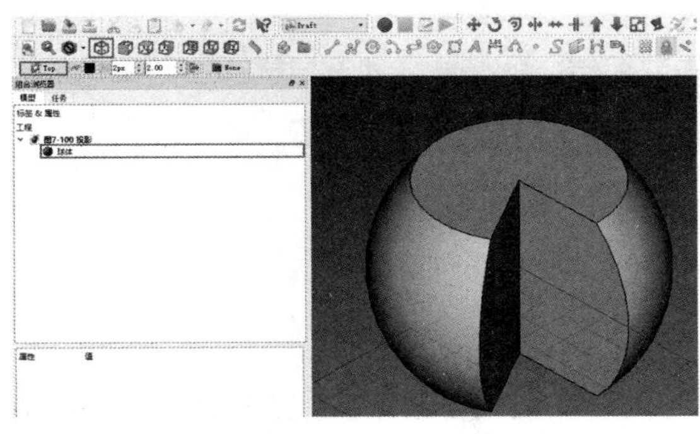
图7-100　构建或打开一个已有的三维模型

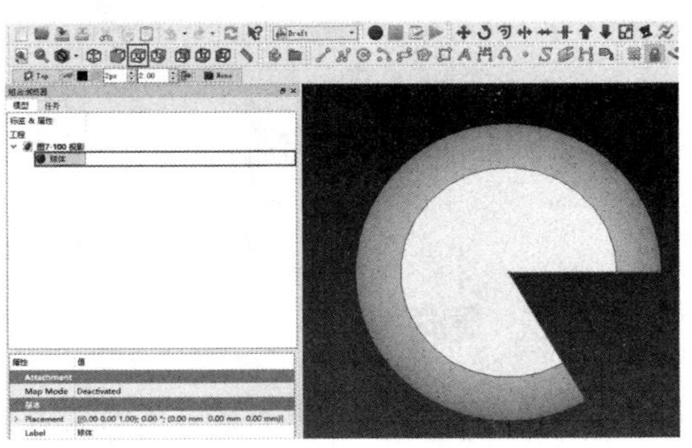
图7-101　视图选择俯视图并点击选中球体图标

俯视图投影，见图7-102。

③ 点击选中左侧模型模块的“投影”图标 Shape2DView，则俯视图投影颜色变绿；点击属性模块的“数据”按钮，双击“Placement/位置”，更改x、y、z的值可调整俯视图投影的位置，本例中更改y值为−10mm，将俯视图下移（也可点击移动图标进行移动），见图7-103。

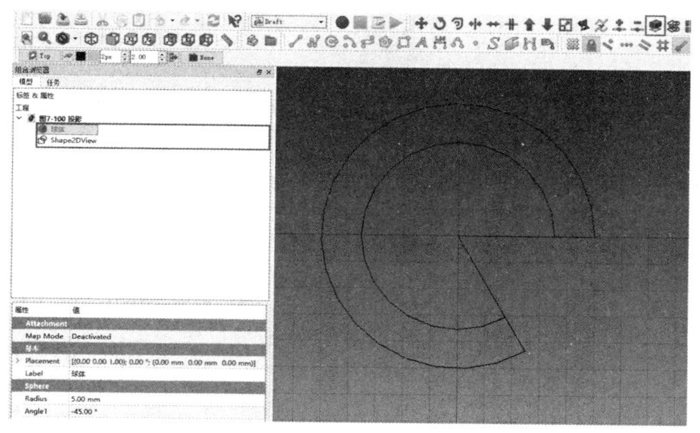

图7-102 点击“投影”图标生成俯视图投影

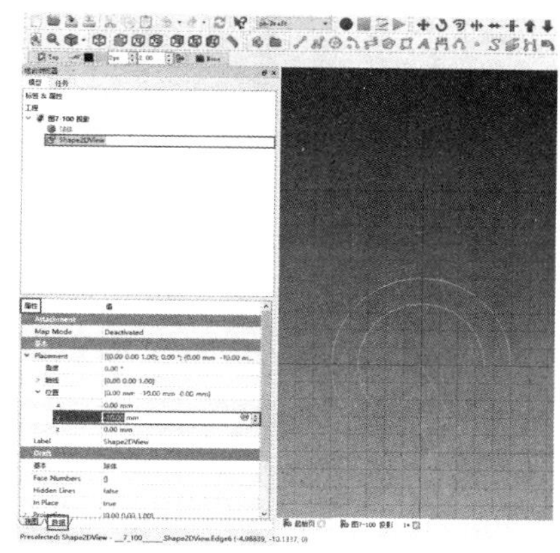

图7-103 向下移动俯视图投影

④ 视图选择“正视图”，点击选中左侧模型模块中的 球体 图标，按下空格键取消隐藏，则球体颜色变绿，见图7-104；点击“投影”图标，左侧模型模块中出现“投影”图标 Shape2DView001；点击选中左侧模型模块中的 球体 图标，按下空格键将球体隐藏；视图选择“轴测图”，可见球体的正视图投影，见图7-105。

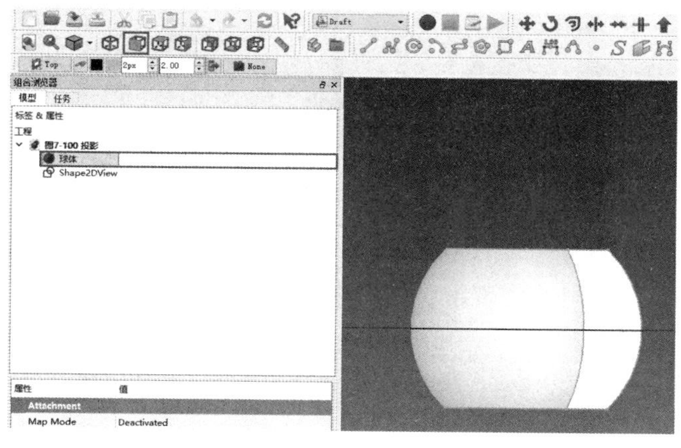

图7-104 视图选择正视图并点击选中球体图标

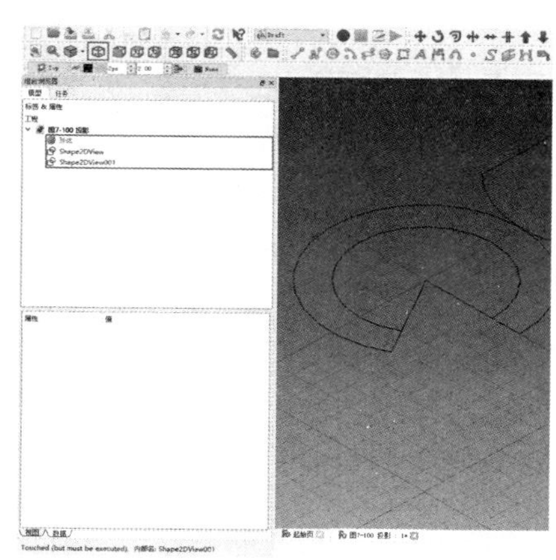

图7-105 点击“投影”图标生成正视图投影

⑤ 点击选中左侧模型模块中的“投影”图标 Shape2DView001，则正视图投影的颜色变绿；点击属性模块的“数据”按钮，双击“Placement/轴线”，更改z值为1mm，“角度”选择为−90°，将正视图旋转90°（也可点击“旋转”图标进行旋转），视图选择俯视图，见图7-106。

⑥ 视图选择“左视图”，点击选中左侧模型模块中的 球体 图标，按下空格键取消隐藏，则球体颜色变绿，见图7-107；点击“投影”图标，左侧模型模块中出现“投影”

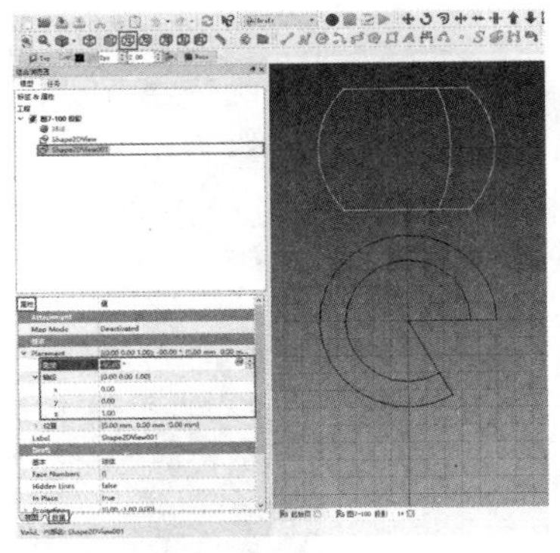

图7-106 将正视图投影旋转90°

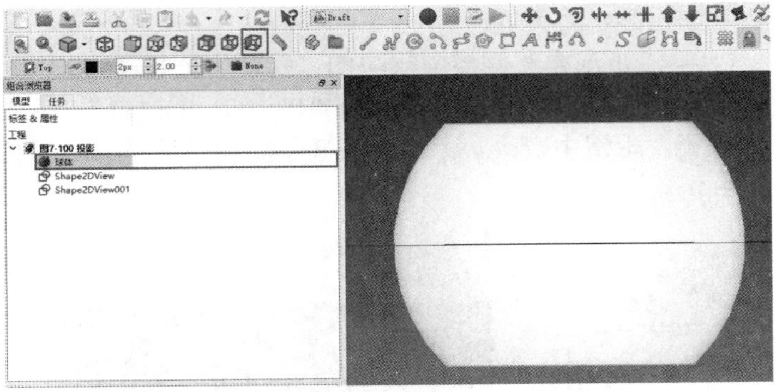

图7-107 视图选择左视图并点击选中球体图标

图标Shape2DView002；点击选中左侧模型模块中的球体图标，按下空格键将球体隐藏；视图选择“轴测图”，可见球体的左视图投影，点击选中左侧模型模块中的投影图标Shape2DView002，则左视图投影颜色变绿，见图7-108。

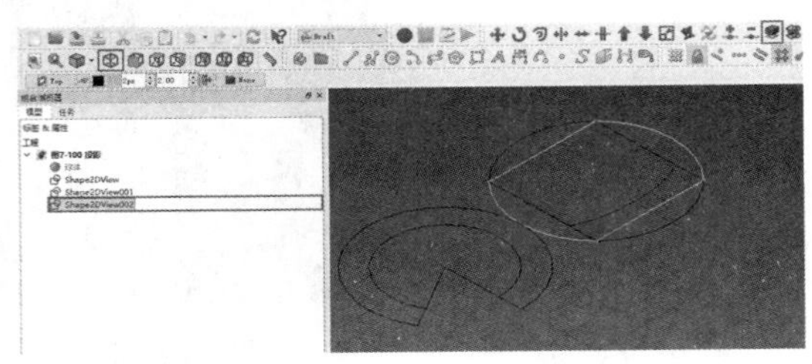

图7-108 点击“投影”图标生成左视图投影

⑦ 点击属性模块的“数据”按钮，双击“Placement/位置”，更改x值为12mm，将左视图右移，见图7-109；双击“Placement/轴线”，更改z值为1mm，“角度”选择为−90°，将左视图旋转90°；将“Hidden Lines”选项改为true，即显示投影的隐藏线；视图选择“俯视图”，可见球体的三视图，见图7-110。

图7-109 左视图右移

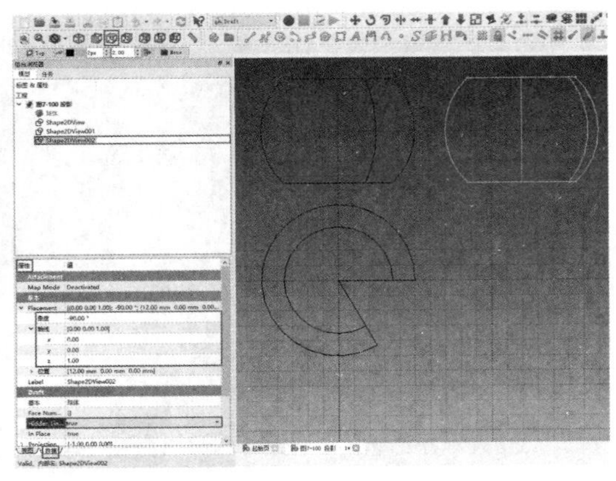

图7-110 旋转左视图并显示隐藏线

⑧ 点击选中左侧模型模块的任意投影图标，则相应投影的颜色变绿；点击属性模块的“数据”按钮，双击“Projection”，可更改投影的视图，例如（0，0，1）表示视角是从Z轴正方向投影三维模型，即俯视图，（1，0，0）表示视角是从X轴正方向投影三维模型，即右视图；（−1，0，0）表示视角通过X轴负方向投影三维模型，为左视图；（0，−1，0）表示视角是从Y轴负方向投影三维模型，即正视图。

⑨“Projection Mode”中有4个选项，分别为“Solid”“Individual Faces”“Cutlines”和“Cutfaces”，默认为“Solid”，表示整个三维模型都将被投影；“Individual Faces”表示

仅将三维模型中某些选中的面进行投影，本例中可选中球体的顶面，正视图投影后将该属性更改为“Individual Faces”选项，“Cutlines”和“Cutfaces”分别表示将Arch工作台中创建的三维模型进行投影，模式分别为切割线或切割面；In Place如果选择为true，则将“Cutlines”和“Cutfaces”模式全部显示。

⑩“Tessellation”表示曲线细分，如果选择为true，则B样条曲线或椭圆形等曲线将以多条线段相连的形式显示，见图7-111中绿色的侧视图；“Segment Length”中可设定“Tessellation”中线段的长度，如果选择为true，将以设定长度的线段显示椭圆形或B样条曲线等曲线，此时应先设置一个较大的数值，再逐渐将数值减小，以获得较好的显示效果，但如果“Segment Length”的数值设定得太小，则会导致计算量猛增，软件运行卡顿；“Visible Only”，如果选择为true，表示只有三维模型可见时才对投影形状重新进行计算。

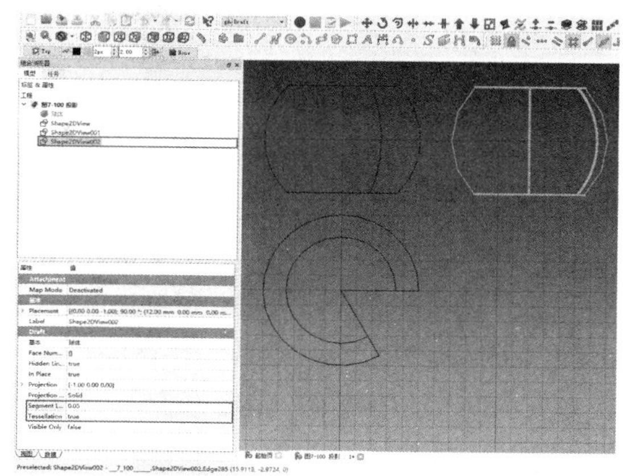
图7-111　曲线细分

注意

① 本例中的球体形状是经过修改的，所以并非完整的球体。

②“投影”命令可生成三视图，与TechDraw工作台中的命令类似，但TechDraw工作台中所生成的三视图只能放置于二维的工程图纸中，并不能像该“投影”命令一样放置于三维视图中。

③ 由于算法的限制，正视图和左视图还需进行移动和旋转才能符合三视图的规定。

④ 投影后切勿旋转或移动三维模型，否则已有的投影视图也会随之改变。

⑤ 三维模型可由Part、Part Design、Draft或Arch工作台构建。

7.1.15　底图/草图转换

底图/草图转换的图标为，该命令可将Draft工作台中创建的底图对象转换成Sketcher工作台中的草图对象，反之亦然。

① 打开7.1.14节中的FreeCAD文件，点击“文件/另存为”，输入文件名（本例中输入“图7-112底图草图转换”）；工作台选择Draft，视图选择“俯视图”，点击选中左侧模型模块中的三个投影视图图标，则三个投影视图的颜色变绿，见图7-112。

② 点击“底图/草图转换”图标，左侧模型模块中出现“草图”图标 Sketch，按下空格键将三个投影视图隐藏，见图7-113；双击“草图”图标 Sketch，进入Sketcher工作台，见图7-114，可在Sketcher工作台中对投影视图进行编辑操作。

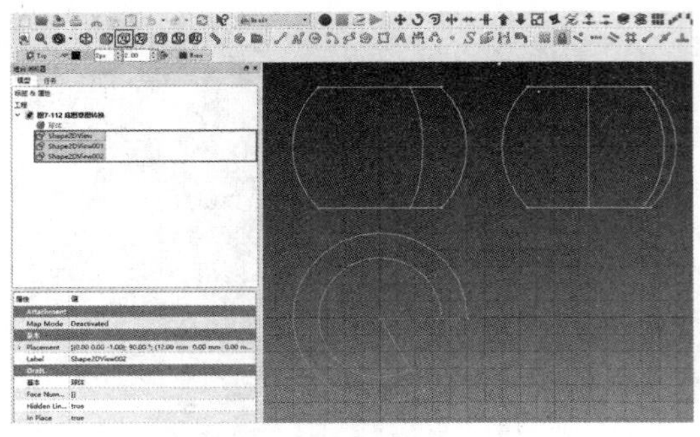

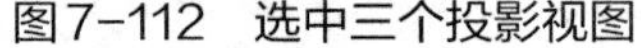
图7-112　选中三个投影视图

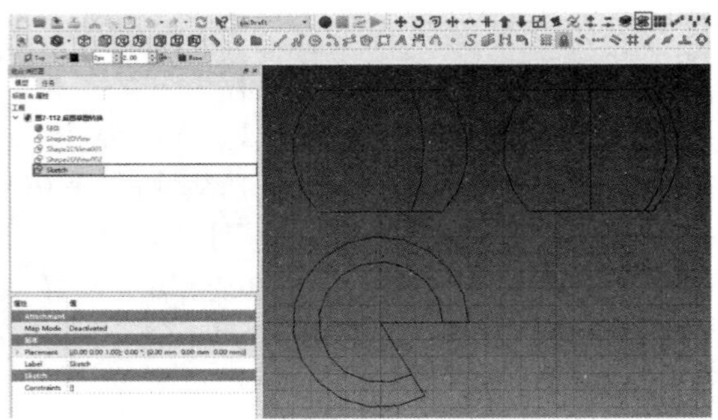

图7-113　点击“底图/草图转换”图标并隐藏底图

③ 工作台切换至Draft，点击选中左侧模型模块中的“草图”图标 Sketch，则草图中的所有对象颜色变绿；点击“底图/草图转换”图标，可将草图重新转换为底图；选中“草图”图标 Sketch 并按下空格键将其隐藏，可见草图转换为底图的对象，见图7-115。

图7-114　双击“草图”图标进入草图工作台

图7-115　将草图转换为底图

注意

① 底图中的折线转换为草图后，可用点约束将折线的各顶点进行约束。

② 底图中的矩形转换为草图后，可用点约束将矩形的四个顶点进行约束，用水平约束和垂直约束将矩形的边进行约束。

③ 底图中的贝塞尔曲线转换为草图后，因为Sketcher工作台并不支持贝塞尔曲线，所以用形状相似的B样条曲线代替贝塞尔曲线。

④ 底图中的B样条曲线可转换为草图中的B样条曲线。

⑤ 非Draft工作台中绘制的对象，只要是平面图形，皆可转换成为Sketcher工作台中的对象。

⑥ 底图中无法用直线、圆弧和B样条曲线表示的对象通常在转换时会失败，无法出现在草图中。

7.1.16　阵列

阵列的图标为，该命令可对二维或三维对象进行正交阵列或极坐标阵列操作。

7.1.16.1 正交阵列

① 打开FreeCAD，点击新建文件，工作台选择Draft，工作平面设置为XY，视图选择“轴测图”；点击“矩形”图标，输入第一个点的坐标为（0，0，0），输入第二个点的坐标为（1，1，0），见图7-116。

② 点击选中左侧模型模块中的“矩形”图标 Rectangle，绘图区域中的矩形颜色变绿；点击“阵列”图标，则左侧模型模块中出现“阵列”图标 Array，同时绘图区域中的阵列颜色变绿；点击属性模块的“数据”按钮，显示阵列的众多属性，正交阵列和极坐标阵列共有的属性为：基本、Array Type和Fuse，见图7-117；“基本”指的是阵列中需要复制的对象，本例中为矩形；“Array Type”为阵列的类型，有两种，分别为正交阵列和极坐标阵列，本例选择ortho（即正交阵列）；“Fuse”选择为true，则表示假如阵列的副本之间无间隔或者间隔为负值，则副本彼此会相交融合，形成一个对象。

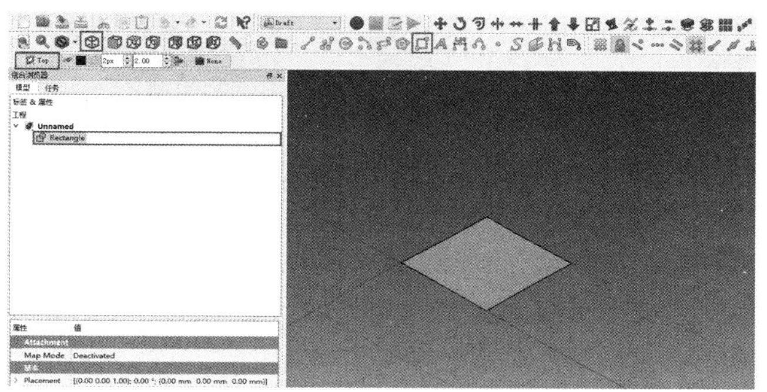

图7-116 绘制一个矩形

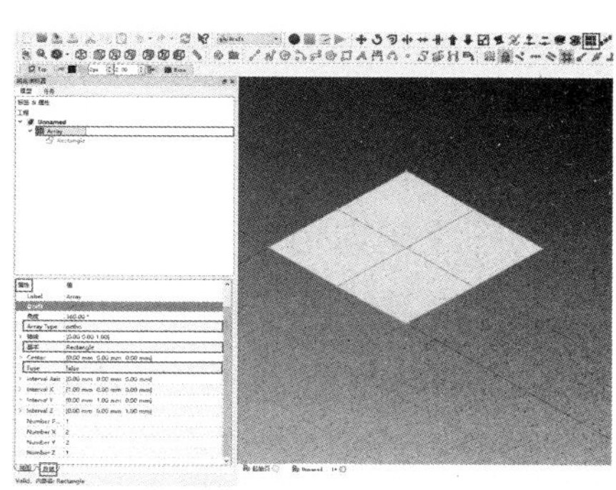

图7-117 正交阵列和极坐标阵列共有的属性

③ 正交阵列中的属性为Interval X、Interval Y、Interval Z、Number X、Number Y、Number Z；Interval X指X方向上副本与副本的间隔，同理Interval Y指Y方向上副本与副本的间隔，Interval Z指Z方向上副本与副本的间隔；Number X指X方向上副本的个数，同理Number Y指Y方向上副本的个数，Number Z指Z方向上副本的个数；本例中将Interval X值改为（2，0，0），Interval Y值改为（0，2，0），Number X 和Number Y的值均改为4，即把原矩形复制成为4行4列且X和Y方向上的间隔均为2mm的阵列，见图7-118。

④ 同理，添加Z方向的阵列，Interval Z值改为（0，0，4），Number Z的值更改为3，见图7-119。

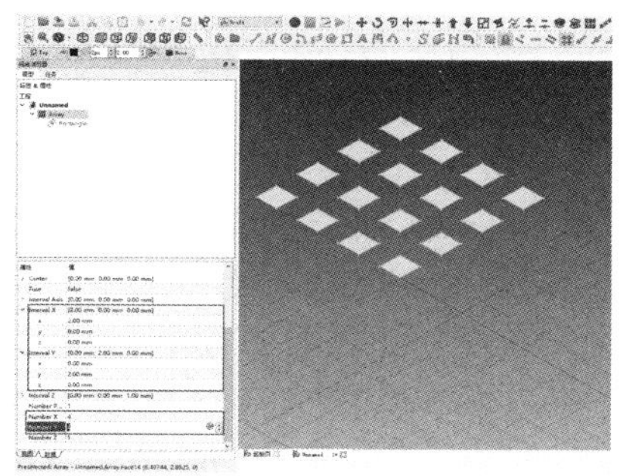

图7-118 四行四列间隔为2mm的阵列

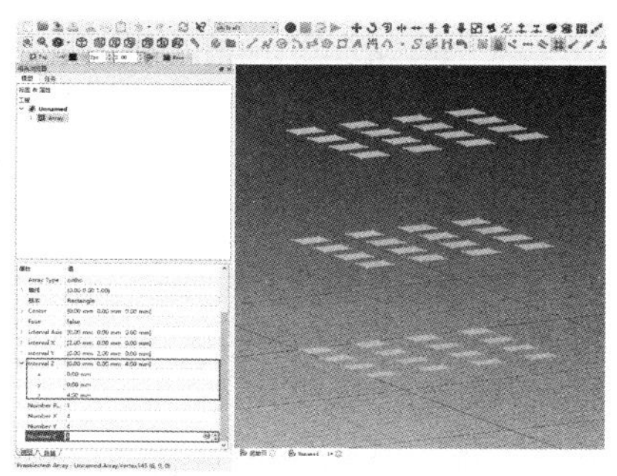

图7-119 添加Z方向的阵列

注意

① 阵列的副本个数不包含原对象，所以可以为0。

② 阵列的间隔指两个副本中相同点之间的距离，本例中矩形的长度为1mm，X或Y方向的间隔为2mm，所以两个副本之间有2-1=1mm的空隙，若间隔数值为负值，此时副本与副本相交，若“Fuse”为true，则副本彼此之间会相交融合，形成一个对象。

③ 阵列的间隔并不是一个简单的距离，而是一个间隔向量，例如本例中将Interval X值改为（2，1，0），Number X的值改为3，表示将在X方向上创建3个副本；第一个副本位于原位置，第二个副本相对于第一个副本向X方向移动2mm，向Y方向移动1mm，第三个副本相对于第二个副本继续向X方向移动2mm，向Y方向上移动1mm，见图7-120。

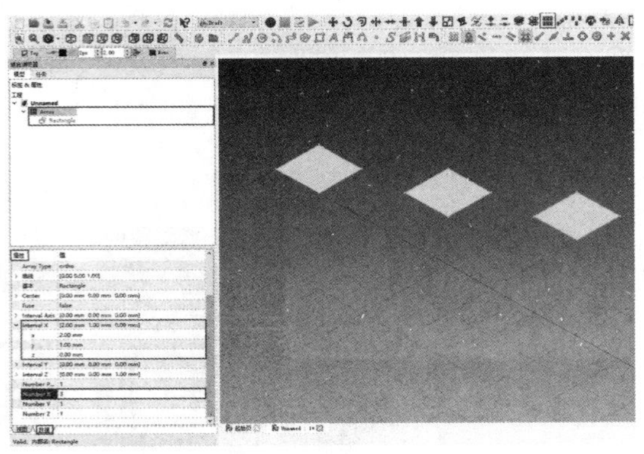

图7-120　阵列的间隔是一个向量

7.1.16.2　极坐标阵列

① 打开FreeCAD，点击新建文件，工作台选择Draft，工作平面设置为XY，视图选择“轴测图”；点击“矩形”图标，输入第一个点的坐标为（1，1，0），不要勾选“相对”复选框，输入第二个点的坐标为（2，2，0）；为方便观察，点击菜单栏中“视图/切换轴交叉”，见图7-121。

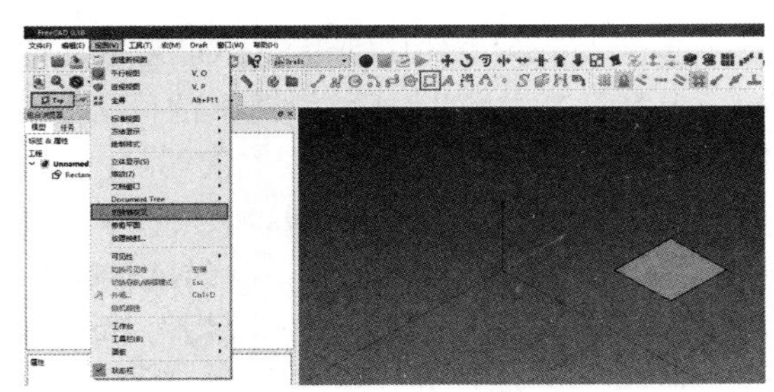

图7-121　绘制一个矩形并点击切换轴交叉

② 点击选中左侧模型模块中的“矩形”图标 Rectangle，则绘图区域中的矩形颜色变绿；点击“阵列”图标，则左侧模型模块中出现图标 Array，同时绘图区域中的阵列颜色变绿；点击属性模块的“数据”按钮，“Array Type”中选择“polar”（即极坐标阵列），若绘图区域中的图形没有变化，可点击“刷新”图标，见图7-122。

③ 极坐标阵列中的属性为角度、轴线、Center、Interval Axis、Number Polar，见图7-123。

④“角度”指极坐标阵列中副本覆盖的角度，最大及默认值为360°；“轴线”指极坐标阵列的副本所围绕的中心轴线方向，（0，0，1）表示轴线垂直于XY平面，（1，0，0）表示轴线垂直于YZ平面，（0，1，0）表示轴线垂直于XZ平面；“Center”指极坐标阵列围绕的中心点；“Number Polar”指极坐标阵列的副本个数；“Interval Axis”指间隔向量，即每个副本在X、Y、Z方向上的偏移距离；本例中的角度选择默认的360°、轴

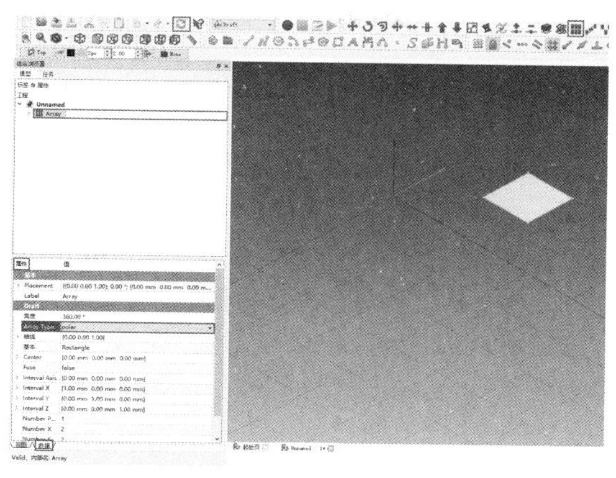

图7-122　选择极坐标阵列

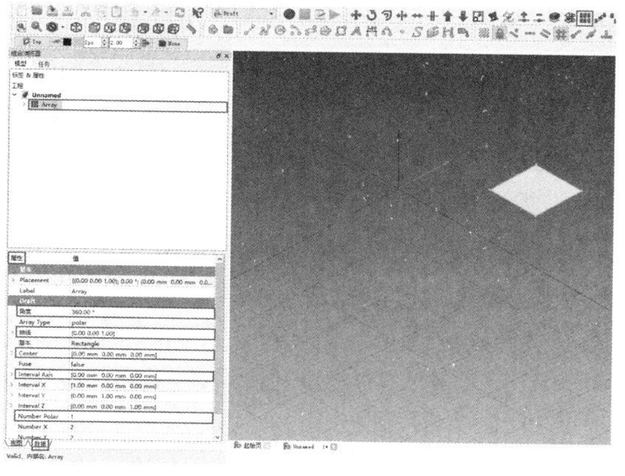

图7-123　极坐标阵列的属性

线为（0，0，1）、Center为原点（0，0，0）、“Number Polar”为6、“Interval Axis”均为0，也就是把原矩形以原点为中心，以Z轴为中心轴线，在360°的角度内均匀分布6个副本，见图7-124。

⑤ 将Interval Axis值改为（0，0，1），表示6个副本中第一个副本位于原位置，第二个副本相对于第一个副本向Z方向移动1mm，第三个副本相对于第二个副本继续向Z方向移动1mm，依次类推，构建出类似于旋转楼梯的三维模型，见图7-125。

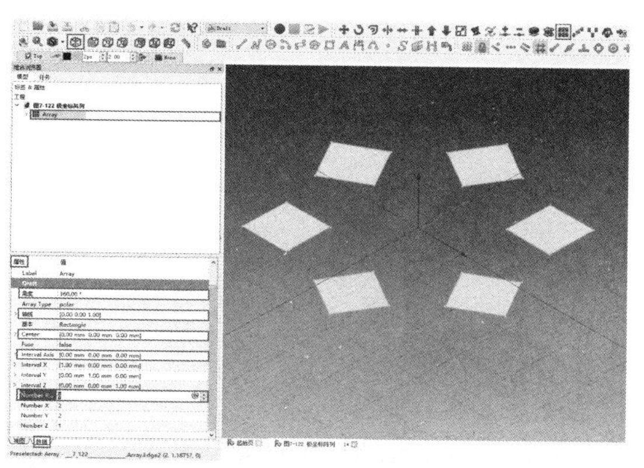

图7-124　六副本的极坐标阵列

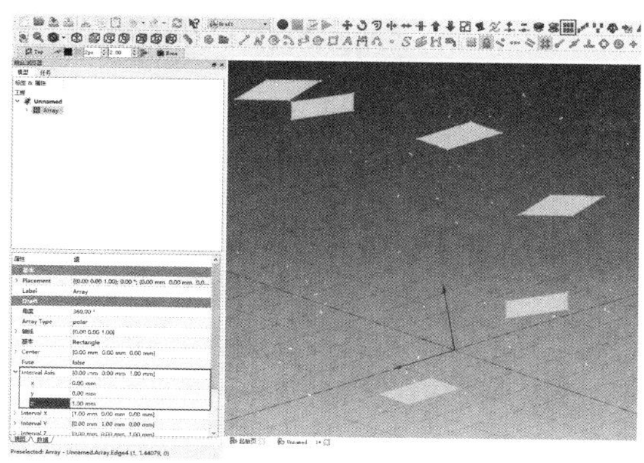

图7-125　“Interval Axis”为（0，0，1）的极坐标阵列

注意

① Part工作台、Part Design工作台、Draft工作台和Arch工作台中创建的二维平面对象或三维立体对象均可使用该命令进行阵列操作。

② 阵列中的每个副本都是原对象的复制版，但所有副本在模型模块中被视为一个对象。

7.1.17　线阵列

线阵列的图标为，作用为将选中的对象沿着指定的路径进行阵列操作，路径可以是

折线、B样条曲线或者其他对象的边。

① 打开FreeCAD，点击新建文件，工作台选择Draft，工作平面设置为XY，视图选择“轴测图”；点击“正多边形”图标，输入中心点的坐标为（0，0，0），半径为1mm，边数为5；点击“B样条曲线”图标，在绘图区域绘制任意一条B样条曲线，见图7-126。

② 先点击选中左侧模型模块中的“正多边形”图标 Polygon，再按住“Ctrl”键点击选中左侧模型模块中的“B样条曲线”图标 BSpline，则“正多边形”和“B样条曲线”的颜色变绿；点击“线阵列”图标后，多边形均匀分布在“B样条曲线”上，见图7-127，左侧模型模块中出现 PathArray 图标，点击选中该图标，再点击属性模块的“数据”按钮，可见线阵列的属性，见图7-127。

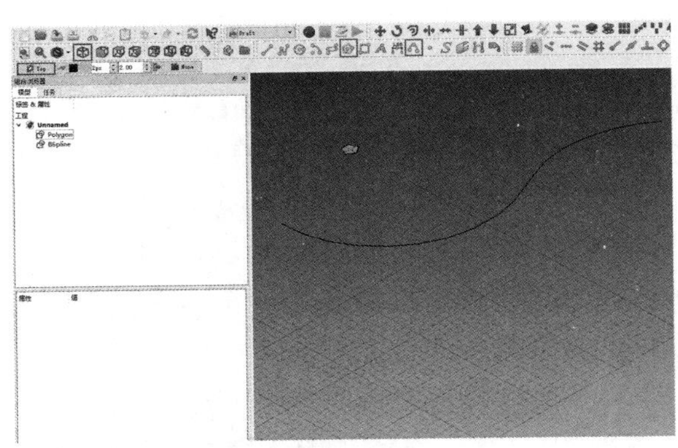

图7-126　绘制五边形及任意一条B样条曲线

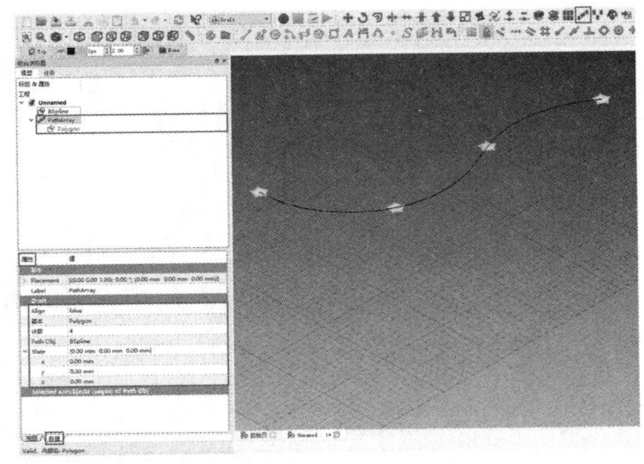

图7-127　线阵列结果及其属性

③ 线阵列中的属性为“Align”、基本、计数、Path Obj、Xlate；“基本”指的是阵列的原对象，本例中为五边形；Path Obj为路径，本例中为B样条曲线；“计数”是指路径上副本的个数，默认为4个；“Align”意为对齐，如果选择为false，则副本保持默认的方向，见图7-127，如果选择为true，则副本的平面与工作平面垂直，方向指向副本所在B样条曲线位置的切线方向，见图7-128。

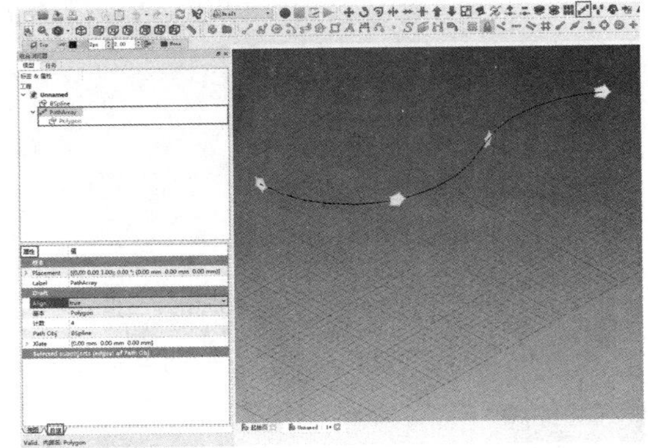

图7-128　“Align”为true时的线阵列

④“Xlate”指间隔向量，即每个副本的偏移距离，当“Align”为false时，间隔向量以全局坐标作为基准，例如（1，0，0）代表4个副本均向X方向移动1mm，（0，1，0）代表4个副本均向Y方向移动1mm，（0，0，1）代表4个副本均向Z方向移动1mm；当“Align”为true时，间隔向量将以路径的局部切线、副法线和主法线方向为基准，例如将Xlate值改为（1，2，3），表示4个副本中均沿着局部路径的切线方向移动1mm，沿着路径的副法线方向移动2mm，沿着路径的主法线方向移动3mm；若“Align”为true时，将Xlate值改为（0，5，0），表示4个副本沿着路径的副法线方向移动5mm，见图7-129。

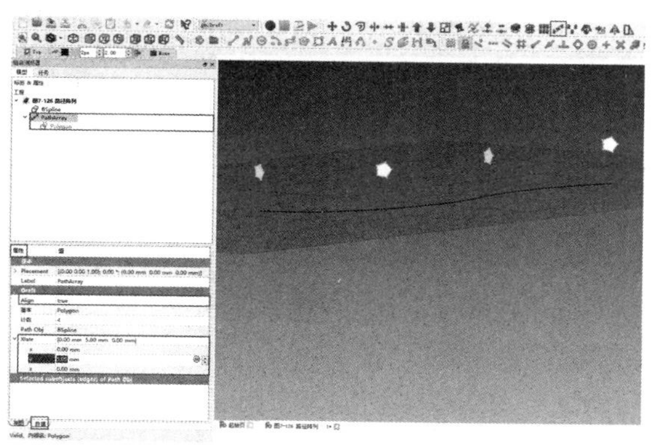

图7-129　副本沿副法线方向移动的线阵列

注意

① 先选择要线阵列的原对象，再按住“Ctrl”键选择路径，最后点击“线阵列”图标，选择顺序不同，则结果不同。

② Part工作台、Part Design工作台、Draft工作台和Arch工作台中创建的二维平面对象或三维立体对象均可使用“线阵列”命令进行操作。

③ 线阵列中的每个副本都是原对象的复制版，但所有副本（不包括路径）在模型模块中被视为一个对象，而路径被视为另一个对象，当移动或旋转路径后，线阵列自动跟随路径进行移动或旋转。

④ 线阵列中的路径也可以是折线或者其他对象的边，见图7-130。

⑤ 假如线阵列中的原对象没有被布置到路径的合适位置，此时应检查原对象的位置是否在原点，有些原对象可以布置在三维空间的任意位置，但有些原对象必须布置在原点才能进行正确的线阵列操作，尤其是当用二维平面图形被拉伸成的三维立体模型作为原对象时，往往容易发生线阵列运算结果的错误。

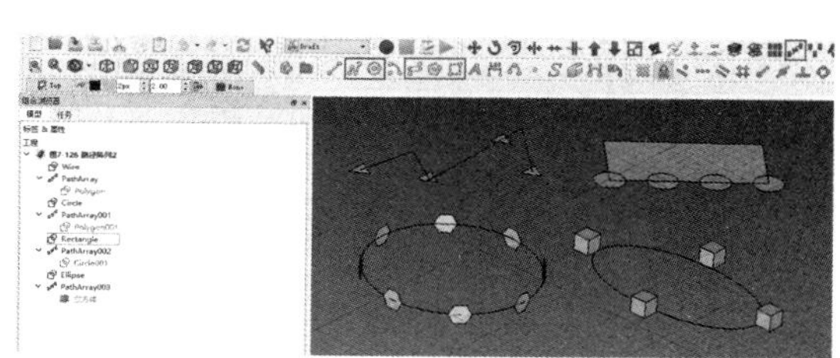

图7-130　以折线及边作为路径

7.1.18　点阵列

点阵列的图标为，作用为将选中的对象布置到指定的点的位置。

① 打开FreeCAD，点击新建文件，工作台选择Draft，工作平面设置为XY，视图选择“轴测图”；点击“正多边形”图标，输入中心点的坐标为（0，0，0），半径为1mm，边数为3；打开“网格捕捉”功能，点击“点”图标，选中“继续”复选框，在绘图区域的网格交点处绘制四个点，见图7-131。

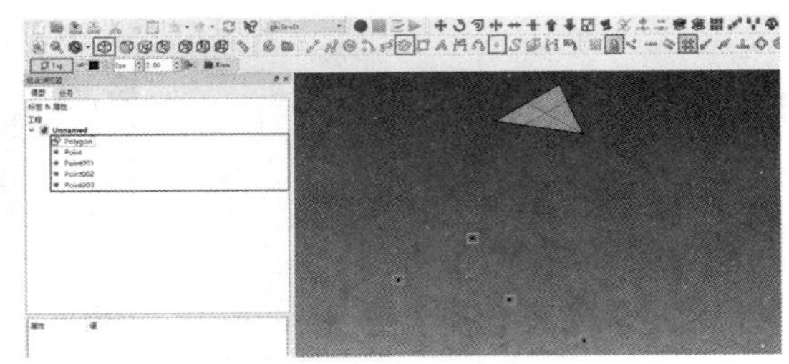
图7-131 在原点绘制三角形并绘制四个点

② 按住“Ctrl”键点击选中左侧模型模块中四个点的图标，则绘图区域中四个点的颜色变绿，点击“升级”图标，将四个点合并成一个点的集合，左侧模型模块中出现点的“集合”图标 Block，同时绘图区域中四个点的尺寸变小，左侧模型模块中点的图标变暗淡，见图7-132。

③ 先点击选中左侧模型模块中的“正多边形”图标 Polygon，再按住“Ctrl”键点击选中点的“集合”图标 Block，则正多边形和四个点的颜色变绿；点击“点阵列”图标，则正多边形被布置到四个点的位置上，同时原点位置处的“正多边形”消失，见图7-133。

图7-132 将四个点合并为一个点的组合

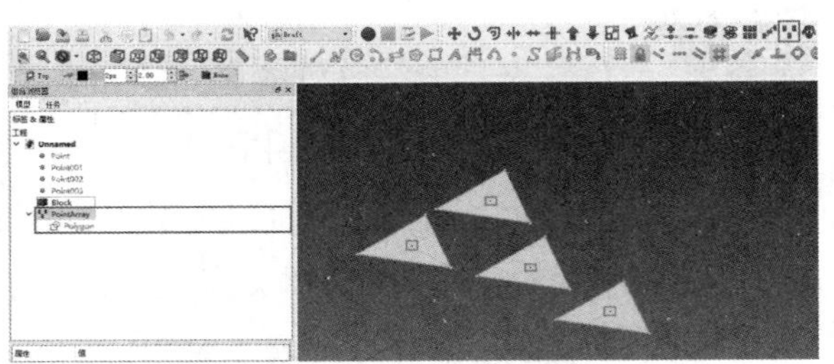
图7-133 将正多边形布置到四个点的位置上

注意

① 先点击选择点阵列的原对象，再按住“Ctrl”键点击选择点的集合，最后点击“点阵列”图标，选择顺序不同，则结果不同。

② 点阵列中的每个副本都是原对象的复制版，但所有副本（不包括点的集合）在模型模块中被视为一个对象，而点的集合被视为另一个对象。

③ 点整列的原对象必须绘制在原点处，否则原对象将不会被布置在指定点的位置，见图7-134。

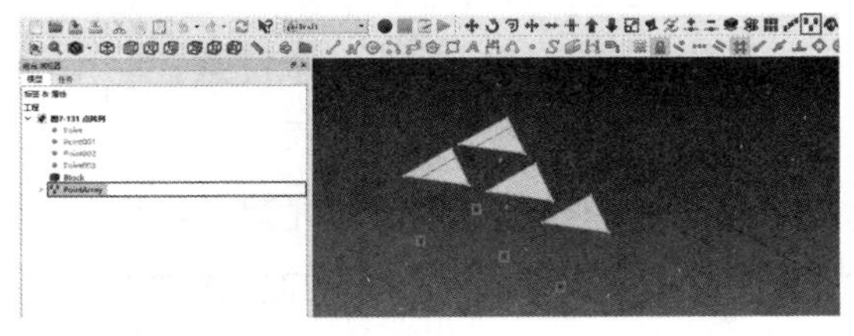
图7-134 原对象不在原点位置处的点阵列结果

7.1.19 克隆

克隆的图标为，作用为将选中的二维或三维对象复制出一个新的副本。克隆的副本与原对象之间存在绑定关系，当原对象的形状或属性发生改变时，副本的形状或属性也会随之发生改变，但属于复制副本自身的位置、旋转、比例、颜色、线宽和透明度等属性不会随原对象的改变而改变。

① 打开FreeCAD，点击新建文件，工作台选择Draft，工作平面设置为XY，视图选择“轴测图”；点击“折线”图标，在绘图区域绘制任意的闭合折线，见图7-135；选中左侧模型模块的“折线”图标 Wire，则绘图区域中的折线颜色变绿，点击“修剪”图标

，按下“Z”键，将封闭折线拉伸至任意高度，形成一个三维立体模型，见图7-136。

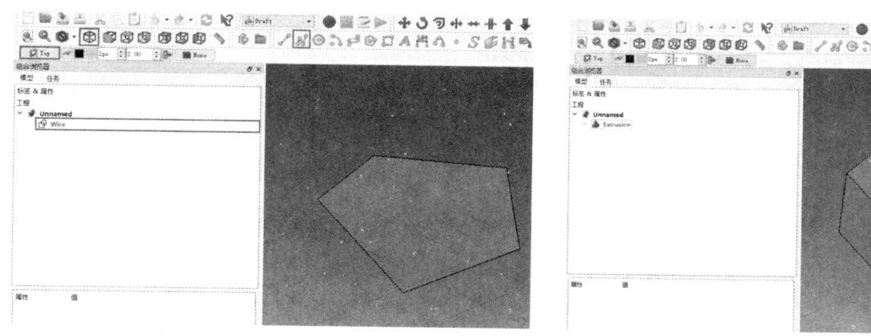

图7-135　绘制一条封闭的折线 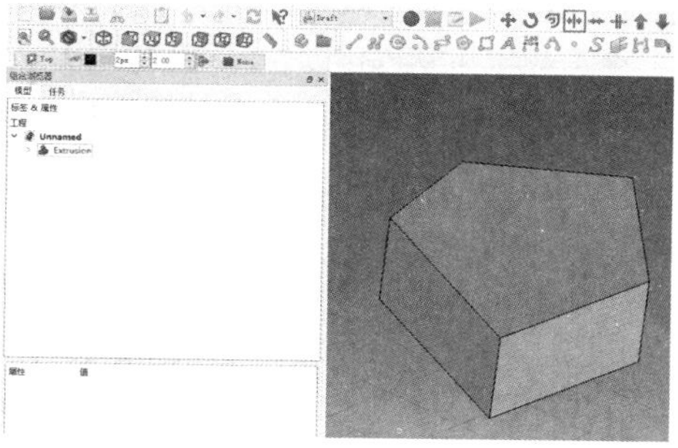　　图7-136　将折线拉伸形成三维立体模型

② 选中左侧模型模块的“拉伸”图标 Extrusion，则绘图区域中的三维立体模型变绿；点击“克隆”图标，左侧模型模块中出现“克隆”图标 Extrusion001，此时克隆的副本与原对象重合在一起，见图7-137；点击属性模块的“数据”按钮，双击“Placement/位置”，更改x、y、z的值可调整克隆副本的位置，将其与原对象分离，见图7-138。

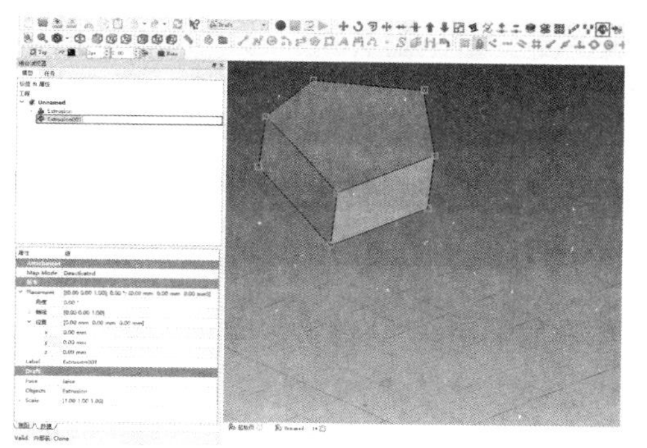

图7-137　对三维立体模型进行克隆

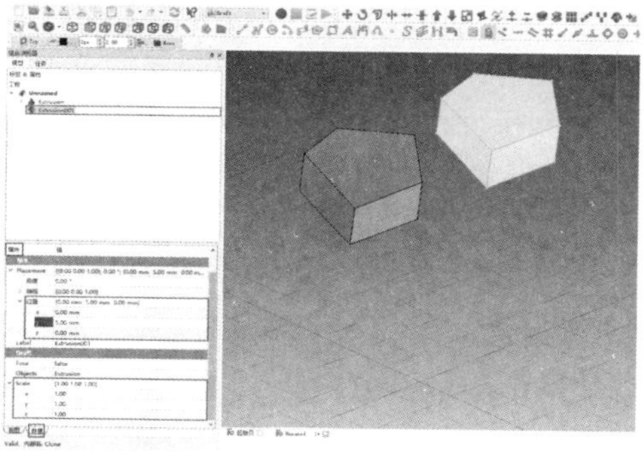

图7-138　将克隆的副本与原对象分离

③ 双击“Scale”属性，可见此时克隆的副本与原对象的比例为1，将其中的x、y、z的值改为2，表示将克隆的副本在每个方向上放大2倍，见图7-139；点击选中模型模块中原对象的图标 Extrusion，点击属性模块的“数据”按钮，双击“Dir”属性显示x、y、z的值，将z值增大后，点击刷新图标，可见原对象与克隆副本同时增高，见图7-140。

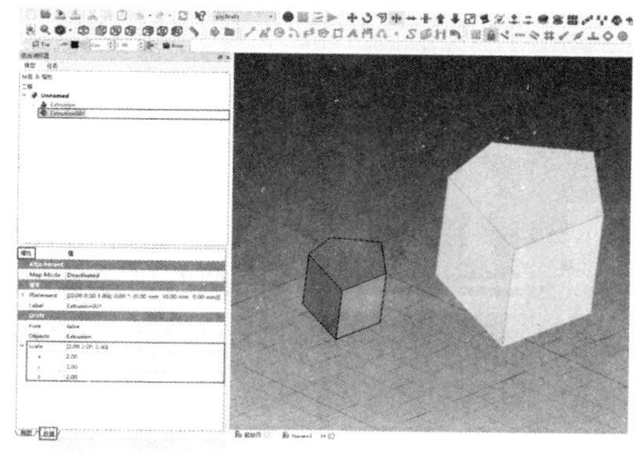

图7-139　将克隆的副本放大2倍

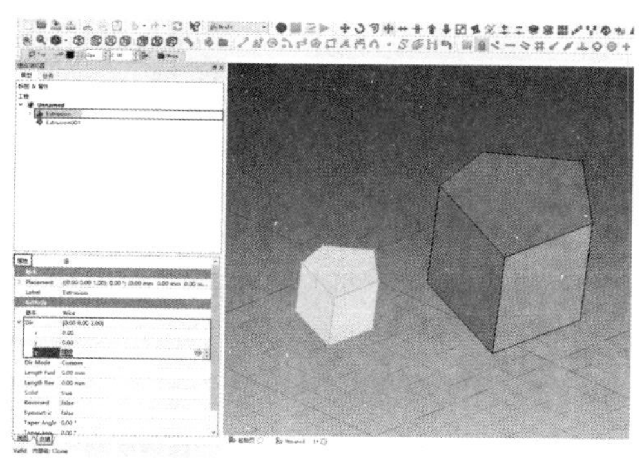

图7-140　增高原对象，克隆的副本也随之增高

注意

① 属性中的“Fuse”如果选择为true，则假如克隆的副本与其他对象相交，会导致它们彼此相交融合，形成一个对象。

② Part工作台、Part Design工作台、Draft工作台和Arch工作台中创建的二维平面对象或三维立体对象均可使用“克隆”命令进行操作。

③ 对Arch工作台中创建的对象进行克隆，则模型模块中的“克隆”图标不同于Draft工作台中的克隆图标。

7.1.20 制图

制图的图标为，作用为将选中的对象复制到标准的图纸当中，但由于该命令存在众多不足，所以对该命令的开发和更新已完全停止，在未来的FreeCAD版本中该命令很有可能被移除，其功能可由TechDraw工作台完全代替。

① 打开7.1.14投影的FreeCAD文件，点击“文件/另存为”，输入保存的文件名（本例中输入“图7-141制图”）；工作台选择Draft，工作平面设置为XY，视图选择“俯视图”，点击选中左侧模型模块中的三个投影视图图标，则三个投影视图的颜色变绿，见图7-112。

② 点击“制图”命令图标，左侧模型模块中出现图标Page，双击该图标进入Page界面，见图7-141，可见图纸明显偏小；点击选中左侧模型模块中的图标Page，点击属性模块的“数据”按钮，点击“Template”属性右侧的三点小按钮...，可在弹出的窗口中选择大小合适的图纸，本例点击选中A2_Landscape_ISO7200.svg，点击“打开”，见图7-142。

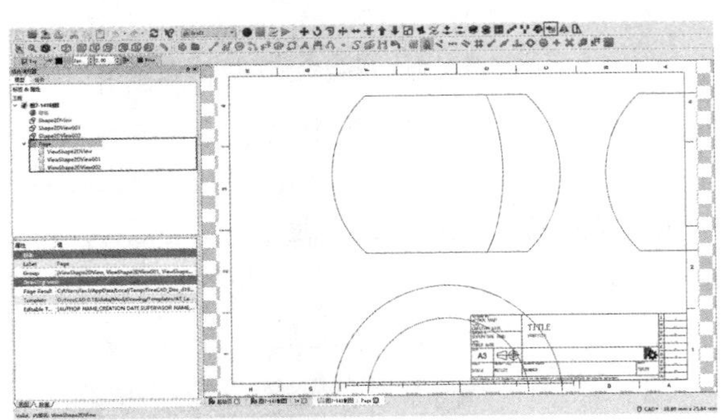

图7-141 进入Page界面

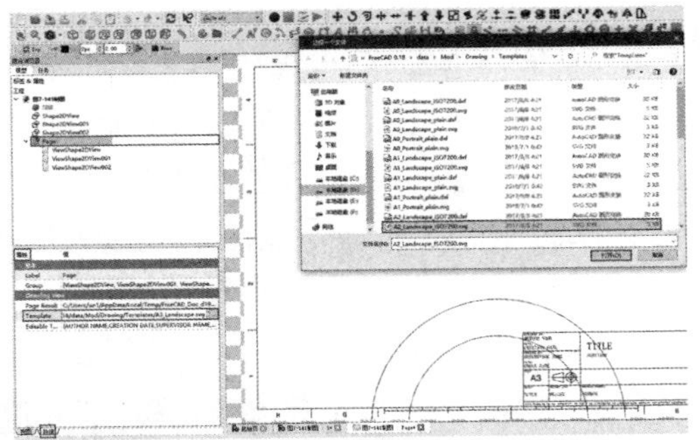

图7-142 选择大小合适的图纸

③ 选择合适的图纸后，需要在图纸右下角的表格中输入相应的信息，点击“Editable Texts”属性右侧的三点小按钮...，弹出列表窗口，窗口中的信息即为图纸右下角表格中的信息，见图7-143；在窗口中完成相应信息的输入后，点击“OK”退出。

④ 点击选中Page中的某个ViewShape2DView图标，再点击属性模块的“数据”按钮，可在“View Style”中修改“Fill Style”（填充样式）、“Font Size”（字体大小）、“Line Width”（线宽）、线条样式等属性，见图7-144；最后点击“文件/打印预览”，确认无误后打印出图。

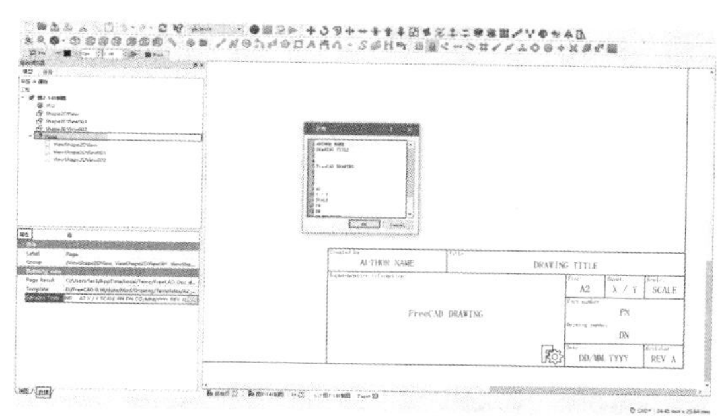

图7-143　列表窗口中输入图纸的相应信息

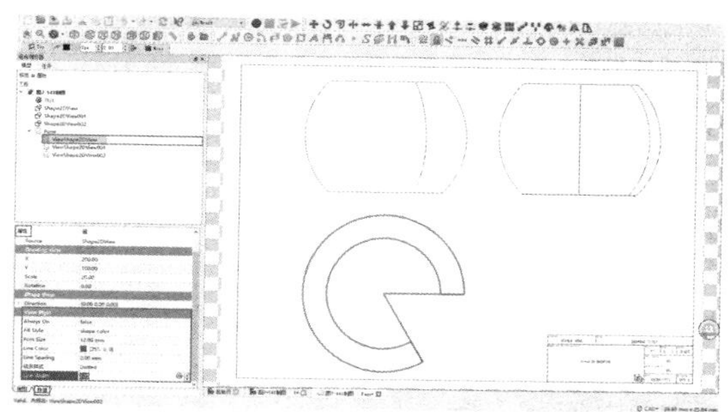

图7-144　“View Style”中修改相应的属性

7.1.21　镜像

镜像的图标为，作用为创建出一个与选中的对象形状相同且对称的副本，当原对象的形状或属性发生改变时，镜像副本的形状或属性也会随之发生改变，但属于镜像副本自身的颜色、线宽和透明度等属性不会随原对象的改变而改变。

① 打开FreeCAD，点击新建文件，工作台选择Draft，工作平面设置为XY，视图选择“俯视图”；点击“折线”图标，在绘图区域绘制任意形状的折线，见图7-145。

② 点击选中左侧模型模块中的“折线”图标 Wire，则绘图区域中的折线颜色变绿；点击“镜像”图标，进入“镜像”对话框的第一步，见图7-146；在镜面对话框中输入对称轴的第一个点的坐标，或者直接在绘图区域中通过点击确定对称轴的第一个点的坐标，本例中输入（0，0，0），点击 输入点 按钮进入镜像对话框的第二步。

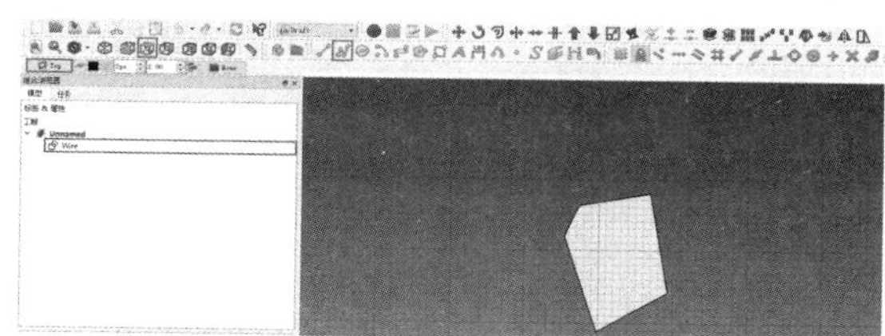

图7-145　绘制任意形状的折线

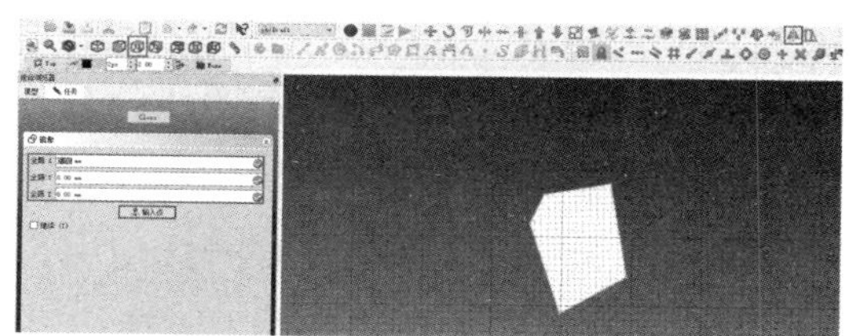

图7-146　输入对称轴的第一个点的坐标

③ 输入对称轴的第二个点的坐标，同样也可直接在绘图区域中通过点击确定对称轴的第二个点的坐标，本例中输入（10，10，0），见图7-147，点击 输入点 按钮完成镜像操作，见图7-148。

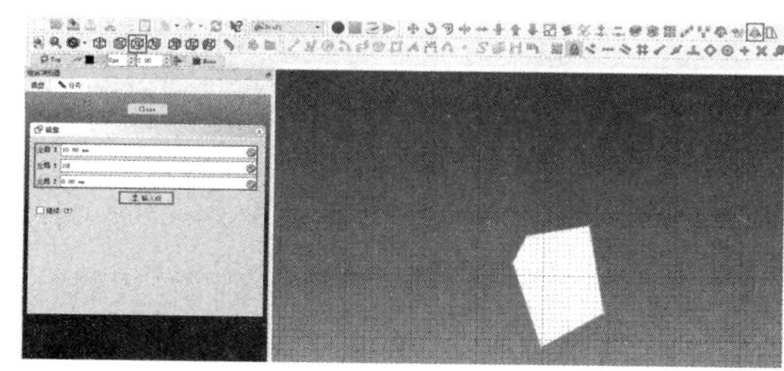

图7-147　输入对称轴的第二个点的坐标

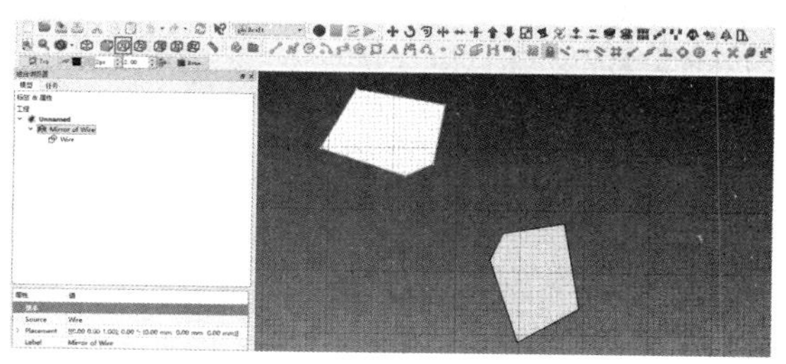

图7-148　完成镜像操作

注意

①“镜像”操作是通过对称轴及视图来确定镜像副本的位置，本例中如果视图为轴测图，则镜像的副本位于三维空间中，并不在XY平面上，见图7-149。

② 如图7-149所示，此时如果需要将镜像的副本布置在XY平面上，可点击选中左侧模型模块中的“镜像”图标 Mirror of Wire，镜像副本的颜色变绿，点击属性模块的“数据”按钮，双击“Normal”，将Z值更改为0，则镜像副本自动布置到XY平面上，见图7-150；若将“Normal”修改为（1，0，0），镜像副本将关于YZ平面对称；将Normal修改为（0，1，0），镜像副本关于XZ平面对称；将Normal修改为（0，0，1），镜像副本关于XY平面对称。

图7-149　轴测图时镜像副本并不在XY平面上

③“镜像”操作完成后，点击选中左侧模型模块中的“镜像”图标 Mirror of Wire，点击“升级”或“降级”图标，可将镜像副本转换为折线或边。

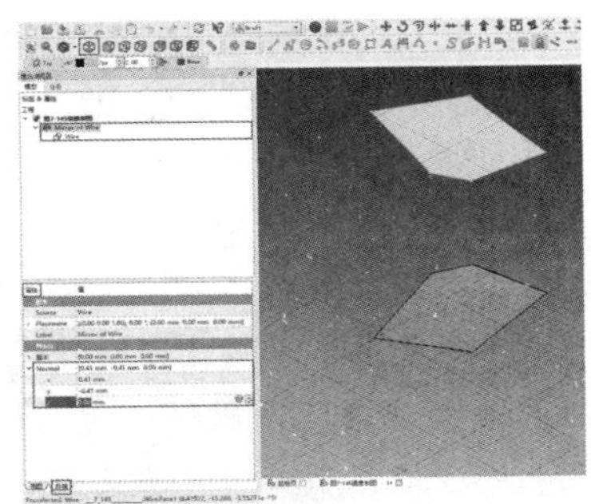

图7-150　将镜像的副本布置在XY平面上

④“镜像”对话框中的“继续”复选框含义与前述命令相似。

⑤ 确定对称轴的第一个点后，按住Shift键，则第二个点的位置只能限制在相对于第一个点的水平线或垂直线上。

⑥ 镜像的副本与原对象之间有绑定关系，当原对象的形状或属性发生改变时，镜像副本的形状或属性也会随之发生改变；如果想删除这种绑定关系，可切换到Part工作台中，点击选中左侧模型模块中的“镜像”图标 Mirror of Wire，点击“菜单栏”中“零件/创建简单副本”，见图7-151，创建出与镜像副本形状相同的简单副本，此时简单副本与镜像副本重合在一起，可移动简单副本，使其与镜像副本分离。简单副本与原对象不存在绑定关系。Part工作台中创建简单副本命令可详见10.10中的内容。

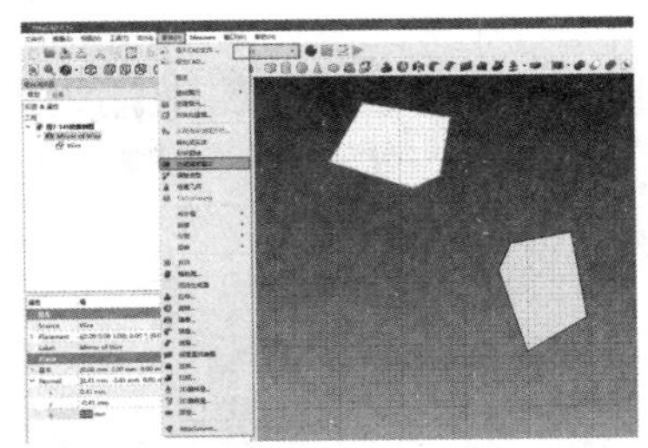

图7-151　Part工作台中创建简单副本

7.1.22 牵引

牵引的图标为，作用为对选定对象的部分控制点进行移动，从而使对象伸缩变形。“牵引”命令适用于由多点构成的对象，例如折线、B样条曲线和贝塞尔曲线等。

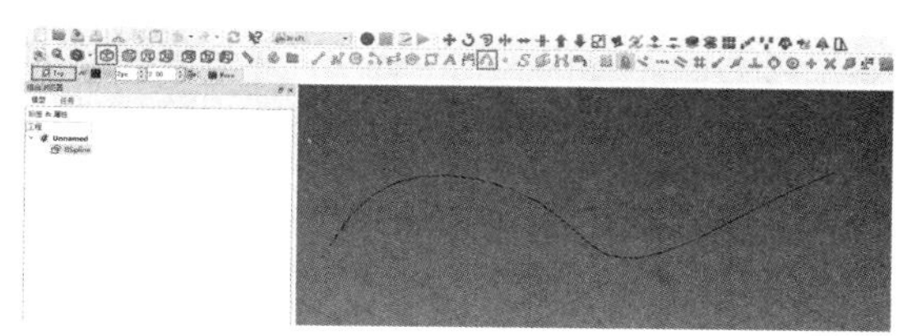

图7-152 绘制任意一条B样条曲线

① 打开FreeCAD，点击新建文件，工作台选择Draft，工作平面设置为XY，视图选择“轴测图”；点击“B样条曲线”图标，在绘图区域绘制任意形状的B样条曲线，见图7-152。

② 点击选中左侧模型模块中的“B样条曲线”图标 BSpline，绘图区域中的B样条曲线颜色变绿；点击“牵引”图标，进入“牵引”对话框的第一步，见图7-153；在“牵引”对话框中可以输入选择矩形的第一个点的坐标，再按下输入点按钮完成坐标的输入，或者直接在绘图区域中通过鼠标点击确定选择矩形的第一个点的坐标，本例中采用绘图区域中进行鼠标点击确定第一个点的坐标，随后进入“牵引”对话框的第二步，移动鼠标至合适的位置，点击确定选择矩形的第二个点的坐标（也可以在“牵引”对话框的第二步中输入选择矩形的第二个点的坐标，再按下输入点按钮），见图7-154。

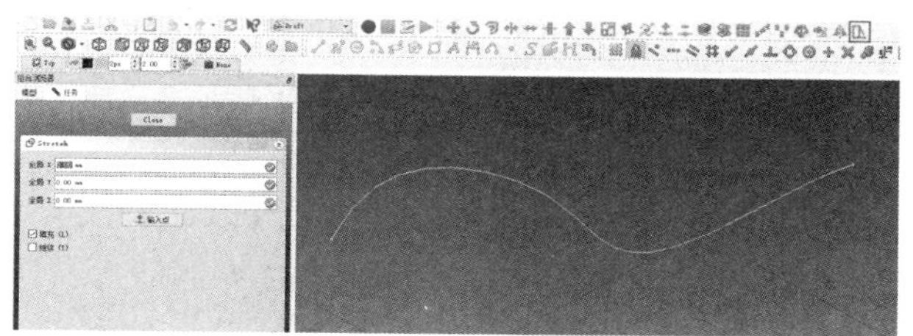

图7-153 牵引对话框的第一步

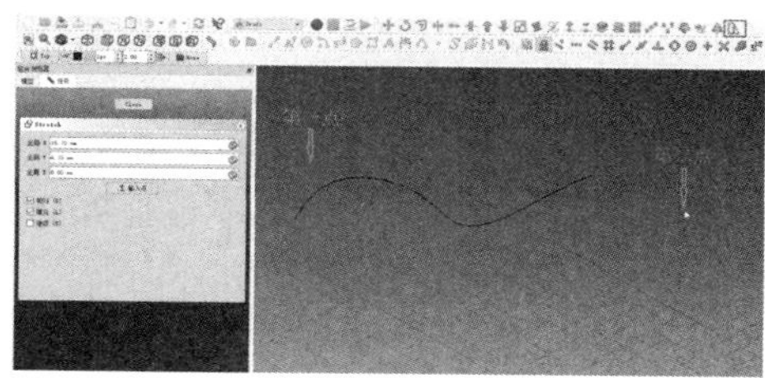

图7-154 点击鼠标确定选择矩形

③ 进入“牵引”对话框第三步，可见B样条曲线的一部分控制点已经被选中，见图7-155，接下来需要定义牵引线的方向和距离；在“牵引”对话框的第三步中可以输入牵引线的第一个点的坐标，再按下输入点按钮完成坐标的输入，或者直接在绘图区域中通过点击确定牵引线的第一个点的坐标，本例采用点击B样条曲线的控制点确定牵引线的第一个点的坐标。

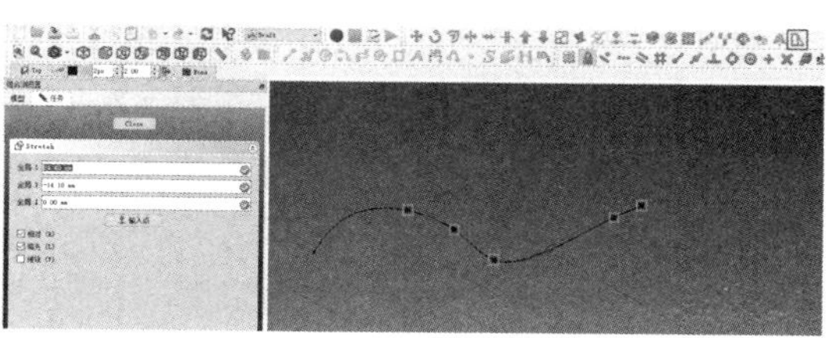

图7-155 通过选择矩形选中的部分控制点

④ 进入“牵引”对话框第四步，移动鼠标至合适的位置，点击确定选择牵引线的第二个点的坐标（也可以在“牵引”对话框的第四步中输入牵引线的第二个点的坐标，再按下输入点按钮），见图7-156；牵引操作完成，见图7-157。

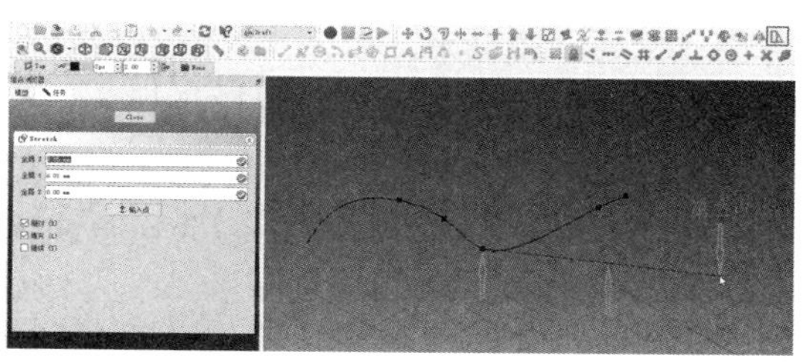

图7-156 点击确定牵引线的方向和距离

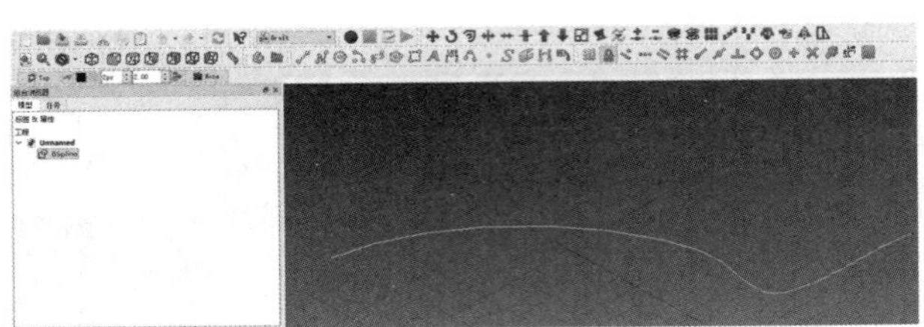

图7-157　牵引操作完成

注意

①“牵引”对话框分为四步，前两步定义一个选择矩形，后两步定义牵引线的方向和距离，每一步皆可在对话框中输入坐标或者在绘图区域中通过点击确定坐标。

②“牵引”命令通过选择矩形选定了一部分控制点，再通过牵引线的方向和距离，将原对象进行拉伸。

③ 牵引对话框中的“继续”和“相对”复选框含义与前述命令相似。

④ 确定选择矩形或牵引线的第一个点后，按住“Shift”键，则第二个点的位置只能限制在相对于第一个点的水平线或垂直线上。

⑤ 牵引线的第一个点可以选择原对象的控制点，也可选择绘图区域中的任意点。

7.2 综合实例

7.2.1 绘制简单的榫卯结构

① 打开FreeCAD，点击新建文件，工作台选择Draft，工作平面设置为XZ，视图选择“正视图”，点击选择“线框模式”图标，打开“网格捕捉”功能；点击“矩形”图标，在绘图区域绘制长40mm，宽4mm的矩形，选择“填充”，见图7-158。

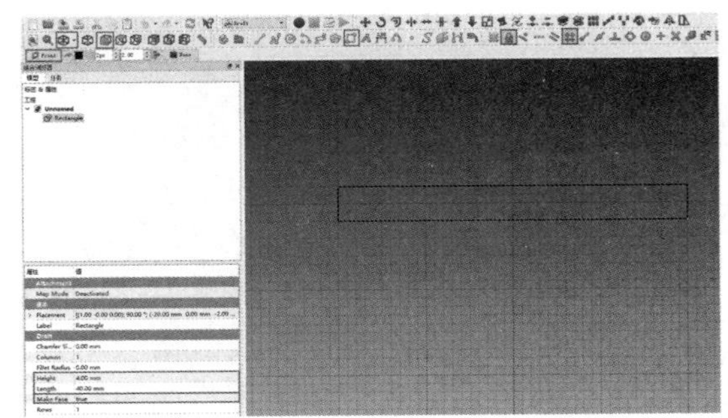

图7-158　画出一个矩形

② 视图选择“轴测图”，选中矩形，点击“修剪”图标，按下“Z”键，拉伸5mm，形成一个大长方体，见图7-159；在长方体侧面画出2个长和高均为2mm的小正方形，见图7-160。

③ 依次选中2个小正方形，点击“修剪”图标，按下“Z”键，拉伸5mm，形成2个小长方体，见图7-161。

④ 切换到Part工作台，依次选中大长方体和2个小长方体，点击“差集”图标，进行“差集”操作，形成槽孔，点击选择“带边着色模式”图标，结果见图7-162。

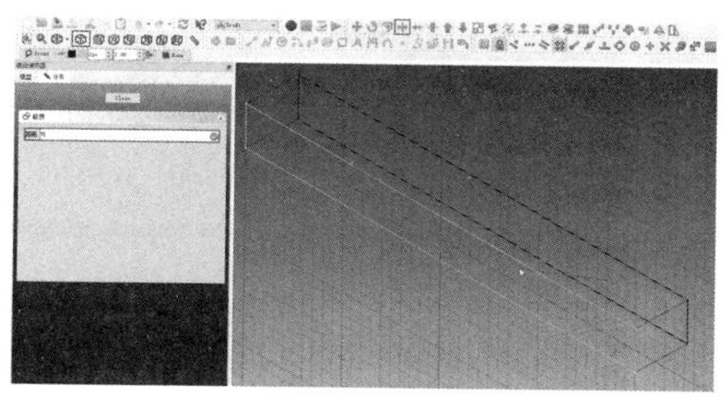

图7-159　拉伸矩形

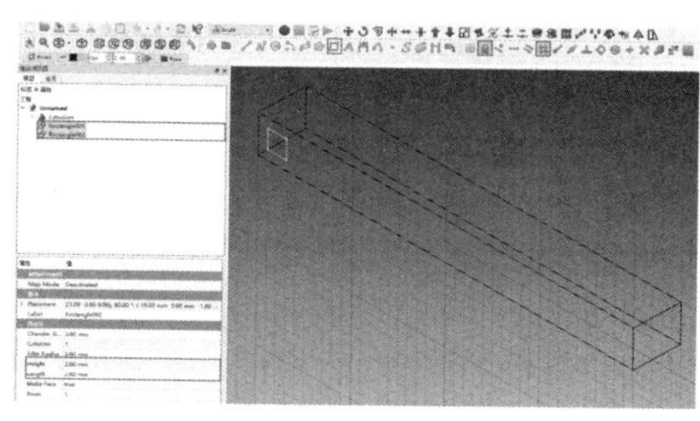

图7-160　在长方体侧面画出两个小正方形

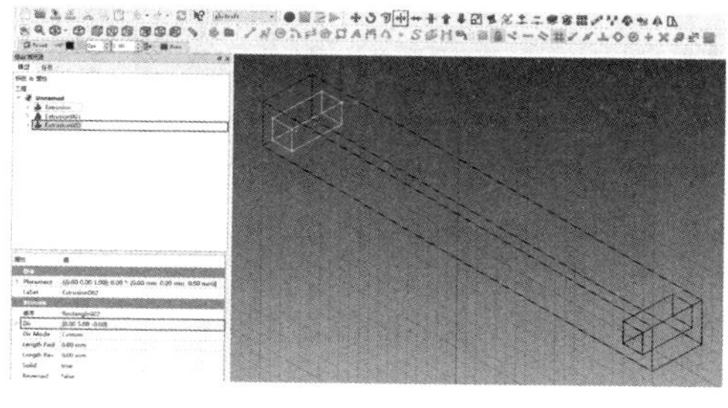

图7-161　依次选中小正方形进行拉伸

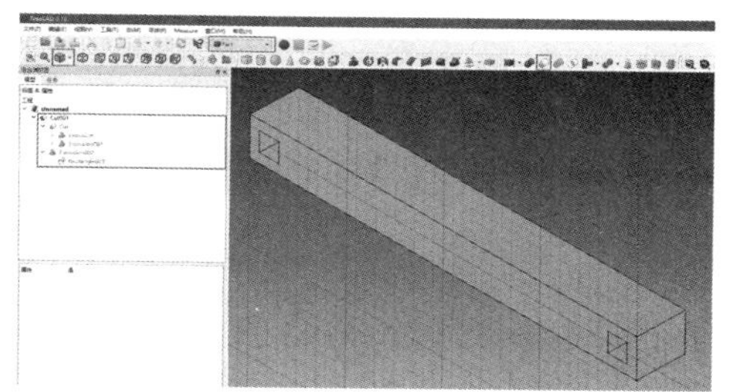

图7-162　“差集”操作形成槽孔

⑤ 切换到Draft工作台，点击选择“线框模式”图标，在长方体侧面画出2个长和高为4mm的大正方形（也可在空白区域先画出大正方形后，再打开“端点捕捉”功能，用“移动”命令将大正方形移动到左右两侧相应的位置），见图7-163；依次选中2个大正方形，点击“修剪”图标，按下“Z”键，拉伸10mm，又形成2个大长方体，见图7-164。

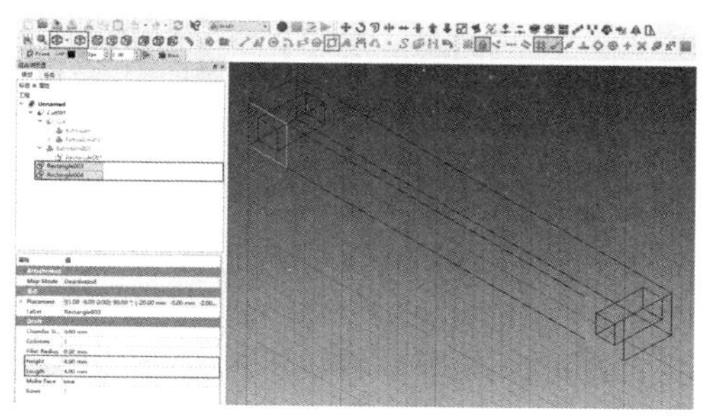

图7-163　在长方体侧面画出两个大正方形

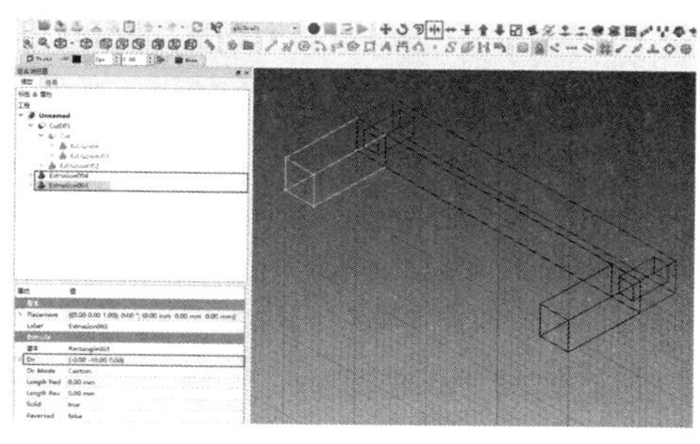

图7-164　依次选中大正方形进行拉伸

⑥ 依次选中2个小正方形，见图7-165，点击“修剪”图标，按下“Z”键，拉伸5mm，形成2个小长方体将凹槽填满，2个小长方体与2个凹槽重合在一起，见图7-166。

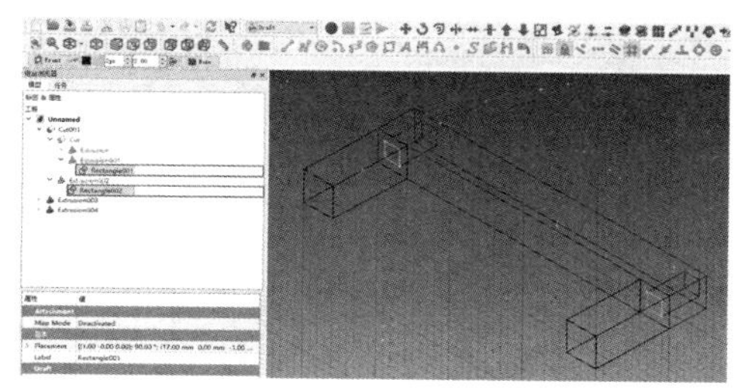

图7-165　选中两个小正方形

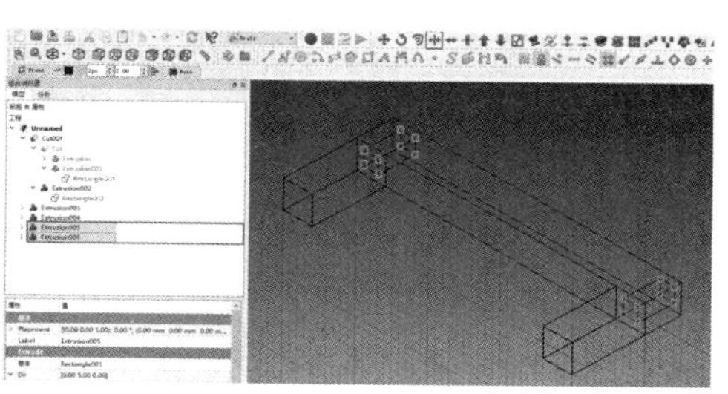

图7-166　小长方体将凹槽填满

⑦ 切换到Part工作台，分别将2个大长方体与2个小长方体进行“并集”操作，见图7-167；点击选择“带边着色模式”图标，按“Shift+鼠标右键”旋转后可观察到榫卯的结构，见图7-168。

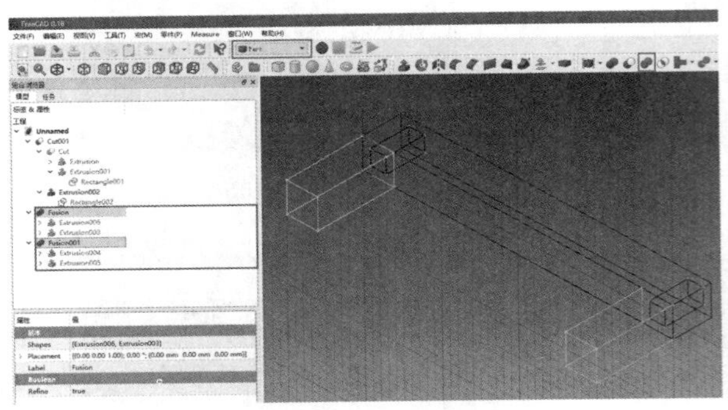
图7-167 “并集”操作

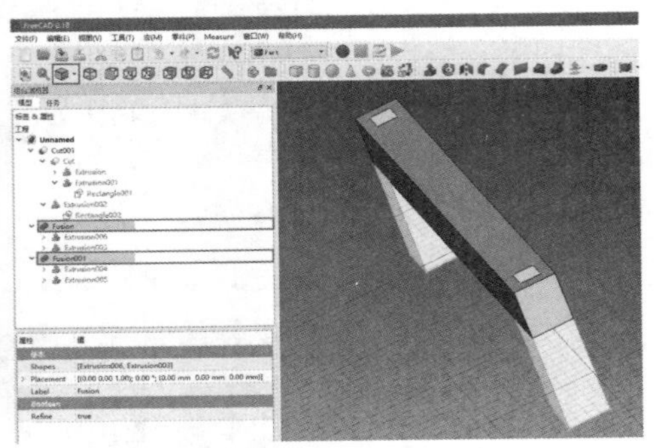
图7-168 榫卯结构绘制完成

7.2.2 绘制溢流井的三维示意图

① 打开FreeCAD，点击新建文件，工作台选择Draft，工作平面设置为XY，视图选择“俯视图”，点击选择“线框模式”图标，打开“网格捕捉”功能；点击“矩形”图标，在绘图区域绘制一个长20mm、宽20mm的大正方形，另外绘制一个长16mm、宽16mm的小正方形，均选择“填充”，见图7-169。

图7-169 绘制两个正方形

② 视图选择“轴测图”，选中大正方形，点击“修剪”图标，按下“Z”键，拉伸20mm，形成一个边长为20mm的大正方体，见图7-170；选中小正方形，点击属性模块的“数据”按钮，双击“Placement/位置”，将z值更改为2mm，相当于将小正方形升高2mm，见图7-171。

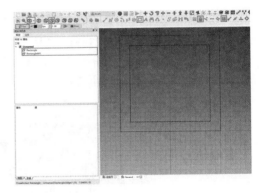

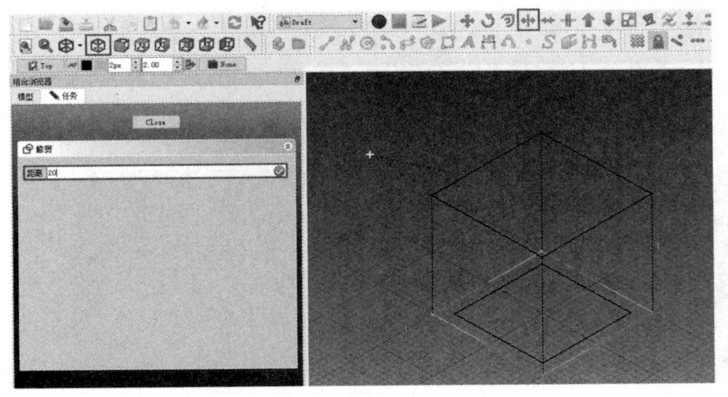
图7-170 将大正方形拉伸20mm

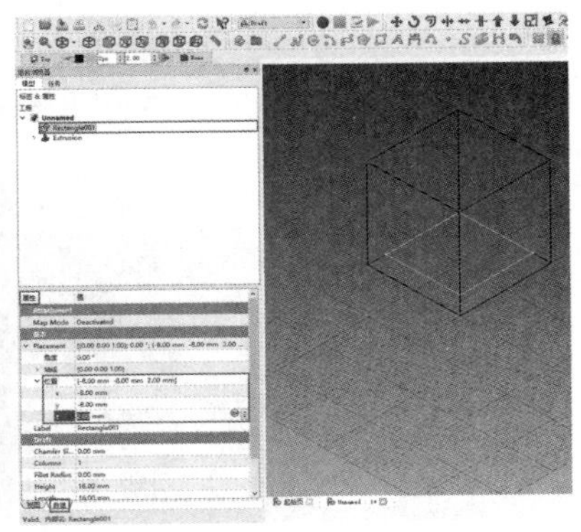
图7-171 将小正方形升高2mm

③ 选中小正方形，点击“修剪”图标，按下“Z”键，拉伸16mm，形成一个边长为16mm的小正方体，该正方体位于边长20mm正方体的内部，见图7-172。

④ 切换到Part工作台，依次选中大正方体和小正方体，点击“差集”图标，进行“差集”操作，形成内部空间，结果见图7-173。

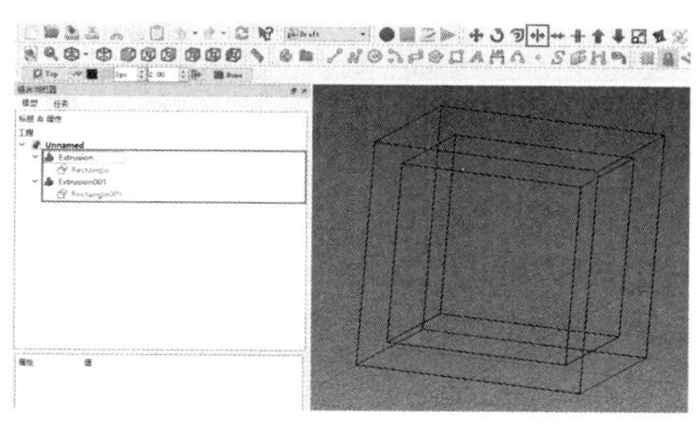

图7-172　将小正方形拉伸16mm

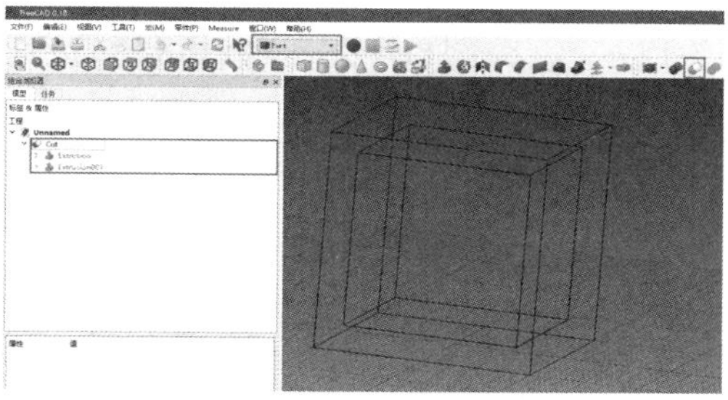

图7-173　“差集”操作形成内部空间

⑤ 切换到Draft工作台，点击选择“带边着色模式”图标，视图选择“轴测图”，选中正方体的右侧面，右侧面的颜色变绿，点击“设置工作平面”图标，可将网格移至正方体的右侧面，见图7-174；点击选择“线框模式”图标，在右侧面的中心位置画出半径为6mm的圆，选择“填充”，见图7-175。

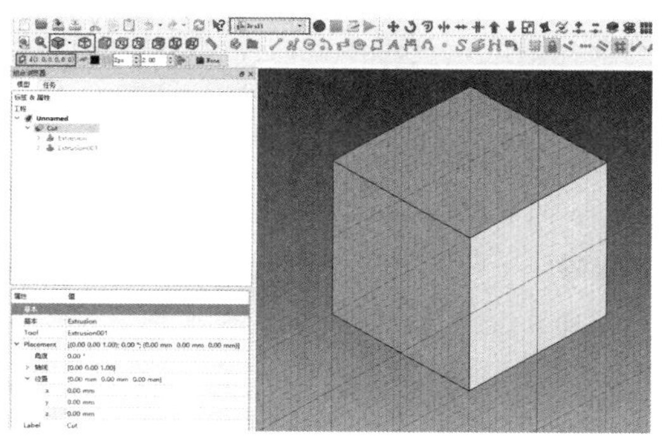

图7-174　将网格移至正方体的右侧面

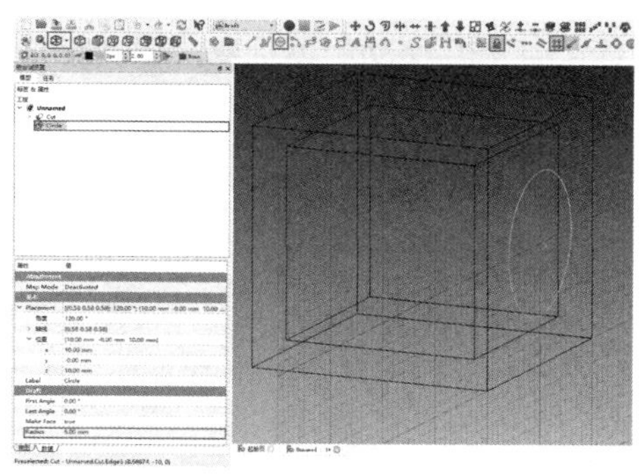

图7-175　右侧面中心位置绘制一个圆

⑥ 选中半径为6mm的圆，点击“修剪”图标，按下“Z”键，向正方体内部拉伸2mm，形成一个圆柱体，见图7-176；切换到Part工作台，点击选择“带边着色模式”图标，先选中正方体，再选中圆柱体，点击“差集”图标，形成圆孔，见图7-177。

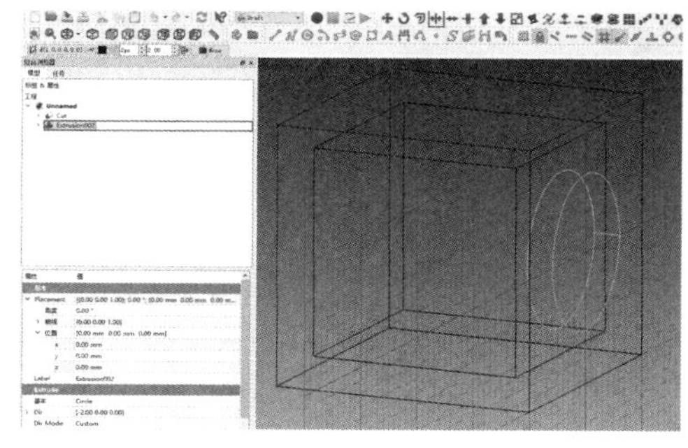

图7-176　向内拉伸2mm形成圆柱体

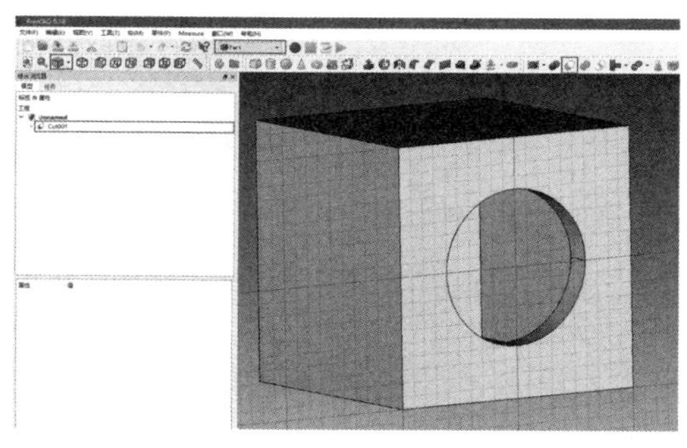

图7-177　“差集”操作形成圆孔

⑦ 切换到Draft工作台，点击选择“线框模式”图标，在空白区域绘制两个半径为6mm和5mm的同心圆，见图7-178；依次选中两个圆，点击“修剪”图标，按下“Z”键，向外拉伸22mm，形成2个圆柱体，见图7-179；切换到Part工作台，点击选择“带边着色模式”图标，先选中大圆柱体，再选中小圆柱体，点击“差集”图标，形成圆管，见图7-180。

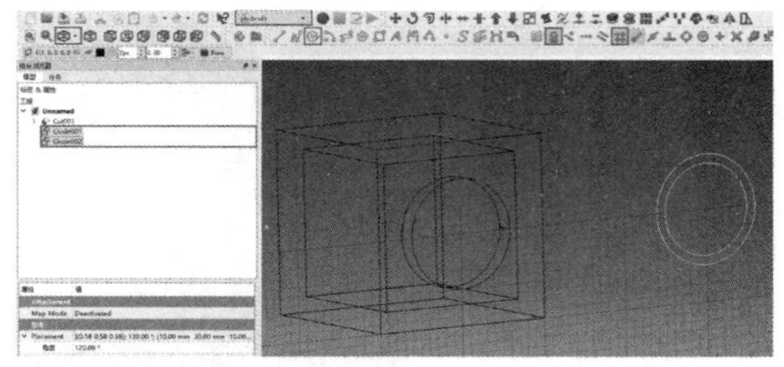
图7-178 空白区域绘制同心圆

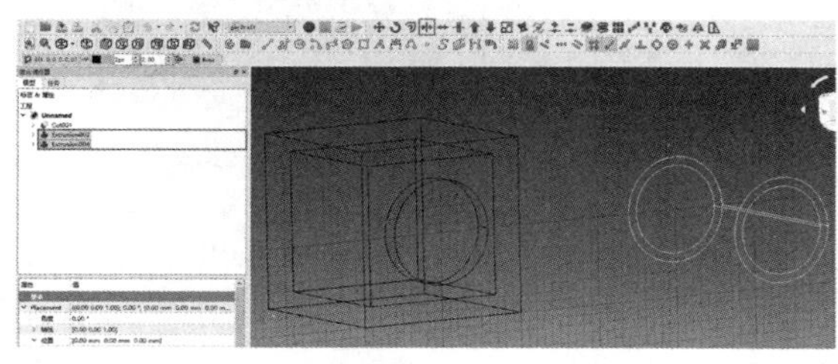
图7-179 向外拉伸22mm形成两个圆柱体

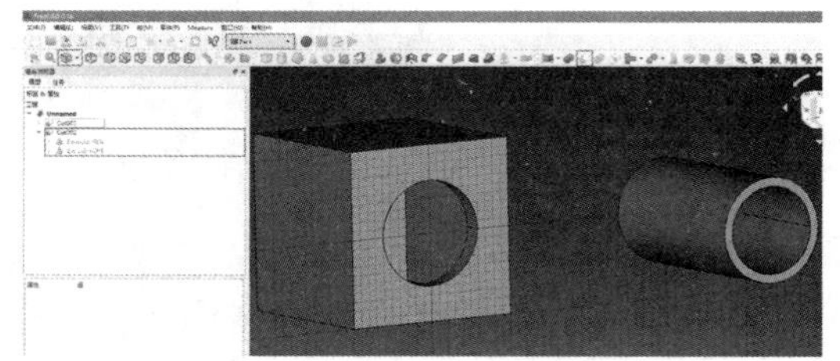
图7-180 “差集”操作形成圆管

⑧ 切换到Draft工作台，点击选择“线框模式”图标，打开“端点捕捉”功能，选中圆管，点击“移动”图标，将圆管移动到圆孔附近，利用“端点捕捉”功能将圆管和圆孔对齐，见图7-181；切换到Part工作台，点击选择“带边着色模式”图标，选中正方体和圆管，点击“并集”图标，将圆管和正方体合并为一体，见图7-182。

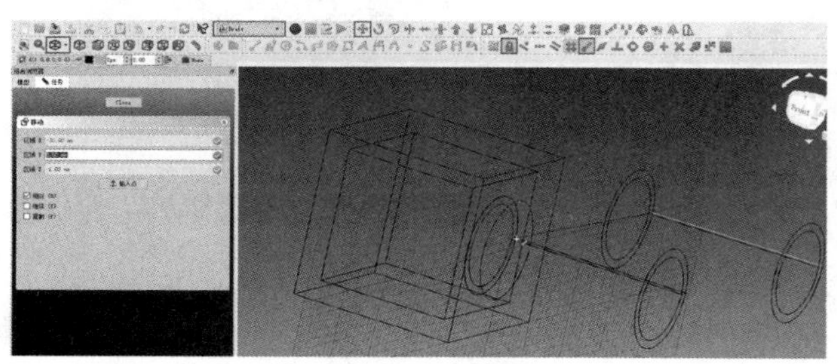
图7-181 将圆管移动到圆孔中

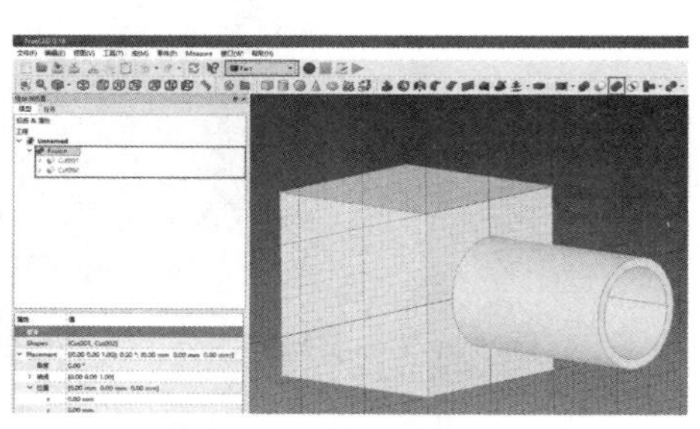
图7-182 将圆管和正方体合并

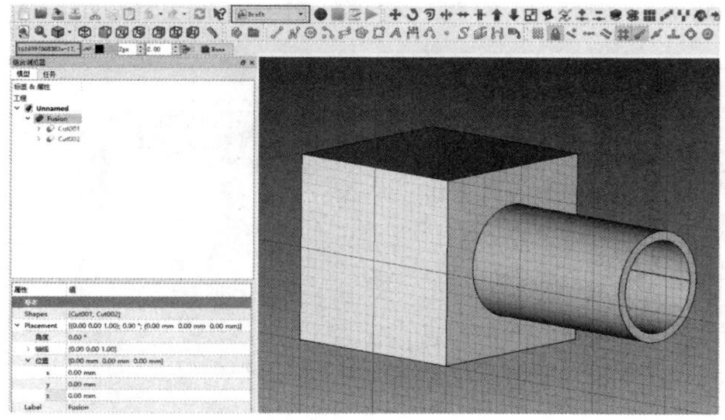
图7-183 将网格移至正方体的前侧面

⑨ 切换到Draft工作台，选中对象的前侧面，前侧面颜色变绿，点击“设置工作平面”图标，可将网格移至正方体的前侧面，见图7-183；点击选择“线框模式”图标，在前侧面中心位置画出半径为5mm的圆，选择“填充”，见图7-184。

⑩ 选中半径为5mm的圆，点击“修剪”图标，按下“Z”键，向正方体内部拉伸2mm，形成一个

向内拉伸的圆柱体，见图7-185；切换到Part工作台，点击选择“带边着色模式”图标，先选中正方体，再选中圆柱体，点击“差集”图标，形成圆孔，见图7-186。

⑪ 切换到Draft工作台，点击选择“线框模式”图标，在空白区域绘制2个半径为5mm和4mm的同心圆，见图7-187；依次选中两个圆，点击“修剪”图标，按下“Z”键，向外拉伸22mm，形成2个圆柱体，见图7-188；切换到Part工作台，点击选择“带边着色模式”图标，先选中大圆柱体，再选中小圆柱体，点击“差集”图标，形成圆管，见图7-189。

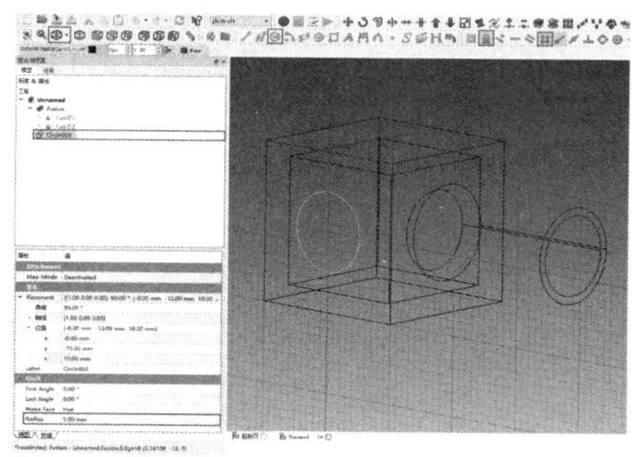

图7-184 前侧面中心位置绘制一个圆

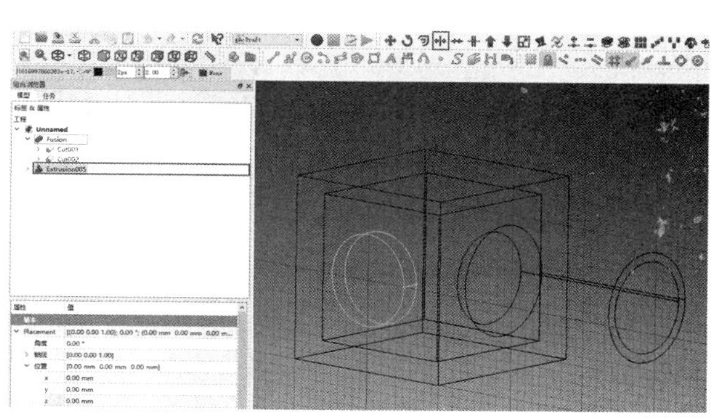

图7-185 向内拉伸2mm形成圆柱体

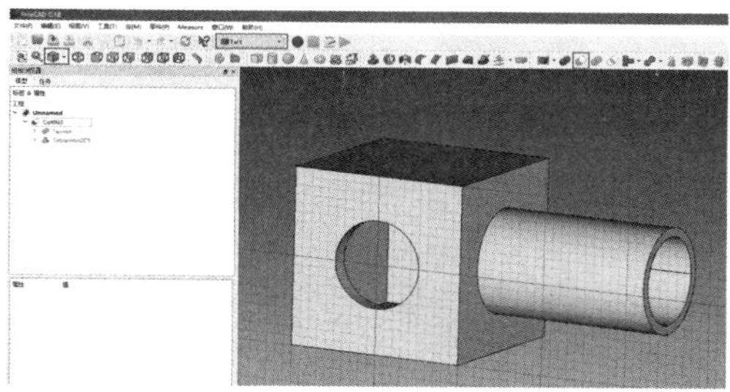

图7-186 “差集”操作形成圆孔

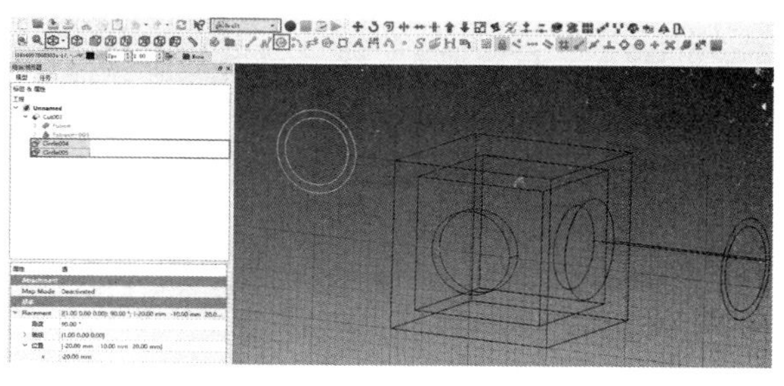

图7-187 空白区域绘制同心圆

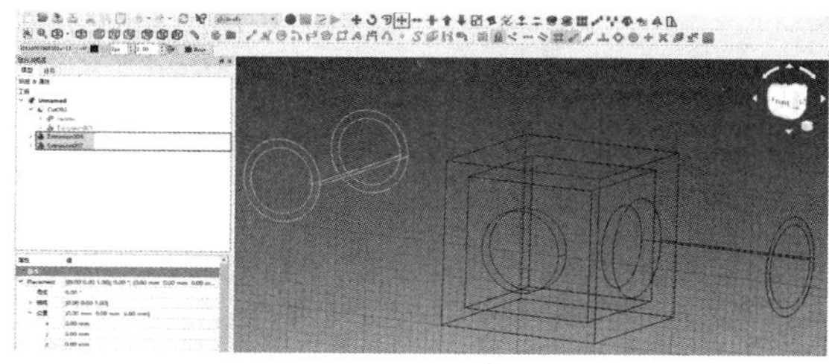

图7-188 向外拉伸22mm形成两个圆柱体

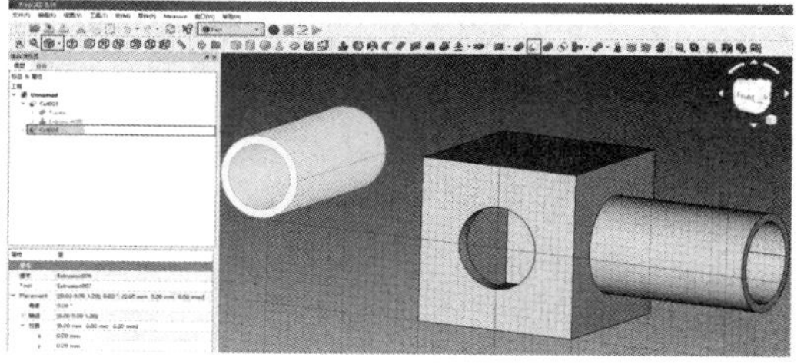

图7-189 “差集”操作形成圆管

⑫ 切换到Draft工作台，点击选择“线框模式”图标，打开“端点捕捉”功能，选中圆管，点击“移动”图标，将圆管移动到圆孔附近，利用“端点捕捉”功能将圆管和圆孔对齐，见图7-190；切换到Part工作台，点击选择“带边着色模式”图标，选中正方体和圆管，点击“并集”图标，将圆管和正方体合并为一体，见图7-191。

⑬ 切换到Draft工作台，点击选择“带边着色模式”图标，选中正方体的后侧面，点击“设置工作平面”图标，可将网格移至对象的后侧面，见图7-192；点击选择“线框模式”图标，在右侧面下方位置画出半径为4mm的圆，选择“填充”，见图7-193；点击“修

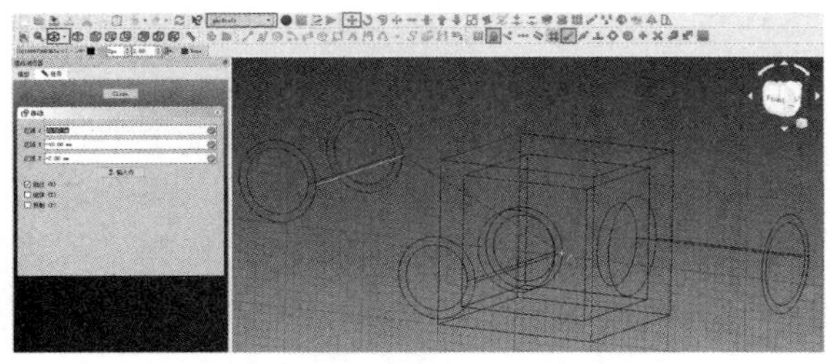

图7-190　将圆管移动到圆孔中

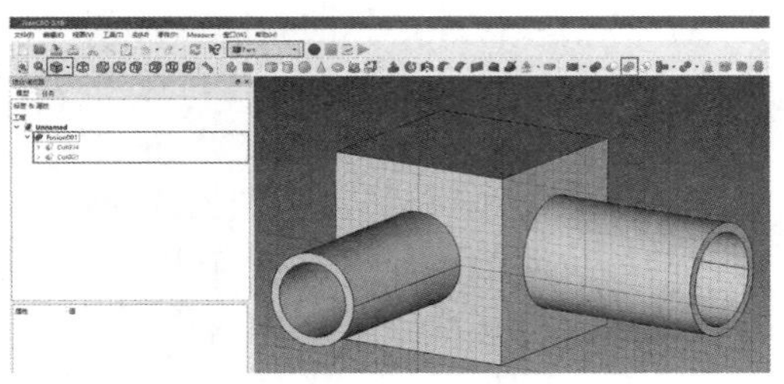

图7-191　将圆管和正方体合并

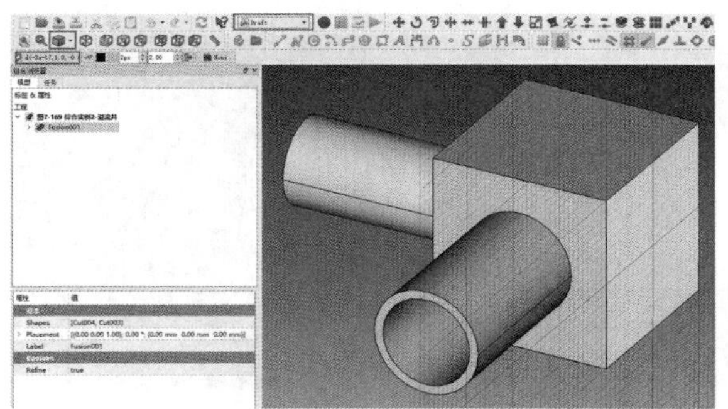

图7-192　将网格移至正方体的后侧面

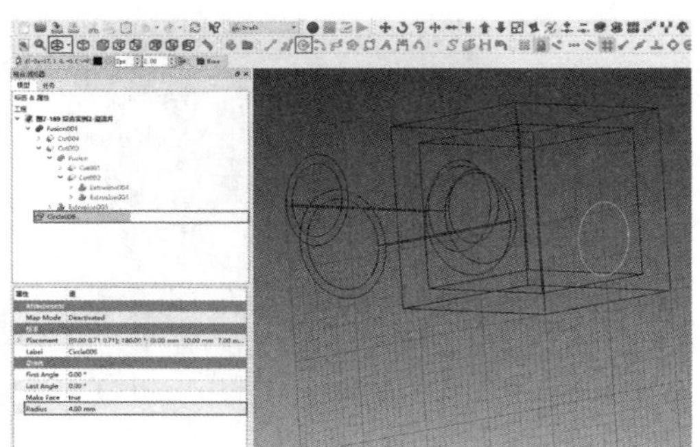

图7-193　后侧面下方位置画出一个圆

剪”图标，按下“Z”键，向正方体内部拉伸2mm，形成一个向内拉伸的圆柱体；切换到Part工作台，点击选择“带边着色模式”图标，先选中正方体，再选中圆柱体，点击“差集”图标，形成圆孔，见图7-194；切换到Draft工作台，点击选择“线框模式”图标，在空白区域绘制2个半径为4mm和3mm的同心圆，依次选中两个圆，点击“修剪”图标，按下“Z”键，向外拉伸22mm，形成2个圆柱体，见图7-195；切换到Part工作台，点击选择“带边着色模式”图标，先选中大圆柱体，再选小圆柱体，点击“差集”图标，形成圆管，见图7-196；切换到Draft工作台，点击选择“线框模式”图标，打开“端点捕捉”功能，选中圆管，点击“移动”图标，将圆管移动到圆孔附近，利用“端点捕捉”功能将圆管和圆孔对齐，见图7-197；切换到Part工作台，点击选择“带边着色模式”图标，按住“Ctrl”键选中正方体和圆管，点击“并集”图标，将圆管和正方体合并为一体，见图7-198，绘制完成。

图7-194　“差集”操作形成后侧面的圆孔

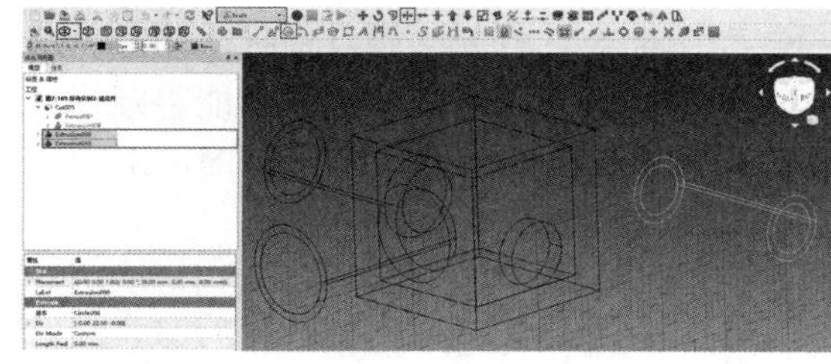

图7-195　向外拉伸22mm形成两个圆柱体

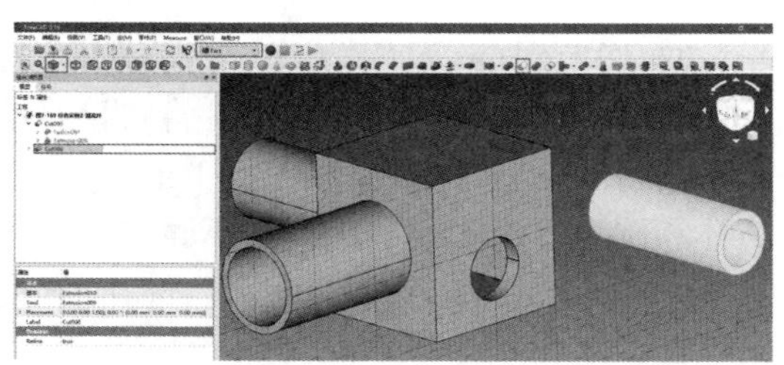

图7-196　“差集”操作形成圆管

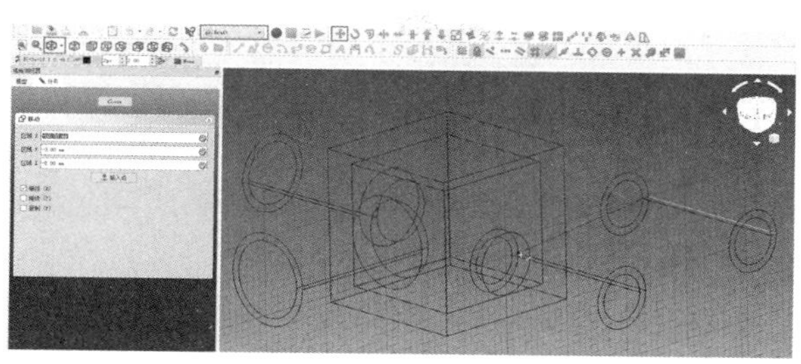
图7-197　将圆管移动到圆孔中

图7-198　将圆管和正方体合并

注意

① 在“带边着色模式”模式下，点击选中三维立体的某个平面，该平面变绿，再点击“设置工作平面”图标，可将网格移至该平面上。

② 在“带边着色模式”模式下绘制的填充图形内部，无法进行网格捕捉，可切换到“线框模式”下进行网格捕捉。

③ 在“带边着色模式”模式下的三维立体模型中，“端点捕捉”功能很难捕捉到模型内部的端点，可切换到“线框模式”下以方便进行端点捕捉。

7.2.3　绘制绕线盘的三维示意图

① 打开FreeCAD，点击新建文件，工作台选择Draft，工作平面设置为YZ，视图选择“轴测图”，点击选择“线框模式”图标，打开“网格捕捉”功能；点击“圆”图标，以原点为圆心，绘制两个半径分别为10mm、8mm的同心圆，均选择“填充”，见图7-199。

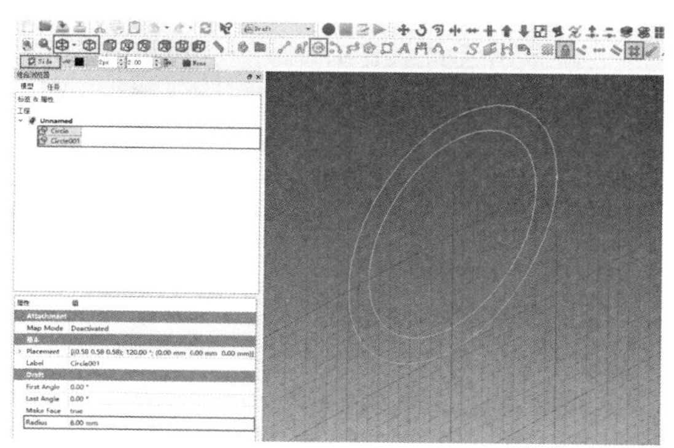
图7-199　绘制一组同心圆

② 依次选中两个圆，点击“修剪”图标，按下“Z”键，向外拉伸30mm，形成两个圆柱体，见图7-200；切换到Part工作台，点击选择“带边着色模式”图标，先选中大圆柱体，再选中小圆柱体，点击“差集”图标，形成圆管，见图7-201。

③ 切换到Draft工作台，点击选择“线框模式”图标，点击“圆”图标，以原点为圆心，绘制半径为20mm的圆形，选择“填充”，见图7-202；切换到Part工作台，点击选择“带边着色模式”图标，先选中半径为20mm的圆形，分别再选中半径为10mm和8mm的圆形，见图7-203；点击“差集”图标两次形成环形，见图7-204。

图7-200　向外拉伸30mm形成两个圆柱体

图7-201 “差集”操作形成圆管

图7-202 绘制半径为20mm的圆形

图7-203 选中两个圆

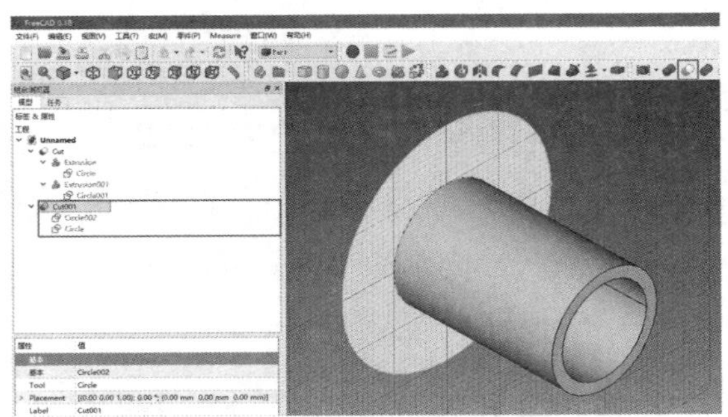

图7-204 差集操作形成环形

④ 切换到Draft工作台，选中环形，点击“修剪”图标，按下“Z”键，拉伸2mm，形成环形体，见图7-205；点击选择“线框模式”图标，视图选择“右视图”，点击“圆”图标，以（0，15，0）为圆心，绘制一个半径为2mm的圆形，选择“填充”，见图7-206；视图选择“轴测图”，选中该圆，点击“修剪”图标，按下Z键，拉伸2mm，形成圆柱体，见图7-207。

图7-205 将环形拉伸2mm形成环形体

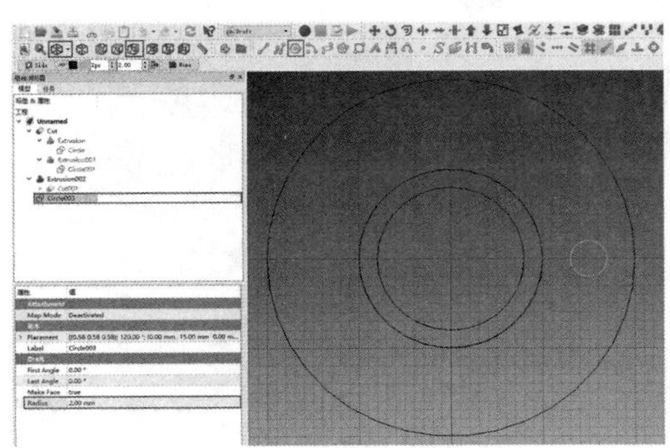

图7-206 绘制半径为2mm的圆

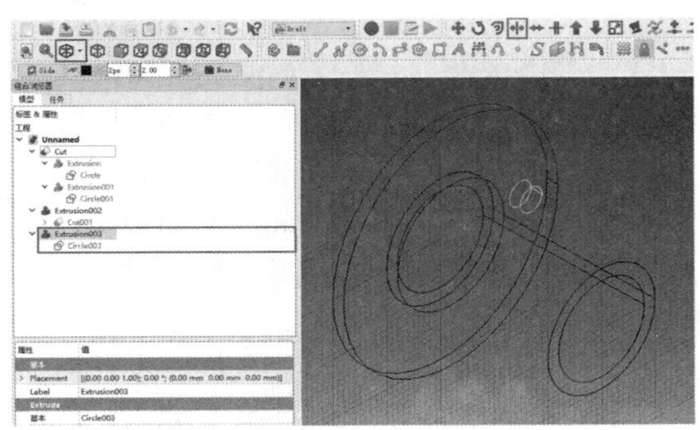

图7-207 将圆形拉伸2mm形成圆柱体

⑤ 选中该圆柱体，点击“阵列”图标，点击属性模块的“数据”按钮，“Array Type”选择“polar”，轴线更改为（1，0，0），“Center”选择为（0，0，0），“Number Polar”更改为6，结果见图7-208。

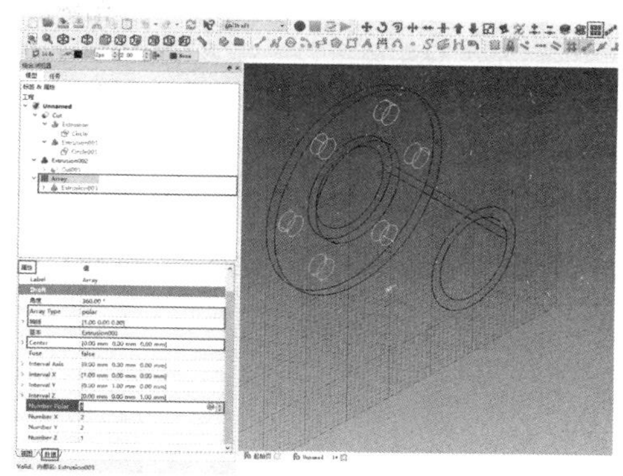

图7-208　极坐标阵列结果

⑥ 切换到Part工作台，点击选择“带边着色模式”图标，先选中环形体，再选中极坐标阵列，点击“差集”图标，结果见图7-209；切换到Draft工作台，点击选中该对象，该对象颜色变绿，点击“阵列”图标，点击属性模块的“数据”按钮，“Array Type”选择“ortho”，“Interval X”更改为（28，0，0），“Number X”更改为2，“Number Y”更改为1，结果见图7-210。

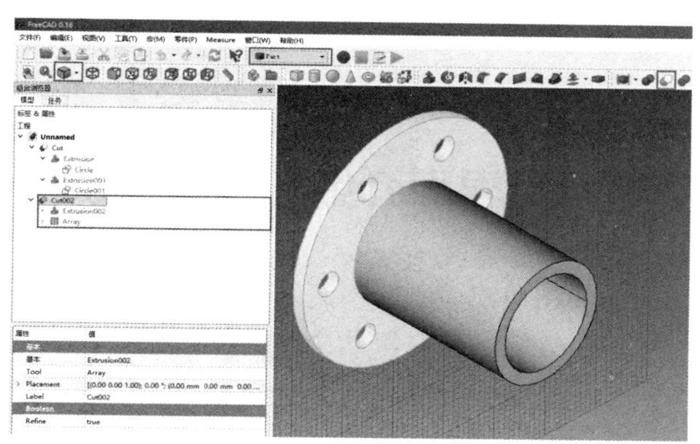

图7-209　“差集”操作

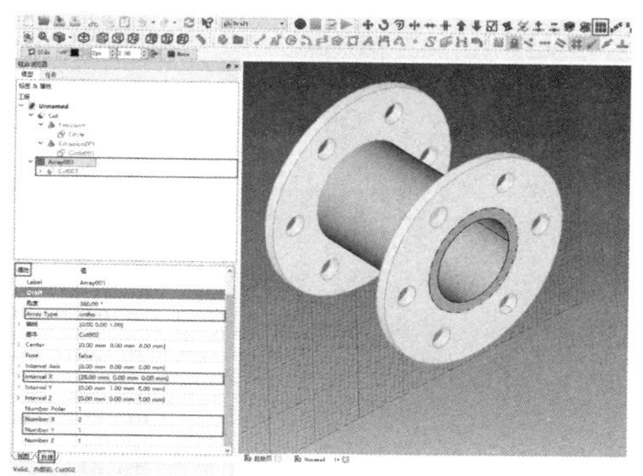

图7-210　正交阵列结果

⑦ 切换到Part工作台，按住“Ctrl”键选中左侧模型模块中的圆管和阵列对象，点击“并集”图标，将圆管和阵列合并为一体，见图7-211，绘制完成。

图7-211　将圆管和阵列合并

第 8 章

Spreadsheet 工作台使用方法

扫码观看
本章视频

8.1 Spreadsheet工作台简介及界面介绍

机械工业中往往需要绘制一组或一系列的形状相似但大小又不同的零件，比如不同大小的六角螺栓、不同规格的开口扳手等，如果按照传统方法对每一个零件都构建三维模型则费时费力，这种情形下可以使用FreeCAD软件中的Spreadsheet（电子表格）工作台，只需通过创建电子表格并输入模型的各个参数，并将这些模型参数与三维模型中的各种尺寸约束建立关联，就可以创建出所需的参数化模型，即便后续工作中需要修改三维模型的尺寸，只需返回到电子表格中修改部分参数即可完成，非常方便、快捷。

打开FreeCAD，点击新建文件，工作台选择Spreadsheet，操作界面如图8-1所示，可见Spreadsheet工作台中最主要的工具栏为电子表格工具栏，电子表格工具栏中的所有命令见表8-1。点击电子表格工具栏中的第一个图标“创建表格”，左侧模型模块中出现 Spreadsheet 图标，双击 Spreadsheet 图标进入表格界面，软件界面下部出现 Spreadsheet* 图标，如图8-2所示，与Excel界面非常相似。

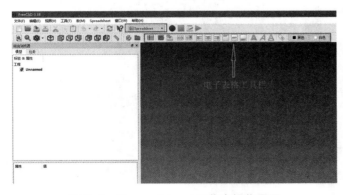

图8-1　Spreadsheet工作台操作界面

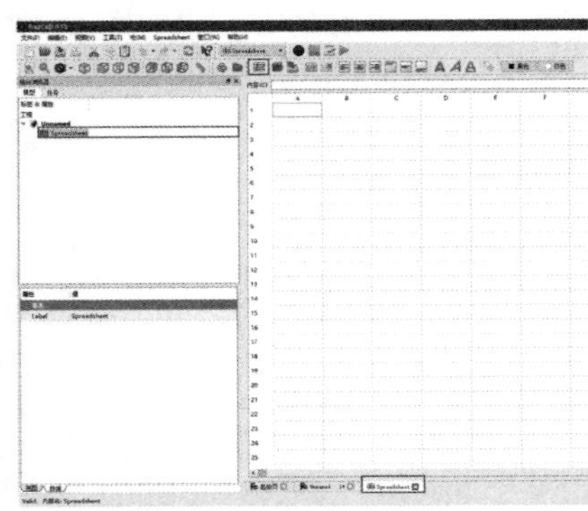

图8-2　表格界面

表8-1 电子表格工具栏命令

电子表格工具栏命令	作用
	创建表格：创建一个新的电子表格
	导入：将 CSV 文件导入至电子表格
	导出：将电子表格导出至 CSV 文件
	合并单元格
	拆分单元格：拆分以前合并的单元格
	左对齐
	水平居中对齐
	右对齐
	顶部对齐
	垂直居中对齐
	底部对齐
	粗体
	斜体
	下划线
	单元格属性：在单元格上右击鼠标编辑单元格的属性
	文本颜色
	背景颜色

表8-1中最主要的命令为创建表格、导入、导出和单元格属性。导入和导出的对象均为CSV文件，CSV（Comma-Separated Values）称为逗号分隔值文件或字符分隔值文件，其文件以纯文本形式存储表格数据（数字和文本），可由Word、Excel或记事本打开CSV文件。保存CSV文件可由Excel选择另存为其他格式，再在保存类型中选择CSV格式，见图8-3。

单元格属性可在某个单元格上右击鼠标，点击属性，出现“单元格属性”对话框，见图8-4；在“单元格属性”对话框中可以选择文本颜色、背景颜色、水平对齐、垂直对齐、粗体、斜体、下划线、单位和此单元格的别名等。

表8-1中的其他命令比较简单，在Office或WPS办公软件中常见，在此不做详述。

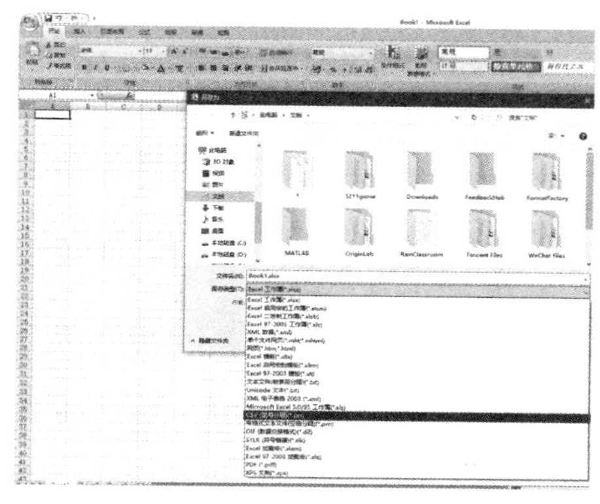

图8-3 Excel另存为其他格式保存CSV文件

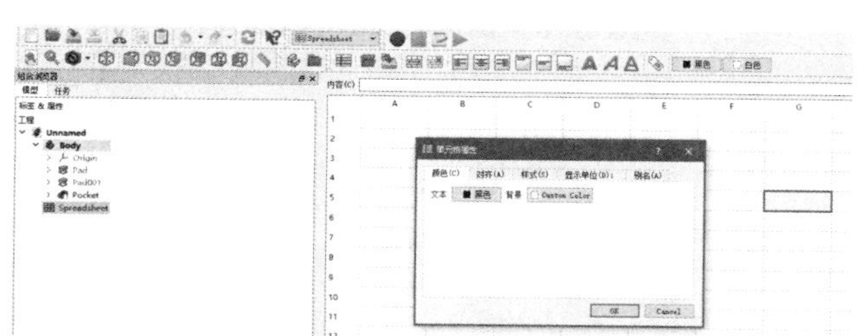

图8-4 右击单元格出现“单元格属性”对话框

8.2 综合实例

8.2.1 Part Design工作台与Spreadsheet工作台的联立用法

① 打开FreeCAD，点击新建文件，工作台选择Spreadsheet，点击电子表格工具栏中的第一个图标“创建表格”，左侧模型模块中出现 Spreadsheet 图标，双击 Spreadsheet 图标进入表格界面，软件界面下部出现 Spreadsheet* 图标，见图8-2。

② 在表格中输入绘图区域要显示的零件和全部系列零件的尺寸数据，见图8-5，具体尺寸及形状见图8-6及表8-2；如果零件尺寸数据储存在Excel文件中，则复制Excel文件中的尺寸数据，在表格界面中粘贴（Ctrl+V键）即可；或者选择菜单栏中“文件/导入”，在弹出的“导入文件”对话框中选择对应的Excel文件，将其中的尺寸数据导入至表格中，见图8-7；也可选择菜单栏中“文件/打开”，在弹出的“打开文档”对话框中选中对应的Excel文件，点击“打开”按钮将尺寸数据复制到表格中，见图8-8；如果零件尺寸数据储存在CSV文件中，则点击电子表格工具栏中的第二个图标“导入”，将CSV文件中的尺寸数据导入至表格中，见图8-9。

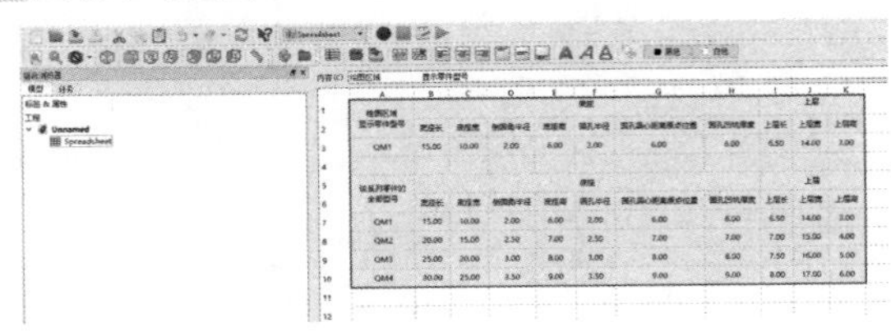

图8-5 输入零件的尺寸数据

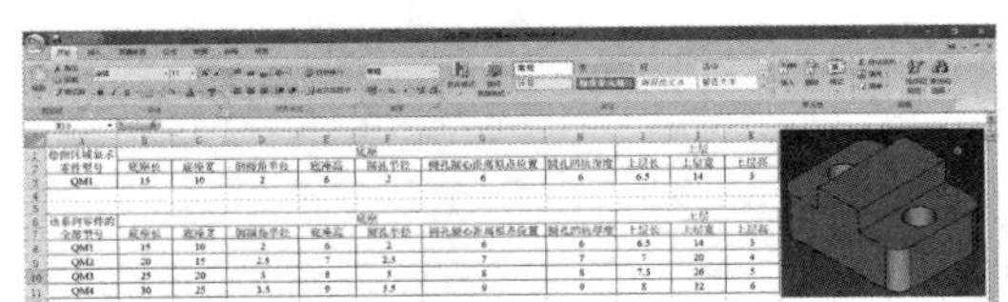

图8-6 具体尺寸数据及形状

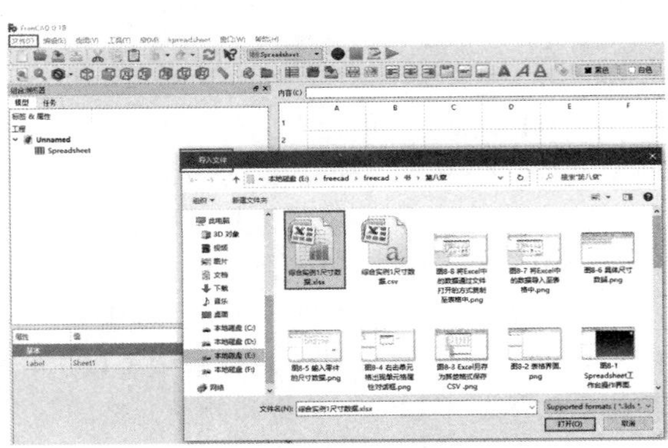

图8-7 将Excel中的数据导入至表格中

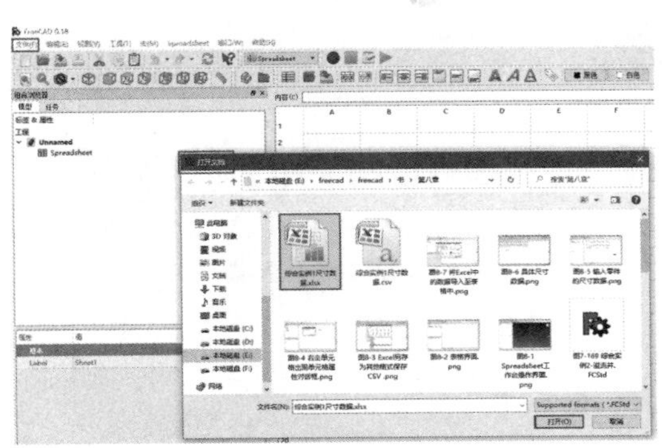

图8-8 将数据以“打开文件”的方式复制至表格中

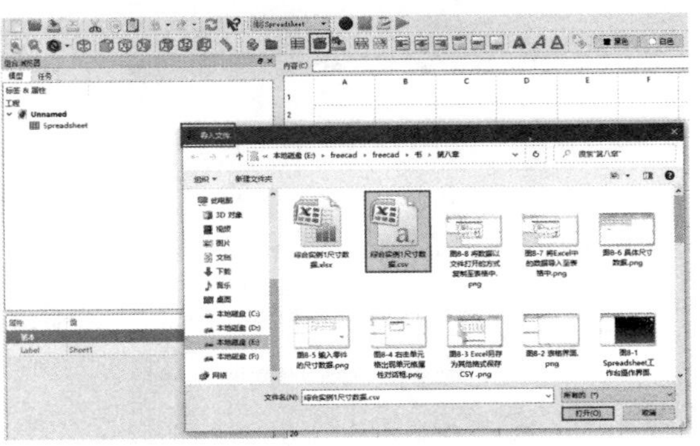

图8-9 点击“导入”图标导入CSV文件中的尺寸数据

表8-2 图8-5中的具体尺寸数据

	A	B	C	D	E	F	G	H	I	J	K
1	绘图区域显示零件型号	底座							上层		
2		底座长	底座宽	倒圆角半径	底座高	圆孔半径	圆孔圆心距离原点位置	圆孔凹坑深度	上层长	上层宽	上层高
3	QM1	15	10	2	6	2	6	6	6.5	14	3
4											
5											
6	该系列零件的全部型号	底座							上层		
7		底座长	底座宽	倒圆角半径	底座高	圆孔半径	圆孔圆心距离原点位置	圆孔凹坑厚度	上层长	上层宽	上层高
8	QM1	15	10	2	6	2	6	6	6.5	14	3
9	QM2	20	15	2.5	7	2.5	7	7	7	20	4
10	QM3	25	20	3	8	3	8	8	7.5	26	5
11	QM4	30	25	3.5	9	3.5	9	9	8	32	6

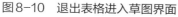

③ 在软件界面下部点击 Unnamed : 1* 图标，退出表格，将工作台切换至Part Design工作台，点击“创建实体”，再点击“创建草图”，选择XY基准平面，点击“OK”进入草图界面，见图8-10。

④ 点击“矩形”图标，画出一个矩形，并约束上下两条边水平、左右两条边竖直；点击“倒圆角”图标，将矩形的四个顶角进行倒圆角操作，分两次约束四个倒圆角圆心中的两个对角线圆心关于原点对称，约束四个倒圆角的半径均相等，见图8-11，此时该图形尚有3个自由度，分别为横边长度、竖边长度和倒圆角的半径。

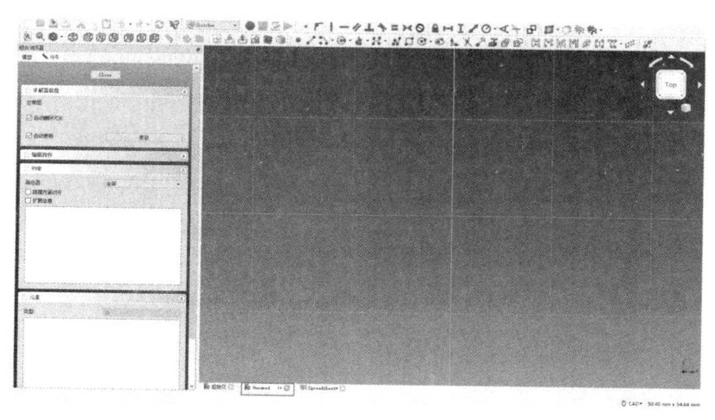

图8-10 退出表格进入草图界面

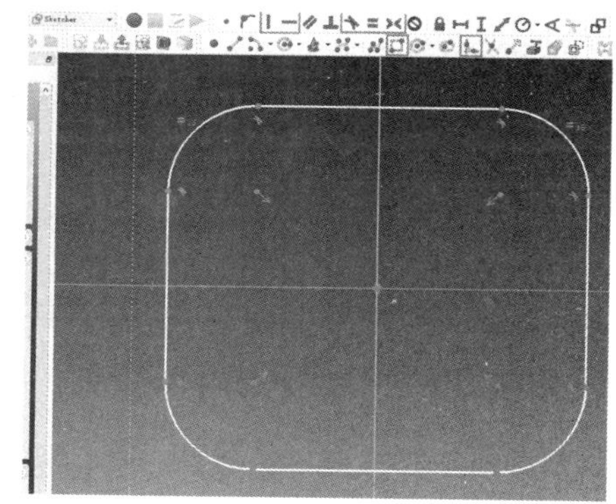

图8-11 绘制草图

⑤ 点击“水平距离约束”图标对水平边进行水平距离约束，在“插入长度”对话框中点击图标，弹出“公式编辑器”对话框，在“结果”框中输入Spreadsheet.B3，Spreadsheet.B3为表格中的B3单元格，即底座的长度，见图8-12；点击“确定”，点击

“OK”完成水平边与表格中B3单元格的关联操作，水平边的约束变为棕黄色，数值为表格中B3单元格的数值，见图8-13。

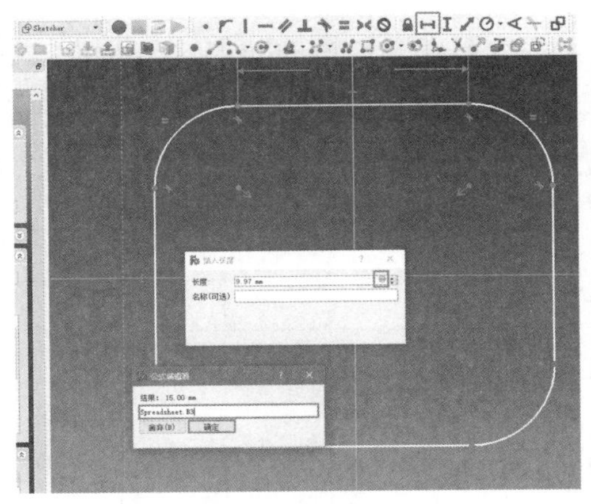

图8-12　将水平边与表格中的底座长度进行关联

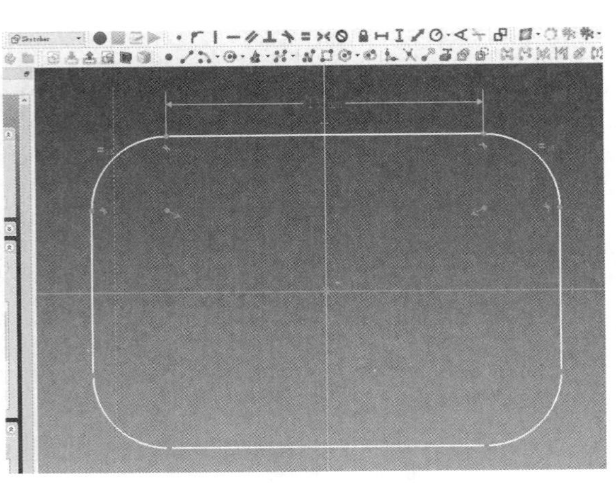

图8-13　水平边的约束关联操作完成

⑥ 点击“竖直距离约束”图标对竖直边进行竖直距离约束，在“插入长度”对话框中点击图标，弹出“公式编辑器”对话框，在“结果”框中输入Spreadsheet.C3，Spreadsheet.C3为表格中的C3单元格，即底座的宽度，见图8-14；点击“确定”，点击“OK”完成竖直边与表格中C3单元格的关联操作，竖直边的约束变为棕黄色，数值为表格中C3单元格的数值，见图8-15。

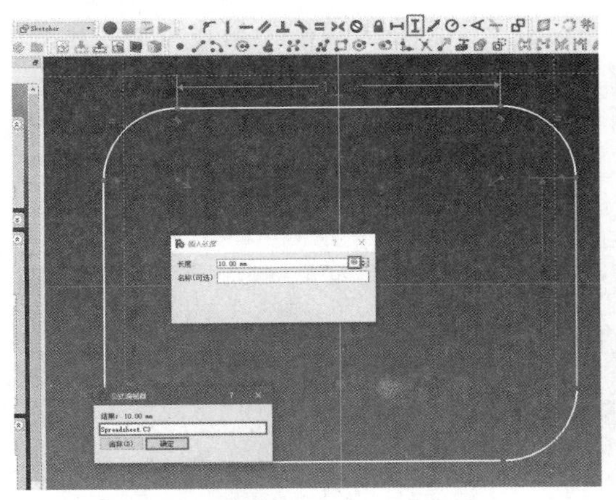

图8-14　将竖直边与表格中的底座宽度进行关联

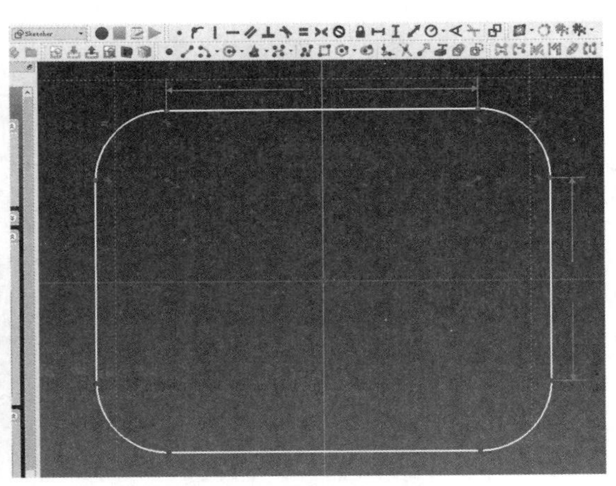

图8-15　竖直边的约束关联操作完成

⑦ 点击“半径约束”图标对倒圆角的半径进行约束，在“更改半径”对话框中点击图标，弹出“公式编辑器”对话框，在“结果”框中输入Spreadsheet.D3，Spreadsheet.D3为表格中的D3单元格，即底座的倒圆角半径，见图8-16；点击“确定”，点击“OK”完成倒圆角半径与表格中D3单元格的关联操作，半径约束也同样变为棕黄色，数值为表格中D3单元格的数值，见图8-17，此时草图已被完全约束，点击“Close”退出草图，进入Part Design工作台。

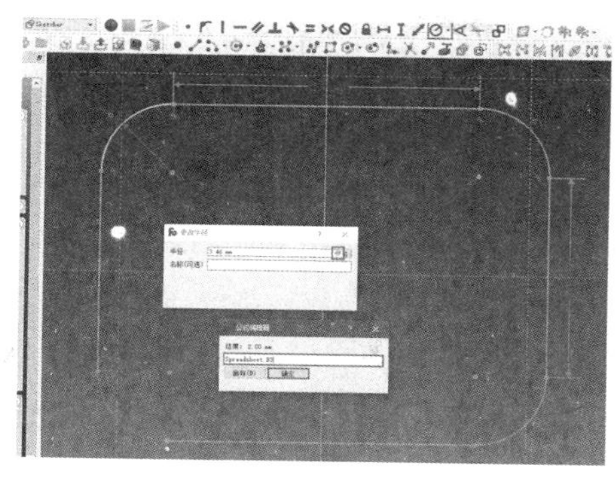

图8-16　将倒圆角半径与表格中的半径进行关联

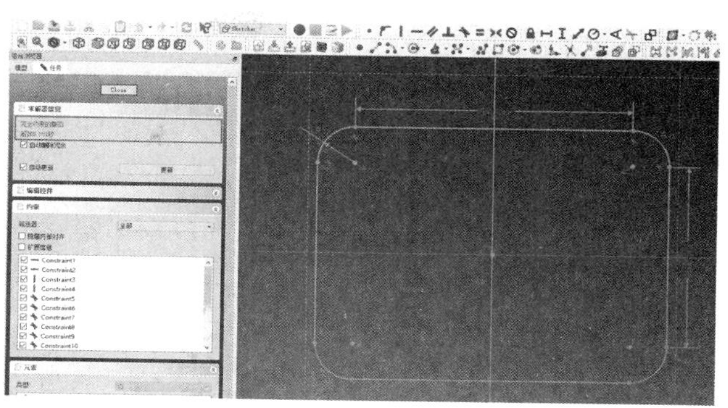

图8-17　倒圆角的约束关联操作完成

⑧ 点击“凸台”图标，在“凸台参数”对话框的“长度”中点击图标，弹出“公式编辑器”对话框，在“结果”框中输入Spreadsheet.E3，Spreadsheet.E3为表格中的E3单元格，即底座的高度，见图8-18；点击“确定”，点击“OK”完成凸台高度与表格中E3单元格的关联操作，见图8-19。

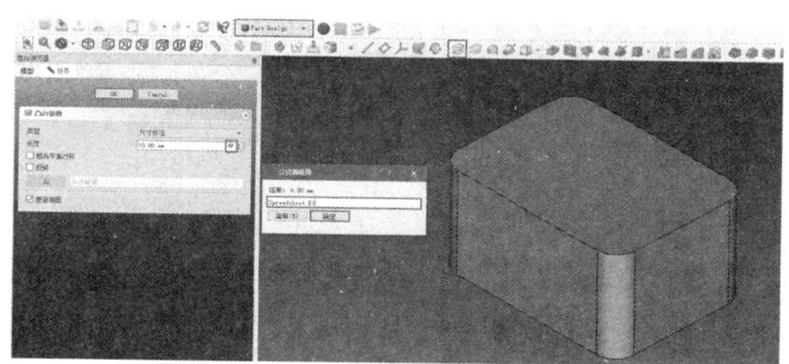

图8-18　将凸台高度与表格中的高度进行关联

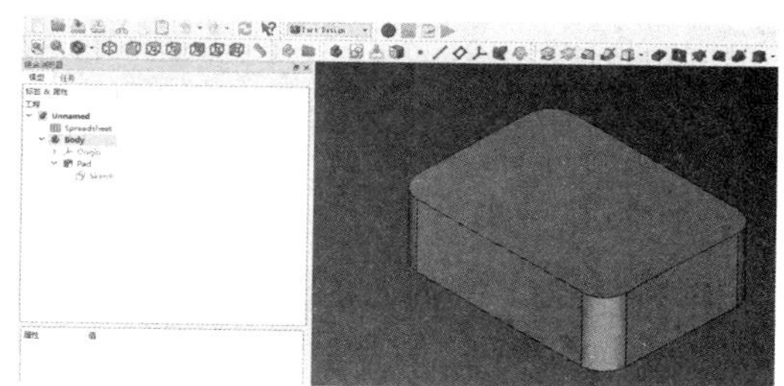

图8-19　凸台操作完成

⑨ 点击凸台顶面，顶面的颜色变绿，点击“创建新草图”图标，见图8-20，进入顶面新创建的草图，见图8-21。

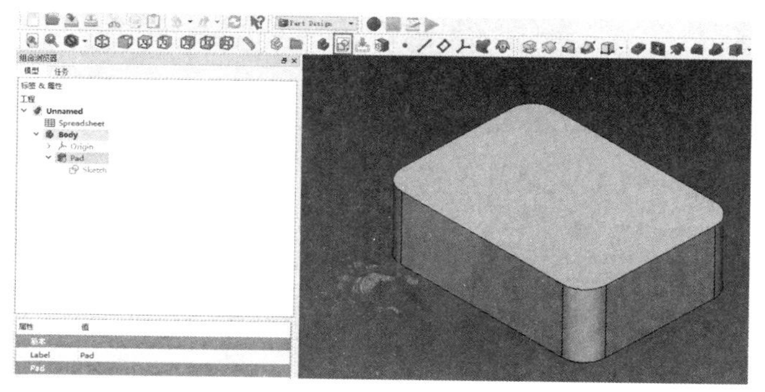

图8-20　选中凸台顶部点击“创建新草图”图标

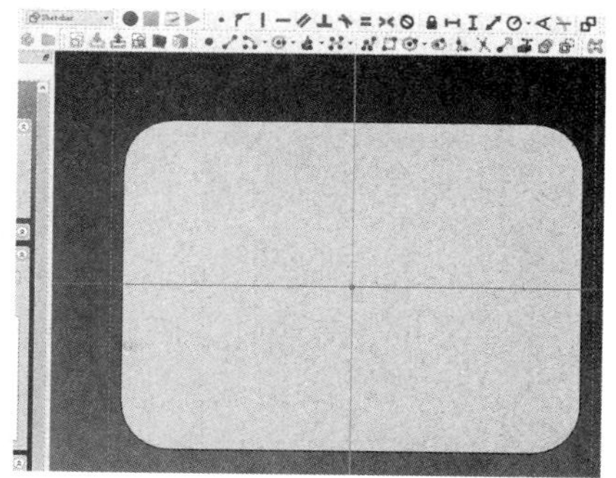

图8-21　进入顶面新创建的草图

⑩ 在顶面草图中的水平轴附近画两个圆，约束两个圆心在水平轴上，约束两个圆的半径相等，约束两个圆的圆心关于原点对称，见图8-22。

⑪ 点击“半径约束”图标对圆的半径进行约束，在“更改半径”对话框中点击图标，弹出“公式编辑器”对话框，在“结果”框中输入Spreadsheet.F3，Spreadsheet.F3

为表格中的F3单元格，即底座的圆孔半径，见图8-23；点击“确定”，点击“OK”完成圆孔半径与表格中F3单元格的关联操作，半径约束也同样变为棕黄色，数值为表格中F3单元格的数值，见图8-24。

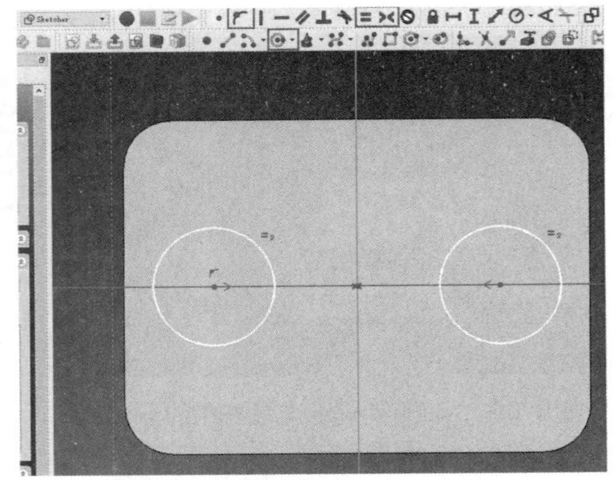

图8-22　在顶面草图画两个圆并进行约束

⑫ 点击“水平距离约束”图标对圆心与原点的水平距离进行约束，在“插入长度”对话框中点击图标，弹出“公式编辑器”对话框，在“结果”框中输入Spreadsheet.G3，Spreadsheet.G3为表格中的G3单元格，即圆孔圆心与原点的水平距离，见图8-25；点击“确定”，点击“OK”完成水平距离约束与表格中G3单元格的关联操作，水平边的约束变为棕黄色，数值为表格中G3单元格的数值，见图8-26，此时草图已完全约束，点击“Close”退出草图，进入Part Design工作台。

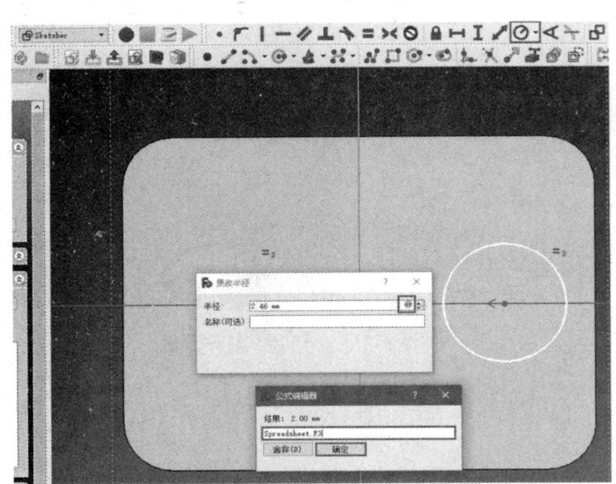

图8-23　将圆孔半径与表格中的半径进行关联

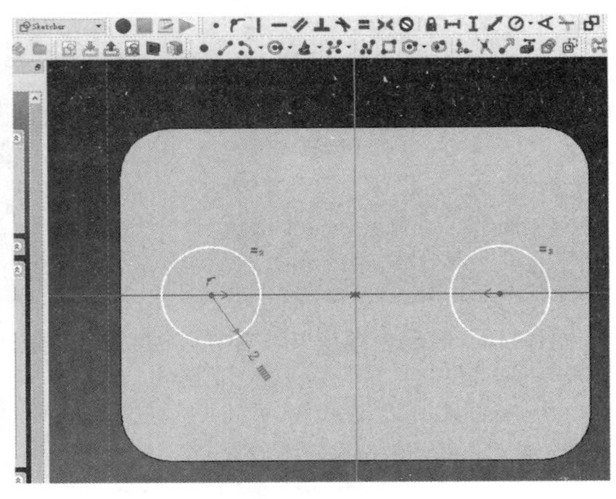

图8-24　圆孔半径的约束关联操作完成

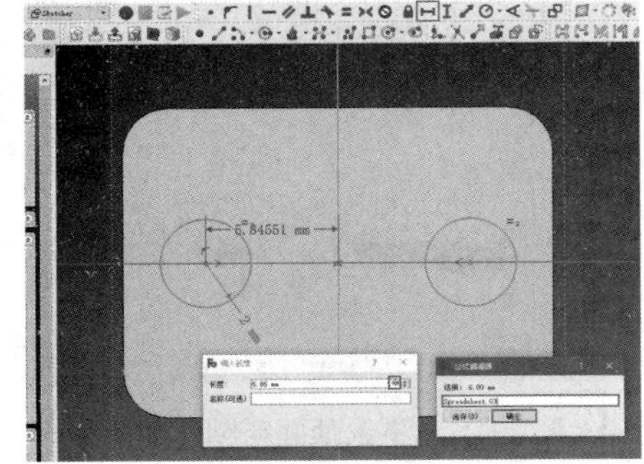

图8-25　将水平距离与表格中的距离进行关联

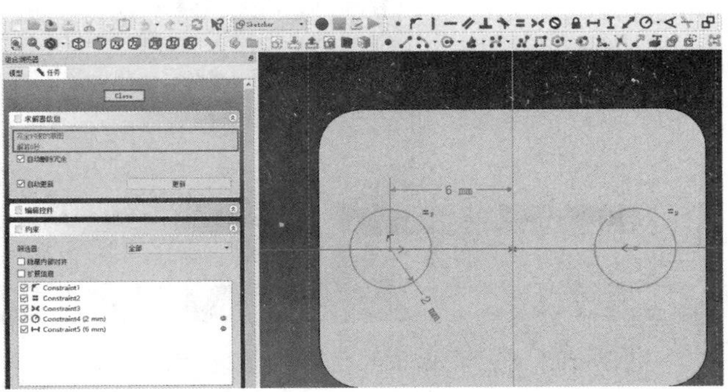

图8-26　圆心与原点的距离约束关联操作完成

⑬ 点击“凹坑”图标，在“凹槽参数”对话框的“长度”中点击图标，弹出“公式编辑器”对话框，在“结果”框中输入Spreadsheet.H3，Spreadsheet.H3为表格中的

H3单元格，即圆孔的凹坑深度，见图8-27；点击“确定”，点击“OK”完成凹坑深度与表格中H3单元格的关联操作，见图8-28。

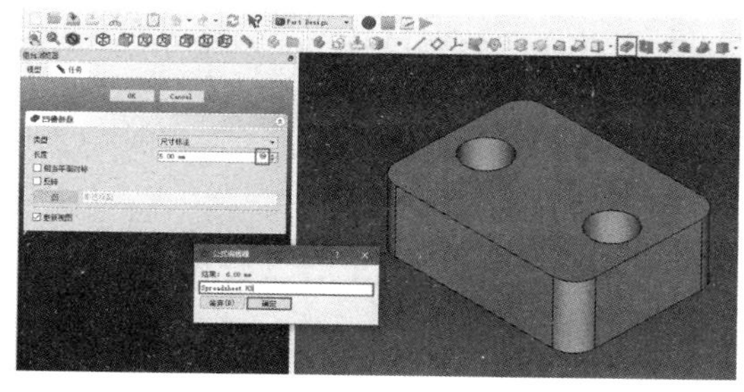
图8-27　将凹坑深度与表格中的深度进行关联

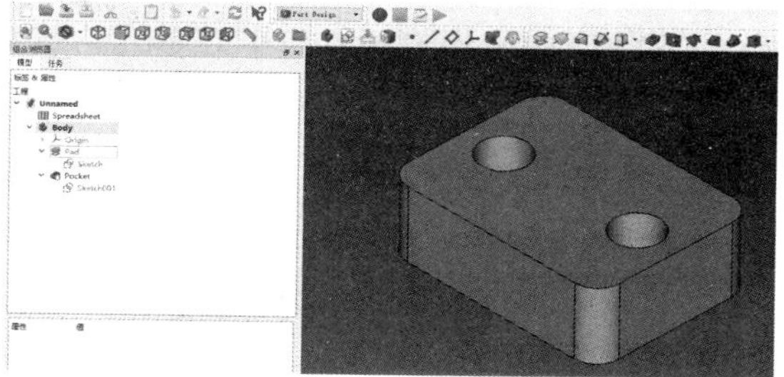
图8-28　凹坑操作完成

⑭ 点击凸台顶面，顶面的颜色变绿，点击“创建新草图”图标，见图8-29，进入新创建的顶面草图，见图8-30。

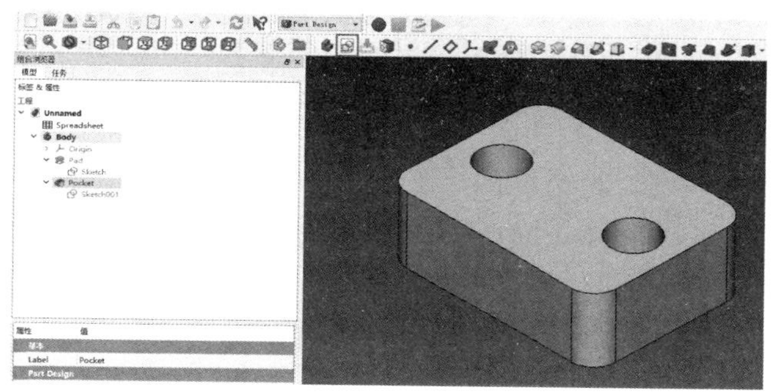
图8-29　选中凸台顶部点击“创建新草图”图标

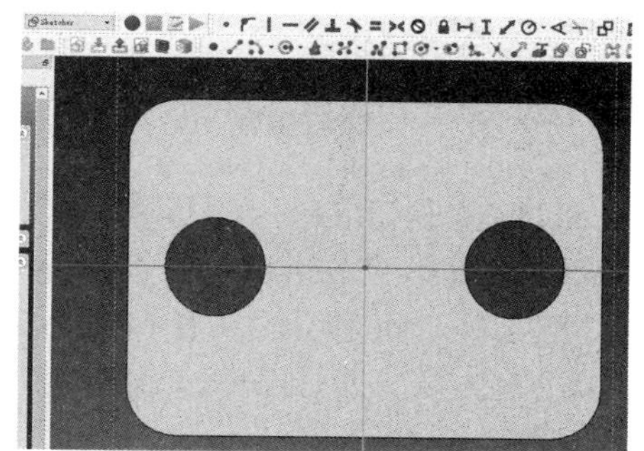
图8-30　进入新创建的顶面草图

⑮ 点击“矩形”图标，画出一个矩形，并约束上下两条边水平、左右两条边竖直，分两次约束四个顶点中的两个对角线顶点关于原点对称，见图8-31。

⑯ 点击“水平距离约束”图标对水平边进行水平距离约束，在“插入长度”对话框中点击图标，弹出“公式编辑器”对话框，在“结果”框中输入Spreadsheet.I3，Spreadsheet.I3为表格中的I3单元格，即上层长方体的长度，见图8-32；点击“确定”，点击“OK”完成水平边与表格中I3单元格的关联操作，水平边的约束变为棕黄色，数值为表格中I3单元格的数值，见图8-33。

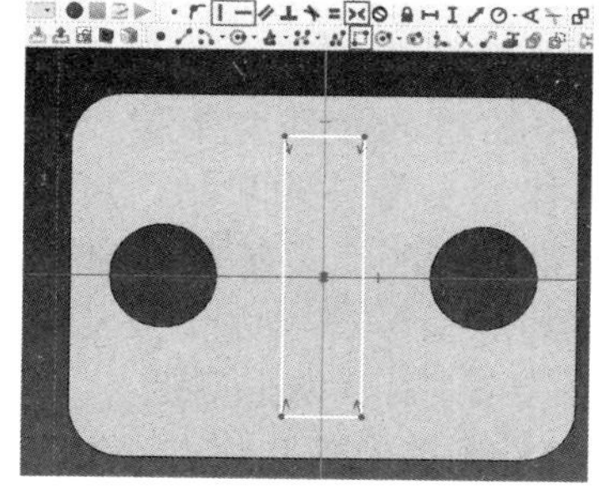
图8-31　在顶面草图画出矩形并进行约束

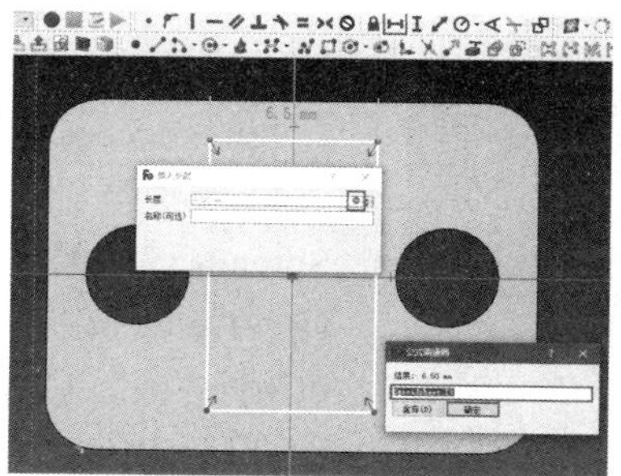
图8-32　将矩形长度与表格中的长度进行关联

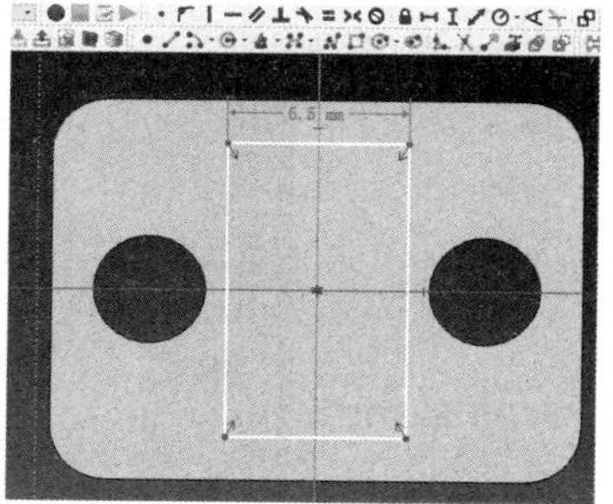
图8-33　上层矩形长度的约束关联操作完成

⑰ 点击“竖直距离约束”图标 对竖直边进行竖直距离约束，在“插入长度”对话框中点击 图标，弹出“公式编辑器”对话框，在“结果”框中输入Spreadsheet.J3，Spreadsheet.J3为表格中的J3单元格，即上层长方体的宽度，见图8-34；点击“确定”，点击“OK”完成竖直边与表格中J3单元格的关联操作，竖直边的约束变为棕黄色，数值为表格中J3单元格的数值，见图8-35，此时草图已完全约束，点击“Close”退出草图，进入Part Design工作台。

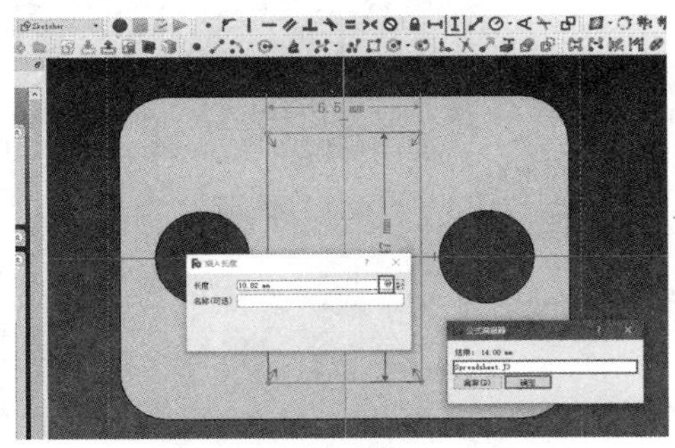
图8-34　将矩形宽度与表格中的宽度进行关联

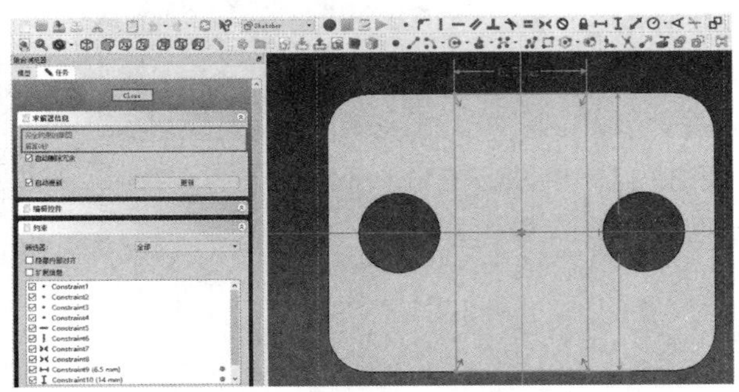
图8-35　上层矩形宽度的约束关联操作完成

⑱ 点击“凸台”图标 ，在“凸台参数”对话框的“长度”中点击 图标，弹出“公式编辑器”对话框，在“结果”框中输入Spreadsheet.K3，Spreadsheet.K3为表格中的K3单元格，即上层的高度，见图8-36；点击“确定”，点击“OK”完成凸台高度与表格中K3单元格的关联操作，见图8-37。

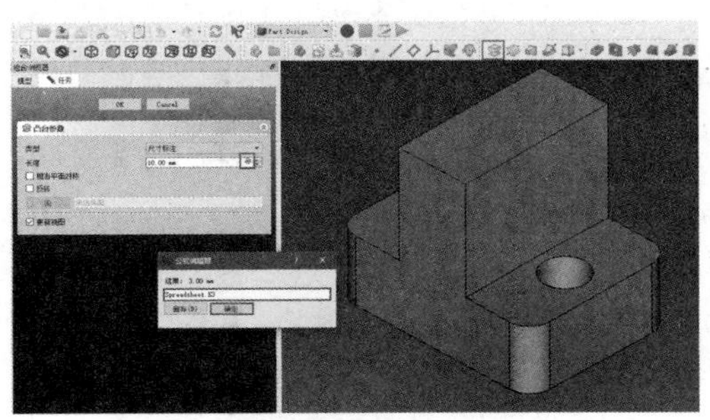
图8-36　将凸台高度与表格中的高度进行关联

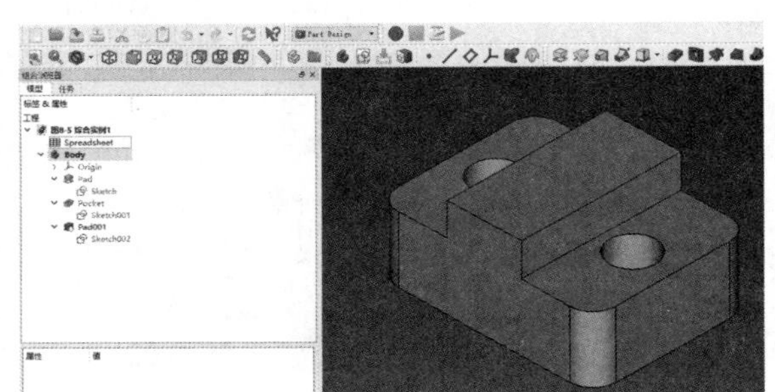
图8-37　上部凸台操作完成

图8-38　替换尺寸参数后零件的形状自动改变

⑲ 至此绘图区域中零件的各个尺寸参数与Spreadsheet表格中的对应参数全部建立了关联；要想显示其他型号零件的形状，可把Spreadsheet表格中第3行的尺寸参数全部删除（Delete键），将其他型号的尺寸参数复制（Ctrl+C键）后粘贴至第3行（Ctrl+V键），则绘图区域中零件的尺寸数值及形状将自动发生改变，例如将第11行（QM4）的数据粘贴至第三行后，零件的形状见图8-38。

8.2.2 Part工作台与Spreadsheet工作台的联立用法

① 打开FreeCAD，点击新建文件，工作台选择Spreadsheet，点击电子表格工具栏中的“创建表格”图标，左侧模型模块中出现 Spreadsheet 图标，双击 Spreadsheet 图标进入表格界面，软件界面下部出现 Spreadsheet* 图标，见图8-2。

② 在表格中输入绘图区域要显示的零件和全部系列零件的尺寸数据，见图8-39，具体尺寸及形状见图8-40及表8-3；也可选择复制Excel文件中的尺寸数据，在表格界面中粘贴（Ctrl+V键）；或者选择菜单栏中“文件/导入”，在弹出的“导入文件”对话框中选择对应的Excel文件，将Excel文件的尺寸数据导入至表格中，见图8-7；也可选择菜单栏中“文件/打开”，在弹出的“打开文档”对话框中选中对应的Excel文件，点击“打开”按钮将尺寸数据复制到表格中，见图8-8；或者点击电子表格工具栏中的“导入图标”，将CSV文件中的尺寸数据导入至表格中，见图8-9。

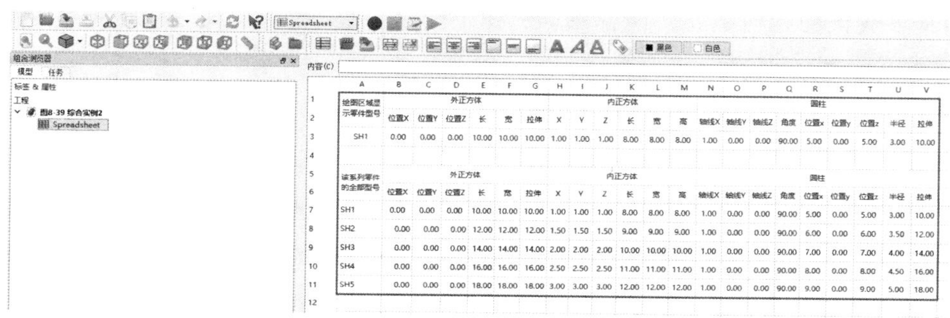

图8-39 输入零件的尺寸数据

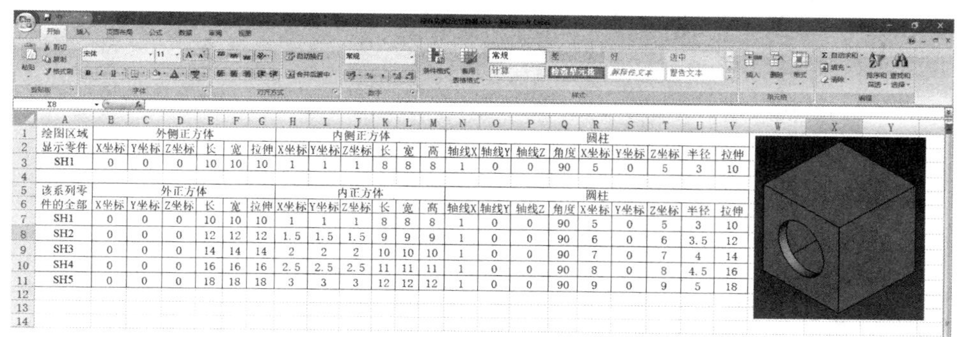

图8-40 具体尺寸数据及形状

表8-3 图8-39中的具体尺寸数据

	A	B	C	D	E	F	G	H	I	J	K	L	M	N	O	P	Q	R	S	T	U	V
1	绘图区域显示零件	外侧正方体						内侧正方体						圆柱								
2		X坐标	Y坐标	Z坐标	长	宽	拉伸	X坐标	Y坐标	Z坐标	长	宽	高	轴线X	轴线Y	轴线Z	角度	X坐标	Y坐标	Z坐标	半径	拉伸
3	SH1	0	0	0	10	10	10	1	1	1	8	8	8	1	0	0	90	5	0	5	3	10
4																						

续表

	A	B	C	D	E	F	G	H	I	J	K	L	M	N	O	P	Q	R	S	T	U	V
5	该系列零件的全部	外正方体						内正方体						圆柱								
6		X坐标	Y坐标	Z坐标	长	宽	拉伸	X坐标	Y坐标	Z坐标	长	宽	高	轴线X	轴线Y	轴线Z	角度	X坐标	Y坐标	Z坐标	半径	拉伸
7	SH1	0	0	0	10	10	10	1	1	1	8	8	8	1	0	0	90	5	0	5	3	10
8	SH2	0	0	0	12	12	12	1.5	1.5	1.5	9	9	9	1	0	0	90	6	0	6	3.5	12
9	SH3	0	0	0	14	14	14	2	2	2	10	10	10	1	0	0	90	7	0	7	4	14
10	SH4	0	0	0	16	16	16	2.5	2.5	2.5	11	11	11	1	0	0	90	8	0	8	4.5	16
11	SH5	0	0	0	18	18	18	3	3	3	12	12	12	1	0	0	90	9	0	9	5	18

③ 在软件界面下部点击 Unnamed : 1* 图标，退出表格，将工作台切换至Part工作台，点击“创建参数化的几何图元”图标，选择平面，参数不做改动，见图8-41，点击“创建”，点击“Close”退出。

④ 左侧模型模块中出现 平面 图标，点击选中，绘图区域中平面的颜色变绿，点击属性模块的“数据”按钮，双击“Placement/位置”，在x中点击图标，弹出“公式编辑器”对话框，在“结果”框中输入Spreadsheet.B3，Spreadsheet.B3为表格中的B3单元格，即外侧正方体的X坐标，见图8-42；点击“确定”，完成外侧正方体的X坐标与表格中B3单元格的关联操作，X坐标的值为表格中B3单元格的数值，见图8-43。

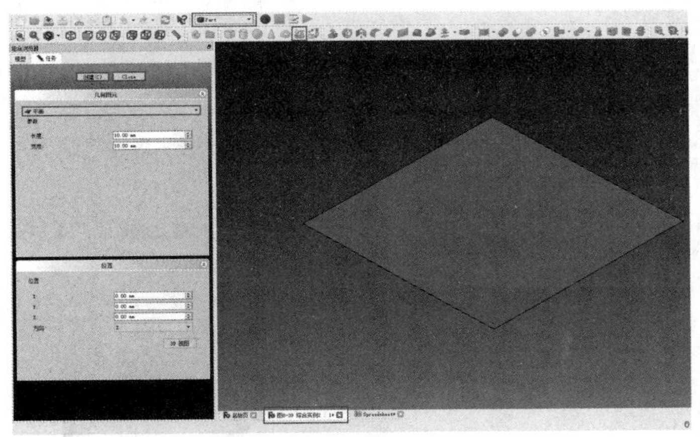

图8-41　切换至Part工作台后创建平面

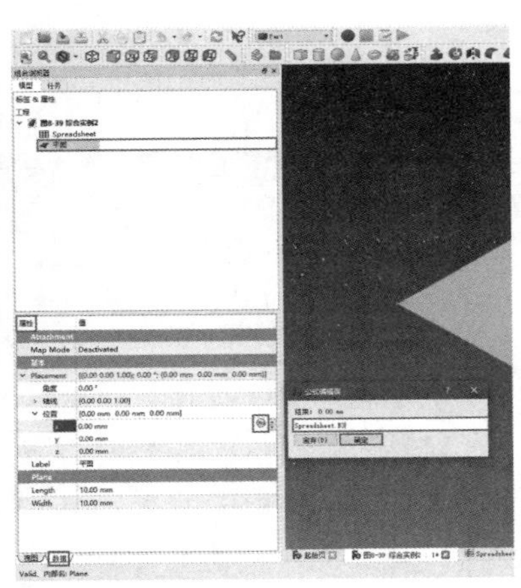

图8-42　将X坐标与表格中的X坐标进行关联

⑤ 依次将外侧正方体的Y坐标、Z坐标与表格中C3和D3单元格的进行关联操作，见图8-44；同理，将“Plane”中的“Length”和“Width”与表格中的E3和F3单元格进行关联，见图8-45。

⑥ 点击左侧模型模块中的“平面”图标 平面，平面的颜色变绿，点击“拉伸”图标，方向选择“沿法向”，“长度/沿”选择默认10mm，参数不做任何改动，见图8-46，点击“OK”完成拉伸。

⑦ 点击左侧模型模块中出现的 Extrude 图标，点击属性模块的“数据”按钮，在

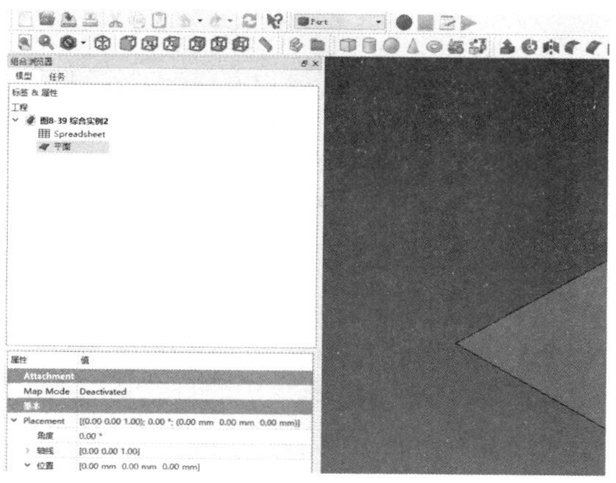

图8-43 外侧正方体X坐标的关联操作完成

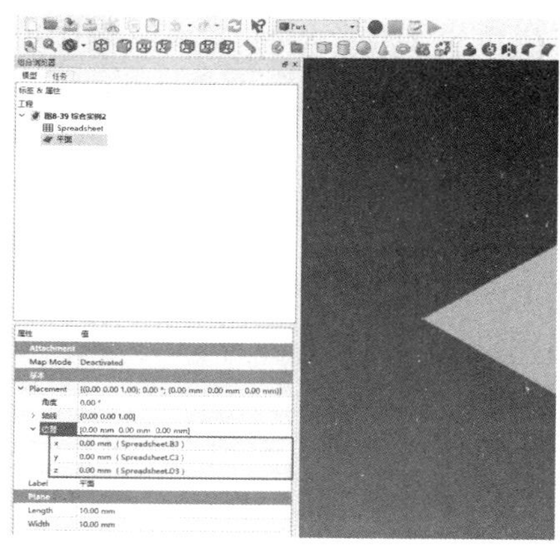

图8-44 所有坐标的关联操作完成

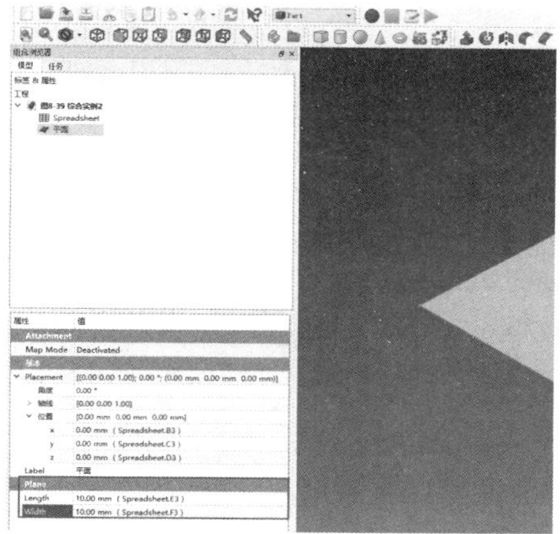

图8-45 外侧正方体的长和宽关联操作完成

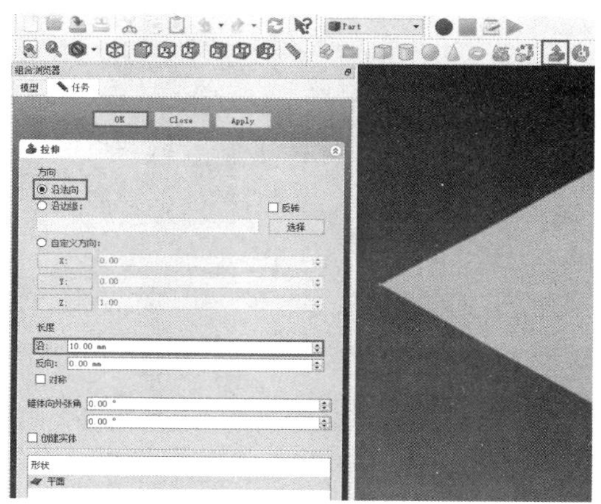

图8-46 对平面进行拉伸

"Length Fwd"中点击图标，弹出"公式编辑器"对话框，在结果框中输入Spreadsheet.G3，Spreadsheet.G3为表格中的G3单元格，即外侧正方体的拉伸高度，见图8-47；点击"确定"，完成拉伸高度与表格中G3单元格的关联操作，见图8-48。

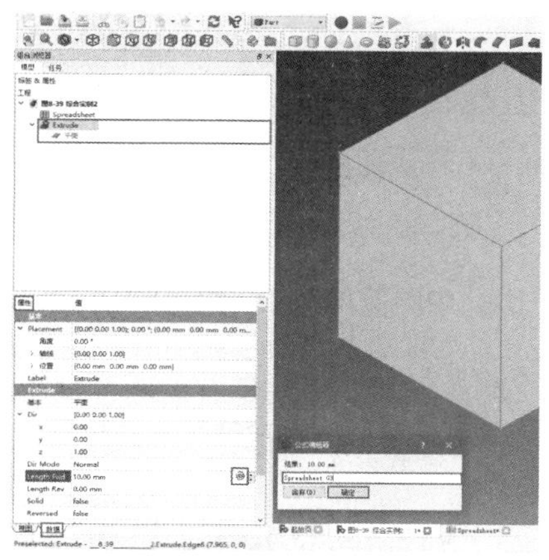

图8-47 将拉伸高度与表格进行关联

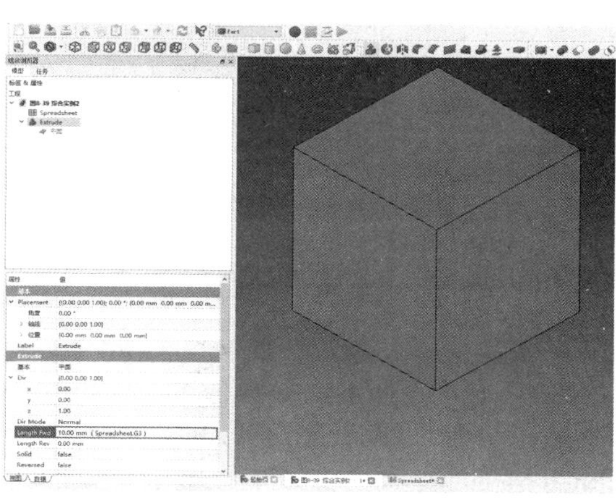

图8-48 拉伸高度与表格关联操作完成

⑧ 点击选择“线框模式”图标，点击“创建参数化的几何图元”图标，选择“立方体”，参数不做改动，见图8-49；点击“创建”，所创建的新立方体与刚才通过拉伸形成的立方体重合在一起，点击“Close”退出。

⑨ 左侧模型模块中出现立方体图标，点击选中，绘图区域中立方体的八个顶点颜色变绿，点击属性模块的“数据”按钮，双击“Placement/位置”，在x中点击图标，弹出“公式编辑器”对话框，在“结果”框中输入Spreadsheet.H3，Spreadsheet.H3为表格中的H3单元格，即内侧正方体的X坐标，见图8-50；点击“确定”，完成内侧正方体的X坐标与表格中H3单元格的关联操作，X坐标的值为表格中H3单元格的数值，见图8-51。

⑩ 依次将内侧正方体的Y坐标、Z坐标与表格中I3和J3单元格的进行关联操作；同理，将“Box”中的“Length”“Width”和“Height”与表格中的K3、L3和M3单元格进行关联，见图8-52。

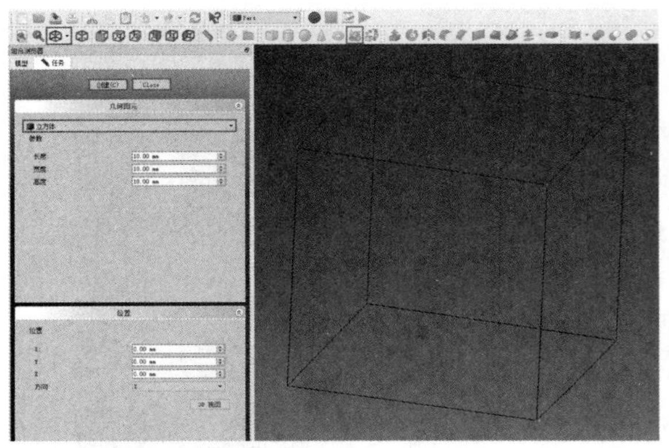

图8-49 创建一个新的立方体

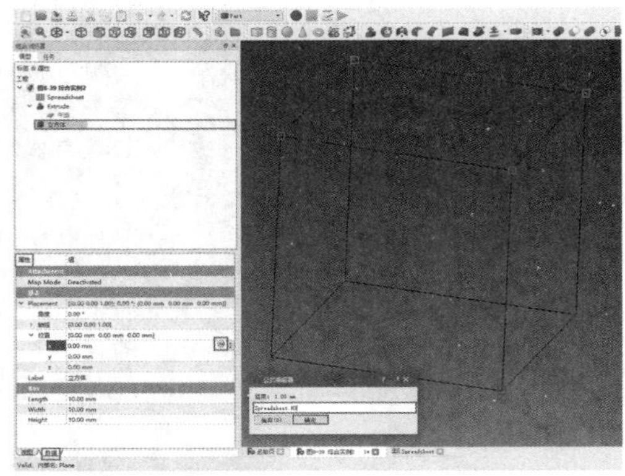

图8-50 将立方体的X坐标与表格进行关联

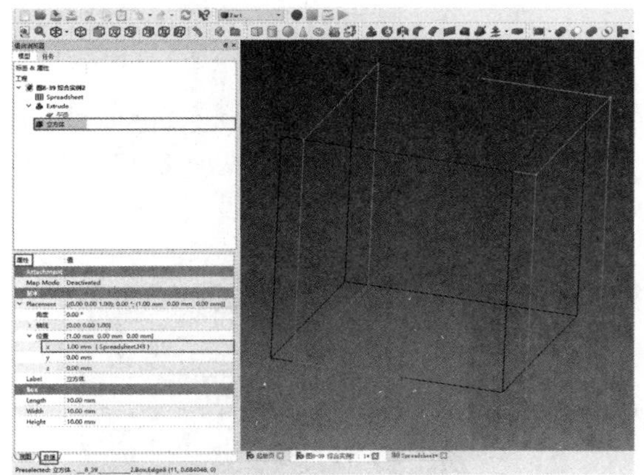

图8-51 内侧正方体X坐标的关联操作完成

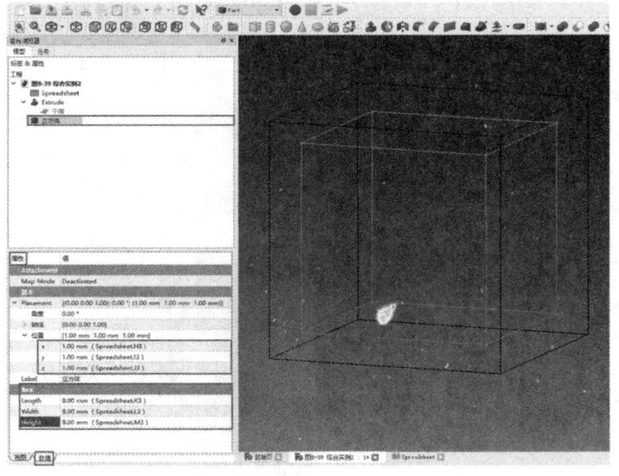

图8-52 内侧正方体的其他参数关联操作完成

⑪ 先点击选中左侧模型模块中的Extrude图标，再按住“Ctrl”键点击选中立方体图标，点击“差集”图标，用外侧正方体减去内侧正方体，得到一个空壳，点击选择“带边着色模式”图标，见图8-53。

⑫ 点击“创建参数化的几何图元”图标，选择“圆”，参数不做改动，见图8-54；点击“创建”，点击“Close”退出。

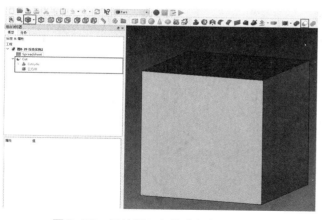

图8-53 用外侧正方体减去内侧正方体

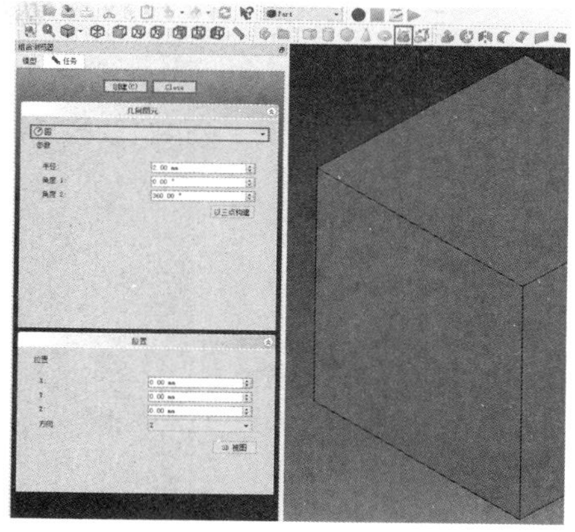

图8-54 准备创建一个圆

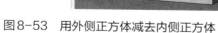

⑬ 左侧模型模块中出现圆图标，点击选中，绘图区域中圆的颜色变绿，点击属性模块的“数据”按钮，双击“Placement/轴线”，在x中点击图标，弹出“公式编辑器”对话框，在“结果”框中输入Spreadsheet.N3，Spreadsheet.N3为表格中的N3单元格，即圆的轴线X值与表格中N3单元格进行关联操作，点击“确定”完成；依次将圆的轴线Y、轴线Z的值与表格中O3和P3单元格进行关联操作，见图8-55。

⑭ 在“角度”中点击图标，弹出“公式编辑器”对话框，在“结果”框中输入Spreadsheet.Q3，即圆的角度与表格中Q3单元格进行关联操作，点击“确定”完成，见图8-56。

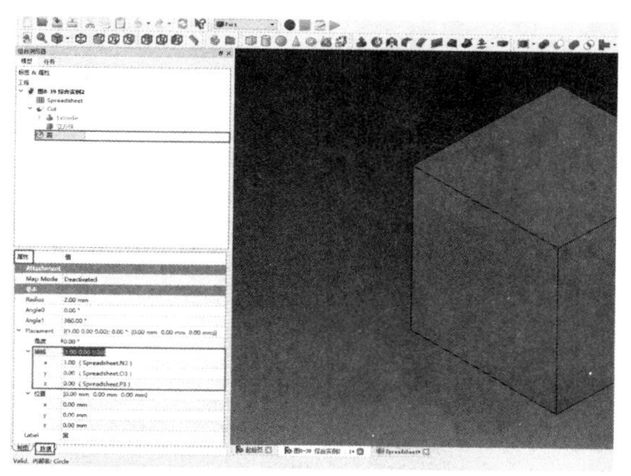

图8-55 轴线值与表格中的单元格关联完成

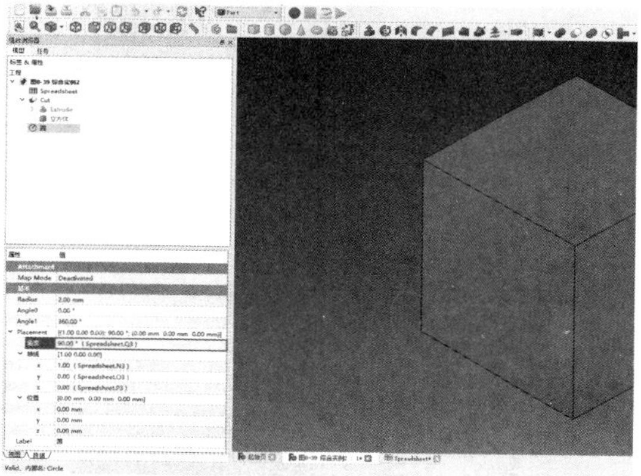

图8-56 圆的角度与表格中的单元格关联完成

⑮ 双击“Placement/位置”，依次将圆的位置X、位置Y和位置Z与表格中R3、S3和T3单元格进行关联操作，点击“确定”完成，见图8-57。

⑯ 在“Radius”中点击图标，弹出“公式编辑器”对话框，在“结果”框中输入Spreadsheet.U3，即圆的半径与表格中U3单元格进行关联操作，点击“确定”完成，见图8-58。

⑰ 点击选中左侧模型模块中的圆图标，圆的颜色变绿，点击“拉伸”图标，将圆拉伸成为圆柱体，方向选择“沿法向”，“长度”选择默认10mm，参数不做任何改动，点击“OK”完成拉伸，见图8-59。

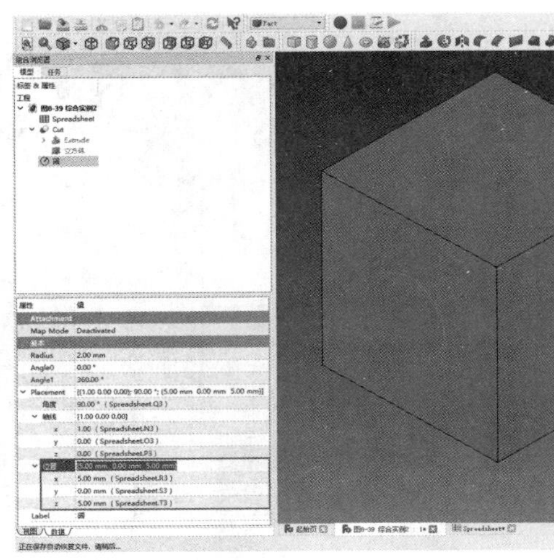

图8-57　圆的位置与表格中的单元格关联完成

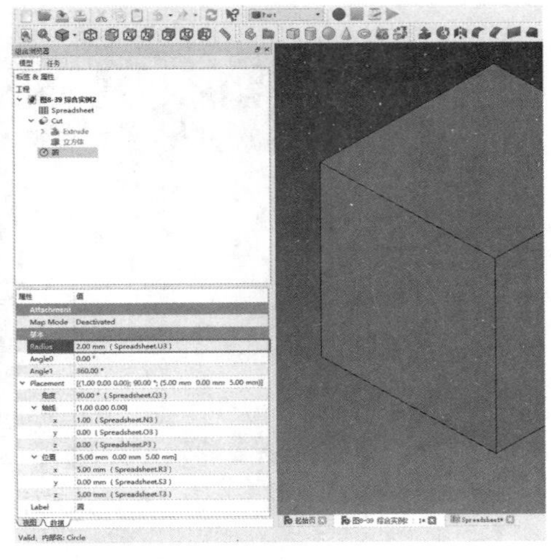

图8-58　圆的半径与表格中的单元格关联完成

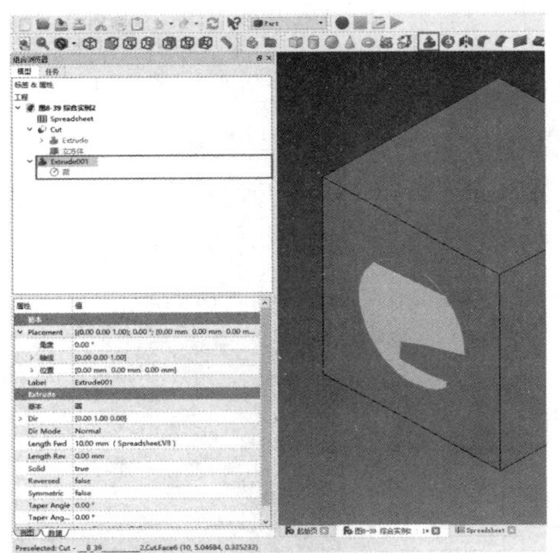

图8-59　将圆拉伸成为圆柱

⑱ 点击左侧模型模块中出现的 Extrude001 图标，点击属性模块的"数据"按钮，在"Length Fwd"中点击图标，弹出"公式编辑器"对话框，在"结果"框中输入Spreadsheet.V3，Spreadsheet.V3为表格中的V3单元格，即圆柱体的拉伸长度，见图8-60；点击"确定"，完成圆柱体拉伸长度与表格中V3单元格的关联操作，见图8-61。

⑲ 左侧模型模块中先点击选中 Cut 图标，再按住"Ctrl"键点击选中 Extrude001 图标，点击"差集"图标，用空壳减去圆柱体，所得模型见图8-62。

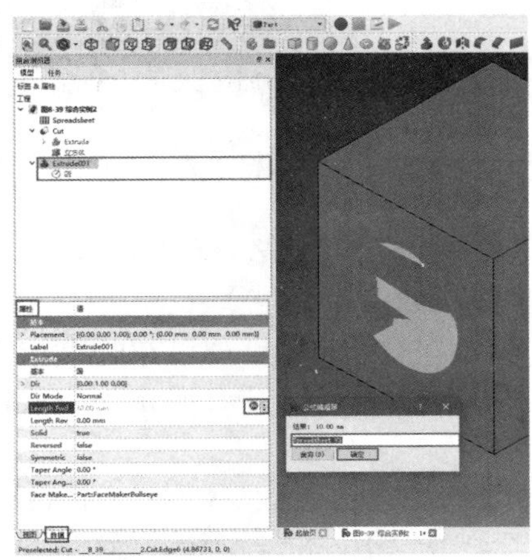

图8-60　将圆柱体拉伸长度与表格进行关联

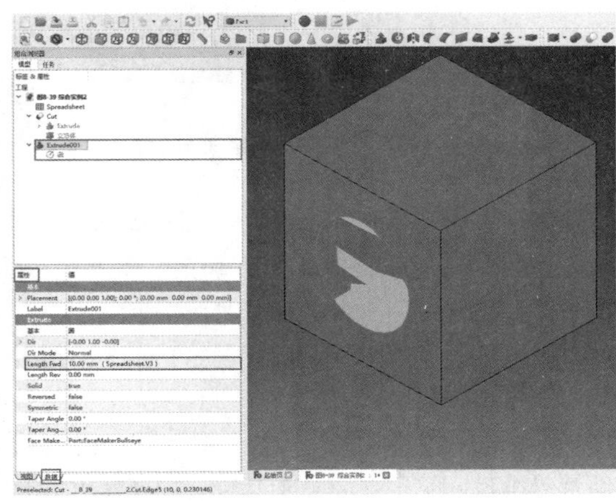

图8-61　圆柱拉伸长度与表格关联完成

至此绘图区域中零件的各个尺寸参数与Spreadsheet表格中的对应参数全部建立了关联；如果想显示其他型号的形状，可把Spreadsheet表格中第3行的尺寸参数全部删除（Delete键），将其他型号的尺寸参数复制（Ctrl+C键）后粘贴至第3行（Ctrl+V键），则绘图区域中零件的尺寸数值及形状将自动发生改变，例如将第11行（SH5）的数据粘贴至第三行后，零件的形状见图8-63。

图8-62　用空壳减去圆柱体

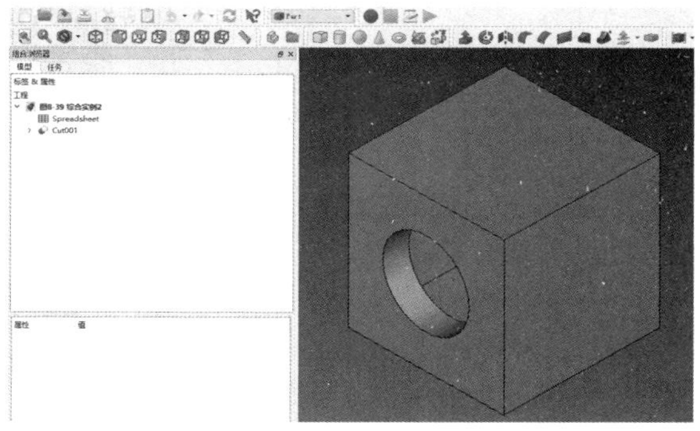

图8-63　替换尺寸参数后零件的形状自动改变

8.2.3　Draft工作台与Spreadsheet工作台的联立用法

① 打开FreeCAD，点击新建文件，工作台选择Spreadsheet，点击电子表格工具栏中的“创建表格”图标，左侧模型模块中出现 Spreadsheet 图标，双击 Spreadsheet 图标进入表格界面，软件界面下部出现 Spreadsheet* 图标，见图8-2。

② 在表格中输入绘图区域要显示的零件和全部系列零件的尺寸数据，见图8-64，具体尺寸及形状见图8-65及表8-4；也可选择复制Excel文件中的尺寸数据，在表格界面中粘贴（Ctrl+V键）；或者也可选择菜单栏中“文件/导入”，在弹出的“导入文件”对话框中选择对应的Excel文件，将其中的尺寸数据导入至表格中，见图8-7；也可选择菜单栏中“文件/打开”，在弹出的“打开文档”对话框中选中对应的Excel文件，点击“打开”按钮可将尺寸数据复制到表格中，见图8-8；或者点击电子表格工具栏中的“导入”图标，将CSV文件中的尺寸数据导入至表格中，见图8-9。

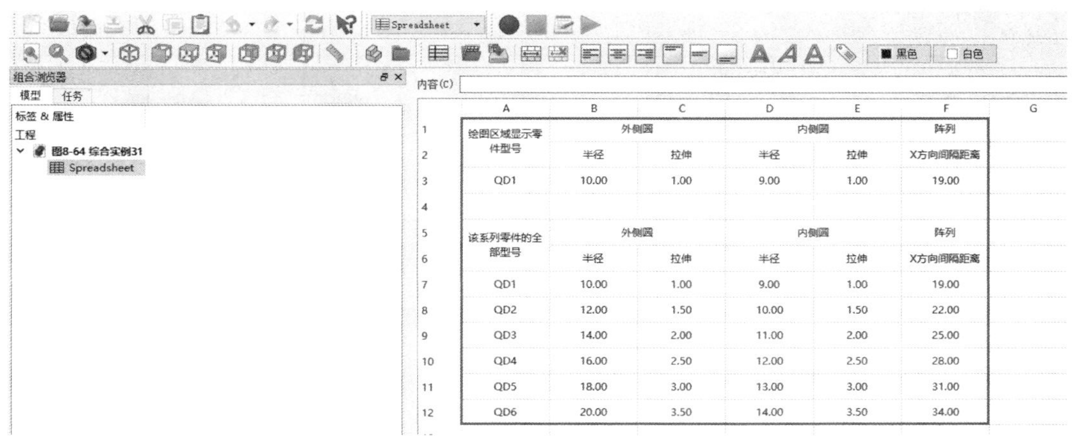

	A	B	C	D	E	F
1	绘图区域显示零件型号	外侧圆		内侧圆		阵列
2		半径	拉伸	半径	拉伸	X方向间隔距离
3	QD1	10.00	1.00	9.00	1.00	19.00
4						
5	该系列零件的全部型号	外侧圆		内侧圆		阵列
6		半径	拉伸	半径	拉伸	X方向间隔距离
7	QD1	10.00	1.00	9.00	1.00	19.00
8	QD2	12.00	1.50	10.00	1.50	22.00
9	QD3	14.00	2.00	11.00	2.00	25.00
10	QD4	16.00	2.50	12.00	2.50	28.00
11	QD5	18.00	3.00	13.00	3.00	31.00
12	QD6	20.00	3.50	14.00	3.50	34.00

图8-64　输入零件的尺寸数据

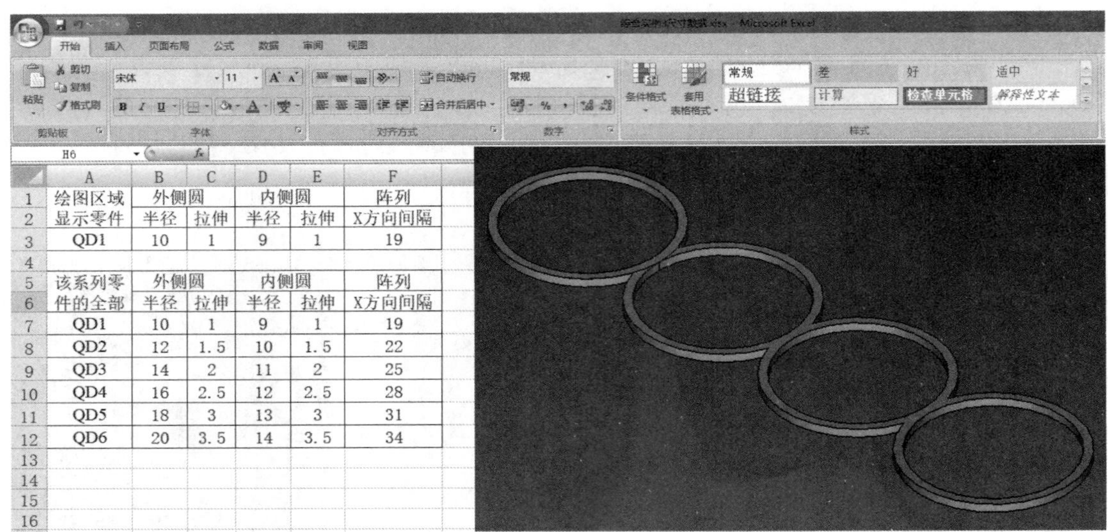

图8-65　具体尺寸数据及形状

表8-4　图8-65中的具体尺寸数据

	A	B	C	D	E	F
1	绘图区域显示零件	外侧圆		内侧圆		阵列
2		半径	拉伸	半径	拉伸	X方向间隔
3	QD1	10	1	9	1	19
4						
5	该系列零件的全部	外侧圆		内侧圆		阵列
6		半径	拉伸	半径	拉伸	X方向间隔
7	QD1	10	1	9	1	19
8	QD2	12	1.5	10	1.5	22
9	QD3	14	2	11	2	25
10	QD4	16	2.5	12	2.5	28
11	QD5	18	3	13	3	31
12	QD6	20	3.5	14	3.5	34

③ 在软件界面下部点击 Unnamed : 1* 图标，退出表格，将工作台切换至Draft工作台，工作平面设置为XY，视图选择“轴测图”；点击“圆”图标，以原点为圆心，任意值为半径画出一个圆，选择“填充”，见图8-66。

④ 点击选中左侧模型模块中出现的 Circle 图标，绘图区域中圆的颜色变绿，点击属性模块的“数据”按钮，在“Radius”中点击图标，弹出“公式编辑器”对话框，在“结果”框中输入Spreadsheet.B3，将圆的半径与表格中B3单元格进行关联操作，见图8-67，

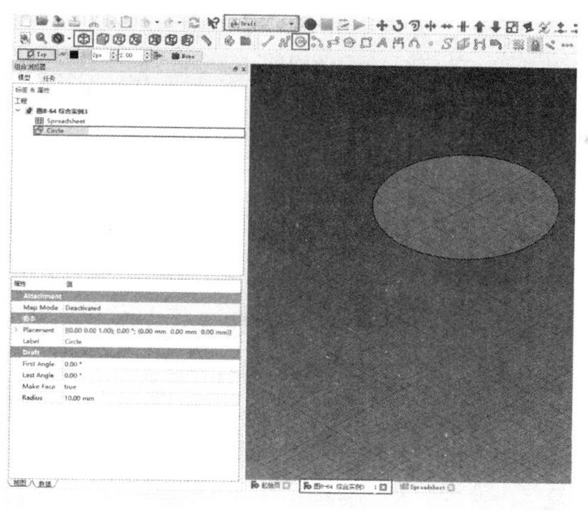

图8-66　Draft工作台中以原点为圆心画一个圆　　图8-67　将圆的半径与表格进行关联

点击“确定”完成，见图8-68。

⑤ 点击选中左侧模型模块中的 Circle 图标，圆的颜色变绿，点击“修剪”图标，按下“Z”键，将圆拉伸成圆柱体，高度为正值，具体数值不作要求，点击或按下回车键完成拉伸，见图8-69。

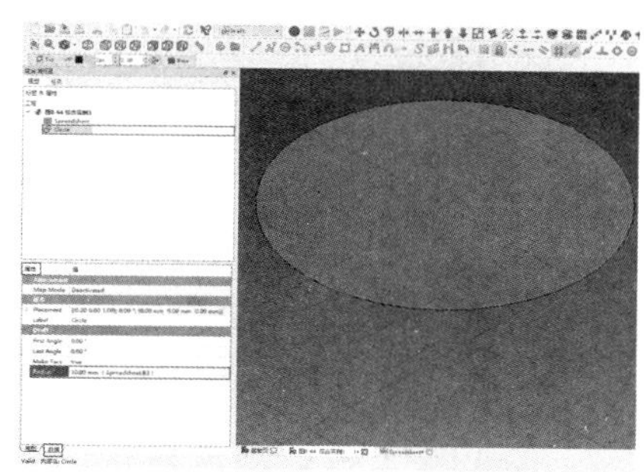

图8-68　圆的半径与表格关联操作完成

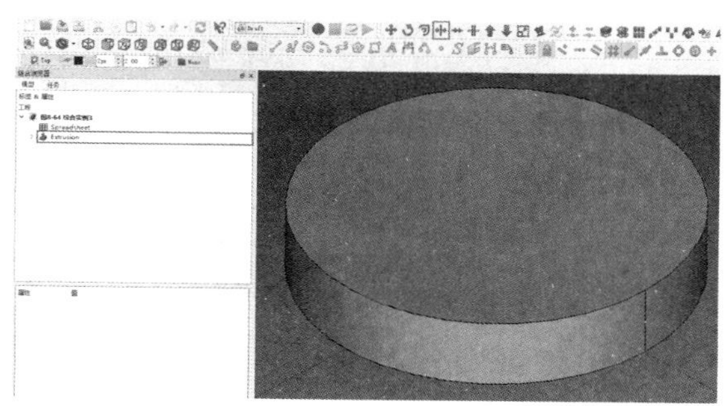

图8-69　将圆拉伸为圆柱体

⑥ 点击左侧模型模块中出现的 Extrusion 图标，点击属性模块的“数据”按钮，在“Dir”中的z中点击图标，弹出“公式编辑器”对话框，在结果框中输入Spreadsheet.C3，Spreadsheet.C3为表格中的C3单元格，即外侧圆柱体的拉伸高度，见图8-70；点击“确定”，完成外侧圆柱体的拉伸高度与表格中C3单元格的关联操作，见图8-71。

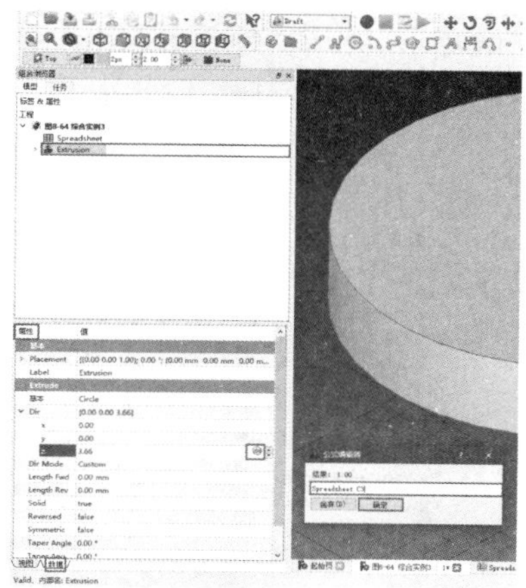

图8-70　将外侧圆柱体的高度与表格进行关联

⑦ 点击选择“线框模式”图标，点击“圆”图标，以原点为圆心，任意值为半径画出一个圆，选择“填充”，见图8-72。

⑧ 点击选中左侧模型模块中出现的 Circle001 图标，绘图区域中圆的颜色变绿，点击属性模块的“数据”按钮，在“Radius”中点击图标，弹出“公式编辑器”

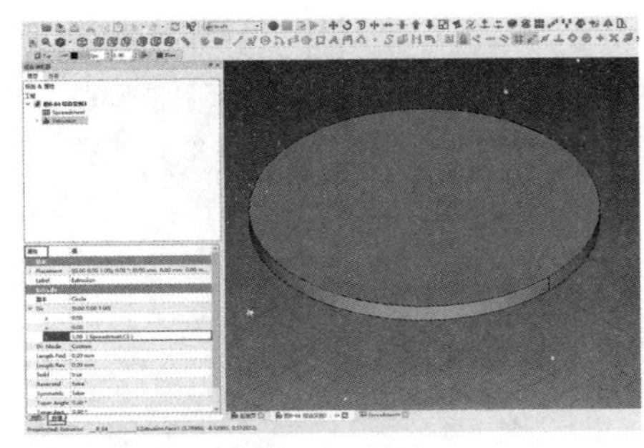
图8-71 圆柱体的高度与表格关联操作完成

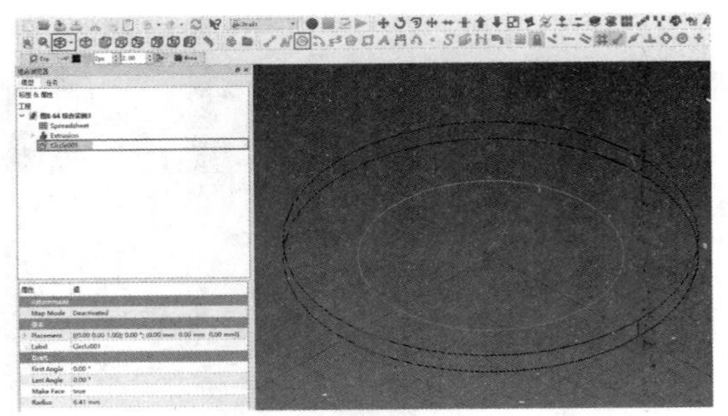
图8-72 选择“线框模式”画出一个圆

对话框，在结果框中输入Spreadsheet.D3，将圆的半径与表格中D3单元格进行关联操作，点击“确定”完成，见图8-73。

⑨ 点击选中左侧模型模块中的 Circle001 图标，绘图区域中圆的颜色变绿，点击“修剪”图标，按下“Z”键，将圆拉伸成为圆柱体，高度为正值，具体数值不做要求，点击或按下回车键完成拉伸，点击选择“带边着色模式”图标，见图8-74。

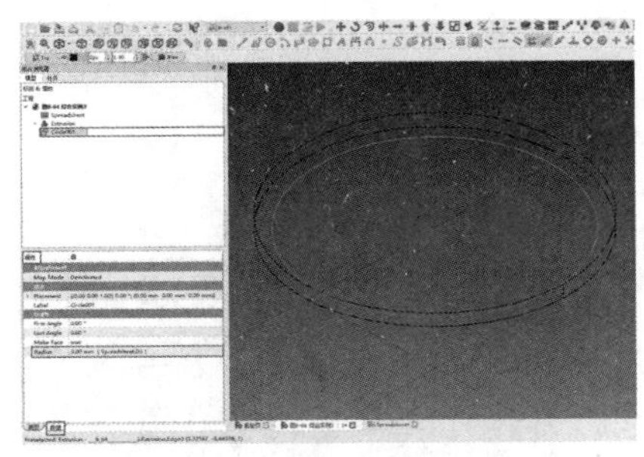
图8-73 内侧圆的半径与表格关联操作完成

图8-74 将内侧圆拉伸成为圆柱体

⑩ 点击左侧模型模块中出现的 Extrusion001 图标，点击属性模块的“数据”按钮，在“Dir”中的z中点击图标，弹出“公式编辑器”对话框，在“结果”框中输入Spreadsheet.E3，Spreadsheet.E3为表格中的E3单元格，即内侧圆柱体的拉伸高度，点击“确定”，完成内侧圆柱体拉伸高度与表格中E3单元格的关联操作，见图8-75。

⑪ 切换至Part工作台，先在左侧模型模块中点击 Extrusion 图标，再按住“Ctrl”键点击 Extrusion001 图标，点击“差集”图标，即用外侧圆柱体减去内侧圆柱体，所得模型为一个圆环，见图8-76。

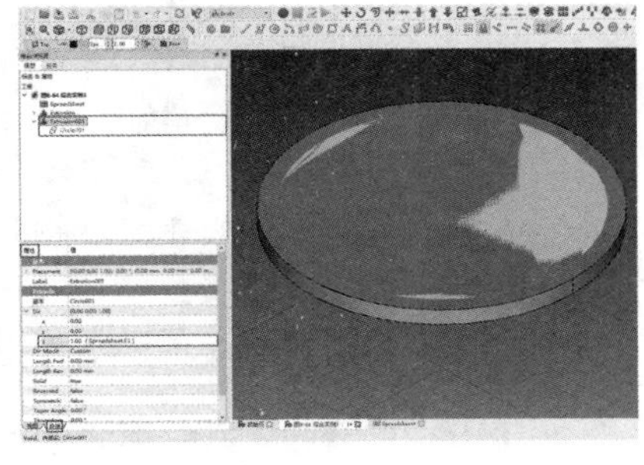
图8-75 拉伸高度与表格的关联操作完成

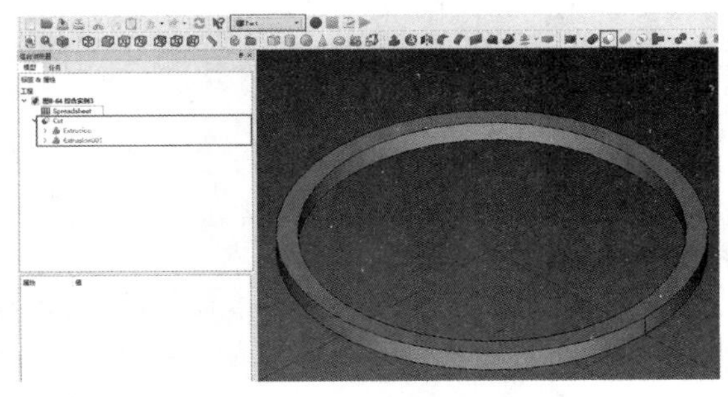
图8-76 外侧圆柱体减去内侧圆柱体

⑫ 切换至Draft工作台，左侧模型模块中点击 Cut 图标，则圆环的颜色变绿，点击“阵列”图标，绘图区域的图形发生变化，左侧模型模块中出现 Array 图标，见图8-77；点击属性模块的“数据”按钮，在“Array Type”中选择“ortho”，即正交阵列；“Fuse”中选择true，即副本相互融合；“Number X”中选择4，“Number Y/Z”中选择1，即只在X方向布置副本，副本的个数为4，见图8-78。

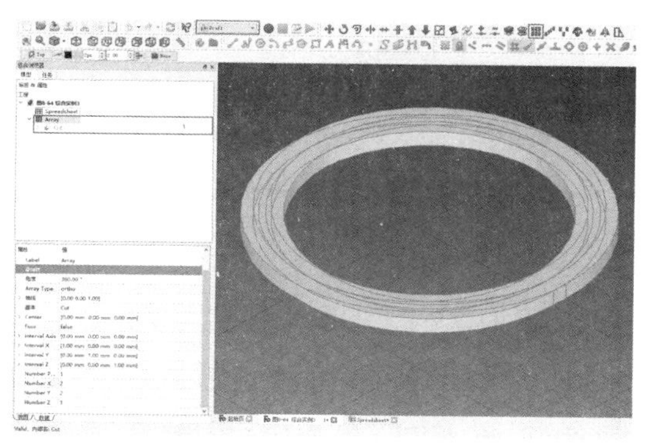

图8-77 对圆环进行阵列操作

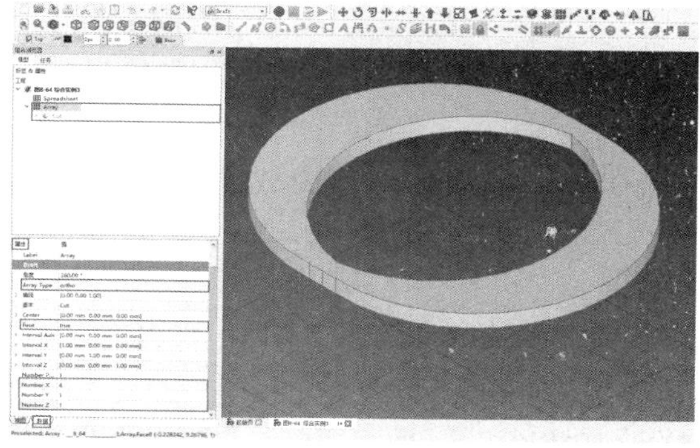

图8-78 修改阵列参数

⑬“Interval X”中点击X中的图标，弹出“公式编辑器”对话框，在“结果”框中输入Spreadsheet.F3，Spreadsheet.F3为表格中的F3单元格，即阵列在X方向上副本之间的间隔距离，点击“确定”，完成X方向上副本间隔距离与表格中F3单元格的关联操作，见图8-79。

⑭ 至此绘图区域中零件的各尺寸参数与Spreadsheet表格中的对应参数全部建立了关联；如果想显示其他型号的形状，可把Spreadsheet表格中第3行的尺寸参数全部删除（Delete键），将其他型号的尺寸参数复制（Ctrl+C键）后粘贴至第3行（Ctrl+V键），则绘图区域中零件的尺寸数值及形状将自动发生改变，例如将第12行（QD6）的数据粘贴至第三行后，零件的形状见图8-80。

图8-79 副本间隔距离与表格的关联操作完成

图8-80 替换尺寸参数后零件的形状自动改变

注意

① 表格中的单元格可以输入任意文本，也可以输入表达式；表达式最好以等号“=”开头（例如选中某个单元格输入“=A1+B1”），见图8-81，也可通过软件判断自行添加“=”（例如选中某个单元格输入“A1+B1”）；单元格可通过其列（大写字母）和行（数字）进行引用（例如A1表示第1行第A列的单元格）。

② 单元格中直接输入小写字母pi或e，则自动显示圆周率或自然常数，图8-82中的等号为软件自行添加。

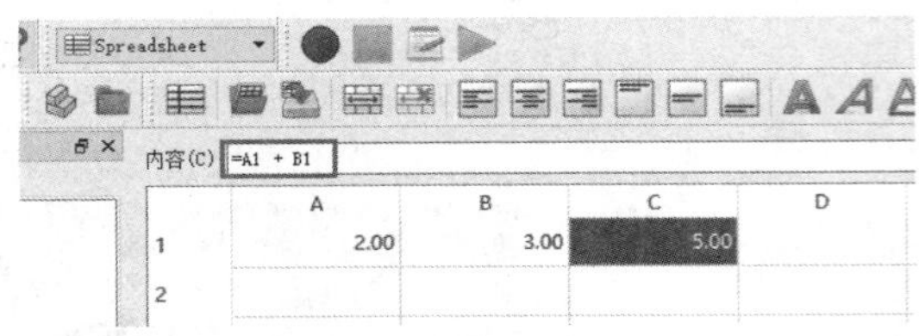

图8-81 表达式最好以等号开头

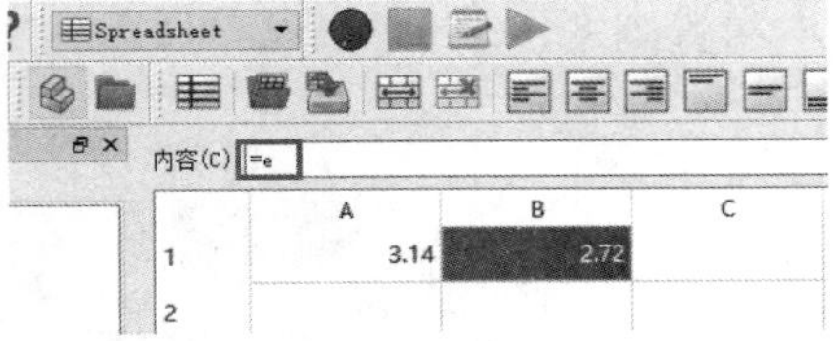

图8-82 单元格中可直接输入pi或e

③ 单元格中可引用以下数学函数，见表8-5；三角函数以度（°）作为默认单位，例如直接在单元格中输入cos（45），则结果为0.71；如果以弧度为单位，需在弧度值之后加上一个空格后再输入rad（rad），例如直接在单元格中输入cos（pi rad/4），则结果与cos（45）一致；数学函数的多个参数之间可以用分号（；）分隔，也可用逗号紧跟一个空格（，）分隔，但输入的逗号在按下回车键后将转换为分号；所有的输入均应在英文状态下，汉语状态下的输入将无法计算。

表8-5 单元格中可引用的数学函数

abs（x）：绝对值	acos（x）：反余弦函数，-1 ≤ x ≤ 1	asin（x）：反正弦的函数，-1 ≤ x ≤ 1
atan（x）：反正切函数	atan2（y,x）：y/x 的反正切函数	ceil（x）：向正无穷大方向取整
cos（x）：余弦函数，-1 ≤ cos（x）≤ 1	cosh（x）：双曲余弦函数	exp（y）：以 e 为底的指数函数
floor（x）：向负无穷大方向取整	log（x）：以 e 为底对数	log10（x）：以 10 为底的对数
mod（x, y）：x 除以 y 的余数	pow（x, y）：计算 x 的 y 次方	round（x）：四舍五入取整
sin（x）：正弦函数，-1 ≤ sin（x）≤ 1	sinh（x）：双曲正弦函数	sqrt（x）：一个非负实数的平方根
tan（x）：正切函数	tanh（x）：双曲正切函数	—

④ 单元格中可引用以下统计函数，见表8-6，实例见图8-83；单元格可通过其列（大写字母）和行（数字）进行引用（例如A1表示第1行第A列的单元格）；统计函数的多个参数之间可以用分号（；）分隔，也可用逗号和一个空格

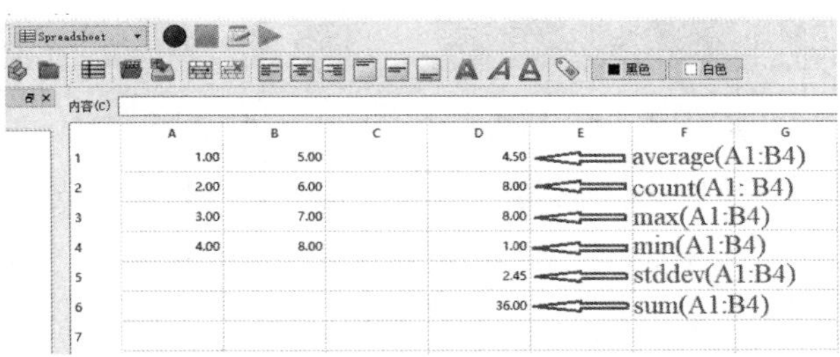

图8-83 统计函数应用举例

（,）分隔，但输入的逗号在按下回车键后将转换为分号；多个单元格的引用可采用两个单元格之间加冒号的方法［例如count（A1:C8）表示计数从第1行第A列开始至第8行第C列结束，共计24个单元格，见图8-84；而count（A1;C8）则表示只计数A1和C8共2个单元格］。

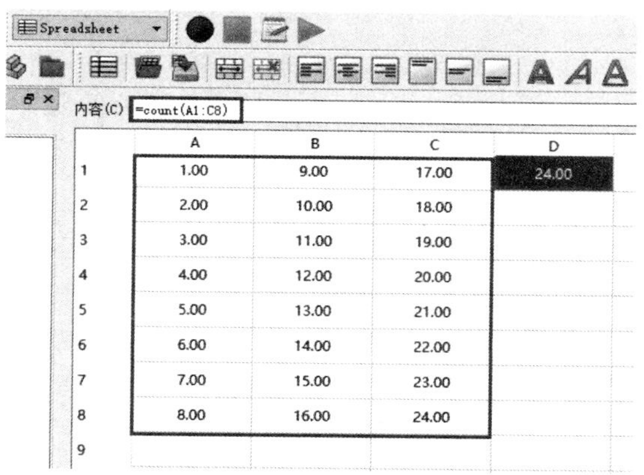

图8-84 引用A1至C8单元格

表8-6 单元格中可引用的统计函数

average（x:y）：计算从单元格 x 到 y 的平均值	count（x:y）：计数从单元格 x 到 y 的单元格个数
max（x:y）：选取从单元格 x 到 y 的最大值	min（x:y）：选取从单元格 x 到 y 的最小值
stddev（x:y）：计算从单元格 x 到 y 的标准偏差	sum（x:y）：计算从单元格 x 到 y 的总和

⑤ 一个FreeCAD文件中可创建多个表格，对应文件中的不同内容。

第9章

TechDraw 工作台使用方法

扫码观看
本章视频

9.1 TechDraw工作台简介及界面介绍

TechDraw工作台的主要功能是制图，可将Part Design、Part、Draft、Arch或Spreadsheet等工作台构建的三维或二维模型生成标准的技术图纸，除此之外还可将尺寸、截面、阴影线、注释和SVG文件等添加至图纸内，最后将图纸保存成为DXF、SVG或PDF等不同格式的文件，以方便查阅。

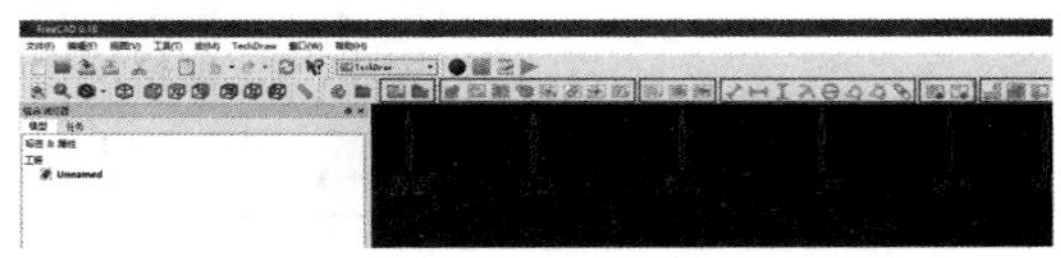

图9-1　TechDraw工作台中的各种工具栏

打开FreeCAD，点击新建文件，工作台选择TechDraw，如图9-1所示，可见众多工具栏，工具栏中所有命令见表9-1。点击界面工具栏中的第一个图标，进入图纸界面，左侧模型模块中出现 Page 图标，同时软件界面下部出现 Page 图标，如图9-2所示。点击界面工具栏中的第二个图标，选择相应的纸张幅面，点击“打开”按钮，也可进入类似的图纸界面。

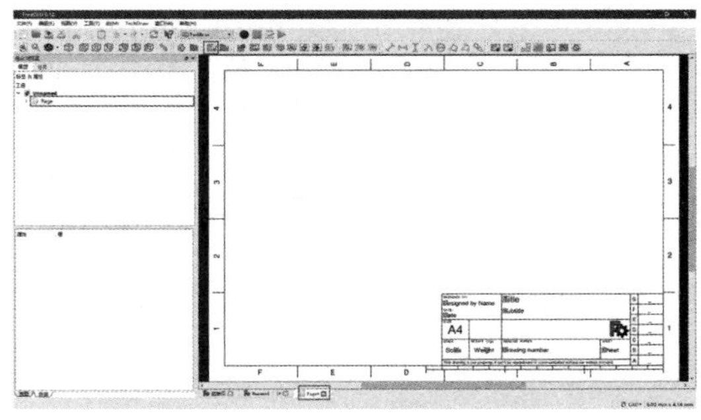

图9-2　进入图纸界面

表9-1　TechDraw工作台各工具栏所有命令及作用

TechDraw 工作台各工具栏所有命令	作用及用法
	插入默认页，见9.2 命令详解第①步
	插入模版，见9.2 命令详解第①步

续表

TechDraw 工作台各工具栏所有命令	作用及用法
	插入视图，见 9.2 命令详解第②步
	插入多个视图，见 9.2 命令详解第③～⑦步
	插入剖面图，见 9.2 命令详解第⑧～⑫步
	插入详细视图，见 9.2 命令详解第⑬～⑮步
	插入批注，见 9.2 命令详解第⑯、⑰步
	插入 Draft 视图，见 9.3 第①～④步
	插入 Arch 截面图，见 9.3 第⑤步
	插入表格，见 9.2 命令详解第⑱～⑳步
	插入剪辑组，见 9.2 命令详解第㉑、㉒步
	向剪辑组中插入视图，见 9.2 命令详解第㉓～㉕步
	删除剪辑组中的视图，见 9.2 命令详解第㉖、㉗步
	长度尺寸，见 9.2 命令详解第㉘～㉛步
	水平尺寸，见 9.2 命令详解第㉘～㉛步
	垂直尺寸，见 9.2 命令详解第㉘～㉛步
	半径尺寸，见 9.2 命令详解第㉘～㉛步
	直径尺寸，见 9.2 命令详解第㉘～㉛步
	角度，见 9.2 命令详解第㉜步
	三点角度，见 9.2 命令详解第㉝步
	尺寸链接，见 9.2 命令详解第㉞～㊲步
	导出为 SVG 文件，见 9.2 命令详解第㊳步
	导出为 DXF 文件，见 9.2 命令详解第㊴步
	填充图案，见 9.2 命令详解第㊵、㊶步
	填充几何图案，见 9.2 命令详解第㊷～㊹步
	插入 SVG 图标，见 9.2 命令详解第㊺步
	插入图片，见 9.2 命令详解第㊻步
	视图框架，见 9.2 命令详解第㊼步

9.2 TechDraw工作台各图标命令详解

9.2.1 插入默认页和插入模版

① 打开8.2.1节中Part Design工作台与Spreadsheet工作台的联立用法的FreeCAD文件，工作台选择Tech Draw，见图9-3；点击“插入默认页”图标，进入A4图纸界面，左侧模型模块中出现 Page 图标，同时软件界面下部出现 Page 图标，如图9-4所示；如果需要选择其他幅面的纸张，点击“插入模版”图标，在选择模版文件对话框中选择相应幅面的SVG文件，见图9-5，点击“打开”按钮，可进入其他幅面的图纸界面，见图9-6。

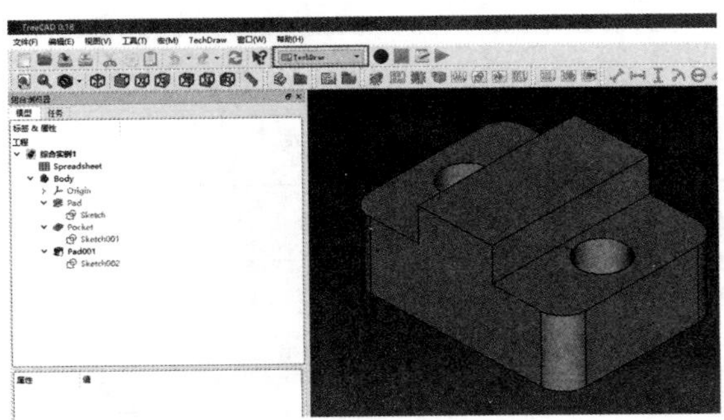

图9-3 打开文件选择TechDraw工作台

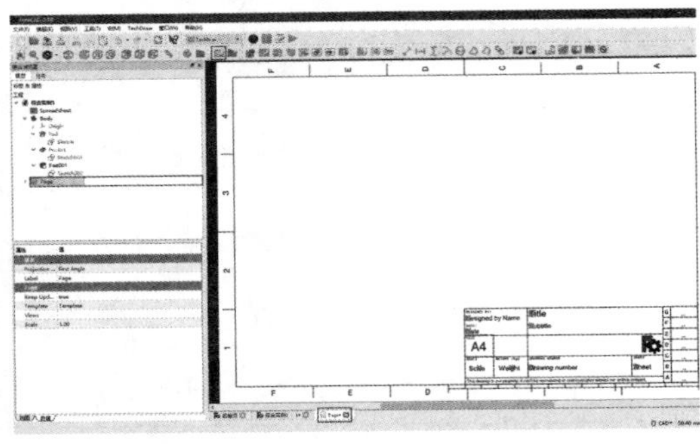

图9-4 进入默认的A4图纸界面

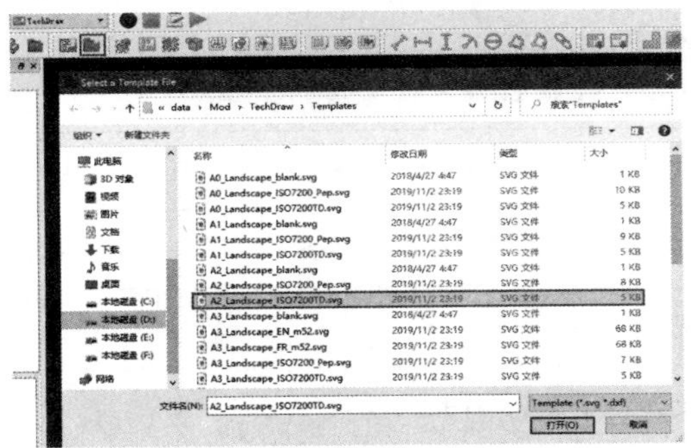

图9-5 点击“插入模版”图标选择A2幅面

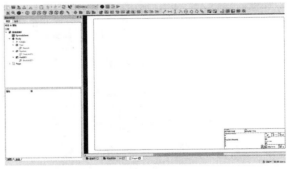

图9-6 进入A2图纸界面

9.2.2 插入视图

② 点击选中左侧模型模块中的 Body 图标，再点击“插入视图”图标，则在图纸界面中心出现所绘制三维模型的投影视图，见图9-7；点击选中该视图，视图的颜色变绿，可用鼠标拖动该视图移动到合适的位置，见图9-8。

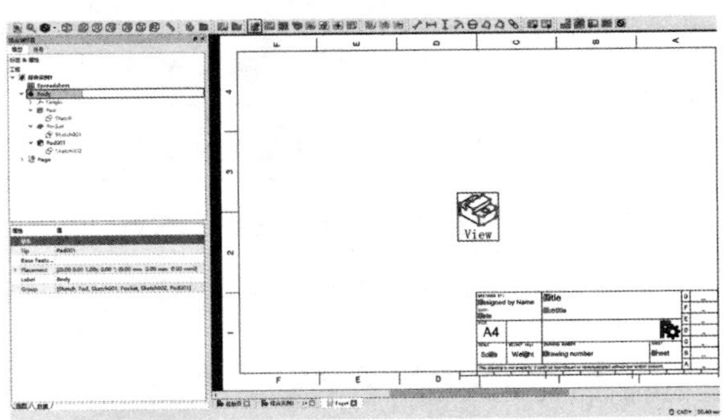

图9-7 选中三维模型点击“插入视图”图标则出现视图

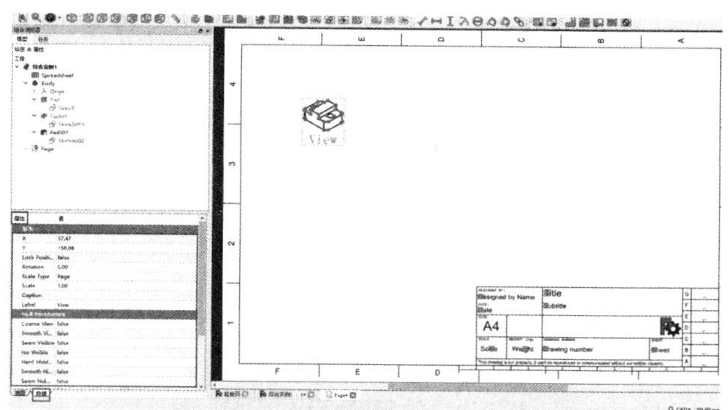

图9-8　用鼠标拖动视图移动到合适的位置

注意

① 本例中选择的是Part Design工作台中构建的三维模型，也可选择Part、Draft、Arch或其他工作台中构建的三维模型。

② 如果在左侧模型模块中有多个图纸图标 Page ，则选中三维模型后还需按住“Ctrl”键在左侧模型模块中选择相应的图纸图标，才能将三维模型的视图投影至相应的图纸界面中。

③ 本例中的 Body 为轴测图，所以在图纸界面中显示的也是轴测图，如果将 Body 更改为正视图，则图纸界面中的投影视图也将变为正视图。

④ 点击选中视图，视图的颜色变绿，点击属性模块的“数据”按钮，见图9-8，各属性的含义如下：

· X：表示视图的水平位置。

· Y：表示视图的垂直位置。

· Lock Position：选择为false时，可用鼠标拖动视图移动，选择为true时则无法拖动，但仍可通过改变X和Y的值来改变视图的位置。

· Rotation：表示视图旋转的角度，更改该属性的值可使视图旋转相应的角度值。

· Scale Type：比例类型，选择Page时代表整个图纸界面均使用统一的比例，选择Custom表示仅更改所选中视图的比例，选择Automatic意味着使视图的比例适合于整个图纸界面。

· Scale：比例的数值。

· Caption：可输入一些简短的文字说明。

· Label：视图的标签。

· Coarse View：如果选择为true，则曲线的形状会被多边形所替代，这样在计算复杂模型时可节约大量的时间，当选择false时，则使用精确算法计算，但需要较长的时间进行计算。

· Smooth Visible：打开或关闭可见的平滑线。

· Seam Visible：打开或关闭可见的接缝线。

· Iso Visible：打开或关闭等距线。

· Hard Hidden：打开或关闭隐藏线。

· Smooth Hidden：打开或关闭隐藏的平滑线。

· Seam Hidden：打开或关闭隐藏的接缝线。

· Iso Hidden Lines：打开或关闭隐藏的等距线。

· Iso Count：表示每个平面上等距线条的条数。

· Source：指投影视图的链接对象，此例中为 Body。

· Direction：表示视图的方向向量，增加X的值则视图向右转，减小X的值则视图向左转，增加Y的值则视图向后转，减小Y的值则视图向前转，增加Z的值则视图向上转，减小Z的值则视图向下转，因此正视图的向量为（0，-1，0），轴测图的向量为（1，-1，1）。

· Perspective：选择true时为透视投影法，选择false时为正交投影法。

· Focus：指透视投影法时从观察点所处位置到投影平面的距离，如果数值太大，透视图会消失，如果数值太小，透视图会发生扭曲。

⑤ 点击选中视图，视图的颜色变绿，点击属性模块的“视图”按钮，各属性的含义如下：

· Keep Label：选择true时，始终显示视图的标签，甚至在关闭了视图框架后仍然显示标签。

· Visibility：视图的可见性，当选择false时，视图隐藏。

· Arc Center Marks：圆心标识，选择true时显示视图中圆或圆弧的圆心，当选择false时则不显示圆心，需要注意的是当视图为正视图时，显示正视图中的圆心，侧视图或俯视图时亦是如此，但轴测图时并不显示圆心。

· Center Scale：圆心标识的大小，当Arc Center Marks选择为true时，增大该属性的数值可使圆心标识增大。

· Horiz Center Line：水平中轴线，选择true时显示该视图的水平中轴线，选择false时不显示。

· Show Section Line：显示剖面线，选择true时显示剖面线，选择false时不显示。

· Vert Center Line：垂直中轴线，选择true时显示该视图的垂直中轴线，选择false时不显示。

· Extra Width：额外宽度，尚未使用。

· Hidden Width：隐藏线的粗细，调整该属性的数值可增大或减小隐藏线的粗细程度，包括水平中轴线、垂直中轴线和隐藏线等，但前提是这些线的属性为true时才可调整，属性为false时则无法改变线条的粗细程度。

· Iso Width：等距线的粗细，先点击“数据”按钮，再将其中的“Iso Hidden Lines”属性调整为true时，才能改变等距线的粗细程度。

· Line Width：线条的粗细，可改变线条的粗细程度。

⑥ 更改各种属性的选项或数值后，如果视图没有变化可点击“刷新”图标。

⑦ 如果只想生成一个视图，则“插入视图”命令比较方便，但如果需要生成多个视图，则使用“插入多个视图”命令更方便，“插入多个视图”命令详见第③~⑦步。

9.2.3　插入多个视图

③ 再次点击“插入默认页”图标，进入另一个A4图纸界面，左侧模型模块中出现 Page001 图标，同时软件界面下部出现 Page001* 图标，如图9-9所示；点击软件界面下部的 综合实例1 : 1* 图标，再点击“正视图”图标，将三维模型以正视图的视角呈现出来，见图9-10。

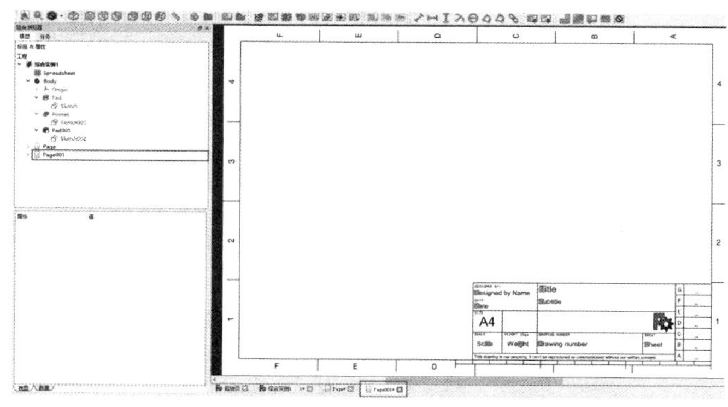

图9-9　重新进入另一个A4图纸界面

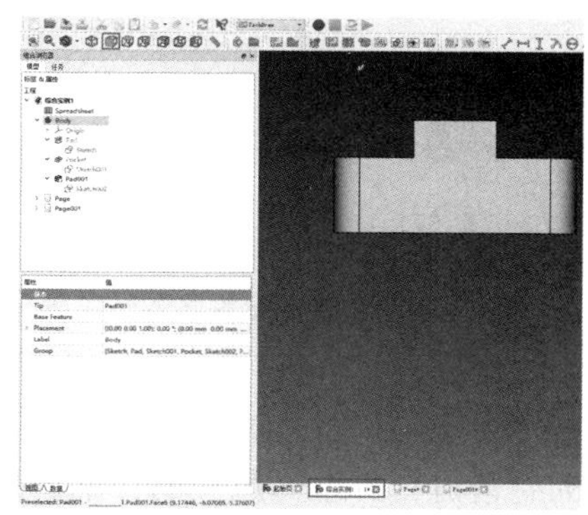

图9-10　将零件以正视图的视角显示

④ 点击软件界面下部的 Page001* 图标进入A4图纸界面，在左侧模型模块中点击选中 Body 图标，再点击“插入多个视图”图标，见图9-11，“投影”选择“第一视角投影法”（中国使用第一视角投影法，美国、德国等使用第三视角投影法），“缩放”可选择“自定义”，在“自定义比例”中填写合适的比例，本例中填写3:1，在“第二投影方向”中除暗淡的中心视图外，还有九个复选框，分别对应九个视图，点击选中俯视图、左视图和轴测图，见图9-11，点击“OK”退出。

⑤ 点击“刷新”图标后正视图比例自动调整为3:1，拖动正视图移动到合适的位

置，再拖动其他视图移动到合适的位置，见图9-12；依次点击选中各视图，各个视图的颜色变绿，点击属性模块的“数据”按钮，将各视图的“Lock Position”属性选择为true，使这四个视图的位置固定，并依次将四个视图的“Hard Hidden”属性选择为true（隐藏线的设置参见1.4），点击“视图框架”图标，关闭视图框架，见图9-13。

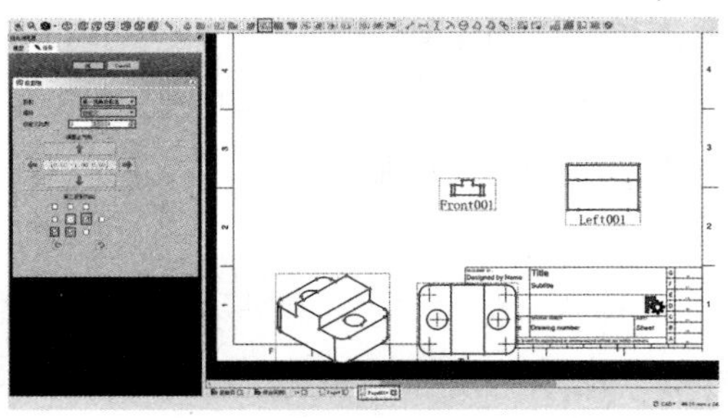

图9-11　点击选中多个视图

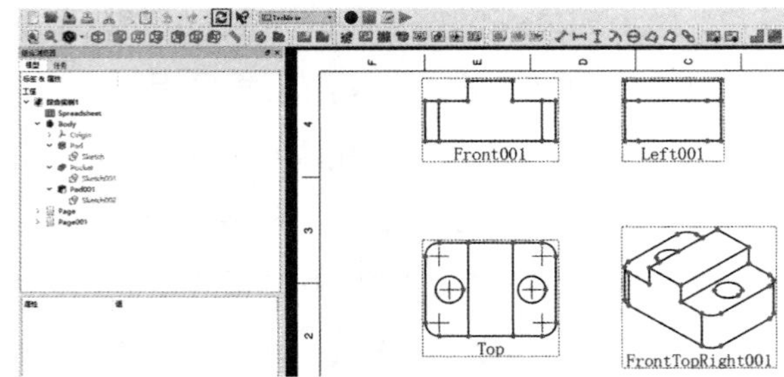

图9-12　拖动各个视图到合适的位置

⑥ 点击选中俯视图的任意位置，被选中的部分颜色变绿，点击属性模块的视图按钮，将“Arc Center Marks”属性选择true，“Center Scale”的数值修改为1，使其显示圆心标识，并将圆心标识的数值调整至合适的大小，见图9-14。

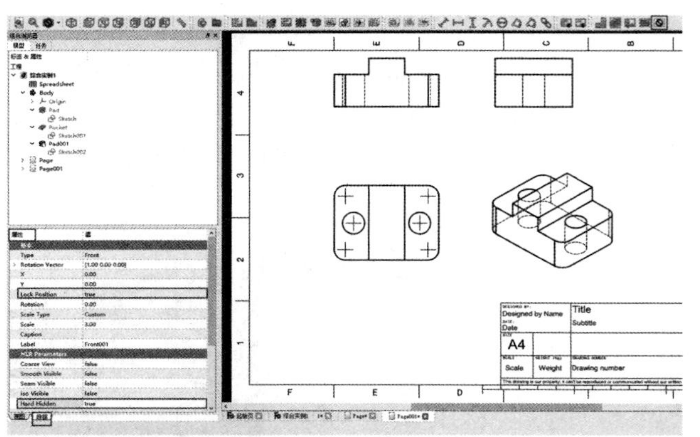

图9-13　将各个视图的位置固定并显示隐藏线

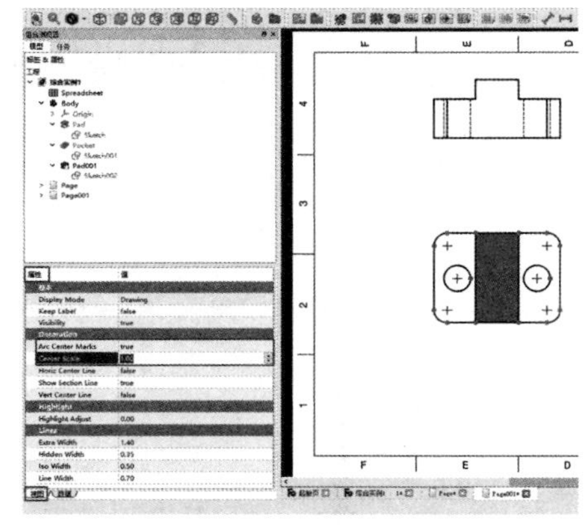

图9-14　显示圆心并更改圆心标识的大小

⑦ 如需修改其他属性，可点击属性模块的“视图”和“数据”按钮，选择其中对应的属性进行修改（属性的详细信息详见本章第②步的“注意”部分）；最后点击“视图框架”图标，关闭所有视图的视图框架，则零件的三视图绘制完成，见图9-15。

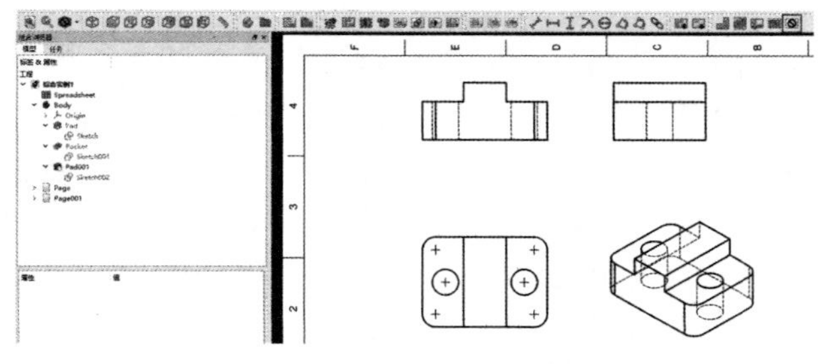

图9-15　三视图绘制完成

注意

①“插入多个视图”命令可用于绘制三视图、六视图或多视图等。

② 中心视图一般默认为是三维模型的正视图，点击“插入多个视图”命令前，请先将三维模型以正视图的视角呈现出来。

③ 可以通过拖动中心视图来整体移动所有视图，也可以仅拖动单个视图使其移动到合适的位置。

9.2.4　插入剖面图

⑧ 点击“视图框架”图标打开视图框架（也可以选择不打开视图框架），点击选中正视图，则正视图的颜色变绿，点击“插入剖面图”图标，见图9-16，可见左侧的“快速剖面参数”对话框及图纸界面中心的视图。

⑨ 在“快速剖面参数”对话框中选择剖面的符号（默认顺序为A、B、C……）；起始X、起始Y、起始Z默认为剖面的质心位置向量；选择视点位置（仰视/俯视/左视/右视，本例中选择俯视，即视点位置在三维模型的上方，如果选择错误，可点击“重设”按钮 重设 ，重新进行选择），“投影方向”和“截面法线”是两个相同的向量，与剖面图的朝向有关，在此处无法修改，但退出后可在属性中可更改“剖面法线”方向（即截面法线方向），见图9-17，点击“OK”退出；退出后可见正视图中出现A-A剖面图标，图纸界面中心位置出现Section A-A001剖面图。

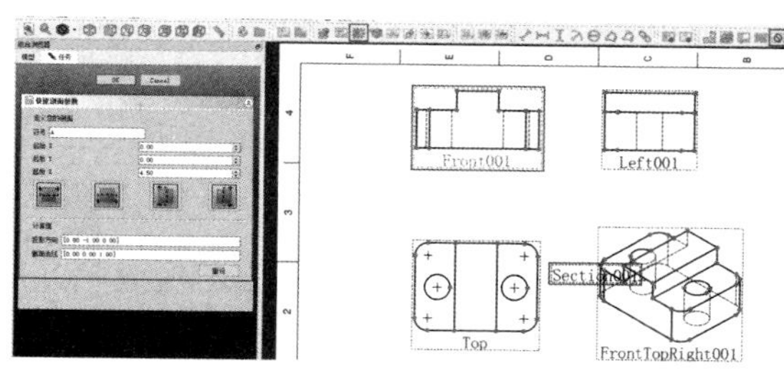

图9-16　进行剖面图的绘制

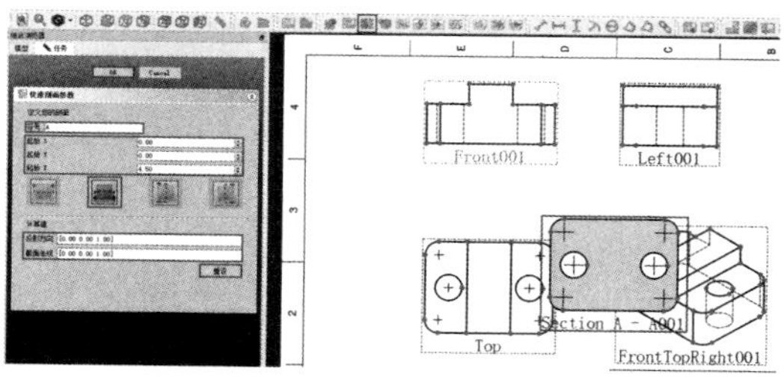

图9-17　选择剖面图的参数

⑩ 选中Section A-A001剖面图，拖动到合适的位置，点击属性模块的“数据”按钮，将“Lock Position”的属性选择为true，使其固定，见图9-18。

⑪ 更改“Section Normal”属性的向量可使剖面的法线向量发生改变［本列中更改向量为（0，0，1），意味着剖面法线向上，因视点为俯视，所以剖面图显示的是正视图中A-A截面以下的对象，剖面图中间位置处并无两条竖线，见图9-19；更改向量为（0，0，−1），则剖面法线向下，因视点为俯视，所以剖面图显示的是正视图中A-A截面以上的对象，剖面图中间位置处有两条竖线，见图9-20］；更改“Section Origin”属性的坐标可使剖面的质心坐标发生改变［本列中更改质心坐标为（0，0，7.5），则正视图中A-A剖面图标上移，因剖面法线向下，视点为俯视，所以剖面图显示的是升高A-A截面后的上部对象，仅为一个狭长矩形，见图9-21］；实际应用中需要将“Section Normal”属性、“Section Origin”属性及视点位置联立思考。

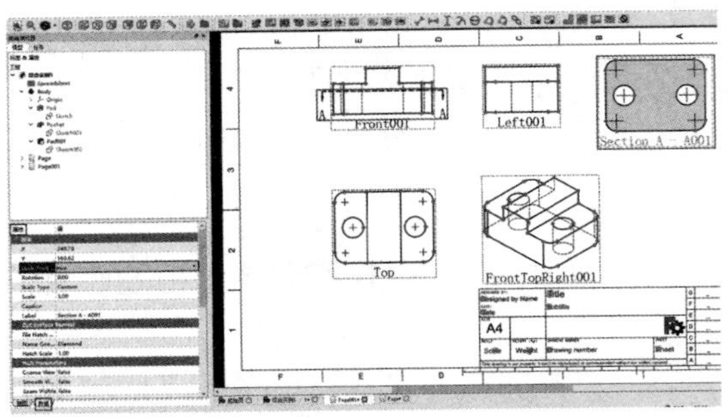

图9-18　固定剖面图位置

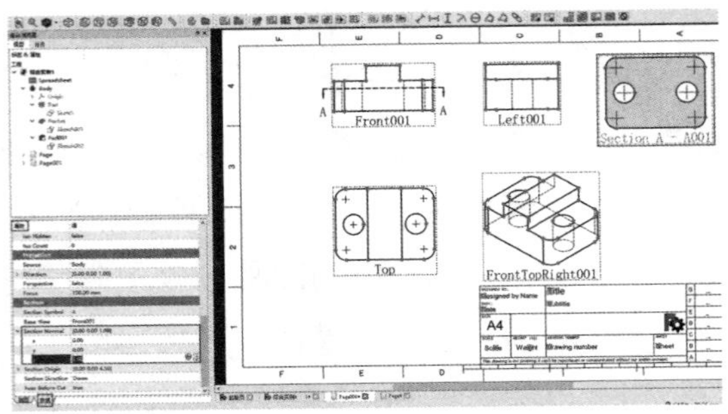

图9-19　剖面法线向上

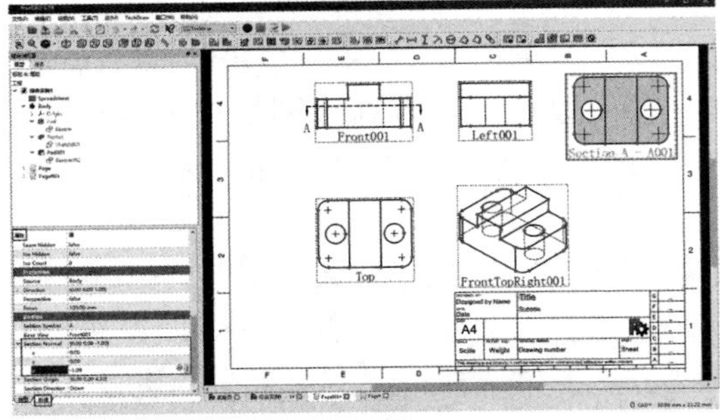

图9-20　剖面法线向下

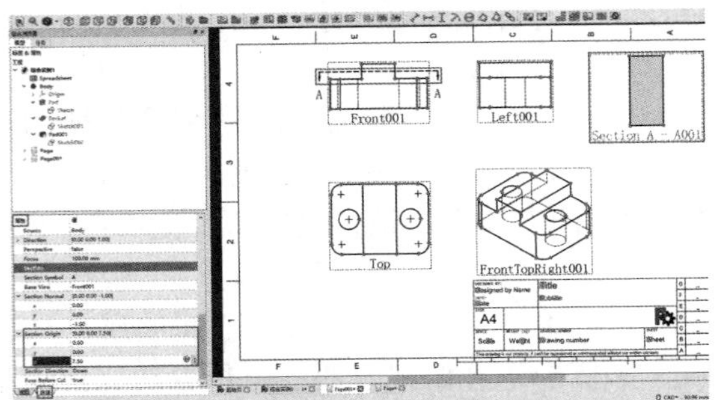

图9-21　更改质心坐标的数值可移动剖面

⑫ 点击属性模块的“视图”按钮，将“Show Cut Surface”属性更改为false，则剖面的填充色消失，颜色为背景色（纯白色），见图9-22；“Show Cut Surface”属性更改为true，可在“Cut Surface Color”属性中更改剖面的填充颜色，例如将剖面颜色更改为蓝色；将“Keep Label”属性更改为true，见图9-23。

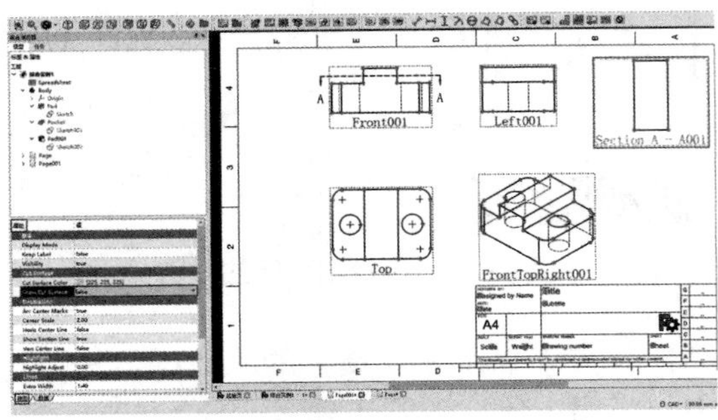

图9-22　剖面图中没有填充颜色

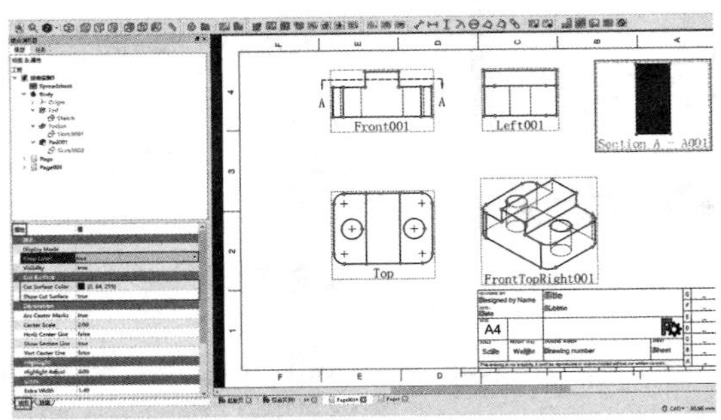

图9-23　剖面图填充蓝色

9.2.5　插入详细视图

⑬ 点击“视图框架”图标打开视图框架（也可以不打开视图框架），点击选中轴测图，则轴测图的颜色变绿，点击“插入详细视图”图标，可见轴测图中出现一个虚线圆圈，同时图纸界面中心位置出现一个Detail视图，见图9-24。

⑭ 鼠标拖动Detail视图至合适的位置，点击选中Detail视图，视图的颜色变绿；点击属性模块的“数据”按钮，可见“Base View”属性，意为详细视图所基于的视图，本例

中为轴测图；“Anchor Point”属性为详细视图的中心位置坐标，更改其中的x、y、z值可移动轴测图中的虚线圆圈，同时“Detail”视图显示的范围也随之移动，见图9-25；如果更改属性后，视图没有任何变化，则点击“刷新”图标；“Radius”属性为详细视图中虚线圆圈的半径值，将其值减小至5，则轴测图中的虚线半径变小，同时详细视图中的显示范围也随之减小，见图9-26。

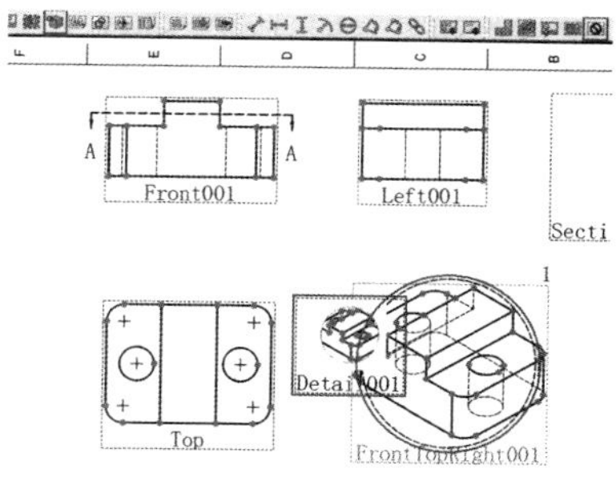

图9-24 插入详细视图

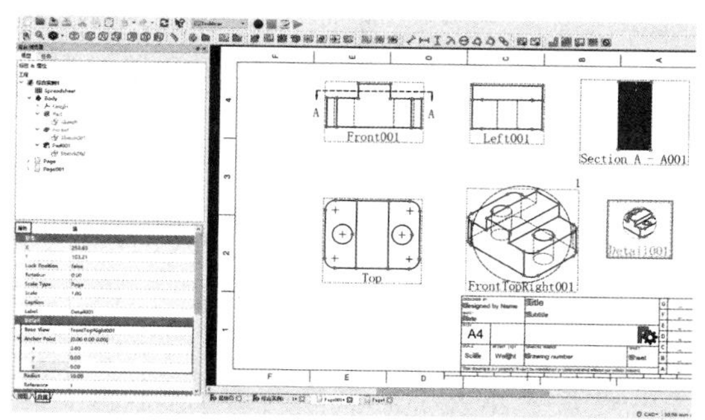

图9-25 拖动详细视图至合适位置

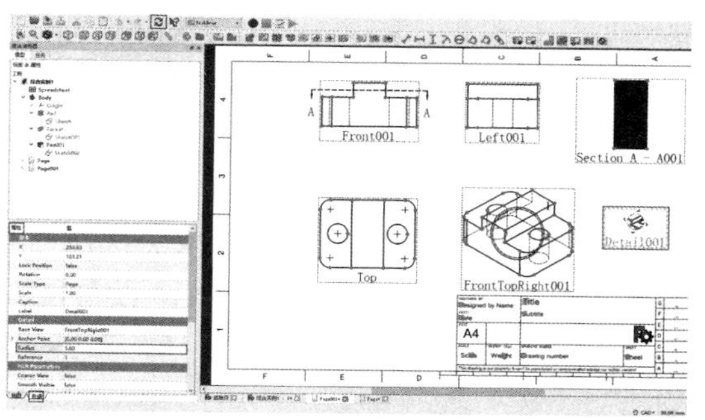

图9-26 更改详细视图的半径

⑮“Reference”为详细视图的标识符，默认为1，位于轴测图的虚线圆圈附近，当有多个详细视图时，可进行更改以便于区分，本例中采用默认值1，见图9-27；“Scale”属性的数值代表放大倍数，默认为1，将其值放大后详细视图也随之放大，此例中将其值更改为4，见图9-28；点击属性模块的“视图”按钮，将“Keep Label”属性更改为true。

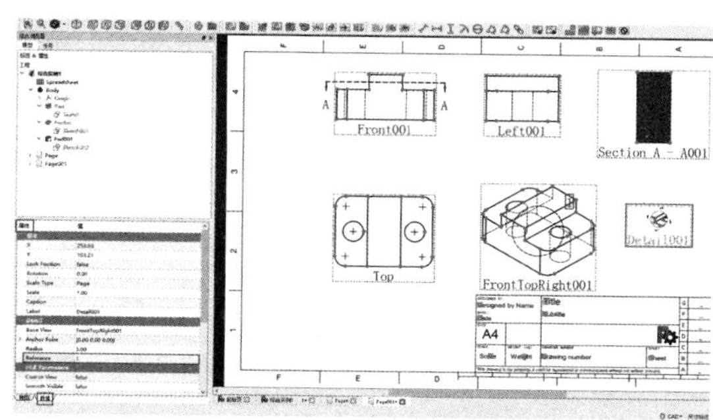

图9-27 详细视图的标识符默认为1

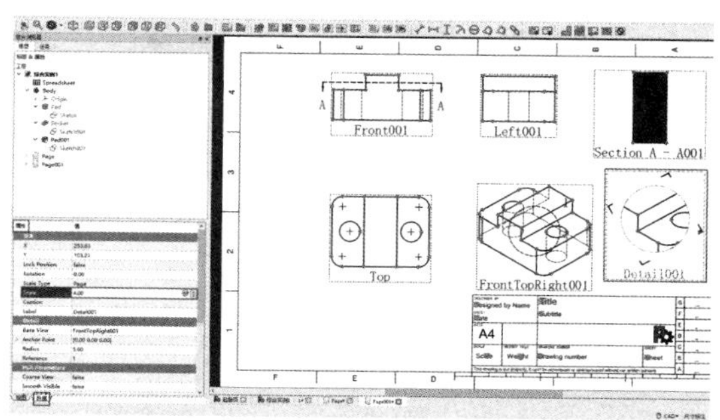

图9-28 将详细视图放大4倍

9.2.6 插入批注

⑯ 点击“插入批注”图标，则图纸界面中心位置出现Annotation001（批注）视图，见图9-29；鼠标拖动批注视图至合适的位置，点击选中批注视图，则批注视图的颜色变绿，点击属性模块的“数据”按钮，可见Text、Font、Text Color、Text Size、Max Width、Line Space等属性，见图9-30。

⑰ 点击“Text”属性旁的三点按钮，弹出“列表”对话框，可在“列表”对话框

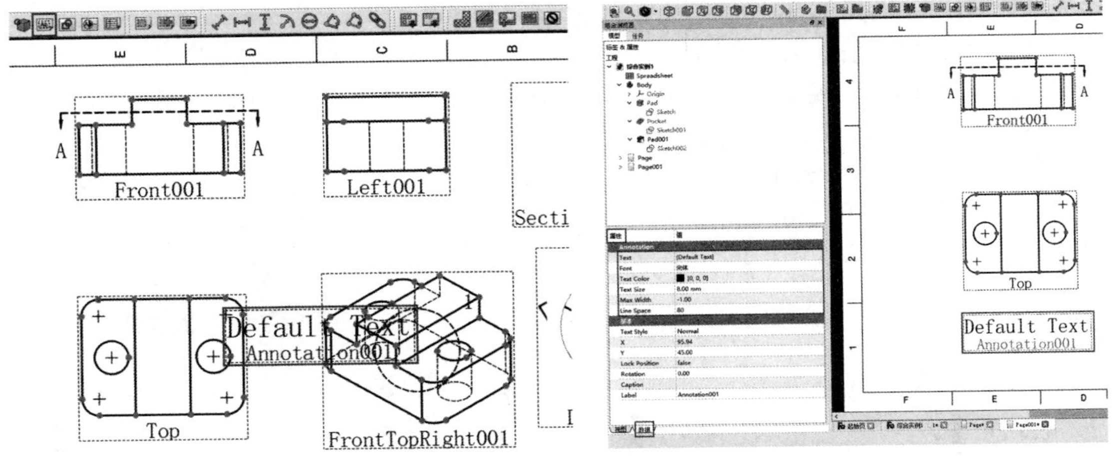

图9-29　插入批注视图　　　　图9-30　批注视图的众多属性

中输入批注的内容，本例中输入的批注内容为“该零件的名称为机床底座，采用的材料为灰铸铁，底座上有两个安装孔，表面粗糙度Ra数值为25。”，见图9-31，点击“OK”退出；点击“Font”属性可更改字体，本例中选择宋体；点击“Text Color”属性可更改字体颜色，本例中选择蓝色；点击“Text Size”属性可更改字体大小，单位为mm，本例中为3mm；“Max Width”为批注视图的最大宽度，−1表示没有最大宽度限制，本例中选择50；“Line Space”为行间距，单位为%，本例中调整为120；点击“视图框架”图标，关闭视图框架，见图9-32。

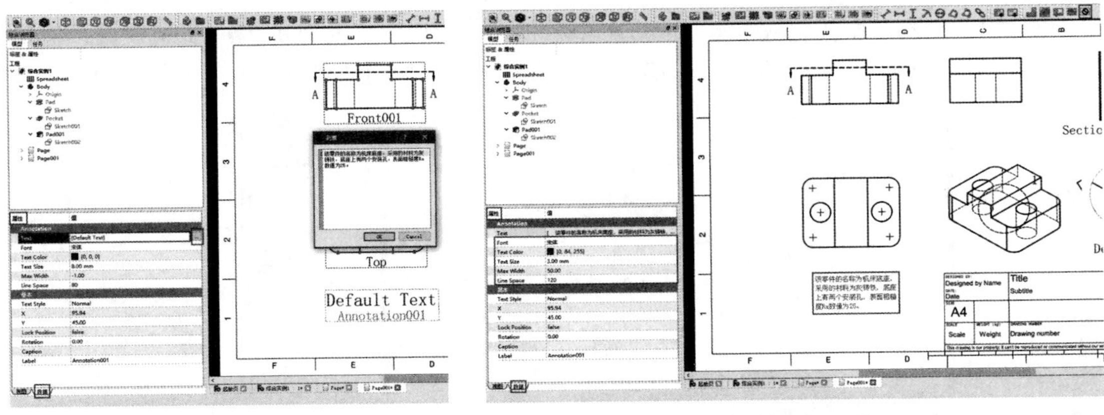

图9-31　输入文本内容　　　　图9-32　修改批注视图的其他属性

9.2.7　插入表格

⑱ 由于图9-32中已无多余空间，需重新点击“插入默认页”图标，结果见图9-33；点击选中左侧模型模块中的Page002，再点击“插入表格”图标，图纸界面中心位置出现表格视图，但其中只有一部分表格，见图9-34。

⑲ 双击左侧模型模块中的表格，进入表格界面，工作台切换至Spreadsheet，将表格中竖向合并的单元格进行拆分，见图9-35。

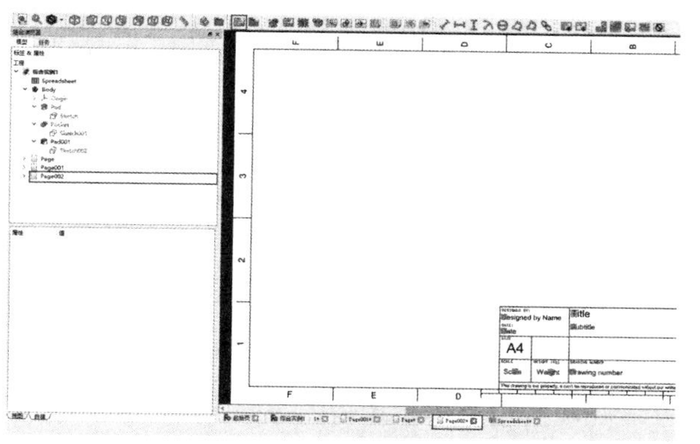
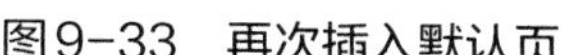
图9-33　再次插入默认页

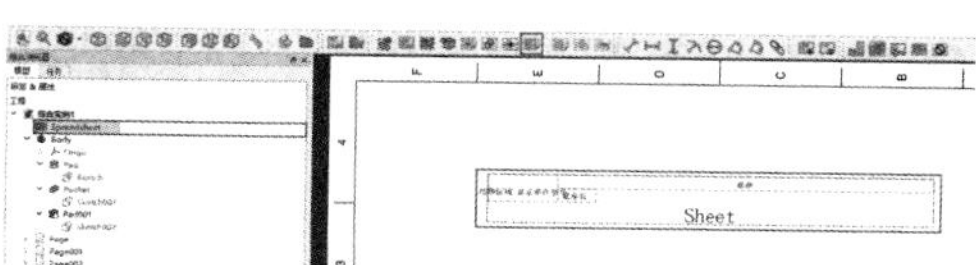
图9-34　图纸界面中心位置出现部分表格

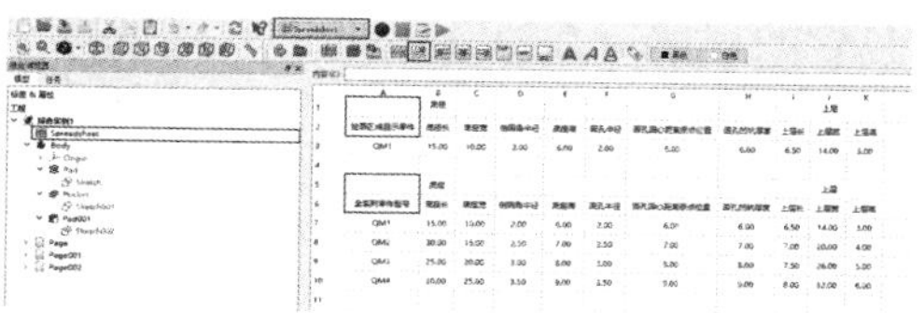
图9-35　拆分竖向合并的单元格

⑳ 双击左侧模型模块中新插入的默认页 Page002，工作台切换至TechDraw，点击选中表格视图，视图的颜色变绿，见图9-36；点击属性模块的“数据”按钮，“Source”属性为添加到视图中的表格名称，本例中为Spreadsheet；“Cell Start”属性为表格中的起始单元格，本例中为A1单元格；“Cell End”属性为表格的终止单元格，本例为K10单元格；“Font”属性为字体，本例中为宋体；“Text Color”属性为字体颜色，默认为黑色；“Text Size”属性为字体大小，默认为12；“Line Width”属性为单元格边界的线宽，默认值为0.35；将上述属性全部设置完成后，结果见图9-37；如果更改属性后，表格视图没有任何变化，则点击“刷新”图标。

图9-36　选中表格视图准备更改属性

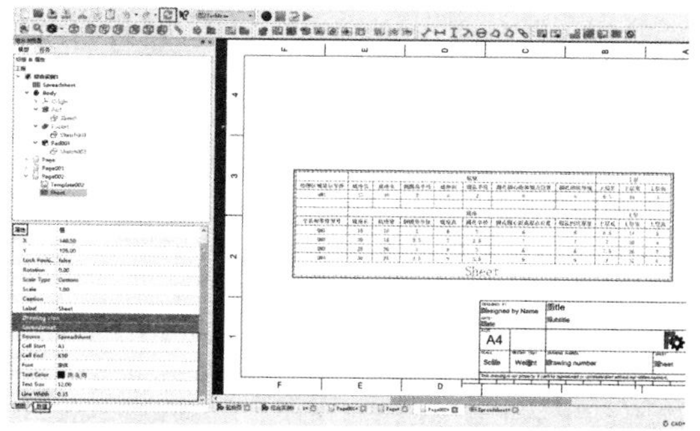
图9-37　更改表格视图的各项属性

注意

假如表格中竖向合并的单元格不进行拆分，则结果见图9-38，可见竖向合并的单元格会导致表格视图窜行。

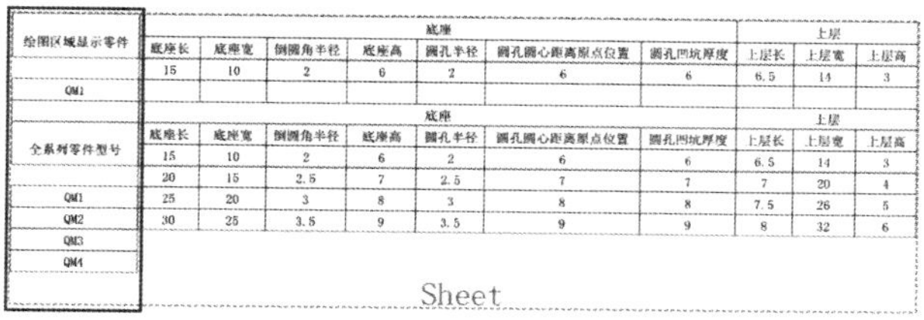

绘图区域显示零件	底座							上层		
	底座长	底座宽	倒圆角半径	底座高	圆孔半径	圆孔圆心距离原点位置	圆孔凹坑厚度	上层长	上层宽	上层高
	15	10	2	6	2	6	6	6.5	14	3
QM1										
	底座							上层		
全系列零件型号	底座长	底座宽	倒圆角半径	底座高	圆孔半径	圆孔圆心距离原点位置	圆孔凹坑厚度	上层长	上层宽	上层高
	15	10	2	6	2	6	6	6.5	14	3
	20	15	2.5	7	2.5	7	7	7	20	4
QM1	25	20	3	8	3	8	8	7.5	26	5
QM2	30	25	3.5	9	3.5	9	9	8	32	6
QM3										
QM4										

Sheet

图9-38　不拆分竖向合并的单元格会导致窜行

9.2.8 插入剪辑组

㉑ 双击左侧模型模块中的 Page001 图标，见图9-32，可见图纸界面中包含有多个视图，如需移动多个视图的位置，会显得很不方便，因此可通过“插入剪辑组”命令创建一个视图的剪辑组，将多个视图插入至剪辑组中，只需用鼠标拖动剪辑组即可将剪辑组中所包含的视图一并随之移动。

㉒ 点击“插入剪辑组”图标，图纸界面中心位置出现剪辑组，同时左侧模型模块中出现“剪辑组”图标 Clip001，见图9-39；点击选中剪辑组，剪辑组的颜色变绿，点击属性模块的“数据”按钮，“Height”属性为剪辑组的高度，本例中更改为130mm；“Width”属性为剪辑组的宽度，本例中更改为270mm；“Show Frame”属性为true时，在剪辑组周围显示一个框架，本例中选择false；“Show Labels”属性为true时，在剪辑组中显示视图的标签，本例中选择false；“Views”属性为剪辑组中所包含的视图；鼠标拖动剪辑组至合适的位置，见图9-40；如果更改属性后，剪辑组没有任何变化，则点击“刷新”图标。

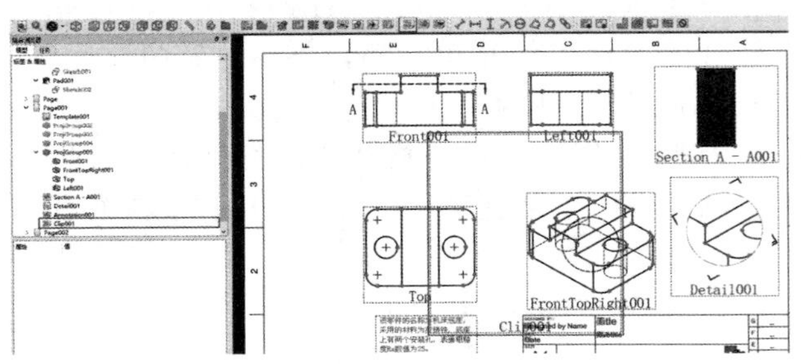

图9-39 插入剪辑组

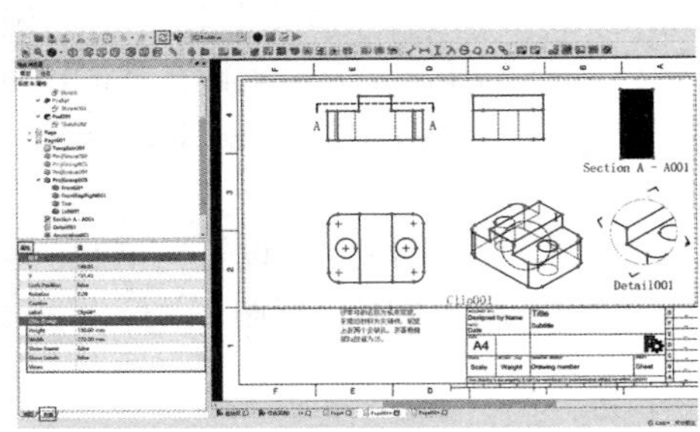

图9-40 更改剪辑组的属性

9.2.9 向剪辑组中插入视图

㉓ 点击选中左侧模型模块中的“投影视图组”图标 ProjGroup005 （投影视图组包含了正视图、左视图、俯视图和轴测图），再按住“Ctrl”键点击选中剪辑组图标 Clip001，见图9-41；点击“向剪辑组中插入视图”图标，则投影视图组所包含的四个视图被插入到剪辑组中，同时左侧模型模块中也显示投影视图组已被插入至剪辑组中，见图9-42；鼠标拖动正视图移动到合适的位置，则另外三个视图也随之移动，见图9-43。

㉔ 点击选中左侧模型模块中的“剖面”图标 Section A - A001，再按住“Ctrl”键点击选中“剪辑组”图标 Clip001，点击“向剪辑组中插入视图”图标，将剖面图插入至剪辑

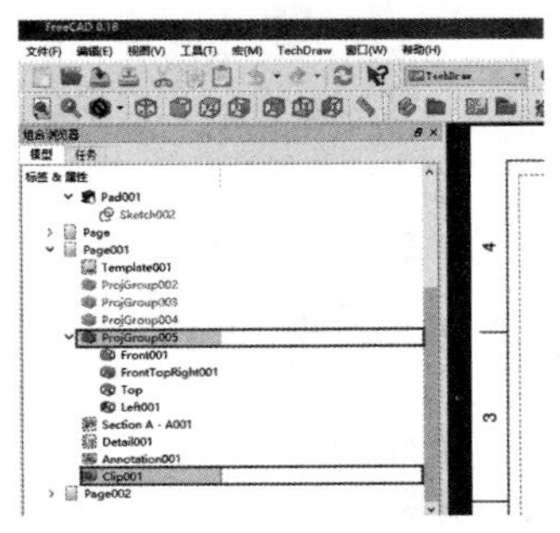

图9-41 选中投影视图组和剪辑组

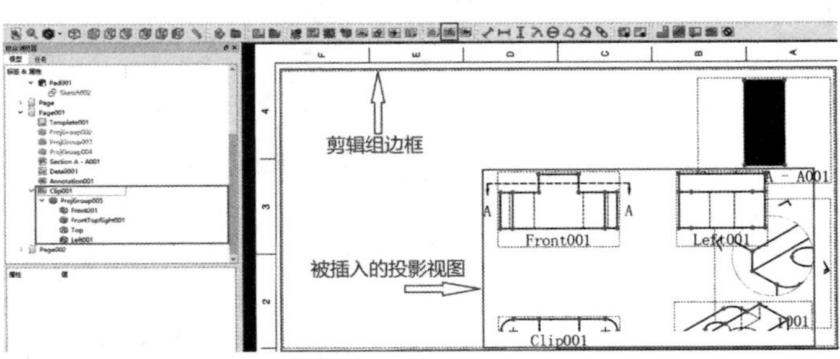

图9-42 投影视图组被插入到剪辑组中

组中，见图9-44；但此时无法用鼠标拖动剖面图移动，因为其“Lock Position”属性为true，将其更改为false后即可用鼠标拖动其至合适的位置，见图9-45；同样的步骤将详细视图插入至剪辑组中并用鼠标拖动到合适的位置，见图9-46，左侧模型模块中的剪辑组图标下包含有投影视图组、剖面图和详细视图。

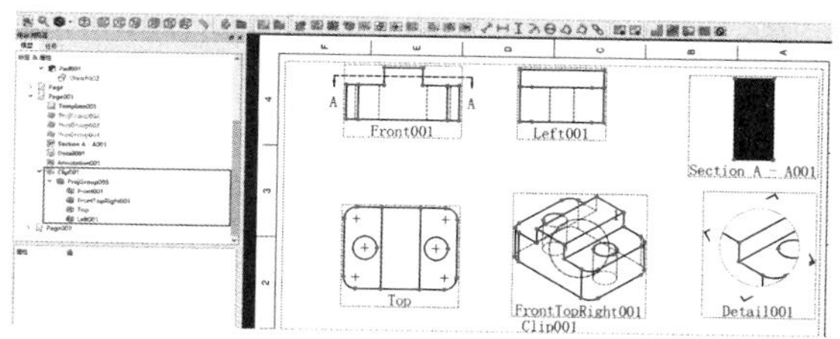

图9-43　鼠标拖动正视图移动到合适的位置

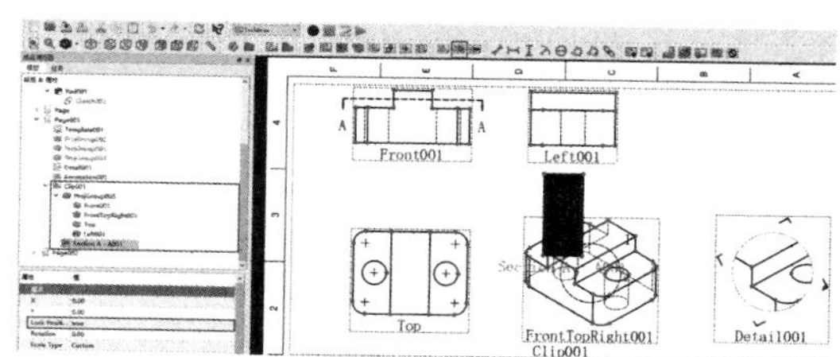

图9-44　将剖面图插入至剪辑组中

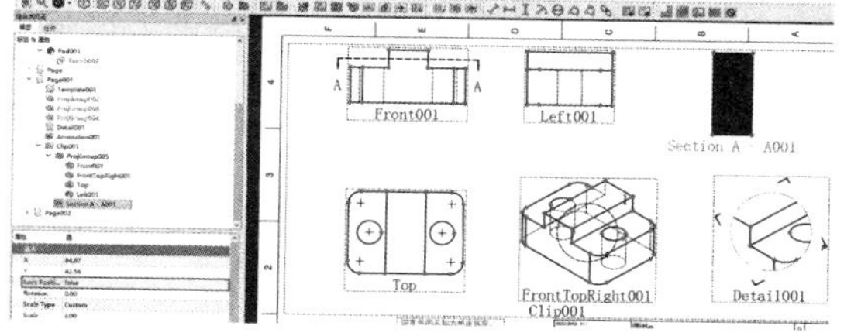

图9-45　将剖面图移动到合适的位置

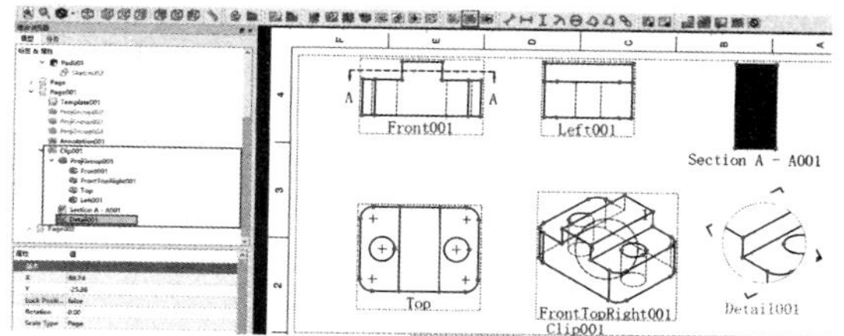

图9-46　将详细视图插入至剪辑组中

㉕ 此时用鼠标拖动剪辑组移动时，剪辑组内的所有视图均随之移动，省去了逐个移动视图的不便。

① 本例中并未将批注视图插入到剪辑组内部，读者可自行尝试。

② 每次只能选中一个视图或者一个投影视图组插入至剪辑组中。

9.2.10　删除剪辑组中的视图

㉖ 点击左侧模型模块中“剪辑组”图标 Clip001 下包含的“投影视图组”图标 ProjGroup005，见图9-47；点击“删除剪辑组中的视图”图标，则投影视图组被移出剪辑组，见图9-48。

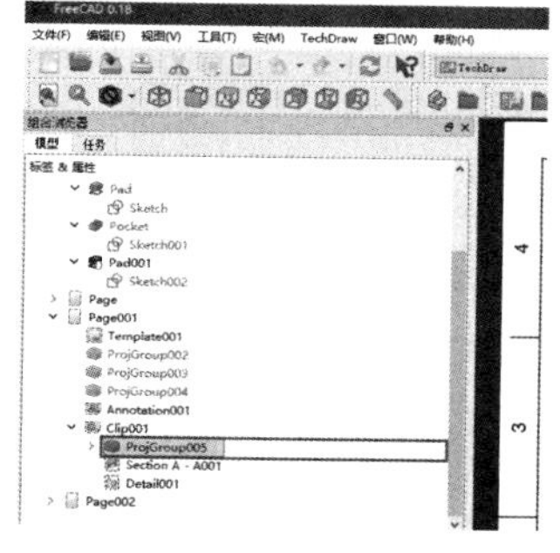

图9-47　点击选中投影试图组图标

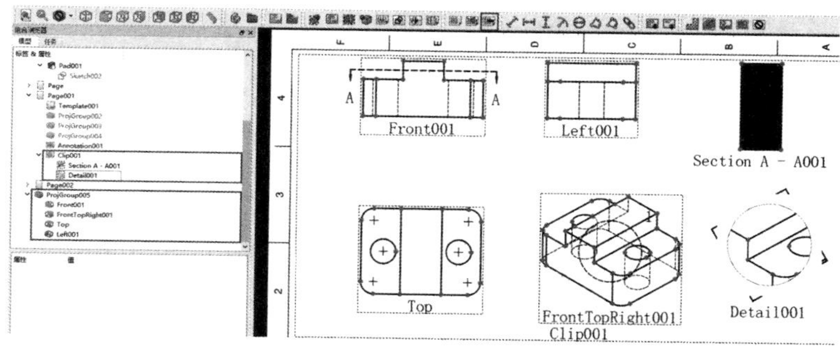

图9-48　将投影视图组从剪辑组中删除

㉗ 点击选中“剪辑组”图标 Clip001 下包含的剖面图图标 Section A - A001，点击“删除剪辑组中的视图”图标，将剖面图从剪辑组中删除，见图9-49；以同样的步骤可将详细视图从剪辑组中删除；点击选中左侧模型模块中“剪辑组”的图标 Clip001，按下“Delete”键将剪辑组删除，见图9-50。

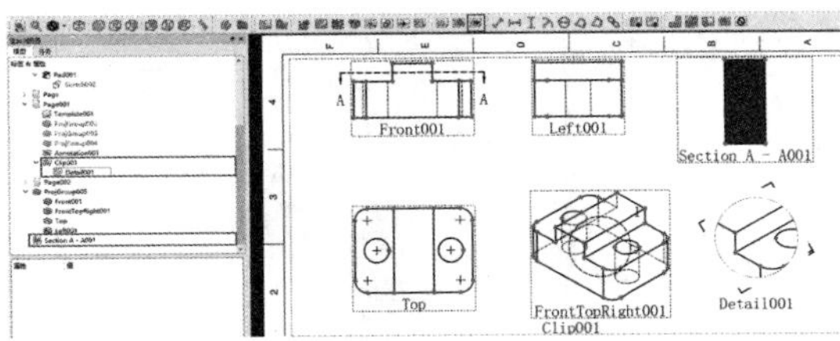

图9-49 将剖面图从剪辑组中删除

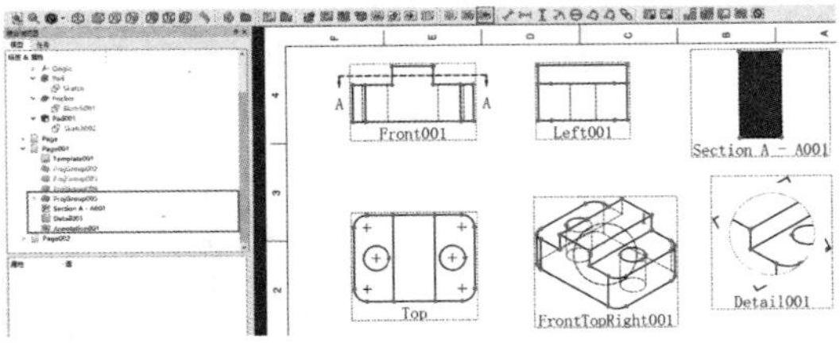

图9-50 将剪辑组删除

注意

有时删除视图后，视图有可能出现在图纸界面以外，这时可滚动鼠标滚轮以缩小图纸界面，或者点击“显示全部”图标，找到视图后将视图拖回至图纸界面，见图9-51。

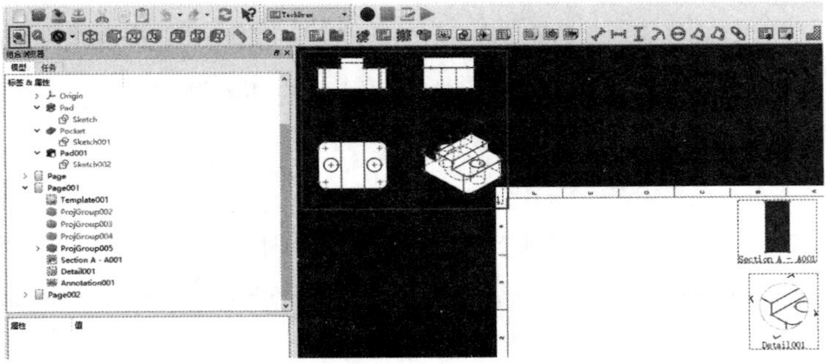

图9-51 缩小图纸界面以方便查找视图

9.2.11 插入各种长度尺寸标注

㉘ 打开“视图框架”，点击选中正视图的某条水平边，则该边的颜色变绿，见图9-52，点击“水平尺寸”图标，出现该边的水平长度数值，见图9-53；或者按住“Ctrl”键点

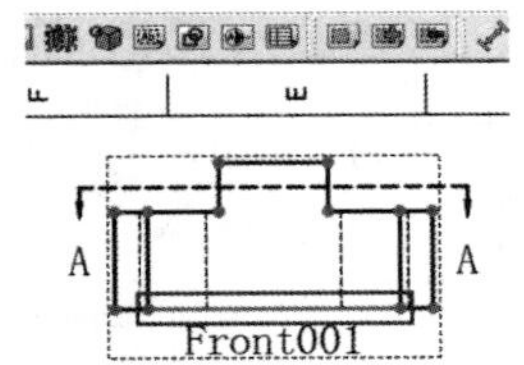

图9-52 点击选中一条边

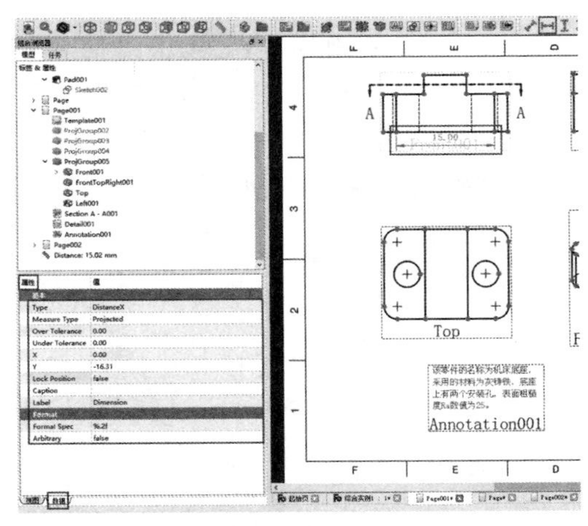

图9-53 点击“水平尺寸”图标出现水平投影距离

击选中某条边的两个端点，则两个端点的颜色变绿，见图9-54，再点击“水平尺寸”图标，则出现两个端点的水平长度数值，见图9-55。

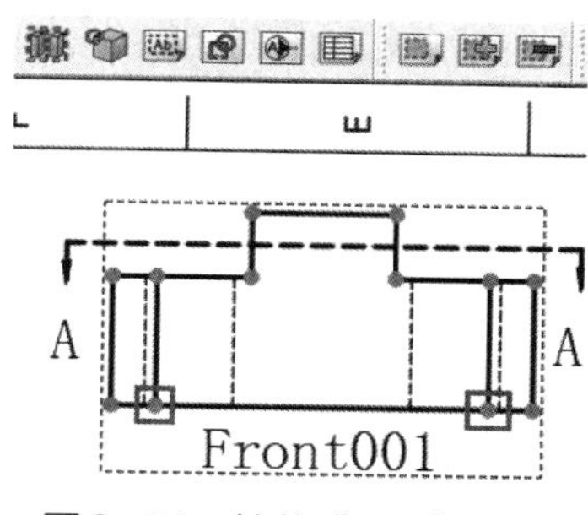

图9-54 按住“Ctrl”键点击一条边的两个端点

㉙ 点击选中水平尺寸数值，则水平尺寸的颜色变绿，再点击属性模块的“数据”按钮，可见水平尺寸有很多属性，见图9-53；其中“Type”属性为尺寸的类型，有长度、半径、直径、角度等，此项属性通常无需用户操作，系统自动生成；“Measure Type”属性为true时表示尺寸数值基于三维模型尺寸，更改为Projected时表示尺寸数值基于投影的长度数值，此项属性也无需用户操作，系统自动生成；“Over Tolerance”属性为正公差，本例中更改为0.2；“Under Tolerance”属性为负公差，本例中更改为0.2；“X”属性表示尺寸标注相对于视图的水平位置；“Y”属性表示尺寸标注相对于视图的垂直位置；“Lock Position”表示为固定位置，但在此处无作用；“Caption”意为标题，但输入标题后并不显示；“Label”意为标签，输入后也不显示；“Format Spec”属性允许将其他文本添加到尺寸标注中，该属性中的“% .2f”表示投影尺寸值，本例中添加“零件宽度：18mm”字样，并将%.2f删除；“Arbitrary”属性为true时表示忽略投影数值而显示“Format Spec”中的文本，当更改为false时，则显示投影数值；将以上属性更改后关闭视图框架，结果见图9-56。

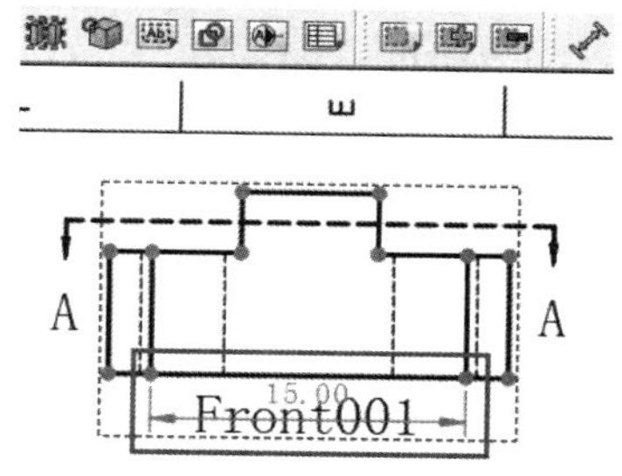

图9-55 点击“水平尺寸”图标出现水平距离数值

㉚ 点击选中水平尺寸，再点击属性模块的“视图”按钮，可见尺寸标注的其他属性；其中“Color”属性表示字体和尺寸线的颜色；“Flip Arrowheads”表示翻转箭头方向；“Font”属性表示尺寸标注的字体；“Font size”属性表示字体的大小，单位mm；“Line Width”表示尺寸线的宽度，见图9-57。

㉛ 依照上述步骤，打开视图框架，点击选中视图中的某条边，或者按住“Ctrl”键点击

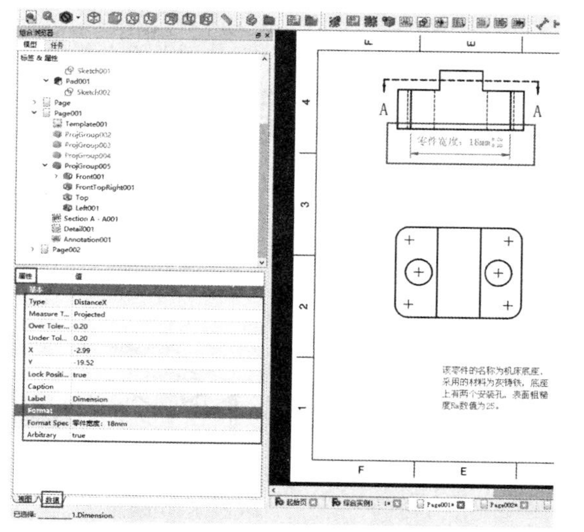
图9-56 更改属性后关闭视图框架

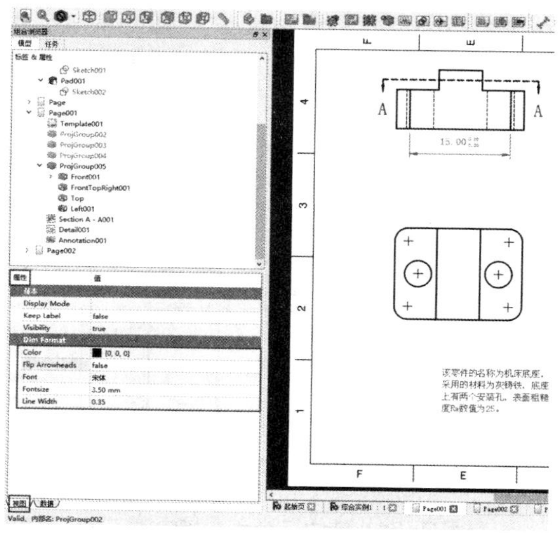
图9-57 点击“视图”按钮可更改其他属性

选中某条边的两个端点，点击“长度尺寸”图标或者“垂直尺寸”图标，对三视图中的直线长度进行尺寸标注；点击选中视图中的某个圆或者某条圆弧，点击“半径尺寸”图标或者“直径尺寸”图标，对三视图中的圆或者圆弧进行尺寸标注，关闭视图框架，结果见图9-58。

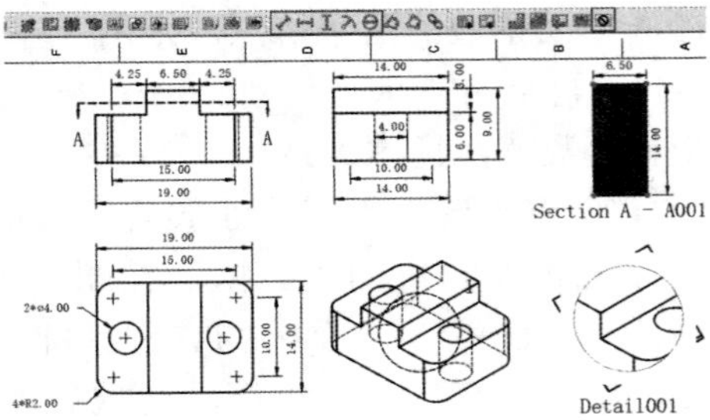

图9-58 对三视图进行尺寸标注

9.2.12 插入各种角度标注

㉜ 按住“Ctrl”键点击选中视图中某个夹角的两条边，则两条边的颜色变绿，见图9-59；点击“角度”图标，可对该夹角的角度进行标注，见图9-60。

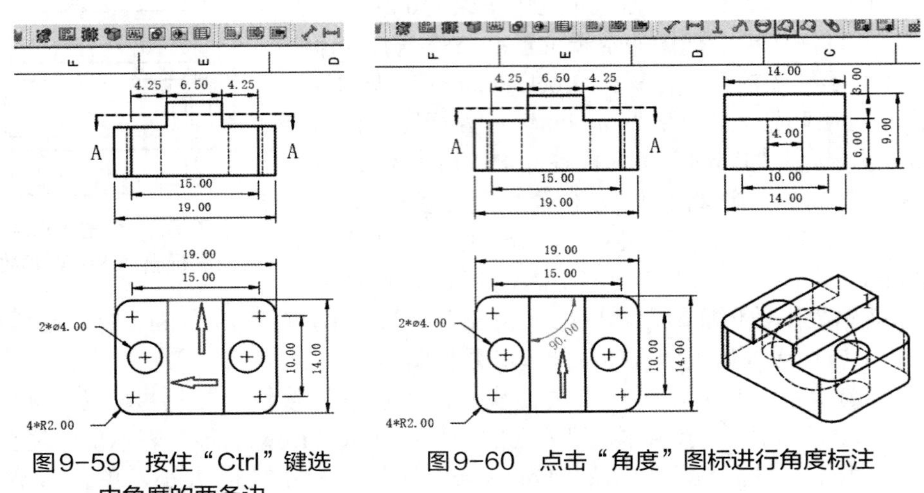

图9-59 按住“Ctrl”键选中角度的两条边

图9-60 点击“角度”图标进行角度标注

㉝ 打开视图框架，按住“Ctrl”键点击选中视图中的三个点，其中第二个点为夹角的顶点，则三个点的颜色变绿，见图9-61；点击“三点角度”图标，可对三个点组成的夹角进行角度标注，见图9-62。

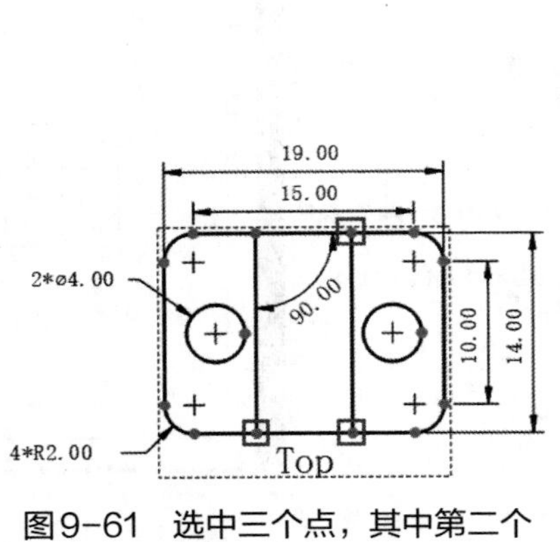

图9-61 选中三个点，其中第二个点为夹角顶点

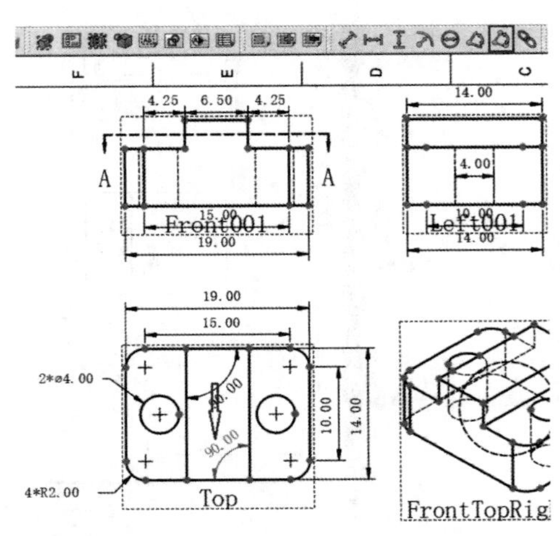

图9-62 点击“三点角度”图标进行角度标注

注意

若要在尺寸标注的数值后显示单位，可点击菜单栏中“编辑/偏好设定/TechDraw工作台/TechDraw Dimensions”，在“尺寸”中勾选“显示单位”复选框，见图9-63，点击“Apply”和“OK”按钮退出。

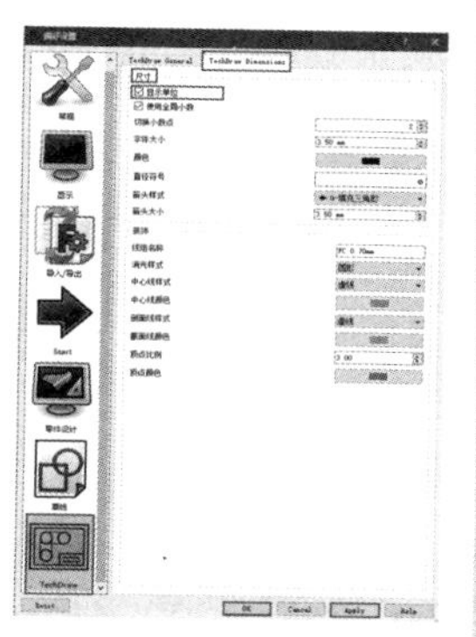

图9-63 “偏好设置”中勾选显示单位

9.2.13 插入尺寸链接

㉞“尺寸链接”命令可在三维模型和投影视图的尺寸标注之间创建链接，当三维模型的实际形状和尺寸发生改变后，投影视图及尺寸标注的数值也将自动发生更改（在FreeCAD 0.18版本中，投影视图及尺寸标注始终与三维模型保持同步，因此实际操作中可忽略该命令所起的作用）。

㉟ 在 Page001 界面中，点击选中视图中的某个尺寸标注（本例中选择上层凸台高度的尺寸标注），则该尺寸标注的颜色变绿，点击属性模块的“数据”按钮，可见该尺寸标注的标签名称（本例中为Dimension026），见图9-64。

㊱ 点击“综合实例1”图标 综合实例1 : 1* ，切换至三维模型界面，点击选中上层凸台对应的棱边，则该棱边的颜色变绿，同时凸台（Pad001）的图标突出显示，见图9-65；按住“Ctrl”键点击选中左侧模型模块中的图纸界面图标 Page001，见图9-66；点击“尺寸链接”图标，出现“链接尺寸”对话框，见图9-67;“特征1”和“几何图形1”即为图9-65中的凸台和绿色的棱边，在“可用的”中点击选中Dimension026，点击添加按钮，使

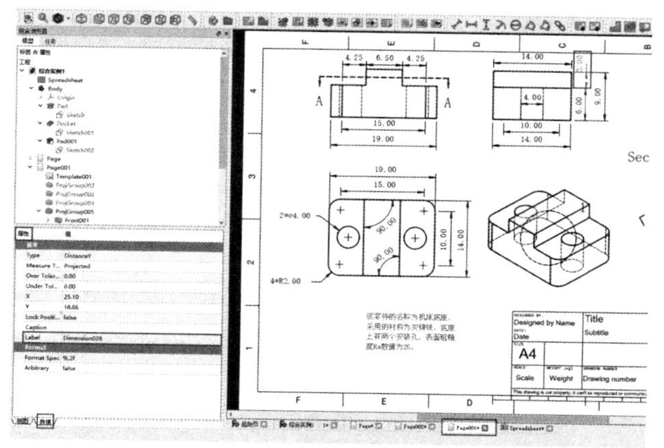

图9-64 点击上层凸台高度的尺寸标注

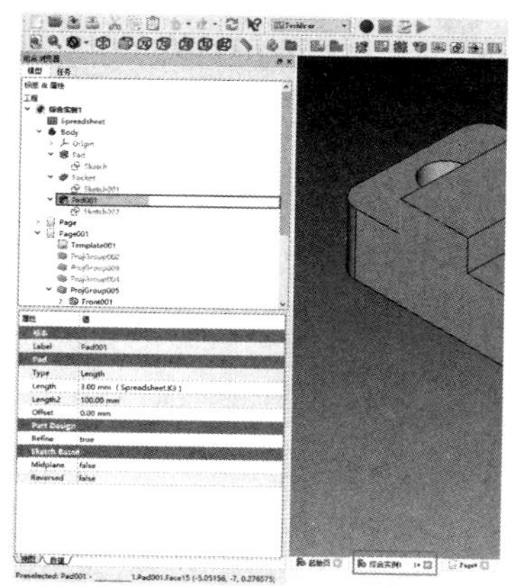

图9-65 切换至三维模型界面点击对应的边

Dimension026进入“选定”方框，这样就将凸台的高度与其对应的尺寸标注Dimension026建立了链接，点击“OK”退出，见图9-67。

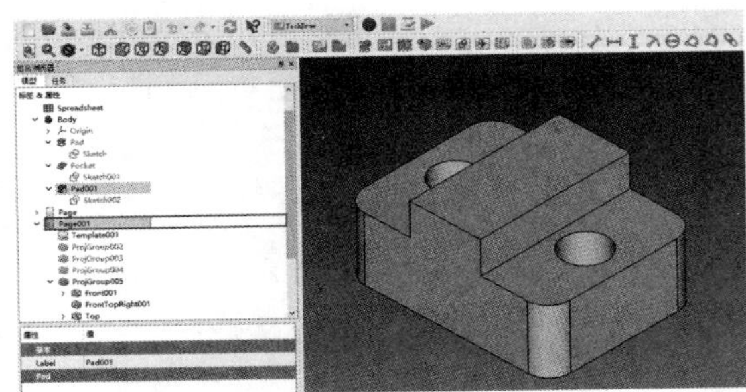
图9-66 点击选中对应的图纸界面

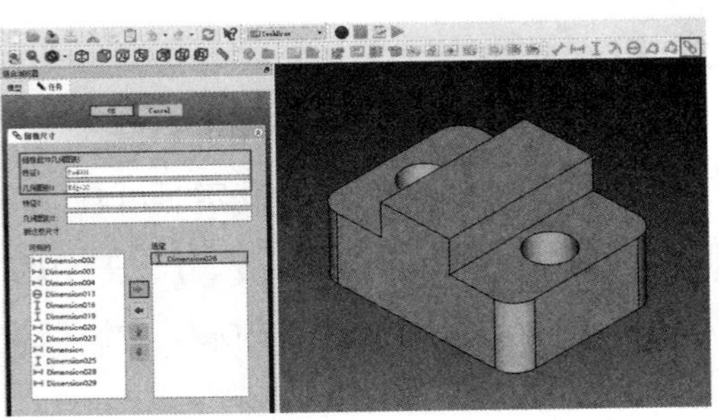
图9-67 将尺寸标注与对应的边建立链接

㊲ 若双击 Pad001 图标，更改上层凸台的高度（本例中更改为6mm，见图9-68），点击“图纸界面”图标 Page001* ，返回图纸界面后可见正视图和左视图中上层凸台的高度有所增加，同时尺寸标注的数值也变为6，见图9-69。

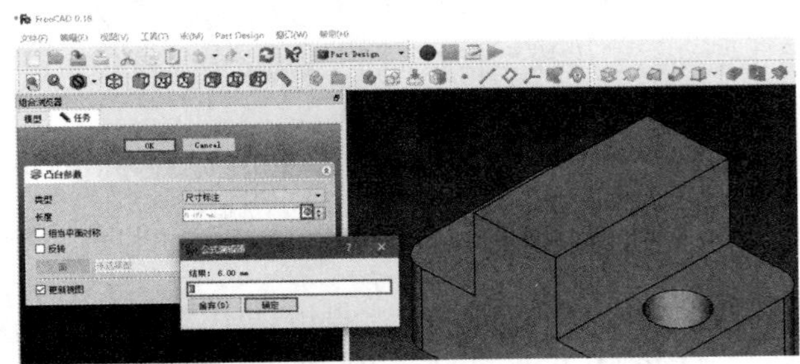
图9-68 更改上层凸台的高度

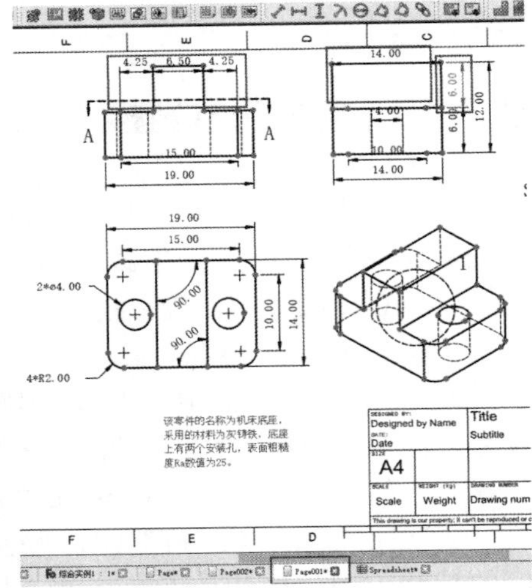
图9-69 凸台的投影高度及尺寸数值随之改变

注意

① 创建尺寸链接时，需要在三维模型中选择正确的边，该命令并不会提示选择得是否正确。

② 创建尺寸链接后，点击选中“尺寸链接”，点击属性模块的“数据”按钮，将“Measure Type”属性更改为Projected，可断开链接，尺寸标注的数值将重新基于投影的长度数值。

③ 在Freecad 0.18版本中即使不进行尺寸链接，在三维视图中更改三维模型的实际尺寸，则投影视图中的形状及尺寸标注的数值也会自动发生改变，即投影视图及尺寸标注与三维模型始终保持同步。

9.2.14 导出为SVG文件

㊳ 在图纸界面中，点击“导出为SVG文件”图标，出现“以SVG格式导出页面”对话框，选择保存路径并输入文件名（文件名中不能出现汉字），见图9-70，点击“保存”即可。

9.2.15 导出为DXF文件

㊴ 在图纸界面中，点击“导出为DXF文件”图标，出现“Save Dxf File”对话框，选择保存路径并输入文件名（文件名中不能出现汉字），见图9-71，点击“保存”即可。

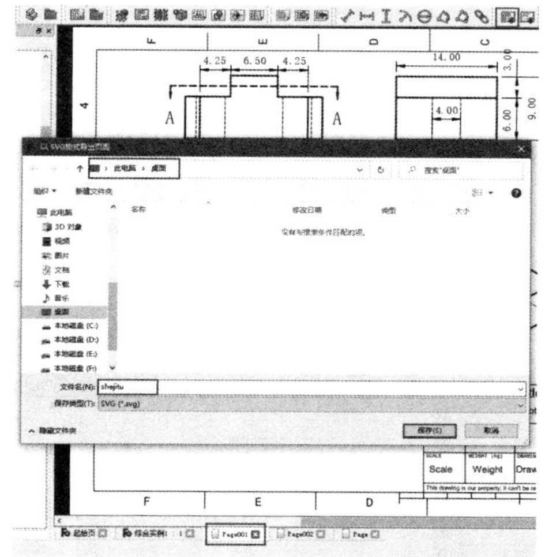

图9-70 导出为SVG文件

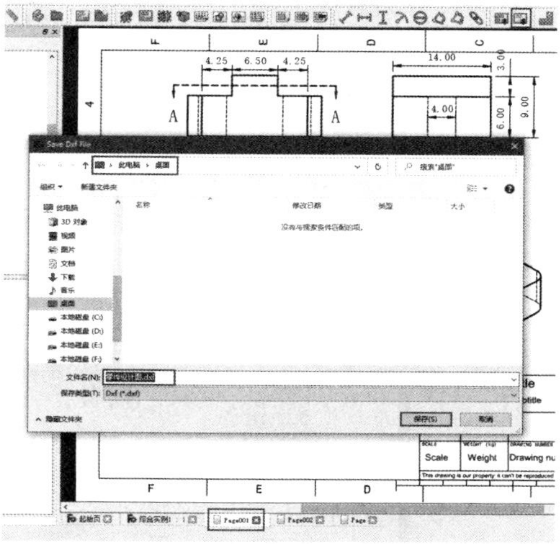

图9-71 导出为DXF文件

注意

① 对于导出的SVG文件，笔者尝试多次后发现均无法正常打开，如果将系统语言选择为默认的英语后可打开SVG文件，但其中只有部分视图且有错误提示，见图9-72；对于导出的DXF文件，打开后显示输入无效，无法正常显示。

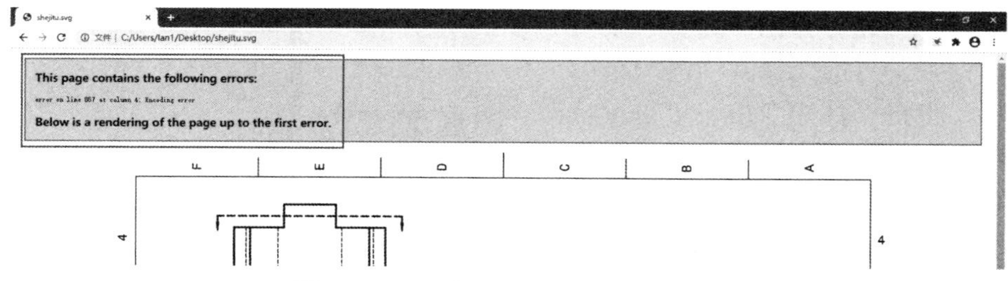

图9-72 导出的SVG文件中有错误

② 导出为PDF文件的步骤为：先在左侧模型模块中点击要输出的图纸界面，点击菜单栏中“文件/导出”，打开“导出文件”对话框，选择保存路径，保存类

型中选择*.pdf，输入文件名（可以用汉字命名），见图9-73，点击“保存”按钮，可将完整的图纸界面转换为PDF文件，见图9-74。

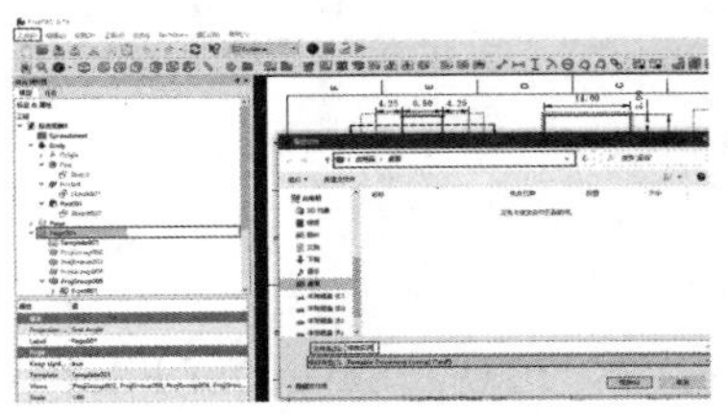

图9-73　保存类型选择PDF并输入文件名

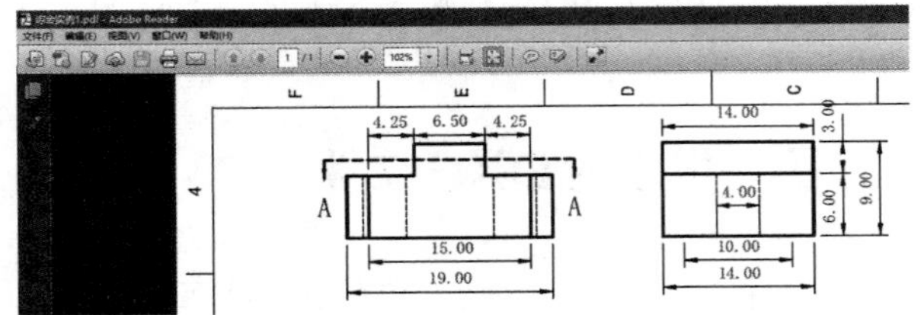

图9-74　打开导出的PDF文件

9.2.16　填充图案

㊵ 点击某个视图中的封闭区域，则该区域的颜色变绿，见图9-75；点击“填充图案”图标，则该区域被填充，点击左侧模型模块中对应视图（此处为正视图）左侧的箭头可见填充图案的图标 HatchF1，见图9-76。

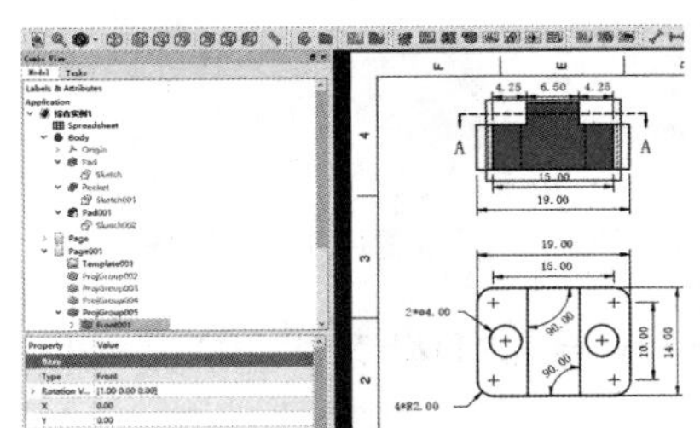

图9-75　点击选中一个封闭区域

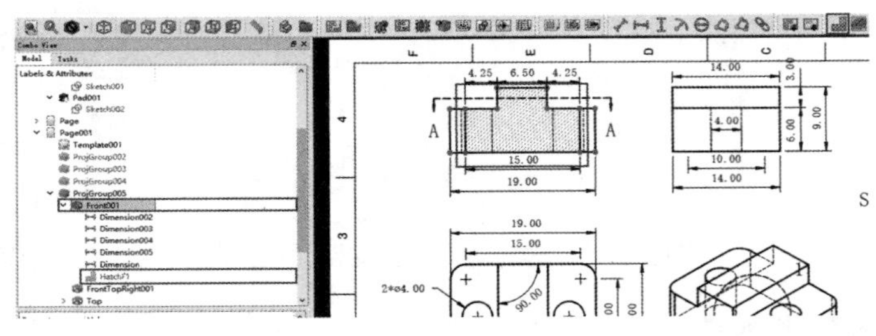

图9-76　封闭区域被填充

㊶ 先点击左侧模型模块中的 HatchF1 图标，再点击属性模块的“数据”按钮，在“Hatch Pattern”属性右侧点击按钮，弹出“选择一个文件”对话框，点击选择其中的一个图案文件，点击“打开”按钮可更改填充的图案（本例中选择line.svg，SVG文件存放地址为：安装盘符\FreeCAD 0.18\data\Mod\TechDraw\Patterns，见图9-77）；点击属性模块的“视图”按钮，可在“Hatch Color”属性中更改填充的颜色，本例中选择蓝色；在“Hatch Scale”属性中可更改填充的比例，本例中更改为3，结果见图9-78；更改各种属性的选项或数值后，如果视图没有变化，可尝试点击“刷新”图标。

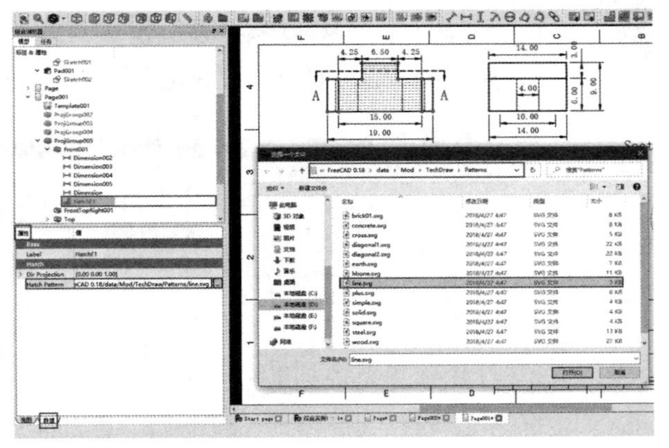

图9-77　更改填充的图片

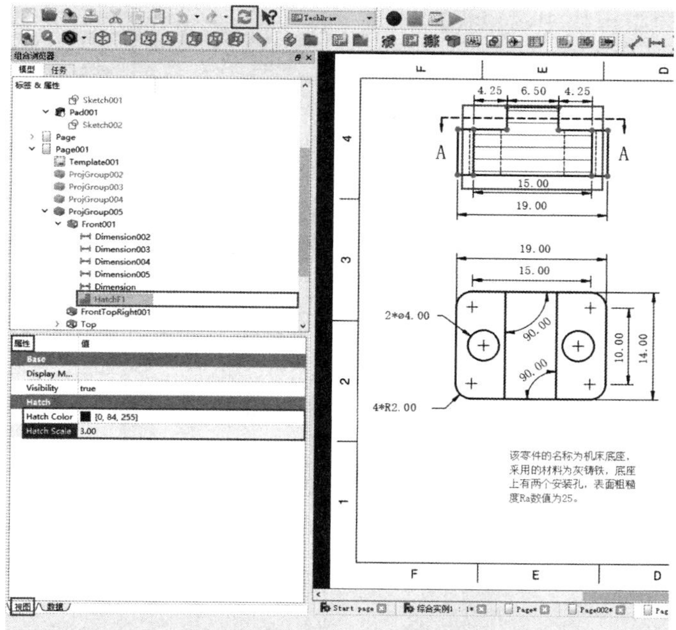

图9-78 修改填充的颜色和比例

9.2.17 填充几何图案

㊷ 点击某个视图中的封闭区域，则该区域的颜色变绿，见图9-79；点击“填充几何图案”图标，则该区域被填充，同时界面左侧出现“将几何剖面线应用于面”对话框，见图9-80。

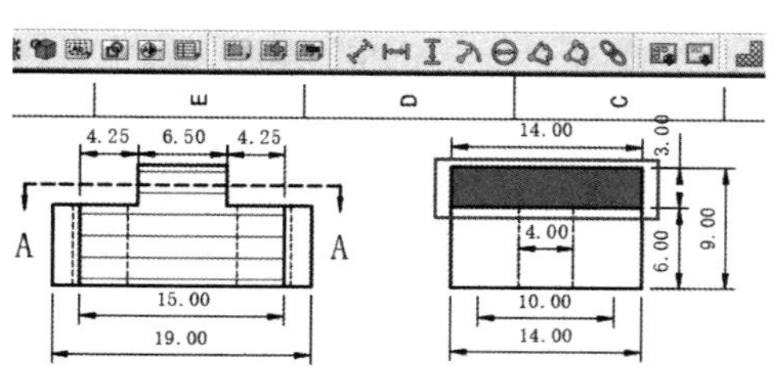

图9-79 点击选中一个封闭区域

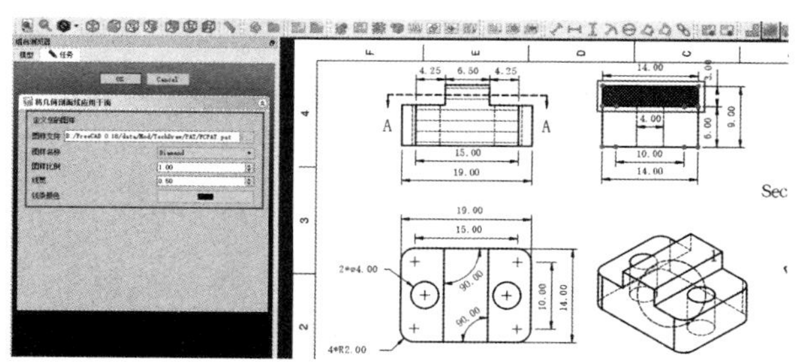

图9-80 封闭区域被填充同时出现对话框

㊸ 点击“图样文件”右侧的按钮，打开“选择一个文件”对话框，更改路径可选择其他的PAT文件（PAT文件是填充图案文件，文件后缀名为*.pat，可以导入到各种不同的图形应用程序中，并用于填充区域，通常用于创建带纹理的背景，PAT文件的存放地址为：安装盘符\FreeCAD 0.18\data\Mod\TechDraw\PAT），也可将其他PAT文件复制至该处，选中PAT文件后点击“打开”即可，见图9-81；点击“图样名称”右侧的下拉箭头可选择不同的填充图案，本例中选择Vertical5，见图9-82；“图样比例”和“线宽”选择默认值，“线条颜色”更改为蓝色，点击“OK”完成后结果见图9-83；更改对话框中的选项或数值后，如果视图没有变化，可尝试更改“填充几何图案”的属性。

㊹ 点击左侧模型模块中对应视图（此处为左视图）左侧的箭头可见“填充几何图案”的图标 GeomHatchFX2，双击该图标可重新进入对话框；点击选中 GeomHatchFX2 图标，再点击属性模块的“数据”和“视图”按钮，可更改“填充几何图案”的各种属性，这些属性与对话框中的选项对应；点击“数据”按钮，在File Pattern属性右侧点击 ... 按钮，弹出“选择一个文件”对话框，可选择PAT文件；“Name Pattern”属性中可更改图样名称；“Scale Pattern”属性中可更改图样比例，见图9-83；点击属性模块的“视图”按钮，在“Color Pattern”属性中可更改填充线的颜色，在“Weight Pattern”属性中可更改填充线的线宽，见图9-84。

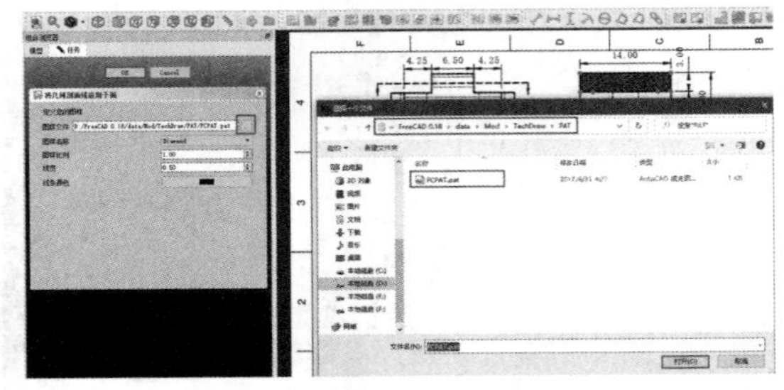

图9-81 选择PAT文件

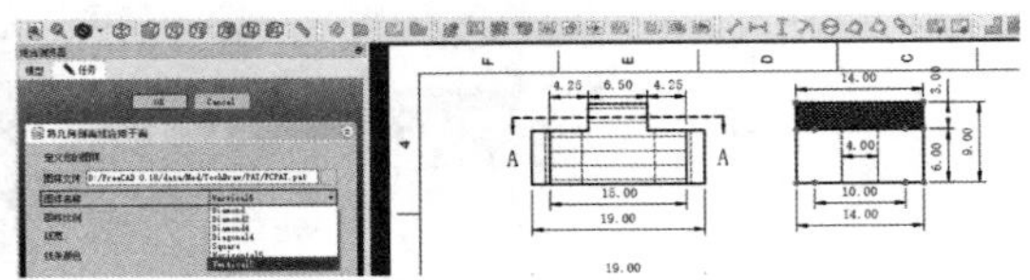

图9-82 更改图样名称

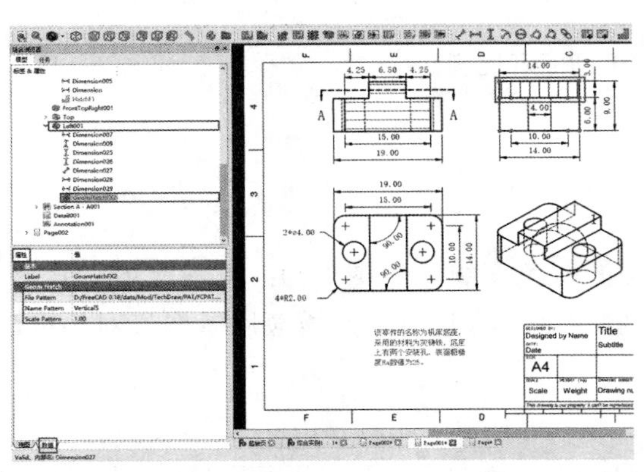

图9-83 “填充几何图案”结果及“数据”中的属性

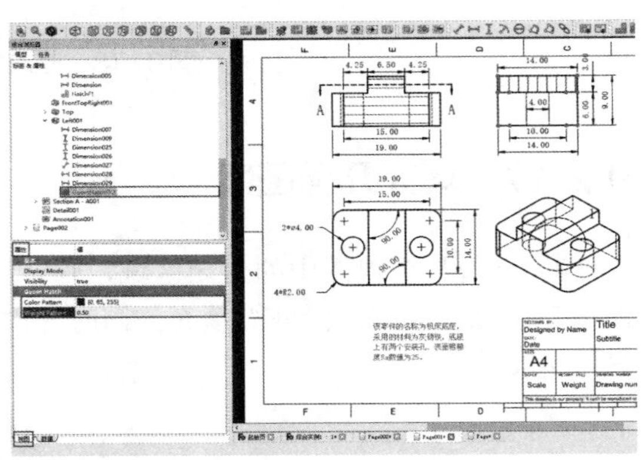

图9-84 视图中的属性

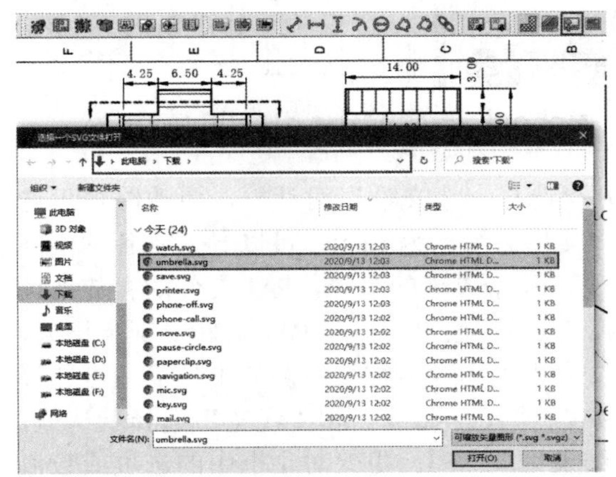

图9-85 插入SVG图标

9.2.18 插入SVG图标

㊺ 该命令可将SVG图标插入到图纸界面中，SVG图标文件可从网络下载至安装盘符\FreeCAD 0.18\data\Mod\TechDraw\Patterns中以供使用，也可单独新建一个文件夹用以存放SVG图标文件；点击“插入SVG图标”按钮，弹出“选择一个SVG文件打开”窗口，将路径更改为存放SVG图标文件的位置，点击选中伞形SVG文件，见图9-85；点击“打开”按钮，可将SVG图标插入至图纸界面，同时左侧模型

模块中出现 Symbol 图标；鼠标拖动到SVG图标至合适的位置，点击属性模块的“数据”按钮，可在“Scale”属性中修改SVG图标比例，见图9-86底部的伞形标识。

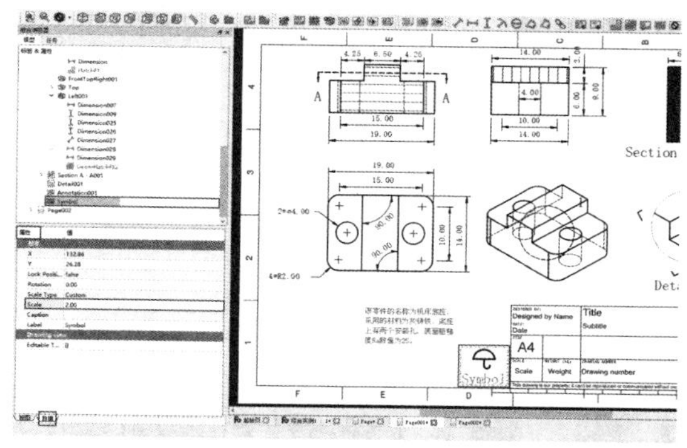

图9-86　拖动SVG图标并修改比例

9.2.19　插入图片

㊻ 该命令可将*.png、*.jpg、*.jpeg格式的图片插入到图纸界面中；点击“插入图片”图标，弹出“Select an Image File”窗口，将路径更改为存放图片文件的位置，点击选中其中一个图片文件，见图9-87；点击“打开”按钮，可将图片插入至图纸界面，同时左侧模型模块中出现 Image 图标；鼠标拖动图片至合适的位置，点击属性模块的“数据”按钮，在“Image File”属性中显示图片文件的位置；在“Width”属性中可调整图片的宽度；在“Height”属性中可调整图片的高度；在“Scale”属性中可修改图片的比例，见图9-88。

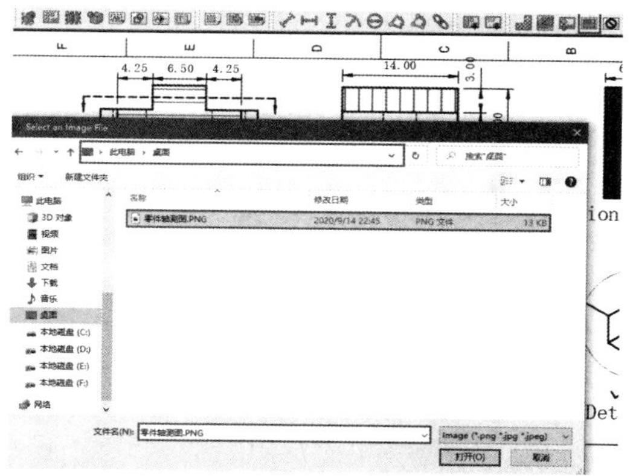

图9-87　插入图片

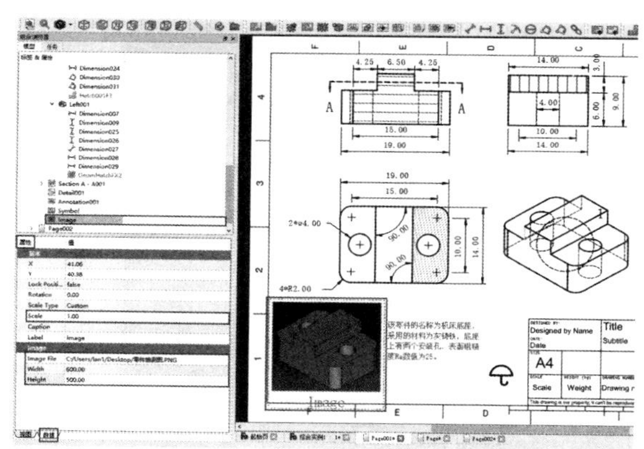

图9-88　更改图片的属性

9.2.20　视图框架

㊼ 点击“视图框架”图标，图纸界面中的所有视图出现标签和边界，见图9-89；再次点击“视图框架”图标，则关闭所有视图的标签和边界，见图9-90。

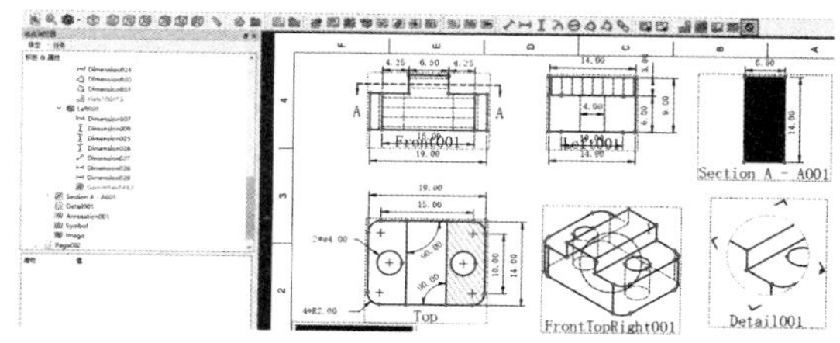

图9-89　点击“视图框架”图标出现标签和边界

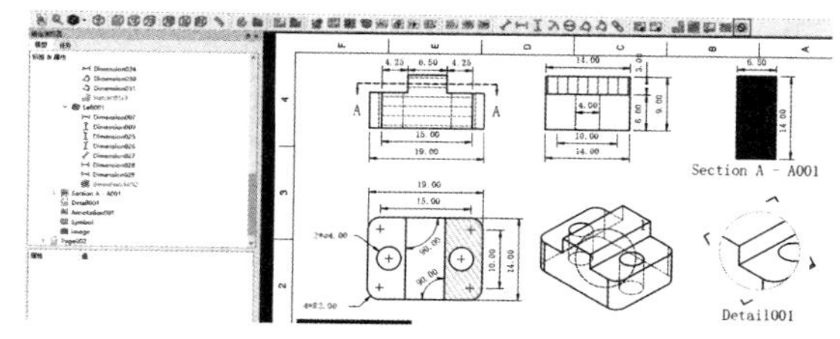

图9-90　再次点击“视图框架”则关闭标签和边界

注意

① 图9-90中的剖面图和详细视图始终显示标签是因为“Keep Label”属性为true。

② 图纸界面中不同的视图有可能处于不同的框架状态，可再次点击“视图框架”图标以重新同步各个视图的框架状态。

9.3 插入Draft视图和插入Arch截面图

9.3.1 插入Draft视图

① 打开6.5.2中的FreeCAD文件，工作台选择TechDraw，点击“俯视图”图标，见图9-91；点击“插入默认页”图标，进入A4图纸界面，左侧模型模块中出现Page图标，同时软件界面下部出现Page图标，如图9-92所示。

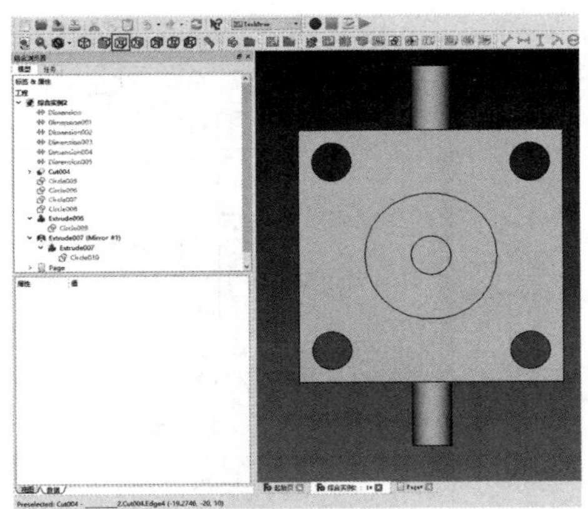

图9-91 打开文件选择TechDraw工作台

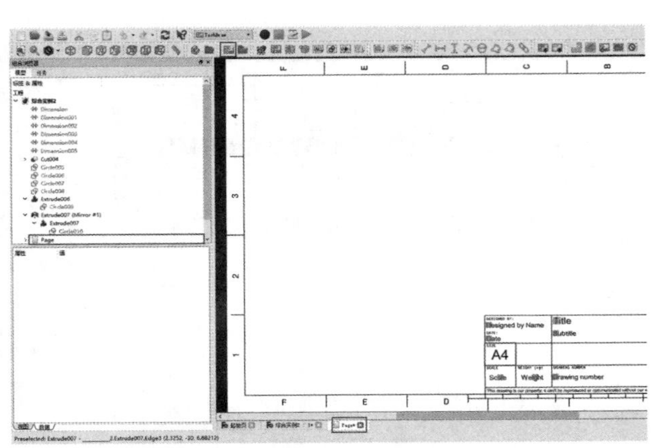

图9-92 进入默认的A4图纸界面

② 点击选中左侧模型模块中的Cut004图标，再点击“插入Draft视图”图标，则图纸界面中心位置出现Draft视图，点击“视图框架”图标，关闭视图框架，见图9-93。

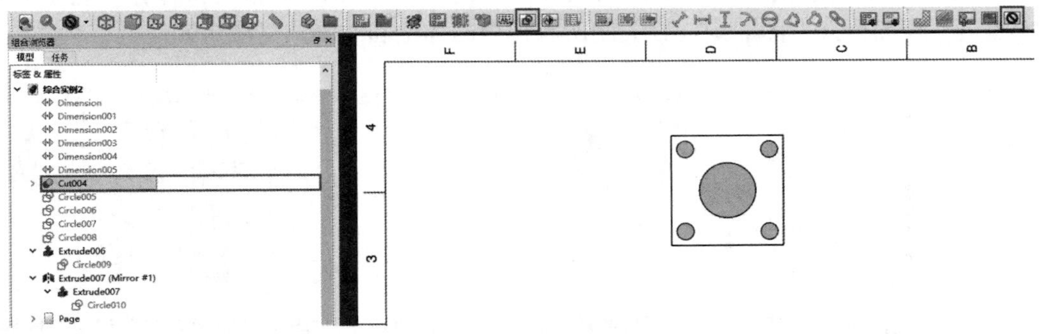

图9-93 插入Draft视图

③ 点击选中左侧模型模块中的 Dimension 图标，再点击“插入Draft视图”图标，则图纸界面中心位置又出现一个关于尺寸标注的Draft视图，鼠标拖动该尺寸标注视图至合适的位置；点击选中该尺寸标注视图，该尺寸标注视图的颜色变绿，点击属性模块的“数据”按钮，将“Lock Position”属性选择为true，使该尺寸标注视图的位置固定；“Source”属性为该尺寸标注视图的来源；“Line Width”属性为线宽，此例中更改为0.2；“Font Size”属性为字体大小，本例中更改为10；“Direction”属性为投影方向；“Color”属性为线条的颜色；“线条样式”属性为线型；“Line Spacing”属性为文本的行间距；点击“视图框架”图标，关闭视图框架，见图9-94。

④ 依次将其他Dimension图标插入到图纸界面中，并按照第③步中的顺序拖动至合适的位置，点击属性模块的“数据”按钮更改各项属性，关闭视图框架，最终结果见图9-95。

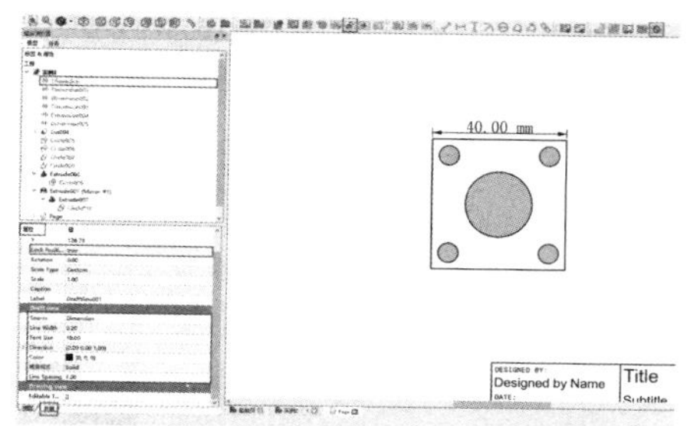

图9-94 插入尺寸标注视图并更改各项属性

图9-95 插入其他尺寸标注视图并更改各属性

注意

①“插入Draft视图”命令既可以用于插入Draft或Part工作台中的三维模型，也可用于插入二维平面图形。

② 利用“插入Draft视图”命令插入多个视图后，先前插入的视图会被后续插入的视图所掩盖，并且无法显示隐藏线。

③“插入Draft视图”同样支持文本和尺寸标注的视图插入。

9.3.2 插入Arch截面图

⑤ 操作顺序与插入Draft视图类似，此处省略。

9.4 图纸标题栏

① 制图任务的最后一步，需在图纸标题栏中输入该图纸的名称、设计者、日期等内容；点击“视图框架”图标，打开视图框架，图纸标题栏中部分字母的颜色变绿，见图9-96。

② 点击图纸标题栏中任意一个绿色字母，弹出“更改可编辑字段”对话框，输入对应的名称（可输入汉字），见图9-97，点击“OK”退出。

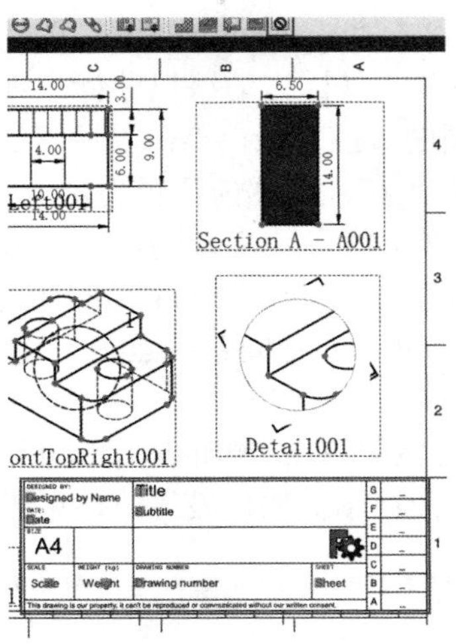

图9-96 打开“视图框架”，标题栏的字母颜色变绿

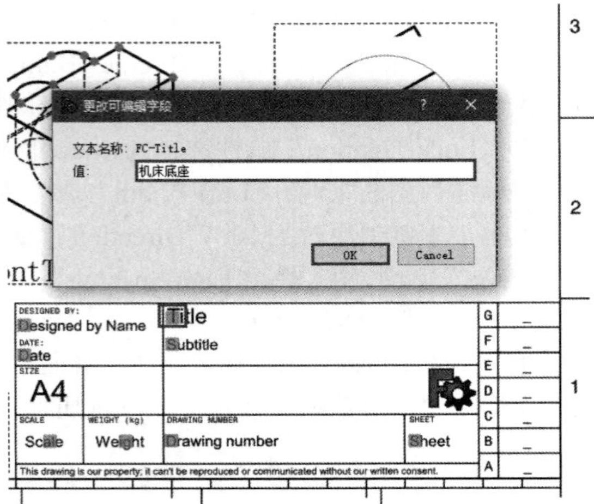

图9-97 点击绿色字母输入对应名称

③ 依次点击图纸标题栏中的其他绿色字母，在弹出的“更改可编辑字段”对话框中输入对应的名称或内容，见图9-98。

图9-98 依次点击其他绿色字母输入对应内容

④ 点击“视图框架”图标，关闭视图框架，图纸标题栏中的绿色字母消失，见图9-99；至此制图任务结束，点击菜单栏中“文件/打印预览”，检查无误后可打印出图，也可点击菜单栏中“文件/打印”，直接打印出图，见图9-100；或者将该图纸导出成为常用的PDF格式文件，以方便其他用户查看，详见9.2.15，见图9-73和图9-74。

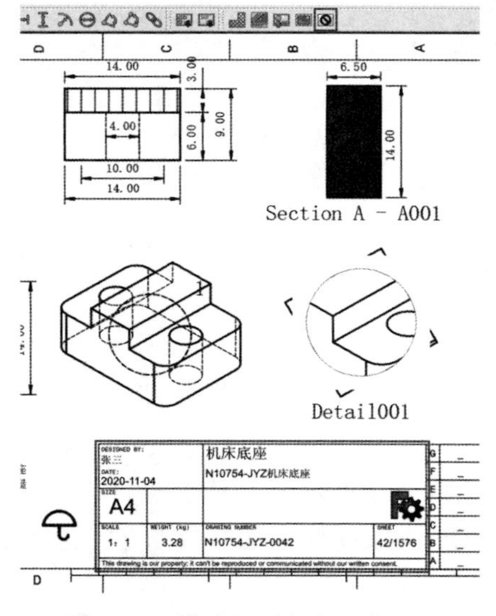

图9-99 点击视图框架图标关闭视图框架

图9-100 制图任务结束准备打印出图

第 10 章

实用菜单栏命令

扫码观看
本章视频

10.1 Addon manager（加载项管理器）

“Addon manager”的作用为添加其他的（非默认安装）的工作台和宏。

① 打开FreeCAD，任意工作台下点击菜单栏中的“工具/Addon manager”，见图10-1，弹出“Addon manager”对话框，见图10-2。

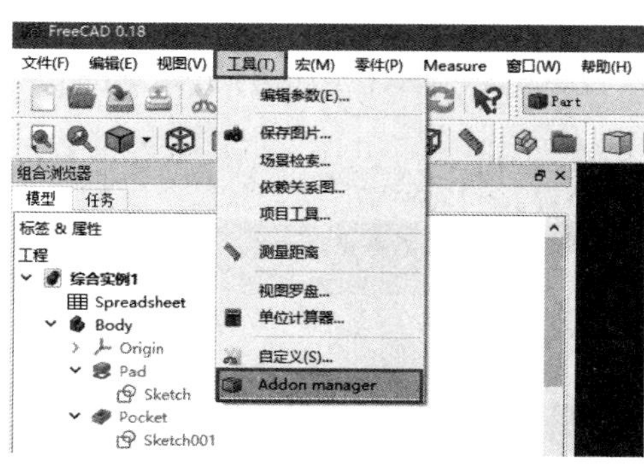

图10-1　点击菜单栏中的“工具/Addon manager”

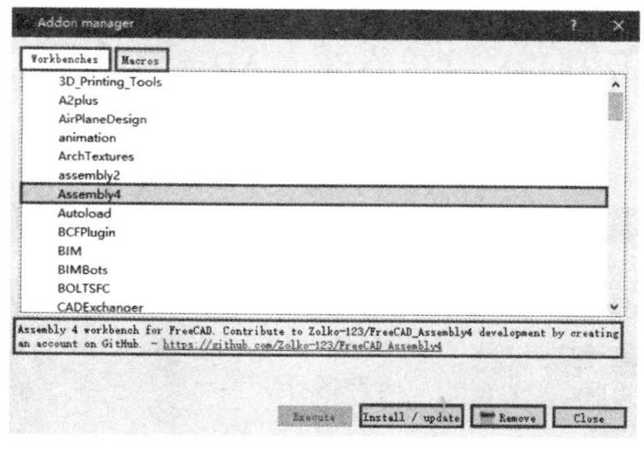

图10-2　安装或卸载工作台

② 对话框中有两个添加选项，分别为“Workbenches（添加工作台）”和“Macros（添加宏）”；点击“Workbenches”，稍等片刻待其加载完毕后在其中点击选中某个工作台，则对话框下方出现对该工作台的简要说明，点击“Install/update”按钮可安装新的工作台或对其进行升级，点击“Remove”按钮可卸载该工作台，点击“Close”按钮可关闭对话框，见图10-2。

③ 点击“Macros”，稍等片刻待其加载完毕后在其中点击选中某个宏，则对话框下方出现对该宏的简要说明，点击“Install/update”按钮可安装宏或对其进行升级，“Remove”和

“Close”按钮的含义与前述相同，见图10-3；点击“Execute”按钮可运行宏，见图10-4。

注意

“Workbenches（添加工作台）”中并不包含FreeCAD默认安装的工作台。

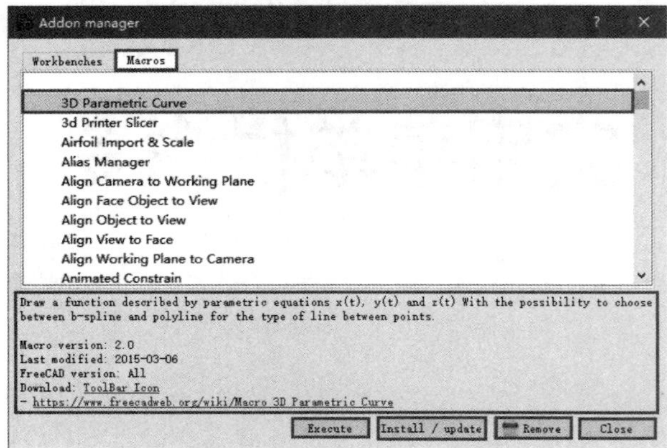

图10-3 安装或卸载宏

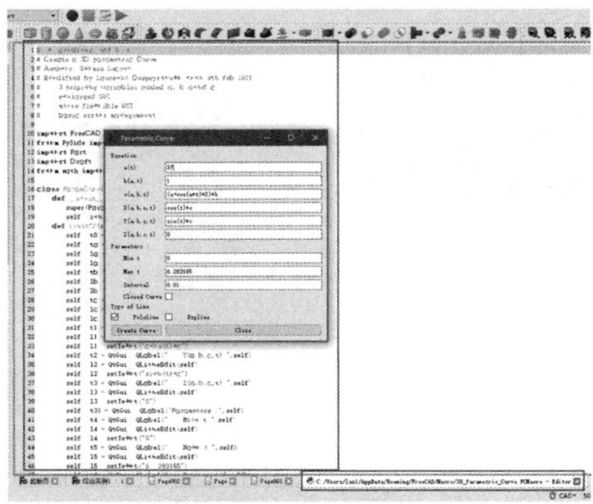

图10-4 运行宏

10.2 视图罗盘

视图罗盘的作用为将三维或二维模型按照设定的参数进行持续的旋转。

① 打开8.2.1中的FreeCAD文件，任意工作台下点击菜单栏中的“工具/视图罗盘”，见图10-5，弹出“视图罗盘”对话框，见图10-6。

图10-5 点击菜单栏中的“工具/视图罗盘”

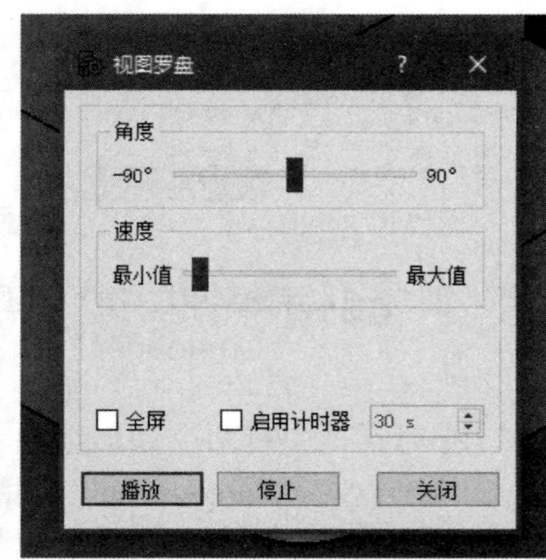

图10-6 “视图罗盘”对话框

②“视图罗盘”对话框中左右滑动角度方块，可改变旋转的方向；左右滑动速度方块，可改变旋转的速度；选中“全屏”复选框，可全屏显示旋转的模型，见图10-7；勾选

“启用计时器”复选框可设定旋转的时间；点击“播放”按钮开始旋转；点击“停止”按钮停止旋转；点击“关闭”按钮则关闭“视图罗盘”对话框。

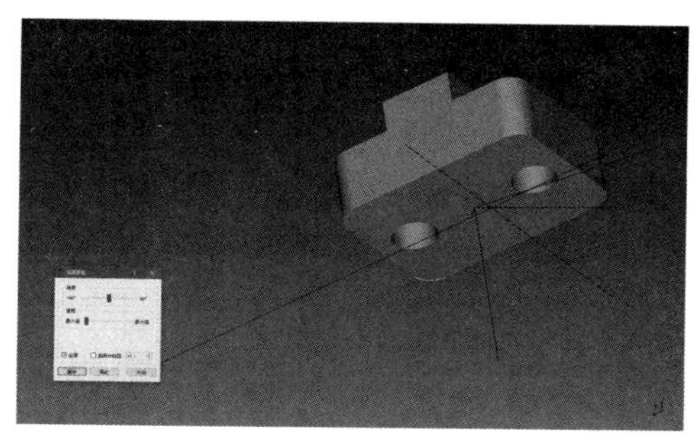

图10-7　全屏旋转

10.3 保存图片

“保存图片”可将当前显示的三维或二维模型以图片的形式予以保存，其功能类似于截屏。

① 打开8.2.1中的FreeCAD文件，任意工作台下点击菜单栏中的“工具/保存图片”，见图10-8，弹出“保存图片”对话框，见图10-9。

② 在对话框的地址栏中可选择图片的存放位置；点击“文件类型”的下拉箭头可选择图片的格式；“文件名称”中输入图片的名称；点击“扩展”按钮可对图像尺寸、图片属性和图像备注进行详细设置，见图10-10；点击“保存”按钮完成图片的保存。

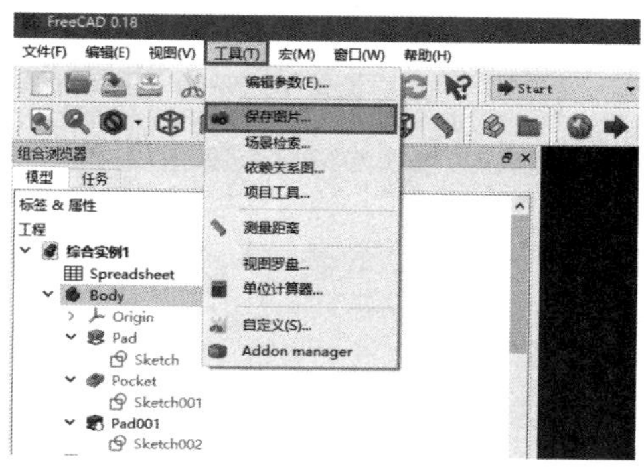

图10-8　点击菜单栏中的“工具/保存图片”

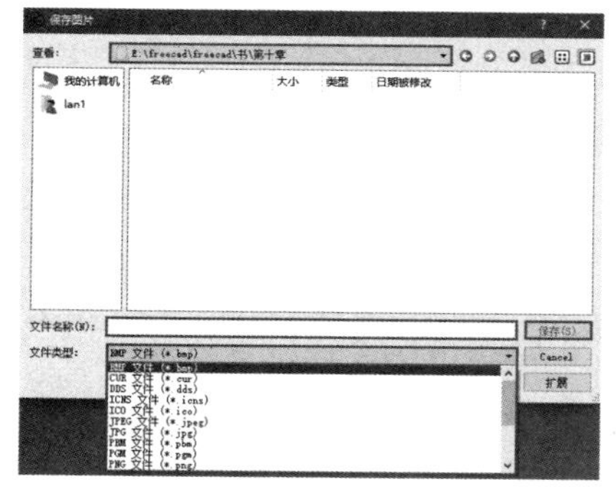

图10-9　“保存图片”对话框

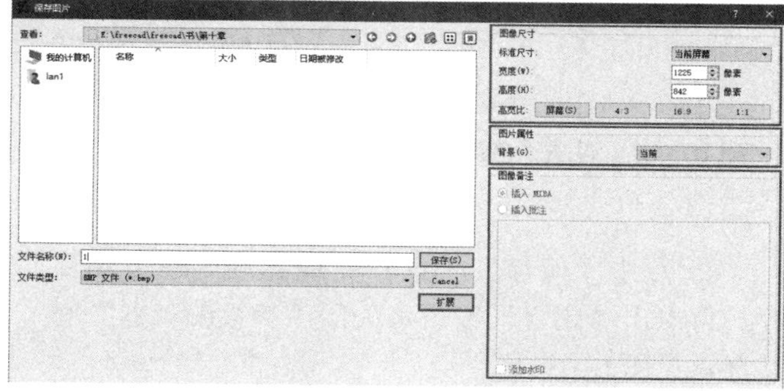

图10-10　点击“扩展”按钮可详细设置图片属性

10.4 编辑参数

“编辑参数”命令类似于Windows操作系统中的注册表，可对FreeCAD软件中的各项参数进行详细的设置。

① 打开8.2.1中的FreeCAD文件，任意工作台下点击菜单栏中的“工具/编辑参数”，见图10-11，弹出“参数编辑器”对话框，见图10-12。

② 在“参数编辑器”对话框左侧点击各项，在右侧可见各项中所包含的参数名称、类型和值；双击参数的名称，则可更改参数的名称，见图10-13；双击参数名称对应的类型或值，可打开“更改值”对话框，见图10-14，输入修改的值再点击“OK”即可完成值的修改。

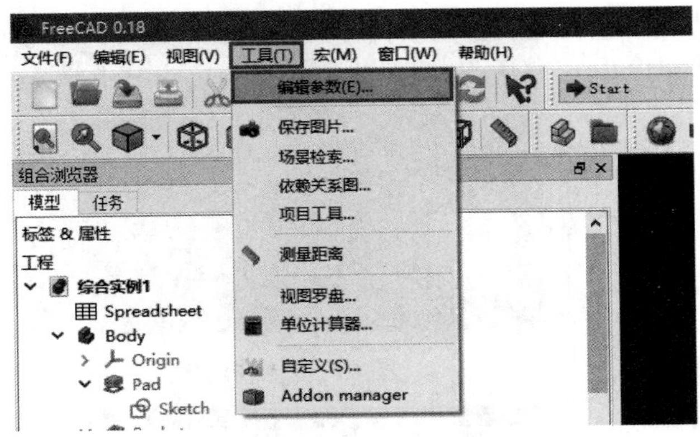

图10-11　点击菜单栏中的“工具/编辑参数”

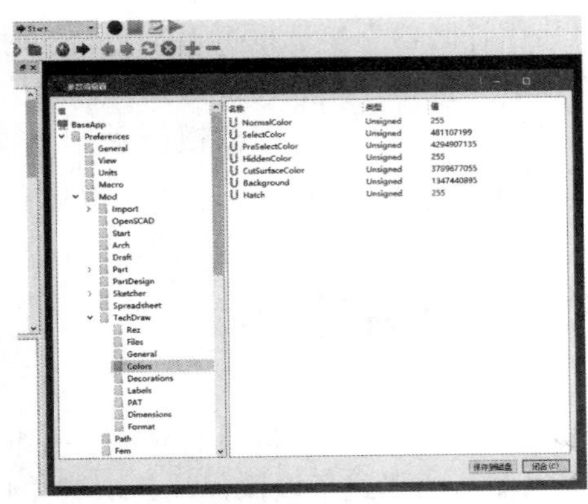

图10-12　弹出“参数编辑器”对话框

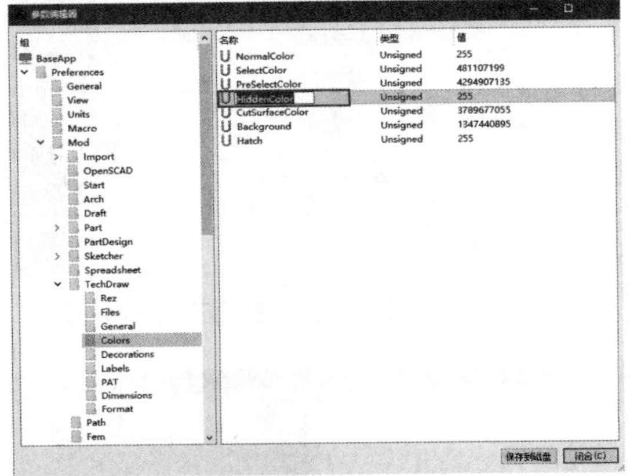

图10-13　双击“名称”可更改参数的名称

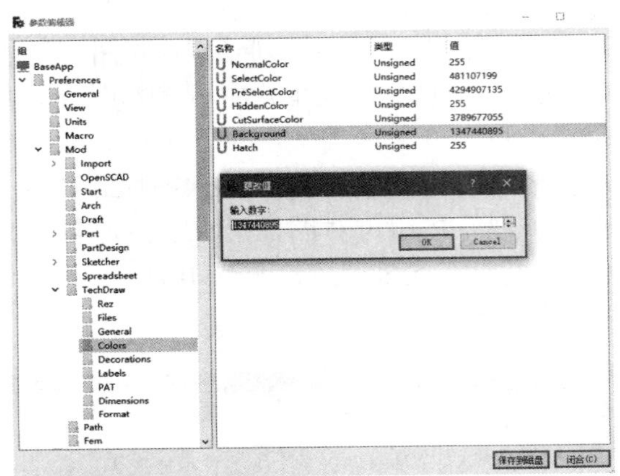

图10-14　双击“类型”或“数值”可更改参数的值

③ 点击“保存到磁盘”完成各项的修改和保存，再点击“闭合”按钮可关闭“参数编辑器”对话框，见图10-14。

10.5 创建新视图

“创建新视图”命令可创建出一个全新的、和原有视图相同的视图。

① 打开8.2.1中的FreeCAD文件，界面下方显示视图为“综合实例1 ： 1”，任意工作台下点击菜单栏中的“视图/创建新视图”，见图10-15。

② 视图界面下方出现一个新视图名为“综合实例1 ： 2”，原有的视图中的“综合实例1 ： 1”也同时得到保留，见图10-16；可在新视图中继续对模型进行修改。

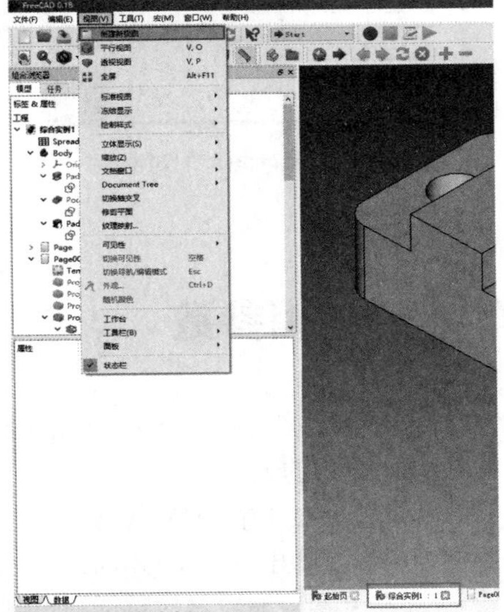

图10-15　点击“菜单栏”中的“视图/创建新视图”

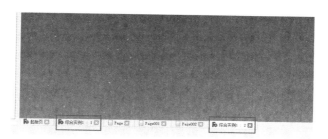

图10-16　出现一个新视图，原有视图也得到保留

10.6 切换轴交叉

切换轴交叉命令可显示模型的三维坐标轴及其方向，以方便观察。

① 打开8.2.1的FreeCAD文件，任意工作台下点击菜单栏中的“视图/切换轴交叉”，见图10-17。

② 点击选择“线框模式”图标，在模型底部中心位置可见三维坐标轴及其方向，见图10-18；再次点击菜单栏中的“视图/切换轴交叉”，则三维坐标轴消失。

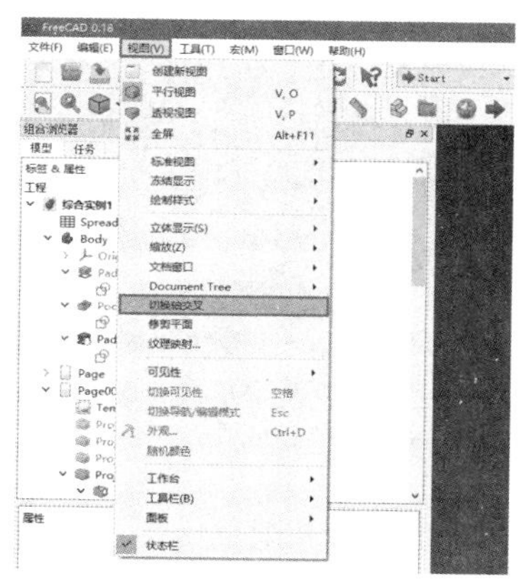

图10-17　点击菜单栏中的“视图/切换轴交叉”

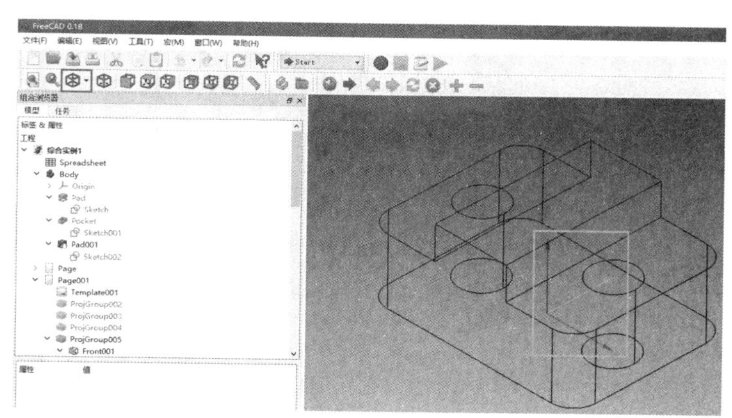

图10-18　模型底部中心位置出现三维坐标轴

10.7 修剪平面

“修剪平面”命令可将三维模型沿指定的方向切开，以便于观察其内部。

① 打开8.2.1中的FreeCAD文件，任意工作台下点击菜单栏中的“视图/修剪平面”，见图10-19；左侧任务栏中出现修剪对话框，见图10-20。

② 选中“修剪X方向”复选框，则三维模型在X方向上的一半模型消失，只留剩余的另一半，见图10-21；调整“偏移”的数值可改变三维模型中剩余部分的长度，默认值为0，本例中修改为5，见图10-22；点击“翻转”按钮则剩余的部分消失，原先消失的部分重现，见图10-23。

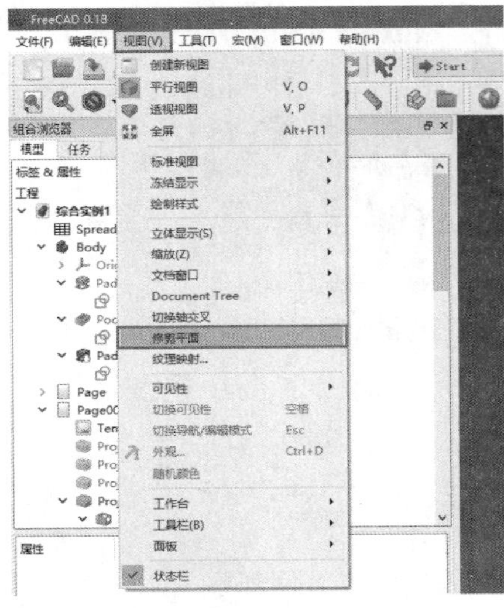

图10-19 点击菜单栏中的“视图/修剪平面”

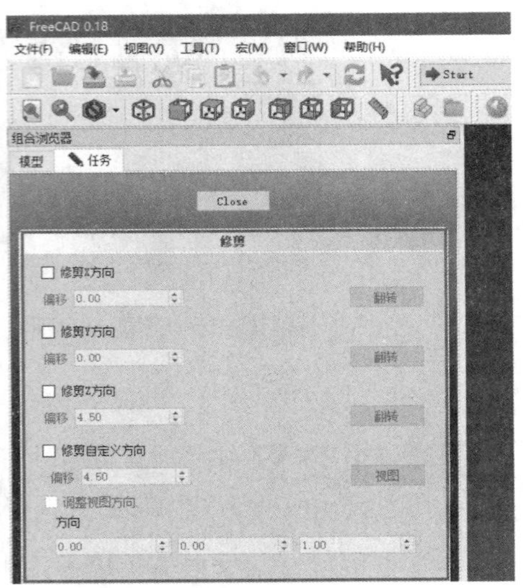

图10-20 “修剪”对话框

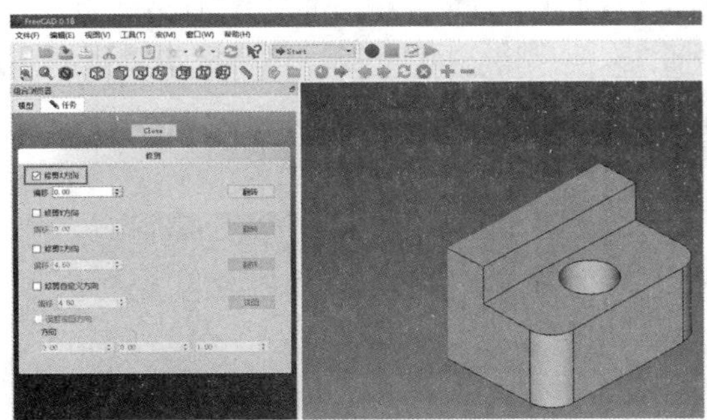

图10-21 选中“修剪X方向”复选框

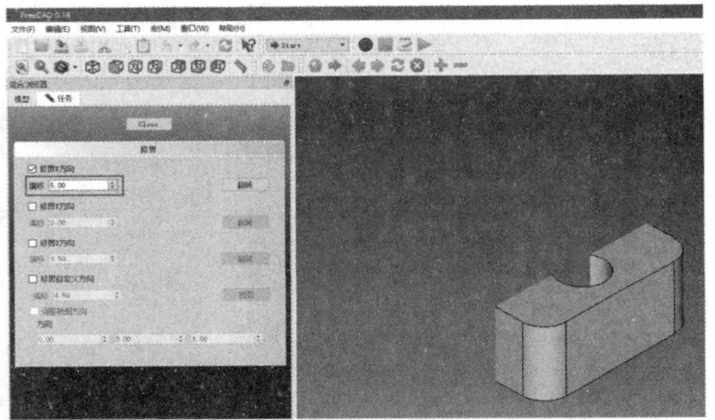

图10-22 将“修剪X方向”的“偏移”数值更改为5

③ 同理，只选中“修剪Y方向”复选框，“偏移”数值设为默认值0，则三维模型在Y方向上的一半模型消失，只留剩余的另一半，见图10-24；只选中“修剪Z方向”复选框，“偏移”数值设为4.5，则三维模型在Z方向上的一半模型消失，只留剩余的另一半，见图10-25；若将以上三个复选框均选中，“偏移”数值为（0，0，4.5），则结果见图10-26。

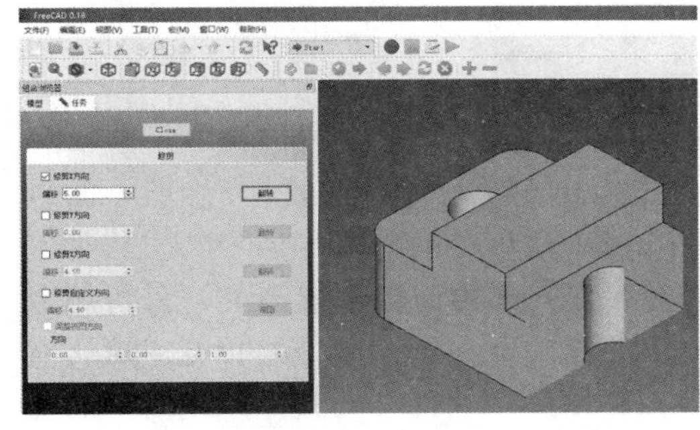

图10-23 点击“翻转”按钮则消失的部分重现

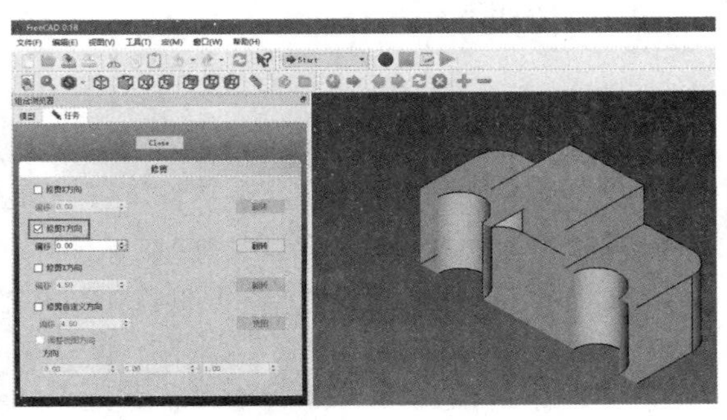

图10-24 选中“修剪Y方向”复选框

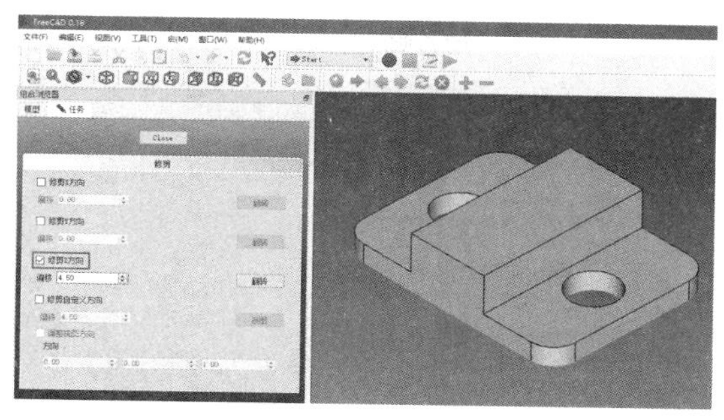

图10-25　选中“修剪Z方向”复选框

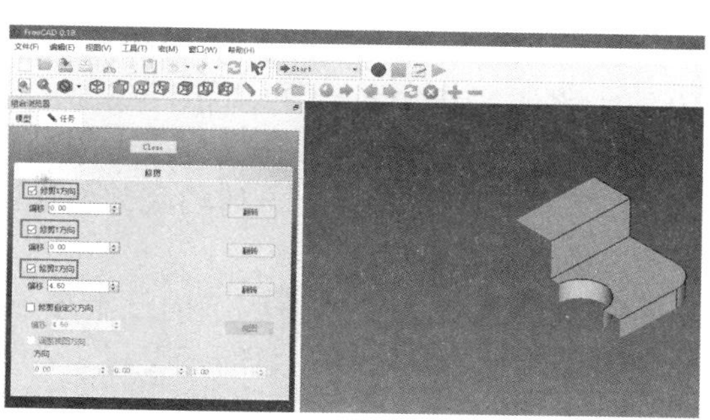

图10-26　将三个复选框均选中

④ 若勾选“修剪自定义方向”复选框，可将三维模型按照向量的方向切开，“方向”向量默认值为（0，0，1），此例中修改为（1，1，1），按住“Shift+鼠标右键”可旋转三维模型并从任意角度观察，见图10-27；点击“Close”按钮关闭“修剪”对话框，并将三维模型恢复至原样。

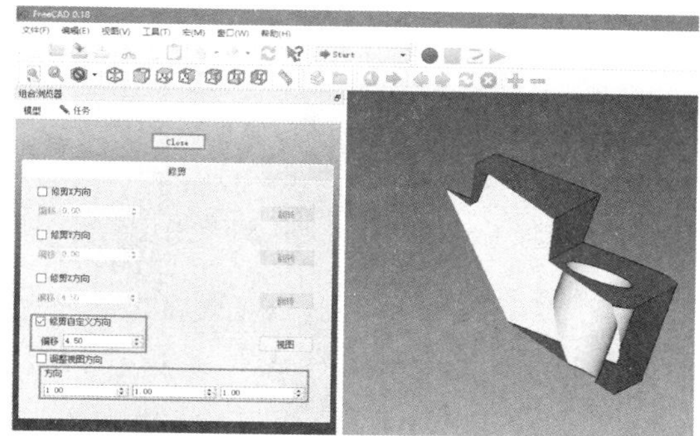

图10-27　选中“修剪自定义方向”并修改“方向”向量

10.8 对齐

对齐命令可将两个三维或二维模型按照对应点的位置叠加在一起。

（1）棱柱对齐

① Part工作台中，点击图标，新建一个立方体；点击左侧模型模块中的立方体图标，再点击属性模块的“数据”按钮，双击“Placement/位置”，将y值更改为12mm，见图10-28。

② 再次点击图标，再次新建一个立方体，见图10-29；按住“Ctrl”键点击选中左侧模型模块中的两个“立方体”图标立方体，则两个立方体的颜色变绿，见图10-30。

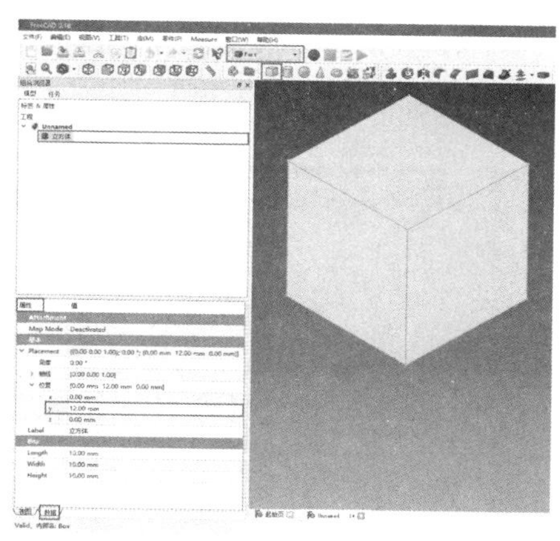

图10-28　新建立方体并将y值更改为12mm

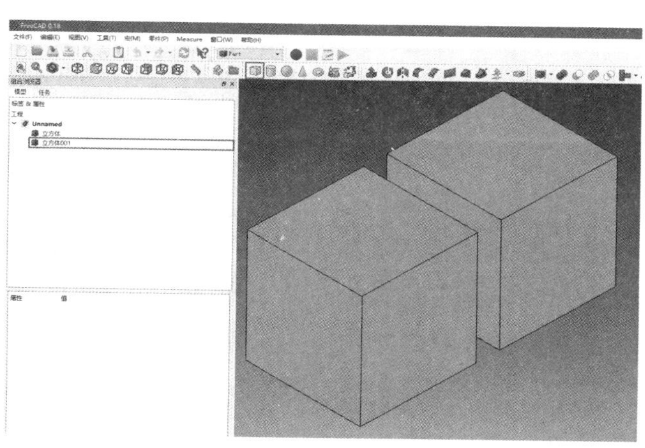

图10-29　再次新建一个立方体

③ 点击菜单栏中的“编辑/对齐”，见图10-31，界面变化如图10-32所示，底部出现对齐界面，界面左侧为移动模型，右侧为固定模型，现准备将左侧立方体的底部叠加到右侧立方体顶部。

④ 先点击左侧立方体底部的三个顶点，分别出现颜色为红、绿、蓝的三个标识，见图10-33；再点击右侧立方体顶部对应的三个顶点，同样出现红、绿、蓝三种颜色的标识，见图10-34。

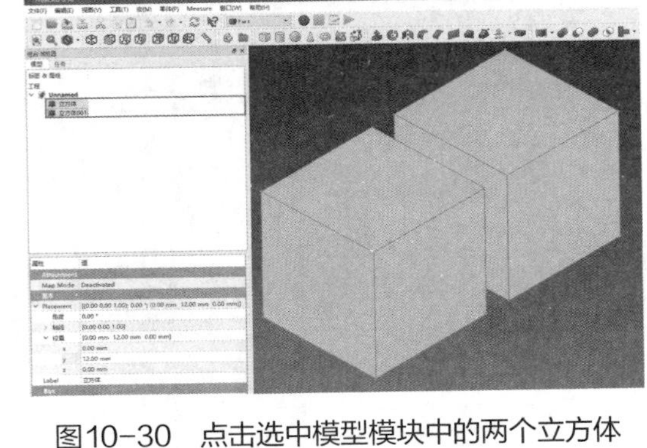

图10-30　点击选中模型模块中的两个立方体

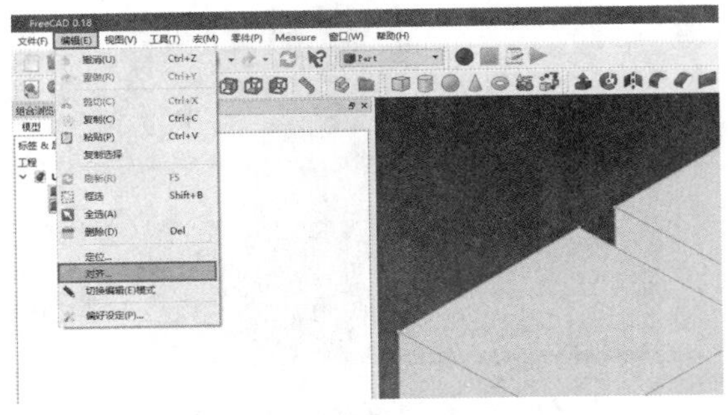

图10-31　点击菜单栏中的“编辑/对齐”

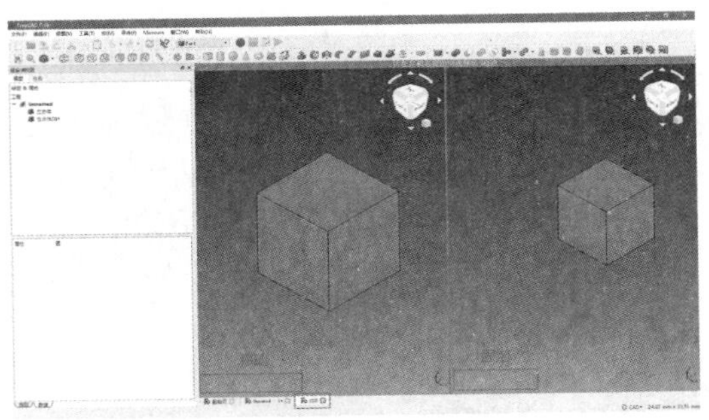

图10-32　左侧为移动模型，右侧为固定模型

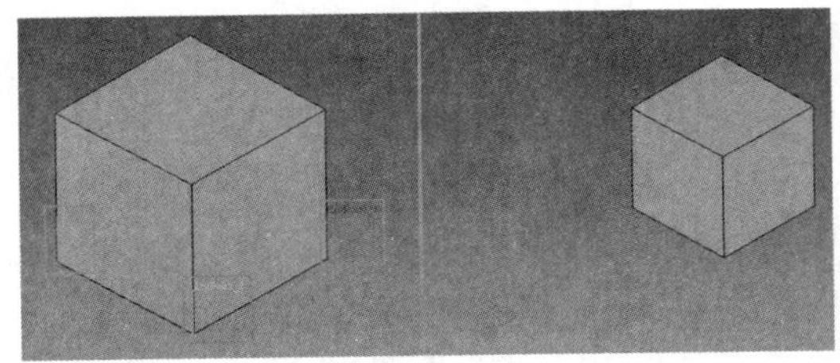

图10-33　左侧立方体底部点击选中三个顶点

图10-34　右侧立方体顶部点击对应的三个顶点

⑤ 右键点击空白位置，出现一个选择菜单，点击选中第一项“Align（整齐排列）”，见图10-35，则两个立方体按照三个对应顶点的位置叠加在一起，见图10-36。

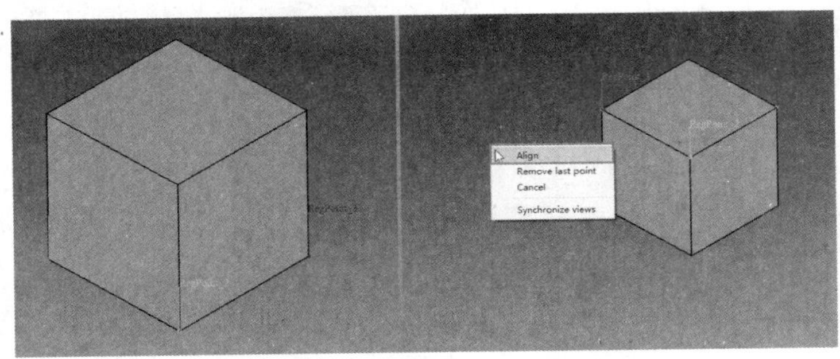

图10-35　右键点击空白位置选择第一项“Align”

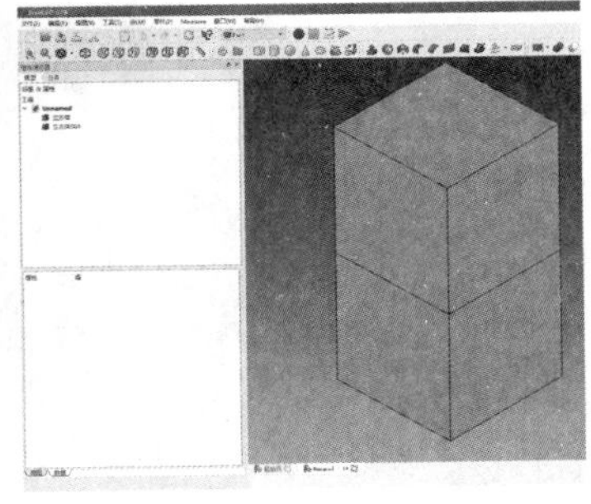

图10-36　两个立方体叠加在一起

（2）圆柱体对齐

① Part工作台中，点击图标，新建一个圆柱体；点击左侧模型模块中的 圆柱体 图标，再点击属性模块的“数据”按钮，双击“Placement/位置”，将y值更改为10mm，见图10-37。

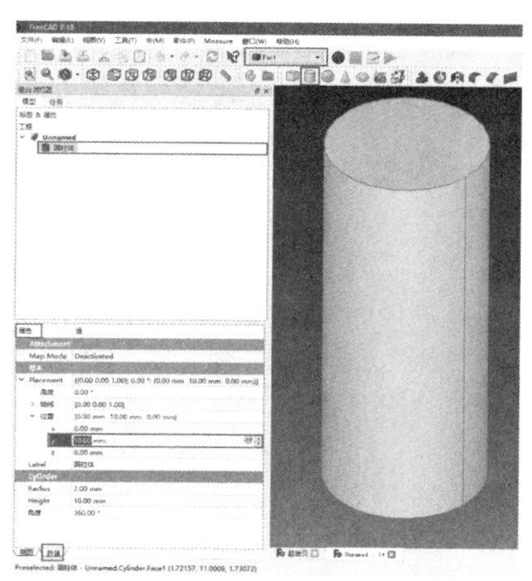

图10-37　新建圆柱体并将y值更改为10mm

② 再次点击图标，又新建一个立方体，见图10-38；按住“Ctrl”键点击选中左侧模型模块中的两个“圆柱体”图标 圆柱体，则两个圆柱体的颜色变绿，见图10-39。

③ 点击菜单栏中的“编辑/对齐，”见图10-40，界面变化为如图10-41所示，底部出现对齐界面，界面左侧为移动模型，右侧为固定模型，现准备将左侧圆柱体的底部叠加到右侧圆柱体顶部。

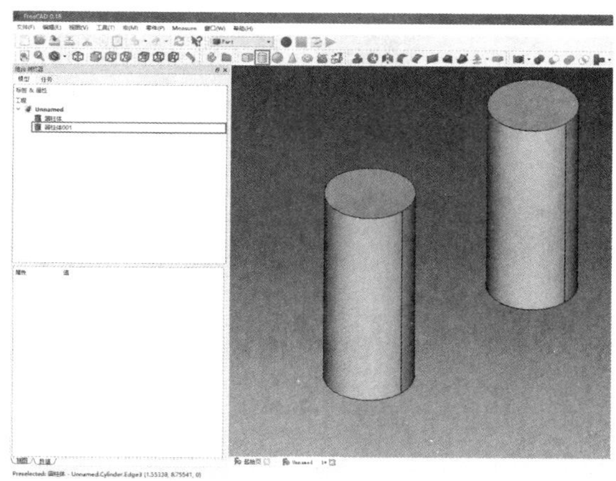

图10-38　再新建一个圆柱体

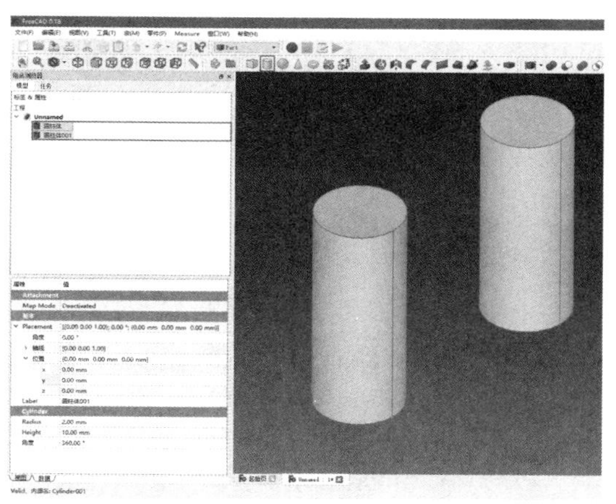

图10-39　点击选中模型模块中的两个圆柱体

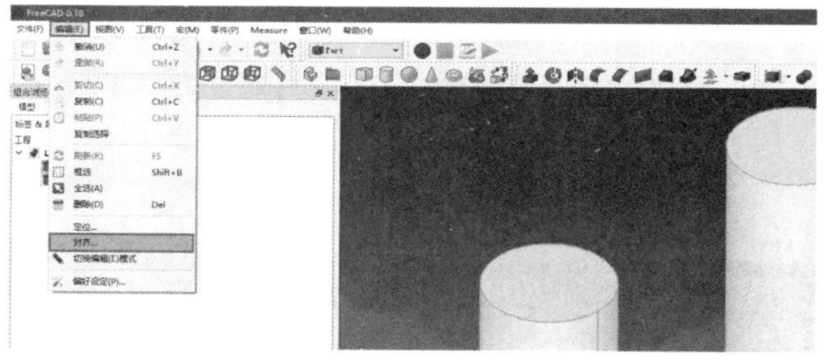

图10-40　点击菜单栏中的“编辑/对齐”

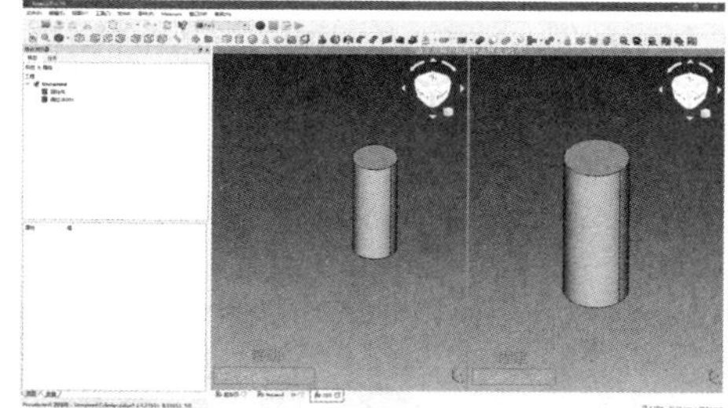

图10-41　左侧为移动模型右侧为固定模型

④ 滚动鼠标滚轮放大左侧圆柱体，点击左侧圆柱体底部的三个点，分别出现颜色为红、绿、蓝的三个标识，见图10-42；滚动鼠标滚轮放大右侧圆柱体，再点击右侧圆柱体顶部对应的三个点，同样出现红、绿、蓝三种颜色的标识，见图10-43。

⑤ 右键点击空白位置，出现一个选择菜单，点击选中第一项“Align（整齐排列）”，见图10-44；对齐结果见图10-45，可见虽然两个圆柱体叠加在一起，但并不整齐，需要微调。

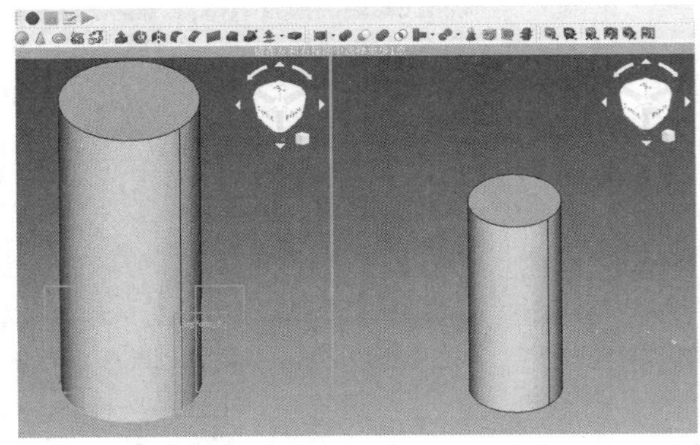
图10-42 左侧圆柱体底部点击选中三个点

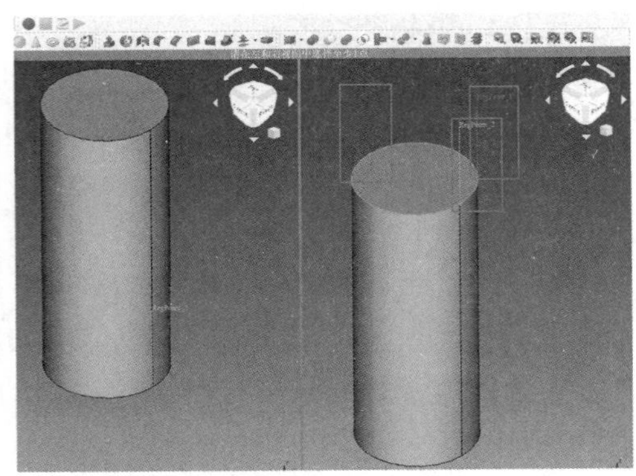
图10-43 右侧圆柱体顶部点击对应的三个点

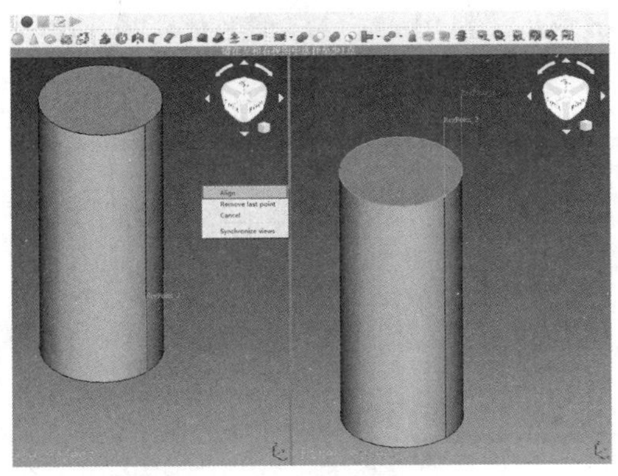

图10-44 右键点击空白位置选择第一项“Align”

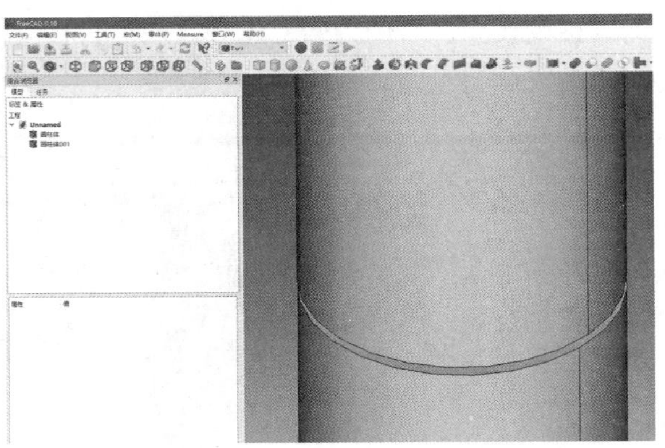
图10-45 两个圆柱体并不整齐地叠加在一起

⑥ 切换至Draft工作台，工作平面设置为XY，视图选择“轴测图”；点击选择“线框模式”图标，点击“端点捕捉”图标和“圆心捕捉”图标，使“端点捕捉”和“圆心捕捉”功能处于打开状态，其余所有特征捕捉功能处于待命状态，见图10-46。

⑦ 点击左侧模型模块中的 圆柱体 图标，则上层圆柱体的颜色变绿，见图10-47；点击移动图标，鼠标移动至上层圆柱体边缘时，鼠标指针变为白色十字，旁边出现“圆心捕捉”图标，同时圆心位置处出现一个黑点代表上层圆柱体的圆心，点击选中准备移动，见图10-48。

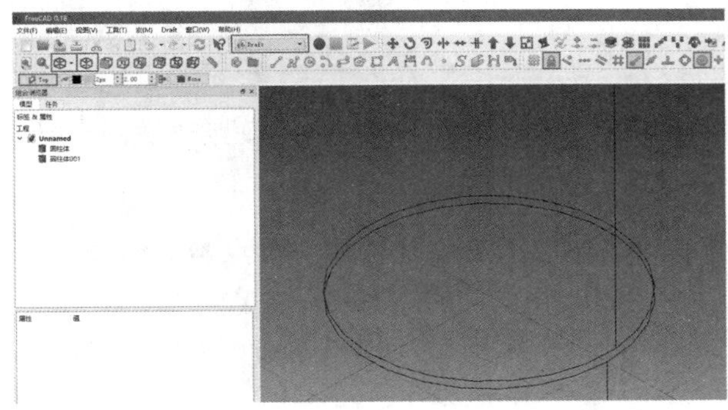
图10-46 切换至Draft工作台并选择“线框模式”

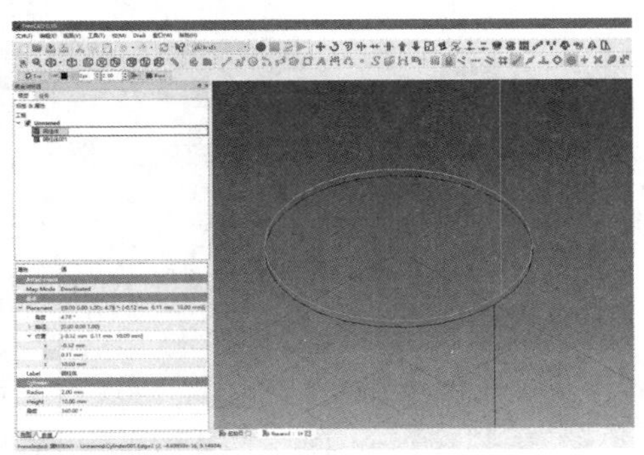
图10-47 选中上层圆柱体

⑧ 移动鼠标至下层圆柱体的边缘时，又出现一个黑点，代表下层圆柱体的圆心，见图10-49；点击则使上层圆柱体和下层圆柱体的边缘对齐，见图10-50。

⑨ 此时上层圆柱体和下层圆柱体虽然边缘对齐，但母线尚未对齐；点击选中上层圆柱体，再点击“旋转”图标，鼠标移动至上层圆柱体边缘时，鼠标指针变为白色十字，旁边出现“圆心捕捉”图标，同时圆心位置处出现一个黑点代表圆心，点击选中，见图10-51。

⑩ 鼠标移动至上层圆柱体的母线端点附近，这时鼠标指针变为白色十字，同时旁边出现“端点捕捉”图标，点击可使圆心与母线端点连接，连线即为上层圆柱体的半径，见图10-52；移动鼠标至下层圆柱体的母线端点附近，捕捉到下层圆柱体的母线端点，见图10-53；点击选中，则上层圆柱体和下层圆柱体的母线对齐，见图10-54；点击选择“带边着色模式”图标，见图10-55，完成圆柱体的对齐。

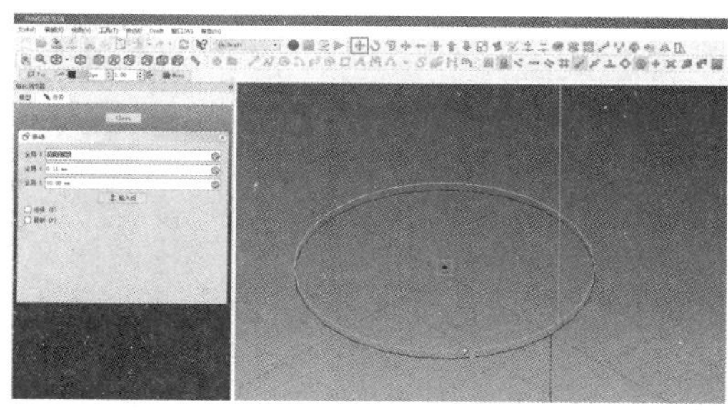

图10-48 捕捉到上层圆柱体的圆心并点击选中

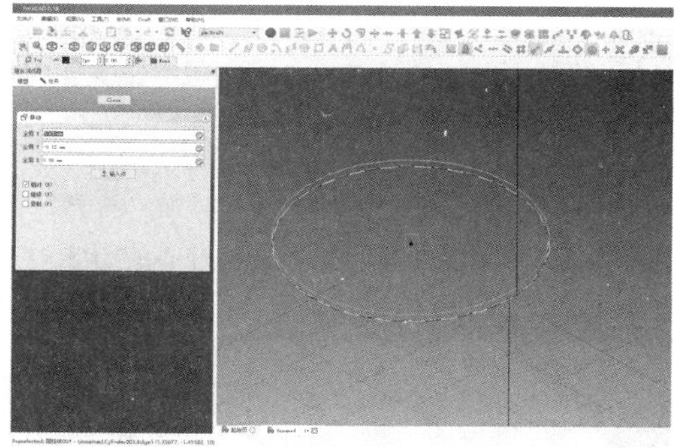

图10-49 捕捉到下层圆柱体的圆心并点击选中

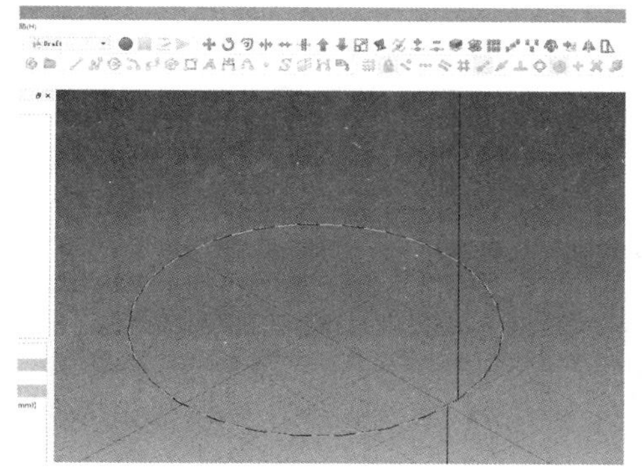

图10-50 上下两个圆柱体的边缘对齐

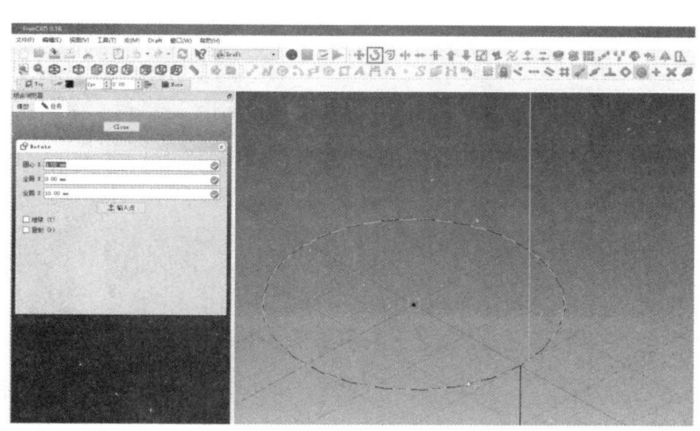

图10-51 捕捉到上层圆柱体的圆心并点击选中

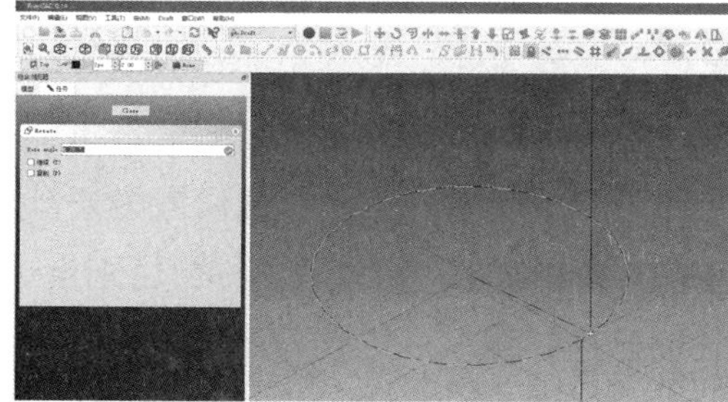

图10-52 捕捉到上层圆柱体的母线端点

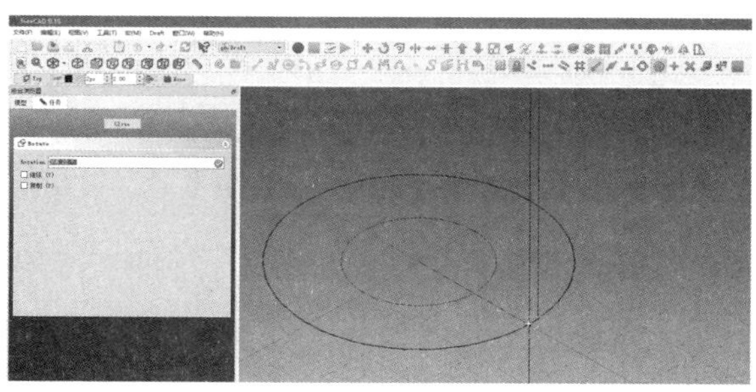

图10-53 捕捉到下层圆柱体的母线端点

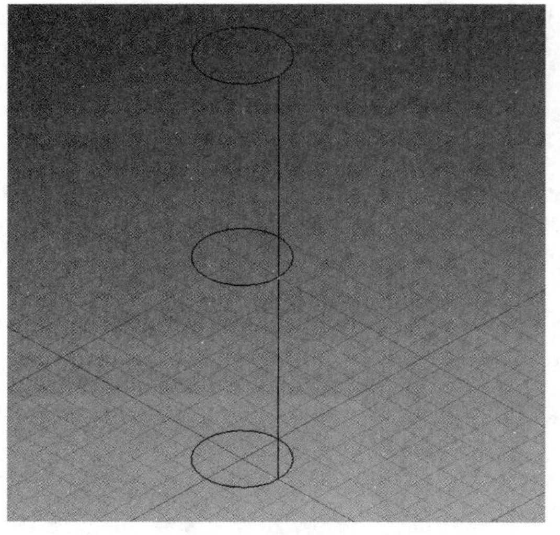

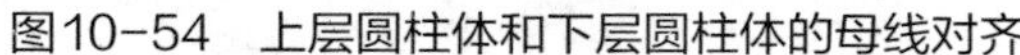

图10-54　上层圆柱体和下层圆柱体的母线对齐

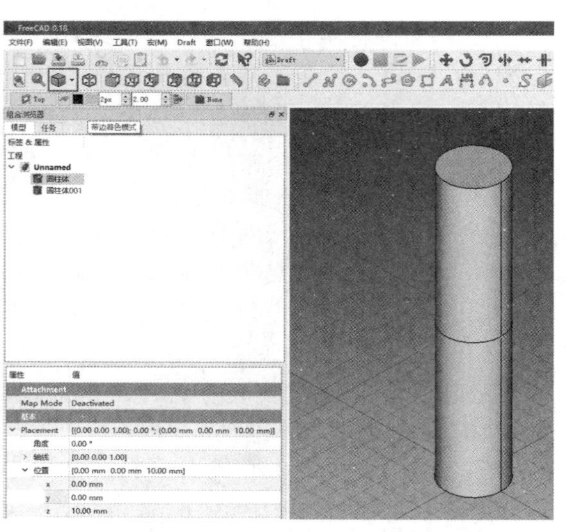

图10-55　选择带边着色模式完成圆柱体的对齐

注意

① 圆柱体对齐前需要选择左侧和右侧两个圆柱体对应的三个点，见图10-42～图10-44，假如准备将左侧圆柱体的顶部与右侧圆柱体的顶部对齐时，也同样需要在左右两侧圆柱体的顶部点击三个点，但需保证左侧圆柱体与右侧圆柱体的三个点中至少有一个点关于界面中间的分割线大致对称，如图10-56所示，两侧圆柱体的红色点、蓝色点关于界面中间分割线大致对称；当左右两侧圆柱体的三个点均与界面中间分割线不对称时，见图10-57，则对齐的结果为两个圆柱体几乎重合，见图10-58。

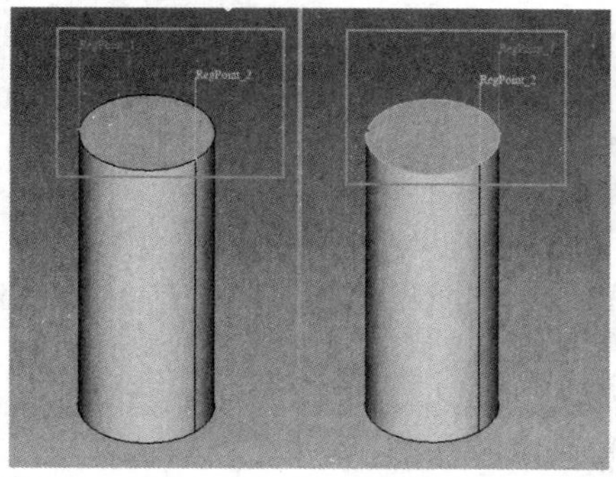

图10-56　顶部对齐时应保证点位对称

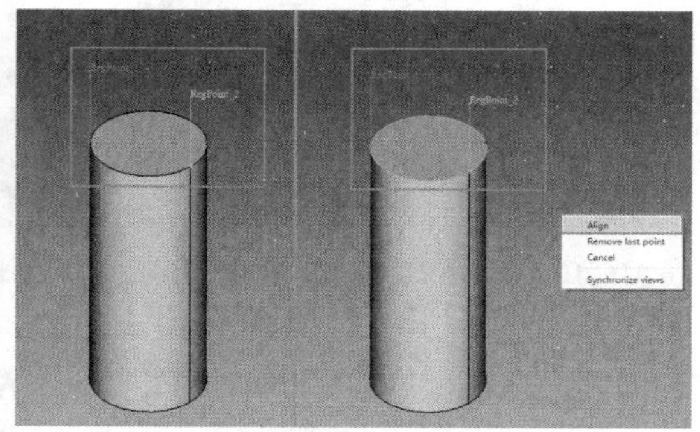

图10-57　左右两侧圆柱体的点位不对称

② 圆柱体对齐后切换至Draft工作台时，见图10-46，工作平面设置为XY是为了旋转上层圆柱体时，旋转方向仅限定在XY平面上，见图10-53；否则当工作平面设置为XZ时，旋转上层圆柱体时，会产生如图10-59所示的结果。

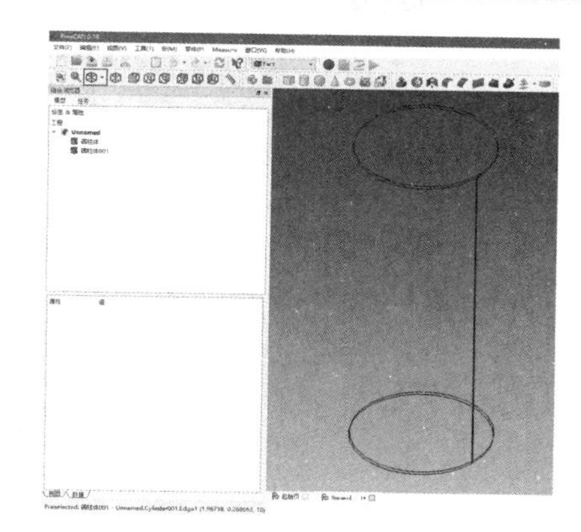

图10-58　对齐后两个圆柱体几乎重合

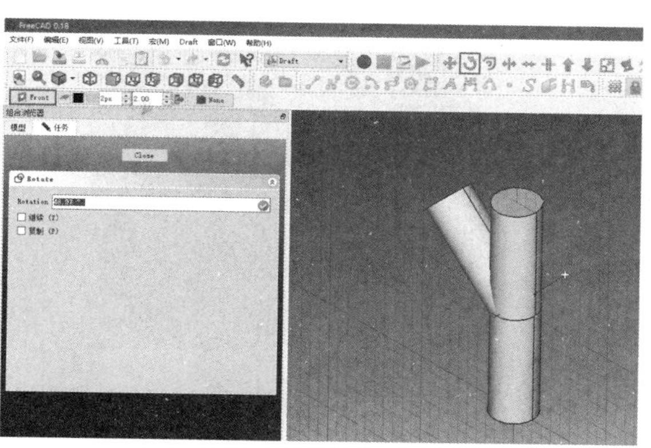

图10-59　工作平面为XZ平面时的旋转方向

10.9 导入与导出

FreeCAD支持众多的软件格式，除FreeCAD本身默认的FCStd文件格式外，还可以通过“导入”功能读取和写入STEP、IGES、OBJ、STL、DXF、SVG、DAE、IFC等格式的文件，从而将这些文件中的内容集成到FreeCAD软件中，并通过“保存”“另存为”和“保存副本”命令保存为默认的FCStd格式文件，或者通过“导出”功能保存为STEP、IGES等上述其他格式的文件，做到格式兼容。

“导入”与“导出”命令可在任意工作台下点击菜单栏中的“文件/导入（导出）”，见图10-60。

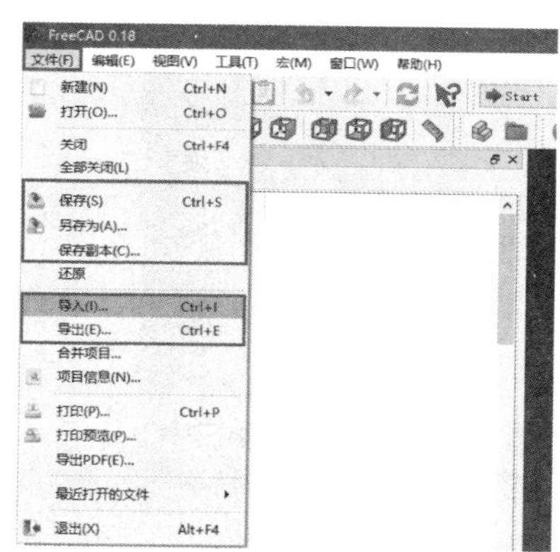

图10-60　点击菜单栏中的“文件/导入（导出）”

注意

导出时需先在左侧模型模块中点击选中要导出的三维模型，再点击菜单栏中的“文件/导出”。

10.10 Part工作台中的“创建简单副本”

该命令可将Part工作台或者其他工作台中构建的三维或二维模型进行复制，所得副本与原对象之间并不存在绑定关系，即当原对象的形状或属性发生改变时，副本的形状或属性并不会随之发生改变。

① 打开8.2.1中的FreeCAD文件，切换至Part工作台，见图10-61；在左侧模型模块中点击选中 Body 图标，则绘图区域中三维模型的颜色变绿，见图10-62。

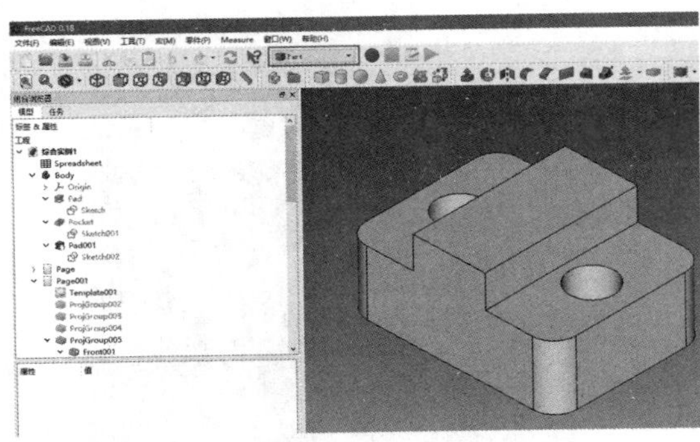

图10-61 切换至Part工作台

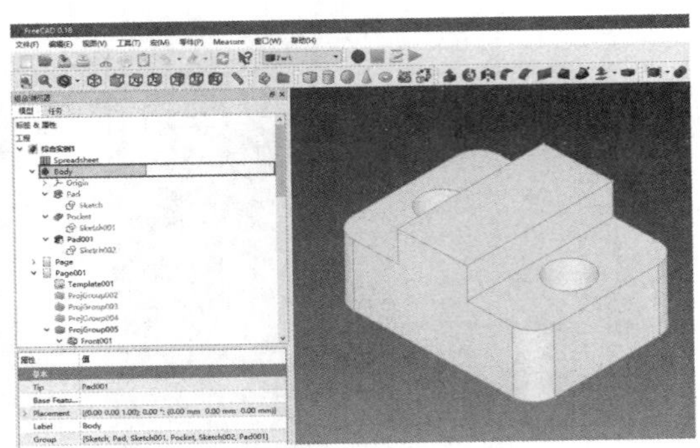

图10-62 左侧模型模块中点击选中三维模型

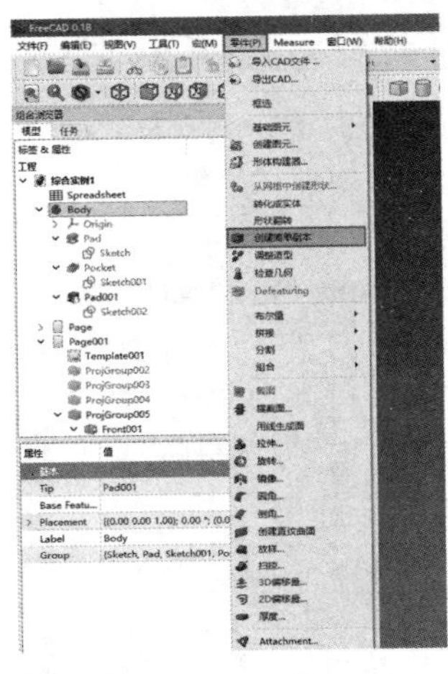

图10-63 点击菜单栏中的“零件/创建简单副本”

② 点击菜单栏中的“零件/创建简单副本”，见图10-63，则副本创建完成，同时左侧模型模块中出现 Body001 图标，点击该图标，可见副本与原对象重合在一起，见图10-64。

③ 点击 Body001 图标，点击属性模块的“数据”按钮，双击“Placement/位置”，更改x、y、z的值可调整副本的位置，使其与原对象分离，本例中将y值调整为25mm，见图10-65。

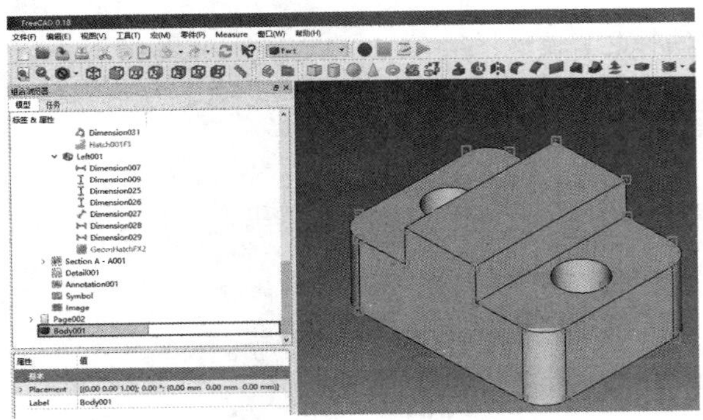

图10-64 副本与原对象重合在一起

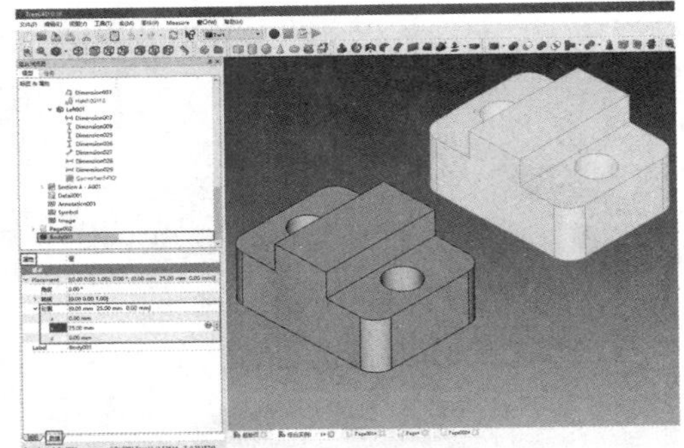

图10-65 调整副本的位置使其与原对象分离

 10.11 Part Design工作台中的“创建实体”

其他工作台中创建的三维模型切换至Part Design工作台后，如果想选中某个平面并在该平面上创建新草图时，会遇到如图10-67或图10-68的提示，这表明其他工作台中创建的三维模型在Part Design工作台中并未被激活或者与Part Design工作台不兼容，此时可用菜单栏中的“Part Design/创建实体”命令激活原有的三维模型。

① Part工作台中，点击图标，新建一个立方体，见图10-66；切换至Part Design工作台后，欲在立方体顶面创建草图，点击立方体的顶面，顶面的颜色变绿，点击“创建草图”图标，出现如图10-67的提示对话框，点击“OK”关闭提示对话框。

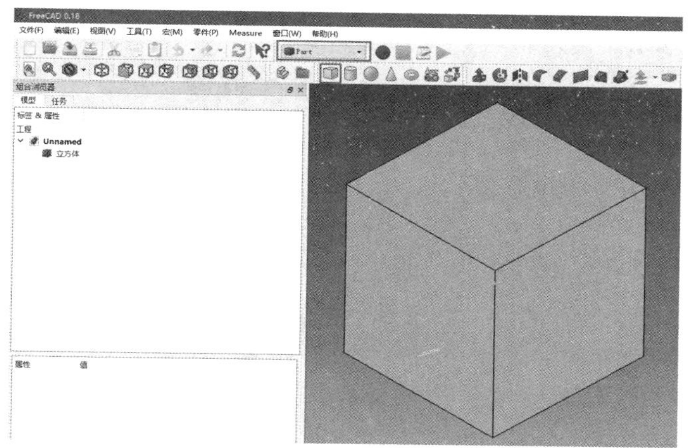

图10-66　Part工作台中新建一个立方体

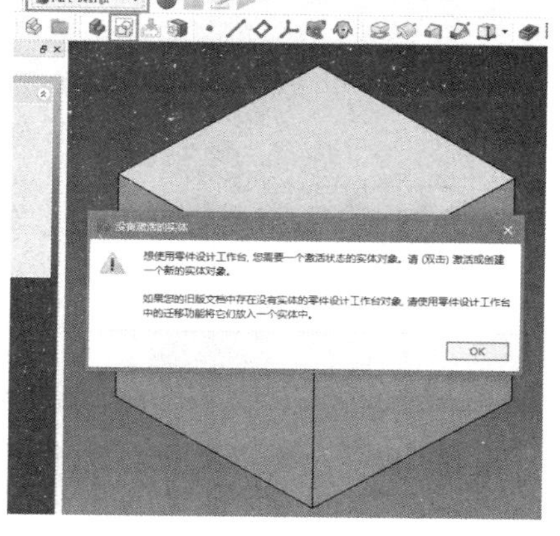

图10-67　Part Design中新建草图出现的提示

② 点击图标，创建一个新的Body，再选中立方体的顶面，顶面的颜色变绿，再点击“创建草图”图标，出现如图10-68的提示，点击“Cancel”退出；图10-67和图10-68表明其他工作台中创建的三维模型切换至Part Design工作台后，并不能利用Part Design工作台中内嵌的Sketch工作台对原有的三维模型进行二次编辑。

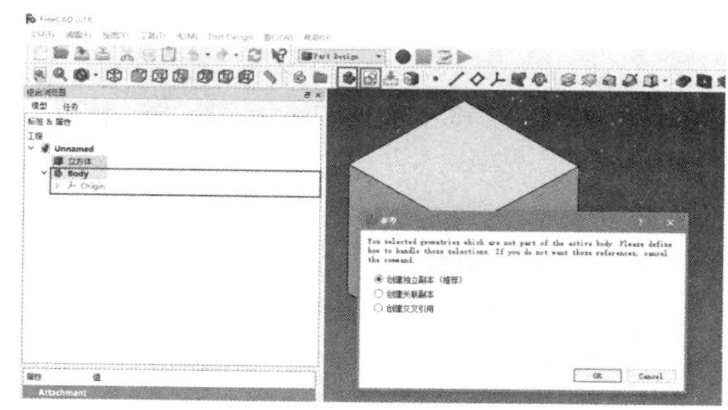

图10-68　创建Body再新建草图时出现的提示

③ 此时可点击左侧模型模块中的 立方体 图标，绘图区域中的立方体被选中，颜色变绿，点击菜单栏中的“Part Design/创建实体”，或者选中立方体后点击“创建并激活一个新的可编辑实体”图标也可达到同样的效果，见图10-69；左侧模型模块中出现一个 Body 图标，该图标下包含一个 BaseFeature 图标，表明该立方体已被激活，见图10-70。

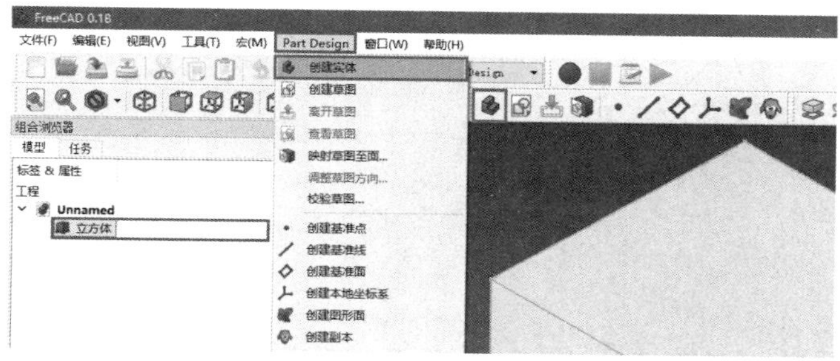

图10-69　选中后点击Part Design创建实体

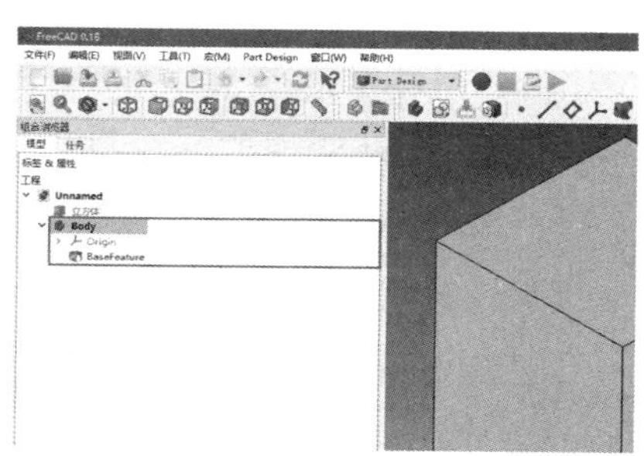

图10-70　其他工作台中创建的立方体已被激活

④ 再选中立方体的顶面，顶面的颜色变绿，点击“创建草图”图标，可顺利进入Sketch的工作台，在Sketcher工作台中绘制新的草图，本例中在立方体的顶面绘制了一个圆，见图10-71；退出Sketcher工作台后可在Part Design工作台中进行凸台或凹坑等其他三维操作，本例中对Sketcher工作台中绘制的圆进行了“凸台”操作，见图10-72。

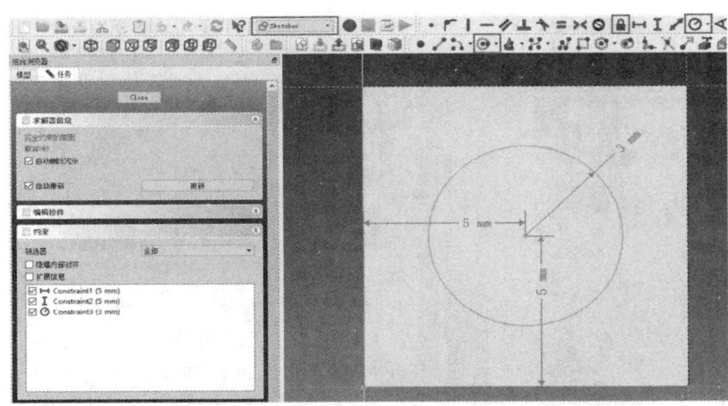

图10-71 在Sketcher工作台中创建新的草图

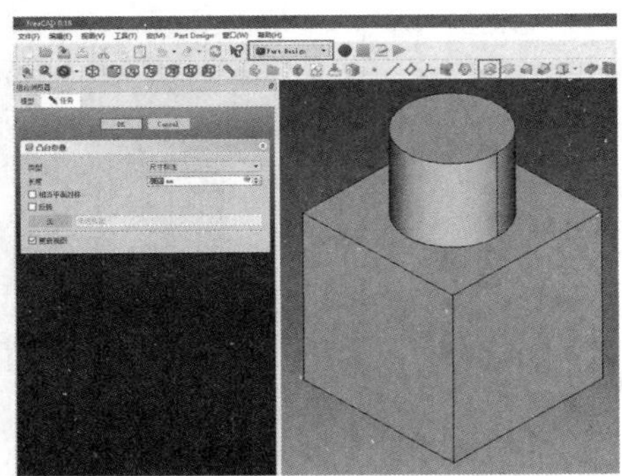

图10-72 退出Sketcher工作台后进行“凸台”操作

附录

扫码观看
附录视频

FreeCAD 中各工作台简介及本书命令汇总

附录1 FreeCAD中各工作台简介

FreeCAD 0.18版本中默认安装的工作台有25个，本书只介绍了其中常用的6个工作台，并对这6个工作台中的所有命令图标进行了详细的介绍。其余19个工作台及其中所包含命令图标的使用方法，通过先点击“这是什么”图标，再点击相应的工作台或工作台中的命令图标，见附图1及附图2，则出现对该工作台或命令图标的详细介绍，见附图3。点击详细介绍最下方的网址，打开浏览器（如Chrome或IE等），也可查看该工作台或命令图标的详细介绍，使用自带或安装的翻译工具可将其中的内容翻译成中文。

FreeCAD 0.18版本中默认安装的工作台见附图4，各工作台的简介见附表1，通过“Addon manager（加载项管理器）”可安装其他的工作台和宏，详见第10章。

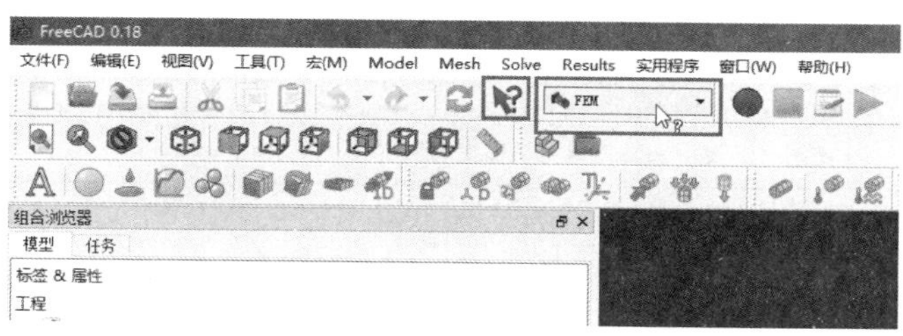

附图1　先点击这是什么图标再点击工作台

附图2　先点击这是什么图标再点击命令图标

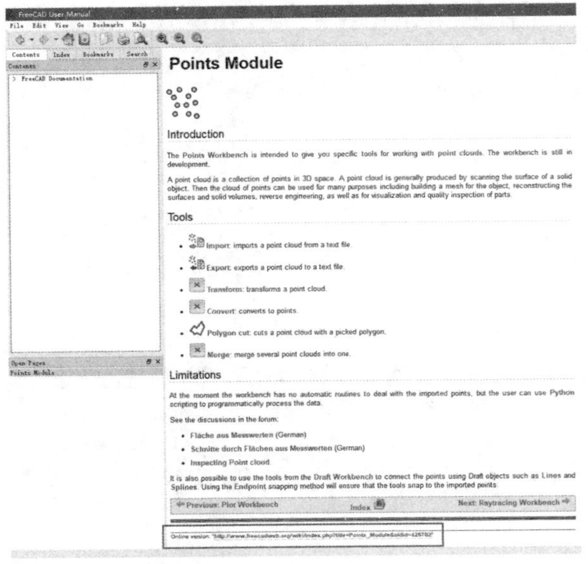

附图3　工作台或命令的详细介绍

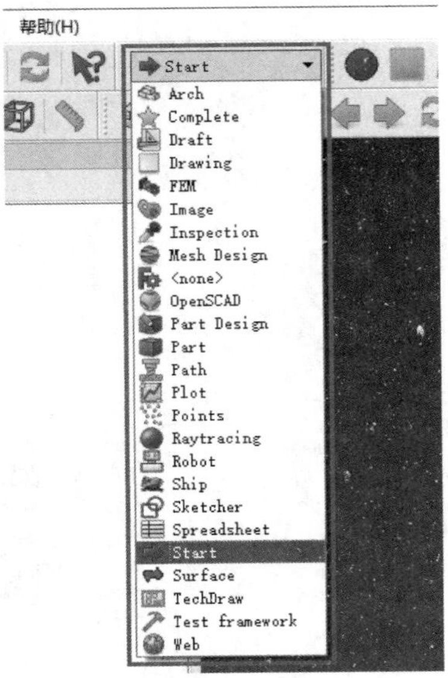

附图4　FreeCAD默认安装的工作台

附表1　FreeCAD 0.18版本中默认安装的工作台简介

工作台图标	工作台简介
Arch	Arch 工作台（建筑工作台）：支持 BIM（建筑信息模型）和 IFC（工业基础分类），可参数化设计三维建筑模型，一般流程为在 Arch、Draft 或 Part Design 工作台中创建二维平面图形，再在 Arch 工作台中对二维平面图形进行各种操作进而构建三维建筑模型，最后使用 TechDraw 工作台生成建筑图纸
Complete	完成工作台：目前已弃用，工作台中无任何命令图标
Draft	Draft 工作台：可通过定义工作平面和捕捉功能，绘制和修改简单的二维图形，所生成的二维图形可以作为其他工作台（如 Part、Arch 工作台）创建三维模型的基础组件，还可与 Sketcher 工作台创建的二维图形进行相互转换，详见本书第 6 章、第 7 章
Drawing	Drawing 工作台：目前已停止开发，功能被 TechDraw 工作台替代
FEM	FEM 工作台（有限元工作台）：可将其他工作台中生成的模型用于仿真处理，包括静态仿真设计、热 - 力耦合分析、模态分析等
Image	Image 工作台：可将 BMP、JPG、PNG 和 XPM 格式的图片文件在 FreeCAD 软件中实现打开、导入、缩放等功能
Inspection	Inspection 工作台：目前仍在开发中，主要用于检查两个三维模型之间的差异
Mesh Design	Mesh Design 工作台（网格工作台）：网格是一种特殊的三维模型，空间中的复杂曲面（如人体面部）经过网格化处理后，可形成由多个三角形平面组成的三维立体模型，其中每个三角形的顶点和棱边均与其他三角形的顶点和棱边相互连接；网格通常应用在电影特效、动画创作和三维图像处理中；在 Mesh Design 工作台中可实现网格数据的导入、分析、检测等功能，并可将网格数据转换为三维模型以供其他工作台使用
<none>	无，点击选中该工作台后，文件工具栏、工作台、导航栏等工具栏均消失，只剩菜单栏
OpenSCAD	OpenSCAD 工作台：OpenSCAD 工作台使 FreeCAD 具备了与开源软件 OpenSCAD 之间的互操作能力，但该工作台仍处于开发的早期阶段

续表

工作台图标	工作台简介
Part Design	Part Design 工作台：可对 Sketcher 工作台创建的二维平面图形进行三维编辑操作，以此构建较为复杂的三维立体模型，Part Design 工作台所使用的二维平面图形只能由 Sketcher 工作台创建生成，因此在 Part Design 工作台中内嵌有 Sketcher 工作台，详见本书第 3 章、第 4 章
Part	Part 工作台：与 Part Design 工作台相比可进行更为高级和复杂的三维操作，例如布尔运算、嵌入、拆分等，而且还可以对 Arch、Draft、Sketcher、Part Design 或其他工作台所生成的模型进行三维操作，而 Part Design 工作台只能对本工作台生成的增料体以及 Sketcher 工作台创建的二维平面图形进行三维操作；在操作界面、处理流程、结果可靠性、兼容性及人性化方面，Part 工作台相比 Part Design 工作台更为优秀，详见本书第 5 章
Path	Path 工作台：用于生成三维模型的 CNC（数控机床）指令，通过这些指令可在数控铣床、车床、激光切割机等 CNC 机器上制作生产出真实的三维对象
Plot	Plot 工作台：用于编辑和保存其他工作台或工具创建的曲线，包括绘图区域、坐标轴、标签、标题、图表样式、其他绘图元素等
Points	Points 工作台：该工作台主要用于处理点云，点云是三维空间中点的集合，可通过扫描物体的表面获得点云，再将点云应用于其他领域，包括构建网格、重建曲面和实体、进行逆向工程以及用于零件的可视化和质量检查等，目前该工作台仍在开发中
Raytracing	Raytracing 工作台（直译为光线追踪工作台，译为渲染工作台）：该工作台主要用于对其他工作台所创建的三维模型进行渲染，使模型产生较为逼真的效果；渲染前需将灯光、地面、相机位置、三维模型的材质等信息导入到模版中，随后 FreeCAD 按照模版中的信息进行渲染操作，也可以将模版中的信息导出到其他的渲染软件中进行渲染操作
Robot	Robot 工作台：用于模拟标准的六轴工业机器人，可具体模拟的任务包括工业机器人及工作环境的模拟设置、创建机器人的运动轨迹、零件的分解、计算机器人的移动距离、将轨迹编译为程序文件等
Ship	Ship 工作台（船舶工作台）：用于创建船舶的通用结构
Sketcher	Sketcher 工作台：主要用于创建二维平面图形，可绘制多种几何图形元素（如矩形、圆等），并进行各种约束以使其达到完全约束的状态，随后可将完全约束的二维平面图形置于 Part Design、Part 或其他工作台中进行后续操作，详见本书第 3 章
Spreadsheet	Spreadsheet 工作台：Spreadsheet 工作台的一般流程为创建电子表格并输入模型的各参数，并将这些模型的参数与三维模型中的各种尺寸或约束建立关联，进而可创建出所需的参数化模型，后续工作中如需修改三维模型的尺寸，只需返回到电子表格中修改对应的模型参数即可完成；Spreadsheet 工作台可批量化地创建形状相似的三维模型，详见本书第 8 章
Start	Start 工作台：启动工作台为 FreeCAD 默认加载的工作台，但该工作台仅能展示没有任何文件内容时的 FreeCAD 界面，因此它并不是一个真正意义上的工作台，可在菜单栏中的“编辑 / 偏好设定 / 常规 / 启动”中更改 FreeCAD 默认加载的工作台
Surface	Surface 工作台：目前已停止开发，在以后的版本更新中很有可能被放弃
TechDraw	TechDraw 工作台：该工作台的主要功能是制图，可将 Part Design、Part、Draft、Arch 或 Spreadsheet 等工作台构建的三维或二维模型生成标准的技术图纸，除此之外，还可将尺寸、截面、阴影线、注释和 SVG 文件等添加至图纸内，最后将图纸保存为 DXF、SVG 或 PDF 等不同格式的文件，以方便查阅，详见本书第 9 章
Test framework	Test framework 工作台：Test framework 工作台并不是一个关于构建三维模型的工作台，但它包含一系列的 Python 脚本，可用于对 FreeCAD 的核心程序执行各种测试，以方便调试相关问题
Web	Web 工作台（网页工作台）：Web 工作台为一个网页浏览器，通过该浏览器可进行登录 FreeCAD 官网、点击链接、阅读在线文档等操作

附录 2 本书各章节命令汇总

附表2 视图工具栏命令

视图工具栏命令	作用
	显示全部：将文档中所有可见的对象全部都显示在视图中，例如过度缩放或移动造成对象无法显示时，点击该图标则会以合适的比例显示全部的对象
	显示选定的对象：将逻辑树中所选定的对象在绘图区域中显示出来
	绘图样式：点击右侧箭头，有以下六种查看方式
带边着色 V, 2 着色 V, 3 线框 V, 4 点 V, 5 隐藏线 V, 6 没有阴影 V, 7	带边着色模式：既显示模型的棱边，又显示模型的表面
带边着色 V, 2 着色 V, 3 线框 V, 4 点 V, 5 隐藏线 V, 6 没有阴影 V, 7	着色模式：只显示模型的表面，不显示模型的棱边
带边着色 V, 2 着色 V, 3 线框 V, 4 点 V, 5 隐藏线 V, 6 没有阴影 V, 7	线框模式：只显示模型的棱边，不显示模型的表面
带边着色 V, 2 着色 V, 3 线框 V, 4 点 V, 5 隐藏线 V, 6 没有阴影 V, 7	点模式：只显示模型的顶点，不显示模型的棱边和表面
带边着色 V, 2 着色 V, 3 线框 V, 4 点 V, 5 隐藏线 V, 6 没有阴影 V, 7	隐藏线模式：该命令的图标与线框模式、没有阴影模式的图标相同，但作用不同，可将模型背部隐藏的线条显示出来
带边着色 V, 2 着色 V, 3 线框 V, 4 点 V, 5 隐藏线 V, 6 没有阴影 V, 7	没有阴影模式：该命令的图标和线框模式、隐藏线模式的图标相同，作用是使模型表面没有阴影
	正等轴侧图
	前视图（正视图）（从前往后看）

续表

视图工具栏命令	作用
	俯视图（从上往下看）
	右视图（从右往左看）
	后视图（从后往前看）
	底视图（从下往上看）
	左视图（从左往右看）
	测量距离

附表3　Sketcher工作台中草图几何体工具栏命令

草图几何体工具栏命令	作用
	点：创建一个点，但须注意草图中创建的点在其他工作台中不可用
	线段：创建一条线段
	圆弧：圆心法创建圆弧
	圆弧：三点法创建圆弧
	圆：圆心法创建圆
	圆：三点法创建圆
	椭圆：以中心 - 长径 - 短径法绘制椭圆
	椭圆：以三点法创建椭圆，前两点确定长径，后一点确定短径
	椭圆弧：以中心、长径、起点和终点为顺序绘制椭圆弧
	双曲线弧：以主半径圆心、顶点、起点和终点为顺序绘制双曲线弧
	抛物线弧：以焦点、顶点、起点和终点为顺序绘制抛物线弧
	B 样条曲线：创建 B 样条曲线
	周期 B 样条曲线：创建闭合 B 样条曲线
	折线：创建折线，多次按“M”键可切换为垂直、圆弧等线条
	矩形：创建矩形
	正三角形：点击确定中心点和一个角的顶点来绘制等边三角形

续表

草图几何体工具栏命令	作用
	正四边形：通过点击确定中心和一个角的顶点来绘制正方形
	正五边形：通过点击确定中心和一个角的顶点来绘制正五边形
	正六边形：通过点击确定中心和一个角的顶点来绘制正六边形
	正七边形：通过点击确定中心和一个角的顶点来绘制正七边形
	正八边形：通过点击确定中心和一个角的顶点来绘制正八边形
	正多边形：通过点击确定中心和一个角的顶点来绘制正多边形
	跑道形线条：创建跑道形线条
	倒圆角：创建圆角
	修剪：用于将线段缩短至两条线段的交点
	延伸：用于延长线条
	创建关联边：主要应用在实体表面进行草图绘制时标明实体的边界
	复制：将其他草图中的所有几何图形和约束复制到活动草图
	构造线：构造线模式下，所绘制的线条不会用于三维建模操作

附表4 Sketcher工作台中草图约束工具栏命令

草图约束工具栏命令	作用
	重合约束：将两个端点重合，多用该约束连接两条线段
	点线约束：将点固定在线段、圆、圆弧或关联边等对象上
	竖直约束：对所选线段或折线创建竖直约束
	水平约束：对所选线段或折线创建水平约束
	平行约束：对选定的线段或边创建平行约束
	垂直约束：对两条选定的线段或曲线创建垂直约束
	相切约束：使一条线段或曲线相切于另一条曲线
	相等约束：使多条线段长度相等，或使多个圆弧半径相等

续表

草图约束工具栏命令	作用
	对称约束：使选定的两个点相对一条线或一个点对称
	约束块：将几何元素一次性完全约束，多用于B样条曲线
	锁定约束：对选定的点同时进行水平约束和竖直约束
	水平距离约束：将线段两点或点与原点的水平距离约束固定
	竖直距离约束：将线段两点或点与原点的竖直距离约束固定
	距离约束：将线段长度、点与点或点与线的距离约束固定
	半径约束：对圆或圆弧的半径约束固定
	直径约束：对圆或圆弧的直径约束固定
	角度约束：约束线段的斜率、线与线的角度或圆弧角度
	折射约束：使直线模拟光线穿过介质时遵循的折射定律
	参考约束：将尺寸约束转为参考模式，尺寸约束图标变蓝

附表5　Sketcher工作台中草图工具栏命令

草图工具栏命令	作用
	闭合：作用为使选定的若干个对象闭合
	端点连接：作用为将两种线条的端点相互连接
	显示约束：将选中对象的约束显示出来
	显示对象：将与约束相关联的对象显示出来
	显示/隐藏构造线：可隐藏或显示选定对象的构造线
	镜像：根据选定的对象及对称轴创建出与之对称的图形
	克隆：将选定的对象克隆出一个副本并放置到指定的位置
	复制：将选定的对象复制出一个副本并放置到指定的位置
	移动：将选定的对象移动到指定的位置
	阵列：将选定的对象创建出多个副本并放置到指定的位置

附表6　Sketcher工作台中B样条曲线工具栏命令及虚拟空间命令

B样条曲线工具栏的命令	作用
	显示 / 隐藏 B 样条曲线定义的多边形：显示或隐藏 B 样条曲线的多边形
	显示 / 隐藏 B 样条曲线的次数：显示或隐藏 B 样条曲线的次数
	显示 / 隐藏 B 样条曲线的曲率梳：显示或隐藏 B 样条曲线的曲率梳
	显示 / 隐藏 B 样条曲线的多重节点：显示或隐藏 B 样条曲线的多重节点
	转换为 B 样条曲线：将选定的曲线或直线转换为 B 样条曲线
	增加 B 样条曲线次数：增加 B 样条曲线的次数并新增控制点
	增加节点重复度：作用为增加 B 样条曲线中所选节点的重复度
	降低节点重复度：作用为降低 B 样条曲线中所选节点的重复度
	虚拟空间：作用为将选中的约束转移至另一个虚拟空间中

附表7　Part Design工作台中帮助工具栏命令

帮助工具栏命令	作用
	创建并激活一个新的可编辑实体：创建并激活一个新的实体
	创建新草图：创建一个新的草图
	编辑选定的草图：该命令允许重新进入草图并进行编辑
	映射草图至实体表面：该命令允许将草图移动到实体选定的表面上
	创建新基准点：该命令可为草图或者基本几何体提供参考点
	创建新基准线：新基准线可作为草图或者基本几何体的参考线
	创建新基准面：主要作用是将草图附着于新基准面上并进行编辑
	创建局部坐标系：可为基本几何体在三维空间中的定位提供参考依据
	创建新图形面：可将实体上的某些特征复制到一个新的或已有的实体中
	创建新副本：可将单个实体克隆出一个相同的副本

附表8　Part Design工作台中模型工具栏命令

模型工具栏命令	作用
	凸台：将所绘制的封闭草图拉伸，形成一个实体
	旋转（增料）：将所绘制的封闭草图旋转，形成一个实体
	放样（增料）：将两个或多个草图所绘制的横截面过渡连接，形成一个实体
	扫略（增料）：通过一条路径对一个或多个草图进行扫略，形成一个实体

续表

模型工具栏命令	作用
	增料几何体：点击右侧下拉箭头可增料立方体、圆柱体和球体等
	凹坑：从实体中切削出一个凹坑
	建孔：通过草图，在实体上创建一个或多个孔
	旋转（减料）：通过草图的旋转，在实体上挖出一个槽
	放样（减料）：实体1减去实体2，实体2为数个草图过渡连接所形成的实体
	扫略（减料）：实体1减去实体2，实体2为通过路径扫略数个草图所形成的实体
	减料几何体：点击右侧下拉箭头可减料立方体、圆柱体和球体等
	镜像：根据特征及所选对称轴，创建一个与之对称的相同特征
	线性阵列：根据所选特征，在某个线性方向上，均匀地创建数个与之相同的特征
	环形阵列：根据所选特征，围绕所选定的对称轴，均匀地创建数个与之相同的特征
	多重阵列：可以理解为镜像、线性阵列、环形阵列的组合
	倒圆角：在选定边缘上创建圆角
	倒角：在选定边缘上创建倒角
	拔模：在实体选定的面上创建斜角，进行拉伸
	抽壳：将实体转换为至少有一个敞开面的空心实体，例如圆柱体转换为圆管
	布尔运算：可以对多个实体进行并集、交集和差集的操作

附表9 Part工作台中实体工具栏命令

实体工具栏命令	作用
	创建立方体
	创建圆柱体
	创建球体
	创建圆台（圆锥体）
	创建圆环体
	创建参数化的几何图元：可创建立方体、圆柱体、点、线、螺旋、正多边形等
	创建形体高级工具：可由选定的顶点生成棱、面；也可由面生成壳、体等

附表10　Part工作台中零件工具栏命令

零件工具栏命令	作用
	拉伸：可将点、线、面拉伸成为相应的线、面、体等
	旋转：将所选对象围绕给定的轴旋转
	镜像：根据选定的平面复制一个新的对象，新对象与原对象关于平面对称
	倒圆角：在选定对象的边缘上创建圆角
	倒角：在选定对象的边缘上创建倒角
	直纹面：用无数条的直线连接已创建的两条线条进而形成平面或者曲面
	放样：将两个或多个横截面过渡连接，可形成一个面、壳或者实体
	扫略：通过一条路径将一个或多个横截面过渡连接，形成一个面、壳或者实体
	三维偏移：在一定距离外创建一个与选定对象平行的副本
	二维偏移：创建一条与选定对象相平行的线条，也可用于缩放选定的平面
	抽壳：将实体转换为空心对象，并重新设定每个面的厚度

附表11　Part工作台中布尔运算工具栏命令

布尔运算工具栏命令	作用
	组合：将一组不同的对象组合成一个对象
	分解：将组合所形成的对象拆分成若干个形状
	组合过滤器：从组合中分离并复制所选定的对象
	布尔运算：对所选定的对象进行布尔运算
	差集：选中两个对象，在第一个选中的对象中减去第二个选中的对象
	并集：将多个对象组合成一个
	交集：提取各个对象之间的公共部分
	连接：连接两个对象
	嵌入：将一个对象嵌入到另一个对象之中
	切口：在一个对象上创建一个切口，切口大小、形状与另一个对象相吻合
	形状拆分：将两个相交对象的公共部分进行拆分
	分割：使用分割对象对被分割对象进行分割

续表

布尔运算工具栏命令	作用
	切片：功能与分割类似，但无法与原对象分离
	检查：验证对象中是否存在错误
	清理：将选定的特征（如圆角、倒角、孔、凸台等）从对象中移除
	截面：将两个相交对象的公共部分以边线的形式显示出来
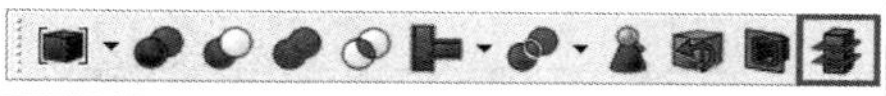	横截面：对选定的对象创建一个或多个横截面

附表12　Part工作台中测量工具栏命令

测量工具栏命令	作用
	测量长度
	测量角度
	删除所有测量
	切换所有：显示或隐藏所有测量
	切换 3D：显示或隐藏长度测量（红色）和角度测量（蓝色），三维测量（绿色）始终显示
	切换增量：显示或隐藏三维测量（绿色），长度测量（红色）和角度测量（蓝色）始终显示

附表13　Draft工作台中底图创建工具栏命令

底图创建工具栏命令	作用
	线段：可用两点法或极坐标法创建一条或多条线段
	折线：创建多条首尾相互连接的线段，从而组成一条折线
	圆：通过确定圆心坐标及半径创建一个或多个圆
	圆弧：通过确定圆心坐标、圆弧半径、起始角度和张角创建圆弧
	椭圆：通过两个点的坐标确定椭圆的外接矩形，进而创建椭圆
	正多边形：输入外接圆圆心的坐标、边数及半径创建正多边形
	矩形：通过两个点的坐标创建出矩形
	文本：确定起始点坐标并输入内容，按回车键两次完成文本创建
	尺寸标注：可对线段长度、直径、夹角进行测量并标注

续表

底图创建工具栏命令	作用
	B样条曲线：创建一条曲线，并使得该曲线经过所有给定的点
	点：可在当前的平面中创建一个或多个点
	文本字符串：通过指定坐标、高度和字体，创建二维平面字符串
	复制表面：可将实体表面所选定的数个面予以复制，形成新的面
	贝塞尔曲线：利用创建的多个点的坐标绘制出一条光滑的曲线
	标签：创建一个带导引线和箭头的文本框，用于输入对象的信息

附表14 Draft工作台中底图捕捉工具栏命令

底图捕捉工具栏命令	作用
	网格开关：可显示或关闭绘图区域中的网格
	捕捉总开关：可禁用或待命所有的特征捕捉功能
	最近点捕捉：可捕捉到对象上的边或端点
	延伸捕捉：可捕捉到线段延长线上的点
	平行捕捉：可绘制出与线段相平行的线段
	网格捕捉：可捕捉到两条网格线的交点
	端点捕捉：可捕捉对象的端点
	中点捕捉：可捕捉对象的中点
	垂直捕捉：可捕捉对象的垂足
	角度捕捉：可捕捉到圆周或圆弧上的一些特殊角度点
	圆心捕捉：可捕捉圆或圆弧的圆心
	正交捕捉：可捕捉线段与水平线呈45°及其整数倍数夹角的点
	交集捕捉：可捕捉两条线段或圆弧之间的交点
	特定捕捉：可捕捉到特定对象的特殊位置点
	尺寸捕捉：可显示两个端点之间的水平距离和垂直距离
	工作面捕捉：可捕捉其他对象在该工作平面上投影的特征点

附表15 Draft工作台中托盘工具栏命令

托盘工具栏命令	作用
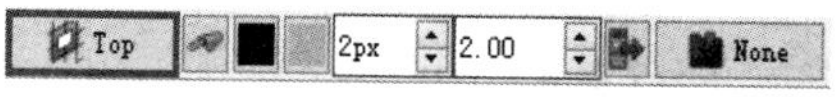	设置工作平面：可设定工作平面及偏移距离、网格间距及主网格线分格数等
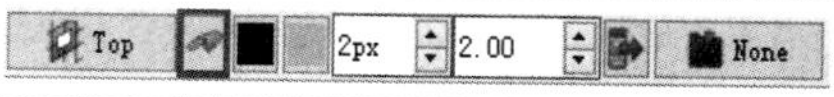	辅助线模式：点击该图标可在正常模式与辅助线模式之间相互切换
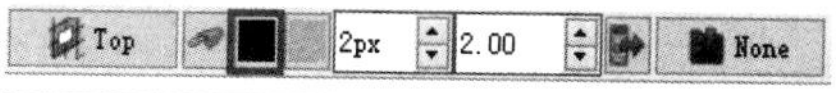	线条颜色：点击该图标可选择线条的颜色
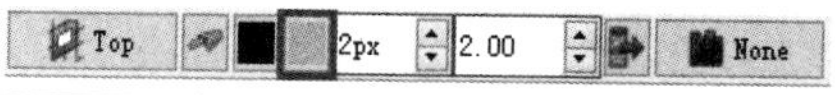	填充颜色：点击该图标可选择填充的颜色
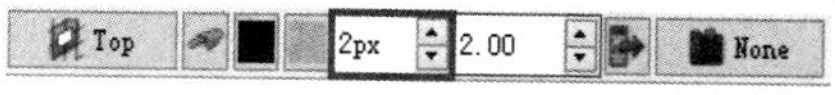	当前线宽：可输入合适的数值以设定线宽
	当前字号：可输入合适的数值以设定字号的大小
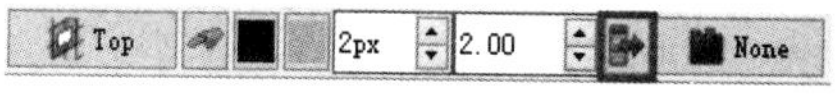	应用于选中对象：将设定的线条颜色、填充颜色、线宽和字号应用于对象
	自动分组：选择活动的组，并将随后创建的新对象自动移动到活动的组当中

附表16 Draft工作台中底图修改工具栏命令

底图修改工具栏命令	作用
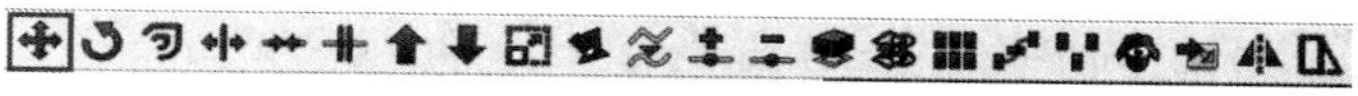	移动：将选定的对象从一个基准点移动或复制到另一个基准点
	旋转：将所选定的对象围绕基准点和基线进行旋转
	二维偏移：将选定的对象在工作平面内偏移一定距离
	修剪：可延长或缩短线段，也可将封闭且填充的二维平面拉伸成为立体模型
	拼接：将所选定的多条线条拼接成为一条
	分割：按照线段或折线上指定的点或边进行拆分
	升级：对线段、折线或其他二维对象进行升级或合并
	降级：将立体模型和图形分解成为面和边，也可进行差集操作
	缩放：可将选中的对象进行放大或缩小操作
	编辑：将选中的对象进行图形化编辑
	折线 /B 样条曲线转换：折线与 B 样条曲线相互转换
	添加点：在折线或 B 样条曲线中添加新的控制点
	删除点：在折线或 B 样条曲线中删除已有的控制点

续表

底图修改工具栏命令	作用
	投影：将三维模型的各个视图投影到 XY 平面上
	底图 / 草图转换：可将底图对象与草图对象相互转化
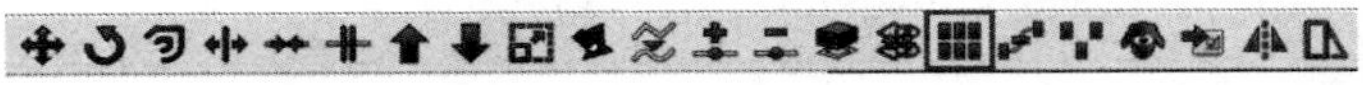	阵列：对二维或三维对象进行正交阵列或极坐标阵列操作
	线阵列：将选中的对象沿着指定的路径进行阵列操作
	点阵列：为将选中的对象布置到指定的点的位置
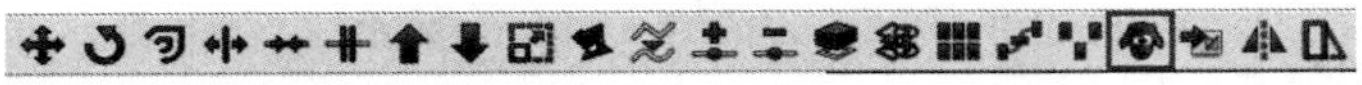	克隆：将选中的二维或三维对象复制出一个新的副本
	制图：将选中的对象复制到标准的图纸中
	镜像：创建一个与选中的对象形状相同且对称的副本
	牵引：通过移动部分控制点从而使得对象伸缩变形

附表17　Spreadsheet工作台中电子表格工具栏命令

电子表格工具栏命令	作用
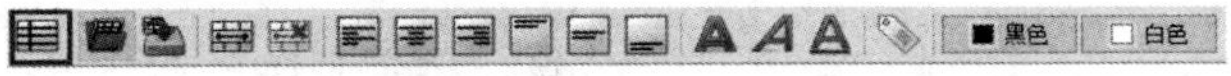	创建表格：创建一个新的电子表格
	导入：将 CSV 文件导入至电子表格
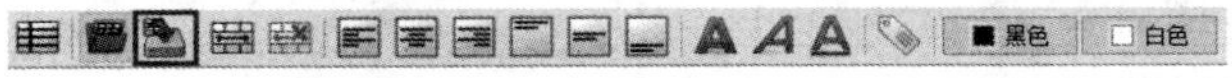	导出：将电子表格导出至 CSV 文件
	合并单元格
	拆分单元格：拆分以前合并的单元格
	左对齐
	水平居中对齐
	右对齐
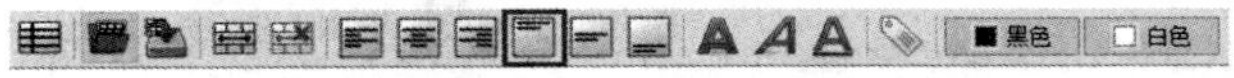	顶部对齐
	垂直居中对齐
	底部对齐
	粗体
	斜体
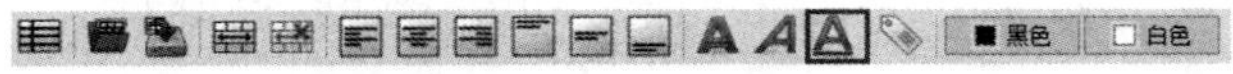	下划线

续表

电子表格工具栏命令	作用
	单元格属性：在单元格上右击鼠标编辑单元格的属性
	文本颜色
	背景颜色

附表18　TechDraw工作台中的所有命令

TechDraw 工作台中所有命令	作用
	插入默认页
	插入模版
	插入视图
	插入多个视图
	插入剖面图
	插入详细视图
	插入批注
	插入 Draft 视图
	插入 Arch 截面图
	插入表格
	插入剪辑组
	向剪辑组中插入视图
	删除剪辑组中的视图
	长度尺寸
	水平尺寸
	垂直尺寸
	半径尺寸
	直径尺寸
	角度
	三点角度
	尺寸链接
	导出为 SVG 文件

续表

TechDraw 工作台中所有命令	作用
	导出为 DXF 文件
	填充图案
	填充几何图案
	插入 SVG 图标
	插入图片
	视图框架

附表19　实用菜单栏命令

实用菜单栏命令	作用
工具 /Addon manager	添加非默认安装的工作台和宏
工具 / 视图罗盘	将三维或二维模型按照设定的参数进行持续的旋转
工具 / 保存图片	将当前显示的三维或二维模型以图片的形式予以保存
工具 / 编辑参数	对 FreeCAD 软件中的各项参数进行详细的设置
视图 / 创建新视图	可创建出一个全新的、和原有视图相同的视图
视图 / 切换轴交叉	可指示模型的三维坐标轴及其方向，以方便观察
视图 / 修剪平面	可将三维模型沿指定的方向切开，以便于观察其内部
编辑 / 对齐	可将两个模型按照对应的位置叠加在一起
文件 / 导入	通过“导入”功能读取和写入各种格式的文件
文件 / 导出	通过“导出”功能保存成为其他格式的文件
零件 / 创建简单副本（Part 工作台下）	可将各工作台中构建的三维或二维模型复制出一个副本

附录 3　FreeCAD 0.19 版本中新增命令图标

附表20　FreeCAD 0.19 中新增命令

新增命令图标	作用
	视图工具栏中新增的边框图标等图标
	Sketcher 工作台中显示未约束元素的命令图标
	Sketcher 工作台中显示冗余约束的命令图标
	Sketcher 工作台中显示冲突约束的命令图标
	Sketcher 工作台中删除所有约束的命令图标

续表

新增命令图标	作用
	Sketcher 工作台中创建新草图进入草图离开草图的命令图标
	Sketcher 工作台中将视角设置为草图的垂直方向命令图标
	Sketcher 工作台中查看剖面命令图标
	Sketcher 工作台中映射草图至实体表面命令图标
	Sketcher 工作台中重新定向草图命令图标
	Sketcher 工作台中草图校正命令图标
	Sketcher 工作台中合并草图命令图标
	Sketcher 工作台中镜像草图命令图标
	Sketcher 工作台中停止操作活动命令图标
	Sketcher 工作台中重合约束命令图标
	Sketcher 工作台中激活或停用约束命令图标，详见二维码
	Part Design 工作台添加螺旋命令图标
	Part Design 工作台减料螺旋命令图标
	Part Design 工作台创建附属图形面命令图标
	Part 工作台平面投影图标命令图标
	Part 工作台上色图标命令图标
	Draft 工作台设置工作平面命令图标
	Draft 工作台倒圆角命令图标
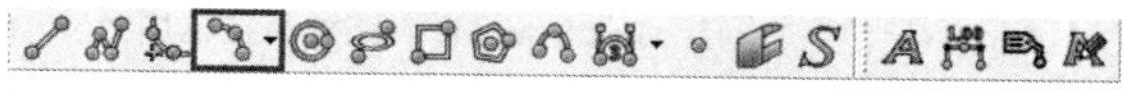	Draft 工作台三点创建圆弧命令图标
	Draft 工作台三次贝塞尔曲线命令图标
	Draft 工作台标注样式编辑器命令图标
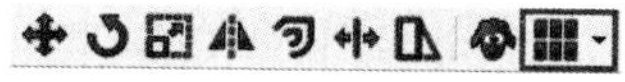	Draft 工作台正交阵列命令图标
	Draft 工作台极坐标阵列命令图标

续表

新增命令图标	作用
	Draft 工作台同心圆阵列命令图标
	Draft 工作台线阵列命令图标
	Draft 工作台线阵列链接命令图标
	Draft 工作台点阵列命令图标
	Draft 工作台点阵列链接命令图标
	Draft 工作台路径扭曲阵列命令图标
	Draft 工作台路径扭曲阵列链接命令图标
	Draft 工作台多对象编辑命令图标
	Draft 工作台斜率命令图标
	Draft 工作台翻转尺寸命令图标
	Draft 工作台图层命令图标
	Draft 工作台设置代理工作平面命令图标
	Draft 工作台切换显示模式命令图标
	Draft 工作台添加到组命令图标
	Draft 工作台选择组命令图标
	Draft 工作台创建结构组命令图标
	Draft 工作台修复命令图标
	TechDraw 工作台中页面更新命令图标
	TechDraw 工作台中插入活动视图命令图标
	TechDraw 工作台中垂直范围尺寸命令图标
	TechDraw 工作台中水平范围尺寸命令图标
	TechDraw 工作台中插入气球批注命令图标
	TechDraw 工作台中标记点尺寸命令图标

续表

新增命令图标	作用
	TechDraw 工作台中插入批注命令图标
	TechDraw 工作台中添加导引线命令图标
	TechDraw 工作台中格式化批注命令图标
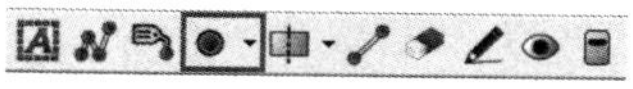	TechDraw 工作台中添加装饰点命令图标
	TechDraw 工作台中添加中点命令图标
	TechDraw 工作台中添加象限点命令图标
	TechDraw 工作台中添加面中心线命令图标
	TechDraw 工作台中添加线中心线命令图标
	TechDraw 工作台中添加点中心线命令图标
	TechDraw 工作台中添加装饰线命令图标
	TechDraw 工作台中删除点和中心线的命令图标
	TechDraw 工作台中改变线条属性命令图标
	TechDraw 工作台中显示全部命令图标
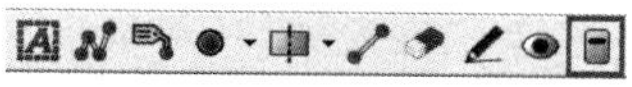	TechDraw 工作台中焊接符号命令图标
 Start	FreeCAD 中帮助的用法